机械设计基础

主编　高建中　刘　芬

山东科学技术出版社

图书在版编目（CIP）数据

机械设计基础 / 高建中，刘芬主编 . —济南：山东科学技术出版社，2010.6（2020.7 重印）

ISBN 978-7-5331-5672-5

Ⅰ . ①机… Ⅱ . ①高… ②刘… Ⅲ . ①机械设计 Ⅳ . ① TH122

中国版本图书馆 CIP 数据核字 (2020) 第 177709 号

机械设计基础

JIXIE SHEJI JICHU

责任编辑：梁天宏

装帧设计：刘 翌

主管单位：山东出版传媒股份有限公司

出 版 者：山东科学技术出版社

地址：济南市市中区英雄山路 189 号

邮编：250002 电话：（0531）82098088

网址：www.lkj.com.cn

电子邮件：sdkj@sdcbcm.com

发 行 者：山东科学技术出版社

地址：济南市市中区英雄山路 189 号

邮编：250002 电话：（0531）82098071

印 刷 者：山东新华印刷厂潍坊厂

地址：潍坊市潍州路 753 号

邮编：261031 电话：（0536）2116806

规格：16 开（184mm × 260mm）

印张：23.5 **字数：**528 千

版次：2010 年 6 月第 1 版 2020 年 7 月第 5 次印刷

定价：40.00 元

本书编审人员

主　编：高建中　刘　芬

编　者：（按姓氏笔画为序）

刘　芬　孙　芹　来小丽　李作丽

周春梅　高建中　黄书亮　蒋丽丽

主　审：马文采　刘延利　吴俊亮

前言

PREFACE

近几年来，为了适应高等职业教育发展的需求，突出高等职业教育的特色，许多高等职业院校开设了许多具有自身特色的专业。在这些各具特色的高职专业中，机械设计基础作为高等职业技术院校机械类、近机械类专业必修的一门技术基础课，它在教学中的作用也是略有不同的。编者结合高等职业教育的教学规律以及自身多年的教学经验精心编写了此书。

本教材力图从高等职业教育的层次出发，主要研究机械中常用机构和通用零件的工作原理、结构特点、基本设计原理和计算方法，以及材料的选用等内容，从而达到优化学生的知识结构和能力素质，特别是培养学生设计思想和创新思维能力的目的。

本教材具有以下特点：

教材的体系和内容按照“以工作对象为导向，以工作内容为驱动”的原则进行编排和编写。

本着“必须、够用”的原则，本教材尽可能地做到实用、简洁。针对高职高专的教学特点，精简了不必要的理论推导过程，适度地扩大了各机构、传动的知识面，降低了对设计计算的要求。

本教材采用了截至目前为止的最新国家标准和设计计算方法。

本教材针对学生学习中易模糊不清的问题做到尽可能的明确阐述。

对教材的每一章都扼要介绍了本章的知识点，明确了对本章的学习要求。

本教材中小一号字体部分为选讲内容或供学生阅读部份。

本书可作为高等职业技术院校、技师学院等相关专业的教材，也可作为专业教师和工程技术人员的参考资料使用。

本书由高建中、刘芬主编，山东大学马文采、刘延利、吴俊亮主审。在编写过程中，得到了山东大学、山东英才学院的许多领导、专家和老师的鼎力支持，在此表示衷心感谢，并对书中所引用参考文献的作者一并致谢。

由于编者的能力所限，书中难免有错误和不当之处，恳请广大读者及时给予批评指正。

编　者

目录 >>

CONTENTS

模块二　机械传动

模块三　联　接

模块四　轴系部件

绪论 机构、机器与机械

【学习要求】

(1)了解各类机械的一般组成及《机械设计基础》课程的基本内容；

(2)掌握机构、机器、机械；构件、零件等概念及其区别；

(3)掌握机构、运动副、运动链、自由度与约束等概念；

(4)掌握平面机构自由度的计算方法，能够识别、并正确处理机构中的复合铰链、局部自由度、虚约束；掌握运动链成为机构的条件；

(5)能够正确地绘制平面机构运动简图。

第一节 机械的组成与基本结构及本课程的内容

机器、机械已经成为当今社会不可或缺的重要组成部分，机械化是现代化社会的重要标志之一。那么，一般机械是如何组成的，组成机械的常用机构是怎样组成、有何特性、是如何设计的？机械中的常用零件有何特性、又是如何设计计算的？

一 机械的一般组成和基本结构

机械是基于力学、材料学、摩擦学、电工、电子学等诸多学科而产生的各种装置。这里仅以汽车、机床和机械手的传动系统为例，概括说明各类机械的一般组成和基本结构。

(一)汽车

虽然汽车的种类很多，但其基本组成一般都包括：动力装置、中间传动系统、执行机构、操纵及监控系统。

1. 动力装置

动力装置，即发动机，图 0－1 所示为单缸发动机和多缸发动机的组成。单缸发动机[图0－1(a)]的主要机构有：

(1)曲柄连杆机构 1、3、4，从机械的组成原理来说，它是一平面连杆机构；

(2)配气机构由齿轮机构 13、12 和凸轮机构 11.(8)7 组成；

(3)配气正时机构 13、12，是一齿轮机构[图 0－1(a)]，或链传动(图 0－3)、齿形带传动(图 0－4)。

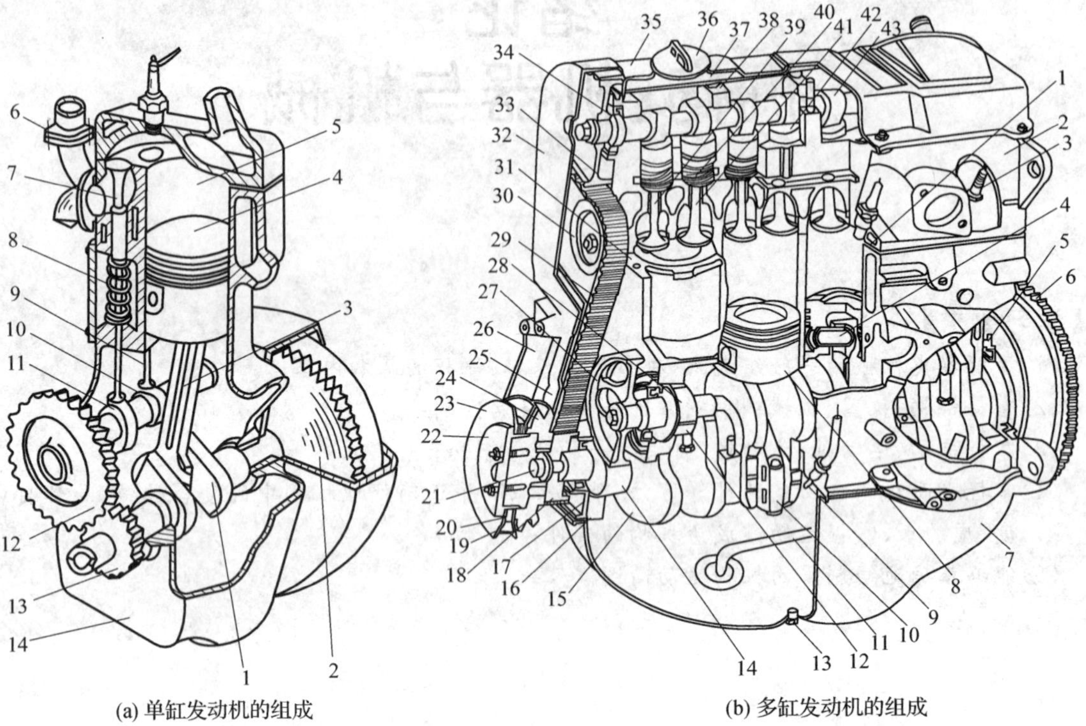

图 0－1　发动机的组成

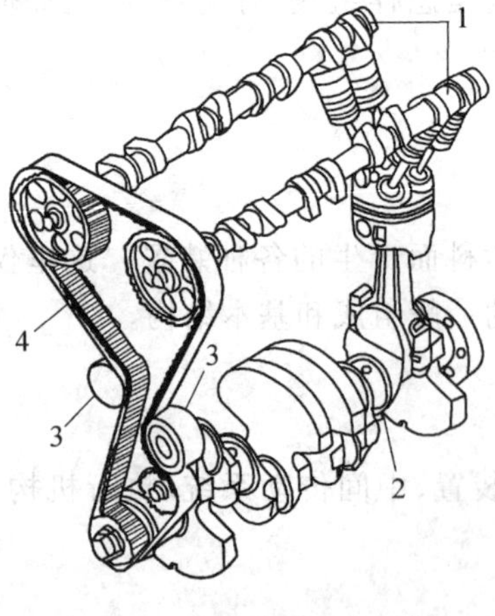

图 0－2　发动机的配气机构

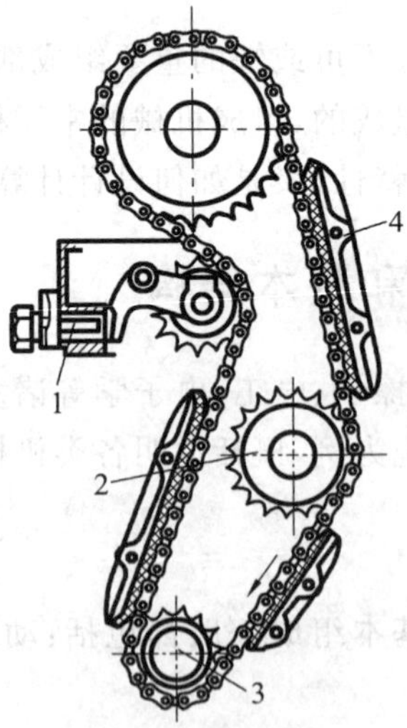

图 0－3　链传动配气正时机构

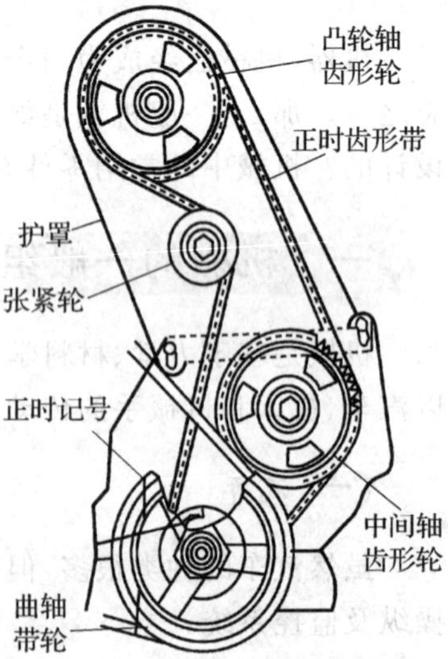

图 0－4　齿形带传动配气正时机构

2. 中间传动系统

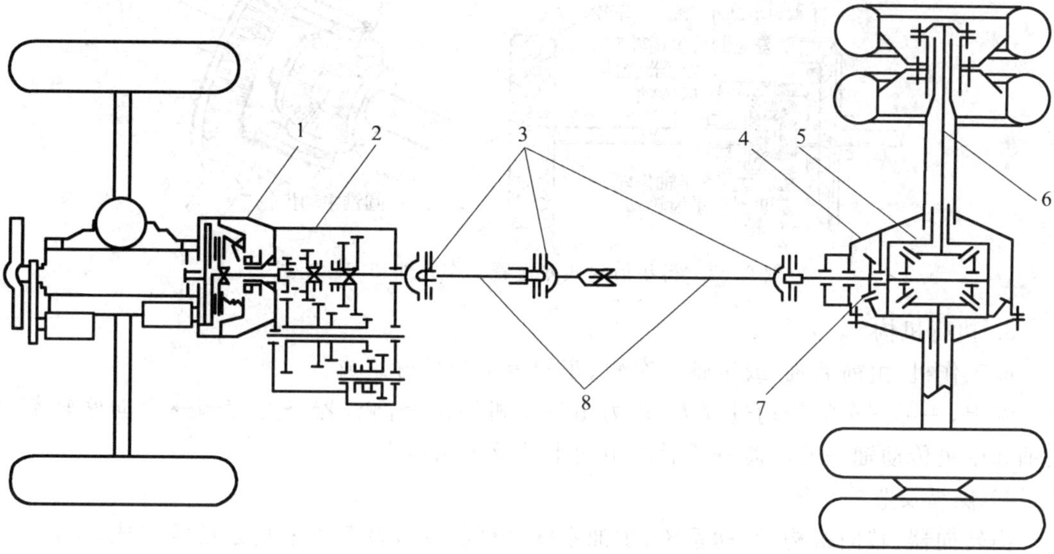

图 0—5 汽车传动系统组成示意图

1. 离合器；2. 变速器；3、8. 万向节和传动轴；4. 驱动桥；5、7. 差速器；6. 半轴

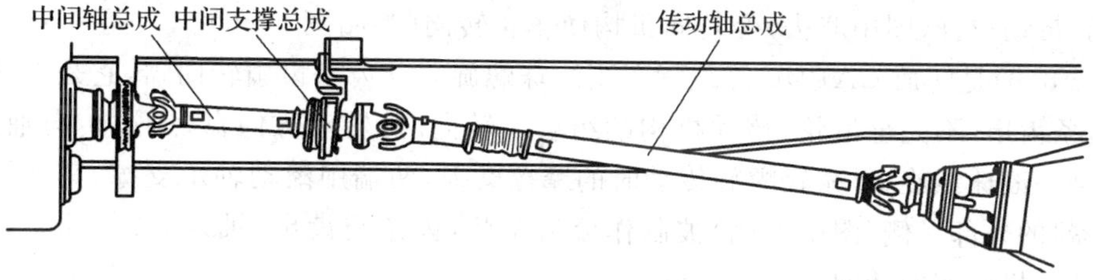

图 0—6 万向传动装置结构

由离合器 1、变速器 2、中间轴和中央传动轴 8 及万向节 3、差速器 7、5 等组成，如图0—5所示。

(1)置于发动机与变速箱之间的离合器是为了随时地联接或切断动力的传递；

(2)传动系统中的变速箱是一轮系传动机构，它用来改变输出转速以满足汽车的行驶需要；

(3)在变速箱与差速器之间的是由万向联轴节联接的中间轴和中央传动轴(详见图0—6)，它们负责把动力传递给汽车的走行机构；

(4)驱动桥中的差速器是一定轴轮系与行星轮系组合而成的混合轮系传动机构，如图0—7所示。在后驱式汽车中它的存在是为了把运动和动力以相同的或不同的转速分别传递给汽车的两后轮，驱动汽车进行直行或转弯行驶。

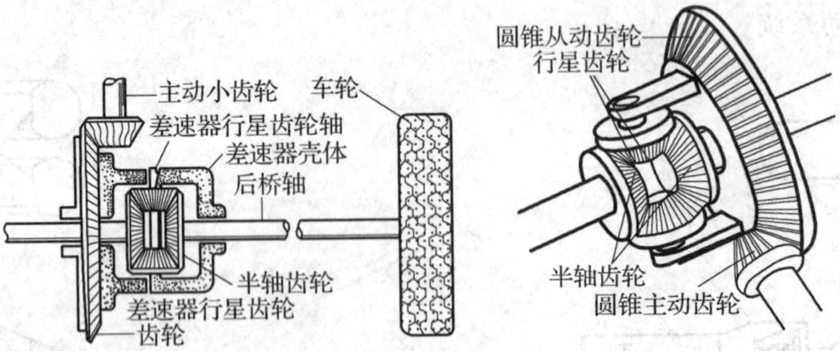

图 0－7　行星齿轮式差速器工作原理和实际组成

3. 执行机构

即工作机，由前后轴(或半轴)、车轮、车架等走行部分组成。

综上，一部汽车的传动过程为：动力由发动机输出→离合器→变速箱→万向联轴节、中间轴和中央传动轴→差速器→最后经由两半轴及车轮传出。

4. 操纵及监控系统

由转向器、转向机构、制动系统、供油系统；电气、仪表及各种监控系统等组成。

(1)转向器　图 0－8 是两种常用的转向器。

图 0－8(a)是红旗 CA7220 等轿车用齿轮齿条传动式转向器，它是一齿轮齿条机构。转向时，转动方向盘(通过转向轴)带动转向齿轮 2 转动，转向齿轮 2 驱动与之啮合的齿条 1 作轴向移动，带动拉杆(图中略去)经转向机构使车轮转向(参阅图 0－9)。

图 0－8(b)是解放 CA1040 等载货车用滚珠螺旋——齿条齿扇转向器，它是滚珠螺旋机构与一齿条齿扇(不完全齿轮)传动机构的组合。转向时，转动方向盘(通过转向轴)驱动螺杆，螺杆是一滚珠螺旋，以减轻螺旋传动时的摩擦磨损，两端用滚动轴承支撑，其外循环通道(称返向器)的外部一侧(图中下侧)被制作成齿条状，齿条与齿扇(轴)啮合传动驱动转向摇臂，驱动转向机构实施转向。

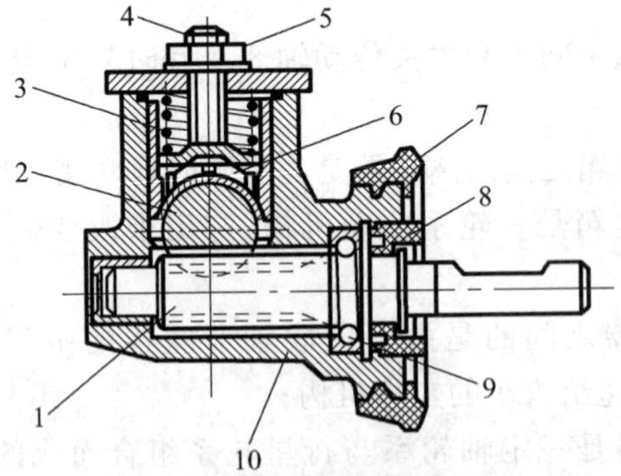

(a) 红旗CA7220等轿车用齿轮齿条式转向器

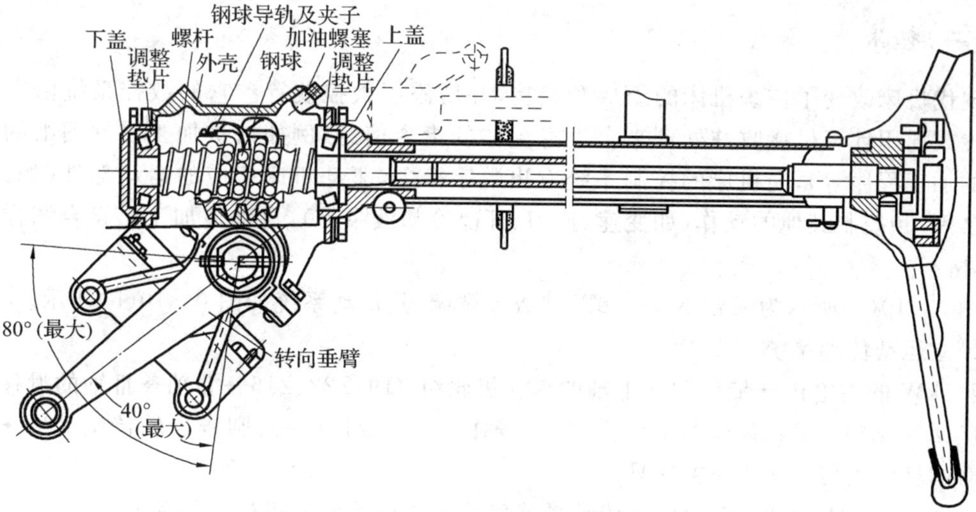

(b) 解放CA1040等载货车用滚珠螺旋—齿条齿扇转向器

图 0—8 转向器内部结构示意图

(2)转向机构 常用各类转向机构的基本组成部分多属于平面连杆机构,如图 0—9 所示。转向时,经由转向器传递来的力通过拉杆及由平面连杆机构组成的转向机构带动两前轮(或两后轮)同步的转动,从而实现车辆的转向。

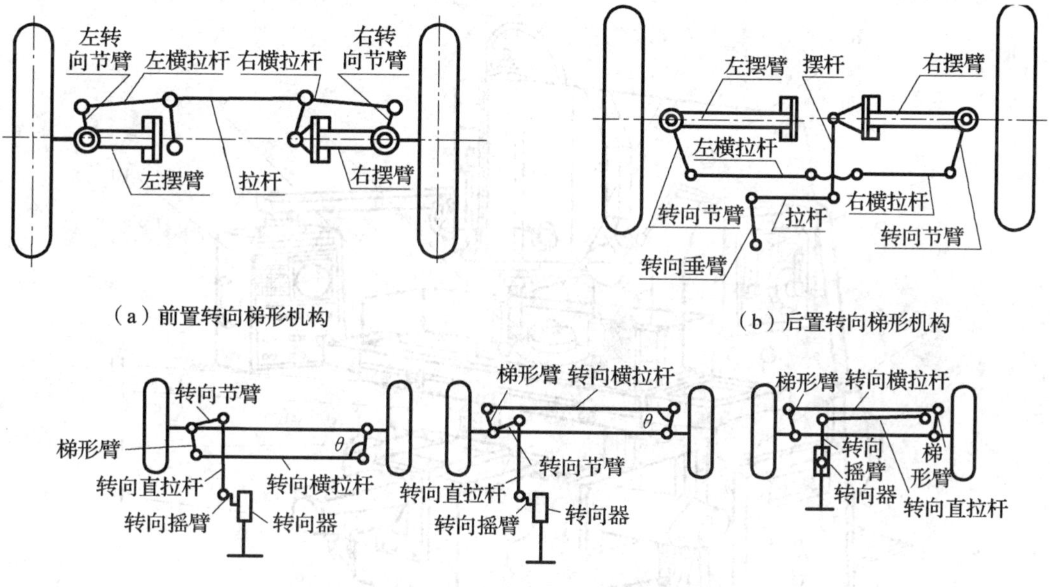

(c) 与非独立悬架配用的转向传动机构示意图

图 0—9 梯形转向传动机构

制动系统、供油系统;电气、仪表系统及现代汽车中的 ESP(电子稳定装置系统)、TCS(牵引力控制系统)、ABS(防抱死制动系统)、EBD(电子制动力分配系统)等自动监控系统,这里不做介绍。

（二）机床

现代机床改变了传统机床的组成和结构，并增添了数控装置。它的数控系统由专用计算装置或通用计算机接收并处理来自信息载体的指令信息（例如按被加工零件图纸的要求编制的加工程序等），向机床的控制系统发出数字指令，驱动机床相应的运动部件（如刀架、工作台等）和控制其他的动作（如变速、换刀、开停冷却液泵等），自动地加工出符合图样要求的工件。

图 0－10(a)所示为一台 XK5040A 型数控铣床，其传动系统如图 0－10(b)所示。

1. 主运动传动系统

7.5kW 的主电机→带传动→Ⅰ轴的滑移齿轮组 Z19、Z22、Z16→Ⅱ轴→Ⅲ轴的滑移齿轮组 Z37、Z47、Z26→滑移齿轮组 Z82、Z19→Ⅳ轴的 Z38、Z71→一对圆锥齿轮传动 Z29→Ⅴ轴→一对圆柱齿轮传动 Z67→主轴Ⅵ。

由图 0－10(b)可见，它的机械传动系统仍然是常见的各种机构与传动。

2. 工作台的横向、纵向进给和垂直升降运动

工作台的横向进给运动：伺服电机→圆柱齿轮传动 Z48、Z48→滚珠螺旋传动→工作台；

工作台的纵向进给运动：伺服电机→圆柱齿轮传动 Z36、Z36→滚珠螺旋传动→工作台；

工作台的垂直升降运动：伺服电机→圆锥齿轮传动 Z22、Z55、Z22→Z55 带动滚珠螺旋传动→工作台。

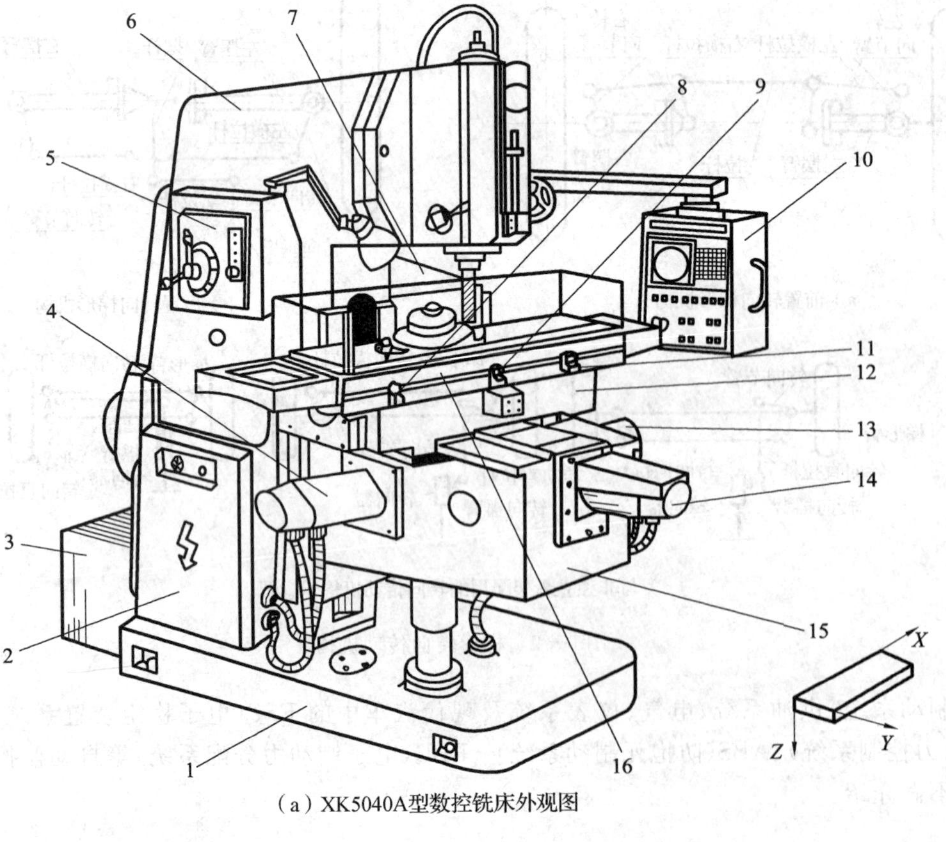

(a) XK5040A型数控铣床外观图

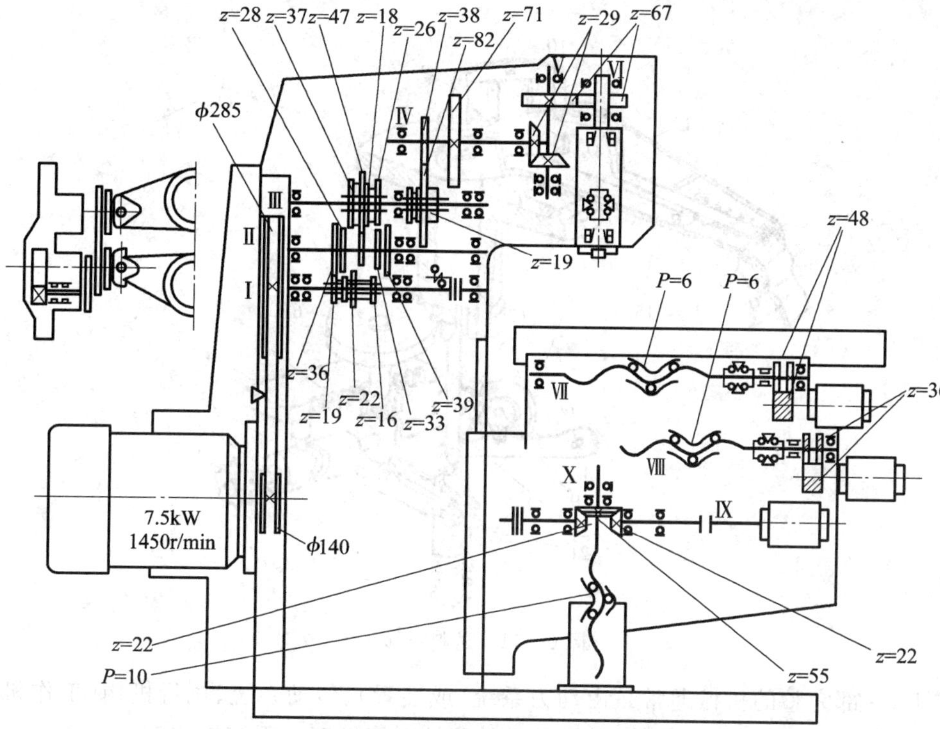

（b）XK5040A型数控铣床传动系统图

图 0－10　XK5040A 型数控铣床

（三）机械手的传动系统

图 0－11 是一送料机械手的传动系统和执行机构示意图。其工作过程是：

动力输入→链传动（链轮 1，图中略去主动链轮及链条）→分配轴 2 与圆柱凸轮 3→

分流→
- (1)→齿条 4、（小齿轮与）齿轮 6→与齿圈（转盘 8 的下部）啮合传动，控制转盘 8（与手臂 15）作水平回转运动
- (2)→盘形凸轮 5→摆杆 21 和圆筒 7→控制手臂 15 绕轴 O_3 上、下摆动；
- (3)→齿轮机构（齿轮 17、16）和凸轮机构（凸轮 19 和摆杆 18）→杆 20（和 9）→连杆机构 10、11、12、13→控制手指 14 张合；

协调动作，代替人类做功

机械手的动作依次是：手指张开→夹料→手臂上摆→手臂回转→手臂下摆→手指张开放料→手臂上摆→反转→下摆→复位。……往复循环。

它的组成机构和传动分别是：链传动（1）；圆柱凸轮机构（3 与 4 下部的指状销部分）。

分流后的各机构为：

(1)齿轮齿条机构（4 与 6）；外啮合齿轮机构[6 与 8（盘 8 的下部）]。

(2)凸轮机构（5 与 21）；平面连杆机构（21、7、15）。

(3)（不完全）齿轮机构（17 与 16）；盘形凸轮机构（19 与 18）；平面连杆机构（20 和 9、10、11、12、13、14）。

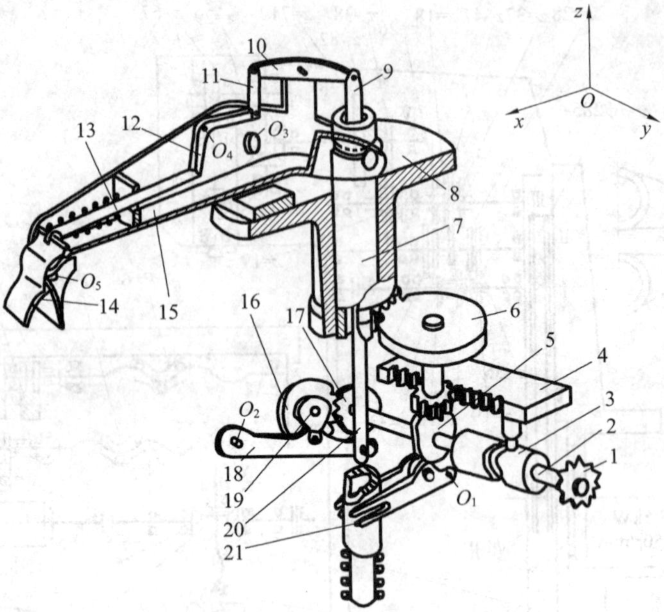

图 0—11　送料机械手

综上，一部完整的机械通常是由动力系统（或装置）、传动系统、执行机构（工作机构）及（机械的、电子的、液力、气动的等）操纵及自动监控系统等四大系统组成。

现代机械的监控系统多是些电子的自动监控装置。其他各系统由于各类机械的用途不同，分别由不同的装置组成，各个系统的装置也各有差异，但各类机械、各个机械装置通常都是由一个或若干个常用机构、常用的机械传动组成；而各个机构和机械传动又都是由一些通用的或专用的零件、部件或总成组成。

二　本学科的内容和任务

《机械设计基础》课程的任务就是研究和认识常用机构、常用传动的结构和组成；工作原理，运动特性或运动规律；有关的参数和几何尺寸及其计算，一些主要参数的影响和确定；常用机构、常用传动的设计。了解和认识常用的通用零件（或部件和总成）的结构和组成、有关参数，及其强度计算和设计计算。

该学科是机械类各专业课程的重要的基础学科，掌握好本学科的知识就为认识和掌握后继的各专业课程铺垫了坚实的基础和打开了方便之门。

三　学习本学科的方法

学习本学科的最好方法就是密切地去联系实际。多观察、多熟悉常见的实际机械及其内部结构、运动特点，这对理解和掌握本学科的教学内容大有裨益。

四 几组概念

(一)构件与零件

在机构中,把用以实现某一运动的一个或若干个机械零件的刚性组合,称为构件。它在用来表示机构组成和运动关系的机构运动简图中,被表示为一个线条或一个图形符号(见表0-1)。因此,可以说构件是机构的运动单元。

而机械零件是在生产过程中按照图纸中指示的材料、尺寸、技术要求等条件生产制造出来的具体的实物,是组成机器的基本单元,因此可以说,零件是机器的制造单元。

比如汽车发动机中的连杆,它在实际的机器中是由具体的连杆体(包括杆身及连杆衬套、连杆轴承上瓦)、连杆盖(包括连杆盖和连杆轴承下瓦)、若干个螺栓组(而每个螺栓组又是由螺栓、螺母、垫片组成)等若干个零件组成的,如图0-12(a)所示,而在机构和机构运动简图中它只是用一线条表示的一个构件,如图0-12(b)中的线段2。

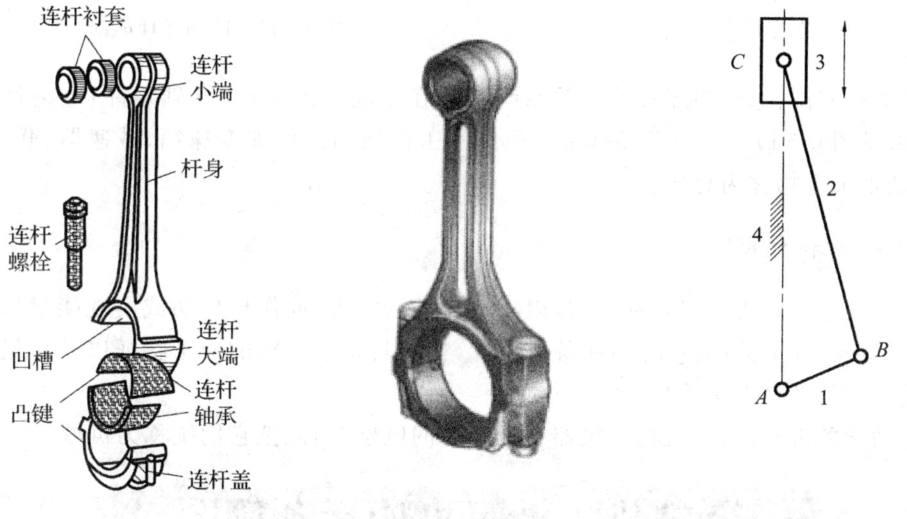

(a) 连杆的组成　　(b) 连杆在机构运动简图中的符号为构件2

图0-12　连杆的组成和它的机构运动简图符号

机械零件,按其用途可分为两大类:(1) 在各类机械中通用的通用零件,例如轴、齿轮、通用类滚动轴承、螺纹连接件(含螺栓、螺母、垫片等)等;(2) 某一机械上专用的专用零件,如发动机中的曲轴、缝纫机上的踏板、剪板机上的刀片等。

(二)机构与组件、部件和总成

把一个或若干个构件人为地通过一定的形式联接在一起(* 这种"一定形式的联接"称为运动副,详见第三节);各构件间具有确定的相对运动;具备这样两个特征的构件的组合体称为机构。机构具备了变换所传递运动的运动形式和运动参数的能力。

为了制造与运输等原因组合在一起的一组零件称之为组件,例如在发动机中把组装在一起的活塞(含活塞环)、连杆等称为一个连杆组件,如图0-13所示;而把若干个连杆组件与基础零件曲轴组装在一起称为曲轴连杆部件(或零部件),如图 0-14 所示。

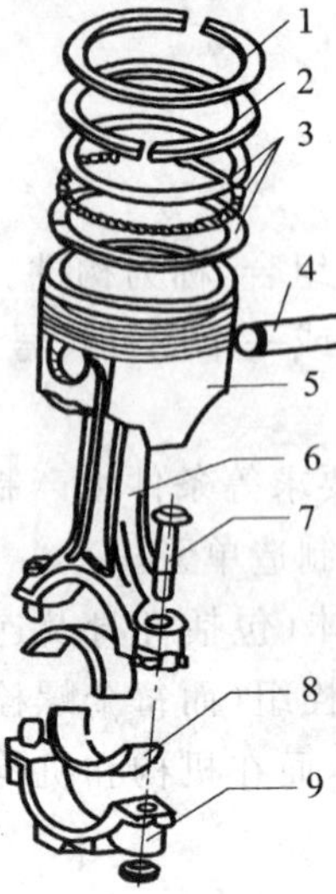

图 0-13　连杆组件

图 0-14　曲轴连杆部件

把若干个零件、部件和配置的相关系统组装在发动机的缸体(基础零件)上则称为发动机总成(参见图 0-1)。总成已经具备了独立的工作能力。例如变速箱、减速器、联轴器、离合器、滚动轴承等均称为总成。

(三)机器和机械

将一个或若干个机构组合在一起,以实现人类的意志:或作机械功或实现能量形式的转换,则称为机器,如前述的汽车、机床等。因此,机器具备了机构的两个特征以及作机械功或实现能量形式的转换三个特征。

从运动学的观点出发,机构与机器并无本质的区别,因此把它们统称为机械。

第二节　平面机构运动简图

实际机械中应用最多的机构多属于平面机构,因此我们主要讨论的是平面机构及它的表达方式——平面机构运动简图。

一　平面机构

平面机构是指组成机构的各构件在同一平面或相互平行的平面内运动的机构,否则就称为空间机构。

机构由构件和运动副组成,平面机构则是由作平面运动的构件和平面运动副组成。

前面已经讨论了有关构件的问题,以下讨论有关运动副及相关的问题。

(一)运动副

两构件间能产生相对运动的联接,称为运动副,如图 0-15 所示。两构件间分别通过点、线、面的形式保持接触，形成运动副的点、线、面称为运动副元素。

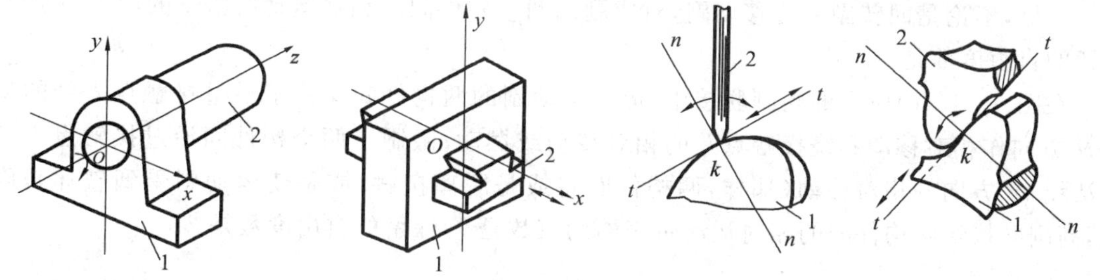

（a）回转副　　（b）移动副　　（c）高副

图 0－15　运动副

按保持接触时的运动副元素的不同，可将运动副分为低副和高副两大类。

1. 低副

两个构件间通过面保持接触的运动副，称为低副。按接触面的形式和两构件间的相对运动关系，又可将低副分为回转副和移动副。

(1)回转副　两构件间通过圆柱面接触，两构件间的相对运动形式是转动线摆动，如图 0－15(a)所示。

(2)移动副　两构件间通过平面接触，两构件间的相对运动形式是直线运动，如图 0－15(b)所示。

2. 高副

两构件间通过点或线保持接触的运动副，称为高副。如图 0－15(c)所示，两构件间的相对运动形式是：沿过接触点 k 处的切线 tt 方向的相对移动；和绕接触点 k 的相对转动或摆动。

(二)自由度和约束

1. 自由度

如图 0－16 所示，在坐标系 xoy 平面内，一个作平面运动的构件有 3 个独立的运动：沿 x、y 轴的移动和绕垂直于 xoy 平面的某固定轴的转动，它在平面 xoy 中的位置可用三个独立的参数 x、y、θ 来描述。描绘构件相对于参考系的瞬时位置(或独立运动)时所需的独立参变量的数目称为自由度。1 个活动平面构件有 3 个自由度。

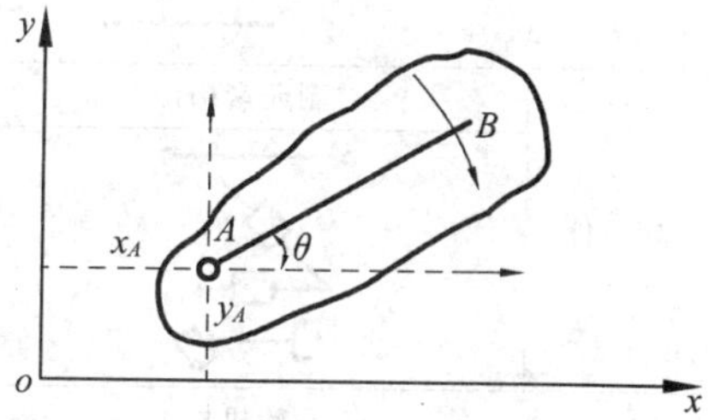

图 0－16　平面运动构件的自由度

2. 约束

两构件通过运动副联接后，两构件间的相对运动将受到限制。运动副对成副的两个构件间的相对运动所给予的限制称为约束，引入一个约束将使构件间的相对运动减少一个自由度。

如图 0－15(a)，形成回转副的两构件只能在 xoy 平面内绕 z 轴作相对转动，而限制了两个构件间沿 x、y 两坐标轴方向的相对移动。在图 0－15(b)中，形成移动副的两构件间只能沿某一坐标轴(图中为 x 轴)方向作相对移动；而限制了两构件间沿另一坐标轴(图中为 y

轴)方向的相对移动和绕垂直于它们的运动平面的某固定轴(含坐标轴 z,图中未画)的转动。

可见,不论是回转副或是移动副,对成副的两个构件间的相对运动所给予的约束数是 2,保留的自由度数是 1。

在图 0—15(c)所示的高副联接中,形成运动副的两构件间保留了沿过接触点 k 处的切线 tt 方向作相对移动和绕接触点 k 的相对转动或摆动;限制了两个构件间沿过接触点 k 处的法线 nn 方向的相对移动(那样,两构件间将或是脱离接触,或是使运动副受到破坏),因此,高副联接给两构件间的相对运动带来的约束数是 1,保留的自由度数是 2。

二　平面机构运动简图

在研究和设计机械时,常需要用到平面机构运动简图。仅用简单线条和符号并按一定的比例绘制、用来表示平面机构的组成和运动关系的简明图形称为平面机构运动简图(不按比例绘制的则称为机构的示意图)。

(一)构件及运动副的表示方法

表 0—1 摘选了部分常用的构件及运动副的表示方法(详见 GB4460—84),以供学习和使用。

表 0—1　　常用运动副和构件的表示方法

<table>
<tr><td></td><td colspan="6">两运动构件形成的运动副</td><td colspan="6">两构件之一为机架时所形成的运动副</td></tr>
<tr><td>转动副</td><td colspan="6">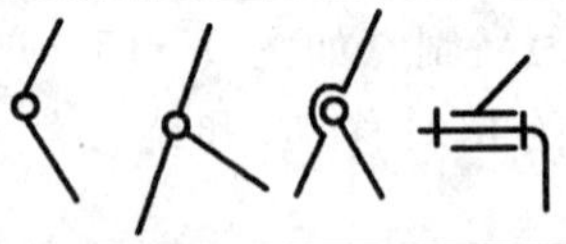</td><td colspan="6">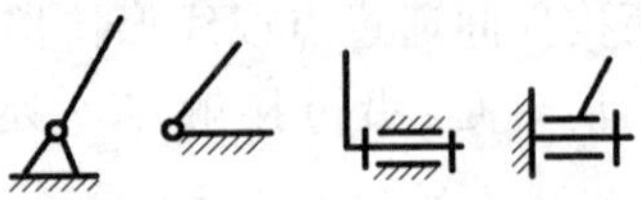</td></tr>
<tr><td>移动副</td><td colspan="6">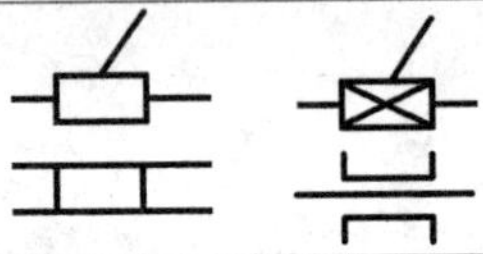</td><td colspan="6">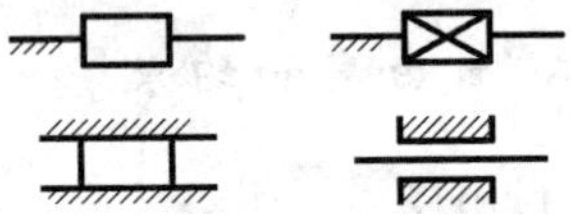</td></tr>
<tr><td rowspan="2">构　件</td><td colspan="4">二副元素构件</td><td colspan="4">三副元素构件</td><td colspan="4">多副元素构件</td></tr>
<tr><td colspan="4">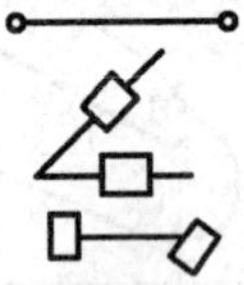</td><td colspan="4">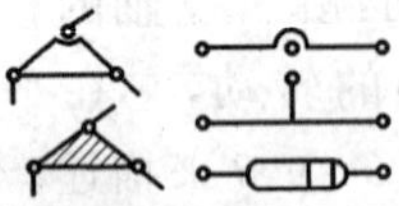</td><td colspan="4">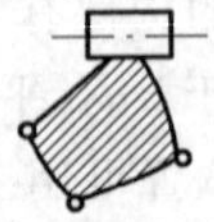</td></tr>
<tr><td rowspan="2">凸轮及其他机构</td><td colspan="4">凸轮机构</td><td colspan="4">棘轮机构</td><td colspan="4">带传动</td></tr>
<tr><td colspan="4">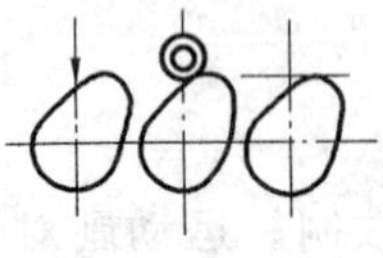</td><td colspan="4">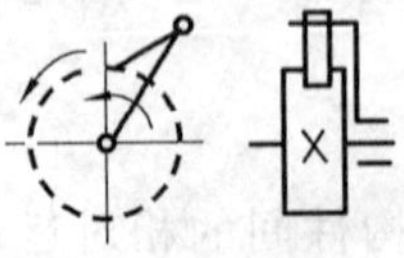</td><td colspan="4">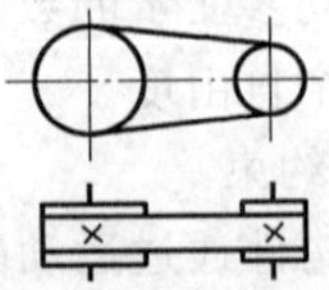</td></tr>
<tr><td rowspan="2">齿轮机构</td><td colspan="3">外齿轮</td><td colspan="3">内齿轮</td><td colspan="3">圆锥齿轮</td><td colspan="3">蜗杆蜗轮</td></tr>
<tr><td colspan="3">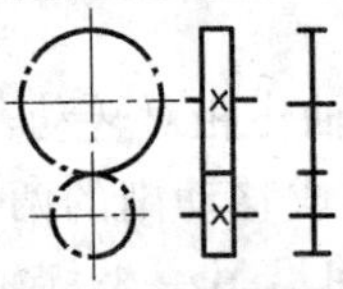</td><td colspan="3">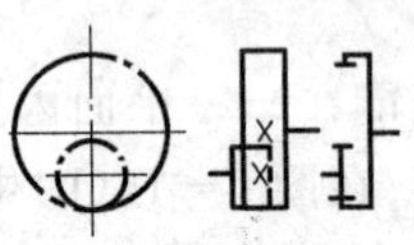</td><td colspan="3">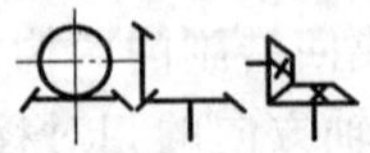</td><td colspan="3">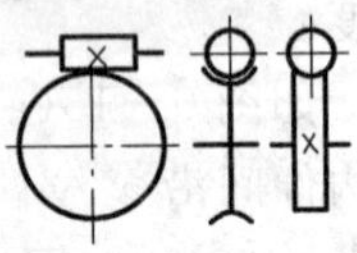</td></tr>
</table>

(二)平面机构运动简图

1. 平面机构运动简图中一般应包括的信息

(1)构件的数量;主动构件、不动构件、从动构件及它们的类型和位置;

(2)运动副的数量、类型及位置;

(3)运动的传递路线和各构件间的相对运动关系;

(4)与运动变换相关的尺寸参数。

2. 绘制机械的平面机构运动简图

绘制机械的机构运动简图时,通常按下列步骤进行:

(最好用手缓缓地驱动机构)

(1)找出所有的构件与运动副,分清固定构件,确定主动构件,确定运动副的类型和数目;

(2)观察机构的运动过程,观察构件间的相对运动,分析机构的结构及其工作原理;

(3)测量有关尺寸,如:两回转副间的中心距、回转副的回转中心与移动副的导路中心间的距离、两移动副导路间的距离或夹角等;

(4)将机构按一般位置放置(即尽量避免机构运动中的特殊位置如:构件与构件的共线、垂直等位置),选择最能充分反映机构的运动特性的平面为视图平面;

(5)确定比例尺

$$\mu_l = \frac{\text{构件实际长度(m 或 mm)}}{\text{构件图示长度(mm)}}$$

用国家标准规定的符号和线条绘制机构运动简图。并标记出主动构件和机架。

(三)平面机构运动简图绘制实例

【例 0—1】 图 0—17 所示为一颚式破碎机。在偏心轮 2 的驱动下,动颚 3 作周期性的平面运动,它与固定颚时而靠近,时而分离,靠近时料斗内的物料被轧碎,分离时物料落出。试绘制该机构的平面机构运动简图。

解:该机的主机构是由偏心轮 2、动颚 3、肘板 4 和机架 1 四构件组成。其中偏心轴 A(及带轮 5)与机架 1(轴承座孔)相联并绕轴线 A 作定轴转动,形成以 A 为中心的固定铰链;偏心轮 2 与动颚 3 相联并组成以 B 为中心的活动铰链;动颚 3(通过销轴)与肘板 4 铰接于 C,C 为另一活动铰链;肘板 4(通过销轴)与机架 1 铰接于 D,D 为另一处固定铰链;该机构为一铰链四杆机构。

观察破碎机结构组成和工作过程是:偏心轴 A 的一端(近端)是与轴制作成一体的偏心轮 2(因此轴 A 称为偏心轴,可参阅图 1—17 及课文),偏心轮 2 的几何中心是 B,它与动颚板 3 以回转副联接、回转中心就是 B;偏心轴 A 的另一端(远端)固结带传动装置的大带轮 5(图中略去了电动机和带传动的小轮及皮带)。当电动机通过带传动拖动带轮 5 转动时,带轮 5 同偏心轴 A 一起绕回转中心 A 转动,偏心轮 2 则驱动颚板 3 作周期性的摆动并挤碎石料作功。颚板 3 的另一端由肘板 4 支撑,颚板 3 与肘板 4 在 C 处以回转副联接,颚板 3 相对肘板 4 绕 C 点做摆动;肘板 4 与机架 1 在 D 处以回转副联接,肘板 4 相对机架做摆动。

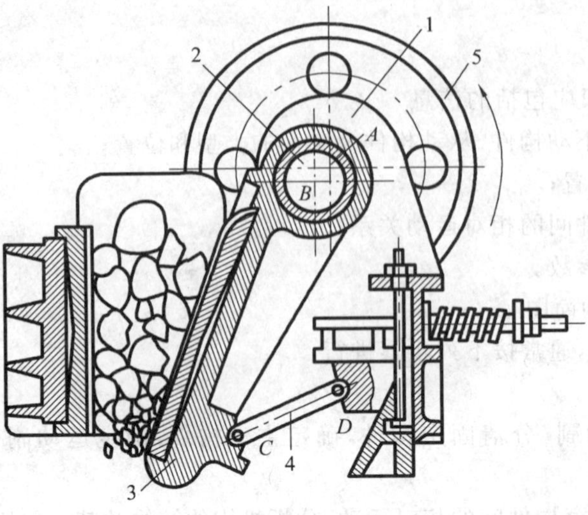

(a) 颚式破碎机工作图

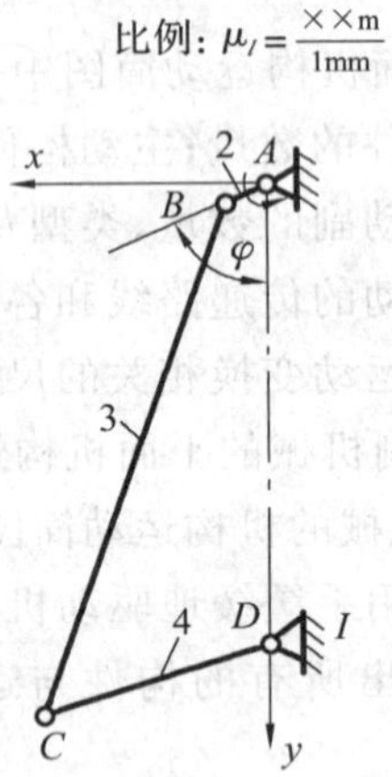

(b) 颚式破碎机主机构的机构运动简图

图 0—17 颚式破碎机主机构机构运动简图

1.机架；2.偏心轮；3.动颚；4.肘板；5.大皮带轮(小皮带轮和皮带略去)

构件 1 即机架的长度为 AD，构件 2 的长度即是偏心轮 2 的偏心距 AB，构件 3 的长度为 BC，构件 4 的长度为 CD。偏心轮 2 为原动件，肘板 4 为从动构件，动颚 3 是机构的动力输出构件。

分别测量 AD、AB、BC、CD 的长度。

选择图示位置为视图平面。

确定比例 $\mu_l=\frac{\text{构件实际长度(m)}}{\text{构件图示长度(mm)}}$；按照国标规定的图形符号和绘制机构运动简图的要求绘得颚式破碎机主机构的机构运动简图；以带箭头的弧线标记主动构件 AB；以短斜线标记固定绞链支座[图 0—17(b)]。

第三节 平面运动链成为平面机构的条件

一 运动链与机构

(一)运动链

两个以上构件通过运动副联接而构成的系统叫运动链，如图 0—18 及图 0—19 所示。

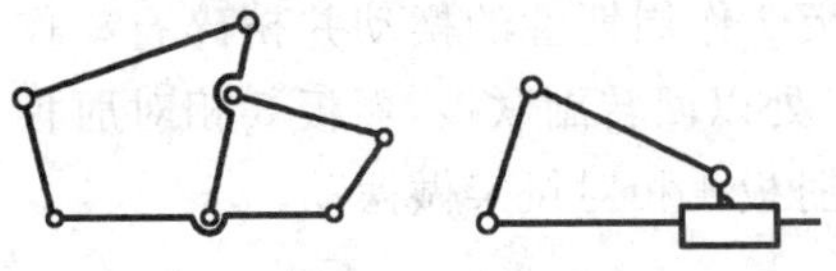

图 0—18 平面运动链

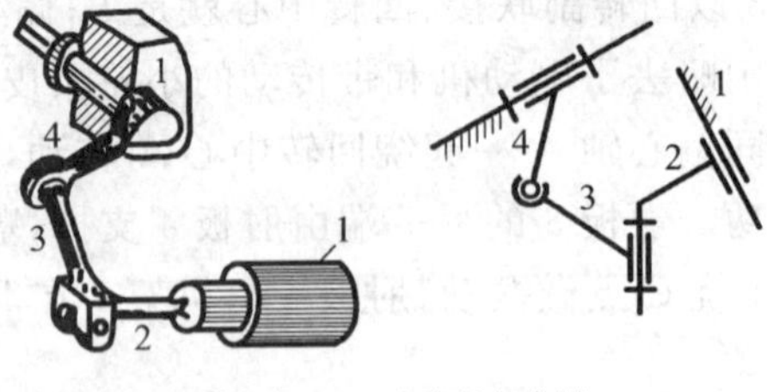

图 0—19 空间运动链

闭链:运动链首尾相接、构成一个封闭的系统,称为闭链。闭链多用于一般机械装置中。

开链:运动链首尾不相接、未构成封闭系统,称为开链。开链多用于机械手装置。

(二)运动链与机构

在运动链中需选取一个构件加以固定,这个不动的构件称为机架。

当使一个或少数几个构件按给定的运动规律独立运动时,其余构件也均随之作确定的运动,这种运动链称为机构。不能满足上述条件的运动链则不能称为机构。

机构中输入运动的构件称为主动构件,其余的可动构件则称为从动构件(参见图 0－17 颚式破碎机的主机构和它的机构运动简图)。

那么,运动链能成为机构的条件是什么呢?

二 平面运动链的自由度计算

(一)平面运动链自由度计算公式

1. 运动链的自由度

整个运动链相对于固定构件具有确定运动时所需的独立参变量的数目。

2. 平面运动链的自由度计算公式

设一个平面运动链包含 N 个构件,其中 1 个构件为机架(机架的自由度数为 0),则活动构件数 $n=N-1$ 个,1 个活动构件有 3 个自由度,n 个构件则计有 $3n$ 个自由度;设该运动链有 P_L 个低副,P_H 个高副。由于 1 个低副引进 2 个约束,1 个高副引进 1 个约束。因此,该运动链 n 个活动构件剩余的自由度数即运动链的自由度数 F 应为:

$$F=3n-2P_L-P_H \tag{0-1}$$

式中:n——活动构件数;P_L——低副数,P_H——高副数。

式 1－1 表明:运动链的自由度数取决于活动构件数和运动副的类型及数量。

(二)平面运动链自由度计算时应注意的几种特殊情况

1. 复合铰链

两个以上的构件铰接在同一销轴上构成的多个回转副,形成了复合铰链,如图 0－20 所示。图 0－21 是不同型式的构件铰接在一起时的复合铰链的机构运动简图符号。

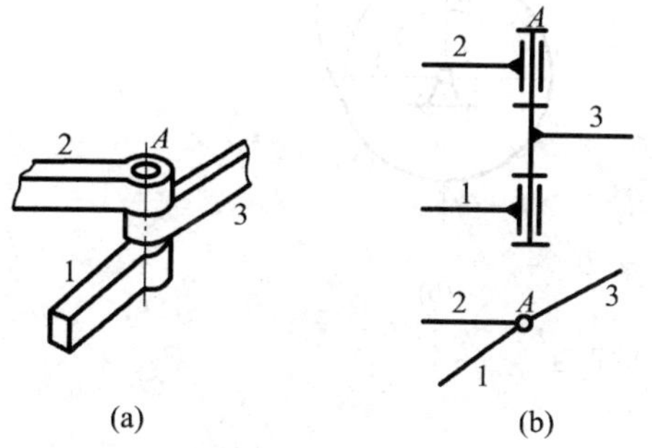

图 0－20 复合铰链

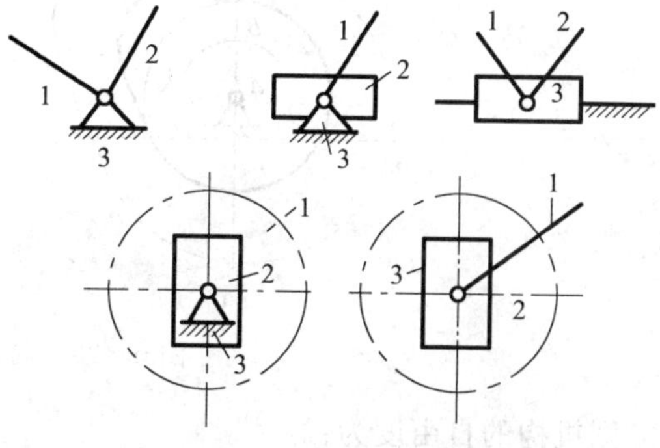

图 0－21 其他几种复合铰链

由图 0-20 中 1、2、3 三个构件在同一销轴上构成两个回转副可推知：如有 m 个构件铰接在同一销轴上，应有 $(m-1)$ 个回转副。

【例 0-2】 试计算图 0-22 所示的圆盘锯运动机构的自由度。

解：该机构共有 7 个活动构件，$n=7$；A、B、C、D 处均是三构件汇交的复合铰链，各为两个回转副；E、F 处各为一个回转副；没有高副；$P_L=10$，$P_H=0$。

$$\therefore \quad F=3n-2P_L-P_H=3\times 7-2\times 10-0=1$$

在该机构中，当主动件 8 匀速摆动时，圆盘锯的中心 E 完成沿直线 EE' 的往复移动。

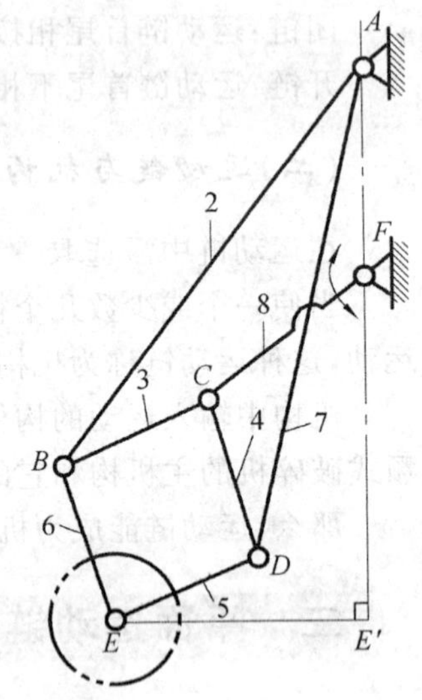

图 0-22 圆盘锯割机

2. 局部自由度

机构中增加的与机构的原运动无关的自由度，称为机构的局部自由度(或称多余自由度)，在计算机构自由度时应予去除。

如图 0-23(a)所示凸轮机构，为避免从动件与凸轮表面的摩擦磨损改设滚子从动件，机构增加了一个滚子。如计入滚子 3，则机构的自由度为：

$$F=3n-2P_L-P_H=3\times 3-2\times 3-1=2$$

则应设置 2 个主动构件，很明显，这与事实不符。

在图 0-23(a)所示的机构中，无论滚子 3 绕其自身的轴线 C 转动与否或转动快慢，都毫不影响从动件 2 的运动(沿平面移动副 D 的移动)，因此增设的滚子(及其绕自身轴线 C 的转动)使机构产生了"多余"的自由度，(之所以产生了一个多余的自由度就是因为增加了一个滚轮 3 和随之增加了一个回转副 C。运动链增加了一个滚轮，从而增加了 3 个自由度，而增加了一个回转副只减少了 2 个自由度，因此，产生了一个"多余"的自由度)计算时应予去除。去除的方法是：可设想将滚子与从动件 2 焊接成一体，即，同时去掉滚子 3 和回转副 C，如图 0-23(b)所示，机构被还原成它的原来的面目。

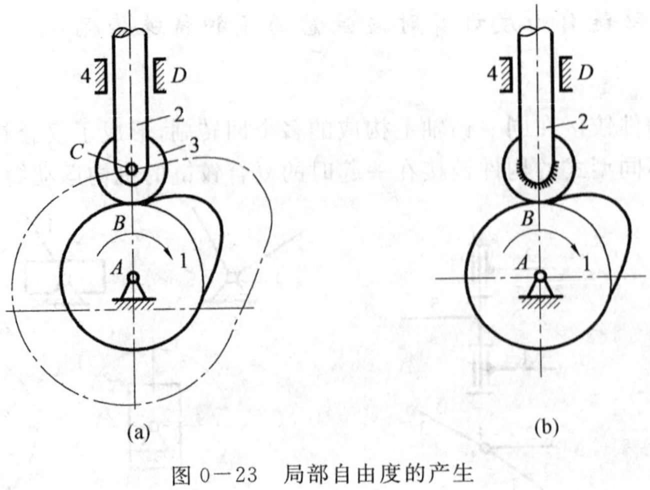

图 0-23 局部自由度的产生

则机构的自由度为：

$$F=3n-2P_L-P_H=3\times 2-2\times 2-1=1$$

需设置1个主动构件，这与实际相符，机构成立。

3. 虚约束

在实际机械中，根据实际机构或机器的需要，为了改善机构或构件的受力情况或者是为了满足其他一些需要常常需要在保证特殊的几何条件下，设置一些约束，这些约束所起的限制作用往往是重复其他约束的。这种不起独立约束作用的约束称为虚约束（或称重复约束），在计算机构自由度时应予去除。

平面机构的虚约束常出现于下列情况：

(1)两构件间在多处构成移动副且这些移动副的导路互相平行（包括重合），如图0－24。在计算机构自由度时只需考虑其中一处的约束，其余各处引进的约束均为虚约束，均予以去除。

在图0－24(a)中，同一个构件1与机架2两构件之间在A、B、C三处构成导路平行的三个移动副，那么，其中两处应计为虚约束，进行机构自由度计算时只按一处计算。

在图0－24(b)中，同一构件2与机架两构件之间构成了导路重合的两个移动副，计算时只按一处计算。

在图0－24(a)、(b)所示的机构中需满足的特殊的几何条件是：(a)中的三处，(b)中的二处的移动副的导路是平行或重合的；否则则构成有效约束，使活动构件无法移动。

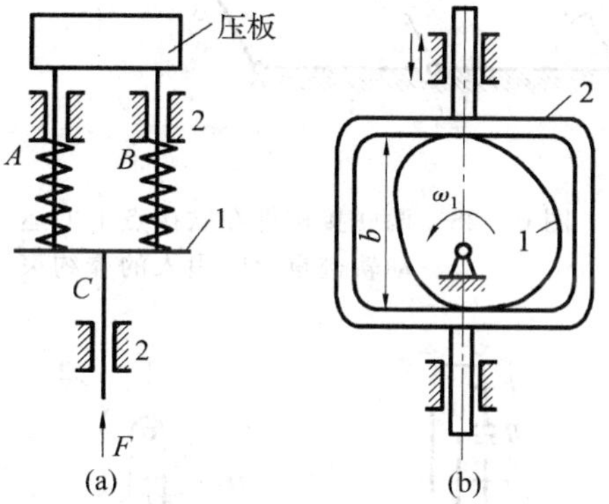

图0－24　同一构件与机架间构成多个导路平行（或重合）的移动副时引入虚约束

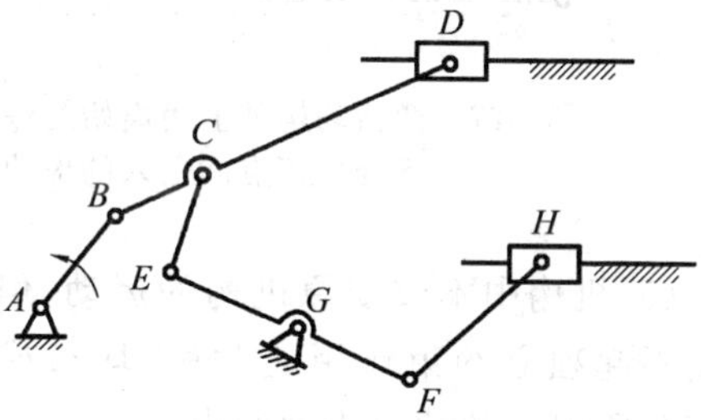

图0－25　滑块D、H与机架分别构成的导路平行的移动副

（在图0－25所示的机构中，滑块D、滑块H与机架三构件之间**分别**构成两处导路平行的移动副，**则不可**因两移动副的导路平行而视其中之一为虚约束。）

(2)两构件间在多处构成回转副，且这多个回转副的轴线共线时，只考虑一处回转副引入的约束，其余为虚约束。

如图0－26所示，同一构件曲轴其主轴颈与机架之间在多处构成**共线**的回转副（图中为5处），计算自由度时，只按一处计。（但如不能满足特殊的几何条件：即，保证这多个回转副的轴线共线，则其余的4个回转副将成为有效约束，曲轴将不会转动。）

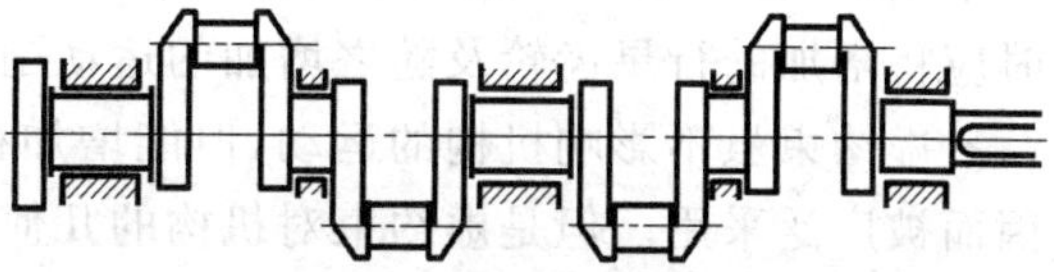

图0－26　两构件间在多处构成回转副且它们的轴线共线时引入虚约束

(3)机构运动时，如果两活动构件上两点间的距离保持恒定，当用一构件（及两个回转副）将此两点间联接起来时，则会引入虚约束。

如在图 0－27 所示的机构中，由于它的特殊的几何条件是：$AB \perp\!\!\perp CD$，$AE \perp\!\!\perp DF$，当机构运动时，构件 1 和 3 上的 E、F 两点间的距离则始终保持不变，如果在 E、F 两点用构件 5 分别与构件 1 和 3 以回转副相联，则会引入虚约束。计算机构自由度时，应将构件 5(连同回转副 E、F)一并去除。[在实际机械中，为了提高机构的刚度，增加了 EF 杆及 E、F 两处铰链联接，但如不能满足特殊的几何条件：$AB \perp\!\!\perp CD$，$AE \perp\!\!\perp DF$，则增加的 EF 杆(及回转副 E、F)引入的约束将成为有效约束，机构 $ABCDEF$ 将不会运动。]

(4)两联接构件在联接点上的运动轨迹重合，则该运动副引入的约束为虚约束。

如图 0－28 所示，由于增设的 EF 杆具有与 AB 和 CD 杆平行且相等的特殊的几何条件，杆 5 上 E 点的轨迹与杆 2 上 E 点的轨迹重合，因此，增设 EF 杆(及回转副 E、F)的同时引进了虚约束。计算时应将 EF 杆(及回转副 E、F)一并去除。

[在实际机械中，为了保证平行双曲柄机构 $ABCD$ 中的从动曲柄不会产生反向运动(见第一章第一节中反向双曲柄机构)而增设了 EF 杆(及 E、F 两处铰链联接)，但如不能满足 EF 杆与 AB 和 CD 平行且相等的特殊几何条件，则增加的 EF 杆(及回转副 E、F)引入的约束将成为有效约束，机构 $ABCDEF$ 将不会运动。]

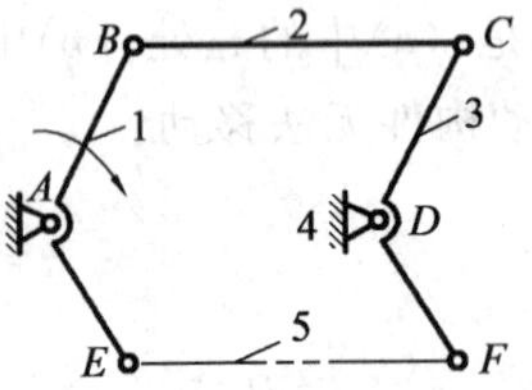

图 0－27　两活动构件上距离始终保持不变的两点间引入的虚约束

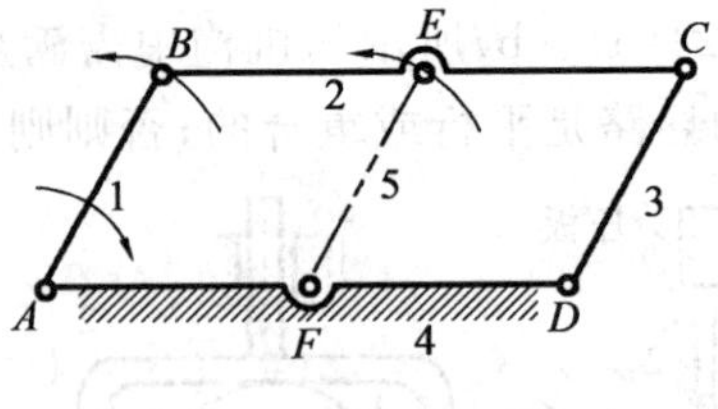

图 0－28　两联接构件在联接点上的运动轨迹重合时引入的虚约束

(5)机构中不改变原机构的运动，但对机构运动不起独立约束作用的对称、均布或重复设置部分所引入的约束为虚约束。

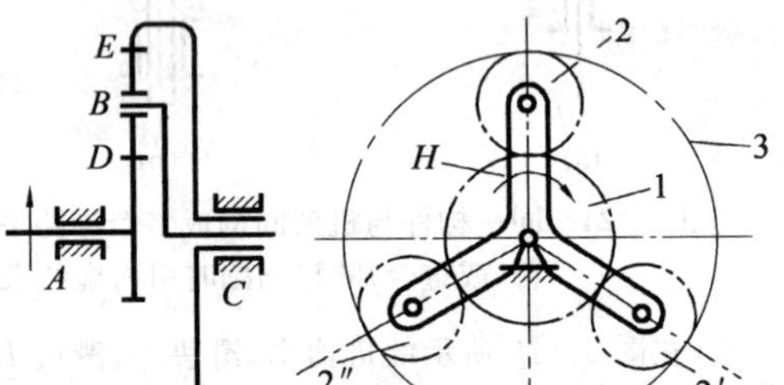

图 0－29　对称部分或重复设置部分引入的虚约束

在图 0－29 所示的行星轮系中，按机构的组成原理只需设置一个行星齿轮 2 便可传递运动(左图)。但是，为使机构受力平衡、提高承载能力，实际机构中采用了 3 个行星齿轮均布(右图)。这里每增加一个行星齿轮(及两个高副和一个低副)便引进一个虚约束，进行自由度计算时应将增加的行星齿轮及随之增加的运动副去除不计(即按左图所示机构计)。

虚约束虽不影响机构的运动，但能增加机构的刚性；改善机构的运动情况或受力情况，因而被广泛采用。但是虚约束对机构的几何条件要求较高，因此，对加工和装配精度提出了较高的要求。

三　平面运动链成为平面机构的条件

运动链和机构都是由构件和运动副组成的系统。要使一个运动链能成为机构，实现预期的运动规律，则必须使运动链具有运动的可能性和确定性。

(一)$F\leqslant 0$

在图 0－30(a)所示的桁架结构中，按式(0－1)，$F=3n-2P_L-P_H=3\times4-2\times6-0=0$，这表明构件间没有相对运动，这是一个刚性桁架。

图 0－30(b)所示的桁架结构其本身就是一个三副构件(见表 0－1)，现被固定不动，所以 $F=0$。

在图 0－30(c)所示的桁架结构中，按式(0－1)，$F=3n-2P_L-P_H=3\times3-2\times5-0=-1$，约束数过多，是超静定桁架，它不可能成为机构。

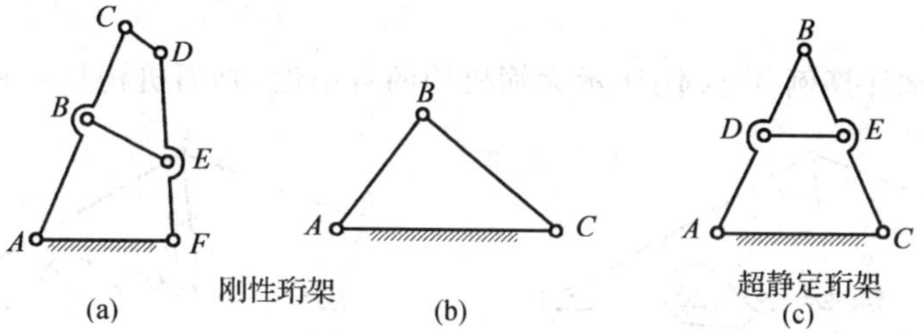

图 0－30 桁架结构

以上各运动链 $F\leqslant 0$，均没有运动的可能性，不可能成为机构。

(二)$F>0$

在图 0－31、图 0－32 的运动链中，均 $F>0$(计算过程略)，运动链均具有运动的可能性。

图 0－31 所示的五杆机构，其自由度数为 2。若取构件 1 作主动件，使其按某一规律转过角度 φ_1 时，构件 2、3、4 既可以处在实线位置，也可以处在双点划线位置，或其他位置，可见其从动件的运动不确定。因此，运动链不具备运动的确定性，也就不能成为机构。

但如果使构件 1、4 同时各按一定的运动规律分别转过 φ_1 和 φ_4 时，则其余构件的运动就可以被确定，运动链就可以成为机构。可见，要使该运动链运动确定能成为机构，其主动构件数应为 2。

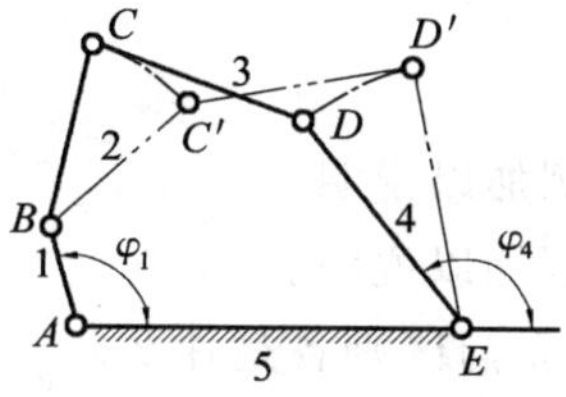

图 0－31 铰链五杆机构

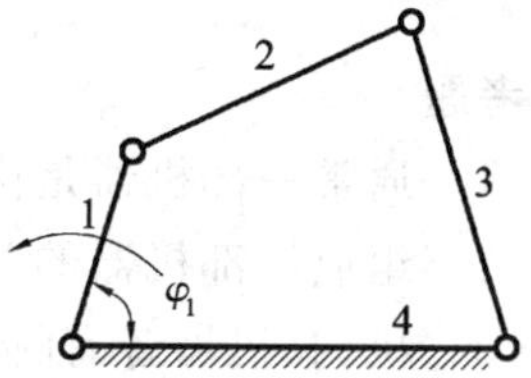

图 0－32 铰链四杆机构

图 0－32 所示的运动链，其自由度数为 1。当给定构件 1 以确定的运动规律时，其他构件的运动被相应确定；反之，若给该运动链两个(或多个)主动构件时，运动链将被破坏。可见该运动链要能成为机构，其主动构件数只需 1 个。

综上：

(1)$F\leqslant 0$：构件间无相对运动，不能成为机构；

(2)$F>0$：

令运动链的自由度数为 F，运动链的主动件数为 W：

① $W<F$,运动不确定;

② $W>F$,系统被破坏;

③ $W=F$,运动链各从动构件能具有确定的运动规律,运动链能成为机构。

可见,要使平面运动链成为平面机构、使运动链中的各构件能具有确定的运动规律的条件是:**平面运动链的自由度数 $F>0$,且运动链的主动构件数 W 必须等于运动链的自由度数 F。**

【例 0-3】 计算图 0-25 所示机构的自由度并确定机构是否具有确定的运动。

解:该机构 $n=7$,$P_L=10$,$P_H=0$,按式(0-1)得:

$$F=3n-2P_L-P_H=3\times7-2\times10=1$$

计算得机构自由度数为 1,而实际机构有 1 个主动构件,$W=F$,所以机构有确定的运动。

【例 0-4】 试计算例 0-4 图所示大筛机构的自由度,判断机构是否具有确定的运动。

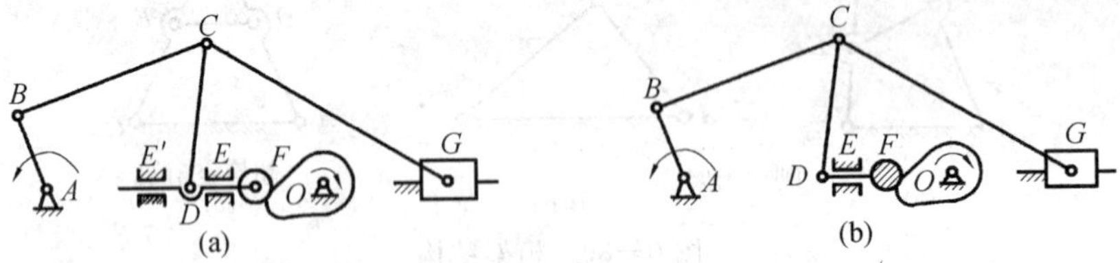

例 0-4 图 大筛机构

解:在例 0-4(a)图中滚子 F 处产生局部自由度,计算时应去除,按图(b)进行计算;图(a)中 E 和 E' 两处的导路重合,引入一处虚约束,计算时应去除;C 处为复合铰链,$m=3$,$m-1=2$。

所以,该机构 $n=7$,$P_L=9$,$P_H=1$,按式(0-1)得:

$$F=3n-2P_L-P_H=3\times7-2\times9-1=2$$

计算得机构自由度数为 2,而实际机构有 2 个主动构件,即 $W=F$,所以机构有确定的运动。

思考与练习题

思考题

0-1 通常一部机器是由哪几个系统组成?试举一二例加以说明。

0-2 组成一部机器的常用机构都有哪些?试举一二例加以说明。

0-3 机构、机器各有哪些特征?机构与机器之间的联系与区别各是什么?

0-4 什么是构件?什么是零件?它们之间的联系与区别各是什么?

0-5 解释下述名词概念

(1)自由度 (2)约束 (3)平面构件 (4)运动副 (5)运动链 (6)机构 (7)平面机构运动简图

0-6 常见的平面运动副有哪几种?运动副在运动链中起什么作用?平面高副、平面低副,它们各限制构件间的哪些相对运动?保留构件间的哪些相对运动?

0-7 运动链成为机构的条件是什么?

0-8 观察你的雨伞,试画出其机构运动简图,并计算机构的自由度。

0－9　绘图说明什么是复合铰链、局部自由度和虚约束？在计算机构自由度时应如何处理这些问题？为什么？

0－10　检验下列运动链能否成为机构，为什么？如使运动链能成为机构，请给出修改办法。

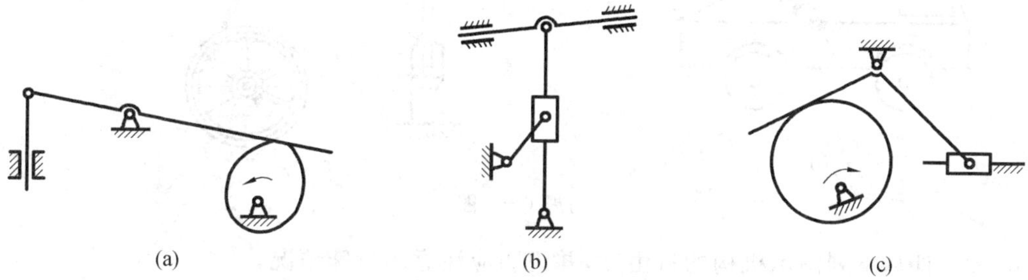

思考题 0－10 图

练习题

0－1　绘制下列机构的运动简图，并计算各机构的自由度。

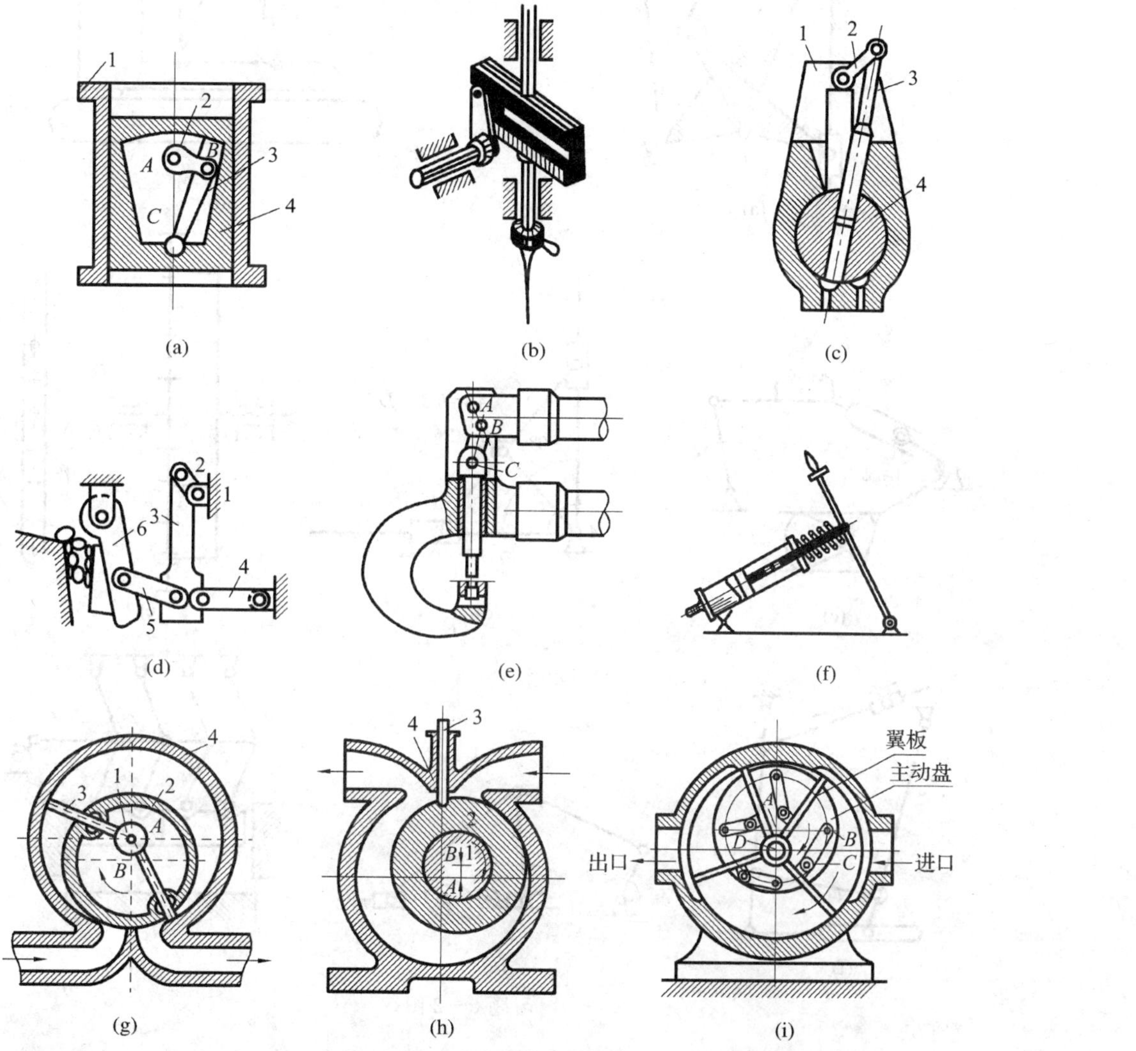

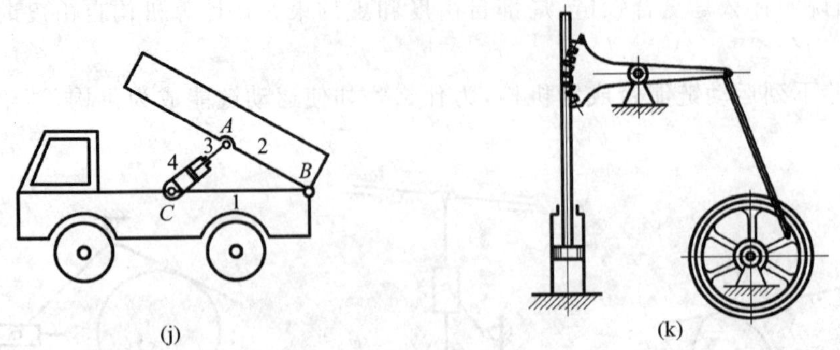

习题 0－1 图

0－2　计算下列图示机构的自由度，并说明应注意的特殊情况。

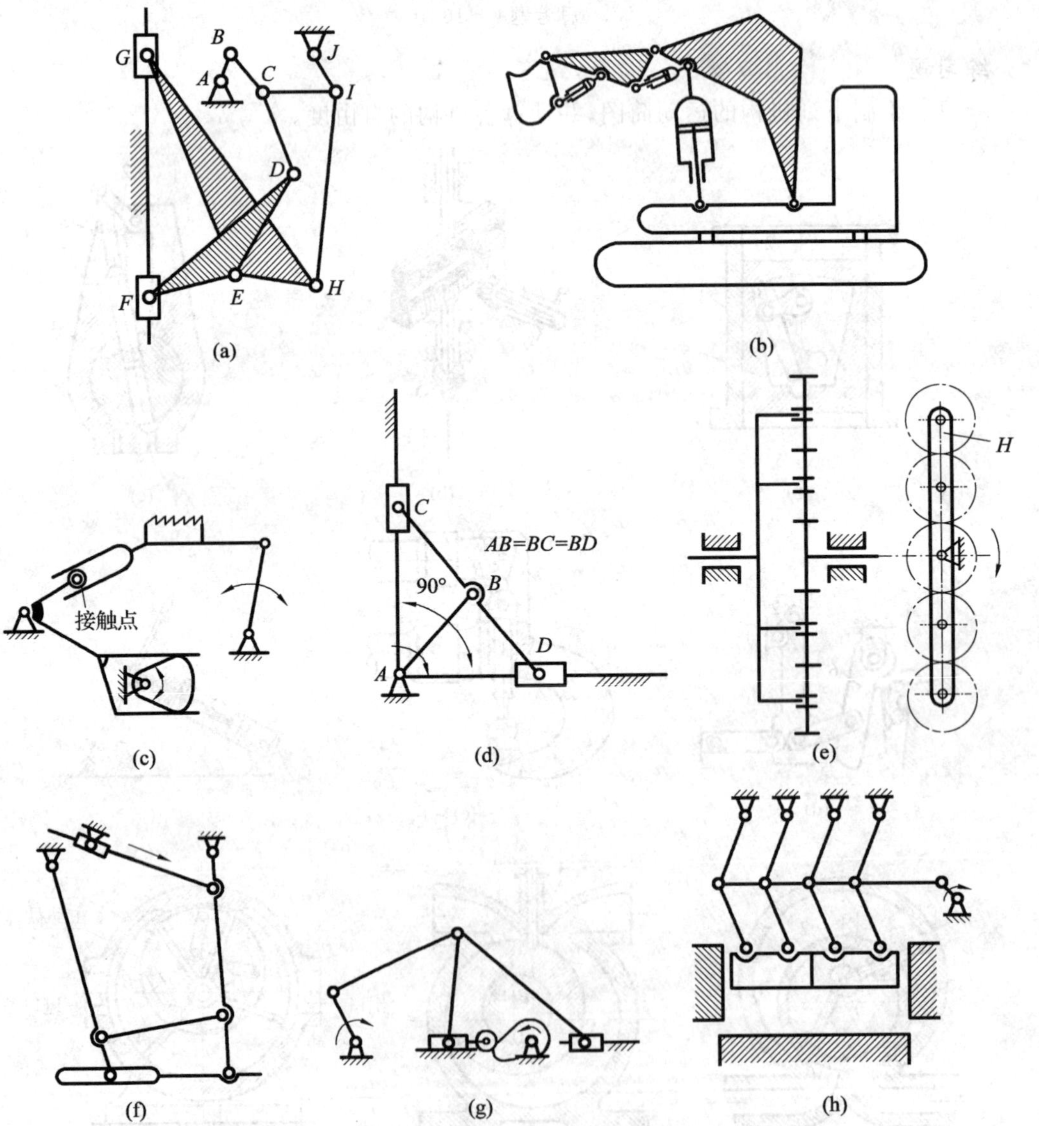

习题 0－2 图

0—3 计算下列图示机构的自由度，并说明机构具有确定运动的条件。

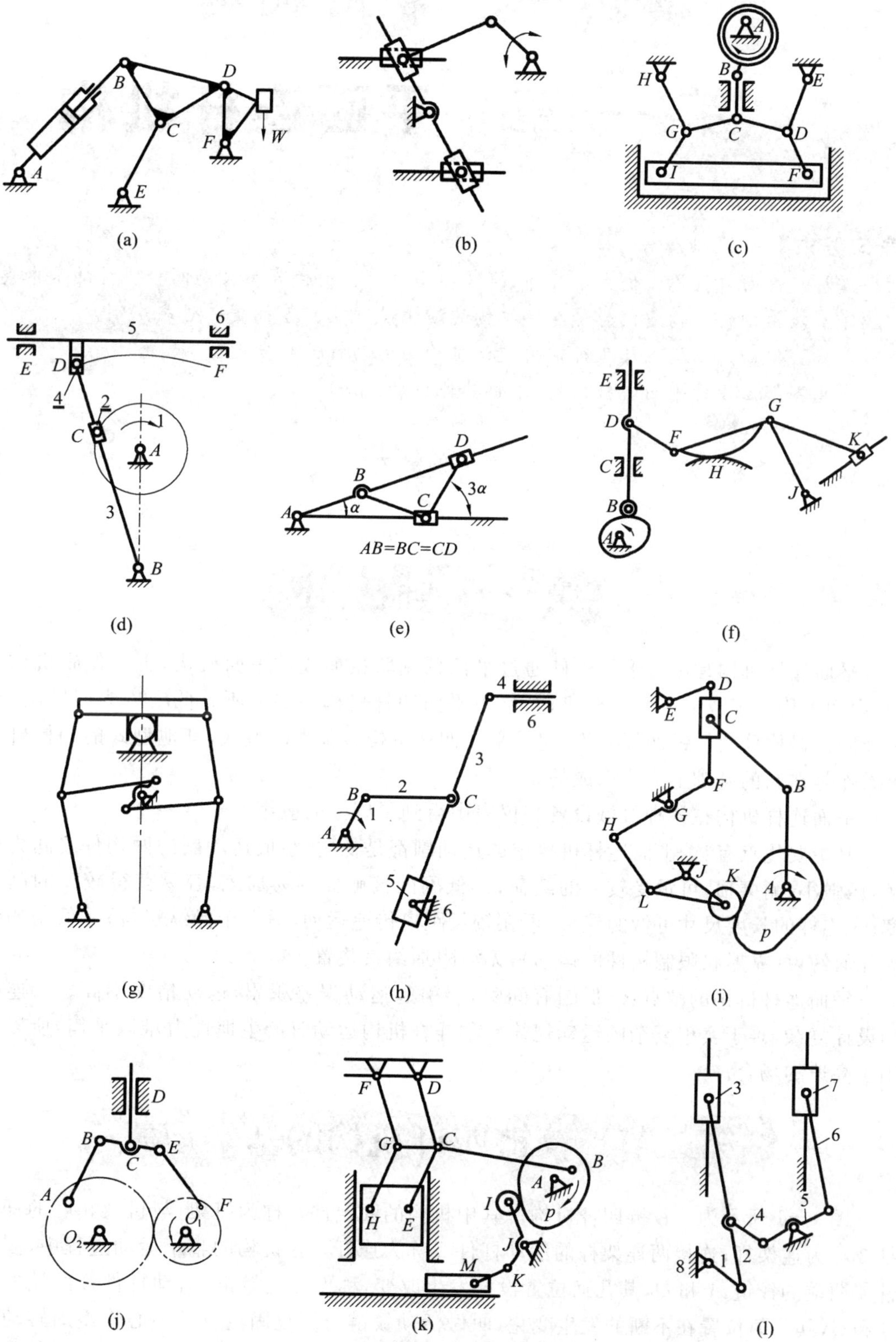

习题 0—3 图

模块一　常用机构

第一章　平面连杆机构

【学习要求】

(1)掌握铰链四杆机构曲柄存在条件，能够按曲柄存在条件判断铰链四杆机构的基本类型；

(2)了解铰链四杆机构演化为单滑块机构的演化过程及其各种演化型式；

(3)熟知铰链四杆机构以及几种常用演化机构的运动特性和应用；

(4)会用图解法设计平面四杆机构，了解其他设计方法。

第一节　概　述

平面连杆机构是由若干个构件通过平面低副联接而成的平面机构，也称低副机构。其中，由四个构件组成的平面连杆机构，称为平面四杆机构。如果所有低副均为回转副，这种平面四杆机构称为铰链四杆机构，它是平面四杆机构最基本的型式，其他型式的四杆机构都可看作是在它的基础上演化而成的。

平面连杆机构在各种机械设备和仪表中得到了广泛的应用。

其主要优点有：①平面连杆机构中的运动副都是低副，组成运动副的两构件之间为面接触，压强小、耐磨损，可承受较大的载荷；②低副的接触面容易加工，容易获得较高的制造精度；③连杆的长度尺寸可做的较大，可在较长距离传递运动，适合于操纵机构；④低副的约束为几何约束（靠形状限制构件的运动），无需附加约束装置。

平面连杆机构的缺点：①低副有间隙，会引起运动误差积累，运动精度不高。②连杆机构设计复杂，难于实现复杂的运动规律。③连杆机构运动时产生惯性力难以平衡，所以不适用于高速的场合。

第二节　铰链四杆机构的基本型式

图 1—1 所示为一铰链四杆机构。其中机构的固定件 4 称为机架；与机架相联的杆 1 和杆 3 称为连架杆；连接两连架杆的活动杆件 2 称为连杆。在机构的整个运动过程中，固定杆件 4 两端的铰链 A 和 D，其几何位置没有发生改变，称做固定铰链；活动杆件 2 两端的铰链 B 和 C，其几何位置在不断的发生变化，叫做活动铰链。能绕固定铰链中心作整周转动的连架杆称为曲柄，图中 AB 杆为曲柄；不能作整周转动、只能在一定范围内摆动的连架杆，称为

摇杆，图中 DC 杆为摇杆。

依据机构有无曲柄和有几个曲柄，可将铰链四杆机构分为三种基本型式：曲柄摇杆机构、双曲柄机构和双摇杆机构。

一 曲柄摇杆机构

铰链四杆机构的两个连架杆，若一个是曲柄，另一个是摇杆，则称为曲柄摇杆机构，如图 1—1。在铰链四杆机构中除机架外，其他构件均可作主动件，在实际机械中，以连架杆做主动件较多些。在曲柄摇杆机构中，当以曲柄为主动件时，通常曲柄作匀速转动，摇杆则作非匀速往复摆动，连杆作平面运动。

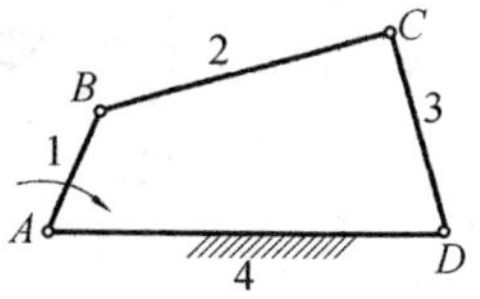

图 1—1 曲柄摇杆机构

图 1—2 所示为曲柄摇杆机构几则常见的应用实例。

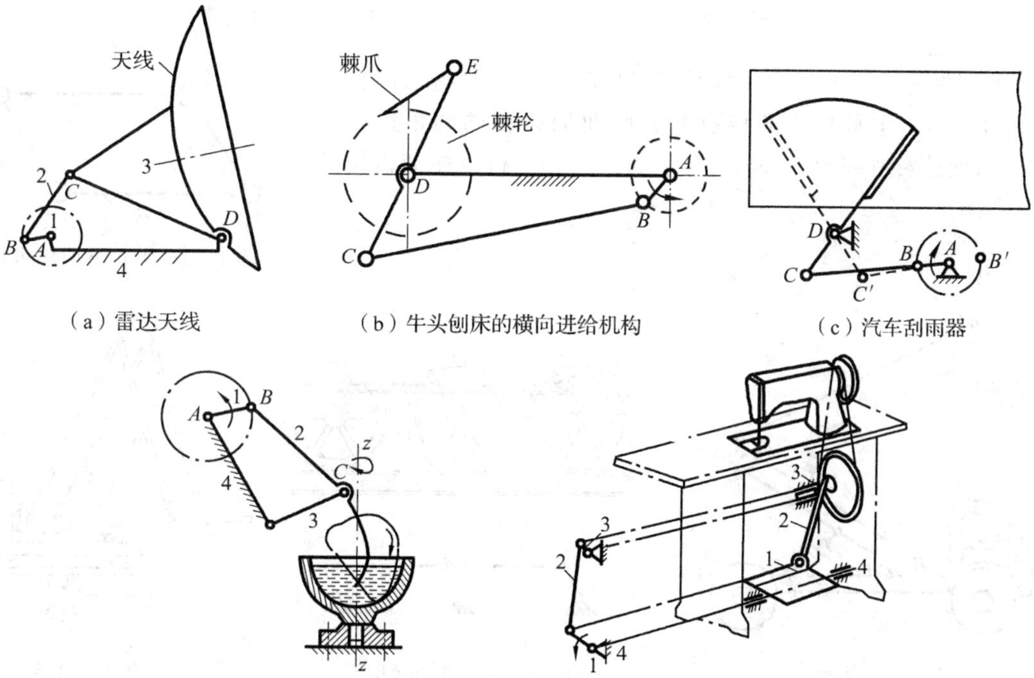

（a）雷达天线 （b）牛头刨床的横向进给机构 （c）汽车刮雨器
（d）搅拌器 （e）缝纫机的踏板机构

图 1—2 曲柄摇杆机构的应用实例

其中图(b)的工作情况参见图 3—3 和图 3—5。在图(e)中，脚踏板（摇杆）为主动构件，曲柄（飞轮的曲拐）为从动构件。

二 双曲柄机构

在铰链四杆机构中，若两连架杆都是可相对机架作整周转动的曲柄，该机构称为双曲柄机构。在双曲柄机构中，当主动曲柄等速转动时，从动曲柄作变速转动，如图 1—3 所示。

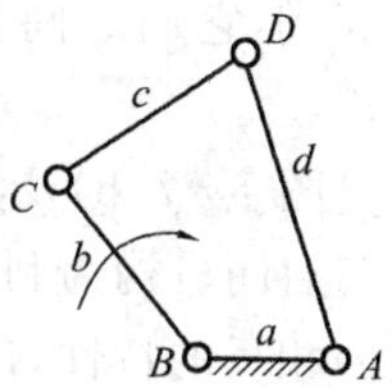

图 1—3 双曲柄机构

图 1—4 为一插床的主机构。在图 1—5 所示的惯性筛中，当主动曲柄 AB 等速回转时，从动曲柄 DC 作变速转动，从而使筛体 6 具有较大变化的加速度，利用加速度所产生的惯性力，使被筛材料达到理想的筛分效果。

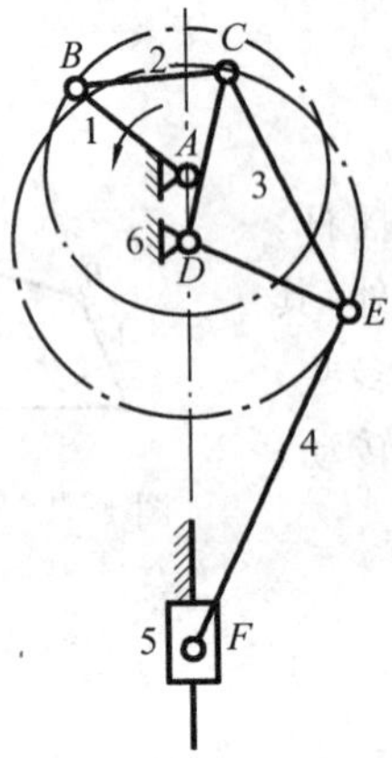

图 1—4　插床主机构

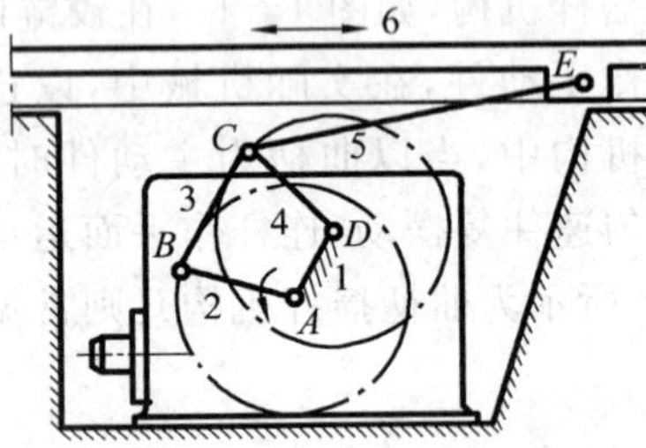

图 1—5　惯性筛

在双曲柄机构中，若两曲柄平行且相等，称为平行双曲柄机构（图 1—6）。这种机构的特点是其两曲柄以相同的角速度同时转动，而连杆作平动。图 1—7 中的各图是平行双曲柄机构的应用实例。

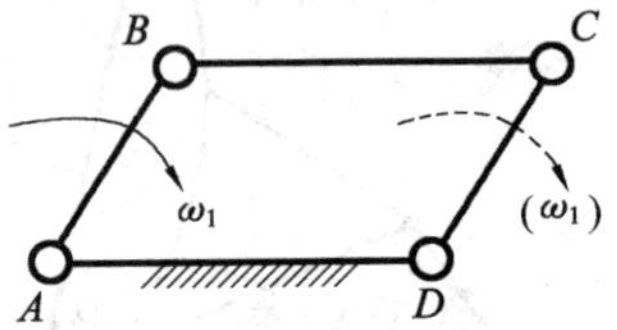

图 1—6　平行双曲柄机构

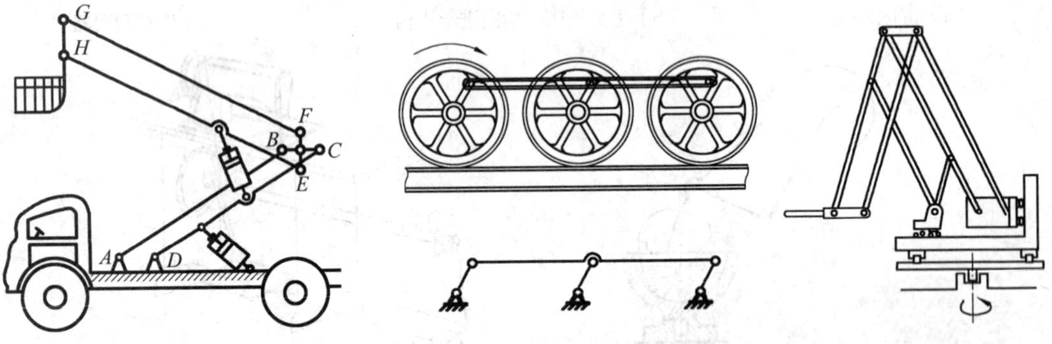

（a）摄影车升降机构　（b）机车车轮联动机构　（c）护理机械手

图 1—7　平行双曲柄机构的应用实例

如图 1—8(a)所示，平行双曲柄机构的两曲柄在运动到与 A、D 共线的位置以后，却可能出现从动曲柄反向运动的可能，这时的机构中，虽然其对应边 AB 和 CD、BC 和 AD 长度也相等，但它们之间并不互相平行，两曲柄 AB 和 CD 转动方向也相反，故称为反向双曲柄机构。

图 1—7(b)及图 0—28 是利用联动机构克服从动曲柄反转的实例。图 1—8(b)所示的车门启闭机构为利用反向双曲柄机构的应用实例，它是利用反向双曲柄机构运动时，两曲柄转向相反的特性，达到两扇车门同时开启或关闭的目的。

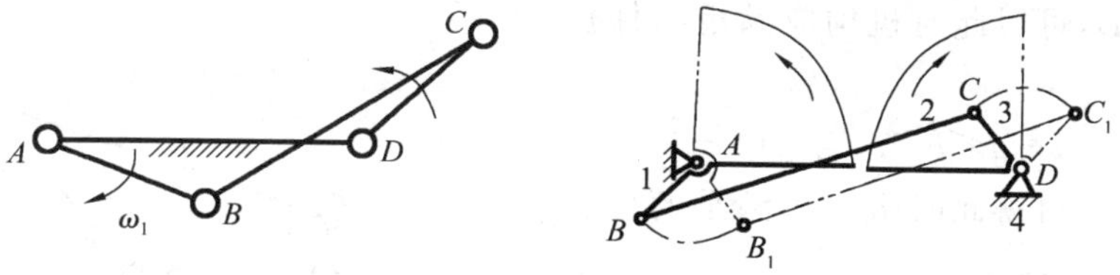

（a）反向双曲柄机构　　（b）车门启闭机构

图 1－8　反向双曲柄机构和它的应用实例

三　双摇杆机构

当铰链四杆机构中的两连架杆都是摇杆时，称为双摇杆机构，如图 1－9 所示。

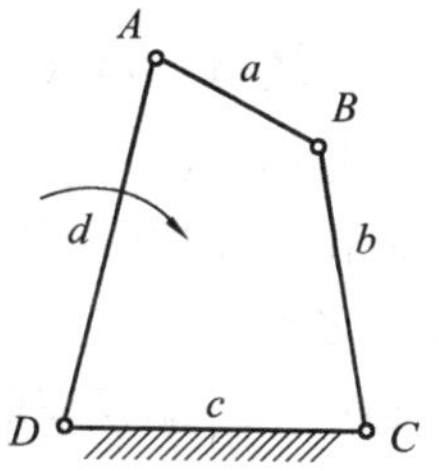

图 1－9　双摇杆机构

生活中常用的折叠桌椅就是双摇杆机构，如图 1－10(a)所示。图 1－10(b)所示为港口起重机的双摇杆机构 *ABCD*，选择适当的杆长，它可使悬挂重物作近似水平直线移动，保证吊装平稳。在双摇杆机构中，若两摇杆的长度相等称为等腰梯形机构，如图 1－10(c)中汽车前轮的转向机构。

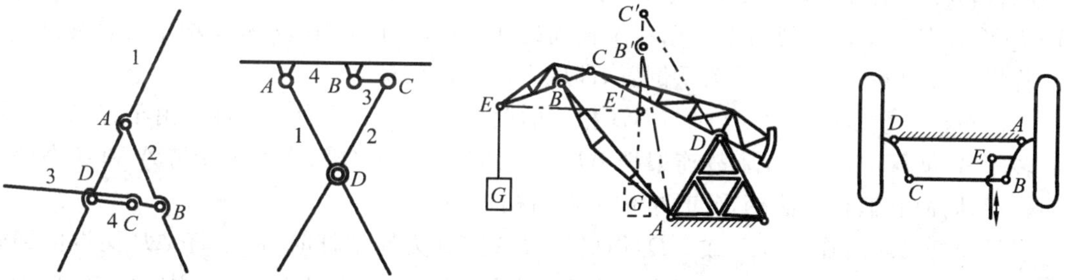

（a）折叠桌椅　　（b）港口鹤式起重机　　（c）汽车转向机构

图 1－10　双摇杆机构应用实例

第三节　铰链四杆机构的曲柄存在条件

图 1－11 所示 *ABCD* 为一曲柄摇杆机构，连架杆 *AB* 是曲柄，连架杆 *DC* 是摇杆。设杆 *AB*、*BC*、*CD*、*AD* 的杆长分别为 a、b、c、d（四杆长各不相等），并设 $a<d$。

由曲柄定义可知，在图 1－11 所示的铰链四杆机构中，若使杆 1 能成为曲柄，它必须能绕固定铰链 *A* 相对机架作整周转动，即必须使铰链 *B* 能通过 B_1 点（距离 *D* 点最远）和 B_2 点（距离 *D* 点最近）两个特殊位置（杆 1 和杆 4 共线），否则，机构则不可能出现曲柄，机构成为双摇杆机构。相应的，此时摇杆 *DC* 分别摇至 DC_1 和 DC_2 两位置，机构分别为 $\triangle AB_1C_1D$ 和 $\triangle AB_2C_2D$。

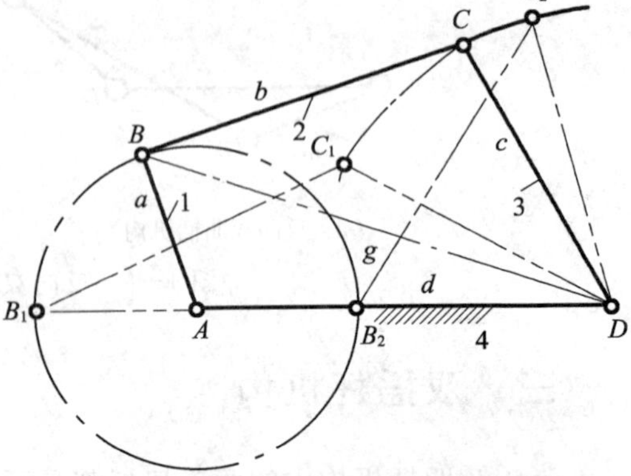

图 1—11　铰链四杆机构曲柄存在条件

由$\triangle B_1C_1D$，可得此时机构应满足的杆长关系应为：

$$a+d\leqslant b+c \qquad (1-1)$$

由$\triangle B_2C_2D$，可得此时机构应满足的杆长关系应为：

$$b-c\leqslant d-a$$

或　$$c-b\leqslant d-a$$

改写以上两式为

$$a+b\leqslant d+c \qquad (1-2)$$

$$a+c\leqslant d+b \qquad (1-3)$$

比较(1—1)、(1—2)、(1—3)，可知：

曲柄 AB(a 杆)是最短杆；并且由于在 b、c、d 杆中必有一杆为四杆中的最长杆，可知机构存在有曲柄时应满足的杆长关系应是：最短杆和最长杆的长度之和小于或等于其他两杆长度之和——这一条件也称为机构的杆长和条件。否则，机构如不能满足上述杆长和条件则必然不可能存在曲柄，即机构只能是双摇杆机构。

分析上述曲柄摇杆机构中各杆件间的运动关系：最短杆 AB 绕铰链 A 做整周的回转运动，BC 杆作平面运动，DC 杆绕 D 做摆动。最短杆 AB 两端的铰链 A、B 所分别连接的杆 AB 与 AD、BA 与 BC 之间均可相互做整周的回转运动——把相邻两杆间可做整周回转运动的回转副称为整转副；最短杆 AB 的对边 DC 杆两端的回转副 D 和 C 所分别连接的杆 DA 与 DC、CD 与 CB 之间均不可相互做整周的回转运动，回转副 D 和 C 均不是整转副。

若将该机构各构件的位置关系倒置，即取不同杆件作机架，则：

当最短杆 AB 作机架时，这时与 AB 相邻的两杆件 AD、BC 为连架杆。由于杆 AB 两端的回转副 A 和 B 均是整转副，故连架杆 AD、BC 两杆必然可分别绕固定铰链 A 和 B 做整周的回转运动，故它们均是曲柄，此时机构是双曲柄机构。

当最短杆 AB 的临边 BC(或 AD)作机架、BA、CD 为连架杆时，由于杆 AB 两端的回转副 A 和 B 均是整转副，AB 杆必然可绕固定铰链 B(以 AD 为机架时，则绕固定铰链 A)做整周的回转运动，故 BA 杆是曲柄；另一连架杆 CD 两端的回转副 C 和 D 均不是整转副，连架杆 CD 均只能为摇杆，此时的机构则是曲柄摇杆机构。

当取最短杆 AB 的对边 DC 为机架时，与 DC 相邻的杆件 DA 和 CB 为连架杆，AB 为连杆。由于杆 DC 两端的回转副 D 和 C 均不是整转副，DA 杆和 CB 杆均不可相对 DC 杆做整周的回转运动，即机构均不可能存在曲柄，故此时的机构只能为双摇杆机构。

第四节　铰链四杆机构的演化类型及应用

前述的三种铰链四杆机构，远远满足不了实际工作机械的需要，在生产实践中，常常采用多种不同结构型式和特性的四杆机构，这些类型的四杆机构可以看做是在铰链四杆机构的基础上演化而来的。下面分别介绍几种演化方法及演化后的变异机构。

常用的演化方式有：改变构件的型式和尺寸，变回转副为移动副；机构的位置关系倒置；扩大回转副和移动副的尺寸。

一　改变构件的型式和尺寸

改变构件的型式和尺寸，变回转副为移动副，铰链四杆机构演化为单滑块(或导杆)机构。

如图 1—12 所示：

在图(a)的曲柄摇杆机构中，改变构件 DC 的型式为一滑块，如图(b)，滑块 C 移动的轨迹是以 D 为中心、以 DC 长为半径的圆弧；当 D 点移至无穷远、DC 长变得无穷大时，滑块移动的轨迹成为一条直线，它与曲柄 AB 的回转中心 A 间的距离为 e，如图(c)；此时的机构称为偏置式曲柄滑块机构，距离 e 称为偏距。

若使 $e=0$，滑块的导路中心通过了曲柄 AB 的回转中心 A，机构变成为对心式曲柄滑块机构，如图(d)。

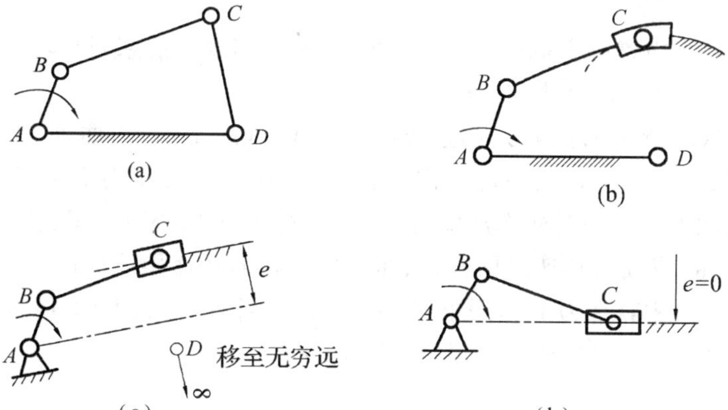

图 1—12　铰链四杆机构演化为单滑块(或导杆)机构的过程

二　机构的位置关系倒置

(一)对心式曲柄滑块机构的演化

把上述的对心式曲柄滑块机构，同样也分别取不同的杆件为机架(以及改变构件的型式)，可演化出以下几种不同的机构，如图 1—13：

1. 取 AB 为机架，并把 AC 做成导杆的型式

(1)当 $AB \leqslant BC$ 时，以杆 BC 为曲柄。当 BC 作整周的转动时，导杆 AC 也作整周的转动，故称机构为转动导杆机构，如图 1—13(a)。

(2)当 $AB > BC$ 时，仍以杆 BC 为曲柄。BC 作整周的转动时，导杆 AC 只作一定角度的摆动，故称机构为摆动导杆机构，如图 1—13(b)。

2. 取 BC 为机架，把 AC 做成导杆的型式，机构成为曲柄摇块机构，如图 1—13(c)。在曲柄摇块机构中，曲柄 BA 作整周转动，摇块 C 作摆动，导杆 AC 相对摇块作往复移动。

3. 取滑块 C 为机架，AB 为主动件，导杆 AC 作往复移动，称作定块机构，如图 1—13(d)。

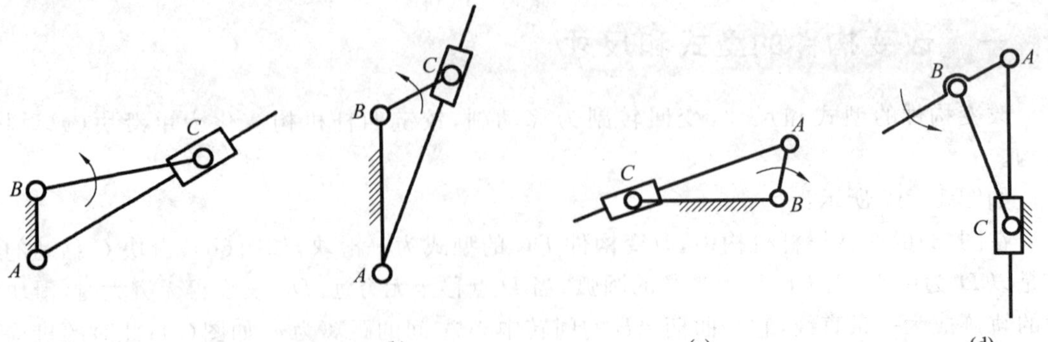

图 1－13 单滑块(或导杆)机构的不同类型

(二)应用实例

图 1－14(a)为内燃机主机构,它是一曲柄(曲轴)滑块(活塞)机构。它在爆炸冲程及其余的三个冲程中分别是以滑块和曲柄为主动构件的。

在图 1－14(b)所示的离心式调速器中,杆 AA'(或 BB')为曲柄(其中球 A 和 B 是飞锤),当发动机转速过高时,(经一对圆锥齿轮传入)在离心力作用下飞锤飞起,(经连杆 $A'C$ 和 $B'C$)带动滑块 C,(经一系列连杆传动)控制截流阀 D,减小供油量,使得发动机转速下降;反之,增大供油量,发动机转速又回升;从而将发动机的转速始终保持在一定的范围内。

在图 1－14(c)中,(在力 F 作用下,比如液力 F)当活塞(滑块)下移时,推动连杆,带动手爪的上部(曲柄)张开,(通过杠杆作用)夹持起工件。

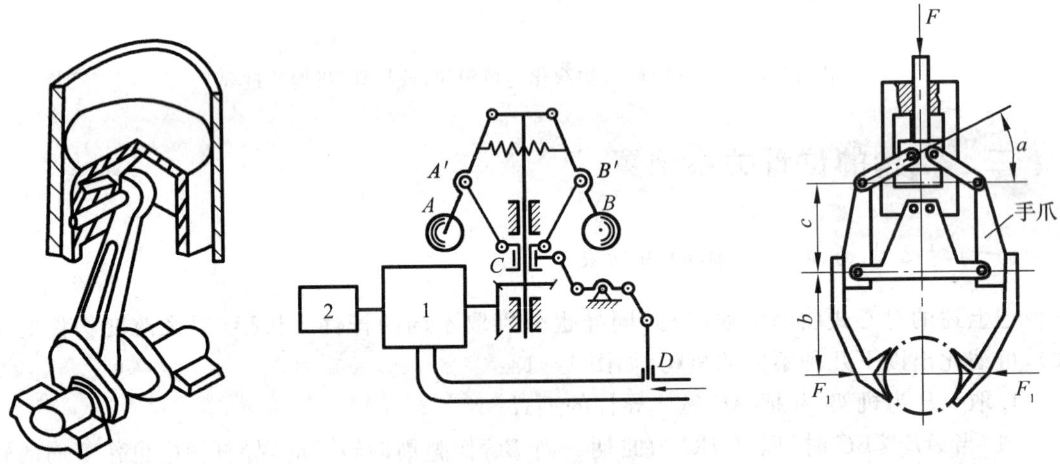

(a) 内燃机主机构　(b) 离心调速器　(c) 机械手夹持机构

图 1－14 曲柄滑块机构的应用实例

图 1－15(a)是一液压式回转泵,六缸均布,其机构运动简图列于其结构图的下部。转子 3 上的导槽(即导杆)DB 为主动构件。转子 3 转动时,活塞 B 往复移动,导槽(即油腔)内的容积发生变化,(活塞 B 右侧)吸进和(活塞 B 左侧)压出液压油。六缸连续工作,使得油泵的进出油连续不断。

图 1－15(b)中的 BCA 部分是一转动导杆机构,ADE 部分是一曲柄滑块机构,两机构串

联，滑块 E 为插刀。

图 1－15(c)中所示的牛头刨床的主机构即为一摆动导杆机构。

图 1－15(d)中所示的玩具乌龟的爬行机构是一组合机构。其中 $ABCD$ 是一曲柄摇杆机构，AB 是曲柄，CD 是摇杆；摇杆 CD 同时又为摆动导杆机构 OKD 的主动构件导杆(见右图，在右图中将原机构中 K 处的高副联接等效的改变为滑块及一个回转副加一个移动副——高副低代)；两机构为串联，AB 转动时(比如在发条的带动下)，通过连杆 BC 带动摇杆 CD，带动乌龟的爪子 OK 进行爬行运动(其余三爪的结构组成和运动分析，略)。

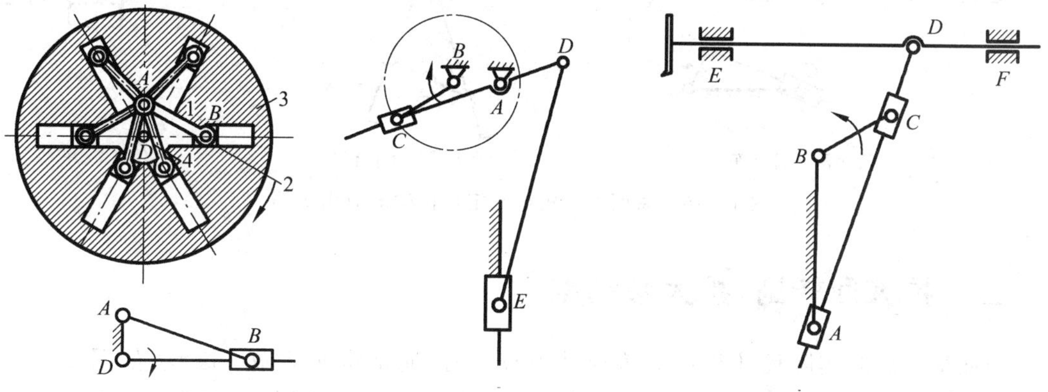

(a) 回转式液压泵　　(b) 插床主机构　　(c) 牛头刨床主机构

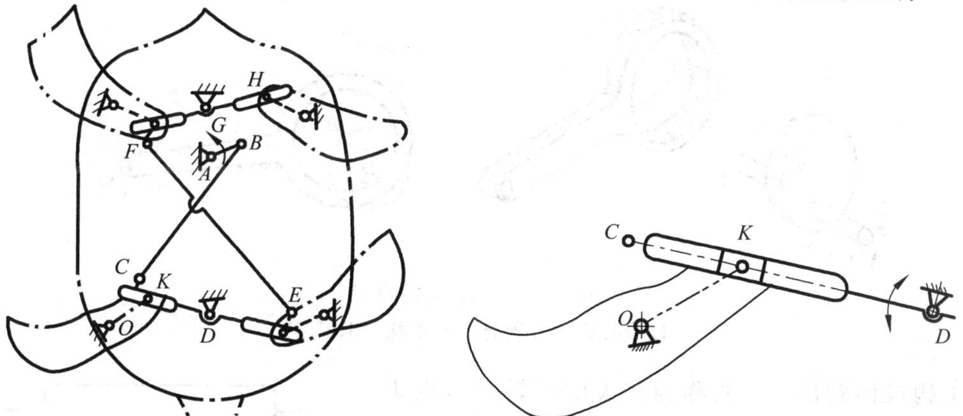

(d) 玩具乌龟爬行机构

图 1－15　转动导杆机构和摆动导杆机构的应用实例

图 1－16(a)液压翻斗车的车厢倾翻机构是一曲柄摇块机构，参见图 1－13(c)。此倾翻机构的主动构件是活塞和活塞杆 4(移动导杆)，油缸 3 是摇块，车厢 AB 是曲柄。油缸 3 的两端有进出油管，进出液压油，控制活塞及活塞杆往复移动，翻起车厢、倾倒货物或放回车箱。

图 1－16(b)是一玩具步行机构。将原机构中 C 处的销轴与导槽的高副联接等效地改变为滑块机构(滑块及一移动副和一回转副)后成为其下图所示的曲柄摇块机构。

图 1－16(c)的汲井是一定块机构，井筒 3 是定块[参见图 1－13(d)]。

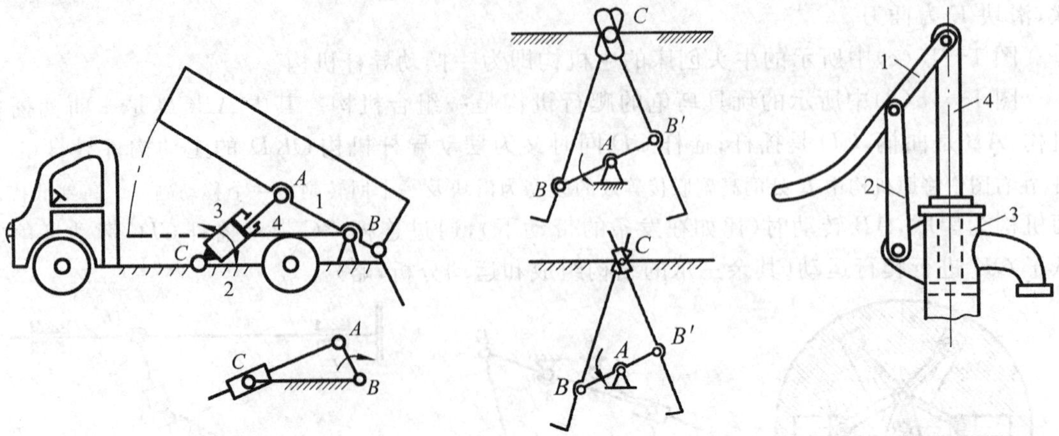

(a)液压翻斗车　　(b)玩具步行机构　　(c)汲井

图1—16　曲柄摇块机构和定块机构的应用实例

三　扩大回转副,扩大移动副

当曲柄 AB 的实际尺寸很小但传递动力较大时,通常将曲柄做一圆盘,如图1—17所示,圆盘的几何中心为 B(点 B 是圆盘 B 与连杆2的回转中心,圆盘 B 与连杆2在圆盘 B 的

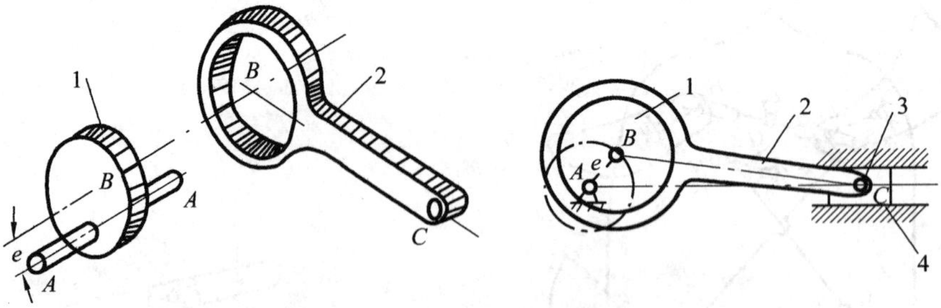

图1—17　偏心轮机构

1.偏心轮　2.连杆　3.滑块　4.机架

圆周上构成回转副——故称为扩大的回转副),点 B 与圆盘的回转中心 A 的距离就是曲柄 AB 的长度(图1—17右图),这时的机构称为偏心轮机构(当圆盘的半径很小时,又常与轴制成一体,称为偏心轴)。这样做,既减少了加工程序,又提高了曲柄的强度和刚度。

图1—18是一简易冲床的结构示意图。这亦是一偏心轮机构,偏心轮为 AB,其冲头3可以看作是"扩大"的滑块,它与机架4组成的移动副可以看作是一扩大的移动副。"扩大"的滑块增大了冲头的质量,增加了冲压工件时所需的足够的冲击能量和冲头工作的稳定性。

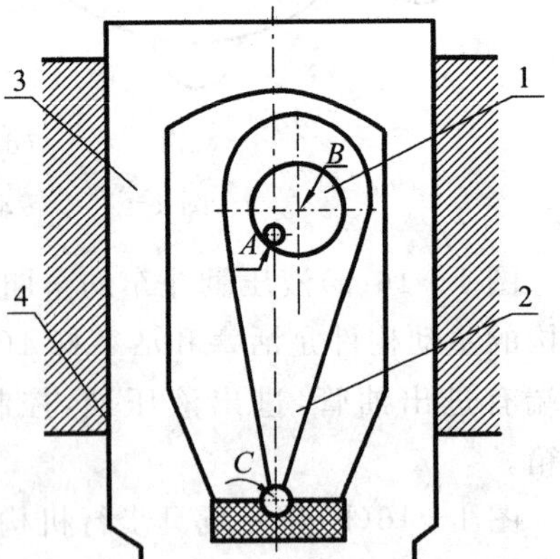

图1—18　简易冲床的偏心轮机构和"扩大"的移动副

1.偏心轮　2.连杆　3.冲头　4.机架

第五节 平面连杆机构的工作特性

各种类型的平面连杆机构常常表现出如下的工作特性：

一 曲柄摇杆机构的工作特性

(一)急回特性

在曲柄摇杆机构中，取曲柄 AB 为主动件。在曲柄 AB 转动一周的过程中，有两次与连杆 BC 共线，如图 1－19 中的 AB_1C_1 和 AB_2C_2；这时的摇杆 DC 分别摆至左、右两极限位置 DC_1 和 DC_2，摇杆的两极限位置 DC_1 和 DC_2 之间所夹的角度 ψ 称作摇杆的摆角。与之相对应的曲柄 AB 所在的两直线位置 AB_1 和 AB_2 间所夹的**锐角** θ 称为极位夹角。极位夹角 θ 和摆角 ψ 的大小取决于机构中的杆长关系。

由图中可见，当曲柄以角速度 ω 由位置 AB_1 顺时针匀速的回转到位置 AB_2 时，转过角度 $\varphi_1=180°+\theta$，所需时间 $t_1=\varphi_1/\omega=(180°+\theta)/\omega$；在同样的时间 t_1 里，摇杆从 DC_1 摆到 DC_2，C 点的平均线速度值为 $\bar{v}_1=\widehat{C_1C_2}/t_1$。

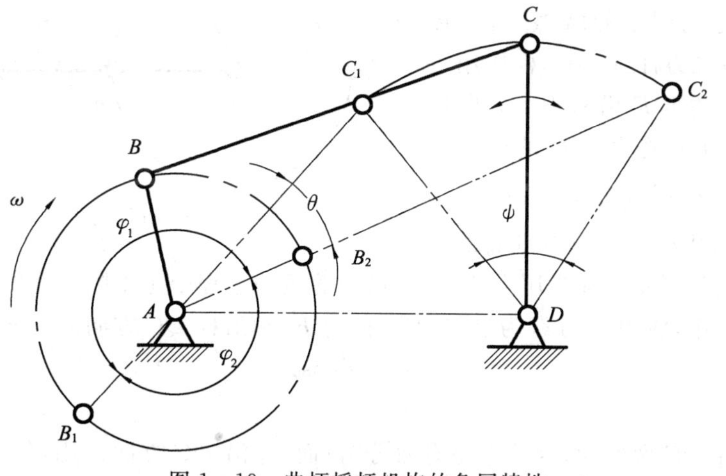

图 1－19 曲柄摇杆机构的急回特性

曲柄继续转动，从 AB_2 转到 AB_1 时，转过角度 $\varphi_2=180°-\theta$，所需时间为 $t_2=\varphi_2/\omega=(180°-\theta)/\omega$；在这同样的时间 t_2 里，摇杆从 DC_2 摆回到 DC_1，C 点的平均速度值为 $\bar{v}_2=\widehat{C_2C_1}/t_2$。

由于 $\varphi_2<\varphi_1$，$t_2<t_1$，所以 $\bar{v}_2>\bar{v}_1$，说明当曲柄等速转动时，摇杆往返摆动的速度其值不相同，返回时速度较大。从动件这种返回行程的速度大于工作行程速度的性质，称为机构的急回特性，其急回的程度通常用行程速比系数 K 来表示：

$$K=\frac{\text{从动件返回行程的平均线速度}\bar{v}_2}{\text{从动件工作行程的平均线速度}\bar{v}_1}=\frac{\widehat{C_2C_1}/t_2}{\widehat{C_1C_2}/t_1}=\frac{\dfrac{\widehat{C_2C_1}}{(180°-\theta)/\omega}}{\dfrac{\widehat{C_1C_2}}{(180°+\theta)/\omega}}=\frac{180°+\theta}{180°-\theta} \quad (1-1)$$

式(1－1)表明：当 $\theta=0°$，即 $K=1$ 时，机构将无急回特性；只要 $\theta>0°$，则 $K>1$，机构就存

在急回特性(θ不可能<0°,故K不可能<1)。极位夹角θ越大,K值越大,急回的程度就越显著。利用机构的急回特性可以提高劳动生产率;但机构过显著的急回特性、过大的回程速度会带来过大的惯性力造成机械的振动和动不平衡,实际机械中常用的行程速比系数$K \leqslant 2$。

由式(1-1)可得极位夹角θ的计算公式

$$\theta = 180° \frac{K-1}{K+1} \tag{1-2}$$

设计新机构时,根据对急回程度的要求先确定K值大小,再由式(1-2)算出极位夹角,然后设计各杆件的长度尺寸。

(二)压力角α和传动角γ

1. 机构的压力角α和传动角γ

一个机构,除能满足预定的运动要求外,还必须有良好的传动性能。

在图1-20所示的曲柄摇杆机构中,曲柄AB为主动件,图示位置为机构在运动过程中的一任意位置。若不计各构件的质量和运动副中的摩擦力,则传力杆件BC为一二力杆,由BC杆作用于从动杆摇杆DC的力F沿着BC方向传递,此时从动构件上受力点C的速度方向是过C点处$\overset{\frown}{C''C'}$的切线方向(即$v_c \perp CD$)。把力F与从动件在受力点处的速度方向之间所夹的锐角α称为压力角,它在机构的运动过程中是不断变化的。

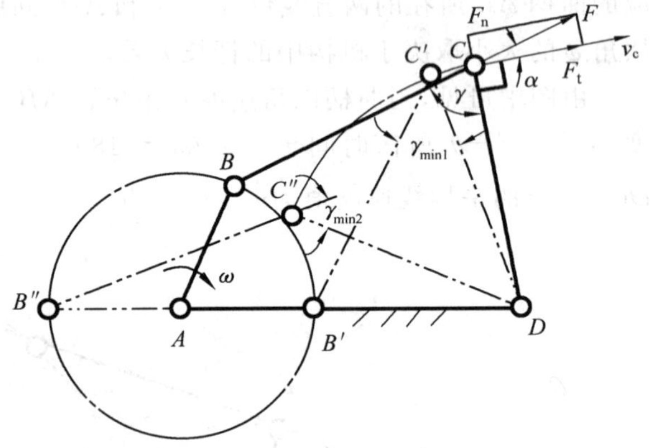

图1-20 机构的压力角和传动角

在图1-20中,将力F分解为沿v_c方向的力F_t和沿杆DC方向的力F_r:

$$\begin{cases} F_t = F\cos\alpha \\ F_r = F\sin\alpha \end{cases} \tag{1-3}$$

F_t驱动杆件DC做摆动,因此它是有效分力;而F_r沿DC方向作用,作用的结果增加了回转副处的径向压力和摩擦磨损,因此它是有害分力。显然,α小,则有效分力增大,对传动有利;而α越大,对传动越不利,当压力角α过大,有效分力产生的驱动力矩不足以克服回转副中的摩擦力矩时,机构将卡死,称为自锁。因此,压力角的大小、尤其最大压力角的大小是机构传动性能的重要参数。

压力角所指是两个矢量方向线间的夹角,在实际机构中观察其大小很不方便,为方便计,人们常用压力角的余角γ即传力杆件BC与从动杆件DC之间所夹的锐角来衡量机构的传动性能,$\gamma = 90° - \alpha$。**传力杆件与从动杆件两杆件之间所夹的锐角γ,称为传动角**,同样,它在机构的运动过程中也是不断变化的。显然γ越大,对传动越有利;传动角过小,则对传动不利,甚至会使机构自锁。因此,必须对机构的最小传动角γ_{min}予以限止。

2. 机构的最小传动角γ_{min}和它的位置以及对γ_{min}的限制

如图1-20,在机构整个运转过程中,曲柄AB两次与机架AD共线,为$AB'D$和$B''AD$。

令 AB、BC、CD、DA 的长分别为 a、b、c、d，$B'D=d-a$ 为 $\angle BCD$ 所对的边中的最小值，$B''D=d+a$ 为 $\angle BCD$ 所对的边中的最大值；故 $\angle B'C'D$ 为机构的最小传动角 γ_{min1}；$\angle B''C''D$ 为机构的最大传动角，而当 $\angle B''C''D$ 超过 90°时，应取其补角（传动角要取锐角），为机构的另一最小传动角 γ_{min2}。测量并比较 γ_{min1} 与 γ_{min2}，取其小者为机构的最小传动角 γ_{min}。

通常对 γ 的限制条件是：$\gamma_{min}\geqslant[\gamma]=40°\sim50°$。对以传递运动为主的机构，取偏于小值（甚至可小到 30°）；对以传递动力为主的机构，取偏于大值。

（三）机构的死点

1. 死点位置

机构的死点位置是指机构处于传动角 $\gamma=0°$时的位置。在曲柄摇杆机构中，当以摇杆 DC 为主动件、并且当摇杆 DC 运动到两极限位置 DC_1 和 DC_2 时，如图 1－21 所示，传力杆件 C_1B_1、C_2B_2 与从动件 BA 两次共线，处于 C_1B_1A 和 C_2B_2A 位置，这时机构的传动角 $\gamma=0°$（力臂 $h=0$，转矩 $T=0$），机构处于死点位置。

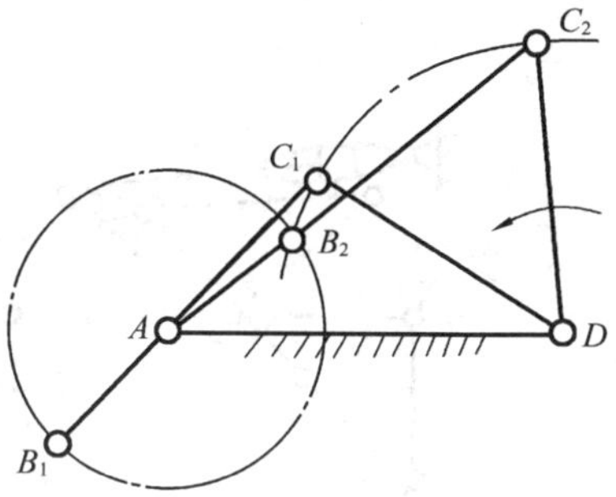

图 1－21 机构的死点位置

2. 闯过死点

机构处于死点位置，在许多情况下对传动是不利的。例如，缝纫机的踏板机构[参见图 1－2(e)]，踏下脚踏板到机构死点位置时，会使缝纫机断线。内燃机的曲柄连杆机构[为一曲柄滑块机构，参见图 1－14(a)及图 0－1(a)]，在活塞（滑块）为主动件的爆炸冲程里，活塞运行到行程的上、下两极限位置时，机构处于死点位置，如不使机构顺利闯过这一位置就会使机器停车。

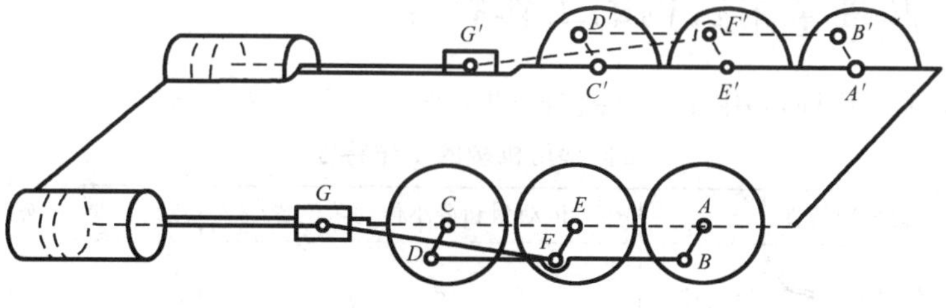

(a)机车的联动装置

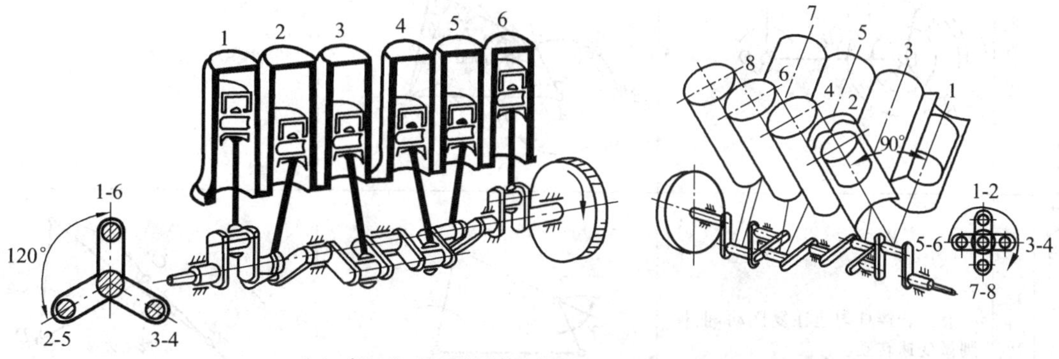

（b）多缸发动机利用错位排列（及飞轮）使机构闯过死点

图 1－22 机构闯过死点的常用方法

实际机械中常用的闯过死点位置的方法有：采用联动装置；错位排列；安装飞轮；如图1－22及图0－1(a)所示。

3. 利用死点

在实际机械中，也常利用死点位置来实现一定的工作要求。例如图1－23所示的飞机起落架机构，在飞机着陆时，打开起落架，机构处于死点位置(BCD 共线)，支撑飞机的着陆。又如图1－24所示的机床夹具，利用死点位置(BCD 共线)来夹紧工件。

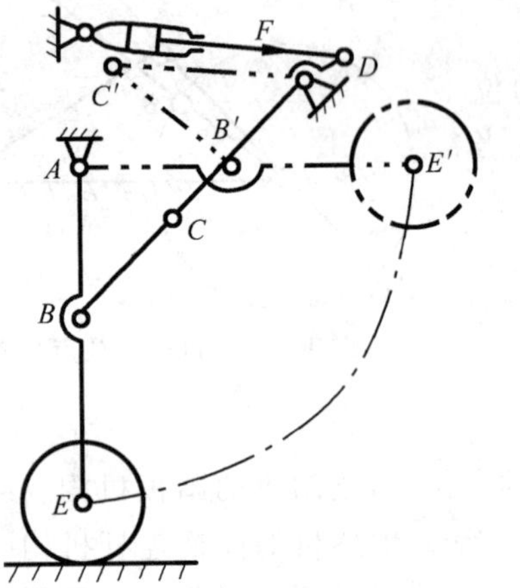

图1－23 飞机起落架机构

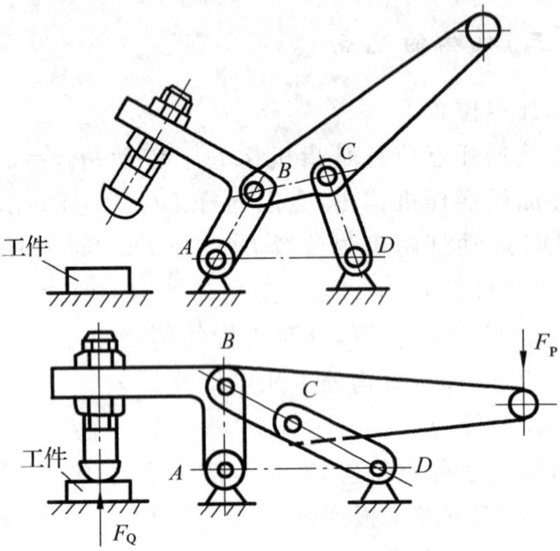

图1－24 工件的夹紧机构

二 其他几种常用机构的工作特性

为便于了解其他几种常用机构，将它们的工作特性列于表1－1。

表1－1 几种常用机构的工作特性

机构		有无急回特性	传动角和最小传动角位置	死点位置
曲柄摇杆机构	曲柄主动	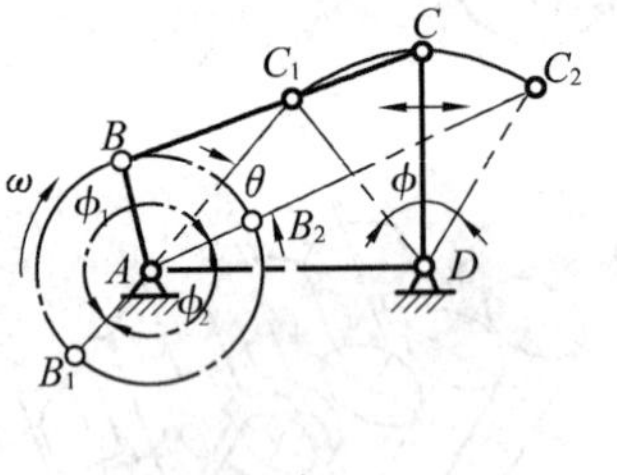 有	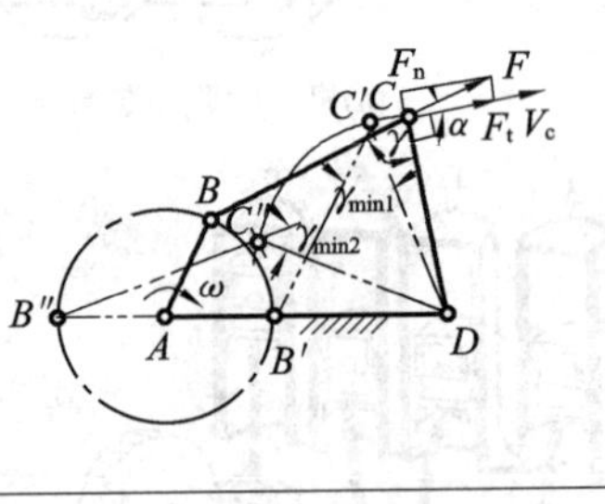	无
	摇杆主动	有。若摇杆匀速往复摆动，曲柄则做变速转动。	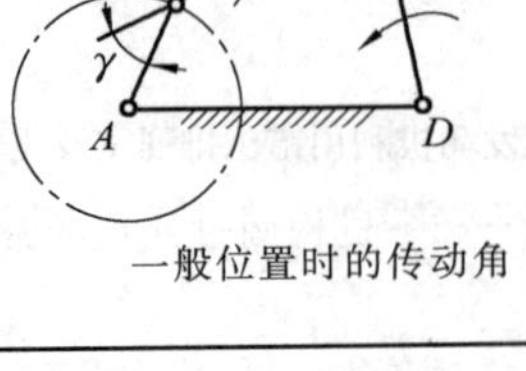 一般位置时的传动角	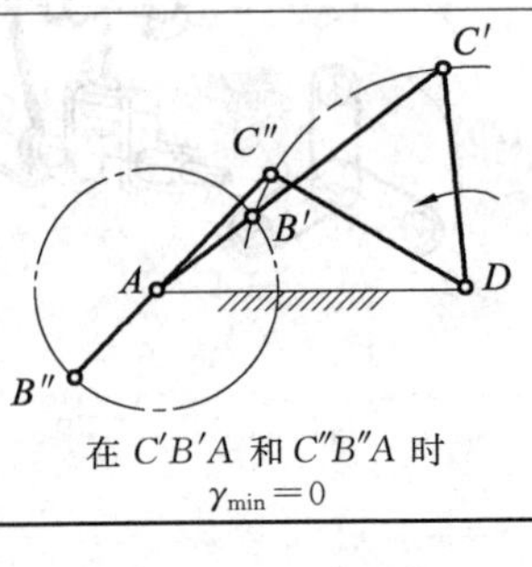 在 $C'B'A$ 和 $C''B''A$ 时 $\gamma_{min}=0$

（续表）

机构		有无急回特性	传动角和最小传动角位置	死点位置
偏置式曲柄滑块机构	曲柄主动	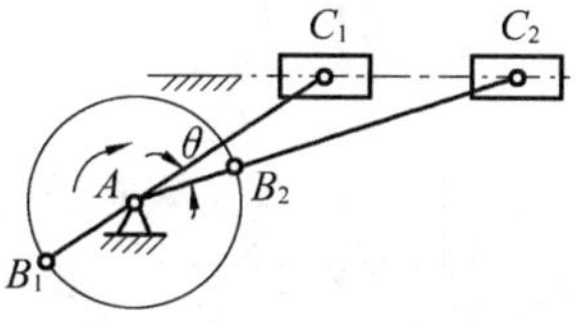 有	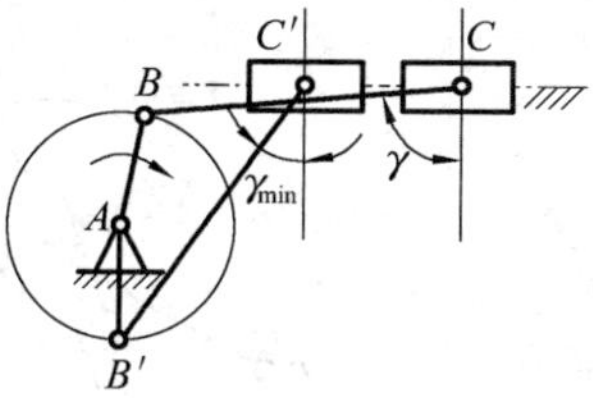	无
	滑块主动	有。若滑块匀速往复摆动，曲柄则做变速转动。	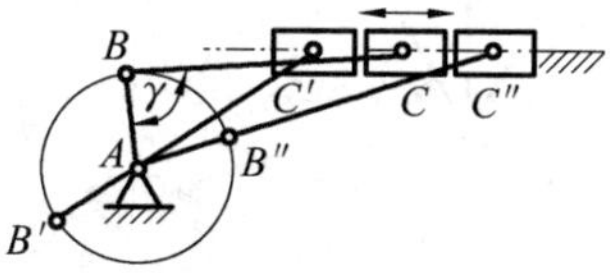 一般位置时的传动角 γ；在 $C'B'A$ 和 $C''B''A$ 时，$\gamma_{min}=0$	
对心式曲柄滑块机构	曲柄主动	无	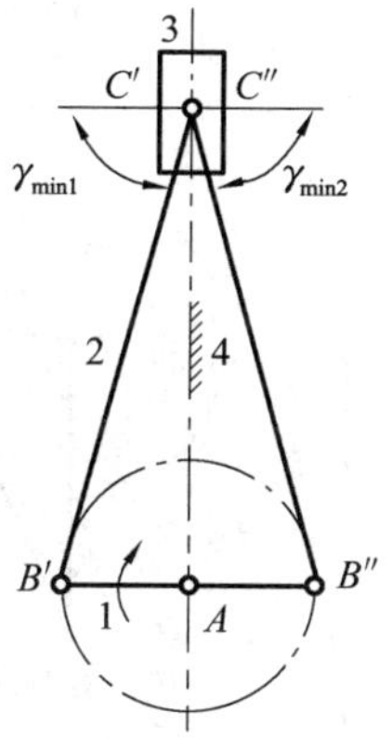	无
	滑块主动	无	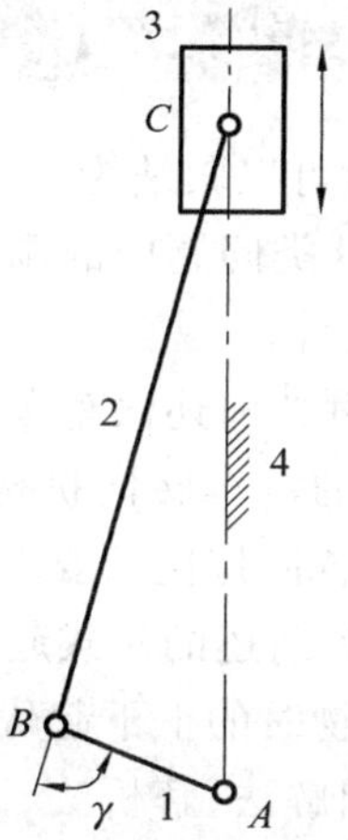 一般位置时的传动角	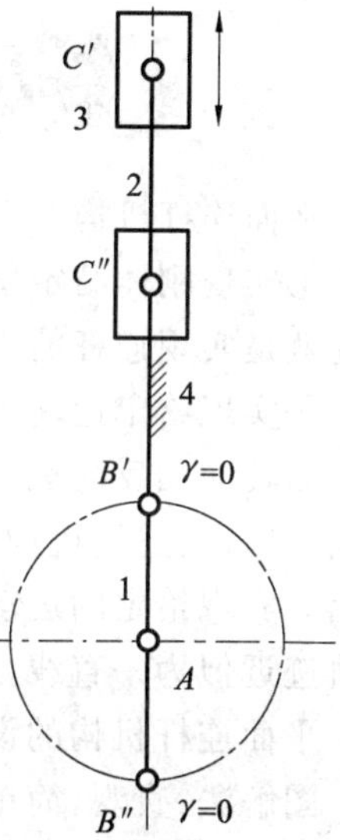 上、下死点时 $\gamma_{min}=0$

（续表）

机构		有无急回特性	传动角和最小传动角位置	死点位置
摆动导杆机构	曲柄主动	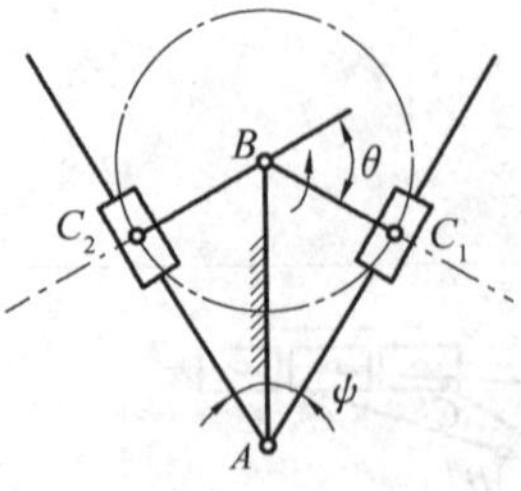 有	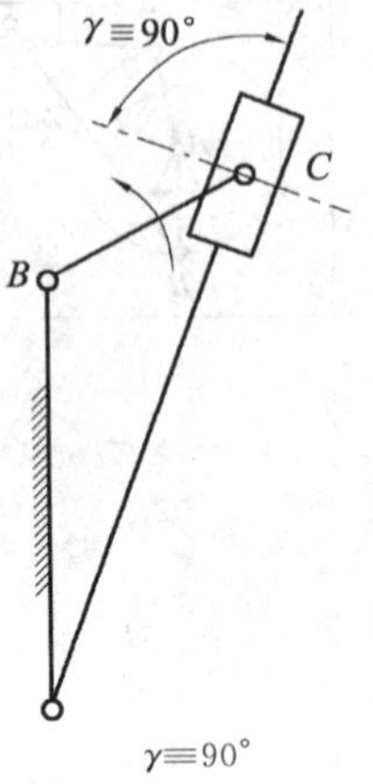	无
	导杆主动	有。若导杆匀速往复摆动，曲柄则做变速转动。	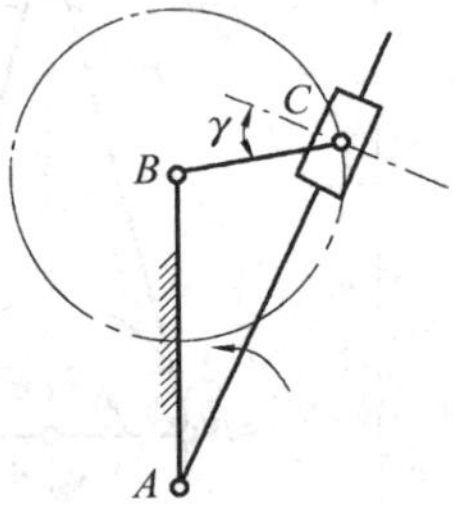 一般位置时的传动角 γ	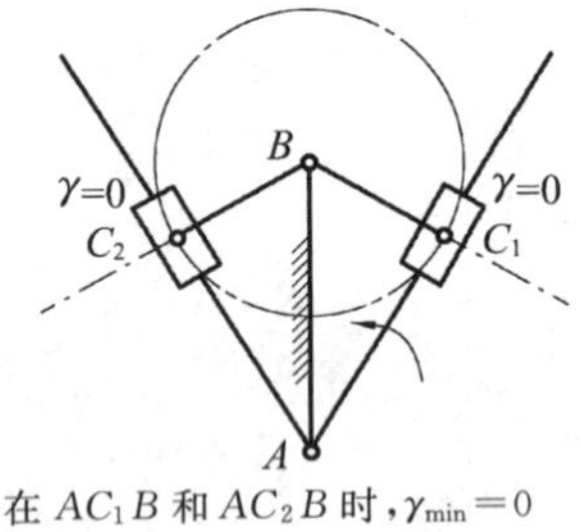 在 AC_1B 和 AC_2B 时，$\gamma_{min}=0$

第六节　平面连杆机构的运动设计

平面连杆机构的运动设计通常可以归纳为三类问题：

①实现刚体给定位置的设计 这类问题中的刚体通常就是连杆机构中的连杆，因此这类问题就是实现连杆的给定位置的设计；

②实现给定运动规律的设计 例如前述汽车车门的启闭机构，要求实现两扇门能有转角相同而转向相反的运动关系；前述的汽车转向机构要求两连架杆满足某函数关系使汽车能顺利转向；前述使机构能满足某一急回特性的要求以提高劳动生产率；

③实现给定的运动轨迹的设计 前述的鹤式起重机就是通过设计，实现吊钩滑轮处的运动轨迹近似为一直线，避免起吊货物时的上下起伏。

平面连杆机构的设计方法有图解法、解析法、试验法和图谱法等。

图解法：直观，简单易行，对于某些不太复杂的问题比解析法方便有效。这种方法，因不同的设计要求，图解的方法各异，它是平面连杆机构设计的基本方法，但精确度较低，对于复杂问题很难解决。

试验法和图谱法：用于运动要求比较复杂的连杆机构的设计，或用于机构的初步设计。

解析法：设计精确，计算量大。由于计算机和数值计算方法的发展，这一方法得以大大的推广。

本教材只介绍其中部分类型问题的图解法设计。

一 实现连杆的给定位置的设计

【例 1－1】 要求设计一铰链四杆机构作为例 1－1(a)图中所示振实式造型机的翻转机构，以实现图中翻转台的Ⅰ、Ⅱ两动作位置。Ⅰ位置时，翻转台上的砂箱经填砂振实，后经翻转机构使翻转台由Ⅰ位置翻转 180°到达Ⅱ位置，进行拔模，如例 1－1(b)图中所示。

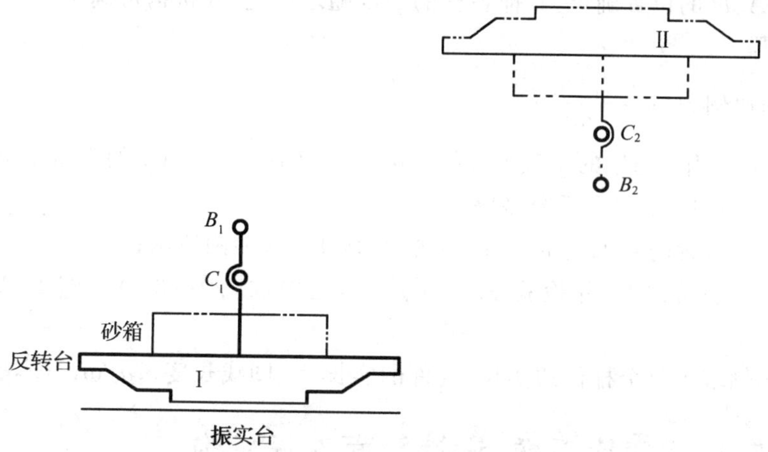

(a) 翻转台的工作位置

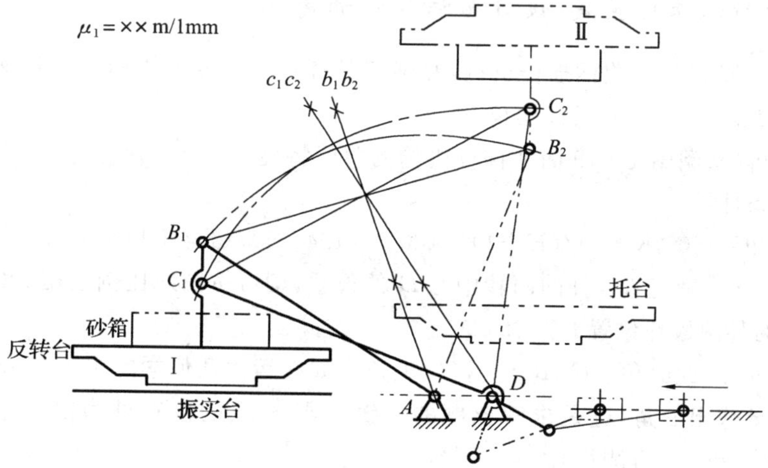

(b) 图解法设计振实式造型机托台翻转机构

例 1－1 图

1. 设计分析(参阅图 1－9 双摇杆机构)

使翻转台成为连杆机构中的连杆，就成为给定平面连杆机构中连杆的两位置设计平面连杆机构的问题。

分析铰链四杆机构中两连架杆的运动，可知 B 点的运动轨迹是以 A 为中心、AB 长为半径的圆或弧；C 点的运动轨迹是以 D 为中心、DC 长为半径的圆或弧。在例 1－1 图(a)中，现已知连杆 BC 的两位置 B_1C_1、B_2C_2，也即已知 B 点的两位置 B_1、B_2 和 C 点的两位置 C_1、C_2，因此问题的实质就是要确定铰链 A、D 的位置。如例 1－1(b)图所示 B_1、B_2 点所在圆弧的中心 A 的位置应在连线 B_1B_2 的垂直平分线 b_1b_2 上，显然有无数个解；同理，C_1、C_2 点所在圆弧的中心 D 的位置，它应在连线 C_1C_2 的垂直平分线 c_1c_2 上，显然亦有无数个解。

在实际设计中，可综合机构的整体传动方案的结构、杆长、及最小传动角等其他要求的条件，确定 A、D 两点的位置。本题中将铰链 A、D 确定在例 1－1(b)图中所示位置，工作时由气缸活塞推动摇杆 DC 使机构实现翻转运动。

由于铰链 A、D 的位置确定，其他各杆的长度随之确定，即机构可确定。

2. 设计步骤

(1)取作图比例为 $\mu_l=\dfrac{\times\times\text{m}}{1\text{mm}}$；

(2)连结 B_1B_2，作 B_1B_2 的垂直平分线 b_1b_2；连结 C_1C_2，作 C_1C_2 的垂直平分线 c_1c_2；A、D 两点必在 b_1b_2、c_1c_2 上，本题有无穷多解；

(3)根据传动装置的要求确定 A、D 位置，如例 1－1(b)图所示；

(4)取 DC 为主动构件，并检验 $\gamma_{\min}\geqslant[\gamma]$（本题中取 $[\gamma]=30°$），DC_1B_1A 即为所求的机构；

(5)按照比例求出每个杆件的实长：杆件的实长 ＝ 图线长度 $\times\mu_l$ m。（本题略）

二 给定行程速比系数，设计平面连杆机构

（一）给定行程速比系数，设计曲柄摇杆机构

【例 1－2】 试设计一曲柄摇杆机构，并确定各杆长度。要求机构的行程速比系数 $K=1.4$，摇杆长度 $L_{DC}=300\text{mm}$，摇杆摆角 $\psi=75°$。

1. 设计分析（参阅图 1－19 曲柄摇杆机构的急回特性）

根据已知条件：

(1)可求 $\theta=180°(K-1)/(K+1)=180°\times(1.4-1)/(1.4+1)=30°$；

(2)如在图纸上确定 DC 杆的回转中心 D 的位置，则可按图线比例根据 DC 杆长和摆角 ψ 设定 DC 杆的某两极环位置 DC_1、DC_2。

由图 1－19 知，此时角 $\angle C_1AC_2$ 是极位夹角。**如能运用几何学的定理或公理等作保证、用图解法确定地作出 θ 角（这是求解此题的关键）**，则 A 点的位置可确定。连 AC_1 和 AC_2（其图线长度 l_{AC_1} 和 l_{AC_2} 可测得）。

根据图 1－19 所示，$AC_2=AB_2+B_2C_2=b+a$，$AC_1=B_1C_1-AB_1=b-a$，则 $AB=a$，$BC=b$ 可求；l_{AD} 长可测得，则机构可得。

根据几何学定理：同圆上的圆心角等于 2 倍的圆周角。如过 C_1、C_2 作圆 O 并使 $\angle C_1OC_2=2\theta=60°$，则该圆上的任何一点均满足要求，使 $\angle C_1AC_2=\theta=30°$，继而可求解此机构。

2. 设计步骤

(1)计算 θ，$\theta=180°(K-1)/(K+1)=180°(1.4-1)/(1.4+1)=30°$；

(2)取作图比例为 $\mu_l=\frac{\times\times\text{mm}}{1\text{mm}}$，则摇杆 DC 的图线长度，$l_{DC}=\frac{实长 L_{DC}}{\mu_l}=\frac{300\text{mm}}{\mu_l}$

(3)按摇杆长度 l_{DC}、及摆角 ψ 设定摇杆两极限位置 DC_1、DC_2，如例 1－2 图；

(4)连接 C_1C_2，作$\angle C_2C_1O=\angle C_1C_2O=90°-\theta=90°-30°=60°$；$C_1O$ 和 C_2O 交于 O，故 $\angle C_1OC_2=2\theta$，O 点即为所求辅助圆的圆心；

(5)以 O 为圆心，以 OC 长为半径作圆，在圆周上任意确定一点均可为铰链中心 A，连 AC_1、AC_2，必有$\angle C_1AC_2=\theta=30°$；

(6)在例 1－2 图中测量 AC_1、AC_2 的图线长，根据曲柄与连杆共线时的几何关系：$AC_2=b+a$，$AC_1=b-a$，故图线长

$$b=\frac{(b+a)+(b-a)}{2}\ \text{mm},$$

$$a=\frac{(b+a)-(b-a)}{2}\ \text{mm};$$

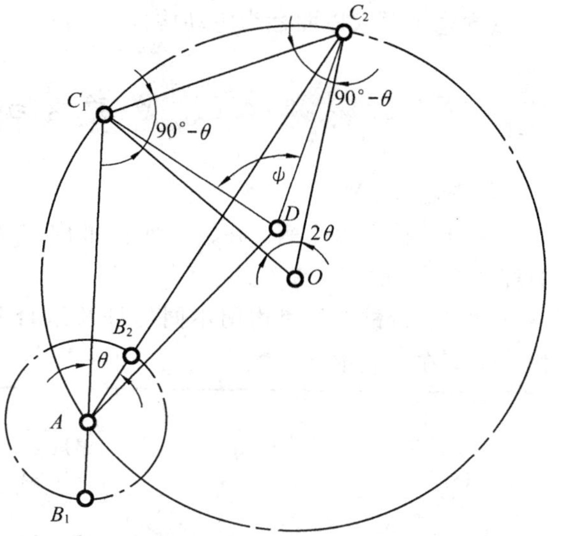

例 1－2 图　给定行程速比系数，设计曲柄摇杆机构

(7)调整 A 点的不同位置，并检验传动角，直至使设计满足 $\gamma_{min}\geqslant[\gamma]$的要求；

(8)测量机架 AD 的图线长度；并按照设定的比例求出曲柄 a 和连杆 b、机架 d 的实长(略)。

(本题答案有无穷个，如有其他附加条件，例如本题对 AD 长 L_{AD} 有要求，根据 $L_{DC}=300\text{mm}$，则在步骤(5)即可通过作图求得 A 点的一个或两个位置)

(二)给定行程速比系数，设计摆动导杆机构

【例 1－3】　给定行程速比系数 K＝1.5，要求机架长度 $L_{AB}=500\text{mm}$，试设计一摆动导杆机构。

1.设计分析(参阅表 1－1 中的摆动导杆机构)

由已知条件，可计算得 $\theta=180°(K-1)/(K+1)=180°\times(1.5-1)/(1.5+1)=36°$；

由平面几何知识可知：$\psi=\theta=36°$。故 AB 及导杆两极限位置 AC_1 和 AC_2 可按设定比例作出，如例 1－3 图所示；过 B 作 $BC_1\perp AC_1$ 和 $BC_2\perp AC_2$，则 ABC_1 或 ABC_2 即是所求机构。

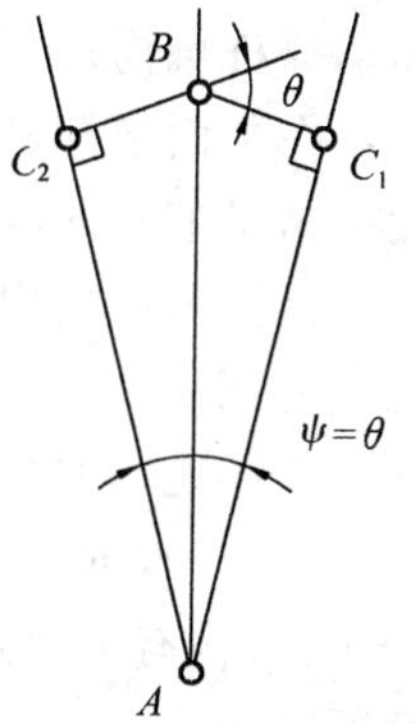

例 1－3 图　给定行程速比系数，设计摆动导杆机构

2.设计步骤

(1)计算 θ，由前述得，$\theta=36°$；

(2)取作图比例为 $\mu_l=\frac{\times\times\text{mm}}{1\text{mm}}$；

(3)作 AB，使线段 $l_{AB}=\frac{实长\ \text{mm}}{\mu_l}=\frac{500\text{mm}}{\mu_l}$；并作 AC 杆的两极限位置 AC_1 和 AC_2，且使 AC_1 和 AC_2 的夹角$\angle C_1AC_2=\psi=36°$；

(4)过 B 点作 $BC_1 \perp AC_1$、$BC_2 \perp AC_2$，就是所求的机构，如例 1－3 图；

(5)按照设定的比例求出曲柄 $BC_1 = BC_2 = a$ 的实长即可。

(本题中要求以曲柄为主动构件，则 $\gamma \equiv 90°$，故无需检验设计是否满足 $\gamma_{min} \geqslant [\gamma]$)；

思考题与练习题

思考题

1－1　什么叫曲柄？在铰链四杆机构中，曲柄的存在条件是什么？曲柄是否一定是最短杆？

1－2　铰链四杆机构用不同的杆长组合并通过构件位置的倒置会得到哪些类型的机构？试填在下表中。

		杆长条件	
		最短与最长杆之和小于或等于其他两杆之和	最短杆与最长杆之和大于其他两杆之和
作机架的杆	最短杆		
	与最短杆相邻的杆		
	与最短杆相对的杆		

1－3　什么叫摆角？什么叫极位夹角？什么叫行程速比系数？前两者之间有怎样的关系？后两者之间又有怎样的关系？

1－4　曲柄滑块机构是怎样演化为偏心轮机构的？这种演化机构是由于何场合、有何优点？

1－5　何谓机构的急回特性？机构具有急回特性的特征是什么？并分析 K 值大小对机构工作特性的影响。

1－6　在下列平面机构中当曲柄做主动件时，哪些机构有急回性质？

①曲柄摇杆机构；②对心式曲柄滑块机构；③偏置式曲柄滑块机构；④摆动导杆机构。

1－7　在平面连杆机构中是怎样定义传动角 γ 的？γ 的大小对机构产生怎样的影响？对 γ 的大小做了怎样的限制？

1－8　何谓连杆机构的死点？使机构顺利通过死点位置的措施有哪些？举出避免死点和利用死点的例子。

1－9　作图说明曲柄摇杆机构、(对心、偏置)曲柄滑块机构、摆动导杆机构中：①曲柄做主动件时，一般位置的传动角及最小传动角的大小和位置；②改换主动件时，机构在一般位置的传动角；机构有无死点和死点的位置。

练习题

1－1　试根据图中注明的各构件的尺寸，判断各铰链四杆机构属于哪一种类型？

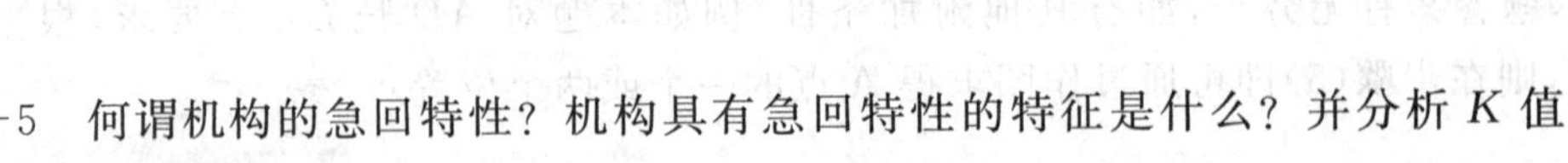

(a)　(b)　(c)　(d)

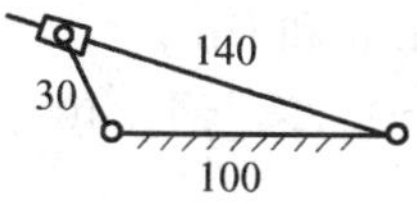

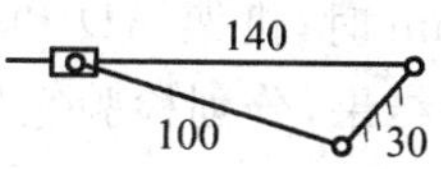

习题 1－1 图

1－2　在习题 1－2 图中已知铰链四杆机构 $ABCD$ 的各杆长为 $L_{AB}=240\text{mm}$，$L_{BC}=600\text{mm}$，$L_{CD}=400\text{mm}$，$L_{AD}=500\text{mm}$。试问：

(1)当取杆 L_{BC} 为机架时机构是否有曲柄存在？

(2)若各杆长度不变，如何获得双曲柄机构和双摇杆机构？

1－3　在习题 1－3 图所示的铰链四杆机构中，已知：$b=50\text{mm}$，$c=35\text{mm}$，$d=30\text{mm}$，且 d 为机架，试求：

(1)若此机构为曲柄摇杆机构，a 为曲柄，求 a 的最大值；

(2)若此机构为双曲柄机构，求 a 的最小值；

(3)若此机构为双摇杆机构，求 a 的取值范围。

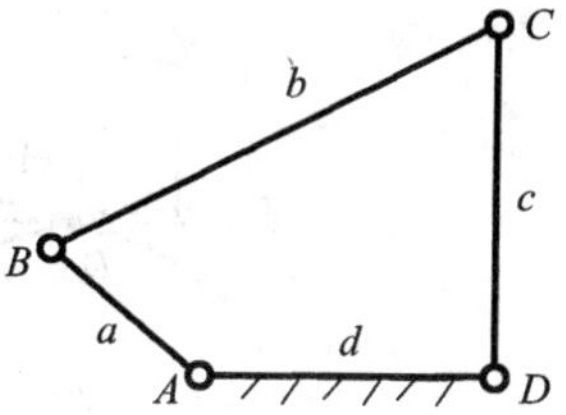

习题 1－2、1－3 图

1－4　已知铰链四杆机构及各杆长度，如习题 1－4 图所示，试问：

(1)这是什么类型的铰链四杆机构？

(2)以 AB 为主动件，此机构有无急回特性？

(3)以 AB 为主动件时，机构的最小传动角出现在何处，作图标出 γ_{min} 的位置。

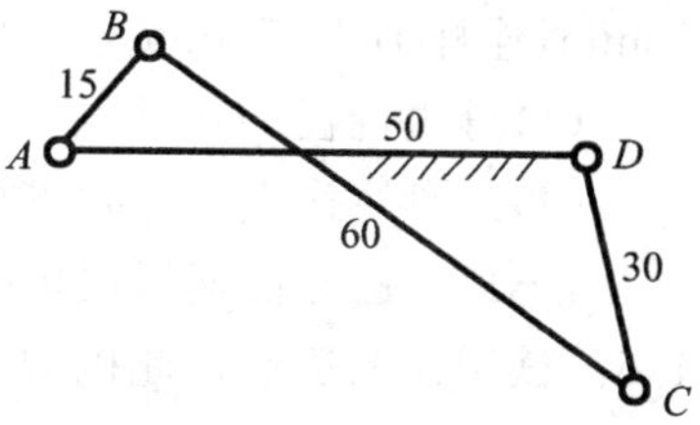

习题 1－4 图

1－5　已知一曲柄摇杆机构，摇杆 L_{DC} 长、两极限位置 L_{DC1}、L_{DC2} 及机架长 L_{AD}，如习题 1－5 图所示，试用作图法作图并求出曲柄 a 和连杆 b 长度。

1－6　习题 1－6 图所示为一偏置式曲柄滑块机构，曲柄为主动件，已知 $l_{AB}=e=l_{BC}/4$，试用图解法求该机构传动角的变化范围。

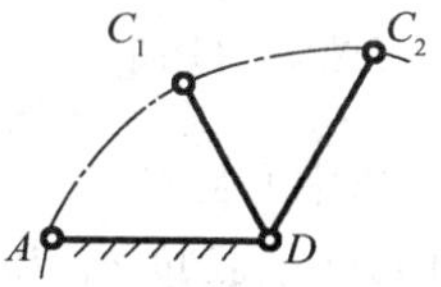

习题 1－5 图

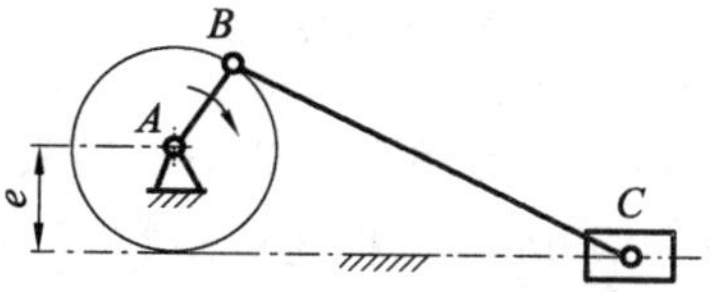

习题 1－6 图

1－7　设曲柄摇杆机构 $ABCD$ 中，杆 AB、BC、CD、AD 的长度分别为：$a=80\text{mm}$，$b=160\text{mm}$，$c=280\text{mm}$，$d=250\text{mm}$，AD 为机架。试做该机构运动简图并求解：

(1)行程速比变化系数 K；

(2)检验最小传动角 γ_{min}，已知机构许用传动角$[\gamma]=40°$，回答该机构能否满足使用要求。

1－8　设计一脚踏轧棉机的曲柄摇杆机构。如习题 1－8 图所示要求踏板 CD 在水平位置上下各摆 10°，且 $L_{CD}=500\text{mm}$，$L_{AD}=1000\text{mm}$。试用图解法求曲柄 AB 和连杆 BC 的长度。

1－9　习题 1－9 图示为一颚式破碎机。设已知行程速度变化系数 $K=1.25$，颚板 CD（摇杆）的长度 $l_{CD}=300\text{mm}$，颚板摆角 $\psi=30$，试用图解法确定：

(1)当机架 AD 的长度 $L_{AD}=280\text{mm}$ 时，曲柄 AB 和连杆 BC 的长度 L_{AB} 和 L_{BC}；

(2)当 $L_{AB}=50mm$ 时，机架 AD 和连杆 BC 的长度 L_{AD} 和 L_{BC}。

并对此两种设计结果，分别检验它们的最小传动角 γ_{min}，取[γ]=40°。

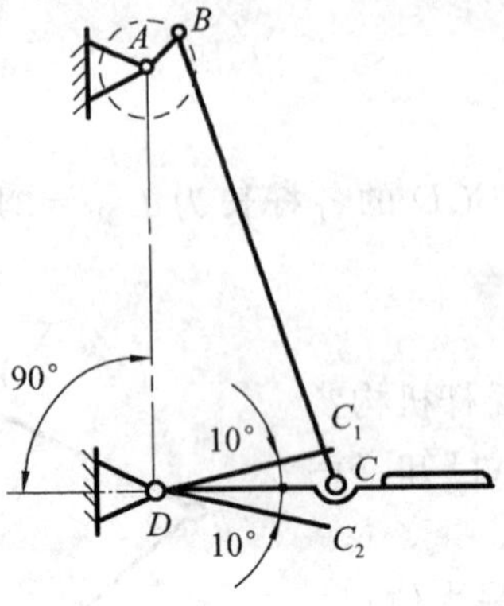

习题 1－8 图

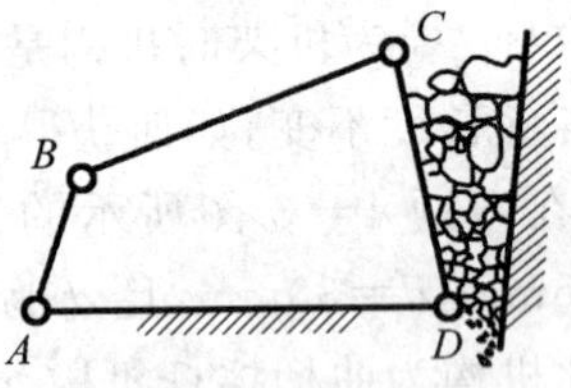

习题 1－9 图

1－10　一偏置曲柄滑块机构，如题 1－10 图所示。已知偏距 $e=10mm$，曲柄 $AB=20mm$，连杆 $BC=70mm$。试用作图法求：

(1)滑块行程 H；

(2)以滑块作主动件时机构的死点位置。

1－11　已知曲柄滑块机构的滑块行程 $s=100mm$，偏距 $e=10mm$，行程速比系数 $K=1.5$。试用作图法设计此机构。

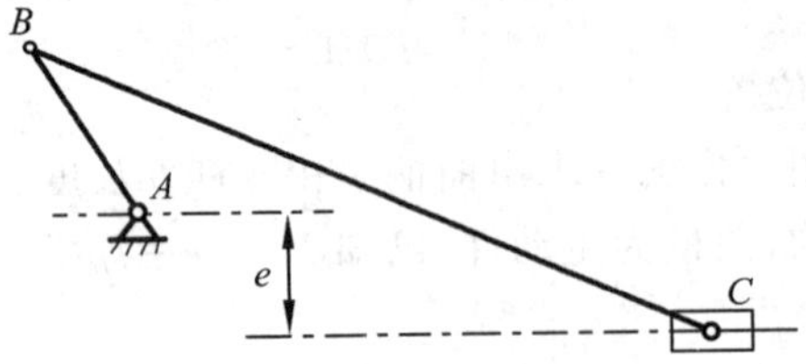

习题 1－10 图

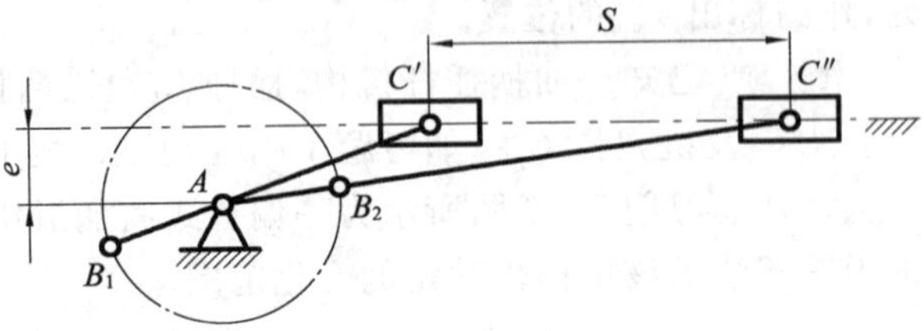

习题 1－11 图

1－12　在习题 1－12 图示牛头刨床的主运动机构中，已知中心距 $l_{AB}=300mm$，刨头的冲程 $H=450mm$，行程速比系数 $K=2$，试求曲柄 AB 和导杆 CD 的长度 l_{AB} 和 l_{CD}。

1－13　如习题 1－13 图所示为牛头刨床的摆动导杆机构，已知机架 AB 长度 $l_{AB}=400mm$，行程速比系数 $K=1.65$。设计此机构。

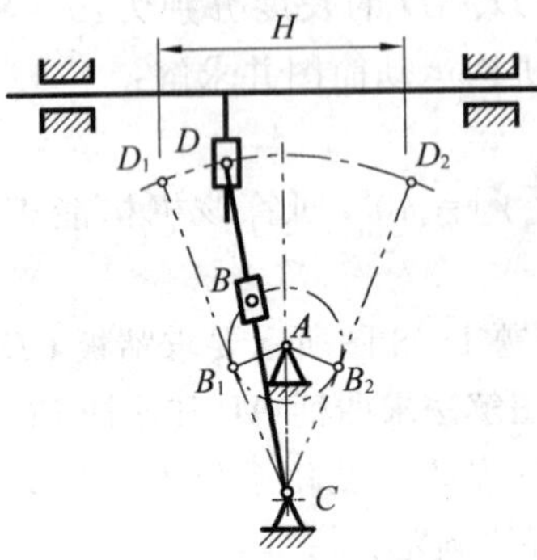

习题 1－12 图

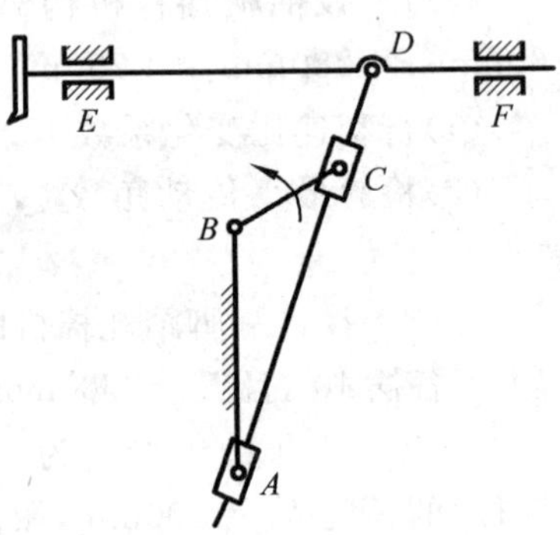

习题 1－13 图

第二章 凸轮机构

【学习要求】

(1)了解凸轮机构的特点及类型;

(2)熟知从动件的几个常用运动规律,各自的特点及应用;

(3)熟知凸轮机构设计中滚子半径、压力角、基圆半径等几个问题,会正确的选用及检验;

(4)会用作图法设计凸轮廓线。

第一节 凸轮机构的特点及类型

一 凸轮机构的特点

在机械设计中,当要求其中某些从动件的位移、速度或加速度按照预定的规律变化,特别是要求从动件按复杂的运动规律运动时,常采用凸轮机构。由于凸轮机构能够精确地实现预期的运动规律,而且其结构简单、紧凑,运动可靠。所以在金属切削机床、内燃机、包装机械、纺织机械、印刷机械、农业机械等各类机械,尤其是自动机械、自动控制装置和装配生产线上都得到广泛使用。

凸轮机构的缺点是:由于凸轮机构是高副机构,凸轮轮廓与从动件之间为点接触或线接触,故容易磨损;而且凸轮轮廓曲线的加工比较困难,所以凸轮机构多用于要求精确实现较复杂的运动规律而传力不大的场合。

二 凸轮机构的类型

(一)按凸轮形状分

1.盘形凸轮机构

这种凸轮是一个绕固定轴线转动、而且具有变化向径的盘形零件 1;其从动件 2 的运动平面与凸轮轴线垂直,如图 2—1 所示。

当凸轮连续转动时,凸轮廓线的形状即廓线上各点处向径的长度变化,控制从动件有规律的往复运动。

[*向径:连接凸轮的回转中心与凸轮廓线上任意一点间的线段的长称作廓线上那点的向径,各段向径的长度是依据从动件所需的运动规律由设计决定的。参阅图 2—5(a)]

图 2—2 所示内燃机配气机构就是这一凸轮机构的应用实例。它由凸轮 1、移动从动件

2(气门)、机架 3(安装着气门导管)以及附属装置(回位弹簧等)组成，当凸轮(轴)连续转动时，依据凸轮的外廓形状控制气门按一定的规律开启和关闭。

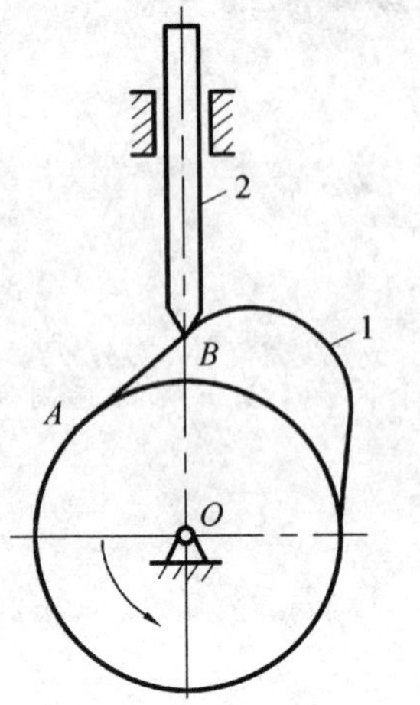

图 2－1　盘形凸轮机构

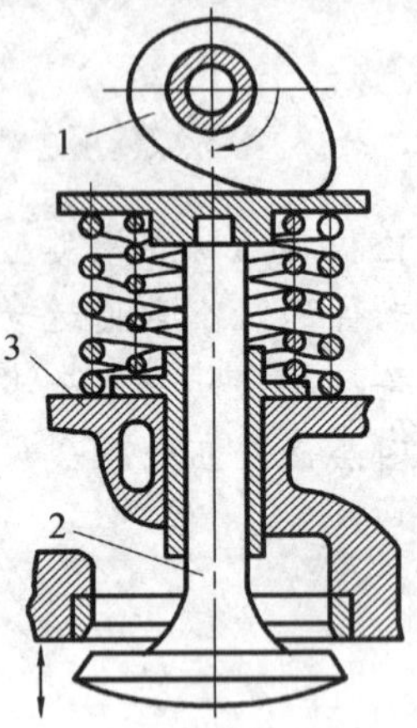

图 2－2　内燃机配气机构

2. 移动凸轮机构

当盘形凸轮的回转中心趋于无穷远时，凸轮的运动成为相对于机架的往复直线移动，这种凸轮称为移动凸轮，图 2－3 所示是在利用移动凸轮进行仿形加工。其从动件与凸轮在同一运动平面内，也作往复直线运动。

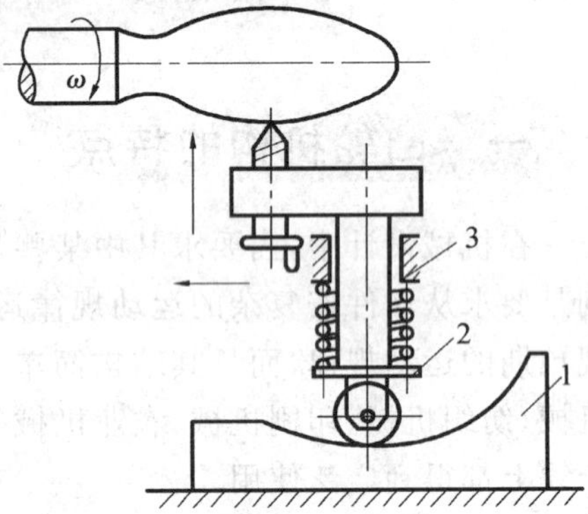

图 2－3　移动凸轮机构

3. 圆柱凸轮机构

圆柱凸轮可以看成是由边长为 πd 的移动凸轮卷制而成的圆柱体(直径为 d)，从动件的运动可以是移动也可以是摆动，它属于空间凸轮机构。

图 2－4 所示的自动机床进刀机构，是一圆柱凸轮机构。当具有凹槽的圆柱凸轮 1 连续转动时，其凹槽的侧面操控从动件 2 绕 C 点作往复摆动，从而控制刀架的自动进刀和退刀运动。刀架的运动规律完全取决于设定的凹槽曲线的形状。

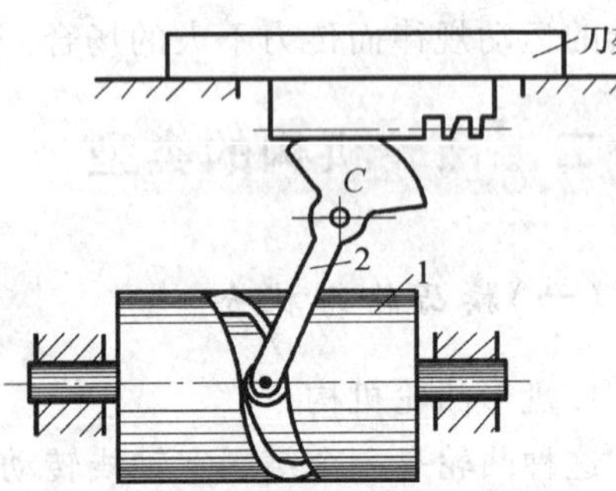

图 2－4　自动机床的进刀机构

(二)按从动件的结构型式分

1. 尖顶从动件

这种从动件结构最简单。尖顶能与任何形状的凸轮轮廓相接触，因而能实现复杂的运动规律(如图 2－1)。但尖顶与凸轮表面是点接触，磨损快，故仅适用于受力不大的低速凸轮机构，如仪器、仪表中的凸轮机构。

2. 平底从动件

这种从动件与凸轮轮廓表面接触处为一平面(如图 2－2)。平底与凸轮表面接触处易形成油膜，故润滑状态良好，能大大减小磨损。当不考虑磨擦时，凸轮对从动件的作用力始终垂直于平底，从动件受力比较平衡，传动效率较高，故常用于调整凸轮机构中。平底从动件的缺点是仅能与全部外凸的凸轮轮廓相联构成凸轮机构。

3. 滚子从动件

这种从动件的一端装有可自由转动的滚子（如图2—3）。由于滚子同凸轮轮廓之间为滚动磨擦，磨损较小，可用来传递较大的功率，因而应用广泛。但因其零件较多，体积和重量增加较大，且滚子磨损后会产生噪声，故仅适用于重载和中低速的凸轮机构。

（三）其他分类

（1）按从动件的运动形式又可将凸轮机构分为移动和摆动从动件凸轮机构，前述三种结构型式的从动件都可以相对机架作往复直线运动或往复摆动，见表2—1。

（2）在移动从动件盘形凸轮机构中，从动件的导路中心通过凸轮回转中心的结构型式称作对心式凸轮机构；从动件的导路中心不通过凸轮回转中心的结构型式称作偏置式凸轮机构，其偏离凸轮回转中心的距离称为偏距，记作 e，见表2—1。

（3）凸轮机构的封闭形式　有力封闭和形封闭两种。为使凸轮与从动件始终保持接触，可以采用力封闭，如重力（见表2—2和图2—1）、弹簧力（见表2—2和图2—2、图2—3）、液压或气压等形式；或采用形封闭，如不同形式的凸轮、凸轮上的凹槽等的形式来实现（见表2—2和图2—4）。

凸轮机构的基本类型见表2—1。凸轮机构的封闭形式见表2—2。

表2—1　　凸轮传动机构的基本类型

	尖顶从动件	滚子从动件	平底从动件
移动从动件盘形凸轮机构	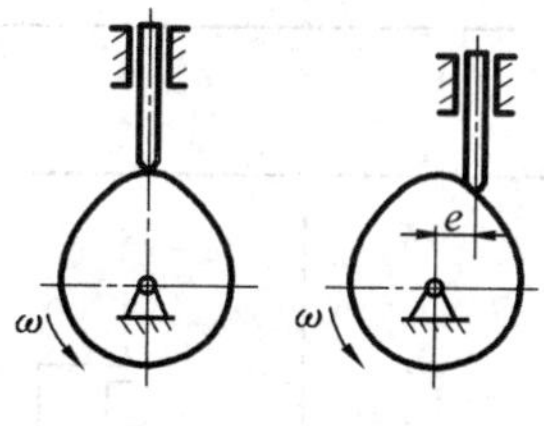	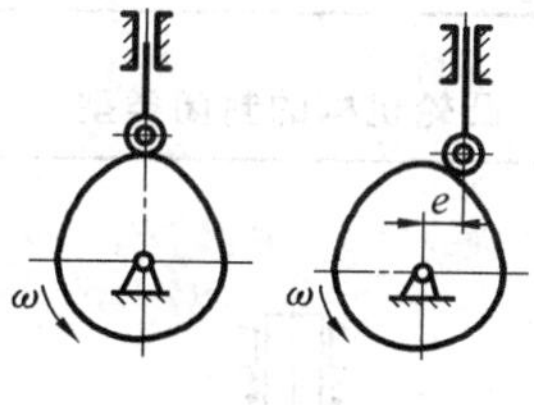	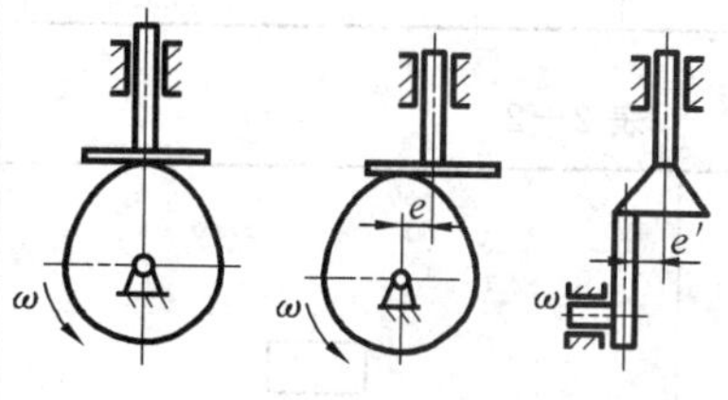
摆动从动件盘形凸轮机构	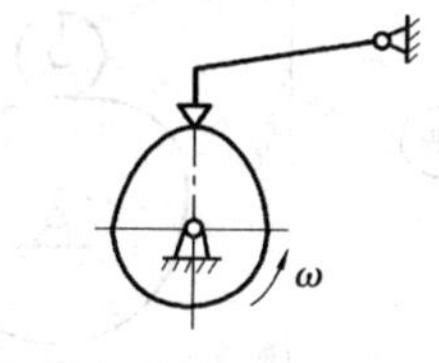	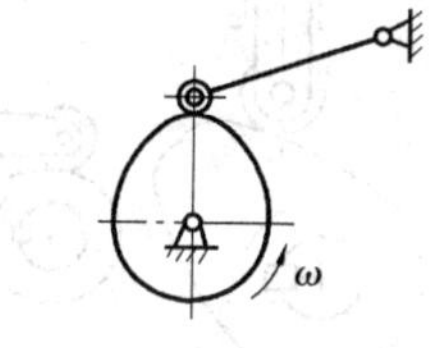	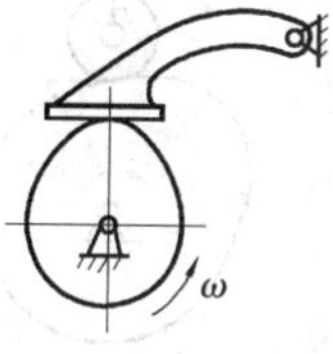
移动从动件移动凸轮机构	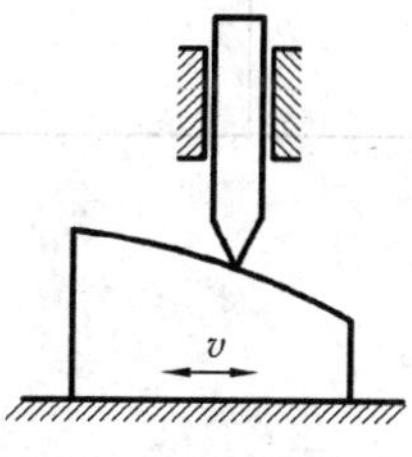	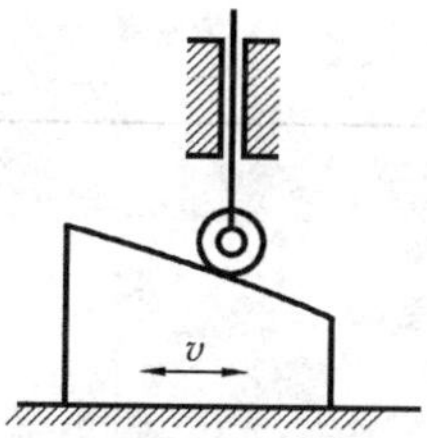	

（续表）

	尖顶从动件	滚子从动件	平底从动件
摆动从动件移动凸轮机构	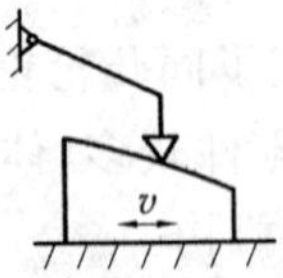	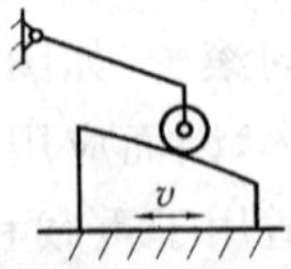	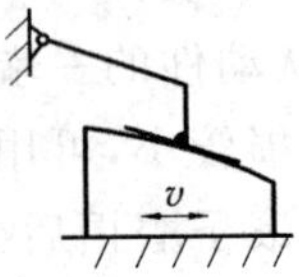
空间凸轮机构	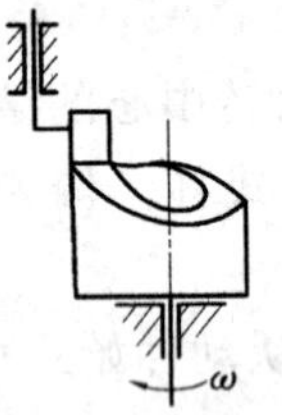 圆柱凸轮 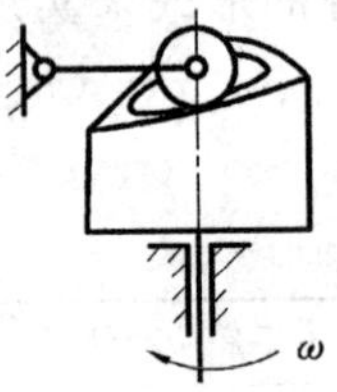	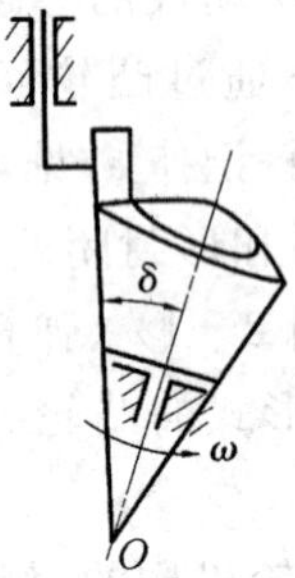 圆锥凸轮	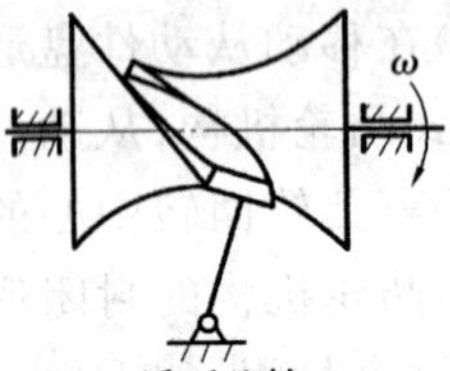 弧面凸轮 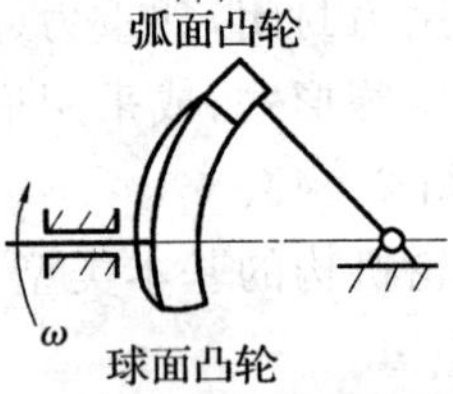 球面凸轮

表 2－2　凸轮机构的封闭类型

力封闭	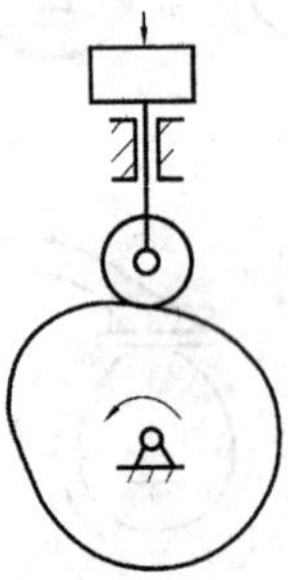 重力封闭	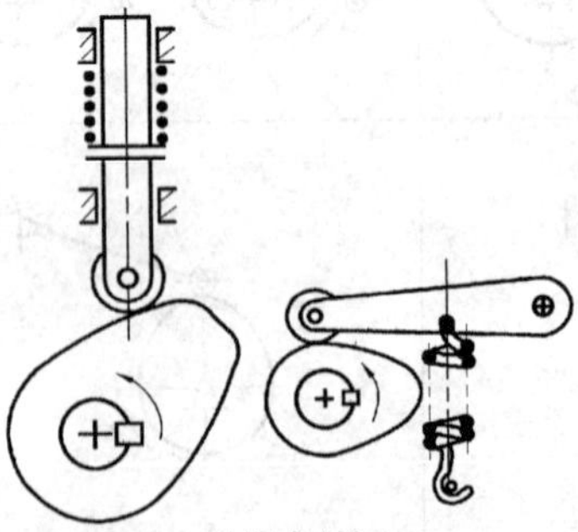 弹簧力封闭	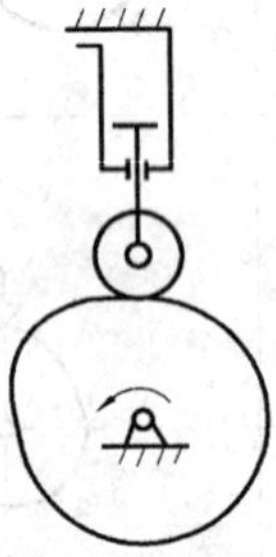 液压或气压封闭

（续表）

形封闭	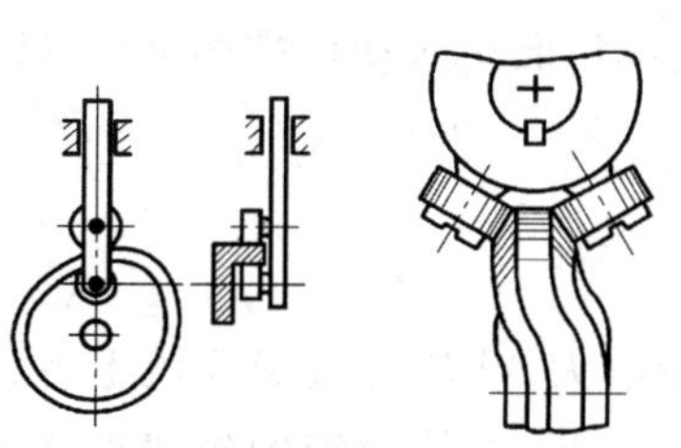 (a) (b) 凸缘凸轮	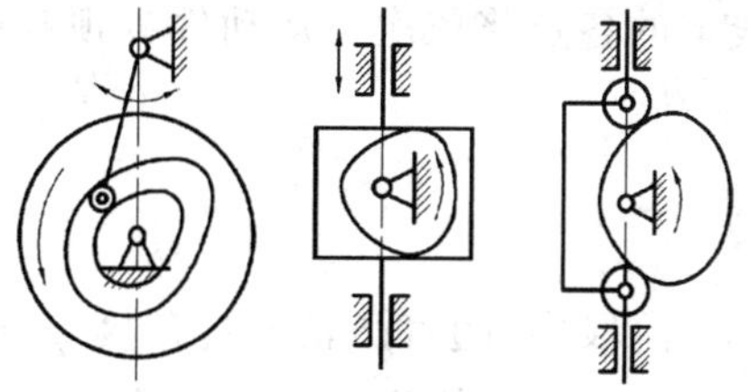 (a) 沟槽凸轮 (b) 等宽凸轮 (c) 等径凸轮	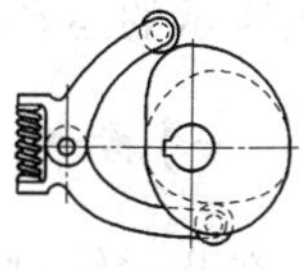 共轭凸轮

第二节 从动件的常用运动规律

由前述，不同形状的凸轮廓线决定了从动件的不同的运动规律；反之，凸轮廓线的形状又是依据从动件需要完成的运动规律而设计制作的。因此，在设计凸轮廓线时，首先应根据对凸轮机构从动件的工作要求，选择适当的从动件的运动规律。

对于移动从动件，从动件的运动规律是指从动件的位移 s(mm)、速度 v(m/s)和加速度 a(m/s^2)随时间(t)或凸轮转角(φ)变化而变化的规律性及运动特性。

一 移动从动件盘形凸轮机构的运动全过程及相关的概念

图 2－5 所示为一尖顶对心移动从动件盘形凸轮机构，盘形凸轮的回转中心为 O，并设凸轮廓线上任意点 k 处的向径为 r_k，最小向径为 r_b。以凸轮的回转中心 O 为圆心、最小向径 r_b 为半径所作的圆称为基圆，r_b 称为基圆半径。

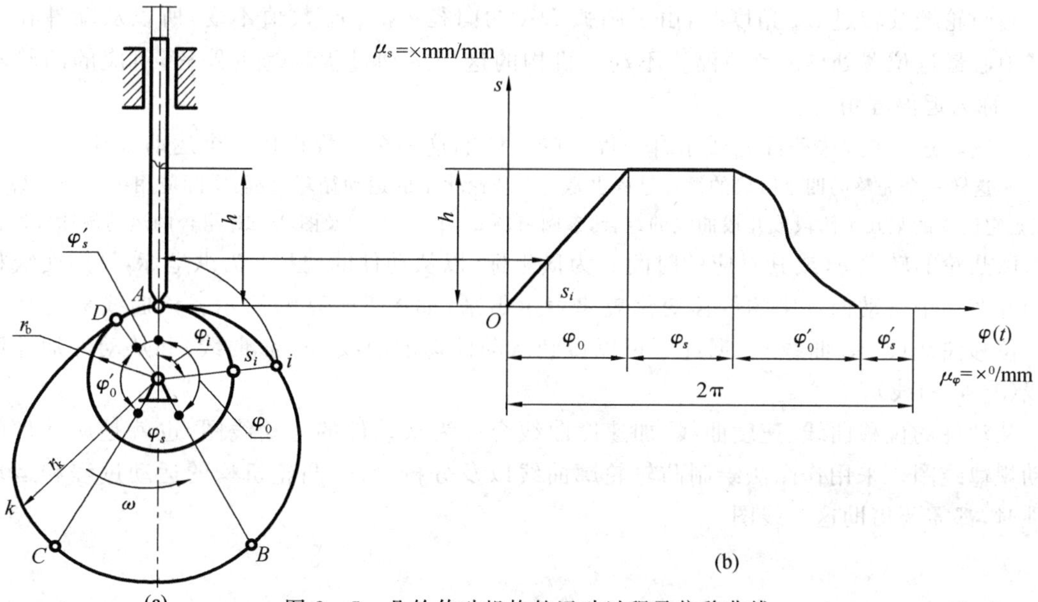

图 2－5　凸轮传动机构的运动过程及位移曲线

在图 2－5(a)中所示位置时，从动件的尖顶与凸轮轮廓在 A 点相接触，从动件处于离凸轮回转中心 O 最近的位置，也是从动件上升运动的起始位置。当凸轮以等角速度 ω 逆时针方向转动时，凸轮廓线上的各点将依次与从动件尖顶相接触，并推动从动件按图 2－5(b)中曲线所示的运动规律运动。

（一）推程

在凸轮转过角度 φ_0 阶段中，随着凸轮转过角度 φ_i 逐渐增大，凸轮廓线 AB 段上各点的向径 r_k 也逐渐增大；相应的，从动件从起始位置 A 点($s_{min}=0$)开始，按设定的规律被逐渐推到远离回转中心的位置，其对应关系为：在推程的任意时刻 φ_i，相应的从动件上升的距离为 $s_i(t)$；当凸轮转过的角度为 $\varphi_i=\varphi_0$ 时，从动件上升至距离回转中心最远的位置 B 点，上升高度达到 $s_i(t)=s_{max}$，机构的这一运动过程称为推程。在推程中，凸轮转过的角度 φ_0 称为推程角，从动件上升的最大高度 s_{max} 称作一个行程，记作 h，即 $s_{max}=h$。

（二）远停程

BC 段凸轮廓线是以最大向径 $r_{kmax}=r_{OB}$ 为半径、与基圆是同心圆的一段圆弧，这段圆弧所对的中心角为 φ_s。当凸轮转过 φ_s 角度时，从动件在离回转中心最远位置 $s_{max}=h$ 处停止不动。机构的这一运动过程称为远停程，对应的凸轮转角 φ_s 称为远停程角。

（三）回程

凸轮 CD 段廓线上各点的向径是逐渐减小的。随着凸轮的继续转动，当凸轮转过角 φ'_0 时，从动件也从最远位置 C 点处按某设定的规律逐渐返回到距离回转中心最近的位置 D 点($s_{min}=0$)。机构的这一运动过程称为回程，凸轮转角 φ'_0 称为回程角。

（四）近停程

当凸轮继续转过 φ'_s 角度时，由于圆弧 DA 的向径 $r_{OD}=r_b$ 数值不变，所以从动件在离回转中心最近位置处($s_{min}=0$)停止不动。机构的这一运动过程称为近停程，对应的凸轮转角 φ'_s 称为近停程角。

凸轮转过一周，从动件完成了升—停—降—停的这一全过程称作一个运动循环。

（＊这样一个完整的四个阶段的循环过程也是一个理论化了的运动循环过程，实际应用中的凸轮廓线可能是它们中的某几个阶段或几段曲线的组合，参阅习题 2－1、2－2 图及图 2－12 组合的运动规律线图。）

以凸轮的转角 φ(或其对应的时间 t)为横坐标，以从动件的位移 s 为纵坐标，可用曲线将从动件在一个运动循环中的位移变化规律表示出来，如图 2－5(b)所示。该曲线称为从动件的位移曲线($s-\varphi$ 曲线)。据此还可以得到从动件速度曲线($v-\varphi$ 曲线)和从动件加速度曲线($a-\varphi$ 曲线)。

从动件的位移曲线、速度曲线、加速度曲线合称为从动件的运动线图，也就是从动件的运动规律线图。采用作图法绘制凸轮轮廓曲线以及分析、研究凸轮机构的运动过程和运动特性时，都需要借助这一线图。

二 移动从动件的常用运动规律

以下介绍在推程(及回程)中移动从动件常用的几个运动规律及其运动特性。

(一)等速运动规律

当凸轮等角速度转动时,从动件上升(或下降)的运动速度保持不变,这种运动规律称为等速运动规律。

为设计和制造方便,通常将从动件运动规律表示为凸轮转角 φ(或时间 t)的函数。设从动件的运动速度 v 为常数 V_0,凸轮角速度为 ω,并利用条件 $s=vt=V_0t$,$s_{\max}=h$;$t_i=\varphi_i/\omega$ 和 $t_0=\varphi_0/\omega$,可得其运动方程式(推导过程从略)为:

$$\begin{cases} s=\dfrac{\varphi}{\varphi_0}h \\ v=\dfrac{\omega}{\varphi_0}h \\ a=0 \end{cases} \tag{2-1}$$

等速运动规律的运动线图如图 2-6 所示。

这一规律的路程线图($s-\varphi$ 曲线)是一斜直线,斜直线的始点处 $s=0$,终点处 $s_{\max}=h$;

速度线图($v-\varphi$ 曲线)由一水平直线段及始、终两点的竖直线段三部分组成,水平直线距离 φ 坐标轴的距离是 $v=V_0$;

加速度线图($a-\varphi$ 曲线)由 $a=0$ 的水平直线段(与 φ 坐标轴重合)及始、终两点的竖直线段三部分组成,始点处的 a 值从 $0\to\infty$,终点的 a 值从 $0\to-\infty$。

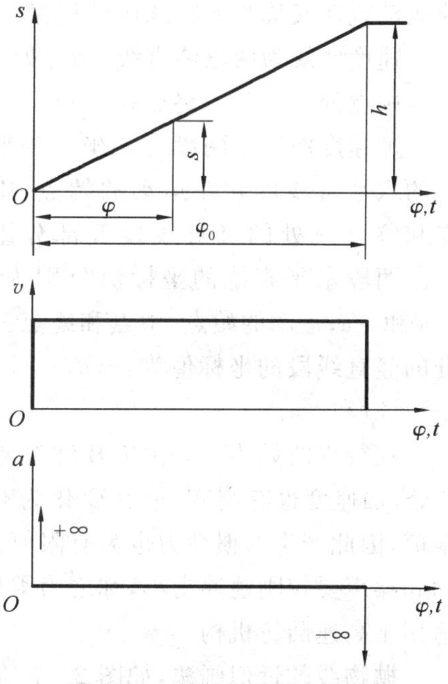

图 2-6 等速运动规律线图

由加速度线图可知,从动件在运动开始和运动终止的瞬时(时间 $t\to0$),速度会发生突变[变化量分别为:($0\to V_0$)和($V_0\to0$)],理论上讲,此时:其加速度在瞬间会变为无穷大,从动件会产生无穷大的惯性冲击力。此惯性力会使机构产生强烈的冲击、振动和噪声,这种冲击称为刚性冲击。因此,这种运动规律一般仅用于低速凸轮机构中。

(*实际上,由于构件材料的弹性,从动件不会产生理论上的无穷大的惯性力,但仍会产生极大的反作用力,造成极大的冲击、振动和噪声,并导致凸轮轮廓和从动件严重磨损,工作性能变差。在实际应用中,为了减缓该规律中在运动的起点和终点处发生的刚性冲击,可对位移曲线进行修正。修正方法是将位移曲线的始末两小段斜直线修改为变化较平缓的圆弧、抛物线或者其他过渡曲线,图 2-11 所示为采用等加等减速运动规律进行修正的例子。)

(二)等加速等减速运动规律

所谓等加等减速运动是指从动件在推程(或回程)中,前半程(对应的凸轮转角为前 $\varphi_0/2$,时间为前 $t_0/2$,路程为前 $h/2$)作等加速运动,后半程(对应的凸轮转角为后 $\varphi_0/2$,时间

为后 $t_0/2$，路程为后 $h/2$）作等减速运动，并且通常取加、减速度的绝对值相等。

经推导整理，等加速等减速运动规律的运动方程是：

$$\text{等加速度段}\begin{cases} s=\dfrac{2h}{\varphi_0^2}\varphi^2 \\ v=\dfrac{4h\omega}{\varphi_0^2}\varphi; \\ a=\dfrac{4h\omega^2}{\varphi_0^2} \end{cases} \quad \text{等减速度段}\begin{cases} s=h-\dfrac{2h}{\varphi_0^2}(\varphi_0-\varphi)^2 \\ v=\dfrac{4h\omega}{\varphi_0^2}(\varphi_0-\varphi) \\ a=-\dfrac{4h\omega^2}{\varphi_0^2} \end{cases} \tag{2-2}$$

其运动线图为图 2－7 所示。

这一规律的位移曲线是两段在 B 点光滑连接的抛物线，故等加速等减速运动规律又称为抛物线运动规律。

速度曲线为两段斜直线：始点处 $v=0$，中点处 $v=V_{max}$，终点处 $v=0$。

加速度曲线是两段与 φ 坐标相平行的水平直线段和在运动的始点、中点和终点三处的竖直线段五部分组成。两段水平直线的坐标值分别为：＋a 和－a；运动的始点、中点和终点三处的竖直线段的坐标值为：＋a，|＋a|＋|－a|和－a。

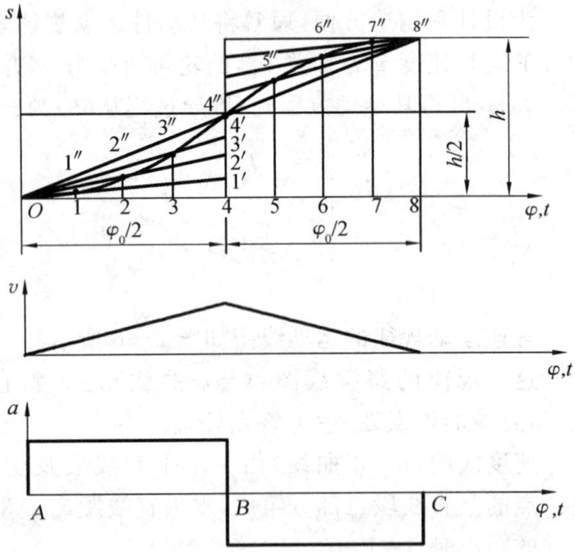

图 2－7　等加等减速运动规律线图

在行程的始点 A、中点 B 和终点 C 处，加速度也有突变，但其变化为有限值，因此产生的惯性力也为有限值。这种由有限变化的惯性力对凸轮机构造成的冲击、振动和噪声要较刚性冲击小，称之为柔性冲击。尽管如此，这种具有柔性冲击的运动规律也不适用于高速凸轮机构。

抛物线的近似画法，如图 2－7 所示：在横坐标轴上，将凸轮转角 φ_0 分成相等的两部分，对应的在纵坐标轴上将行程 h 也分成相等的两部分；再将前 $\varphi_0/2$ 和对应的前 $h/2$ 按同样的等份数分为若干等份（图中为 4 等份），得 1、2、3、…各点和 1′、2′、3′、…各点，并过原点连接 O1′、O2′、O 3′、…；过 1、2、3、…各分点分别作横坐标轴的垂线，分别与连线 O1′、O2′、O3′、…交于 1″、2″、3″、…各点；将这些交点连接成光滑曲线，即可得到推程前半程等加速运动的抛物线位移曲线。

改变作图的始点位置（本图为 88′分点），后半行程的等减速运动的抛物线，也可用同样的方法画出。

竖直线段 11″、22″、33″、…nn″（本图中 nn″为 88″分点）的长度分别为凸轮转过 $1\varphi_0/n$、$2\varphi_0/n$、$3\varphi_0/n$、…φ_0（本图中 0 至 $4\varphi_0/8$ 为前 $\varphi_0/2$，$4\varphi_0/8$ 至 $8\varphi_0/8$ 为后 $\varphi_0/2$）时的从动件的升程 S_1、S_2、S_3、…$S_{max}=h$（本图中 $S_4=h/2$，$S_8=h$）。

（三）简谐运动规律

当一动点 M 在一圆周上作匀速运动时，该动点在此圆直径上的投影是一随时间变化着的直线长度，这一直线长度随时间变化的规律称作简谐运动规律。用简谐运动规律作为凸轮机构从动件的位移规律简称凸轮机构从动件的简谐运动规律。简谐运动规律的速度曲线为正弦曲线，而其加速度则按余弦曲线变化，故简谐运动规律又称为余弦加速度运动规律，其运动线图如图 2－8 所示。

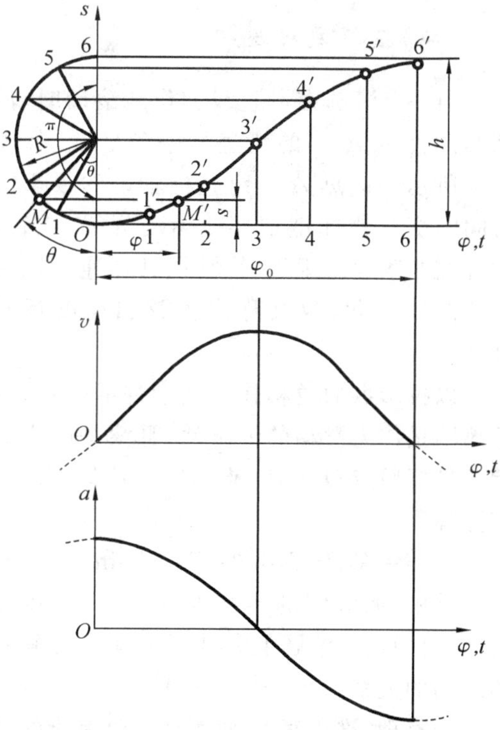

图 2－8　简谐运动规律线图

取线图的纵坐标为 $h=2R$，则当动点在 $2R$ 所在（半）圆上匀速的转过转角 $\theta(t)$ 时，从动件的位移为 $s=R-R\cos\theta$，其中动点的转角 $\theta(t)$ 与凸轮转角 $\varphi(t)$ 之间的关系为 $\theta=\pi\varphi/\varphi_0$。

经整理，推程余弦加速度运动规律的运动方程是：

$$\begin{cases} s=\dfrac{h}{2}\left(1-\cos\dfrac{\varphi}{\varphi_0}\pi\right) \\ v=\dfrac{\pi h\omega}{2\varphi_0}\sin\dfrac{\varphi}{\varphi_0}\pi \\ a=\dfrac{\pi^2 h\omega^2}{2\varphi_0^2}\cos\dfrac{\varphi}{\varphi_0}\pi \end{cases} \tag{2-3}$$

从动件作简谐运动时，其速度和加速度曲线对无停歇区间型运动来说是光滑连续曲线，速度和加速度均为渐变，没有突变，此时既无刚性冲击，也无柔性冲击，故可用于高速凸轮机构。但对于有停歇区间的运动形式来说，从动件在推程的始点和终点位置，加速度都会发生有限值的突变，从动件在该行程的始末两处仍会产生柔性冲击，因此，对于有停歇区间的运动型式来说，简谐运动规律也仅适用于中低速凸轮机构。

简谐运动推程的位移曲线作图法如下：如图 2－8 中所示，将横坐标轴上代表推程角 φ_0 大小的线段分为若干等份（图中分为 6 等份），得分点 1、2、3，……；并过这些分点作横坐标轴的垂线。再以行程 h 为直径在纵坐标轴上作一（辅助）半圆，并将此半圆周也等分为与横坐标轴同样的份数（图中分为 6 等分），同样得分点 1、2、3，……；再过这些分点作平行于横坐标轴的直线，并分别与过上述横坐标轴上各分点的垂线一一的对应相交，得 1′、2′、3′、……各交点，将这些交点连接成光滑的曲线，即得简谐运动规律的位移曲线。

(四)摆线运动规律

当一个滚圆在一直线上作纯滚动时,滚圆圆周上一点 A 的轨迹呈一条摆线,如图2－9所示。该点 A 在纵坐标轴上的投影随时间的变化规律即谓摆线运动规律。当从动件按摆线运动规律运动时,其加速度则按正弦曲线变化,故又称为正弦加速度运动规律。

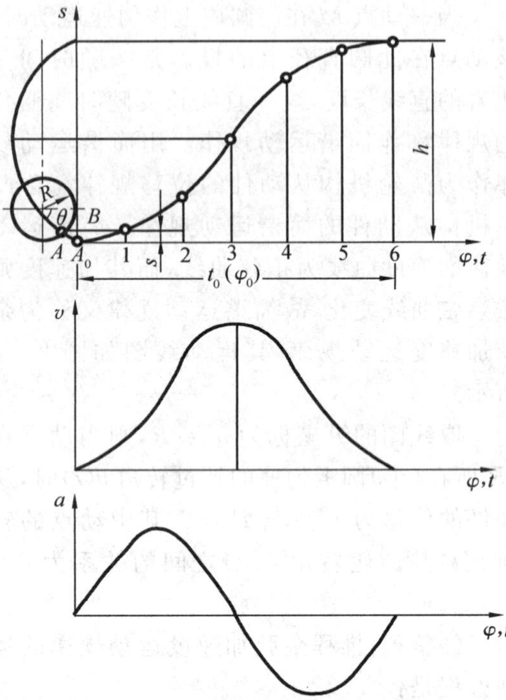

图 2－9 摆线运动规律线图

以投影点的位移作为从动件的位移,由于滚圆是作无滑动的纯滚动(且滚动时点 A 始于坐标原点 O 为 A_0 点),所以从动件的位移方程为:

$$S=A_0B-R\sin\theta=R\theta-R\sin\theta$$

其中,取滚圆的半径为 $R=h/(2\pi)$,h 为从动件行程;滚圆上 A 点的转角与凸轮转角之间的关系为 $\theta=2\pi(\varphi/\varphi_0)$。

经整理,推程正弦加速度运动规律的运动方程是:

$$\begin{cases} s=h\left(\dfrac{\varphi}{\varphi_0}-\dfrac{1}{2\pi}\sin\dfrac{\varphi}{\varphi_0}2\pi\right) \\ v=\dfrac{h\omega}{\varphi_0}\left(1-\cos\dfrac{\varphi}{\varphi_0}2\pi\right) \\ a=\dfrac{2\pi h\omega^2}{\varphi_0^2}\sin\dfrac{\varphi}{\varphi_0}2\pi \end{cases} \qquad (2-4)$$

由运动线图可知,这种运动规律的速度曲线和加速度曲线始终是连续变化的,尤其是对于推程两端均有停歇区间的运动来说,按正弦曲线变化的从动件在运动的起始位置和终止位置加速度值皆为零,即意味着这种运动规律既没有刚性冲击,也没有柔性冲击,且又因在中间段落时的加速度的变化也较和缓,故机构传动平稳,振动、噪声和磨损都小,它适用于较高速度的凸轮机构。

从动件摆线运动规律位移曲线的作图方法如图2－10所示:

(1)将横坐标上代表 φ_0 的线段分为若干等份(图中为8等份),得分点1、2、3、……,以这些分点为垂足,做横坐标轴的垂线,并取 $nQ=h$(本图为 $\overline{8Q}=h$);连 OQ;

(2)以坐标原点为圆心,以 $R=h/(2\pi)$ 作一小圆,并将其圆周也等分为 n 等份(本图为8等份);

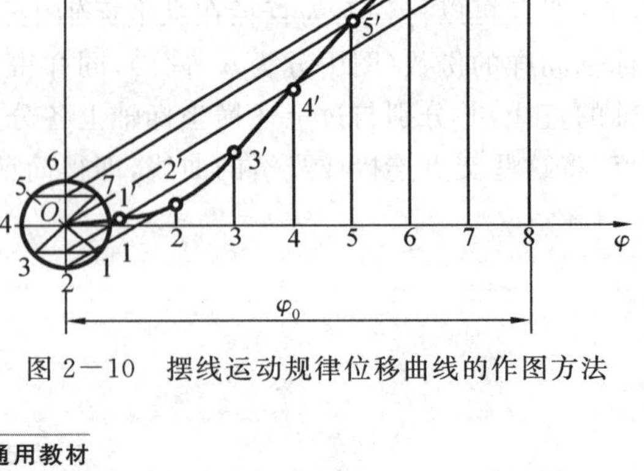

图 2－10 摆线运动规律位移曲线的作图方法

(3)过圆周上的各分点向纵坐标轴作垂线，与纵坐标轴相交得各个交点；

(4)从这些交点出发分别作 OQ 的平行线，与过横坐标轴上的分点 1、2、3、……的垂线一一对应相交于 $1'$、$2'$、$3'$、……、Q 各点；

(5)用光滑曲线连 $1'$、$2'$、$3'$、……、Q，即为所求的摆线运动规律的位移曲线。

* 从动件运动规律的选择和应用

在实际设计中，单一使用上述运动规律，往往难以同时满足机器对从动件运动特性的要求，此时，可以对这几种常用规律进行修正和组合使用，以保证凸轮机构能获得良好的运动及动力性能。

制约选择从动件运动规律的因素有：具体机械对凸轮机构的工作(运动规律)要求；机械动力特性对凸轮机构的要求；加工工艺性对凸轮廓线的要求等因素，而这些因素往往又是互相制约的，选择和使用从动件运动规律时应考虑以下几条原则：

①当机械仅要求能实现一规定行程的某一动作、而对运动规律没有要求时，应以使机械有好的动力性能和加工工艺为选择的依据。低速轻载时宜选择圆弧或直线等易于加工的曲线作为凸轮廓线；转速高时就应首先考虑机构的动力性能。例如，抛物线运动规律和摆线运动规律相比，前者的加工性能不比后者更好，但动力性能却比后者差，在高速场合宜选择后者。

②当机械对运动规律有要求、而凸轮的转速不太高时，应首先考虑满足机械对运动规律的要求，其次考虑动力性能和便于加工的问题。例如图 2－2 所示自动机床进刀机构的凸轮机构，考虑机床载荷平稳，车削时要求匀速运动，零件的表面应有较高的表面质量。故宜选择等速运动规律。为解决该规律的刚性冲击问题，可将其位移曲线的始末进行修正，如图 2－11。

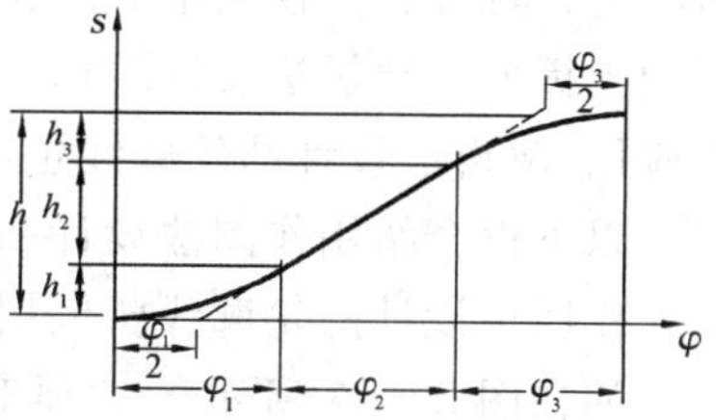

图 2－11 对等速运动规律的修正

③当机械对运动规律有要求、而且转速又较高时，需要兼顾这两方面的要求。通常采用把几种运动规律进行适当的组合，如图 2－12。

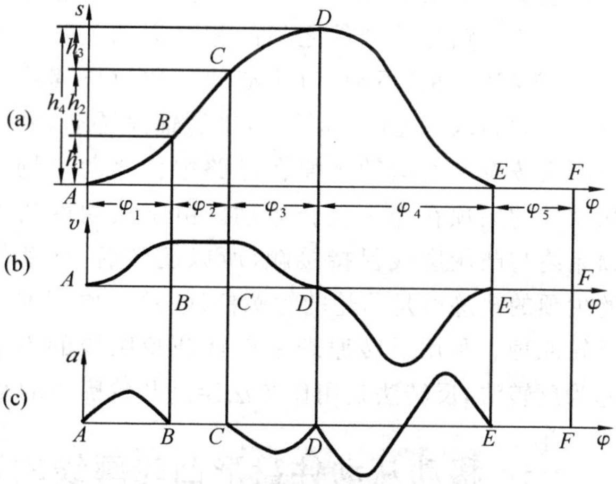

图 2－12 组合的运动规律线图

④选择运动规律时，除需考虑冲击特性外，还需考虑 $v_{\max}$、$a_{\max}$ 及最大跃度 $j_{\max}$(加速度的变化率)的影响。$v_{\max}$ 影响机械的最大动量 $mv_{\max}$，影响机械的灵活运行和运行安全，特别是当从动件系统的质量 m 较大时，宜选择 $mv_{\max}$ 较小的运动规律。$a_{\max}$ 是影响机构的动力学性能的主要因素，从动系统的惯性力大，则增大了凸轮与从动件间的接触应力，对构件的强度和耐磨性要求也越高。因此对转速较高的凸轮机构应选择 $a_{\max}$ 较小的运动规律。$j_{\max}$ 涉及从动件系统中惯性力变化的频率，影响从动件系统的振动和工作的平稳性，尤其对于高转速的凸轮机构，以 $j_{\max}$ 越小越好。

从动件常用运动规律的特性及其适用情况见表 2－3。

表 2－3　从动件常用运动规律的特性及适用场合

运动规律	冲击特性	$v_{max}(h\omega/\varphi)$	$a_{max}(h\omega^2/\varphi^2)$	$j_{max}(h\omega^3/\varphi^3)$	适用场合
等速(直线)	刚性	1.00	∞	—	低速轻载
等加等减速(抛物线)	柔性	2.00	4.00	∞	中速轻载
简谐(余弦加速度)	柔性	1.57	4.93	∞	中速中载
摆线(正弦加速度)	无	2.00	6.28	39.5	高速轻载

第三节　盘形凸轮廓线的设计

凸轮廓线的设计方法有作图法和解析法两种。作图法简单易行，虽然其精确度较低，但由于能满足一般机械的要求，故应用仍很广泛。解析法精确度高，故对于精度要求较高的高速凸轮、靠模凸轮、仪表中的凸轮等，有时需要用其轮廓线方程，并精确地计算出轮廓线上各点的坐标值。解析法设计时，计算工作量大。但随着电子计算机和各种数控机床在生产中的应用，解析法设计凸轮廓线也越来越广泛地用于生产实践中。

以下仅介绍用作图法设计凸轮廓线。

作图法设计凸轮廓线所依据的基本方法是反转法。

如在图 2－13 所示的尖顶对心移动从动件盘形凸轮机构中，设想给整个凸轮机构加上一个与凸轮角速度大小相等、方向相反的角速度 $-\omega$，这样并不会改变凸轮与从动件之间的相对运动关系。此时，凸轮将“静止”不动，而从动件一方面与其移动的导路共同以角速度 $-\omega$ 绕凸轮的轴线转动，另一方面又按设定的运动规律在导路中作移动，因此，从动件的尖顶在作一复合运动。由于从动件的尖顶始终与凸轮廓线保持接触，所以反转后，从动件的尖顶的轨迹就是凸轮的轮廓曲线，这一原理即为反转原理。利用反转原理来设计凸轮廓线的方法称为反转法，反转法是用作图法绘制凸轮廓线的基本方法。

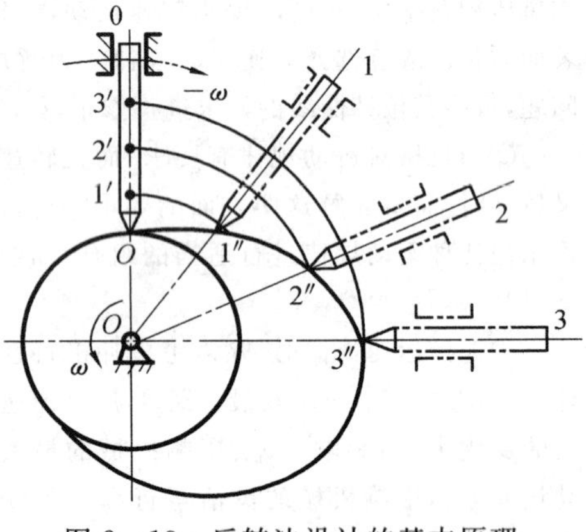

图 2－13　反转法设计的基本原理

一　移动从动件盘形凸轮廓线的设计

(一)用反转法设计(外凸)凸轮廓线

现以尖顶对心移动从动件盘形凸轮为例，介绍运用反转法设计(外凸)凸轮廓线。

已知：从动件位移曲线如图 2－14(b)，确定基圆半径为 r_b，凸轮以等角速度 ω 顺时针回转。

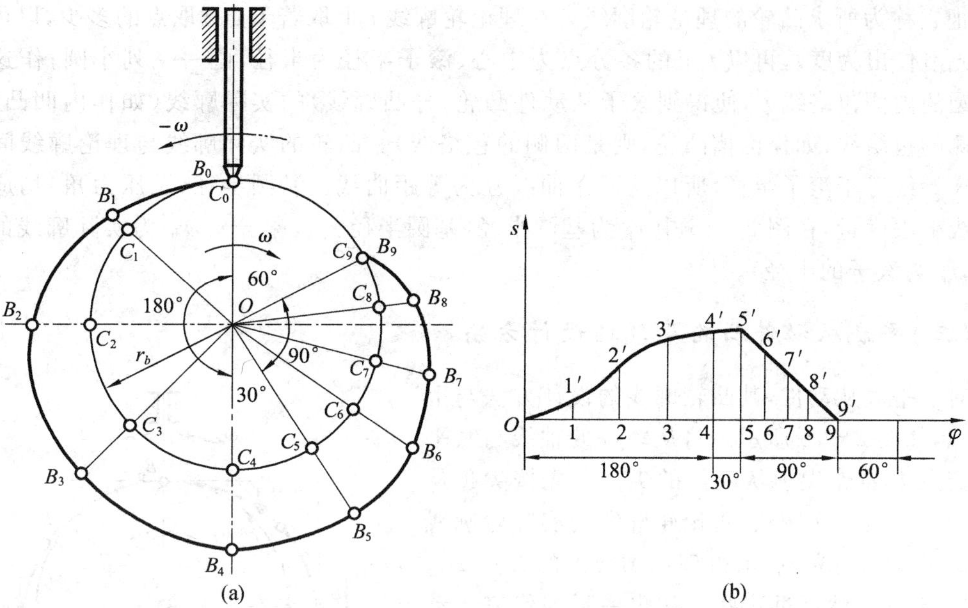

图 2－14　反转法设计尖顶对心移动从动件盘形凸轮廓线

作图步骤如下：

(1)设置待绘凸轮廓线的比例：优先选取与从动件位移曲线同样的比例。

(2)以 O 为圆心、r_b 为半径作基圆，并确定图 2－14(a)中的 B_0 点就是从动件运动的始点位置。

(3)将图 2－14(b)所示位移曲线的推程角、回程角分别分成若干等份(图中各分为 4 等份)。

(4)在图 2－14(a)中，自向径 OB_0 开始按 $-\omega$ 方向取推程角、远停程角、回程角、近停程角等；并将各运动阶段的凸轮转角分别与位移线图[图 2－14(b)]中的代表转角的横坐标上的对应线长取相同的等分份数，得到一系列径向线 OC_1、OC_2、OC_3…，这些径向线就是从动件在反转运动中依次相对凸轮所据的位置线。

(5)依次自各径向线与基圆的交点 C_1、C_2、C_3、…向外延长，延长长度按位移线图中各对应位置的位移量量取：$C_1B_1=11'$、$C_2B_2=22'$、$C_3B_3=33'$、…，得点 B_1、B_2、B_3、…，这些点就是从动件的尖点在反转过程中所依次占据的位置。

(6)将点 B_1、B_2、B_3、…连成光滑曲线，即为所求的凸轮廓线。

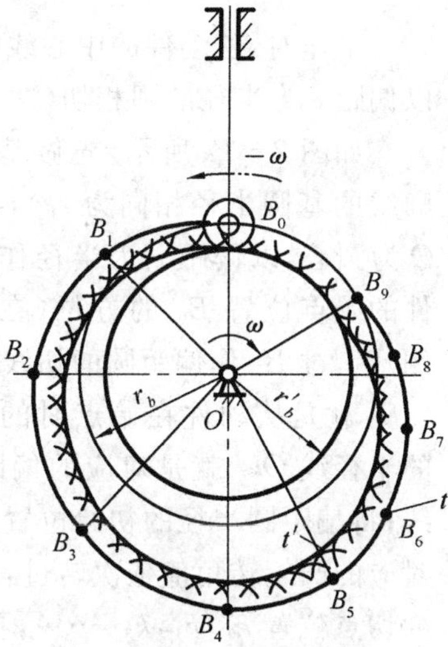

图 2－15　滚子从动件盘形凸轮的设计方法

(二)滚子从动件凸轮廓线的设计

对于滚子从动件，其凸轮廓线的设计方法如图 2－15 所示。将滚子的中心看作尖顶从动件的尖点，按照上述方法可求得一条过滚子中心的轮廓曲

线 t，把它称为所求凸轮的理论轮廓线。在理论轮廓线 t 上取若干点（取点的多少，以可将包络线光滑作出为度），再以 t 上的各分点为中心、滚子半径为半径，画一系列小圆；作这一系列小圆的内侧包络线 t'，便得到滚子从动件凸轮（外凸廓线）的实际廓线（如作内凹凸轮，则取外侧的包络线；如作沟槽凸轮，则是两侧的包络线）。凸轮的实际廓线与理论廓线间的法向距离始终等于滚子半径，所以这两条曲线互为等距曲线。基圆半径（及压力角）均应在理论廓线上去度量，在图 2－15 中 r_b 为基圆半径（基圆半径 $r_b=r_b'+r_g$，r_b' 为实际廓线的基圆半径，r_g 为滚子的半径）。

（三）平底从动件凸轮廓线的设计方法

对于平底从动件，其凸轮廓线的设计方法与上述相似，如图 2－16 所示。将从动件的轴线与其平底的交点 B 看作尖顶从动件的尖点。先按尖顶从动件凸轮廓线的作图法（理论轮廓线与实际轮廓线的基圆半径相同为 r_b）求得理论廓线上的各点 B_0、B_1、B_2、B_3、…，然后过这些点作出一系列代表从动件平底的位置线，最后作这些位置线的包络线，便得到凸轮的实际轮廓线。

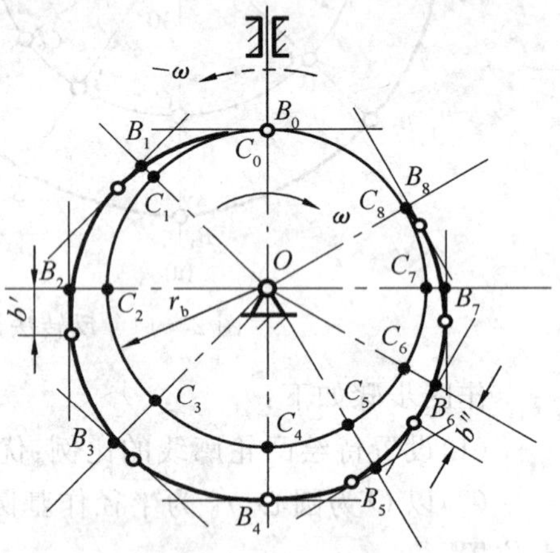

图 2－16　平底从动件盘形凸轮的设计方法

平底上与凸轮实际廓线相切的接触点，因从动件所处位置的不同而不同。其中，从图上可以找出在某 B 点时，平底两侧有最远接触点的距离 L_{max1}（图中的 b'）与 L_{max2}（图中 b''），取其大者为 L_{max}。设计平底长度时应保证平底两侧的长度均不得小于 L_{max}，通常取平底的长度（或直径）$L=2L_{max}+(5\sim7)$mm。

（四）偏置式凸轮机构（偏距为 e）

工作时，从动件的中心线始终与以 O 为圆心、以偏距 e 为半径的圆相切（这个圆称作偏距圆）。

如图 2－17 所示，先做基圆（理论廓线与实际廓线的基圆半径相同为 r_b），再以凸轮的回转中心 O 为圆心，以偏距 e 为半径作偏距圆，在确定从动件的始点位置 B_0 的方位（在圆心 O 的左侧或右侧）后，过 B_0 作偏距圆的切线，切点为 k_0' 这条切线 k_0B_0 就是从动件在始点时的位置线，这条偏距圆的半径线 Ok_0 就是对应的偏距圆半径的初始位置线；将偏距圆半径的初始位置线 Ok_0 沿 $-\omega$ 方向按对应的凸轮转角值依次转过，在偏距圆上得到一系列切点位置 k_1，k_1，k_3、……，再过这些切点位置作偏距圆的一系列切线 k_1B_1、k_2B_2…，并交基圆于 C_1、C_2、C_3、…，这一系列偏距圆的切线就是从动件

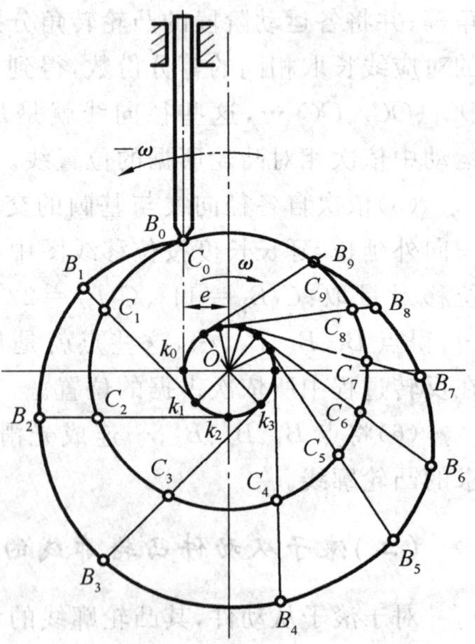

图 2－17　偏置从动件盘形凸轮的设计方法

在反转运动中所依次占据的位置；然后，在这些切线上自 C_1、C_2、C_3、…按照位移曲线图上的给定长度向外量取相应的从动件的位移量，如图中的 $C_1B_1=S_1$、$C_2B_2=S_2$、$C_3B_3=S_3$、…；最后，以光滑曲线连接 B_1、B_2、B_3、…，它就是所求的凸轮廓线。

第四节　凸轮传动机构设计中的几个问题

设计凸轮机构，不仅要保证从动件能实现所预期的运动规律，而且还要求机构动力性能良好、体积小、结构紧凑。这些要求与滚子半径 r_g、基圆半径 r_b、压力角 α 等因素有关。

一　滚子半径 r_g 的确定

在应用中，凸轮机构常采用滚子从动件。合理选择滚子的半径 r_g，要考虑多方面的因素。从滚子本身的结构设计和强度等方面考虑，将滚子半径取大些较好。因为这样有利于提高滚子的接触强度和寿命，也便于进行滚子的结构设计和安装。但是滚子半径的增大也要受到一定的限制，因为滚子半径的大小对凸轮实际廓线的形状有直接的影响。

切制凸轮的实际廓线时，通常是采用 $r_刀=r_g$ 的指状铣刀，并使刀具的回转中心沿理论廓线运动(如此得到的凸轮当采用 r_g 大小的滚子时，即可保证从动件实现理论廓线要求的运动规律)。图 2－18(a)(b)(c)所示为在同一条理论轮廓线的基础上，当采用不同半径 r_g 的滚子、从而采用不同半径 $r_刀$ 加工时所得到的三条实际轮廓线。

设理论廓线上的最小曲率半径为 ρ_{min}(用作图法求 ρ_{min}，见图 2－19 及说明)：

(1)当 $r_g<\rho_{min}$时，实际廓线上的最小曲率半径 $\rho'=\rho_{min}-r_g>0$，实际廓线为一条平滑曲线[图 2－18(a)]。

(2)当 $r_g=\rho_{min}$时，实际廓线上的最小曲率半径 $\rho'=\rho_{min}-r_g=0$[图 2－18(b)]，轮廓线在

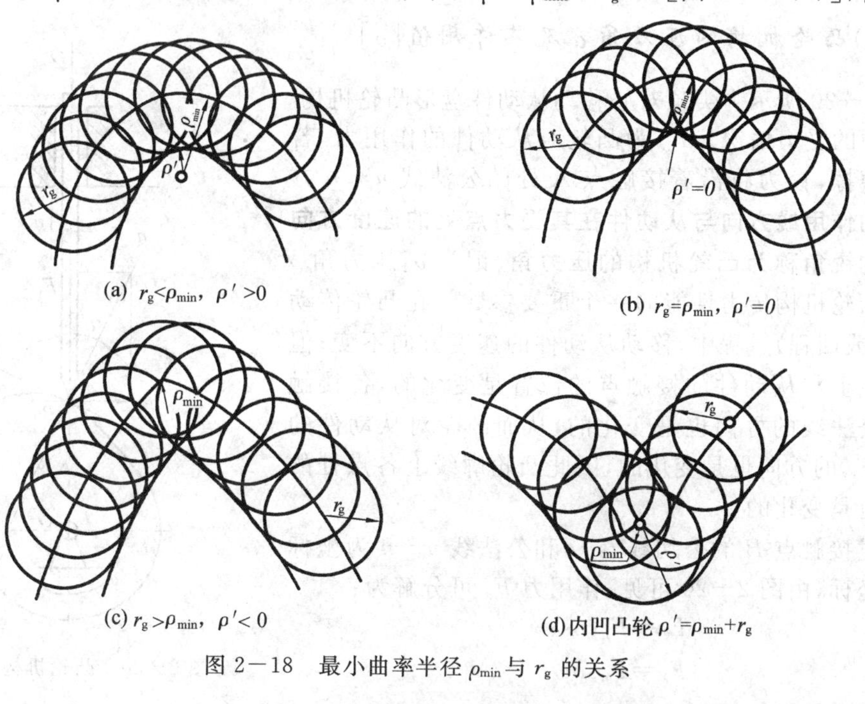

(a) $r_g<\rho_{min}$，$\rho'>0$　(b) $r_g=\rho_{min}$，$\rho'=0$　(c) $r_g>\rho_{min}$，$\rho'<0$　(d)内凹凸轮 $\rho'=\rho_{min}+r_g$

图 2－18　最小曲率半径 ρ_{min} 与 r_g 的关系

曲率半径为零处会出现尖点，曲线不再平滑。尖点处压强大、极易磨损（甚至折断），磨损（或折断）后的凸轮廓线就会改变预期的从动件的运动规律，称为运动失真。

(3)当 $r_g > \rho_{min}$ 时，刀具走过 ρ_{min} 时形成的两条包络线相交[图 2－18(c)]，(图中交点以上的)部分包络线在加工过程中被刀具切掉，从动件“丢失”了这部分廓线所要求实现的部分运动规律，运动失真。

为保证实际凸轮不至于产生运动失真，设计时，对于外凸的凸轮廓线，应保证实际廓线上的最小曲率半径 $\rho' = \rho_{min} - r_g > (3 \sim 5\ \text{mm})$，或写做 $\rho_{min} = \rho' + r_g > r_g + (3 \sim 5\ \text{mm})$。

设计时，可近似取 $r_g \leqslant 0.8\rho_{min}$。

当不能满足该要求时，应考虑减小滚子的半径；当减小滚子的半径受到限制时，应考虑增大基圆半径，必要时，还需对从动件的运动规律进行修改。

另一方面，滚子半径又不能取得过小，其大小还受到结构和强度方面的限制。从强度方面考虑，根据经验，可取滚子半径为 $r_g = (0.1 \sim 0.5) r_b$，式中 r_b 为凸轮基圆半径。

对于内凹凸轮[图 2－18(d)]，$\rho' = \rho_{min} + r_g$，无论滚子半径的大小均可得到完整的实际轮廓线，不会产生“运动失真”问题。

* 凸轮廓线上的最小曲率半径可用作图法近似求得。如图 2－19所示，在凸轮廓线上选择曲率半径最小处点 E，以 E 为圆心作任意半径的小圆，交凸轮廓线于点 F 和 G，再以两交点 F 和 G 为圆心，以相同的半径作两个小圆，三小圆相交于 H、I、J、K 四点，连接 HI、JK、并延长得交点 C，点 C 和 CE 长可分别近似地作为凸轮廓线在点 E 处的曲率中心和曲率半径。

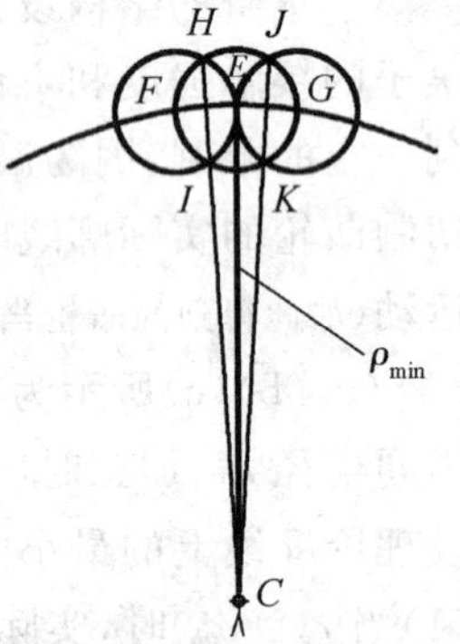

图 2－19　作图法求凸轮廓线上的最小曲率半径

二　凸轮机构的压力角 α

(一)凸轮机构的压力角 α 及其许用值 $[\alpha]$

图 2－20 所示为尖顶对心移动从动件盘形凸轮机构在推程中的受力情况。F_n 为凸轮对从动件的作用力，若不考虑磨擦，该力将沿着接触点 A 处的公法线 $n-n$ 方向。**力的作用线方向与从动件在其受力点处的速度方向间所夹的锐角称为凸轮机构的压力角**，记为 α，压力角 α 是衡量凸轮机构传力性能的一个重要参数。在凸轮传动的推程（或回程）过程中，移动从动件的速度方向不变；但凸轮廓线上与从动件的接触点的位置是变化的，各接触点处的公法线的方向也是变化的，从而凸轮对从动件的作用力 F_n 的方向也是变化的，因此凸轮廓线上各点处的压力角也是变化的。

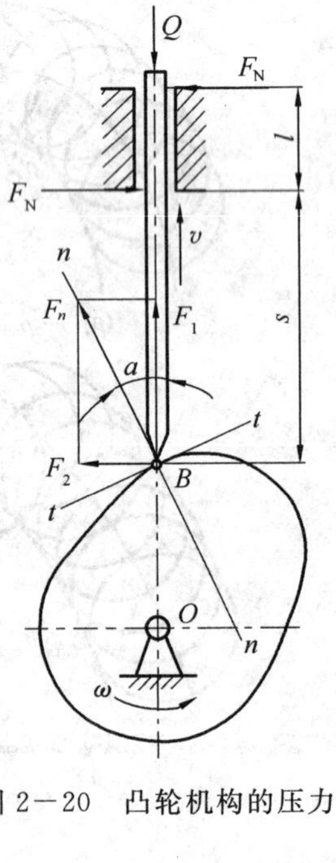

图 2－20　凸轮机构的压力角

取过接触点 B 的公切线 $t-t$ 和公法线 $n-n$ 为坐标系的两坐标，由图 2－20 可见，作用力 F_n 可分解为：

$$\begin{cases} F_1 = F_n \cos\alpha \\ F_2 = F_n \sin\alpha \end{cases}$$

F_1 的方向与从动件运动方向一致，是推动从动件运动的有效分力；F_2 的方向与运动方向垂直，是将从动件紧压在导路上（导路两端产生的正压力为 F_N），从而产生磨擦阻力的有害分力。显然，压力角 α 愈小，有效分力 F_1 愈大，有害分力 F_2 愈小，机构的受力情况和工作性能也就愈好；反之，压力角 α 愈大，则有效分力 F_1 愈小，有害分力 F_2 愈大，机构的受力情况和工作性能也就愈差，当压力角 α 增大到某一数值时，导路上产生的摩擦阻力 $F_f=F_N f$ 会大于有效分力 F_1，即 $F_f=F_N f>F_1$，此时，即使没有工作载荷 Q，无论凸轮给从动件施加多大的作用力 F_n，都无法使从动件运动，即机构处于自锁状态。

实际设计中，为确保机构具有良好的工作性能，规定了压力角的许用值，凸轮机构在传动过程中的最大压力角 α_{max} 不应超过许用压力角[α]。

一般设计中，许用压力角[α]推荐为：

(1)力封闭型　推程时，对于移动从动件，取[α]≤25°～35°；对于摆动从动件，取[α]≤35°～45°。

回程时，机构不是由凸轮推动从动件运动，发生自锁的可能性不大，故许用压力角可取得大一些，不论移动从动件或摆动从动件，均可取[α]=70°～80°。

(2)形封闭型　推程和回程均可：移动从动件，取[α]≤25°～35°；摆动从动件，取[α]≤35°～45°。

在以上数据中，当采用滚子从动件，润滑良好及支承刚性较好时可取上限，否则应取下限。

(二)检验压力角

1.检验压力角时的位置

检验压力角时，可在凸轮廓线的始点、中点、终点或廓线比较陡直的地方（即向径变化较急剧处）选取若干测量点测量。

2.压力角的检验方法

测量压力角的简易方法：对于尖顶移动从动件盘形凸轮机构压力角的检验方法如图2－21

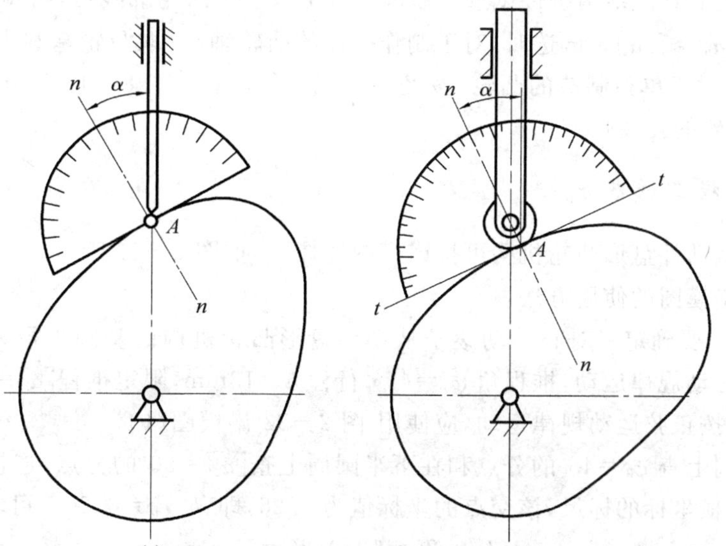

图2－21　测量压力角的简易方法

(a)所示。对滚子从动件,应使法线通过滚子的回转中心(即测量理论廓线上的压力角),如图 2—21(b)所示。

3. 对检验结果的处理方法

(1)当 $\alpha_{max}>[\alpha]$时可采用:

①适当增大基圆半径,直至满足 $\alpha_{max}\leqslant[\alpha]$;

②采用偏置的方法,将移动从动件向着与凸轮转向相反的方向偏置一距离 e,可以减小 α。

③修改从动件运动规律,重新进行设计。

(2)检验结果如 $\alpha_{max}\leqslant[\alpha]$,说明凸轮机构的传力性能满足使用要求,$\alpha$ 越小,传力性能越好。若基圆半径较大可考虑修改基圆半径,是否需要修改设计,可视具体情况决定。

三 基圆半径 r_b 的确定

基圆半径也是凸轮设计中的一个重要参数:增大 r_b,使从动件达到同样升程的两凸轮廓线的对应位置处,r_b 大的凸轮其压力角小,也就是说增大基圆半径有利于减小机构的最大压力角,对传动有利;但是它增大了机构的外廓尺寸和重量。反之,减小 r_b,减小了机构的尺寸和重量,但增大了机构的最大压力角,对传动不利。

为兼顾受力状况和结构紧凑两方面的要求,在一般设计中,通常可掌握:在最大压力角不超过许用值的条件下,再采用尽可能较小的基圆半径 r_b。确定较小的基圆半径时,它要受到三方面因素的制约:①凸轮的结构型式的要求;②要满足 $\alpha_{max}\leqslant[\alpha]$;③ 外凸凸轮其实际廓线的最小曲率半径 $\rho'=\rho_{min}-r_g>(3\sim5\text{mm})$。

基圆半径在设计中可采用以下方法确定:

(一)试算法

先根据凸轮的具体结构条件试选一基圆半径 r_{b0},绘制凸轮廓线后,检验压力角,反复试选 r_b 直至满足 $\alpha_{max}\leqslant[\alpha]$。试选时,对于制作一体的凸轮轴,可取凸轮基圆半径 r_b 略大于凸轮轴的直径 d_s;对于单独制造的凸轮,按经验公式,可取 $r_b>(0.8\sim1)d_s$(d_s 为凸轮的安装轴的直径,即凸轮的孔径)。

(二)按诺模图选择 r_b

对心移动从动件盘形凸轮机构可按诺模图选择 r_b,如图 2—22 所示。

举例说明诺模图的使用方法:

【例 2—1】 要确定一对心移动滚子从动件盘形凸轮机构的基圆半径 r_b。已知从动件在推程按正弦运动规律运动,推程角 $\varphi_0=45°$,行程 $h=13\text{mm}$,限定推程$[\alpha]=30°$。

解:从动件按正弦运动规律运动,应使用 图 2—22 诺模图(b)。

在上半圆周上查 $\varphi_0=45°$的分点和在下半圆周上查$[\alpha]=30°$的分点,连接两分点交横坐标轴,按上半区横坐标的标尺,该交点的坐标值为 0.26,即:$h/r_b=0.26$。可求得:

$$r_b=h/0.26=13/0.26=50\text{mm}。$$

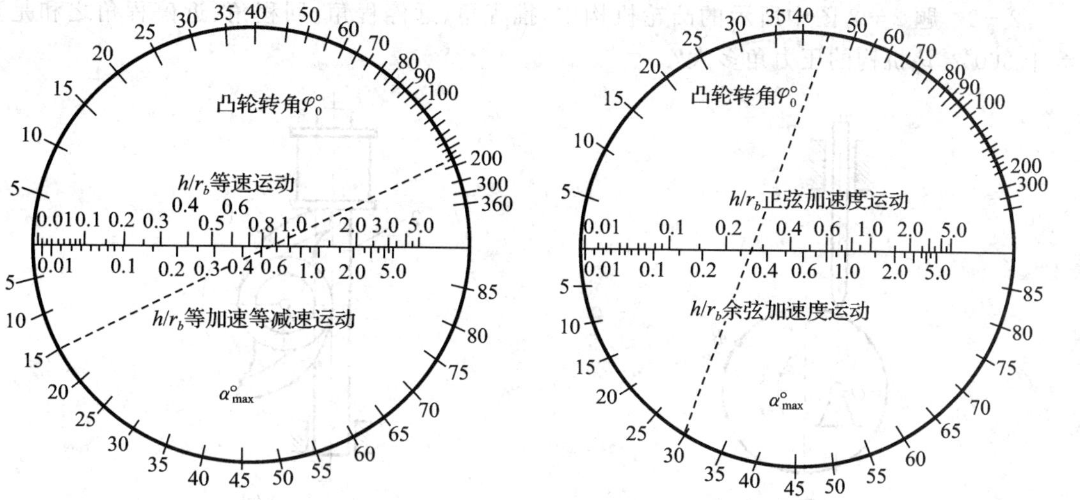

(a) (b)

图 2—22 诺模图

根据选定的基圆半径设计出廓线后，如有必要，可校验其实际的压力角。

对于平底移动从动件凸轮机构，当底平面与从动件的轴线垂直时，凸轮对从动件的法向作用力始终垂直于平底，压力角恒等于零（从动件为倾斜平底时，压力角为定值，恒等于平底的倾斜角）。因此，基圆半径 r_b 与压力角无关。但当基圆半径过小时，也会发生运动失真现象。

思考题与练习题

思考题

2—1 凸轮机构怎样组成的？凸轮机构分成哪几类？为什么滚子从动件是最常用的从动件型式？

2—2 凸轮机构有什么特点？凸轮机构的应用场合是什么？

2—3 通常用什么办法保证凸轮与从动件之间的接触？

2—4 通常可将凸轮机构的工作过程分为哪几个阶段？在这几个阶段中凸轮与从动件各是如何运动的？

2—5 凸轮机构从动件的常用运动规律有哪些？各有什么特点？

2—6 图解法绘制凸轮廓的原理是什么？

2—7 什么叫做凸轮机构的压力角 α？如何检验 α_{max}？对力封闭型凸轮机构推程移动从动件的[α]一般怎样取值？当机构不能满足 $\alpha_{max}\leqslant[\alpha]$怎样解决？

2—8 凸轮机构的 r_b、r_g 一般是怎样确定的？

*2—9 从现有的机器上找出两个凸轮机构应用实例，分析其类型和运动规律。

练习题

2—1 如题 2—1 图所示的尖顶对心移动从动件盘形凸轮机构，请在图上标出从动件的行程 h、推程角 δ_0、远停程角 δ_s、回程角 $\delta_0{}'$和近停程角 $\delta_s{}'$ 并在图上标出 B 点处的压力角。

2－2　题 2－2 图中所示的凸轮机构中，推程角、远停程角、回程角、近停程角之和是否等于 360°？该机构的压力角多大？

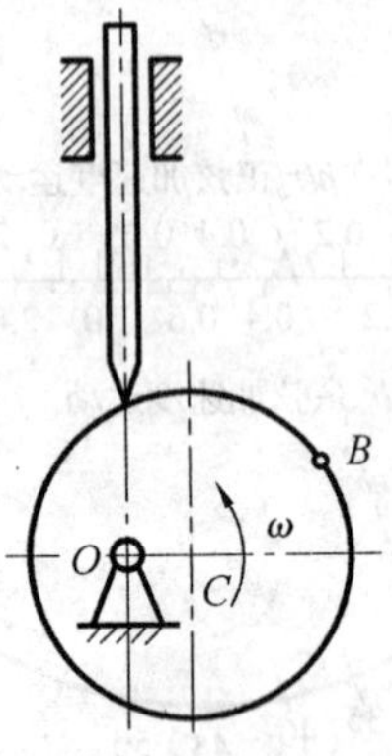

习题 2－1 图

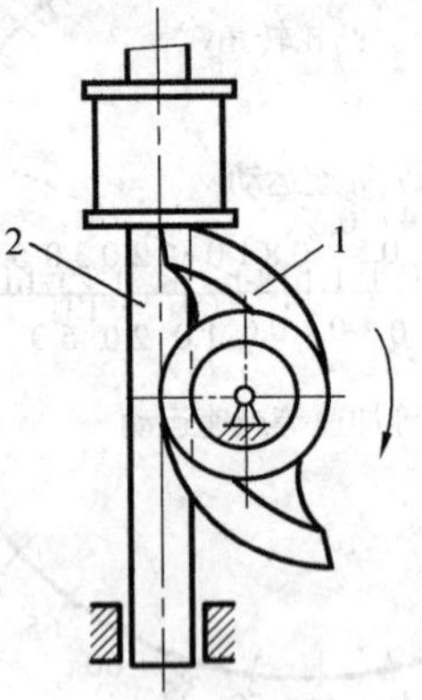

习题 2－2 图

2－3　就题 2－3 图上标出下列各机构转至 B 点时的凸轮转角 δ 和压力角 α。

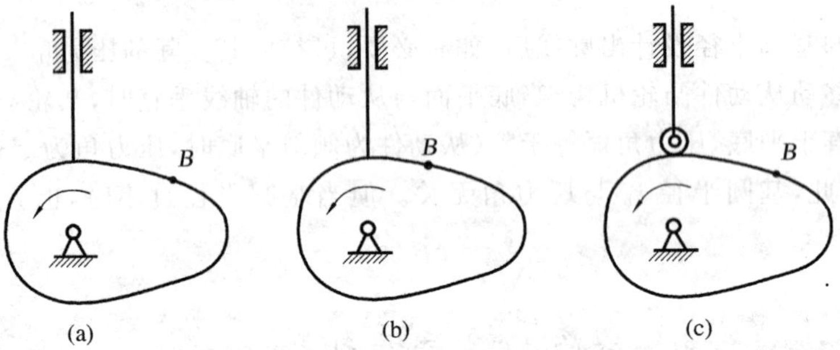

习题 2－3 图

2－4　设计一尖顶对心移动从动件盘形凸轮机构。已知凸轮的基圆半径 $r_b=50$mm，凸轮逆时针等速回转。在推程中，凸轮转过 150°时，从动件等速上升 100mm；凸轮继续转过 30°时，从动件保持不动。在回程中，凸轮转过 120°时，从动件以等加速等减速运动规律回到原处；凸轮转过其余 60°时，从动件又保持不动。试用作图法绘制从动件的位移曲线图及凸轮的轮廓曲线。

2－5　将上题改为对心式滚子从动件，取滚子半径 $r_g=15$mm，其余条件不变，绘制凸轮的轮廓曲线；并检验机构推程的最大压力角是否超过许用值$[\alpha]=25°$。

2－6　设计一偏置滚子移动从动件盘形凸轮机构。已知凸轮的基圆半径 $r_b=40$mm，滚子直径 $r_g=10$mm。凸轮逆时针等速回转。在推程中，凸轮转过 140°时，从动件按等加速等减速运动规律上升 30mm；凸轮继续转过 40°时，从动件保持不动。在回程中，凸轮转过 120°时，从动件以等速运动规律回到原处；凸轮转过其余 60°时，从动件又保持不动。试用作图法绘制从动件的位移曲线图及凸轮的轮廓曲线；取$[\alpha]=25°$，检验机构推程的最大压力角是否超过许用值。

2－7　试设计一对心移动平底从动件盘形凸轮机构。已知基圆半径 $r_b=100$mm，从动件平底与其导路垂直，凸轮以等角速度顺时针转动，从动件运动规律同题 2－5，试用作图法绘制盘形凸轮的轮廓曲线。

第三章 其他常用机构

【学习要求】

(1)熟悉棘轮机构的组成、类型，常用调节方法，棘爪的啮入条件及棘轮机构的应用；

(2)熟悉槽轮机构的基本组成，运动系数和静止系数的含义，圆销数与槽数的关系及槽轮机构的应用；

(3)熟悉滑动螺旋的基本类型、运动关系和应用，了解滑动螺旋副的失效和常用材料；

(4)了解静压滑动螺旋和滚动螺旋的基本组成和工作原理。

间歇运动机构的共同特点是将主动构件的连续运动转变为从动构件的间歇运动。其运动的转换形式有转动、摆动和移动。常用在分度、夹紧、进给、装配、包装、运输等多种机械上，尤其在自动机械中。常用机构有棘轮机构、槽轮机构、凸轮机构、偏心轮机构和不完全齿轮机构等以及它们的组合机构。间歇机构又分为单向间歇和双向间歇两类机构。

本章只简要地介绍其中的棘轮机构、槽轮机构以及螺旋传动机构。

第一节 棘轮机构

一 棘轮机构的组成和类型

棘轮机构分为两大类：齿啮式和摩擦式。

以齿啮式棘轮机构为例，如表 3－1 中外接齿啮式棘轮机构图。棘轮机构由棘爪 2、棘轮 3 和机架组成(其他为附加构件)，工作时摇杆带动棘爪啮入棘轮、带动棘轮转动；摇杆返回时，棘爪从棘轮的齿面滑过，棘轮静止不动。摇杆作往复摆动，棘轮则实现了间歇的转动。

表 3－1 棘轮机构的常用类型

型式		齿啮式	摩擦式	
			用楔块	用滚子
简图	外接	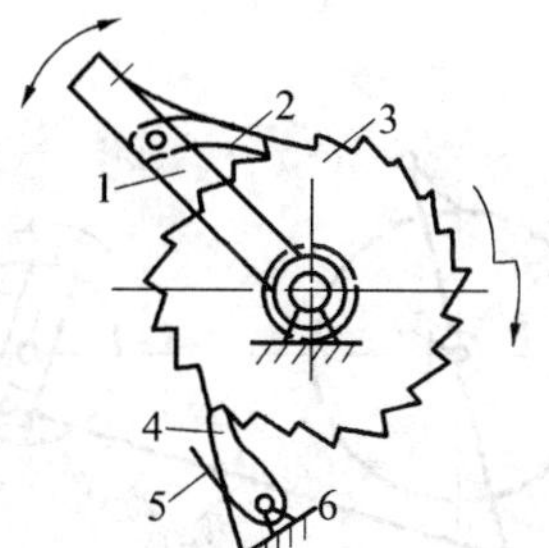	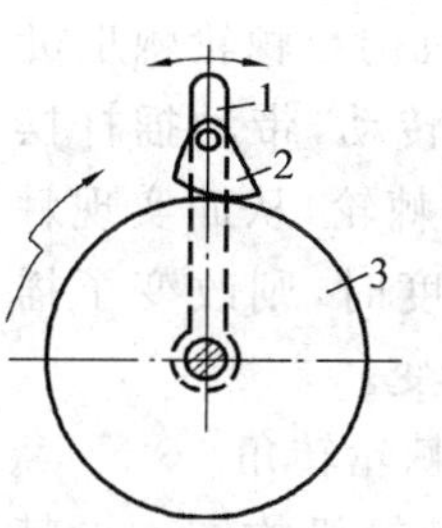	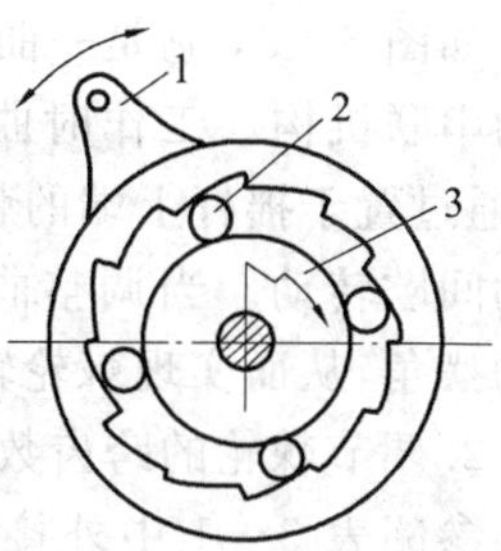

（续表）

型式	齿啮式	摩擦式	
		用楔块	用滚子
内接	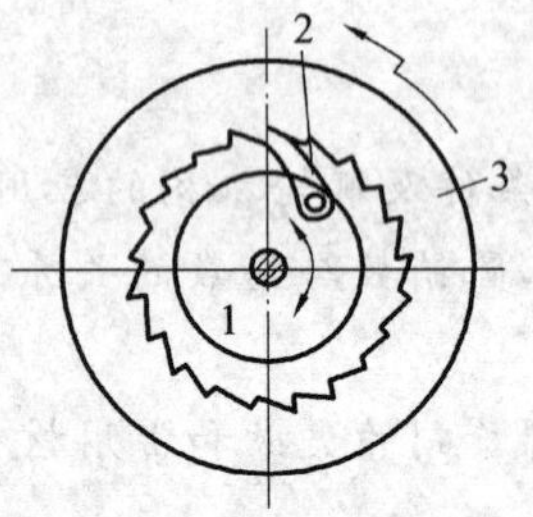	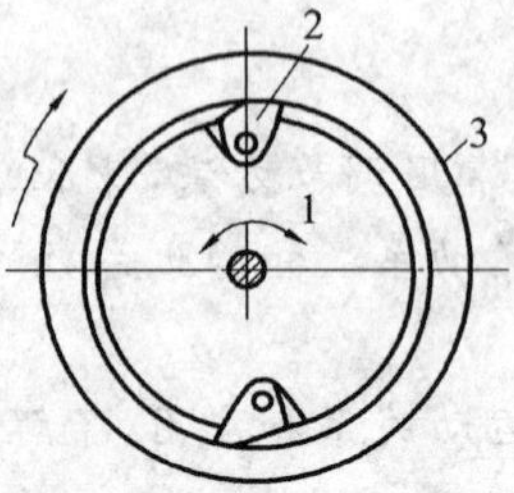	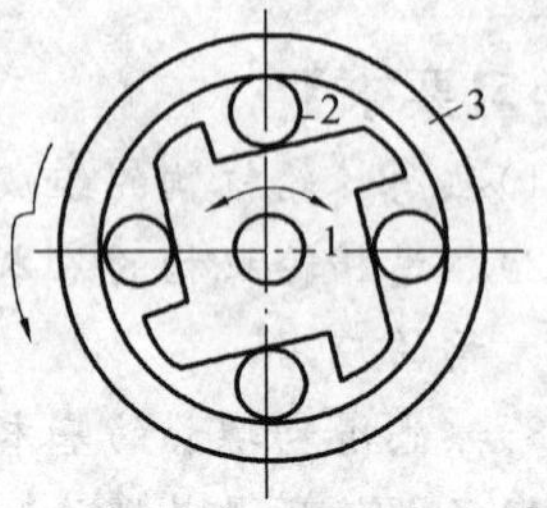
表中 1 为主动件，2 为棘爪，3 为棘轮，4 为止回棘爪，5 为弹簧，6 为机架。			

二 棘轮机构的调节方法

（一）棘轮转动方向的常用调节方法

如图 3－1，3－2 所示。

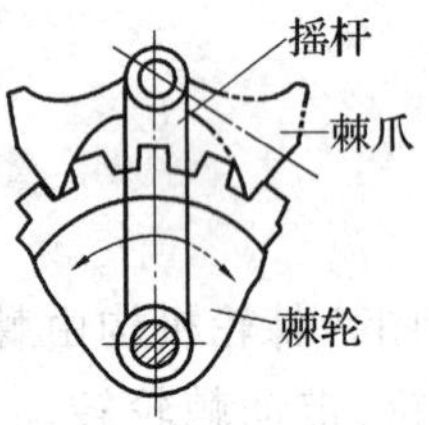

图 3－1 翻转棘爪，即可改变棘轮的转向

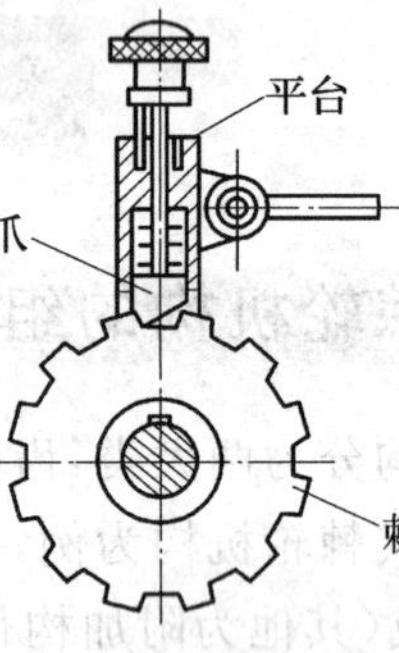

图 3－2 提拉棘爪转过 180°，即可改变棘轮的转向

（二）棘轮转角的常用调节方法

1. 调整曲柄长度，改变棘轮的转角

如图 3－3，它是一曲柄摇杆机构与棘轮棘爪机构的串联机构。工作时曲柄连续转动，带动摇杆摆动，通过置于摇杆上端的棘爪拨动棘轮，从而实现棘轮的间歇转动。当调整曲柄的长度时，则改变了摇杆的摆角，从而实现棘轮转角的改变。

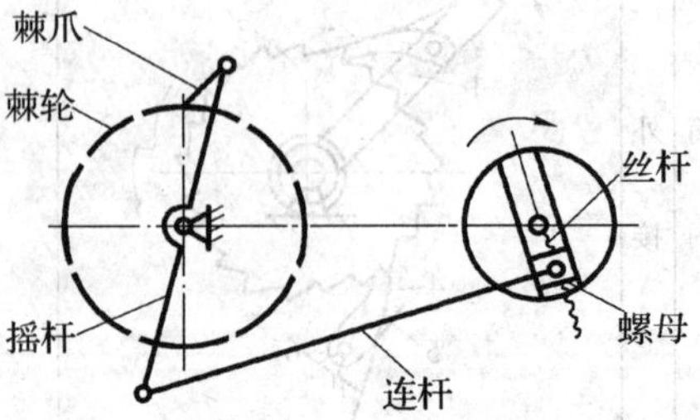

图 3－3 调整曲柄长度，改变棘轮的转角

2. 调节棘轮的跨齿数 k，改变棘轮转角

参阅表 3－1 中外接齿啮式棘轮机构图。设棘轮的齿数为 Z，则棘轮的齿距角（即每一棘齿所占的

分度角度)为 $360°/Z$;调节棘爪在摆动时跨过棘轮的齿数 k,则棘爪拨动棘轮转过的角度为:

$$\gamma = k(360°/Z) \tag{3-1}$$

3. 利用遮护罩,改变棘轮的转角

如图 3-4,摇杆的摆角 φ 不变(则棘爪在摆动时跨过棘轮的齿数不变),转动遮护罩,改变遮护的齿数,从而改变棘爪的啮入位置,改变棘爪的实际跨齿数,实现棘轮转角 γ 的改变。图 3-5 中牛头刨床横向进给机构中的棘轮棘爪机构就是转动遮护罩,实现棘轮转角改变的例子。

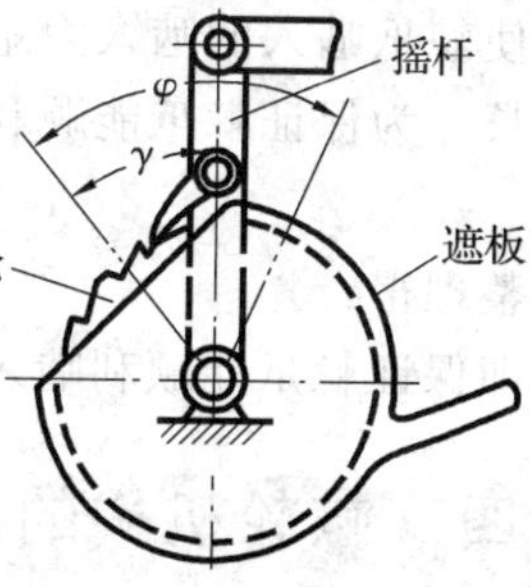

图 3-4　利用遮护罩,改变棘轮的转角

在图 3-5(a)中,工作台通过其内部设置的闭合螺母与丝杠相联(螺旋副),丝杠的端部与棘轮棘爪机构中的棘轮固结成一体,棘轮棘爪机构与一曲柄摇杆机构串联。工作时根据所需的工作台横向移动距离(即刀具的横向进给量)转动遮护罩,使得棘轮的实际跨齿数为 k,则曲柄连续转动,棘爪拨动棘轮转过的角度为:$\gamma = k(360°/Z)$;设丝杠的导程为 S,则工作台的横向移动距离为:

$$L = \left(\frac{\gamma}{360°}\right)S = \left[\frac{k\left(\frac{360°}{Z}\right)}{360°}\right]S = \left(\frac{k}{Z}\right)S$$

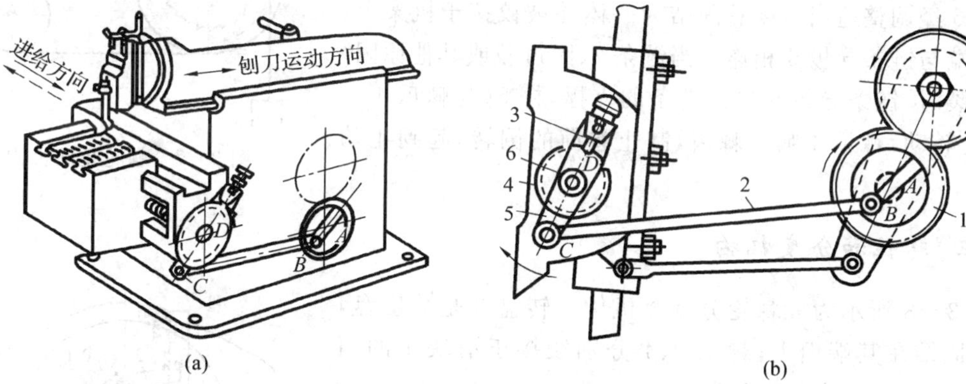

图 3-5　牛头刨床的横向进给机构

三　棘爪的啮入条件

为使棘爪能顺利啮入,必须给予适当的啮入角度。

齿面倾角 α:即棘轮齿面的倾斜角度。连接棘轮回转中心 O_1 和棘爪啮入点 A,齿面与 O_1A 之间的夹角为齿面倾角,示为 α;其他几何尺寸如图 3-6 所示。

将棘爪置于 $O_2A \perp OA_1$ 位置,并以棘爪为研究对象:棘爪啮入时棘轮的法向反力为 F_N,

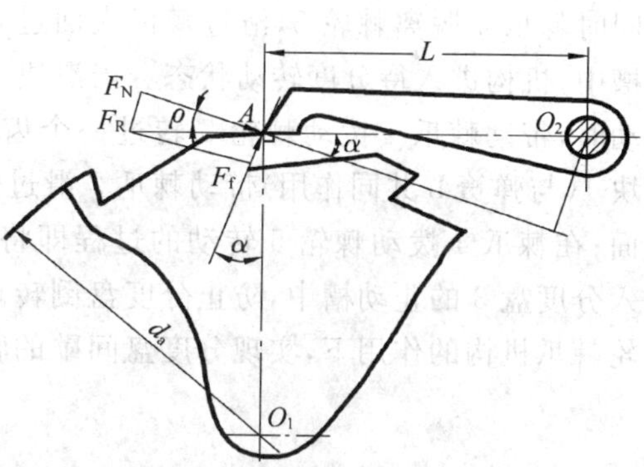

图 3-6　棘爪啮入条件

F_N 将压迫棘爪使之啮入；齿面的摩擦阻力为 $F_f = F_N f$，方向沿齿面与棘爪啮入方向相反，它将阻碍棘爪啮入；全反力为 F_R，摩擦角为 $\rho = \arctan f$。

使棘爪啮入的啮入力矩为 $F_N L\sin\alpha$，阻碍棘爪啮入的阻力矩为 $F_f L\cos\alpha$，其中 L 为棘爪的臂长。为保证棘爪能顺利啮入，啮入力矩 $F_N L\sin\alpha$ 必须大于阻力矩 $F_f L\cos\alpha$，即：

$$F_N L\sin\alpha > F_f L\cos\alpha$$

整理得：

$$\tan\alpha > \tan\rho$$

即保证棘爪能顺利啮入棘轮的条件为：$\alpha > \rho$ (3—2)

四　棘轮机构的应用实例

(一)间歇送进机构

如上述牛头刨床的横向进给机构。

(二)止回机构

图 3－7 是一链传动提升机构的棘轮止回装置。提升链轮 2 与右端主动小链轮组成链传动；在链轮 2 的两端面分别固结了卷筒 1 和棘轮(三者固结成为一体)；构件 4 为棘爪、它与杆 5 经调整适当角度后固结为一体并被铰接于机架上，杆 5 右端与链条导板 6 相连。当链条 7(因过载或其他原因)突然断裂时，链条导板 6 失去链条的支撑，杆 5(与棘爪 4 一起)发生转动，棘爪 4 啮入棘齿，制止卷筒的倒转，起到止动作用。

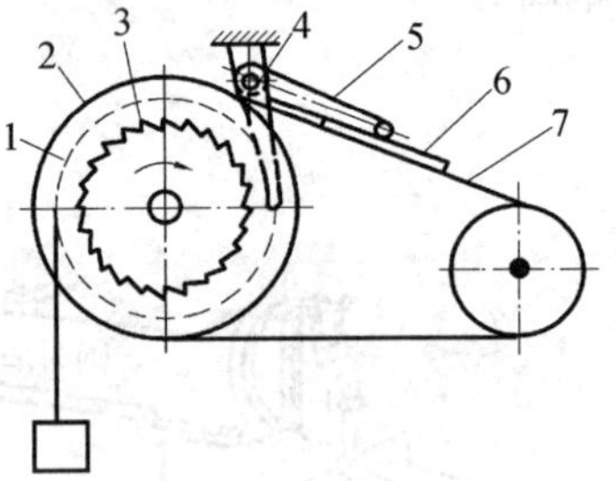

图 3－7　棘轮止回机构

(三)转位和分度机构

图 3－8 所示为一棘轮分度盘机构。转盘 3 是分度盘，棘轮 5 固结在其端面上；棘爪 2、4 分别铰接于滑块 1 的两端，滑块 1 是机构的主动构件。

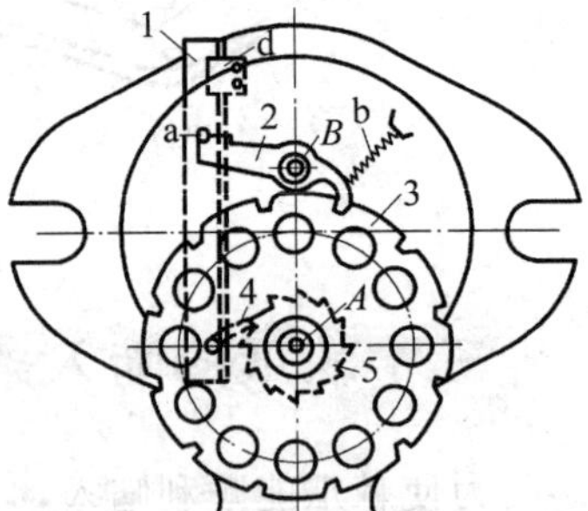

图 3－8　棘轮分度机构

在图中，当滑块 1(与弹簧 b 共同作用)向下运动时，带动棘爪 2 啮出分度盘 3 的止动槽，使分度盘 3 解脱制动状态；同时棘爪 4 脱离棘轮 5，滑过棘齿表面进入下一个棘齿的齿槽中，机构进入待分度转动状态。当滑块 1 沿导轨 d 向上移动时，带动棘爪 4 拨动棘轮 5 转过一个齿距，同一时间内滑块 1(与弹簧 b 共同作用)带动棘爪 2 滑过分度盘 3 的圆周表面；在棘爪 4 拨动棘轮 5 转动的过程即将终止时，棘爪 2 啮入分度盘 3 的止动槽中，防止分度盘倒转。滑块 1(与弹簧 b 共同作用)连续往复移动，在棘轮棘爪机构的作用下，实现分度盘间歇的转位和分度运动。

(四)单向超越离合机构

图 3－9 是自行车后轮“飞子”中的棘轮棘爪机构。

骑行时,[图 3－9(a)]链条 2 带动链轮 3 及其内周表面的棘齿(内棘轮)顺时针方向转动;内棘齿拨动设置在“幅条葫芦”圆周上的棘爪 4(一对)带动“幅条葫芦”转动,而“幅条葫芦”经幅条与后轮连接一体,从而带动了后轮转动。

空行时,链条静止,自行车后轮为主动件,自行车后轮连同“幅条葫芦”顺时针方向转动,使棘爪与棘轮脱离啮合,“超越”棘轮,这时棘爪与弹簧共同作用滑过内棘轮的齿面,发出“嗒嗒”的声响。

因此可以说,自行车后轮“飞子”中的棘轮棘爪机构其实质就是一个单向超越离合器。

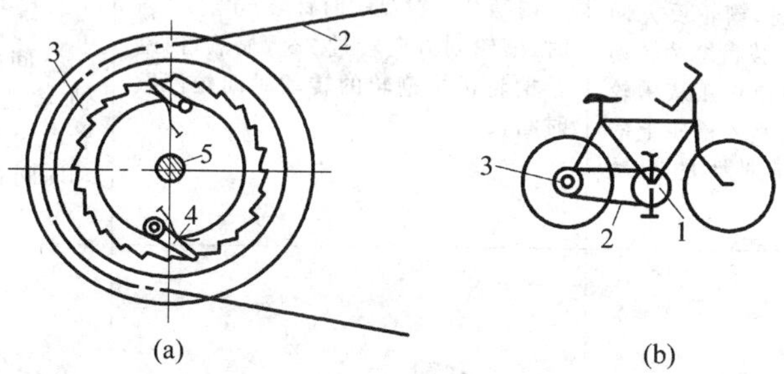

图 3－9 棘轮超越离合机构

第二节 槽轮机构

一 槽轮机构的组成和类型

槽轮机构的常见类型如表 3－2 所示。

参阅图 3－10(及表 3－2 中外啮合单圆销槽轮机构)槽轮机构由拨盘 1、槽轮 2 及机架组成,常用于转位机构。工作时拨盘匀速转动,通过拨盘 1 上的圆销拨动槽轮作反向(顺时针)的变速转动;圆销啮出槽轮的轮槽后,拨盘继续匀速转动,而拨盘上的锁止弧凸弧从槽轮上的锁止弧凹弧上划过,“锁住” 槽轮使槽轮静止不动。拨盘连续转动,实现槽轮的间歇转动。

常用机构中的圆销数为 1～6 不等,在拨盘上可对称布置或非对称布置,通常多为对称布置;常用槽轮的槽数为 3～8 个,可均布和非均布,通常多为均布。

表 3－2　　　　槽轮机构的类型和特点

单圆销槽轮机构	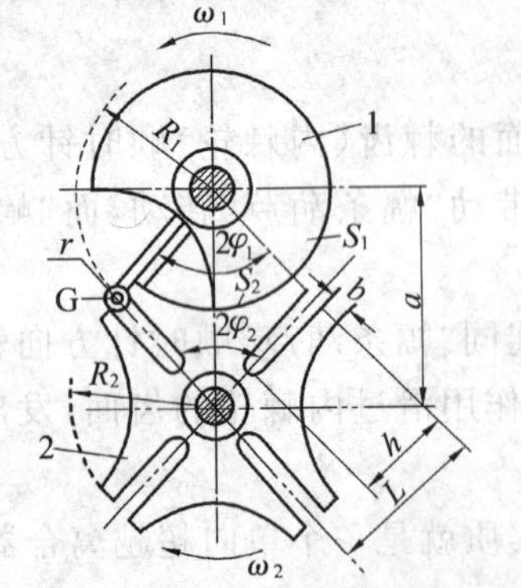外啮合　拨盘上设置单圆销 G。拨盘匀速转过角度 $2\varphi_1$，槽轮反方向非匀速转过角度 $2\varphi_2$。拨盘继续转动 $2\pi-2\varphi_1$ 时，拨盘的凸锁止弧从槽轮的凹锁止弧上滑过，再啮入槽轮上的第二个槽，继续作周期性的间歇运动。	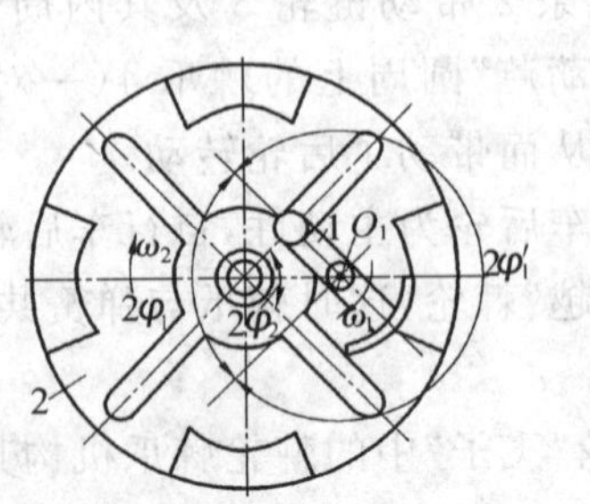内啮合　拨盘顺时针转过角度 $2\varphi_1$ 时，槽轮同方向转过 $2\varphi_2$，显然，内啮合槽轮机构槽轮的转动时间较停歇时间长。	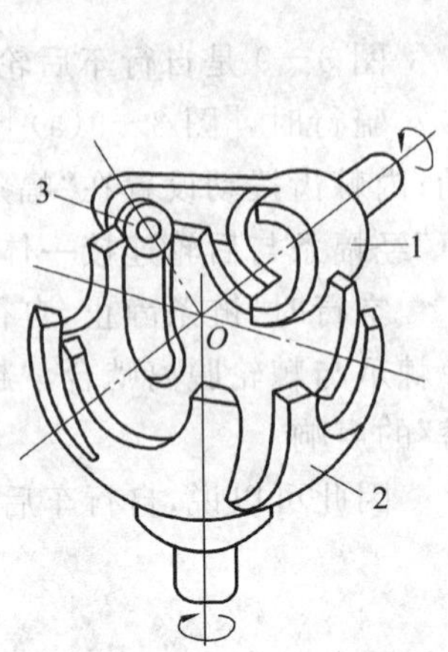空间槽轮机构　用于两相交轴，多为直交。把主动轴的连续转动变为从动轴的间歇转动。转动时间和停歇时间相同。
双圆销槽轮机构	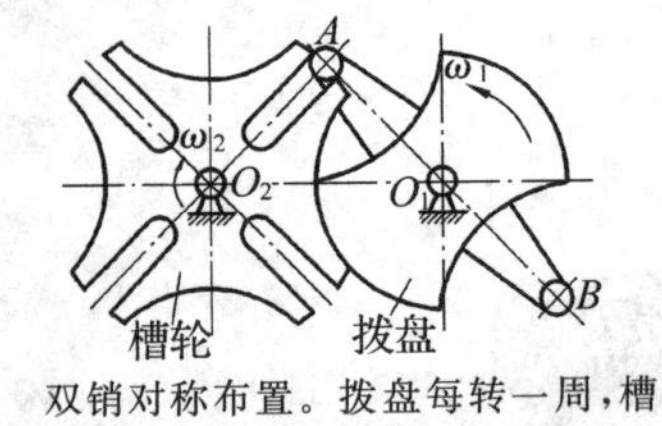双销对称布置。拨盘每转一周，槽轮转动两次时间相同、停歇两次时间也相同。	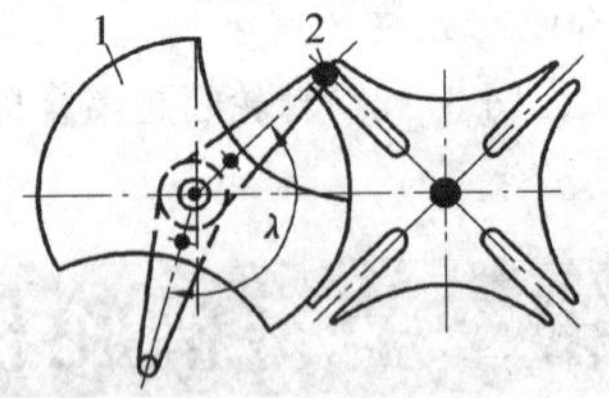双销非对称布置。拨盘每转一周，槽轮转动两次时间相同、停歇两次时间不同。	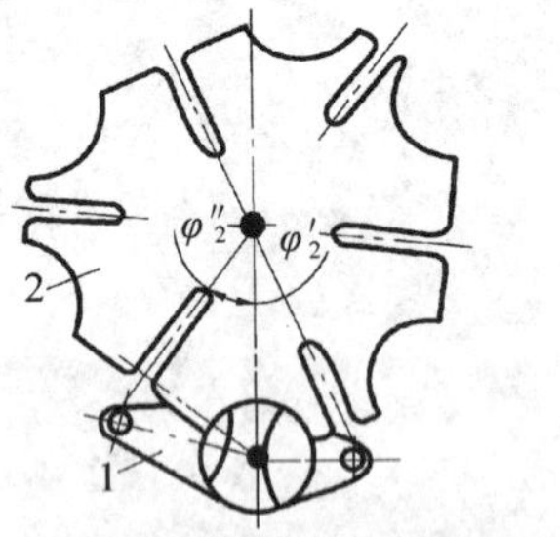双销非对称布置，且与轴心的距离不等。拨盘每转一周，槽轮转动、停歇各两次，时间均不同。

二　槽轮机构啮入、啮出的几何条件

如图 3－10 所示，拨盘上的圆销在啮入和啮出槽轮时，均须与槽轮的径向线相切，即圆销与拨盘中心的连线必须垂直于槽轮的径向线，即必须：$O_1A\perp O_2A$；$O_1A'\perp O_2A'$。

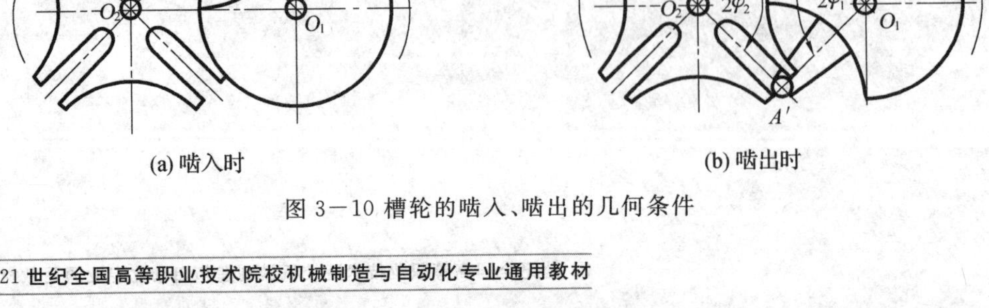

(a) 啮入时　　(b) 啮出时

图 3－10 槽轮的啮入、啮出的几何条件

三 运动系数、静止系数及有关计算

(一)运动系数 τ_d

运动系数是指在一个运动循环内(拨盘转动一周),槽轮的运动时间 t_d 与拨盘的运动时间 T 之比。

若设拨盘转动一周的运动时间为 T、拨盘的转角为 2π;槽轮运动时间仅为 t_d,对应的槽轮转过角度仅为 $2\varphi_2$;拨盘拨动槽轮转动的时间同为 t_d,而拨盘拨动槽轮转动的角度则为 $2\varphi_1$。

故按定义的槽轮的运动时间 t_d 与拨盘自身转动一周的时间 T 之比可转化为拨盘拨动槽轮转动的时间 t_d 与拨盘自身转动一周的时间 T 之比;继而又可转化为拨盘拨动槽轮转动时的转角 $2\varphi_1$ 与拨盘自身转动一周的转角 2π 之比。

如图 3－10,设拨盘上的圆销数为 1,运动系数 τ_d 表示为:

$$\tau_d=t_d/T=2\varphi_1/2\pi=(\pi-2\varphi_2)/2\pi=(\pi-2\pi/Z)/2\pi=1/2-1/Z=(Z-2)/2Z \qquad (3-3)$$

(二)静止系数 τ_j

在一个运动循环内,槽轮的静止时间 t_j 与拨盘的运动时间 T 之比称为静止系数。

同理,当圆销数为 1 时,t_j/T 可表示为:

$$\tau_j=t_j/T=(2\pi-2\varphi_1)/2\pi=\tau_d[2\pi-(\pi-2\varphi_2)]/2\pi=1/2+1/Z=(Z+2)/2Z \qquad (3-4)$$

四 槽数 Z 与圆销数 k 之间的关系

显然,对于外啮合槽轮机构,随着圆销数的减少,槽轮的运动时间将减少,运动系数 τ_d 要减小;随着圆销数的增多,槽轮的运动时间将增多,运动系数 τ_d 要增大:

1. 取单圆销时,总有 $\tau_d=(Z-2)/2Z>0$(否则,意味着槽轮不转动),则应 $Z\geqslant 3$,通常取 $Z=3\sim 8$(多为 4、6、8);

2. 由 $\tau_d=1/2-1/Z$ 可知,不论槽轮的槽数 Z 怎样变化(理论值:$3\sim\infty$)必定 $\tau_d<0.5$,即单圆销外啮合槽轮机构槽轮的运动时间总是少于静止时间(内啮合槽轮机构槽轮的运动时间必大于静止时间);

3. 设拨盘有 k 个圆销,则根据式(3－3)可得:

$$\tau_d=k(Z-2)/2Z \qquad (3-5)$$

τ_d 随 k 增多而增大,但总是 $\tau_d<1$(否则,意味着槽轮没有静止时间),所以:

$$k<2Z/(Z-2)$$

可得:

当 $Z=3$ 时,应有 $k<6$,可取 $k=1$、2、3、4、5;

$Z=4$ 时,应有 $k<4$,可取 $k=1$、2、3;

$Z=5$ 时,应有 $k<10/3$,可取 $k=1$、2、3;

$Z\geqslant 6$ 时,应有 $k<3$,均可取 $k=1$、2。

实际机械中常取 $k=1$、2、3。

* 内啮合槽轮机构：$2\varphi_1>\pi$，单圆销运动系数 $\tau_d=\dfrac{Z+2}{2Z}$；

$\because k$ 圆销时 $\tau_d=\dfrac{k(Z+2)}{2Z}<1$ $\therefore$ 圆销数只能为 $k=1$，$Z_{min}=3$；$0.5<\tau_d<1$。

【例 3－1】 在一台自动机床上安装有一四槽外啮合槽轮机构(可参阅图 3－12，图中槽轮的槽数 $Z=6$)，圆销数 $k=1$。)，已知槽轮停歇时(即转塔静止)完成工艺动作(如钻孔、攻丝等)所需时间为 30s，求拨盘的转速及槽轮转位时所用时间。

解：按式(3－4)： $t_j/T=(Z+2)/2Z$

$\therefore$ $T=2Zt_j/(Z+2)=2\times4\times30/(4+2)=40$ s

$\therefore$ $n=1/T=1/(40/60)=60\times1/40=1.5$ r/min

按式(3－3)： $t_d=(Z-2)T/2Z=(4-2)\times40/2\times4=10$ s

五 槽轮机构的应用实例

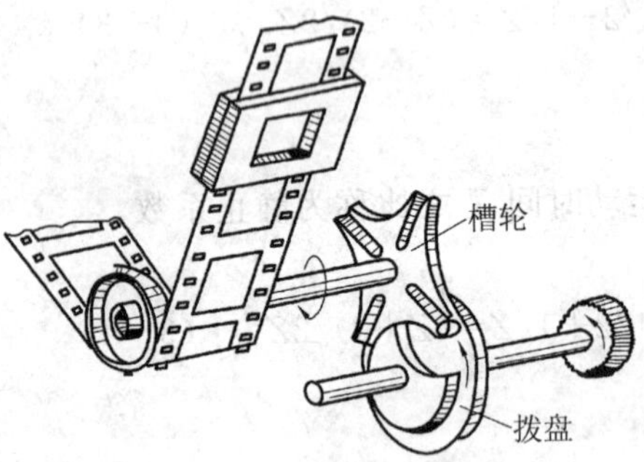

图 3－11 间歇送片机构

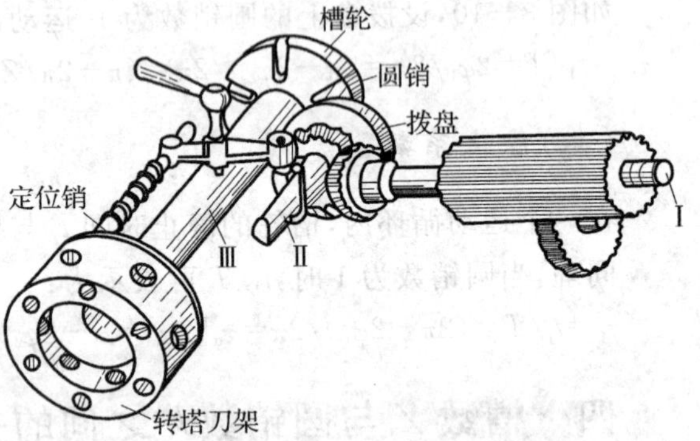

图 3－12 转塔车床的转位机构

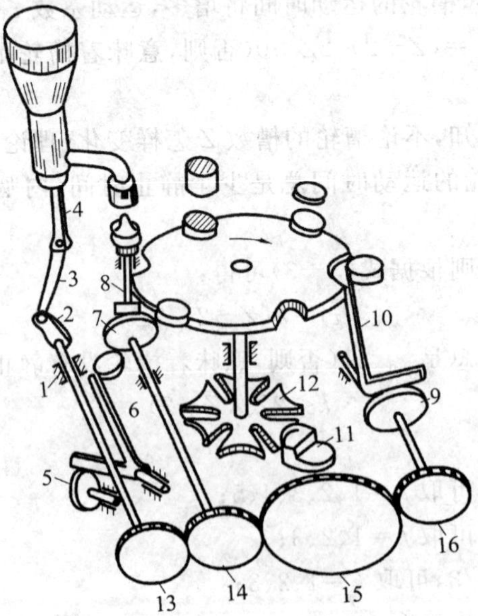

图 3－13 冷霜灌装机转位机构

第三节 螺旋机构

螺旋传动是利用由螺杆和螺母组成的螺旋副来实现传动要求的。它主要用于将回转运动转变为直线运动，同时需要传递运动和动力的场合。当螺旋副不自锁时，也可用来将直线运动变为回转运动，或者用来调整机器中零部件间的位置关系。螺旋传动机构结构简单，传动平稳，无噪音，易自锁；但其效率低，特别是自锁螺旋传动效率低于50%。

螺旋传动按照摩擦的性质分为滑动螺旋、静压滑动螺旋和滚动螺旋。按用途分为传力螺旋、传动螺旋和调整螺旋。

一 滑动螺旋的结构型式和螺旋传动的运动关系

按螺旋副的数量，常用滑动螺旋的结构型式有：单螺旋和双螺旋。其中双螺旋又可根据两螺旋副的旋向是同向或反向分别构成差动螺旋和复式螺旋。

（一）单螺旋

图3－14所示为单螺旋机构，它的结构型式有：①螺杆转动、螺母移动[图3－14(a)]；②螺母转动、螺杆移动[图3－14(b)]；③螺母不转、螺杆转动并移动[图3－14(c)]；④螺杆不转、螺母转动并移动[图3－14(d)]等几种型式。

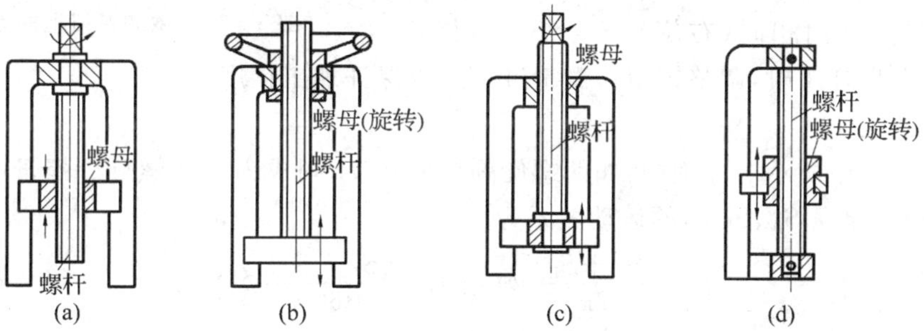

图3－14 单螺旋机构

螺杆与螺母间的相对移动距离由导程和转角决定，它们间的运动关系为：

$$L=\frac{S}{2\pi}\phi\left(\text{或 } L=\frac{S}{360^\circ}\phi^\circ\right) \qquad (3-6)$$

式中：L——螺杆与螺母间的相对位移，mm；

ϕ——螺杆与螺母间的相对转角，rad；

S——螺纹导程，$S=np$，n为螺纹线数；p为螺距，mm。

其移动方向可用左、右手定则来判定：左旋螺杆（或螺母）用左手，右旋螺杆（或螺母）用右手；抓握螺杆（或螺母），四指方向为螺杆（或螺母）的旋转方向，拇指方向即为螺杆（或螺母）的移动方向。

（二）双螺旋

在图3－15所示的螺旋机构中，与手柄固联的螺杆1上有两段螺纹S_A和S_B，分别与螺母2、螺母3组成螺旋副，其中螺母3不动为机架，螺母2可相对机架3作移动。

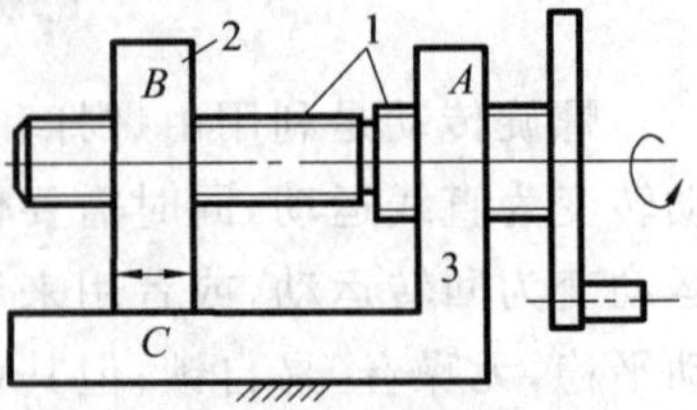

图3－15　双螺旋

1.差动螺旋

在上述双螺旋中，如两螺旋副中螺旋线旋向相同，但导程$S_A \neq S_B$。当螺杆1转过角度ϕ时，螺母2的移动距离L与转角ϕ，导程S_A、S_B间的运动关系为：

$$L=\frac{(S_A-S_B)}{2\pi}\phi\text{（或 }L=\frac{(S_A-S_B)}{360^\circ}\phi^\circ\text{）}\qquad(3-7)$$

螺母2的移动方向由S_A、S_B中的大者确定。

当S_A、S_B相差很小时，则位移L可以很小，利用这一特性，可以把差动螺旋用于测微器，计算机、分度机构以及许多精密切削机床、仪器和工具中。

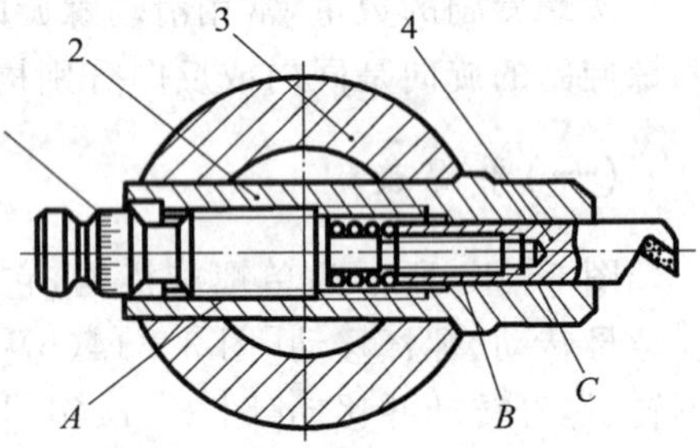

图3－16　微调镗刀上的差动螺旋

如图3－16所示为微调镗刀上的差动螺旋。螺母2固定于镗杆3上，在A处与螺杆1构成螺旋副A；刀头4与螺母2在C处构成移动副（方孔，刀头只能移动不能转动），在B处与螺杆1构成螺旋副B；A、B螺旋旋向相同（右旋），$S_A \neq S_B$，但相差很小。当转动螺杆1时，调整镗刀作微量进、退，以保证加工精度。

2.复式螺旋

在图3－15中所示的螺旋中，如两螺旋副旋向相反，则成为复式螺旋。螺母2的移动距离L与转角ϕ，导程S_A、S_B间的运动关系为：

$$L=\frac{(S_A+S_B)}{2\pi}\phi\text{（或 }L=\frac{(S_A+S_B)}{360^\circ}\phi^\circ\text{）}\qquad(3-8)$$

螺母2移距L与(S_A+S_B)成正比，移动方向由S_A、S_B中的大者确定。

复式螺旋常用于快速夹紧的夹具机构中。

图3－17(a)是一铣床上的快速夹紧夹具。螺母1、3上螺纹的旋向相反但导程相同，与螺杆4上的两段螺纹构成复式螺旋。螺母1、3分别和夹爪相连，并只能沿机座5移动（不能

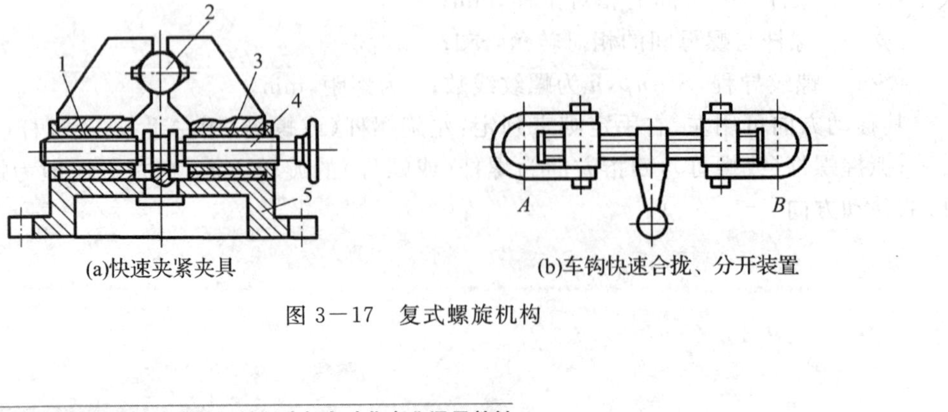

(a)快速夹紧夹具　(b)车钩快速合拢、分开装置

图3－17　复式螺旋机构

转动)。当转动螺杆 4 时,螺母 1、3 的同时反向移动使夹爪快速夹紧或松开工件 2。图 3－17(b)是一车钩的快速合拢、分开装置。转动中间位置的手柄,A、B 两端相连的车辆快速合拢或分开。

二 滑动螺旋传动的应用

(一)传力螺旋

以传递动力为主,要求以较小的转矩产生较大的轴向力。这种螺旋传动一般为间歇性工作,工作速度不高,且要求具有自锁性,广泛应用于各种起重或加压装置中,如图 3－18(a)、(b)所示。

(二)传动螺旋

以传递运动为主,要求具有较高的传动精度,有时也承受较大的轴向力。一般需在较长时间内连续工作,且工作速度较高,如机床刀架进给机构中的螺旋等,如图 3－18(c)。

(三)调整螺旋

用以调整并固定零件或部件之间的相对位置。调整螺旋不经常转动,一般在空载下进行调整,如机床、仪器及测试装置中微调机构的螺旋等,如图 3－18(d)。

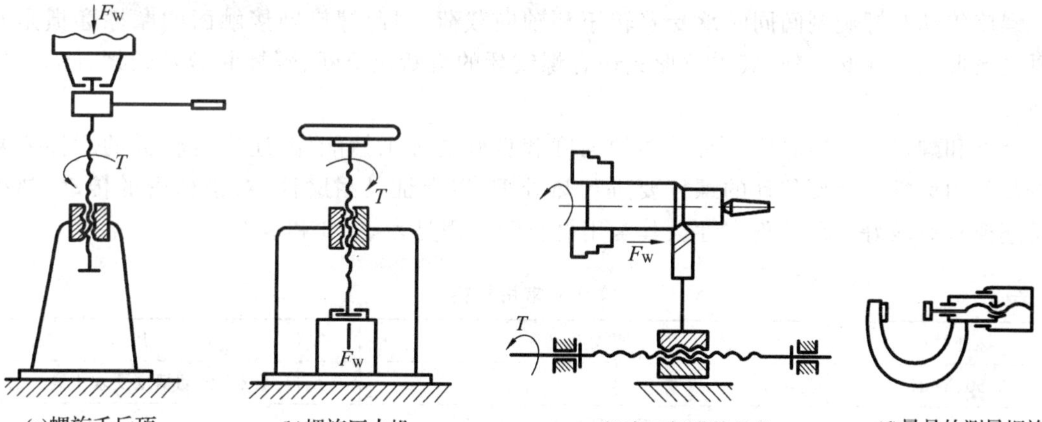

(a)螺旋千斤顶　(b)螺旋压力机　(c)机床刀架进给机构　(d)量具的测量螺旋

图 3－18　不同用途的螺旋传动类型

三 滑动螺旋副的结构

(一)螺母结构

1. 整体螺母

如图 3－19(a)所示,不能调整间隙,只能用在轻载且精度要求较低的场合。

2. 组合螺母

如图 3－19(b)所示,通过拧紧调整螺钉驱使楔块将其两侧螺母楔紧,减少传动间隙,提高传动精度。

3. 对开螺母

如图 3－19(c)所示，这种螺母便于操作，一般用于车床溜板箱的螺旋传动中。

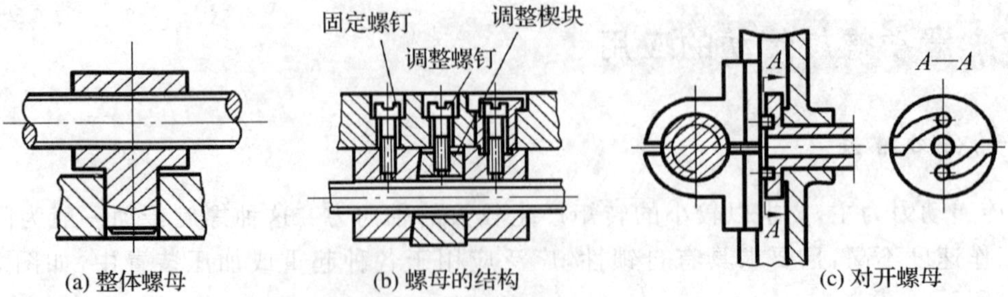

图 3－19　螺母的结构

（二）螺杆结构

传动螺旋通常采用的牙型为：矩形、梯形或锯齿形的右旋螺纹。特殊情况下也采用左旋螺纹，例如为了符合操作习惯，车床横向进给丝杠螺纹即采用左旋螺纹。

调整螺纹通常采用牙型角为 30°的特殊螺纹或 60°的公制普通螺纹，自锁性能好。

四　滑动螺旋副的失效和材料

螺旋传动时螺旋副间同时承受着转矩和轴向载荷，因此螺旋副接触面的摩擦磨损是其主要失效形式。除此之外，其失效形式还有螺纹牙的折断或剪断、螺杆断裂及长螺杆的受压失稳等。

螺杆和螺母的材料除应具有足够的强度和良好的加工性能外，还应有较低的摩擦系数和较高的耐磨性。重要传动的螺杆要进行热处理，以保证其耐磨性；对于精密的传动，热处理后还要求有较好的尺寸稳定性。其常用材料及选用见表 3－3 和表 3－4。

表 3－3　　螺杆的常用材料

螺杆材料	热处理	应　用
45、50、Y40Mn		低速、轻载、传动精度要求不高
45	正火 170～200HBS；调质 220～250HBS	中等精度的一般传动
40Cr、40CrMn	调质 230～280HBS；淬火、低温回火 45～50HRC	
65Mn	表面淬火、低温回火 45～50HRC	
T10、T12	球化调质 200～230HBS；淬火、低温回火 56～60HRC	有较高的耐磨性，用于精度较高的重要传动
20CrMnTi	渗碳、高频淬火 56～62HRC	
CrWMn9Mn2V	淬火、低温回火 55～60HRC	
38CrMoAl	氮化、氮化层深 0.45～0.6mm，850HV	

表 3－4　　螺母常用材料及选用

材　　料	特点和应用
ZCuSn10Zn2、ZCuSn10Pb1、ZCuSn5Pb5Zn5	和钢制螺杆配合，摩擦系数低，有较好的抗胶合能力和耐磨性；但强度较低。适用于轻载、中高速，传动精度高的传动
ZQAl10Fe3、ZQAl10Fe3Mn2、ZCuZn25Al6Fe3Mn3	和钢制螺杆配合，摩擦系数较低，强度高但抗胶合能力较低。适用于低速、重载传动
球墨铸铁	摩擦系数较高，强度高，适用于重载、调整螺旋
耐磨铸铁	强度高，适用于低速、轻载传动

静压滑动螺旋传动简介

静压滑动螺旋是用压力油泵将压力油泵入螺母螺牙两侧的油腔，经回路流出，强制在螺旋副的表面形成压力油膜，使滑动螺旋副处于液体摩擦状态，如图 3－20 所示。摩擦阻力非常小，传动效率高(可达 99%)，磨损小，寿命长，轴向刚度大；运转平稳，无爬行现象，反向时无空行程。缺点是螺母结构复杂，不能自锁，需要一套压力恒定、过滤要求高的过滤系统。

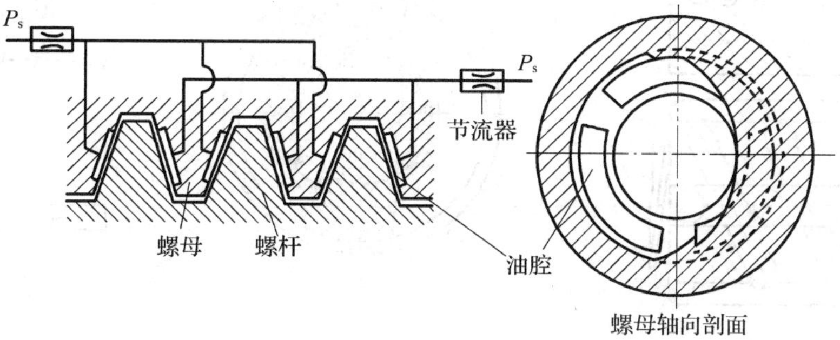

图 3－20　静压滑动螺旋传动示意图

常应用于机床的进给、分度机构中。

滚动螺旋传动简介

在螺杆和螺母之间设有封闭循环的滚道，在滚道间填充钢珠或滚子(本文只介绍滚动体为钢球的类型)，使螺旋副的摩擦变为滚动摩擦，从而减少摩擦，提高传动效率，这种螺旋传动称为滚动螺旋传动，又称滚珠丝杠副。

多数滚动螺旋的螺母(或螺杆)上有滚动体的循环通道，与螺纹滚道形成循环回路，使滚动体在螺纹滚道内循环，如图 3－21。

1. 滚动螺旋副的分类、内部结构和工作原理

(1)滚动螺旋副按用途分为

①定位滚动螺旋副(P 类)　通过旋转角度和导程控制轴向位移量的滚动螺旋副。

②传动滚动螺旋副(T 类)　用于传递动力的滚动螺旋副，与转角无关。

(2)按滚珠的循环方式分为内循环和外循环两类

它们的内部结构和工作原理如下：

①内循环滚动螺旋　如图 3－21(a)所示，滚珠在循环回路中始终和螺杆接触，螺母上开有侧孔，孔内装有反向器将相邻两螺纹滚道联通，滚珠越过螺纹顶部进入相邻滚道，形成一个循环回路。一个螺母常装配 2～4 个反向器。当螺母上有两个封闭循环滚道时，两个反向器在圆周上相隔 180°；当螺母上有三个封闭循环滚道时，三个反向器在圆周上两两相隔 180°。内循环的每一封闭循环滚道只有一圈滚珠，滚珠的数量较少，因此流动性好、摩擦损失小、传动效率高、径向尺寸小。但反向器以及螺母上定位孔的加工要求较高。

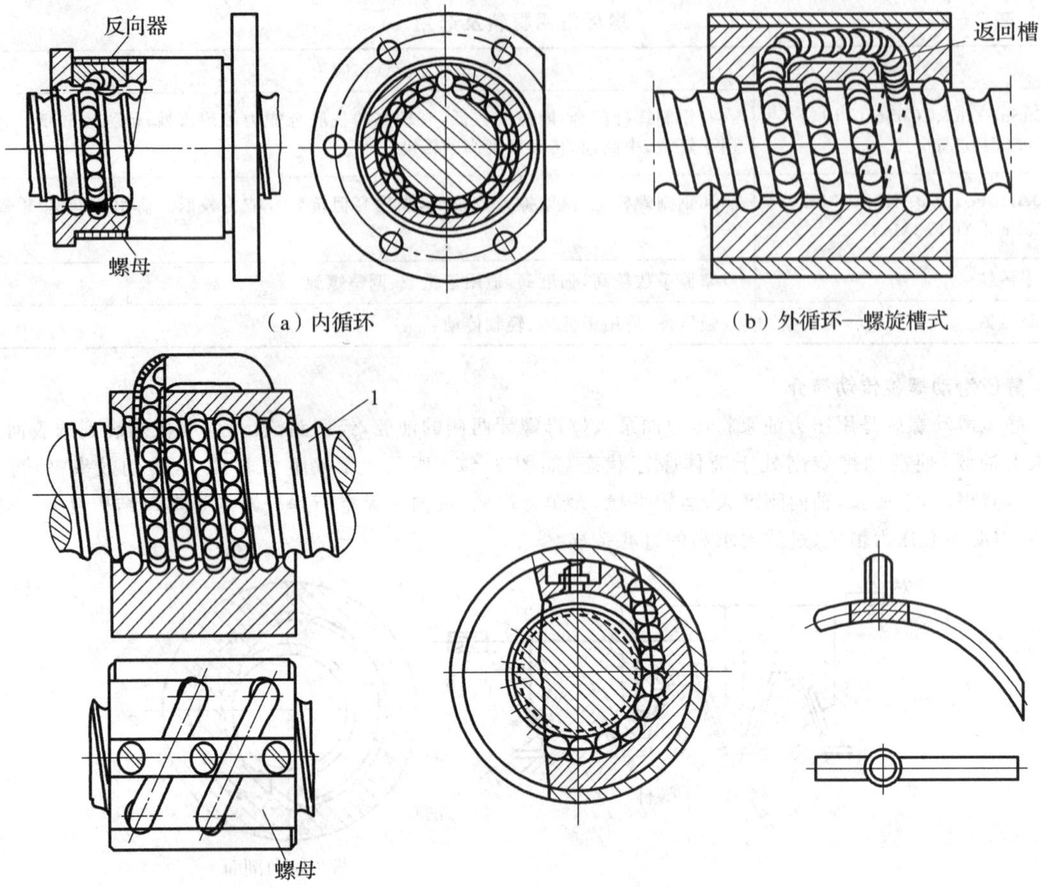

（a）内循环　（b）外循环—螺旋槽式　（c）外循环—插管式　（d）挡珠器　（e）挡珠器放大图

图 3－21　滚动螺旋传动

②外循环滚动螺旋　滚珠在循环回路中（依靠挡珠器）脱离螺杆的滚道，在螺旋滚道外进行循环。常见的外循环形式有螺旋槽式和插管式两种。

图 3－21(b)所示为螺旋槽式外循环滚动螺旋。这是在螺母的外表面上铣出一个供滚珠返回的螺旋槽（叫返回槽），其两端钻有圆孔，与螺母上的内滚道相通。在螺母的滚道上装有挡珠器[图 3－21(d)、(e)]，引导滚珠从螺旋表面通过螺母上的返回槽返回到螺旋滚道的另一端。这种结构的加工工艺性比内循环滚珠丝杆好，故应用较广，但缺点是挡珠器的形状复杂且容易磨损。

图 3－21(c)所示为插管式外循环滚动螺旋。是用导管作为返回滚道，导管的端部插入螺母的孔中，与工作滚道的始末相通。当滚珠沿工作滚道运行到一定位置时，遇到挡珠器迫使其进入返回滚道（即导管内），循环工作滚道的另一端。这种结构的工艺性较好，但返回滚道凸出于螺母外面，不便在设备内部安装。

2.滚动螺旋的特点和应用

滚动螺旋的主要优点是：

(1)滚动摩擦系数小，传动效率高，其效率可达 90%以上，摩擦系数 $f=0.002\sim0.005$；

(2)摩擦系数与速度的关系不大，故起动扭矩接近运转扭矩，工作比较平稳；

(3)磨损小，寿命长，可用调整装置调整间隙，传动精度与刚度均得到提高；

(4)具有自锁性，可将直线运动变为回转运动。

滚动螺旋的缺点是：

(1)结构复杂，制造困难；

(2)在需要防止逆转的机构中，要加自锁机构；

(3)承载能力不如滑动螺旋传动大。

滚动螺旋传动多用在汽车和拖拉机的转向机构；对传动精度要求较高的场合，如飞机机翼和起落架的控制驱动、大型水闸闸门的升降驱动及数控机床的进给机构等。

思考题与练习题

思考题

3—1 调整棘轮的转角一般采用哪几种方法？如何操作？

3—2 棘轮机构在传动过程中，为使棘爪能顺利地滑向棘轮的底部，必须满足什么条件？

3—3 槽轮机构中锁止弧的作用是什么？

3—4 何谓运动系数？何谓静止系数？

3—5 常用(外、内)槽轮机构(轮槽均布)的槽数、圆销数各为多少？

3—6 从运动学的观点比较棘轮机构、槽轮机构的异同点，并说明各自的适用场合。

3—7 在单螺旋和双螺旋(含差动螺旋和复式螺旋)中各是如何计算螺杆(或螺母)的移动距离？如何判断螺杆（或螺母)的移动方向？

练习题

3—1 牛头刨床的横向进给机构中，参阅图 3—5，丝杠的导程为 4mm，与丝杠固结的棘轮的齿数为 $Z=48$，求棘轮的最小转角 γ_{min} 和横向进给机构的最小横向进给量。

3—2 今有一棘轮机构，棘轮的齿面倾角为 0°，如题 3—2 图。为使棘爪能顺利啮入，棘爪的回转中心 O_2 应如何设置？并加以说明。

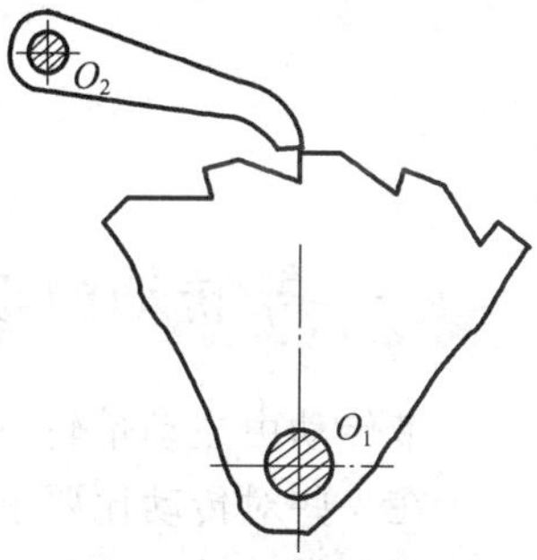

习题 3—2 图

3—3 单圆销 5 槽外啮合槽轮机构的曲柄(拨盘)转速为 120r/min，求运动时间 t_d 和静止时间 t_j。

3—4 完成某一工艺动作的时间为 10s，转位时间为 5s，拟采用单圆销外啮合槽轮机构，求轮槽 Z。

3—5 某自动机床的工作台有六个工位，拟采用一单圆销外啮合槽轮机构来完成工作台的自动转位(参阅图 3—12 转塔车床的转位机构)，转位的停歇时间为工艺动作时间，其中最长的工艺动作时间为 45s，试确定机构主动件(拨盘)的转速 n、槽轮的转位时间 t_d 及机构的运动系数 τ_d。

3—6 电影放映机为保证均衡的、间歇的送片，采用外啮合槽轮机构卷片，如图 3—11。已知圆销数为 $k=1$，槽数 $Z=4$，要求每秒输送 24 个画面，试求拨盘转速及每输送一个画面的间歇时间。

3—7 在六角车床的外啮合槽轮机构中，已知槽轮的轮槽数 $Z=6$，槽轮的静止时间为其运动时间的两倍，试确定槽轮机构的圆销数 k 和运动系数 τ_d。

3—8 在图 3—15 的双螺旋机构中，已知 $S_A=6$mm，$S_B=5$mm，当手柄按图示方向旋转 $\phi=\pi$ 时，求：①A、B 均为右旋时；②A 为左旋、B 为右旋时；螺母 2 相对机架 3 的移动距离和方向。

3—9 在图 3—16 的微调镗刀上的差动螺旋中，已知 $S_A=1.25$mm，$S_B=1.0$mm，旋向相同，求当螺杆 1 转动 1°时，镗刀头的进刀量。

模块二　机械传动

第四章　带传动

【学习要求】

(1)了解带传动的类型和常用传动形式；

(2)熟知带传动的工作原理；F_e 与 F_1、F_2、F_0 等各力之间的关系；F_{emax} 与 F_0、f_v、α_1 及与 ΣF_f 之间的关系；熟知带传动的打滑和弹性滑动现象；

(3)熟知传动带截面上的各项工作应力的分布和特点，总应力的分布和特点；

(4)熟知带传动的失效形式和设计准则；

(5)理解带传动中各参数对传动的影响；

(6)能进行带传动的设计计算；

(7)会进行带传动的安装和调整。

第一节　概　述

一　带传动的组成、工作原理、特点及应用范围

带传动由主动带轮、从动带轮、皮带及机架组成，如图 4－1(a)所示。

在一些对传动比要求不十分精确，或希望对整个传动系统有过载保护的传动中，多使用摩擦型的带传动，如图 4－1(b)所示，如传统机床、小型摩托车；而在一些对传动比有精确要求的传动中，多使用啮合型的带传动，如图 4－1(c)所示，如现代汽车的配气正时机构、计算机等。

以下叙述的主要是摩擦型的带传动。

皮带套装在带轮上，张紧皮带后，带对轮产生正压力。主动带轮回转时，借助带与轮之间产生的摩擦力，拖动皮带、通过皮带再拖动从动带轮(及工作载荷)，从而完成两轴间的运动和动力的传递。与其他传动相比，带传动具有以下特点：

(1)带是挠性体且有良好的弹性，能缓和冲击，吸收振动，故带传动运转平稳、噪声小；

(2)传动过载时，带会首先在小带轮上打滑，继而使整个传动系统停止工作，对带之后的各级传动起到了过载保护作用；

(3)结构简单、制造方便、易损件(皮带)更换快、成本低廉、维护方便；能适用于两轴中心距较大的场合，带传动的中心距可大至 10～15m。

因此，带传动主要用于传动平稳、传动比不要求精确的中、小功率(100kW 以下)的较远

距离的传动中。

带传动的主要缺点是：

(1)带传动存在弹性滑动，不能保证准确的传动比，且外廓尺寸较大；

(2)带传动因需张紧，故作用在轴和轴承上的径向压力较大；

(3)带传动的传动效率较低；且对周围的环境较为敏感，不适于有高温、酸、碱、油污等的场合。

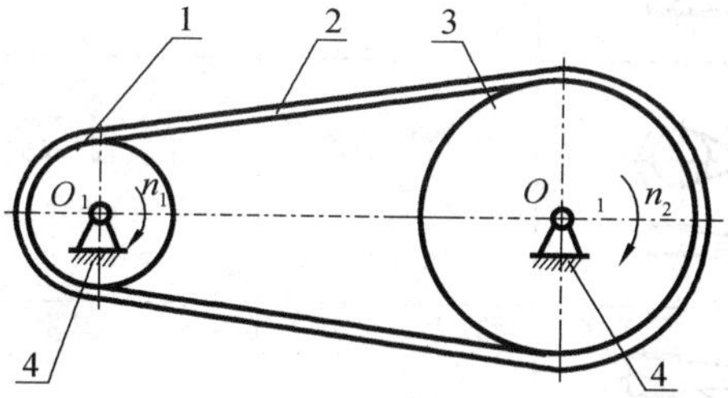

1.主动带轮　2.皮带　3.从动带轮　4.机架

(a) 带传动组成

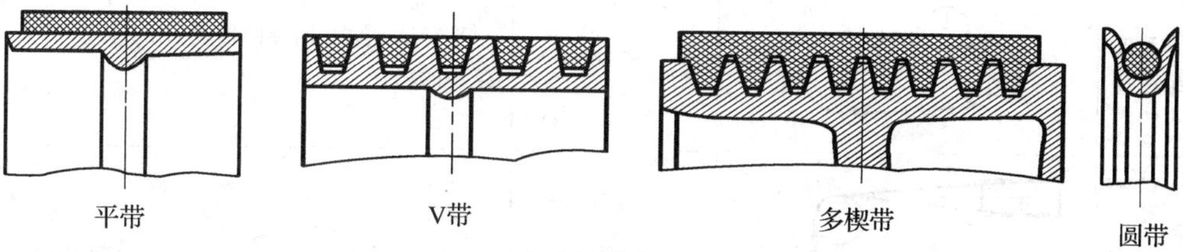

(b) 摩擦型

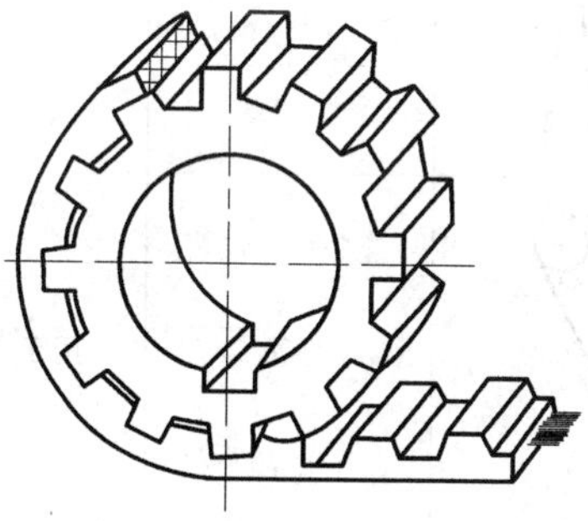

(c) 啮合型

图 4－1　带传动示意图

二　带传动的类型

带传动的类型很多，对于摩擦型带传动，按截面形状可分为平带、V 带、圆带和多楔带传动，如图 4－1(b)；另外还有属于啮合传动的同步齿形带传动等[图 4－1(c)]。

(一)平带传动

平带的横截面为扁平矩形，其工作面是与轮缘接触的内表面，常用的平带为橡胶帆布带。平带的接头一般用胶合、缝合、铰链带扣的方法使平带联接成封闭的环形。

平带的传动形式见表 4－1。

表 4－1　**平带传动的常用传动形式及应用场合**

传动形式	示意图	传动比	适用场合
开口传动	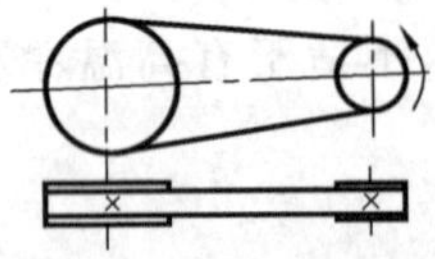	≤5 (≤7)	平行轴、双向、同旋向传动
交叉传动	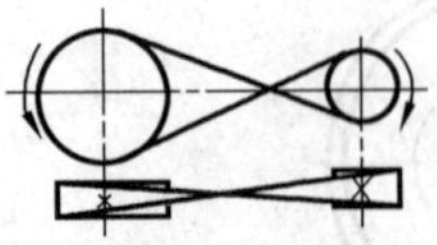	≤6	平行轴、双向、反旋向传动，用于中心距 $a>20b$（b 带宽）场合，交叉处有摩擦
半交叉传动	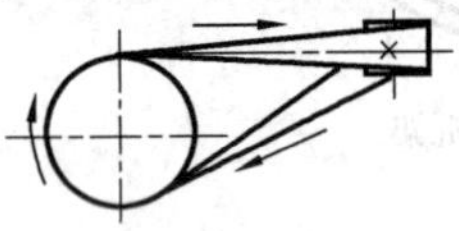	≤3 (≤2.5)	用于交错轴、单向传动
有张紧轮的平行轴传动	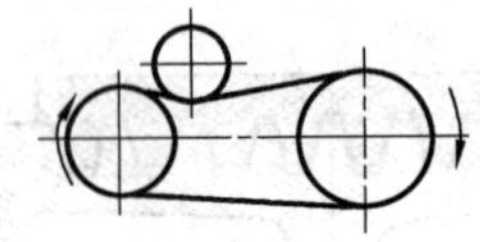	≤10	平行轴、单向、同旋向传动，用于传动比大、中心距小的场合
有导向轮的相交轴传动	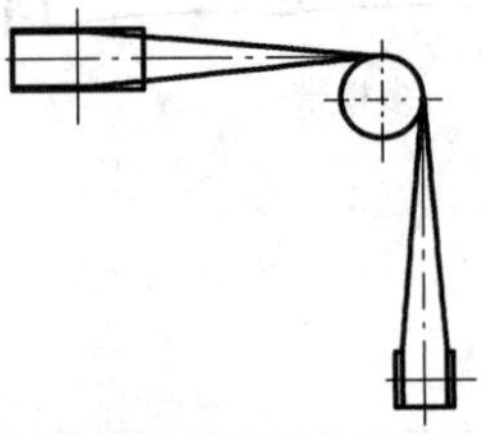	≤4	用于交错轴、单向传动
多从动轮传动	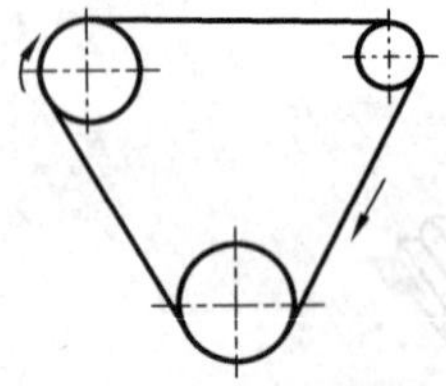	≤6	用于平行轴、双向、同旋向、多输出轴的传动

注：括号内的传动比值适用于 V 带、多楔带和齿形带传动。

（二）V 带传动

V 带传动是应用最广的一种带传动型式。V 带的横截面为梯形，其工作面为两侧面，带的底面不与带轮轮槽底接触。与平带相比，V 带传动所产生的摩擦力要大得多（约为平带的三倍，参见图 4－7），因而能传递较大的功率。

（三）圆带传动

圆带的截面为圆形，一般用皮革或棉绳制成，分有接头和无接头两种。圆带传动靠压紧皮带后在带与轮槽间产生的摩擦力传递运动和动力，常用于低速轻载的机械中。如缝纫机、真空吸尘器和录音机中磁带盘的机械传动中。

(四)多楔带传动

多楔带是在平带基体上做出若干纵向楔的传动带,其工作面为楔的侧面。多楔带传动兼有平带传动和V带传动的特点,既比平带传动的载荷大,又比V带传动平稳,并克服了各根带受力不均的缺点。多楔带传动主要用于结构要求紧凑且传递功率大的场合,特别适用于要求根数较多的V带传动或垂直于地面的平行轴传动。

(五)同步带传动

同步带传动是属于啮合带传动的新型传动,同步带是以钢绳、玻璃纤维绳等强度高、伸长率小的材料作抗拉体,上面包覆聚氨脂或氯丁胶,带的工作面上制有横向齿,与有相应齿形的带轮作啮合传动,传动中无相对滑动,能保证准确的传动比。同步带适用的速度范围广,结构紧凑,传动效率高,传动比大,最大功率可达100kW。

同步带的主要缺点是:制造和安装精度要求高,中心距要求严格,成本较高。目前同步带主要用于要求传动比严格的中、小功率传动,如电子计算机、打印机、磨床、纺织机械等。

本章主要介绍在机械传动中应用最广泛的普通V带传动。

三 V带及V带轮

(一)V带的结构和标准

V带有多种类型,按其截面有普通V带(相对高度 $h/b_p \approx 0.7$;h—截面高度、b_p—节宽,祥见表4-2)、窄V带(相对高度≈0.9)、宽V带(相对高度≈0.3)、联组V带、汽车V带、轻型V带、齿形V带、大楔角V带等,最常用的是普通V带。

普通V带制成无接头的环形带,它的结构如图4-2所示。由包布层、顶胶层、抗拉层、底胶层等部分组成。包布层由胶帆布构成;顶胶层、底胶层由橡胶构成;抗拉层结构可分为绳芯结构和帘布芯结构两种,帘布结构由几层胶帘布组成,制造方便,抗拉强度好;而绳芯结构由一排线绳组成,柔韧性好,抗弯强度高。抗拉层对带的力学性能起着决定作用,目前已采用尼龙涤纶、玻璃纤维、芳纶等化学纤维代替棉帘布和棉线绳作为抗拉体,可提高带的承载能力33%。

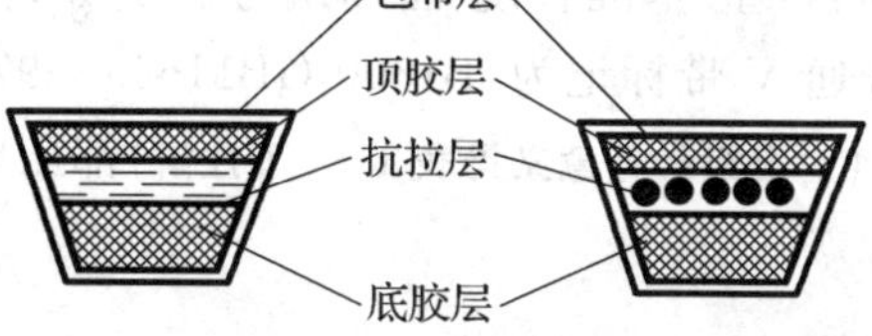

图4-2 V带的结构

普通V带按截面尺寸分为Y、Z、A、B、C、D、E七种截型,其截面尺寸见表4-2。

表 4－2　　普通 V 带的截面尺寸(摘自 GB/T1444—97 和 GB/T13575.1—92)

截面形状	型号	节宽 b_p	顶宽 b	高度 h	楔角 θ	每米长质量 q/kg·m^{-1}
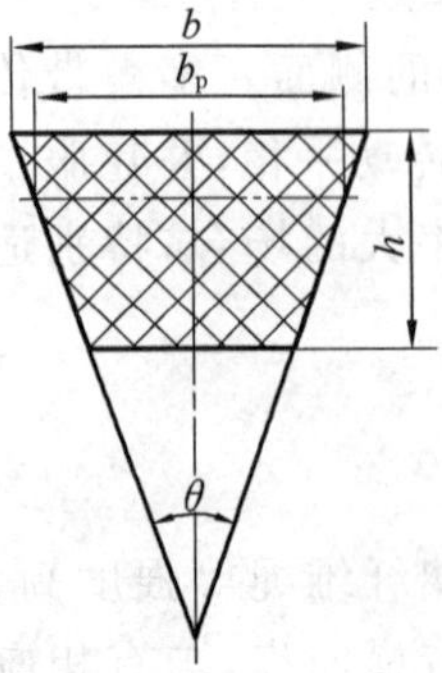	Y	5.3	6	4.0		0.04
	Z	8.5	10	3.0		0.06
	A	11	13	8.0		0.10
	B	14	17	11.0	40°	0.17
	C	19	22	14.0		0.30
	D	27	32	19.0		0.60
	E	32	38	23		0.87

带绕过带轮时，顶胶层将被拉伸变长，底胶层受压缩变短，其中必有一层既不受拉也不受压，其长度不变。带中保持原长不变的层面叫作节面，节面上的每一条周线叫做节线，带的节面宽度称为节宽，以 b_p 表示，如图 4－3。

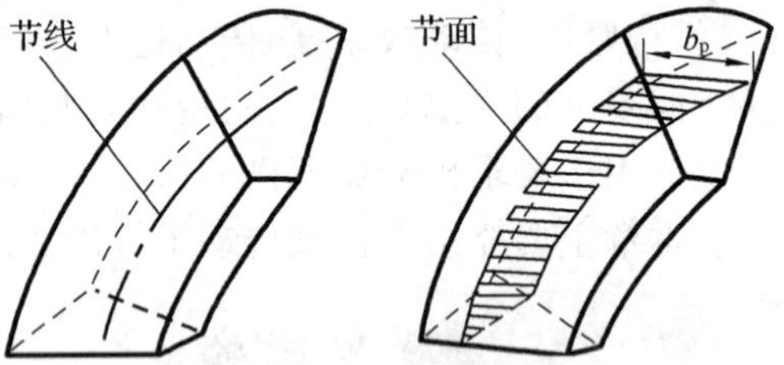

图 4－3　节面与节线

V 带轮的直径是指其基准直径，以 d_d 表示，如图 4－4，带轮的基准直径见表 4－5。

在规定的张紧力下，在 V 带轮上，V 带的节面应与带轮的基准直径相重合，V 带节面位置所对应的轮槽的宽度称为基准宽度，以 b_d 表示，如图 4－4。

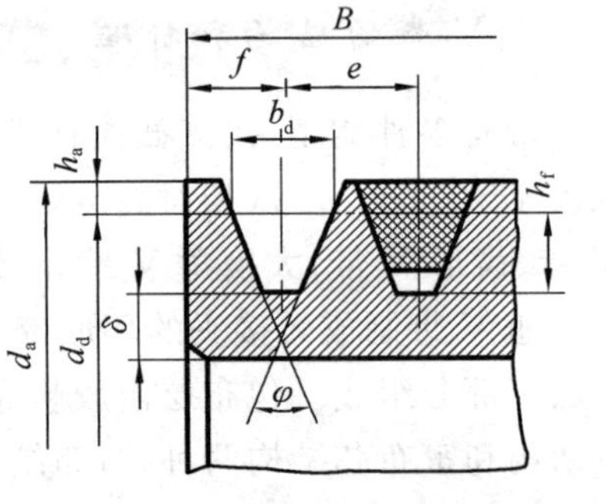

图 4－4　带轮的基准宽度和基准直径

位于带轮基准直径上的 V 带的节线长度，称为 V 带的基准长度，以 L_d 表示。V 带的基准长度是 V 带的公称长度，也是计算 V 带传动的几何尺寸时的计算长度，其长度系列见表 4－3。当表中数系不能满足要求时，可按表 4－4 选取普通 V 带的基准长度。

(＊我国普通 V 带实行基准宽度制，是以基准线的位置和基准宽度来定义带轮的槽型和尺寸的。)

普通 V 带的标记方法为：带型 基准长度 国标编号。例如，按 GB11544—97 制造的、基准长度为 1600mm 的 B 型普通 V 带标记为：B1600 GB11544—97。

通常将标记和配组代号(**＊配组代号意义见表 4－4 下注解**)都压印在 V 带的外表面上，以供识别和选用。

表 4－3　　　　普通 V 带的基准长度系列(摘自 GB/T1444—1997)

基准长度 L_d/mm	K_L					基准长度 L_d/mm	K_L					
	Y	Z	A	B	C		Z	A	B	C	D	E
200	0.81					2000		1.03	0.98	0.88		
224	0.82					2240		1.06	1.00	0.91		
250	0.84					2500		1.09	1.03	0.93		
280	0.87					2800		1.11	1.05	0.95	0.83	
315	0.89					3150		1.13	1.07	0.97	0.86	
355	0.92					3550		1.17	1.10	0.98	0.89	
400	0.96	0.87				4000		1.19	1.13	1.02	0.91	
450	1.00	0.89				4500			1.15	1.04	0.93	0.90
500	1.02	0.91				5000			1.18	1.07	0.96	0.92
560		0.94				5600				1.09	0.98	0.95
630		0.96	0.81			6300				1.12	1.00	0.97
710		0.99	0.82			7100				1.15	1.03	1.00
800		1.00	0.85			8000				1.18	1.06	1.02
900		1.03	0.87	0.81		9000				1.21	1.08	1.05
1000		1.06	0.89	0.84		10000				1.23	1.11	1.07
1120		1.08	0.91	0.86		11200					1.14	1.10
1250		1.11	0.93	0.88		12500					1.17	1.12
1400		1.14	0.96	0.90		14000					1.20	1.15
1600		1.16	0.99	0.93	0.84	16000					1.22	1.18
1800		1.18	1.01	0.95	0.85							

表 4－4　　　　普通 V 带的基准长度(摘自 GB/T11544—1997)

型号						型号						型号					
Z	A	B	C	D	E	Z	A	B	C	D	E	Z	A	B	C	D	E
405	630	930	1565	2740	4660	1070	1430	190	3080	6100	12230		2300	3600	7600	15200	
475	700	1000	1760	3100	5040	1330	1550	2180	3520	6840	13750		2480	4060	9100		
530	790	1100	1950	3330	5420	1420	1640	2300	4060	7620	15280		2700	4430	10700		
625	890	1210	2195	3730	6100	1540	1750	2500	4600	9140	16800			4820			
700	990	1370	2420	4080	6850		1940	2700	5380	10700				5370			
780	1100	1560	2715	4620	7650		2050	2870	6100	12200				6070			
820	1250	1760	2880	5400	9150		2200	3200	6815	13700							

普通 V 带带长的极限偏差较大,因此,多根带传动时,同一带轮上的各根 V 带承受的载荷相差也比较大。为使各根 V 带受力均匀,往往将 V 带配组使用;配组代号是根据带的长度偏差和配组允差而算出的,用零或带正、负号的整数表示,如+2、+1、0、−1、−2 等,并在带上作出标志。同一带轮上使用的 V 带,除截型和基准长度应相同外,配组代号也应相同。

(二)V 带轮的材料和结构

1. V 带轮的材料

对带轮材料的要求是:强度足够、结构合理、质量分布均匀、加工工艺性好,避免铸造产生过大的内应力。带轮的常用材料是:当带速 $v\leqslant 30$m/s 时,用 HT150 或 HT200;当 $v\geqslant 25\sim 45$m/s 时,可用孕育铸铁、铸钢或钢板冲压后焊接的带轮。为减轻带轮的重量,小功率传动时可用铸铝合金或工程塑料制造带轮。

2. V 带轮的结构型式和尺寸

带轮由轮缘(外圈环形部分)、轮毂(与轴联接的筒形部分)和轮辐(连接轮缘和轮毂的中间部分)三部分组成,参见图 4－5 V 带轮的典型结构。

按轮辐结构的不同,将带轮分为以下四种型式:

(1)实心轮[S 型,图 4－5(a)] 当带轮的基准直径 $d_d \leqslant (2.5 \sim 3) d_0$($d_0$ 为轴的直径)时,采用实心轮。

(2)辐板轮[P 型,图 4－5(b)] 当带轮的基准直径 $d_d \leqslant 300$mm 时,采用辐板带轮。

(3)孔板轮[H 型,图 4－5(c)] 当带轮的基准直径 $d_d \leqslant 300$mm 时也可采用孔板带轮,当辐板较大[即图 4－5(c)中 $d_d - d_1 \geqslant 100$mm]时,可在辐板上制出 4～8 个均布的孔,以减轻带轮的重量。

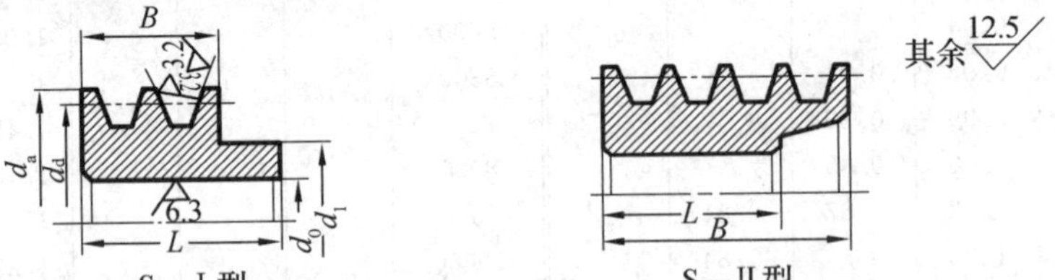

(a) 实心轮

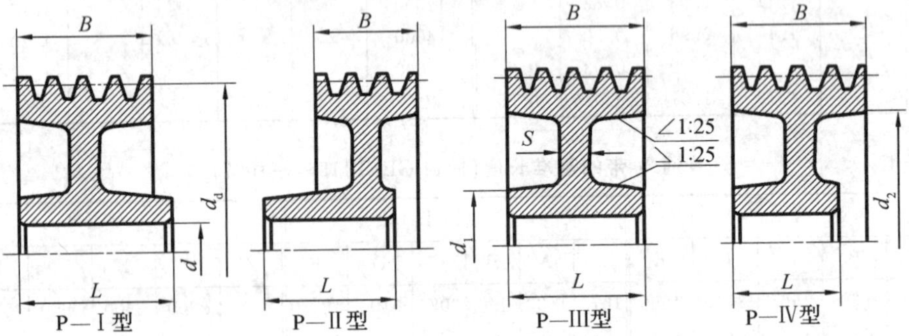

(b) 辐板轮

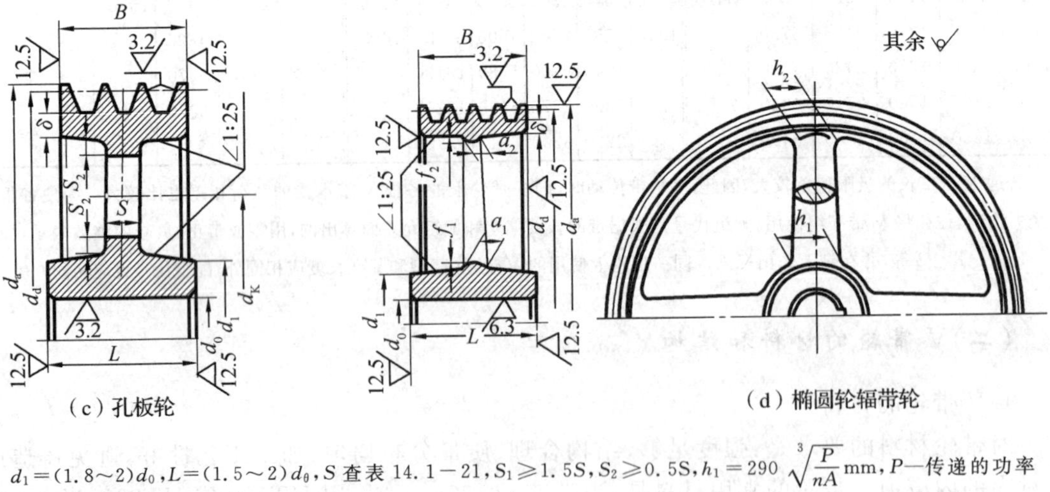

(c) 孔板轮 (d) 椭圆轮辐带轮

$d_1 = (1.8 \sim 2) d_0$, $L = (1.5 \sim 2) d_\theta$, S 查表 14.1－21, $S_1 \geqslant 1.5S$, $S_2 \geqslant 0.5S$, $h_1 = 290\sqrt[3]{\frac{P}{nA}}$ mm, P—传递的功率(kW), n—带轮的转速(r/min), A—轮幅数, $h_2 = 0.8h_1$, $a_1 = 0.4h_1$, $a_2 = 0.8a_1$, $f_1 = 0.2h_1$, $f_2 = 0.2h_2$

注:图(c)孔板轮、图(d)椭圆轮辐带轮,其轮毂与轮缘的对应位置亦有如图(b)的结构型式。

图 4－5 V 带轮的典型结构

(4)椭圆轮辐轮[E 型,图 4－5(d)] 当带轮基准直径 d_d＞300mm 时,采用椭圆轮辐带轮,轮辐截面为椭圆形,轮辐数目与基准直径 d_d 有关,在 4～8 之间选取,一般取偶数,也可按图 4－5 确定。

V 带轮的结构型式、幅板厚度及孔径标准列于表 4－7。

普通 V 带轮轮缘的截面尺寸见表 4－6。其他结构尺寸可根据孔径计算,见图 4－5。

普通 V 带轮的标记组成包括:

名称　带轮槽形、轮槽数×基准直径、带轮结构型式代号　国标编号。

例如:A 型带、4 轮槽、基准直径 d_d＝200mm,Ⅱ型辐板带轮的标记为:

带轮　A4×200 P－Ⅱ　GB10412－89

带轮的标记要求压印在轮毂端面上。

表 4－5　　**普通带轮直径系列(摘自 GB/T10412—2002)**

	槽型					
	Y	Z SPZ	A SPA	B SPB	C SPC	圆跳动公差 t
20	+					
22.4	+					
25	+					
28	+					
31.5	+					
35.5	+					
40	+					
45	+					
50	+	+				0.2
56	+	+				
63	+	⊕				
71	+	⊕				
75		⊕	+			
80	+	⊕	+			
85			+			
90	+	⊕	⊕			
95			⊕			
100	+	⊕	⊕			
106			⊕			
112	+	⊕	⊕			
118			⊕			
125		⊕	⊕			0.3
132	⊕	⊕	⊕			
140		⊕	⊕			
150		⊕	⊕			
160		⊕	⊕	⊕		
170				⊕		
180		⊕	⊕	⊕		
200		⊕	⊕	⊕	+	
212					+	0.4
224		⊕	⊕	⊕	⊕	
236					⊕	
250		⊕	⊕	⊕	⊕	

	槽型						
	Z SPZ	A SPA	B SPB	C SPC	D	E	圆跳动公差 t
265				⊕			
280	⊕	⊕	⊕	⊕			
300				⊕			
315	⊕	⊕	⊕	⊕			0.5
335				⊕			
355	⊕	⊕	⊕	⊕	+		
375					+		
400	⊕	⊕	⊕	⊕	+		
425					+		
450		⊕	⊕	⊕	+		
475					+		
500	⊕	⊕	⊕	⊕	+	+	0.6
530						+	
560		⊕	⊕	⊕	+	+	
600			⊕	⊕	+	+	
630		⊕	⊕	⊕	+	+	
670						+	
710		⊕	⊕	⊕	+	+	
750			⊕	⊕	+		
800		⊕	⊕	⊕	+	+	0.8
900			⊕	⊕	+	+	
1000			⊕	⊕	+	+	
1060					+		
1120			⊕	⊕	+	+	
1250				⊕	+	+	
1400				⊕	+	+	1
1500					+	+	
1600				⊕	+	+	
1800					+	+	
1900						+	
2000				⊕	+	+	1.2
2240						+	
2500						+	

注:1. 有＋号的只用于普通 V 带,有⊕号的用于普通 V 带和窄 V 带。

2. 基准直径的极限偏差为±0.8%。

3. 轮槽基准直径间的最大偏差,Y 型－0.3mm,Z、A、B、SPZ、SPA、PB 型－0.4mm,C、D、E、SPC 型－0.5mm。

3. 对带轮的技术要求

带轮要经过检验平衡后才能使用：$v>5\mathrm{m/s}$ 时，要进行静平衡；$v>25\mathrm{m/s}$ 时，要进行动平衡。与带接触的轮槽工作面的表面粗糙值有一定的要求，以减轻对带的磨损。

带轮的具体技术要求参见表 4－6、图 4－5。

表 4－6　V 带轮轮缘尺寸(摘自 GB/T10412—2002)

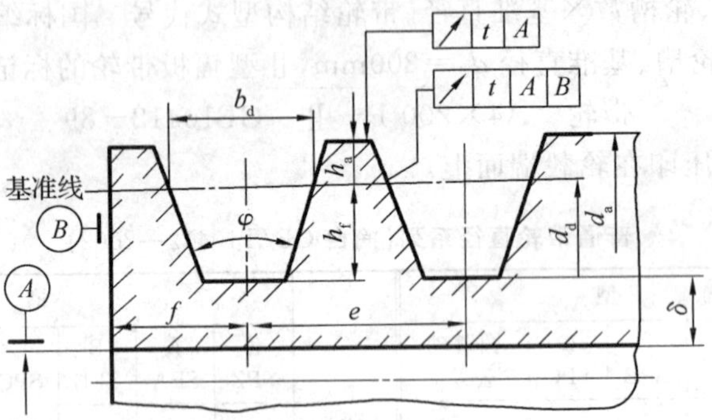

项目		符号	槽型						
			Y	Z SPZ	A SPA	B SPB	C SPC	D	E
基准宽度		b_d	5.3	8.5	11.0	14.0	19.0	27.0	32.0
基准线上槽深		h_{amin}	1.6	2.0	2.75	3.5	4.8	8.1	9.6
基准线下槽深		h_{fmin}	4.7	7.0 9.0	8.7 11.0	10.8 14.0	14.3 19.0	19.9	23.4
槽间距		e	8±0.3	12±0.3	15±0.3	19±0.4	25.2±0.5	37±0.6	44.5±0.7
第一槽对称面至端面的最小距离		f_{min}	6	7	9	11.5	16	23	28
槽间距累积极限偏差			±0.6	±0.6	±0.6	±0.8	±1.0	±1.2	±1.4
带轮宽		B	$B=(z-1)e+2f$　z—轮槽数						
外径		d_a	$d_a=d_d+2h_a$						
轮槽角 φ	32°	相应的基准直径 d_d	≤60	—	—	—	—	—	—
	34°		—	≤80	≤118	≤119	≤315	—	—
	36°		>60	—	—	—	—	≤475	≤600
	38°		—	>80	>118	>190	>315	>475	>600
	极限偏差		±0.5°						

4. 带轮的结构设计

带轮的结构设计主要是根据带轮的基准直径 d_d 选择结构型式(并与轴设计配合确定孔径)；根据带型、根数确定出轮槽和轮缘尺寸，根据经验公式和孔径确定出带轮的其他结构尺寸。绘制出带轮的零件工作图，注出公差及技术要求等。

表 4－7　　V 带轮的结构形式和幅板厚度

带轮基准直径 d_d：63, 71, 75, 80, 90, 95, 100, 106, 112, 118, 125, 132, 140, 150, 160, 170, 180, 200, 212, 224, 236, 250, 265, 280, 300, 315, 355, 375, 400, 425, 450, 475, 500, 530, 560, 600, 630, 710, 750~2500

槽型	孔径 d_0	辐板厚度 S（按带轮基准直径 d_d 由小到大）	槽数 z
Z	12 14	6　7	1~2
	16 18	7	1~3
	20 22	8　9	1~4
	24 25	实　10	1~4
	28 30	辐　10　四	1~4
	32 35		2~4
A	10 18	10　11　12　12　13	1~3
	20 22		1~4
	24 25	孔	1~5
	28 30	心　12　13　14　15　16	1~6
	32 35	16　四	2~6
	38 40	板　椭	2~6
	42 45	14　板　六　18　圆辐轮	2~6
B	32 35	轮　16	2~6
	38 40	14　16　18　18　20	2~6
	42 45	孔	3~8
	50 55	轮　18　18　20　22　24	3~8
	60 65		3~8
C	42 45	18　20　20　轮	3~6
	50 55	22　22　24　25　26	3~6
	60 65	实　22　24　六	3~7
	70 75	心　24　板　椭	3~7
	80 85	轮　25　20　28　30	5~9
D	60 65	22　圆	3~6
	70 75	轮　辐	3~6
	80 85	25	3~7
	90 95	26　28　28　30　32　轮	3~7
	100 110	30　32　34	5~9
E	80 85	辐	3~6
	90 95	28	3~6
	100 110	30	5~7
	120 130	板　轮　32	5~7
	140 150	34	6~9

第二节　带传动工作情况分析

一　带传动的受力分析与打滑

（一）带传动的受力分析

安装好的带，张紧后会对带轮表面产生正压力，如图 4－6 所示。

工作前，小带轮上包绕弧两侧带上的张紧力是相等的，如图 4－6(a)，这个张紧力叫初拉力，记为 F_0。

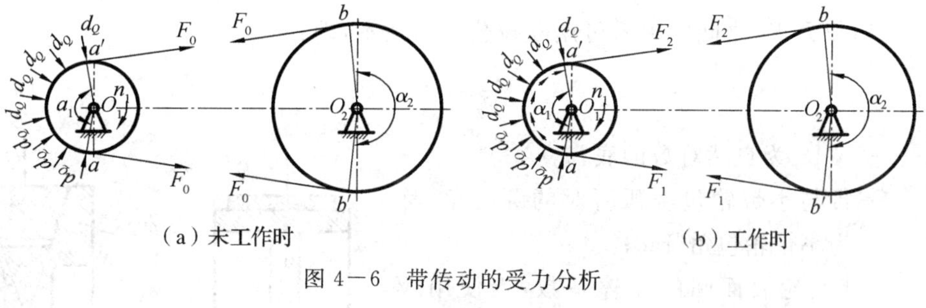

图 4－6　带传动的受力分析

工作时，在主动带轮一端：带轮依靠带与带轮接触表面上的摩擦力拖动皮带工作[如图 4－6(b)]，在从动带轮一端：皮带拖动从动带轮及工作载荷，即带传动在作功。这时的皮带在绕入主动轮的一边被拉紧，称为紧边，紧边的拉力由 F_0 增大到 F_1，其增量为 F_1-F_0；绕出主动轮一侧的带被放松，称为松边，松边的拉力由 F_0 减小到 F_2，其减量为 F_0-F_2；设带的节线长度在工作前后不变，故紧边拉力的增量应等于松边拉力的减量，即：

$$F_1-F_0=F_0-F_1$$

或

$$2F_0=F_1+F_2 \tag{4-1}$$

带两边的拉力由 F_1 变化到 F_2，紧、松两边产生拉力差的 F_1-F_2，正是主动带轮拖动带工作的牵引力称为圆周力，也称为有效拉力 F_e，即：

$$F_e=F_1-F_2 \tag{4-2}$$

由式(4－1)和式(4－2)得：

$$F_1=F_0+F_e/2$$
$$F_2=F_0-F_e/2 \tag{4-3}$$

设带速为 v(m/s)，则带传动所作的功为：

$$P=\frac{F_e v}{1000}\quad \text{kW} \tag{4-4}$$

显然，F_e 越大，皮带能拖动的载荷也越大，也即带传动能做的功则越多。

(二)打滑

带传动的有效拉力 F_e 是由包绕弧上张紧的带与轮在接触面上产生的摩擦力的总和 Σd_{F_f} 提供的。

当拖动的载荷增大时，所需的牵引力也要增大，正常工作情况下，牵引力 F_e 始终等于 Σd_{F_f}，即：

$$F_e=\Sigma d_{F_f}$$

但在带与轮之间所能产生的摩擦力 Σd_{F_f} 是有一定限度的，当传递所需要的有效拉力 F_e 超过带与轮间的最大摩擦力 $\Sigma d_{F_f\max}$时，带与轮的表面将发生滑动直至完全滑动，这种现象称为打滑。

打滑使胶带与轮表面产生的摩擦磨损急剧加剧，从动轮的转速急剧下降，导致传动最终失效。打滑是带传动的失效形式之一，带在正常传动时是不容许产生打滑的，必须要避免打滑现象的发生，以保证传动的正常进行。

(三)F_e 与 F_0、f(或 f_v)和 α_1

当带与轮之间所能产生的摩擦力达到极限值 $\Sigma d_{F_f\max}$、带在带轮上即将打滑或时，紧边拉力 F_1 和松边拉力 F_2 之间的关系可用欧拉公式来表示，即：

$$\frac{F_1}{F_2}=e^{f\alpha_1} \tag{4-5}$$

式中：e——2.718 为自然对数的底；

α_1——带与小带轮包绕弧所对的圆心角，称为小带轮包角，rad；

f——带与轮表面间的摩擦系数，当使用 V 带传动时为当量摩擦系数 f_v，如图 4－7。

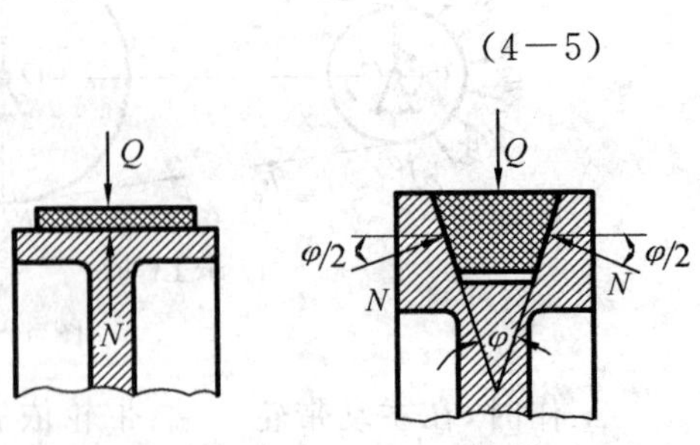

图 4－7 V 带所产生的摩擦力

在图 4－7 中，当平带传动与 V 带传动的初拉力 F_0 相同(即带作用在带轮上的压力同为 Q)时，平带产生的摩擦力为：$F_f=fN=fQ$

V 带所产生的摩擦力为：

$$F_f=2fN=2f\times\frac{Q}{2\sin\frac{\varphi}{2}}=\frac{fQ}{\sin\frac{\varphi}{2}}=f_vQ$$

其中，$f_v=\dfrac{f}{\sin\frac{\varphi}{2}}$为 V 带的当量摩擦系数，$\varphi$ 为带轮的槽角，取 $\varphi\approx40°$，可得，$f_v\approx3f$。即在同样的工作条件下，V 带可提供的摩擦力约为平带的 3 倍，这也是 V 带传递功率大、被广泛使用的原因。

将式(4－3)代入式(4－5)，整理后得到带所能传递的最大有效拉力 F_{emax} 为：

$$F_{emax}=2F_0\,\frac{e^{f\alpha_1}-1}{e^{f\alpha_1}+1} \tag{4－6}$$

式(4－6)表明：在初拉力 F_0 一定的情况下，增大摩擦系数 f 和小带轮包角 α_1 是提高有效拉力的重要途径。

二 应力分析与疲劳失效

(一)带传动的应力分析

带在传动过程中，带的截面上产生三种应力，如图 4－8 所示。

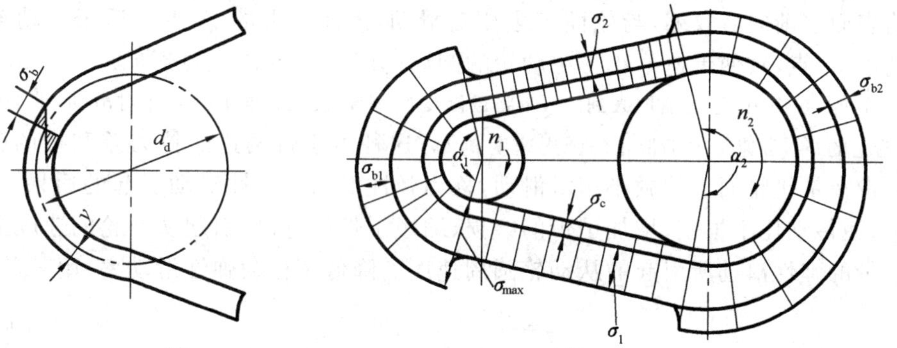

图 4－8 带传动的应力分布图

1. 由带轮作圆周运动时产生的离心力作用产生的离心拉应力 σ_c

$\sigma_c=F_c/A=qv^2/A$，在带的全长上均匀分布；(v 为带速 m/s，q 为每米长质量 kg /m，表 4－2，A 为带的截面面积 mm²，参阅表 4－2，下同。)

2. 由带所受拉力 F_1、F_2 产生的拉应力 σ_1 和 σ_2

$\sigma_1=F_1/A$、$\sigma_2=F_2/A$，由于 $F_1>F_2$，故 $\sigma_1>\sigma_2$；

3. 带绕过带轮时产生弯曲应力 σ_{b_1} 和 σ_{b_2}

$\sigma_b=Eha/(d_d/2)=2Eha/d_d\approx Eh/d_d$，如图 4－8(a)，(式中，$E$ 为材料的弯曲弹性模量 MPa，ha 为带的节面至带顶高 mm，h 为带高 mm，式中取 $2h_a\approx h$)。

弯曲应力 σ_b 的大小与带轮直径 d_d 成反比，因为 $d_{d_1}<d_{d_2}$，所以 $\sigma_{b_1}=Eh/d_{d_1}>\sigma_{b_2}=Eh/d_{d_2}$。

带传动的弯曲应力 σ_{b_1} 和 σ_{b_2}，使带截面上的应力发生突变，(其中尤其 σ_{b_1})是影响带的使用寿命的关键因素。

(二)带传动的疲劳失效

综上，带在工作时其各截面上的应力是不同的，如图 4－8(b)所示，在小带轮绕入点 a 处带的应力最大，其值为：

$$\sigma_{max}=\sigma_1+\sigma_c+\sigma_{b_1}$$

并且带截面上的应力是循环交变的。在交变应力作用下，达到一定循环次数后，带便会产生疲劳裂纹、进而扩展直至断裂，此种现象称为疲劳破坏。疲劳破坏是带传动另一失效形式。

三 带传动的弹性滑动现象

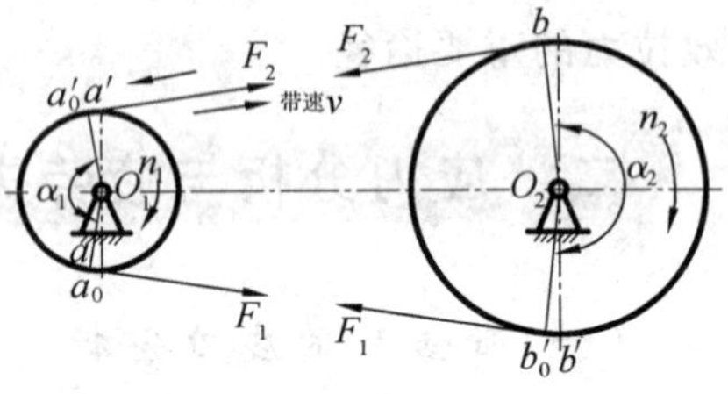

图 4－9 带传动的弹性滑动现象

带是弹性体，受拉之后会伸长。带在工作时，由于 $F_1>F_2$，因此，紧边的弹性伸长量大于松边的弹性伸长量。在小带轮的绕入端，当带绕入主动轮时，带速 v 与带轮速度 v_1 相等，带上的 a_0 点与轮上的 a 点相重合，如图 4－9 所示；在小带轮的绕出端，当主动轮以圆周速度 v_1 由 a 点转到 a' 点时，由于带所受的拉力由 F_1 逐渐降低到 F_2，带的弹性伸长量在逐渐减少，带将沿带轮表面逐渐向后收缩，与轮面产生相对滑动，因而带上的 a_0 点滞后于主动轮上的 a' 点只转到了 a_0' 点，致使带速 v 小于主动轮的圆周速度 v_1。(同样的现象也发生在从动带轮一侧：带绕出从动轮时，拉力由 F_2 逐渐增大到 F_1，带将逐渐变长，带也会在轮面上产生相对滑动，带上的 b_0' 点超前于从动轮上的 b'，带速 v 大于带轮的圆周速度 v_2)。这种由于带两边的拉力差和带的弹性变形所引起的带在带轮轮面上的微小相对滑动，称为弹性滑动。弹性滑动引起的后果是：降低了传动效率、使传动比不恒定、增加了带的磨损、缩短了带的寿命，引起从动轮的速度损失。

由于带的弹性滑动所引起的从动轮圆周速度的降低率称为弹性滑动率，用 ε 表示：

$$\varepsilon=\frac{v_1-v_2}{v_1}\times100\% \qquad (4-7)$$

式中，$v_1=\dfrac{\pi d_{d_1}n_1}{60\times1000}$，$v_2=\dfrac{\pi d_{d_2}n_2}{60\times1000}$，其中，$d_{d_1}$、$d_{d_2}$ 分别为主动轮和从动轮的基准直径(mm)；n_1、n_2 为主动轮和从动轮的转速(r/min)。

由此得带传动的传动比计算公式：

$$i=\frac{n_1}{n_2}=\frac{d_{d_2}}{d_{d_1}(1-\varepsilon)} \qquad (4-8)$$

一般弹性滑动率 $\varepsilon=0.01\sim0.02$，在粗略计算传动比时可不予考虑 ε 的影响(即仍按 $i=n_1/n_2=d_{d_2}/d_{d_1}$ 计)。

由上述分析可知：弹性滑动和打滑是两个截然不同的概念，打滑是由过载引起的带在小带轮上的全面滑动，它会导致传动失效；但是，打滑是可以避免的，只要不过载即可。弹性滑动是由带两边的拉力差引起的，只要传递动力，就有拉力差，因此弹性滑动是带传动固有的特性，是不可避免的。

第三节 V带传动设计

一 带传动的失效形式和设计准则

针对V带传动的失效形式:(带在小带轮上的)打滑和带的疲劳破坏。带传动的设计准则是:保证带传动在工作时不打滑,同时又具有一定的疲劳强度(或寿命)。

二 V带传动设计的已知条件及内容

设计V带传动的已知条件一般是:传动的用途、载荷性质、传递的功率P、主动轮和从动轮的转速n_1、n_2(或传动比i),工作条件以及对传动的外廓尺寸要求和原动机的类型等。

V带传动设计的主要内容:选择合理的传动参数;确定V带的型号、长度、根数;中心距;带轮直径及结构型式和结构尺寸;计算初拉力及皮带对轴的压力;绘制带轮零件工作图等。

三 V带传动的设计方法和步骤

(一)确定设计功率P_d、选择V带型号

1. 设计功率

考虑到短时过载、受载不均等因素,设计计算时不能只按正常工作时所要求传递的力、转矩或功率等计算,必须给设计的传动或零件以一定的能力储备。前者统称为名义载荷;后者统称为设计载荷(或计算载荷)。在不同的计算式中分别被表达为:$F_c=KF$;$T_c=KT$;$P_c=KP$等。其中,K为载荷系数,根据不同的设计对象、按照不同的要求选取。

在V带传动中,根据传递的功率P、载荷性质和工作时间等条件确定设计功率为:

$$P_d=K_A P \text{ kW} \tag{4-9}$$

式中:K_A——为工作情况系数,见表4-8。

2. 选择V带型号

根据设计功率P_d和小带轮转速n_1按图4-12选取V带型号(并同时确定小带轮的直径d_{d_1})。

(二)确定带轮直径d_{d_1}和d_{d_2}、验算带速v

1. 小带轮的基准直径d_{d_1}

为避免产生过大的弯曲应力,对各种型号的V带都规定了带轮的最小基准直径d_{dmin},其值见表4-9及图4-12,带传动设计时应取$d_{d_1}\geq d_{dmin}$。

若选的d_{d_1}过小,虽能使结构紧凑,但带的弯曲应力增大,严重降低带的寿命,同时带速也低[式(4-10)],使传递的功率[式(4-4)]减小;反之d_{d_1}过大,则使传动的外廓尺寸增大。设计时应视传动的具体要求决定。

2. 大带轮的基准直径

对一般机械传动，可忽略 ε 的影响，按 $d_{d_2}=id_{d_1}$ 计算，然后需按带轮基准直径系列选取标准值。

3. 验算带速 v

$$v=\frac{\pi d_{d_1}n_1}{60\times1000}\quad \text{m/s} \tag{4-10}$$

带速 v 在 5～25m/s 之间为宜(参阅表 4－10)。

轮径过大，带速过高，不仅会使传动的外廓尺寸增大，有时会受到使用空间的限制，而且使带因离心力过大而减小了对轮面的正压力，反而使传动能力下降；同时带速过高，增大了离心拉应力($\sigma_c=qv^2/A$)，使带的使用寿命降低。反之，若带速过低，则单根带所能传递的功率减小，如使传递的功率不变，则所需的有效拉力 F_e 增大，(若带型不变)则所需 V 带的根数 Z 将增多，这会增大皮带轮轴的弯矩，给传动带来不利的影响(参见图 4－10)。

故带速过高或过低，均须重选小带轮直径。

(三)确定中心距、V 带长度、验算小带轮包角 α_1

1. 初选中心距 a_0

中心距小，虽能使传动的结构紧凑，(如传动比不变)包角 α_1 将减小，将会降低带的传动能力；同时，单位时间内带的转数增多，使带的应力循环次数增多，减少了带的使用寿命。中心距过大，增大了带传动的外廓尺寸；同时带过长，容易引起带的抖动，对传动不利。

初选中心距 a_0 时，可按下式确定：

$$0.7(d_{d_1}+d_{d_2})\leqslant a_0\leqslant 2(d_{d_1}+d_{d_2}) \tag{4-11}$$

2. 确定带的基准长度 L_d

初定 a_0 后，按下式求 V 带的计算长度：

$$L_{d_0}=2a_0+\frac{\pi}{2}(d_{d_1}+d_{d_2})+\frac{(d_{d_2}-d_{d_1})^2}{4a_0} \tag{4-12}$$

然后根据计算得出的带长 L_{d_0} 的值，查表 4－3(或表 4－4)，选取与之相近的 L_d，作为所设计带的基准长度 L_d。

3. 计算实际中心距 a

$$a\approx a_0+\frac{L_d-L_{d_0}}{2} \tag{4-13}$$

考虑到安装、调整、张紧的需要，宜设计成中心距可调式的，其变动范围为：

$$\begin{cases} a_{\min}=a-0.015\mathrm{L_d} \\ a_{\max}=a+0.03\mathrm{L_d} \end{cases} \tag{4-14}$$

4. 验算小带轮包角 α_1

$$\alpha=180°-57.3°\times\frac{d_{d_2}-d_{d_1}}{a} \tag{4-15}$$

为了保证带传动具有一定的传动能力，通常限定 $\alpha_1\geqslant120°$(特殊情况下 $\alpha_{1\min}=90°$)。α_1 过小，会降低带传动的承载能力，传动时极易打滑。当 $\alpha_1<120°$时，可考虑增大中心距 a，或增设张紧轮(见表 4－14)。

(四)确定 V 带的根数 Z

国家标准(GB/T13575.1—1992)给出了在特定条件(载荷平稳、包角 $\alpha_1=180°$、传动比 $i=1$、规定材质和带长)下单根普通 V 带既不打滑，又具有一定的疲劳强度(或寿命)时所能传递的基本额定功率 P_1，供设计 V 带传动时查用，如表 4－10。设计带的使用条件往往与标准中带的使用条件不符，设计时其单根带的承载能力须根据带的具体的使用条件进行修正。

当设计带所传递的功率(按设计功率)为 P_d 时，所需 V 带的根数 Z 为：

$$Z=\frac{P_d}{[P_1]}=\frac{P_d}{(P_1+\triangle P_1)K_\alpha K_L} \text{ 根} \quad (4-16)$$

式中：$[P_1]$——单根设计带所能传递的许用功率

$$[P_1]=(P_1+\triangle P_1)K_\alpha K_L \quad \text{kW} \quad (4-17)$$

其中，$\triangle P_1$ 为基本额定功率的增量，是考虑 $i\neq1$ 时，$d_{d_2}>d_{d_1}$，$\sigma_{b_2}<\sigma_{b_1}$，大带轮一端弯曲应力有所减小，允许传递功率 P_0 将有所增加，其值查表 4－11。K_α 为包角系数，考虑 $\alpha_1\neq180°$ 时，对带的传动能力的影响，见表 4－12。K_L 为长度系数，考虑设计带的基准长度不等于特定长度时对传动能力的影响，见表 4－3。

将计算结果圆整成整数(为防止各带受力不均，一般控制 $Z\leqslant8$ 根，具体值查阅表 4－7)。

(五)确定带的初拉力 F_0

安装后的带传动必须予以张紧，使得单根带具有初拉力 F_0。初拉力过小，则摩擦力小，传动达不到设计能力就打滑失效；初拉力过大，拉应力过大而会降低寿命，同时又增大了对支承轴和轴承上的压力(图 4－10)。单根 V 带上的初拉力 F_0 按下式计算：

$$F_0=500\times\frac{(2.5-K_\alpha)P_d}{K_\alpha Zv}+qv^2 \quad \text{N} \quad (4-18)$$

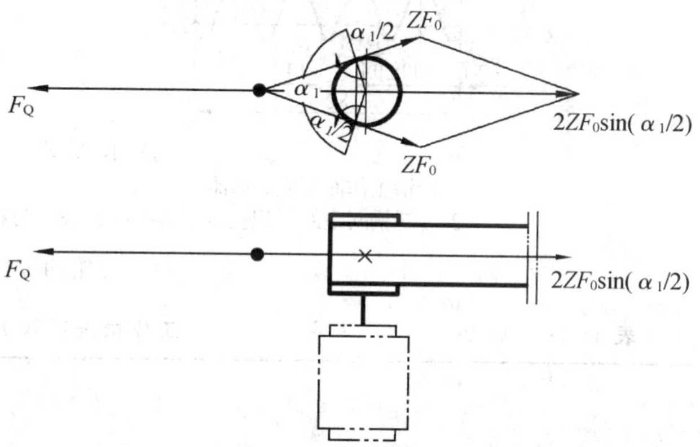

图 4－10　作用在带轮轴上的压力 F_Q

式中：q——V 带单位长度的质量，kg /m，见表 4－2；其他符号的意义同前。

(六)计算作用在轴上的力 F_Q

如图 4－10 所示，当传动带的根数为 Z、每根带上具备的初拉力为 F_0 时，张紧带所需的总拉力 F_Q(即作用在轴和轴承上的径向力)为：

$$F_Q=2ZF_0\sin(\alpha_1/2) \quad \text{N} \quad (4-19)$$

式中：Z——V 带的根数；

F_0——单根 V 带的初拉力；

α_1——小带轮上的包角。

总拉力 F_Q 是以后设计轴和选择轴承型号和尺寸时的重要依据。

(七)带轮结构设计、画带轮工作图

按前述选择带轮的材料,确定带轮的结构型式和尺寸,画出带轮的零件工作图。图 4—11 所示为一实例。

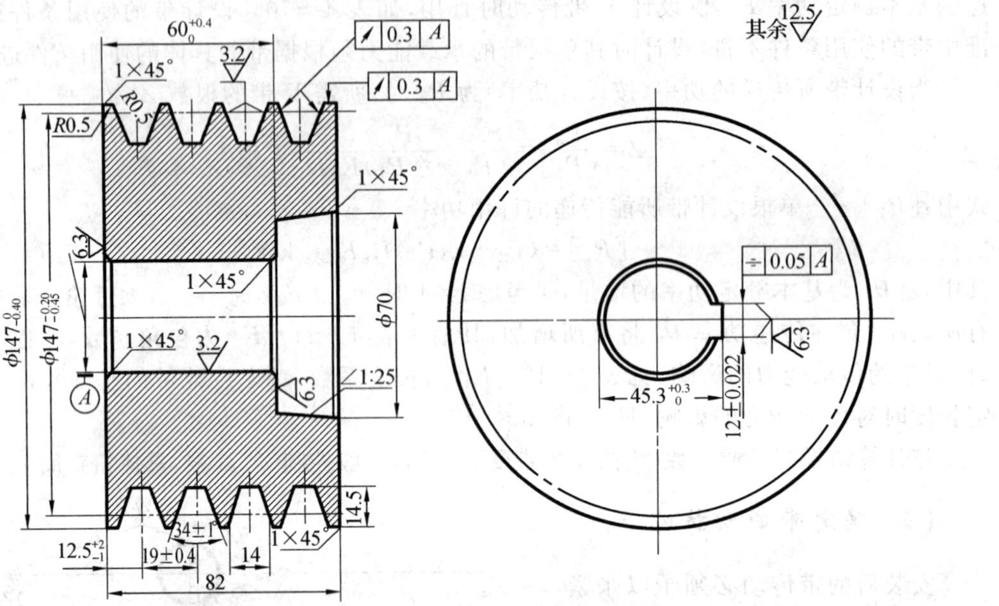

技 术 要 求

1. 轮槽工作面不应有砂眼、气孔
2. 各轮槽间距的累积误差不得超过±0.8,材料:HT200

图 4—11　带轮的零件工作图

表 4—8　　工作情况系数 K_A

工况		K_A 空、轻载启动 每天工作小时数,h <10	10~16	>16	重载启动 <10	10~16	>16
载荷变动最小	液体搅拌机,通风机和鼓风机(≤7.5kW)、离心式水泵和压缩机、轻负荷输送机	1.0	1.1	1.2	1.1	1.2	1.3
载荷变动小	带式输送机(不均匀负荷)、通风机(>7.5kW)、旋转式水泵和压缩机(非离心式)、发电机、金属切削机床、印刷机、旋转筛、锯木机和木工机械	1.1	1.2	1.3	1.2	1.3	1.4
载何变动较大	制砖机、头式提升机、往复式水泵和压缩机、起重机、磨粉机、冲剪机床、橡胶机械、振动筛、纺织机械、重载输送机	1.2	1.3	1.4	1.4	1.5	1.6
载荷变动很大	破碎机(旋转式、颚式等)、磨碎机(球磨、棒磨、管磨)	1.3	1.4	1.5	1.5	1.6	1.8

注:1. 空、轻载起动——电动机(交流起动、三角起动、直流并励)、四缸以上的内燃机、装有离心式离合器,液力联轴器的动力机;
2. 重载起动——电动机(联机交流起动、直流复励或串联)、四缸以下的内燃机;
3. 反复起动、正反转频繁、工作条件恶劣等场合,K_A 应乘 1.2。
4. 增速传动时,K_A 应乘下列系数:当 i≥1.25~1.74 时为 1.05;i≥1.75~2.49 时为 1.11;i≥2.50~3.49 时为 1.18;i≥3.50 时为 1.25。

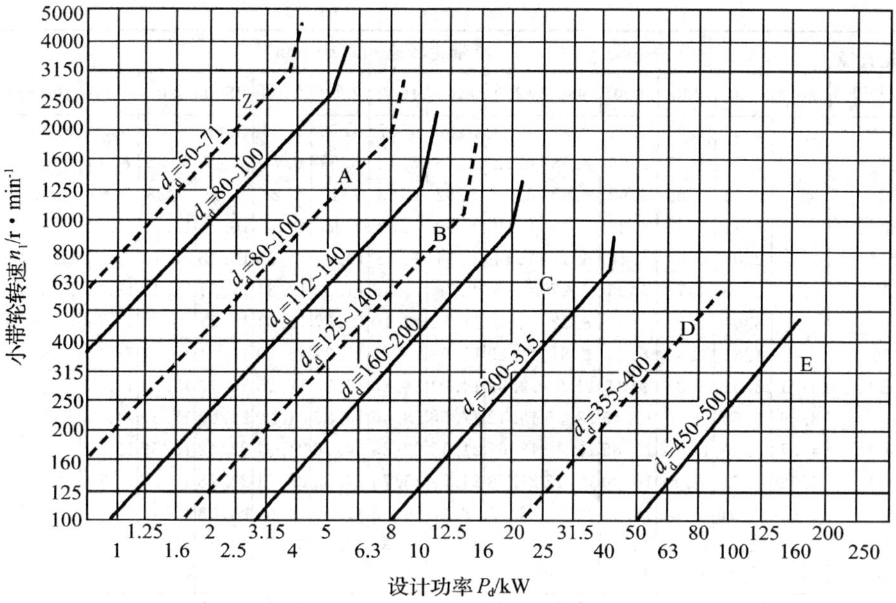

图 4—12 普通 V 带选型图

表 4—9 **最小带轮直径 d_{dmin}**

普通 V 带型号	Y	Z	A	B	C	D	E
d_{d1min}	20	50	80	125	200	355	450

表 4—10 **特定条件下单根普通 V 带的额定功率 P_1**

（载荷平稳、包角 $\alpha_1=180°$、传动比 $i=1$、规定带长）

型号	小带轮直径 d_{d1}/mm	小带轮转速 n_1/(r·min^{-1})															
		200	400	730	800	980	1200	1460	1600	2000	2400	2800	3200	3600	4000	4500	5000
Z	56		0.06	0.11	0.12	0.14	0.17	0.19	0.20	0.25	0.30	0.33	0.35	0.37	0.39	0.40	0.41
	63*		0.08	0.13	0.15	0.18	0.22	0.25	0.27	0.32	0.37	0.41	0.45	0.47	0.49	0.50	0.50
	71*		0.09	0.17	0.20	0.23	0.27	0.31	0.33	0.39	0.46	0.50	0.54	0.58	0.61	0.62	0.62
	80*		0.14	0.20	0.22	0.26	0.30	0.36	0.39	0.44	0.50	0.56	0.61	0.64	0.67	0.67	0.66
	90		0.14	0.22	0.24	0.28	0.33	0.37	0.40	0.48	0.54	0.60	0.64	0.68	0.72	0.73	0.73
A	75	0.16	0.27	0.42	0.45	0.52	0.60	0.68	0.73	0.84	0.92	1.00	1.04	1.08	1.09	1.07	1.02
	80	0.18	0.31	0.49	0.52	0.61	0.71	0.81	0.87	1.01	1.12	1.22	1.29	1.34	1.37	1.36	1.31
	90*	0.22	0.39	0.63	0.68	0.79	0.93	1.07	1.15	1.34	1.50	1.64	1.75	1.83	1.87	1.88	1.82
	100*	0.26	0.47	0.77	0.83	0.97	1.14	1.32	1.42	1.66	1.87	2.05	2.19	2.28	2.34	2.33	2.25
	112*	0.31	0.56	0.93	1.00	1.18	1.39	1.62	1.74	2.04	2.30	2.51	2.68	2.78	2.83	2.79	2.64
	125*	0.37	0.67	1.11	1.19	1.40	1.66	1.93	2.07	2.44	2.74	2.98	3.16	3.26	3.28	3.17	2.91
	140	0.43	0.78	1.31	1.41	1.66	1.96	2.29	2.45	2.87	3.22	3.48	3.65	3.72	3.67	3.44	2.99
	160	0.51	0.94	1.56	1.69	2.00	2.36	2.74	2.94	3.42	3.80	4.06	4.19	4.17	3.98	3.48	2.67
B	125	0.48	0.84	1.34	1.44	1.67	1.93	2.20	2.33	2.64	2.85	2.96	2.94	2.80	2.51	1.93	1.09
	140*	0.59	1.05	1.69	1.82	2.13	2.47	2.83	3.00	3.42	3.70	3.85	3.83	3.63	3.24	2.45	1.29
	160*	0.74	1.32	2.16	2.32	2.72	3.17	3.64	3.86	4.40	4.75	4.89	4.80	4.46	3.82	2.59	0.81
	180*	0.88	1.59	2.61	2.81	3.30	3.85	4.41	4.68	5.30	5.67	5.76	5.52	4.92	3.92	2.04	
	200	1.02	1.85	3.06	3.30	3.86	4.50	5.15	5.46	6.13	6.47	6.43	5.95	4.98	3.47		
	224	1.19	2.17	3.59	3.86	4.50	5.26	5.99	6.33	7.02	7.25	6.95	6.05	4.47	2.14		
	250	1.37	2.50	4.14	4.46	5.22	6.04	6.85	7.20	7.87	7.89	7.14	5.60	3.12			

（续表）

型号	小带轮直径 d_{d1}/mm	小带轮转速 n_1/(r·min^{-1})															
		200	400	730	800	980	1200	1460	1600	2000	2400	2800	3200	3600	4000	4500	5000
C	200*		1.39	1.92	2.41	2.87	3.30	3.80	4.07	4.66	5.29	5.86	6.07	6.28	6.34	6.26	6.02
	224*		1.70	2.37	2.99	3.58	4.12	4.78	5.12	5.89	6.71	7.47	7.75	8.00	8.06	7.92	7.57
	250*		2.03	2.85	3.62	4.33	5.00	5.82	6.23	7.18	8.21	9.06	9.38	9.63	9.62	9.34	8.75
	280*		2.42	3.40	4.32	5.19	6.00	6.99	7.52	8.65	9.81	10.74	11.06	11.22	11.04	11.48	9.50
	315*		2.86	4.04	5.14	6.17	7.14	8.34	8.92	10.23	11.53	12.48	12.72	12.67	12.14	11.08	9.43
	355		3.36	4.75	6.05	7.27	8.45	9.79	10.46	11.92	13.31	14.21	14.19	13.73	12.59	10.70	7.98
	400*		3.91	5.54	7.06	8.52	9.82	11.52	12.10	13.67	15.04	15.51	15.24	14.08	11.95	8.75	4.34
	450		4.51	6.40	8.20	9.81	11.29	12.98	13.80	15.39	16.59	16.41	15.57	13.29	9.64	4.44	
D	355*	3.01	5.31	7.35	9.24	10.90	12.39	14.04	14.83	16.30	17.25	16.70	15.63	12.97			
	400*	3.66	6.52	9.13	11.45	13.55	15.42	17.58	18.46	10.25	21.20	20.03	18.31	14.28			
	450*	4.37	7.90	11.02	13.85	16.40	18.67	21.12	22.25	24.16	24.84	22.42	19.59	13.34			
	500*	5.08	9.21	12.88	16.20	19.17	21.78	24.52	25.76	27.60	26.71	23.28	18.88	9.59			
	560*	5.91	10.76	15.07	18.95	22.38	25.32	28.28	29.55	31.00	29.67	22.08	15.13				
	630	6.88	12.54	17.57	22.05	25.94	29.18	32.19	33.38	33.88	30.15	17.28	6.25				
	710	8.01	14.55	20.35	25.45	29.76	33.18	35.97	36.87	35.58	27.88						
E	500*	6.21	10.86	14.96	18.55	21.65	24.21	26.62	27.57	28.52	25.53	16.25					
	560*	7.32	13.09	18.10	22.49	26.25	29.30	32.02	33.03	33.00	28.49	14.52					
	630*	8.74	15.65	21.69	26.95	31.36	34.83	37.64	38.52	37.14	29.17						
	710*	10.31	18.52	25.69	31.83	36.85	40.58	43.07	43.52	39.56	25.91						
	800	12.05	21.70	30.05	37.05	42.53	46.26	47.79	47.38	39.08	16.46						

注：带 * 为优先选用的基准直径。

表 4－11　　$i \neq 1$ 时单根 V 带额定功率的增量 $\triangle P_1$

型号 Z（v/m·s^{-1} < 1, 2, 3, 4, 5, 6.25, 7.5, 8.75, 10, 12.5, 15, 16.7, 18.3, 20, 25）

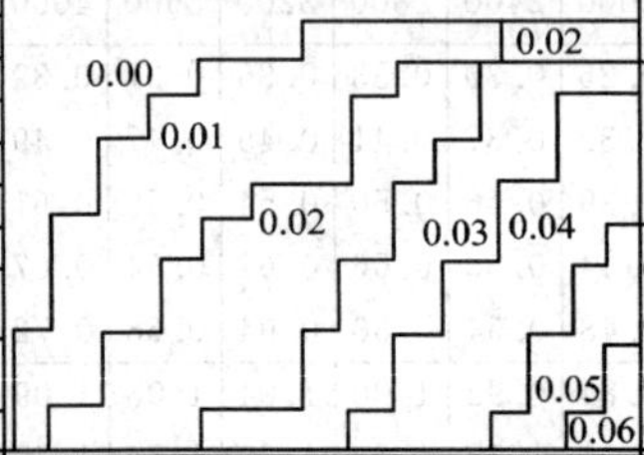

型号	A										B							
传动比 i \ v/m·s^{-1} <	2.5	5	6.7	8.3	10	12.5	15	17.5	20	25	5	10	11.7	13.3	15	20	22.5	25
1.00~1.01	0.00										0.00							
1.02~1.04		0.01				0.02	0.02	0.02	0.03	0.03	0.01	0.01	0.02	0.03	0.03	0.04	0.05	0.06
1.05~1.08			0.02	0.02	0.03	0.03	0.04	0.04	0.06	0.07	0.01	0.03	0.05	0.06	0.07	0.08	0.10	0.11
1.09~1.12		0.02	0.03	0.03	0.04	0.05	0.06	0.06	0.08	0.10	0.02	0.04	0.07	0.08	0.10	0.13	0.15	0.17
1.13~1.18		0.02	0.04	0.04	0.05	0.07	0.08	0.09	0.11	0.13	0.03	0.06	0.10	0.11	0.13	0.17	0.20	0.23
1.19~1.24		0.03	0.05	0.05	0.06	0.08	0.09	0.11	0.13	0.16	0.04	0.07	0.12	0.14	0.17	0.21	0.25	0.28
1.25~1.34	0.02	0.03	0.06	0.06	0.07	0.10	0.11	0.13	0.16	0.19	0.04	0.08	0.15	0.17	0.20	0.25	0.31	0.34
①1.35~$\frac{1.50}{1.51}$	0.02	0.04	0.07	0.08	0.08	0.11	0.13	0.15	0.19	0.23	0.05	0.10	0.17	0.20	0.23	0.30	0.36	0.39
$\frac{1.51}{1.52}$~1.99①	0.02	0.04	0.08	0.09	0.10	0.13	0.15	0.17	0.22	0.26	0.06	0.11	0.20	0.23	0.26	0.34	0.40	0.45
>2.00	0.03	0.05	0.09	0.10	0.11	0.15	0.17	0.19	0.24	0.29	0.06	0.13	0.22	0.25	0.30	0.38	0.46	0.51

型号	C									D									E								
传动比 \ v/m·s^{-1} <	5	7.5	10	12.5	15	17.5	20	25	30	5	7.5	10	12.5	15	20	25	27.5	30	5	7.5	10	12.5	15	20	22.5	25	30
1.00~1.01	0.00									0.00									0.00								
1.02~1.04	0.02	0.03	0.04	0.05	0.06	0.07	0.08	0.09	0.12	0.03	0.05	0.07	0.09	0.10	0.14	0.17	0.21	0.24	0.07	0.10	0.14	0.17	0.21	0.24	0.28	0.34	0.41
1.05~1.08	0.04	0.06	0.08	0.10	0.12	0.14	0.16	0.19	0.24	0.07	0.11	0.14	0.18	0.21	0.28	0.35	0.42	0.49	0.14	0.20	0.28	0.34	0.41	0.48	0.55	0.46	0.83
1.09~1.12	0.06	0.09	0.12	0.15	0.18	0.21	0.23	0.27	0.35	0.10	0.15	0.21	0.26	0.31	0.42	0.52	0.62	0.73	0.21	0.31	0.41	0.52	0.62	0.73	0.83	1.03	1.24
1.13~1.18	0.08	0.12	0.16	0.20	0.24	0.27	0.31	0.37	0.47	0.14	0.21	0.28	0.35	0.42	0.56	0.70	0.83	0.97	0.28	0.41	0.55	0.69	0.83	0.96	1.00	1.38	1.65
1.19~1.24	0.10	0.15	0.20	0.24	0.29	0.34	0.39	0.47	0.59	0.17	0.26	0.35	0.44	0.52	0.70	0.87	1.04	1.22	0.34	0.52	0.69	0.86	1.03	1.20	1.38	1.72	2.07
1.25~1.34	0.12	0.18	0.23	0.29	0.35	0.41	0.47	0.56	0.70	0.21	0.31	0.42	0.57	0.62	0.83	1.04	1.25	1.46	0.41	0.62	0.83	1.03	1.24	1.45	1.65	2.07	2.48
1.35~1.51	0.14	0.21	0.27	0.34	0.41	0.48	0.55	0.65	0.82	0.24	0.36	0.49	0.61	0.73	0.97	1.22	1.46	1.70	0.48	0.72	0.96	1.20	1.45	1.69	1.93	2.41	2.89
1.52~1.99	0.16	0.24	0.31	0.39	0.47	0.55	0.63	0.74	0.94	0.28	0.42	0.56	0.70	0.83	1.11	1.39	1.67	1.96	0.55	0.83	1.10	1.37	1.65	1.92	2.20	2.75	3.31
>2.00	0.18	0.26	0.35	0.44	0.53	0.66	0.71	0.83	1.06	0.31	0.47	0.63	0.78	0.94	1.25	1.56	1.88	2.19	0.62	0.93	1.24	1.55	1.86	2.17	2.48	3.10	3.72

表 4－12　　包角系数 K_α

α_1	180°	175°	170°	165°	160°	155°	150°	145°	140°	135°	130°	125°	120°	115°	110°	105°	100°	95°	90°
K_α	1	0.99	0.98	0.96	0.95	0.93	0.92	0.91	0.89	0.88	0.86	0.84	0.82	0.80	0.78	0.76	0.74	0.72	0.69

【例 4－1】 试设计铣床用 V 带传动。已知电动机额定功率 $P=4\text{kW}$，满载转速 $n_1=1440\text{r/min}$，电机轴与变速箱输入轴间的中心距为 450mm 左右，从动轴转速 $n_2=400\text{r/min}$，二班制工作。

解：

计算项目	计算依据及说明	计算结果
(1)确定设计功率、选择 V 带型号	查表 4－8，取 $K_A=1.2$，$P_d=K_AP=1.2\times4=4.8\ \text{kW}$ 由 n_1 和 P_d 查图 4－12，确定选 A 型 V 带。	选 A 型 V 带
(2)确定带轮直径、验算带速 v	查表 4－7（或图 4－12），A 型 V 带的 $d_{d\min}=80\text{mm}$，取 $d_{d_1}=100\ \text{mm}$。	$d_{d_1}=100\text{mm}$
	$d_{d_2}=\frac{n_1}{n_2}d_{d_1}=\frac{1440}{400}\times100=360(\text{mm})$，查表 4－4，取 $d_{d_2}=355\ \text{mm}$。	$d_{d_2}=355\text{mm}$
	设计要求带的传动比 $i=n_1/n_2=1440/400=3.60$，设计传动比为 $i'=d_2/d_1=355/100=3.55$，设计误差为 $\Delta i=(i-i')/i=(3.60-3.55)/3.60=1.38\%$，设计允许误差通常为±5%，故符合要求。	$i'=3.55$
	验算带速 $v=\frac{\pi d_{d_1}n_1}{60\times1000}=\frac{3.14\times100\times1440}{60\times1000}=7.54\ \text{m/s}$ 带速 v 在 5～25m/s 之间，合适。	$v=7.54\text{m/s}$
(3)确定中心距和带长；验算小带轮包角 α_1	按传动要求，初定中心距 $a_0=450\ \text{mm}$。 计算带长 $L_{d_0}=2a_0+\frac{\pi}{2}(d_{d_1}+d_{d_2})+\frac{(d_{d_2}-d_{d_1})2}{4a_0}$ $=2\times450+\frac{3.14}{2}(100+355)+\frac{(355-100)^2}{4\times450}$ $\approx1650\ \text{mm}$ 查表 4－2，取带的基准长度 $L_d=1600\text{mm}$。	$L_d=1600\text{mm}$
	实际中心距 a 为： $a=a_0+\frac{L_d-L_{d_0}}{2}=450+\frac{1600-1650}{2}=425\ \text{mm}$	$a=425\text{mm}$
	验算小带轮包角 α_1： $\alpha_1=180°-57.3°\times\frac{d_{d_2}-d_{d_1}}{a}=180°-57.3°\times\frac{355-100}{450}\approx148°$ $\alpha_1>120°$，说明设计中心距合适。	$\alpha_1=148°$
(4)确定 V 带根数 Z	根据 $d_{d1}=100\text{mm}$，$n_1=1440\text{r/min}$，查表 4－9 并按插分法计算得 $P_1=1.31\ \text{kW}$； 按 A 型带，传动比 $i>2.00$，$V=7.54\ \text{m/s}$，查表 4－10，按插分法得 $\triangle P_1=0.105\ \text{kW}$； 由表 4－11 $K_\alpha=0.91$；由表 4－2 $K_L=0.99$，带入式(4－17)： $[P_1]=(P_1+\triangle P_1)K_\alpha K_L=(1.31+0.105)\times0.91\times0.99=1.27\ \text{kW}$	$[P_1]=1.27\text{kW}$
	带入式(4－16)： $Z=\frac{P_d}{(P_1+\triangle P_1)K_\alpha K_L}=\frac{4.8}{1.27}=3.78$ 根 取 $Z=4$ 根<6 根（参阅表 4－6），合适。	$Z=4$ 根

（续表）

计算项目	计算依据及说明	计算结果
(5)计算初拉力 F_0	查表4－1，得$q=0.1$kg/m，连同其他条件代入式(4－18) $F_0=500\times\frac{(2.5-K_a)P_d}{K_aZv}+qv^2$ $=500\times\frac{(2.5-0.91)\times4.8}{0.91\times4\times7.54}+0.1\times7.54^2$ $=144.69$ N	$F_0=144.69$N
(6)计算对轴的压力 F_Q	按式(4－19)： $F_Q=2ZF_0\sin(\alpha_1/2)=2\times4\times144.69\times\sin(145°/2)=1103.95$ N	$F_Q=1103.95$N
(7)确定带轮结构型式、尺寸，画带轮零件工作图	小带轮、大带轮均采用铸铁HT150铸造成型。小带轮的$d_{d_1}=100$ mm，查表4－6，做成实心轮；大带轮的$d_{d_2}=355$ mm，做成六孔板轮，辐板厚度$S=18$ mm。轮缘及其他结构尺寸按表4－6、图4－5选取和计算(略)。 零件工作图(略。参阅图4－11)。	小带轮作成实心轮；大带轮作成六孔板轮

第四节　带传动的安装与维护

一　带传动的安装与张紧

(一)安装

V带在轮槽中应有正确的位置(图4－4)，带的顶面应与轮外缘相平，底面与槽底应有一定间隙，以保证两侧面接触良好。

安装时，两轮V形槽的对称平面应重合；两轮轴线应相互平行。轮槽不重合度、两轮轴线的不平行度均应在±20′范围内，以避免轮槽对带的不必要的磨损，如图4－13所示。

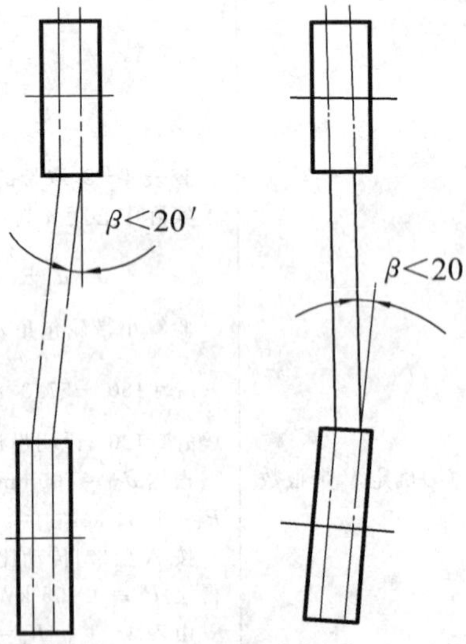

图4－13　带传动的正确安装位置

多根V带传动时，应选用配组代号相同的V带，以防止各带松紧不一致使受力不均。

安装V带时，应先将中心距缩小，将带套在带轮上后，再慢慢拉紧，不要硬撬。带的张紧程度应适当，以保证带传动所需的初拉力F_0。

初拉力F_0的测定：在V带与带轮切点的跨度中点，施加一规定的垂直带边的力G，如图4－14所示，如带在跨距长度每100mm上产生的挠度1.6mm，则认为传动带的张紧力合适。若挠度大，说明初拉力不够，需要继续张紧，直至达到规定为止。施加于跨度中点的垂直力G，由下式计算。

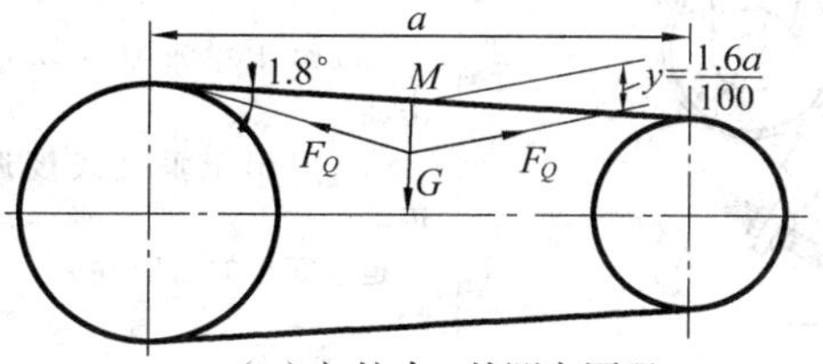

(a) 初拉力F_0的测定原理

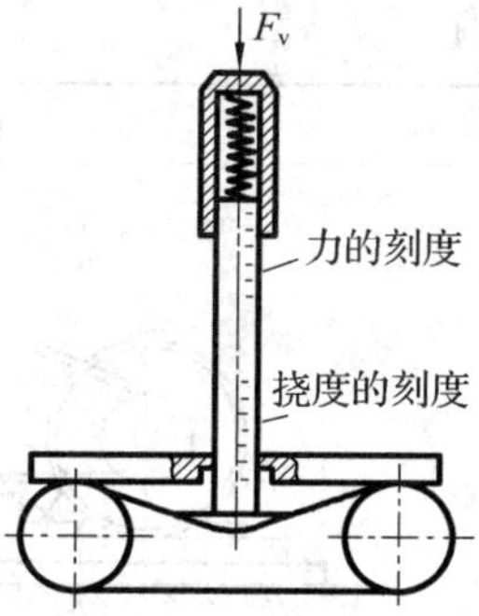

(b) 测量挠度

图 4－14 初拉力 F_0 的测定

新安装 V 带：$G=\frac{1.5F_0+\triangle F_0}{16}$

运转后 V 带：$G=\frac{1.3F_0+\triangle F_0}{16}$

最小极限值：$G_{min}=\frac{F_0+\triangle F_0}{16}$

不同带型初拉力的增长量见表 4－13。

表 4－13 初拉力的增长量 ΔF_0

带型	Y	Z	A	B	C	D	E
ΔF_0/N	6	10	15	20	29	59	108

(二)张紧

为得到适当的初拉力 F_0，带传动安装时需要张紧，常用的张紧方法如表 4－14。

1. 调整中心距 a

表 4－14 中图(a)、(b)所示，通过调整螺钉改变电动机的位置，以调整初拉力；图(c)所示，依靠电动机及摆架重量自动调整中心距以得到适当的初拉力；图(d)所示，依靠定子的反向转矩张紧皮带。

2. 采用张紧轮

当中心距不能调整时，可采用张紧轮定期将带张紧，如 4－14 中图(e)、(f)所示。安装张紧轮时：(1)应将张紧轮安装在松边的一侧；(2)对于平皮带，张紧轮安装在皮带的内侧(向外张紧)或外侧(向里张紧)影响不大，相应的应将张紧轮安装在靠近大轮或小轮的一端；(3)对于 V 带，为使带只受单方向的弯曲，应将张紧轮安装在皮带的内侧(向外张紧)，并且为了减少包角 α_1 的减小量，宜将张紧轮安装在靠近大带轮的一侧。

表 4—14　　　　　　　　　　　　　　　　　带的张紧方法

张紧方法		简　　图	特点和应
调节轴间距	定期张紧	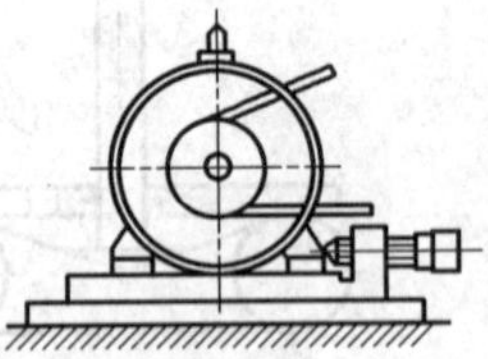 (a) 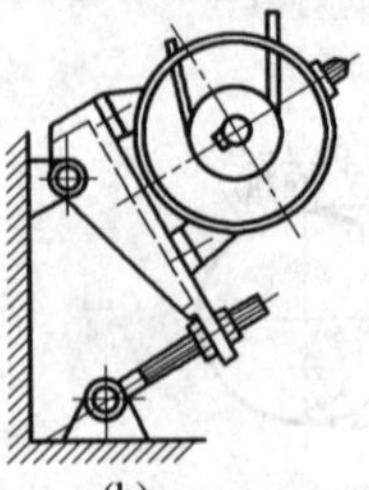 (b)	(a)多用于水平或接近水平的传动 (b)多用于垂直或接近垂直的传动 是最简单的通用方法
	自动张紧	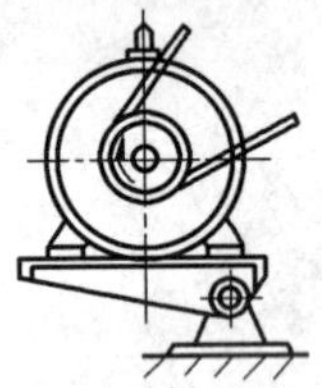 (c) 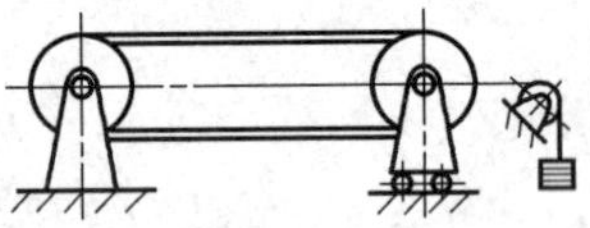 (d)	(c)是靠电动机的自重或定子的反力矩张紧，多用于小功率传动。应使电动机和带轮的转向有利于减轻配重或减小偏心距 (d)常用于带传动的试验装置
张紧轮		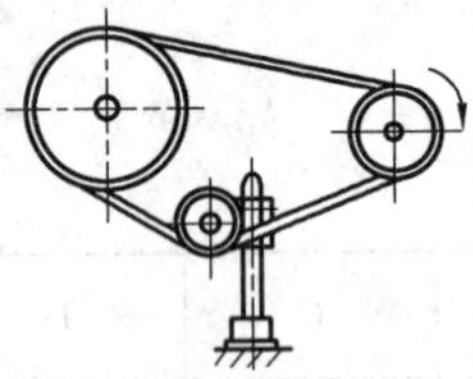 (e) 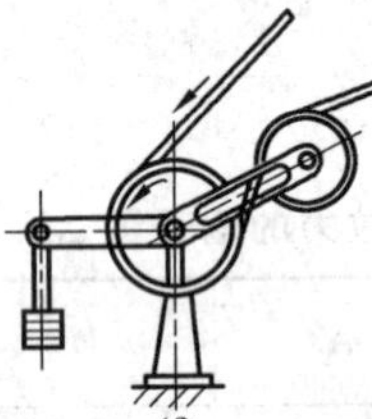 (f)	可任意调节预紧力的大小、增大包角，容易装卸；但影响带的寿命，不能逆转 张紧轮的直径 $d_z \geqslant (0.8 \sim 1) d_1$ 应安装在带的松边 (e)为定期张紧 (f)为自动张紧
改变带长		对有接头的平带，常采用定期截去带长，使带张紧，截去长度 $\Delta L = 0.01L$（L 为带长）	

二　使用与维护

为延长带的寿命，确保带传动正常运转，必须重视带传动的使用与维护。

(1)定期检查胶带，发现其中有一根松弛或损坏就应全部更换新带，避免新、旧带混用。

(2)胶带严禁与酸、碱、油等介质接触，工作温度不宜超过 60℃，避免日光直接暴晒。

(3)为确保人身和传动的安全，应在带传动上加防护罩。

思考题与练习题

思考题

4—1　带传动主要类型有哪些？它们各适用于何种场合？与平皮带相比普通 V 带传动的主要特点是什么？

4—2　什么是 V 带的节宽？什么是 V 带轮的基准宽度？什么是 V 带轮的基准直径？什么是 V 带的基准长度？

4—3　为什么带传动通常布置在机器的高速级？

4—4　带传动在什么情况下才会发生打滑？打滑通常发生在大带轮上还是小带轮上？

4－5　什么是带传动中的弹性滑动现象？何谓滑动率？带传动的弹性滑动和打滑各对带传动有何影响？

4－6　传动带的工作应力包含那几项内容？各有何特点？带的最大应力发生在哪里？其中对带的使用寿命影响最大的是哪一项？传动带上的总应力的变化呈现怎样的特点？

4－7　带传动的主要失效形式是什么？带传动的设计准则是什么？

4－8　设计带传动时，为什么提出设计功率问题？

4－9　设计带传动时，为什么对带轮的最小直径 $d_{d_1\min}$ 予以限制？

4－10　设计带传动时，为什么对带轮的传动比 i 予以限制？

4－11　设计带传动时，为什么通常限制带速 $5\leqslant V\leqslant 25\text{m/s}$、使带速不宜过高也不宜过低？

4－12　设计带传动时，为什么对中心距 a 的大小予以限制？初步确定中心距时怎样选取？

4－13　设计带传动时，为什么通常限制小带轮包角 $\alpha_1\leqslant 120°$？

4－14　设计带传动时，为什么对带的根数 Z 有一定的限制(参见表 4－6)？

4－15　设计带传动时，为什么对初拉力 F_0 的大小予以限制？

4－16　安装带传动时应注意什么？带传动为何要张紧？中心距不可调整时，张紧皮带应注意什么？更换带时应注意什么？

4－17　常用 V 带轮的选材有哪几种？各在什么条件下使用？

练习题

4－1　一普通 V 带传动传递功率为 $P=7.5\text{kW}$，带速 $v=10\text{m/s}$，紧边拉力是松边拉力的两倍，即 $F_1=2F_2$，试求紧边拉力、松边拉力和有效拉力。

4－2　已知一普通 V 带传动 $n_1=1450\text{r/min}$，$f_V=0.51$，包角 $\alpha_1=150°$，预紧力 $F_0=360\text{N}$，试求：①该带传动能传递的最大有效拉力 F_e 是多少？② 若带轮直径 $d_{d_1}=100\text{mm}$，该带传动能传递的最大转矩是多少？③若传动的效率是 0.95，弹性滑动忽略不计，从动轮的输出功率是多少？

4－3　一普通 V 带传动，已知带的型号为 A，两轮基准直径分别为 150mm 和 400mm，初定中心距 $a_0=450\text{mm}$，小带轮转速为 1460 r/min。试求：(1)小带轮包角；(2)选定带的基准长度 L_d；(3)不考虑带传动的弹性滑动时大带轮的转速；(4)滑动率 $\varepsilon=0.015$ 时大带轮的实际转速；(5)确定实际中心距 a。

4－4　题 4－3 中的普通 V 带传动用于电动机与物料磨粉机之间，作减速传动，每天工作 8 小时。已知电动机功率 $P=10\text{kW}$，转速 $n_1=1460$ r/min，试求所需 A 型带的根数。

4－5　一带式输送机采用 3 根 B 型普通 V 带传动。已知主动轮的转速 $n_1=980\text{r/min}$，基准直径 $d_{d_1}=160\text{mm}$，从动轮的基准直径 $d_{d_2}=355\text{mm}$，中心距 $a=720\text{mm}$，带的基准长度 $L_d=2240\text{mm}$，单班制工作，冲击载荷较小，试求该传动能传递的最大功率。

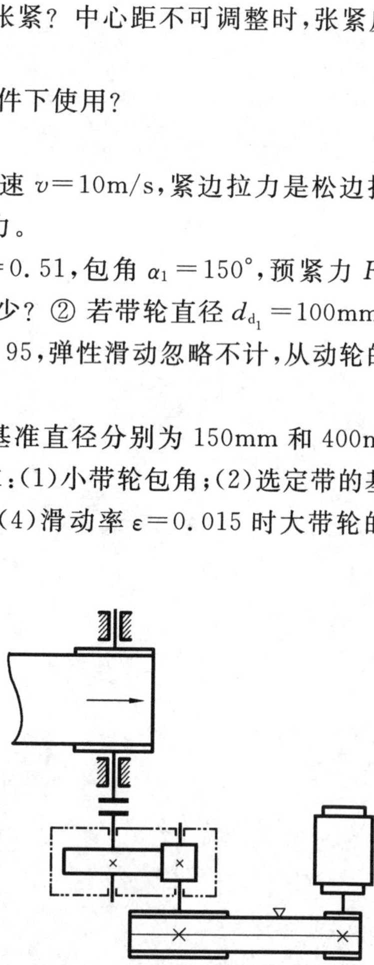
习题 4－5、习题 4－8 图

4－6　已知一普通 V 带传动，主动轮的 n_1＝1460r/min，基准直径 d_{d_1}＝180mm，从动轮为 n_2＝600r/min，中心距 a≈800mm，工作时有轻微冲击，每天工作 16h，采用 3 根 B 型普通 V 带，试求能传递的最大功率。若为使机构紧凑，改用 d_{d_1}＝125mm，中心距 a≈400mm，试问传动所能传递的功率比原来少了多少？

4－7　设计一破碎机用普通 V 带传动。已知电动机额定功率为 P＝5.5kW，转速 n_1＝1440r/min，从动轮为 n_2＝600r/min，允许误差±5%，两班制工作，希望中心距不超过 650mm。

4－8　有一带式输送机中的普通 V 带传动，电动机驱动，额定功率为 P＝7.5kW，转速 n_1＝1440r/min，从动轮为 n_2＝600r/min，工作时有轻度冲击，两班制工作，试设计此 V 带传动并计算和绘制带轮轮缘部分。

第五章　链传动

【学习要求】

(1)熟知滚子链的基本结构组成和主要参数；

(2)熟知链传动的运动特性；

(3)了解滚子链的失效形式，会进行链传动的设计；

(4)了解链传动的正确安装、张紧、使用与维护。

根据用途的不同，链分为传动链、起重链和牵引链。起重链用于起重机械中提升重物；牵引链用于链式输送机中移动重物；而传动链则用于传递运动和传递动力。

常用传动链的类型及应用见表5－1。

在链条的制造和应用中，传动用短节距精密滚子链(简称滚子链)占有最主要地位。

链传动与其他传动类型相比，主要有以下特点：

链传动是具有中间挠性件的啮合传动，兼有带传动和齿轮传动的特点。与带传动相比，无弹性滑动和打滑现象，能保证准确的平均传动比，传动效率较高，结构紧凑，传递功率大，需要的张紧力较小。与齿轮传动相比，结构简单，加工成本低，安装精度要求低，适用于较大中心距的传动，还能适应高温、多尘、油污等恶劣的工作环境。

表5－1　常用传动链的类型、结构特点和应用

种　类	简　图	结构和特点	应　用
传动用短节距精密滚子链(简称滚子链)	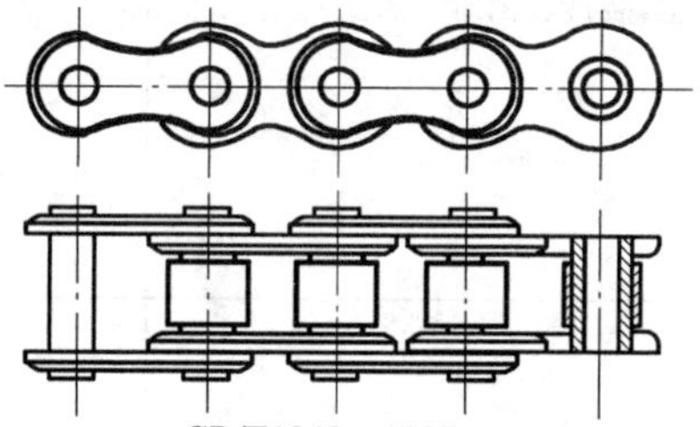 GB/T1243—1997	由外链节和内链节铰接而成。销轴和外链板、套筒和内链板为静配合；销轴和套筒为动配合；滚子空套在套筒上可以自动转动，以减少啮合时的摩擦和磨损，并可以缓和冲击	动力传动
双节距滚子链	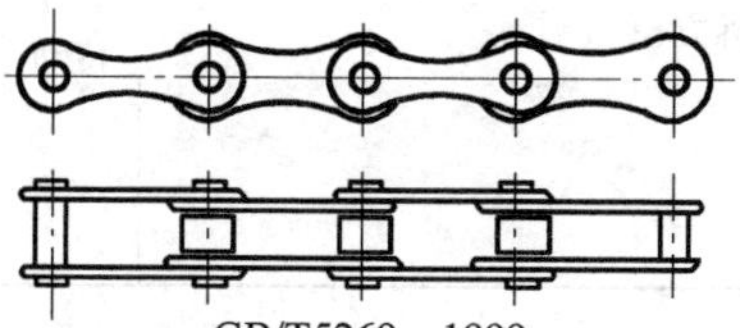 GB/T5269—1999	除链板节距为滚子链的两倍外，其他尺寸与滚子链相同，链条重量减轻	中小载荷、中低速和中心距较大的传动装置，亦可用于输送装置

（续表）

种 类	简 图	结构和特点	应 用
传动用短节距精密套筒链（简称套筒链）	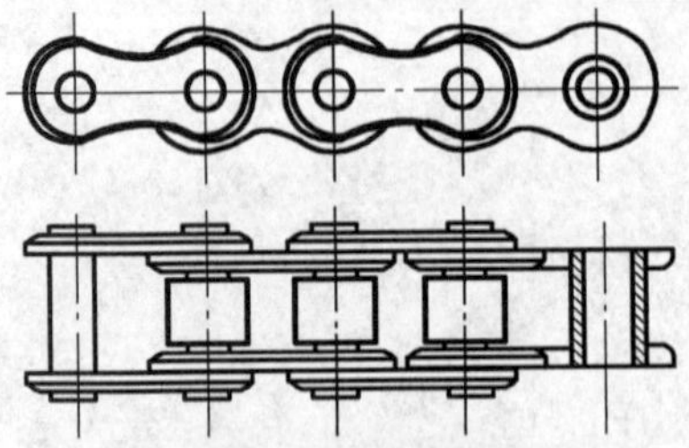 GB/T6076—1985	除无滚子外，结构和尺寸同滚子链。重量轻、成本低，并可提高节距精度 为提高承载能力，可利用原滚子的空间加大销轴和套筒尺寸，增大承压面积	不经常传动，中低速传动或起重装置（如配重、铲车起升装置）等
弯板滚子传动链（简称弯板链）	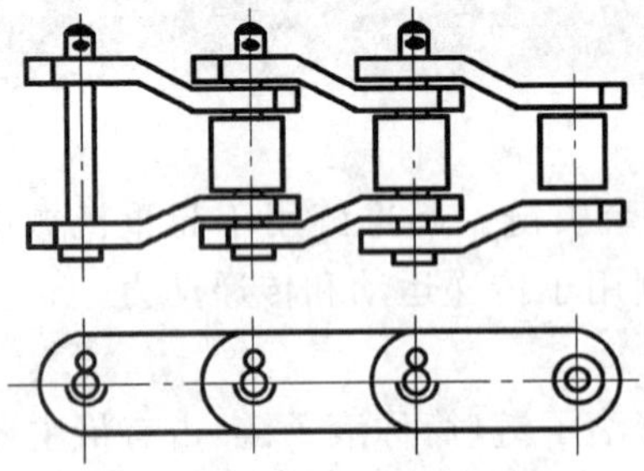	无内外链节之分，磨损后链节节距仍较均匀。弯板使链条的弹性增加，抗冲击性能好。销轴、套筒和链板间的间隙较大，对链轮共面性要求较低。销轴拆装容易，便于维修和调整松边下垂量	低速或极低速、载荷大、有尘土的开式传动和两轮不易共面处，如挖掘机等工程机械的行走机构、石油机械等
齿形传动链（又名无声链）	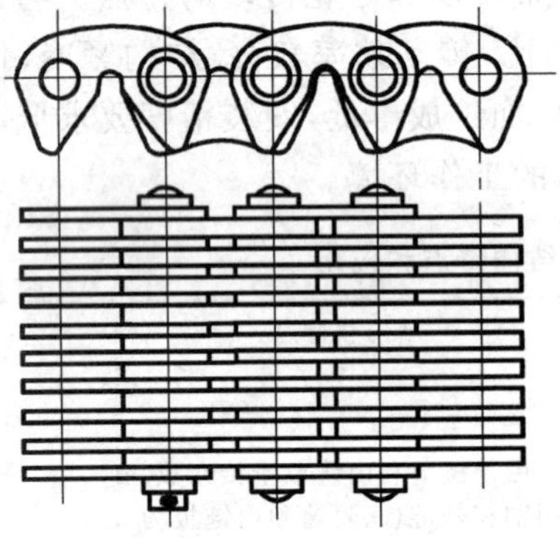 GB/T10855—1989	由多个齿形链片并列铰接而成。链片的齿形部分和链轮啮合，有共轭啮合和非共轭啮合两种。传动平稳准确，振动、噪声小，强度高，工作可靠；但重量较重，装拆较困难	高速或运动精度要求较高的传动，如机床主传动、发动机正时传动、石油机械以及重要的操纵机构等
成型链	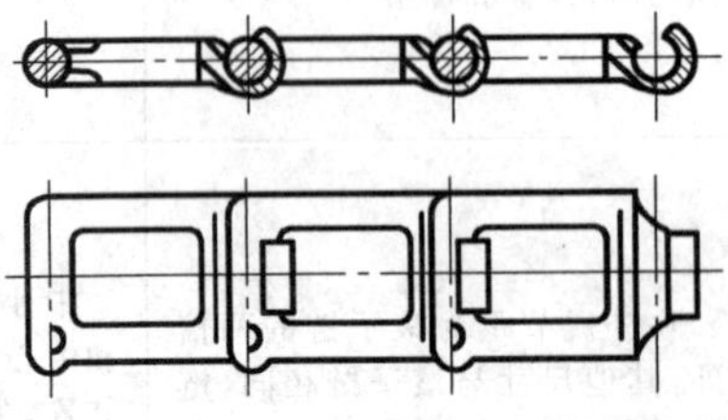	链节由可锻铸铁或钢制造，装拆方便	用于农业机械和链速在 3m/s 以下的传动

第一节 滚子链传动

一 滚子链传动的组成

滚子链传动由主动链轮 1、从动链轮 2 和绕在链轮上的链条 3 及机架组成。工作时，通过链条与链轮轮齿来传递运动和动力，如图 5－1 所示。

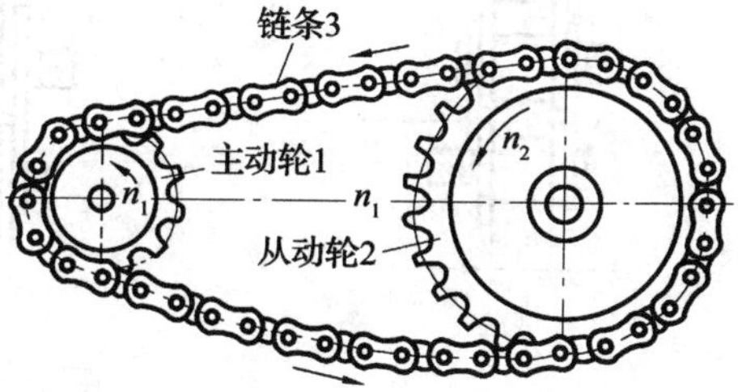

图 5－1 滚子链传动

二 滚子链和链轮

(一)滚子链的结构和参数

滚子链是由外链板、内链板、销轴、套筒及滚子组成，如图 5－2 所示。套筒与内链板、销轴与外链板分别为过盈配合，而套筒与销轴之间、套筒与滚子之间为间隙配合。当链条弯屈、伸直时，(内链板连同)套筒与(外链板连同)销轴之间发生相对转动。当链条与链轮啮合时，滚子沿链轮齿滚入，减轻了链与轮齿间的摩擦磨损。链板制成“8”字形，保证了各截面强度近于相等，同时用以减轻链条的重量及运动时的惯性。

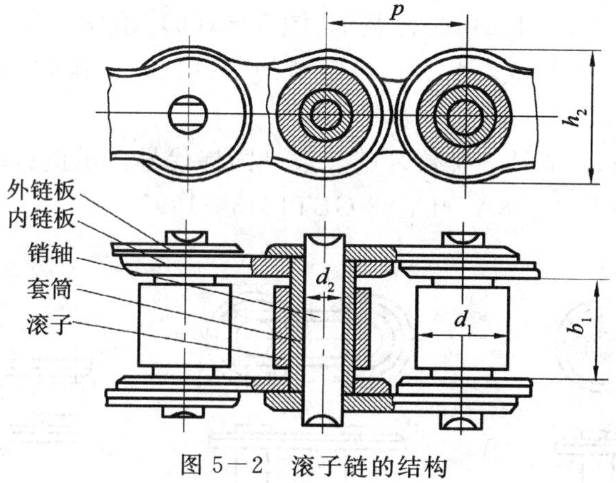

图 5－2 滚子链的结构

当传递较大功率时，可采用多排链，如图 5－3。多排链由几排普通单排链用销轴联接而成，其承载能力与排数接近成正比，但因较难保证链的制造和装配精度，受载不易均匀，所以双排以下用得较多，四排以上用得较少。

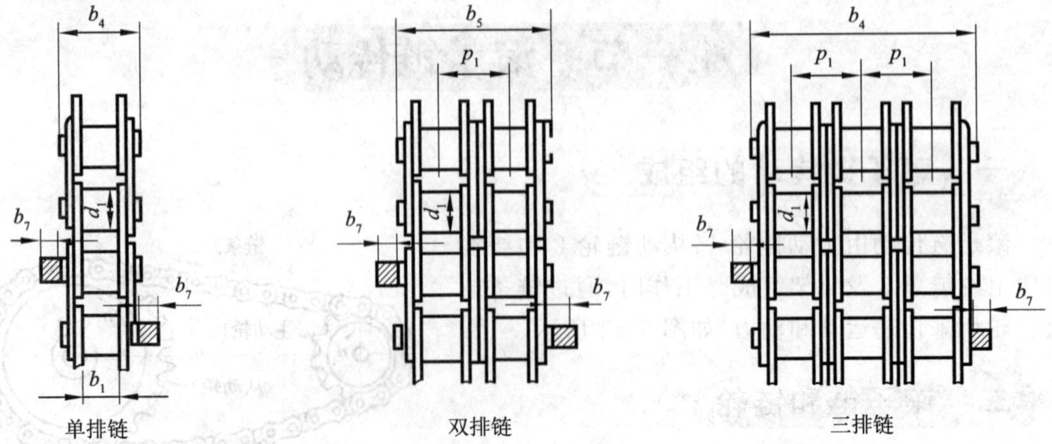

图 5－3　单排链和常用多排链

滚子链已经标准化，滚子链的各参数、尺寸见表 5－2 和图 5－2。链条上相邻两销轴中心的距离 p 叫节距，它是链条的主要参数，链节距越大，链的各部分尺寸也越大，承载能力也越强。表 5－2 中链号是以英制表示的节距，以 lin/16 为一个单位；节距 p 是我国换算出的米制单位，链号与节距的关系是：p＝链号×25.4/16 mm。表中链号的后缀有 A、B 两种，A 系列源于美国，流行于世界；B 系列源于英国，流行于欧洲。在我国两个系列均生产和使用，A 系列供设计和出口用，B 系列供维修用。

链条的长度用链节数表示，链节数一般取为偶数，这样构成环状时，内、外链板正好相接，接头处要用开口销[图 5－4(a)]或弹簧卡[图 5－4(b)]锁住。当链节数为奇数时，需用过渡链节[图 5－4(c)]才能构成环状。过渡链节的弯链板在工作时，会受到附加弯曲应力，故应尽量避免使用。

滚子链的标记方法为：链号—排数×链节数　国标代号。示例：A 系列，节距 12.7mm，单排，88 节的滚子链，标记为：08A—1×88 GBT1243—1997。

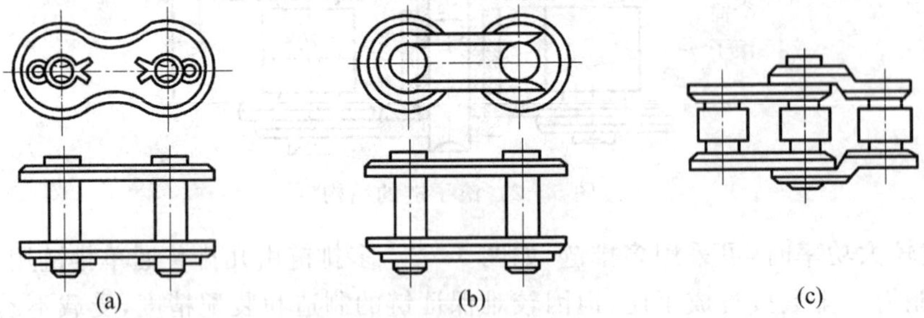

图 5－4　链条的接头形式

表 5－2　　链条主要尺寸、测量力和抗拉载荷(摘自 GB/T1243—1997)

ISO 链号	节距 p	滚子直径 d_1 max	内链节内宽 b_1 min	销轴直径 d_2 max	套筒孔径 d_3 min	链条通道高度 h_1 min	内链板高度 h_2 max	外或中链板高度 h_3 max	过渡链节尺寸① l_1 min	l_2 min	c	排距 p_t
	mm											
05B	8	5	3	2.31	2.36	7.37	7.11	7.11	3.71	3.71	0.08	5.64
06B	9.525	6.35	5.72	3.28	3.33	8.52	8.26	8.26	4.32	4.32	0.08	10.24
08A	12.7	7.92	7.85	3.98	4	12.33	12.07	10.41	5.28	6.1	0.08	14.38
08B	12.7	8.51	7.75	4.45	4.5	12.07	11.81	10.92	5.66	6.12	0.08	13.92
081	12.7	7.75	3.3	3.66	3.71	10.17	9.91	9.91	5.36	5.36	0.08	—
083	12.7	7.75	4.88	4.09	4.14	10.56	10.3	10.3	5.36	5.36	0.08	—
084	12.7	7.75	4.88	4.09	4.14	11.41	11.15	11.15	5.77	5.77	0.08	—
085	12.7	7.77	6.25	3.58	3.63	10.17	9.91	9.91	5.28	6.1	0.08	—
10A	15.875	10.16	9.4	5.09	5.12	15.35	15.09	13.03	6.6	7.62	0.1	18.11
10B	15.875	10.16	9.65	5.08	5.13	14.99	14.73	13.72	7.11	7.62	0.1	16.59
12A	19.05	11.91	12.57	5.96	5.98	18.34	18.08	15.62	7.9	9.14	0.1	22.78
12B	19.05	12.07	11.68	5.72	5.77	16.39	16.13	16.13	8.33	8.33	0.1	19.46
16A	25.4	15.88	15.75	7.94	7.96	24.39	24.13	20.83	10.54	12.19	0.13	29.29
16B	25.4	15.88	17.02	8.28	8.33	21.34	21.08	24.08	11.15	11.15	0.13	31.88
20A	31.75	19.05	18.9	9.54	9.56	30.48	31.18	26.04	13.16	15.24	0.15	35.76
20B	31.75	19.05	19.56	10.19	10.24	26.68	26.42	26.42	13.89	13.89	0.15	36.45
24A	38.1	22.23	25.22	11.11	11.14	36.55	36.2	31.24	15.8	18.26	0.18	45.44
24B	38.1	25.4	25.4	14.63	14.68	33.73	33.4	33.4	17.55	17.55	0.18	48.36
28A	44.45	25.4	25.22	12.71	12.74	42.67	42.24	36.45	18.42	21.31	0.2	48.87
28B	44.45	27.94	30.99	15.9	15.95	37.46	37.08	37.08	19.51	19.51	0.2	59.56
32A	50.8	28.58	31.55	14.29	14.31	48.74	48.26	41.66	21.03	24.33	0.2	58.55
32B	50.8	29.21	30.99	17.81	17.86	42.72	42.29	42.29	22.2	22.2	0.2	58.55
36A	57.15	35.71	35.48	17.46	17.49	54.86	54.31	46.86	23.65	27.36	0.2	65.84
40A	63.5	39.68	37.85	19.85	19.87	60.93	60.33	52.07	26.24	30.35	0.2	71.55
40B	63.5	39.37	38.1	22.89	22.94	53.49	52.96	52.96	27.76	27.76	0.2	72.29
48A	76.2	47.63	47.35	23.81	23.84	73.13	72.39	62.48	31.45	36.4	0.2	87.83
48B	76.2	48.26	45.72	29.24	29.29	64.52	63.88	63.88	33.45	33.45	0.2	91.21
56B	88.9	53.98	53.34	34.32	34.37	78.64	77.85	77.85	40.61	40.61	0.2	106.6
64B	101.6	63.5	60.96	39.4	39.45	91.08	90.17	90.17	47.07	47.07	0.2	119.89
72B	114.3	72.39	68.58	44.48	44.53	104.67	103.63	103.63	53.37	53.37	0.2	136.27

ISO 链号	内链节外宽 b_2 max	外链节内宽 b_3 min	销轴全宽 单排 b_4 max	双排 b_5 max	三排 b_6 max	止锁件附加宽度② b_7 max	测量力 单排	双排	三排	抗拉载荷 单排 min	双排 min	三排 min
	mm						N			kN		
05B	4.77	4.9	8.6	14.3	19.9	3.1	50	100	150	4.4	7.8	11.1
06B	8.53	8.66	13.5	23.8	34	3.3	70	140	210	8.9	16.9	24.9
08A	11.18	11.23	17.8	32.3	46.7	3.9	120	250	370	13.8	27.6	41.4
08B	11.3	11.43	17	31	44.9	3.9	120	250	370	17.8	31.1	44.5
081	5.8	5.93	10.2	—	—	1.5	125	—	—	8	—	—
083	7.9	8.03	12.9	—	—	1.5	125	—	—	11.6	—	—
084	8.8	8.93	14.8	—	—	1.5	125	—	—	15.6	—	—
085	9.07	9.2	14	—	—	2	125	—	—	6.7	—	—
10A	13.84	13.89	21.8	39.9	57.9	4.1	200	390	590	21.8	43.6	65.4
10B	13.28	13.41	19.6	36.2	52.8	4.1	200	390	590	22.2	44.5	66.7
12A	17.75	17.81	26.9	49.8	72.6	4.6	280	560	840	31.1	62.3	93.4
12B	15.62	15.75	22.7	42.2	61.7	4.6	280	560	840	28.9	57.8	86.7
16A	22.61	22.66	33.5	62.7	91.9	5.4	500	1000	1490	55.6	111.2	166.8

（续表）

ISO链号	内链节外宽 b_2 max	外链节内宽 b_3 min	销轴全宽 单排 b_4 max	销轴全宽 双排 b_5 max	销轴全宽 三排 b_6 max	止锁件附加宽度②b_7 max	测量力 单排	测量力 双排	测量力 三排	抗拉载荷 单排 min	抗拉载荷 双排 min	抗拉载荷 三排 min
	mm						N			kN		
16B	25.45	25.58	36.1	68	99.9	5.4	500	1000	1490	60	106	160
20A	27.46	27.51	41.1	77	113	6.1	780	1560	2340	86.7	173.5	260.2
20B	29.01	29.14	43.2	79.7	116.1	6.1	780	1560	2340	95	170	250
24A	35.46	35.51	50.8	96.3	141.7	6.6	1110	2220	3340	124.6	249.1	373.7
24B	37.92	38.05	53.4	101.8	150.2	6.6	1110	2220	3340	160	280	425
28A	37.19	37.24	54.9	103.6	152.4	7.4	1510	3020	4540	169	338.1	507.1
28B	46.58	46.71	65.1	124.7	184.3	7.4	1510	3020	4540	200	360	530
32A	45.21	45.26	65.5	124.2	182.9	7.9	2000	4000	6010	222.4	444.8	667.2
32B	45.57	45.7	67.4	126	184.5	7.9	2000	4000	6010	250	450	670
36A	50.85	50.98	73.9	140	206	9.1	2670	5340	8010	280.2	560.5	840.7
40A	54.89	54.94	80.3	151.9	223.5	10.2	3110	6230	9340	347	693.9	1040.9
40B	55.75	55.88	82.6	154.9	227.2	10.2	3110	6230	9340	355	630	950
48A	67.82	67.87	95.5	183.4	271.3	10.5	4450	8900	13340	500.4	1000.8	1501.3
48B	70.56	70.69	99.1	190.4	281.6	10.5	4450	8900	13340	560	1000	1500
56B	81.33	81.46	114.6	221.2	—	11.7	6090	12190	—	850	1600	2240
64B	92.02	92.15	130.9	250.8	—	13	7960	15920	—	1120	2000	3000
72B	103.81	103.94	147.4	283.7	—	14.3	10100	20190	—	1400	2500	3750

注：①对繁重的工况不推荐使用过渡链节。

②实际尺寸取决于止锁件的型式。但不得超过所给尺寸，详细资料应从链条制造厂得到。

（二）链轮齿形、结构和材料

1. 链轮的齿形

链轮的齿形应保证链轮与链条接触良好，受力均匀；链条能顺利进入和退出与轮齿的啮合。

滚子链与链轮的啮合属于非共轭啮合，国家标准没有规定具体的链轮齿形，仅规定了最大齿槽和最小齿槽的形状及其极限参数，见表5－3（详见GB/T1243—1997），凡在两极限齿槽形状之间的各标准齿形均可采用。

表5－3　最大和最小齿槽形状（摘自GB/T1243－1997）

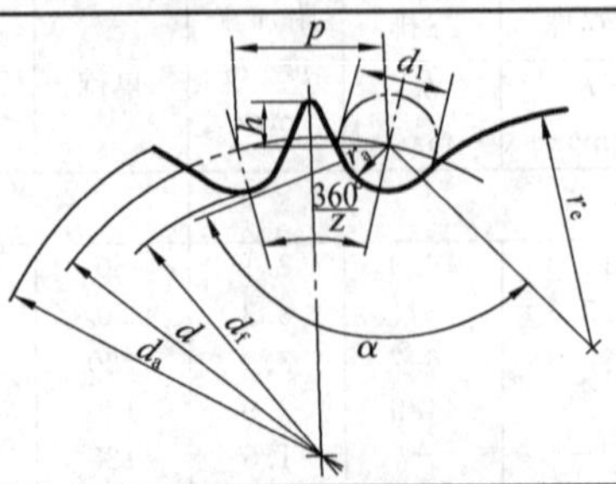

名称	代号	计算公式 最大齿槽形状	计算公式 最小齿槽形状
齿面圆弧半径/mm	r_e	$r_{emin}=0.008d_1(z^2+180)$	$r_{emax}=0.12d_1(z+2)$
齿沟圆弧半径/mm	r_a	$r_{imax}=0.505d_1+0.069\sqrt[3]{d_1}$	$r_{amin}=0.505d_1$
齿沟角(°)	α	$\alpha_{min}=120°-\dfrac{90°}{z}$	$\alpha_{max}=140°-\dfrac{90°}{z}$

推荐采用“三圆弧一直线”齿廓，其参数和几何尺寸见表 5—4，这种齿形与滚子啮合时接触应力较小，作用角随齿数增加而增大，性能较好，缺点是切齿滚刀制造较麻烦。

表 5—4 三弧一直线齿形

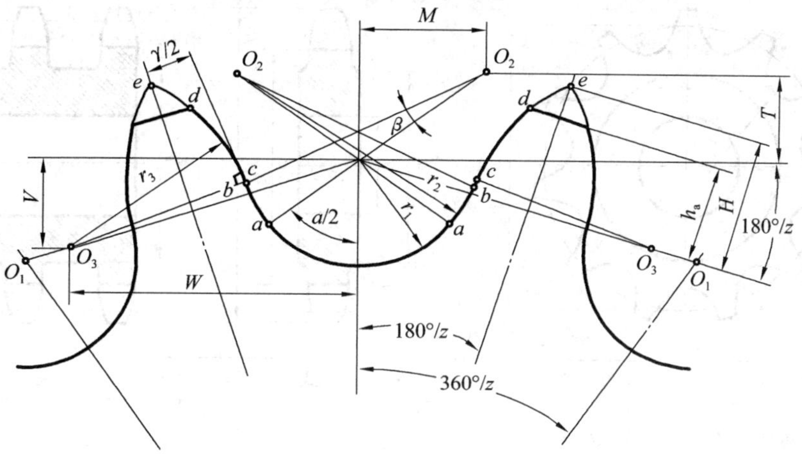

mm

名　　称	符号	计 算 公 式
齿沟圆弧半径	r_1	$r_1=0.5025d_r+0.05$
齿沟半角/°	$\frac{\alpha}{2}$	$\frac{\alpha}{2}=55°-\frac{60°}{z}$
工件段圆弧中心 O_2 的坐标	M	$M=0.8d_r\sin\frac{\alpha}{2}$
	T	$T=0.8d_r\cos\frac{\alpha}{2}$
工件段圆弧半径	r_2	$r_2=1.3025d_r+0.05$
工件段圆弧中心角/°	β	$\beta=18°-\frac{56°}{z}$
齿顶圆弧中心 O_3 的坐标	W	$W=1.6d_1\cos\frac{180°}{z}$
	V	$V=1.6d_r\sin\frac{180°}{z}$
齿形半角	$\frac{\gamma}{2}$	$\frac{\gamma}{2}=17°-\frac{64°}{z}$
齿顶圆弧半径	r_3	$r_3=d_1(1.3\cos+\frac{\gamma}{2}+0.8\cos\beta-1.3025)-0.05$
工作段直线部分长度	b_c	$b_c=d_1(1.3\sin\frac{\gamma}{2}-0.8\sin\beta)$
e 点至齿沟圆弧中心连线的距离	H	$H=\sqrt{r_3^2-(1.3d_r-\frac{p_0}{2})^2}$、$p_0=p(1+\frac{2r_1-d_r}{d})$

注：齿沟圆弧半径 r_1 允许比表中公式计算的大 $0.0015d_1+0.06$mm。

2. 滚子链轮的基本参数和主要尺寸，见表 5—5。

当采用 GB/T1243—1997 附录规定的刀具进行加工时，可不画端面齿形，但需注明“齿形按 GB/T1243—1997 附录 B 规定的刀具切制”。

链轮的轴向齿廓采用圆弧状，如表 5—6，以使链节进入和退出啮合比较方便。在零件工作图中需绘制链轮的轴向齿廓，并需注明节距 p、齿数 z、分度圆直径 d、齿顶圆直径 d_a、齿根

圆直径 d_f 及齿侧凸缘直径 d_g 等链轮轴向齿廓尺寸，如图 5—5 所示。

表 5—5　**链轮的基本参数和主要尺寸**

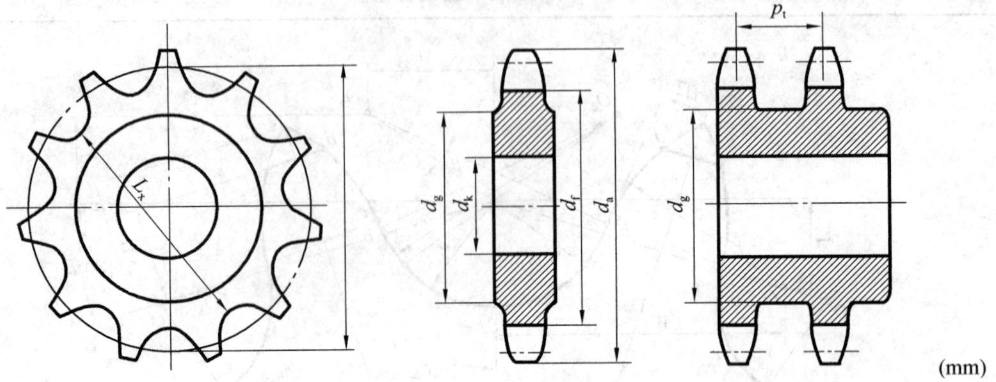

(mm)

名　称		符号	计　算　公　式	说　　明
主要尺寸	分度圆直径	d	$d=\dfrac{p}{\sin\dfrac{180^\circ}{z}}$	
	齿顶圆直径	d_a	$d_{amax}=d+1.25p-d_1$ $d_{amin}=d+(1-\dfrac{1.6}{z})p-d_1$ 若为三圆弧一直线齿形，则 $d_a=p(0.54+\cot\dfrac{180^\circ}{z})$	要在 d_{amax} 与 d_{amin} 范围内选取，但当选用 d_{amax} 时，应注意用展成法加工时有可能发生顶切
	齿根圆直径	d_f	d_f-d-d	
	分度圆弦齿高	h_a	$h_{amax}=(0.625+\dfrac{0.8}{z})p-0.5d_1$ $h_{amin}=0.5(p-d_1)$ 若为三圆弧一直线齿形，则 $h_a=0.27p$	h_a 是为简化放大齿形图的绘制而引入的铺助尺寸，h_{amax} 相应于 d_{amax}，h_{amin} 相应于 d_{amin}
	最大齿根距离	L_x	奇数齿　$L_x=d\cos\dfrac{90^\circ}{z}-d_r$ 偶数齿　$Lx=d_f=d-d_r$	
	齿侧凸缘（或排间槽）直径	d_g	$d_g<p\cot\dfrac{180^\circ}{z}-1.04h-0.76$	h—内链板高度

注：d_a、d_g 计算值舍小数取整数，其他尺寸精确到 0.01mm。

表 5—6　**链轮的轴向齿廓**

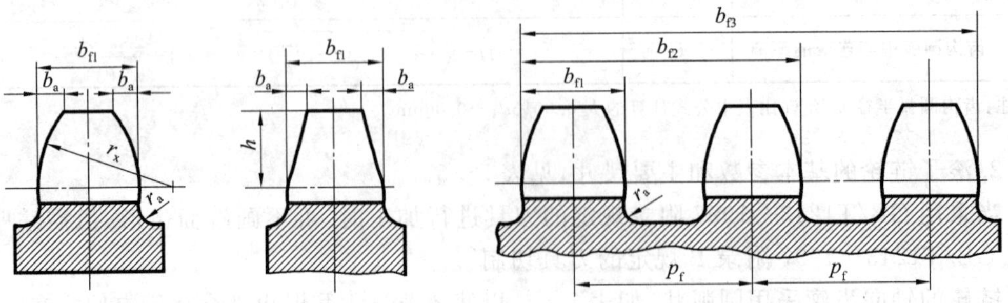

(mm)

（续表）

名称		符号	计算公式		备注
			$p\leqslant12.7$	$p>12.7$	
齿宽	单排 双排、三排	b_{f1}	$0.93b_1$ $0.91b_1$	$0.95b_1$ $0.93b_1$	$p>12.7$ 时，经制造厂同意，亦可使用 $p\leqslant12.7$ 时的齿宽，b_1 是内链节内宽
齿侧倒角		b_a	$b_{a公称}=0.06p$		适用于 081、083、084 规格链条
			$b_{a公称}=0.13p$		适用于其余 A 或 B 系列链条
齿侧半径		r_x	$r_{x公称}=p$		
齿全宽		b_{fm}	$b_{fm}=(m-1)p_t+b_{f1}$		m—排数

注：一般用途的滚子链链轮，其轮齿经机械加工后，其齿面粗糙度 Ra 为 $6.3\mu m$。

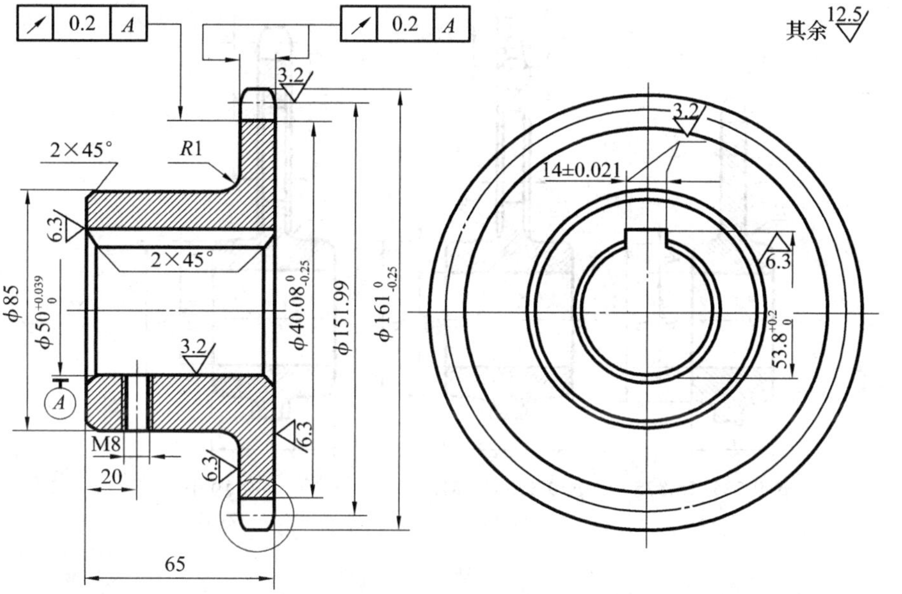

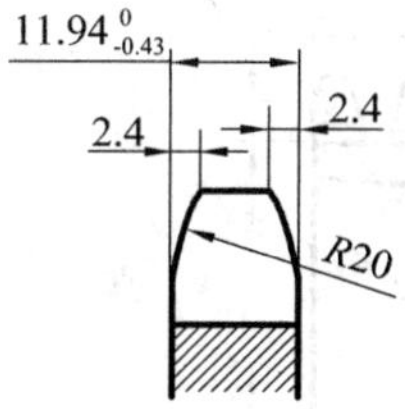

技术条件

齿面热处理硬度

45~50HRC

材料45钢

节距	p	19.05
滚子直径	d_r	11.91
齿数	z	25
量柱测量距	M_R	163.6-8.25
量柱直径	d_R	11.61+8.01
齿形		按GB/T1243—1997附录B规定的刀具切制

图 5—5 链轮工作图

3. 链轮的结构

链轮的结构由轮毂、轮辐、轮缘三部分组成。可根据链轮直径大小分别采用如图 5—6(a)(小尺寸)、图 5—6(b)(中等尺寸)、图 5—6(c)(大尺寸)所示的结构型式。

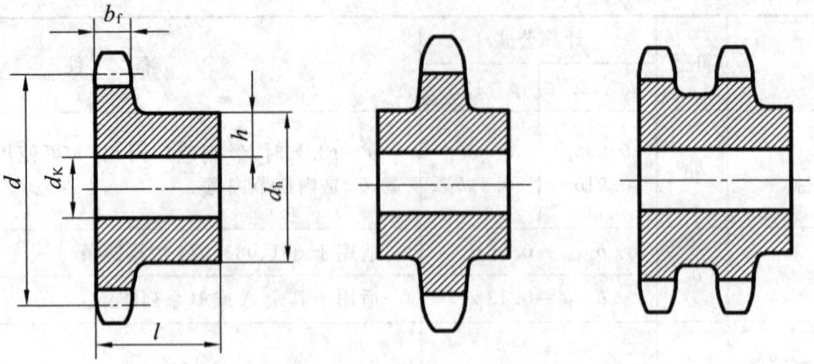
b_f
d
d_K
h
d_h
l

(a)

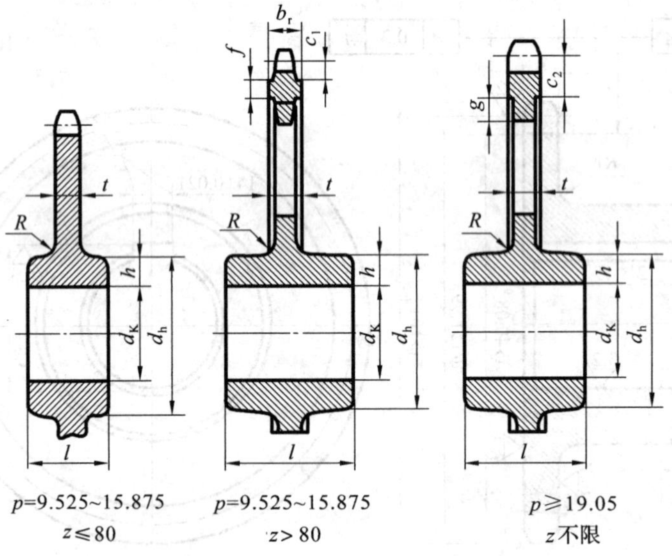
b_f
c_1
f
c_2
g
t
R
h
d_K
d_h
l
p=9.525~15.875
z≤80
p=9.525~15.875
z>80
p≥19.05
z不限

(b)

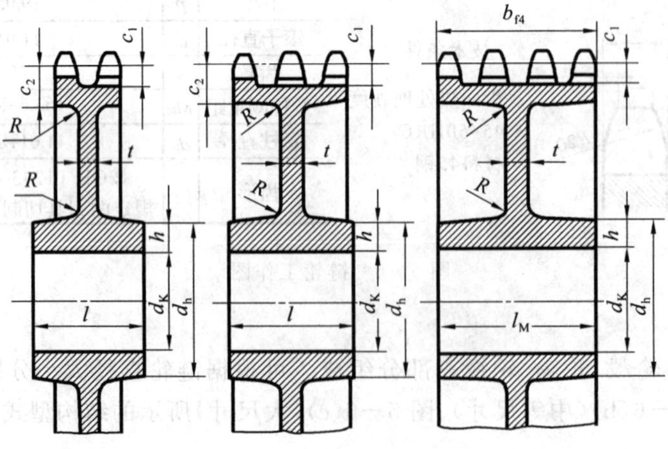
b_{f4}
c_1
c_2
R
t
h
d_K
d_h
l
l_M

(c)

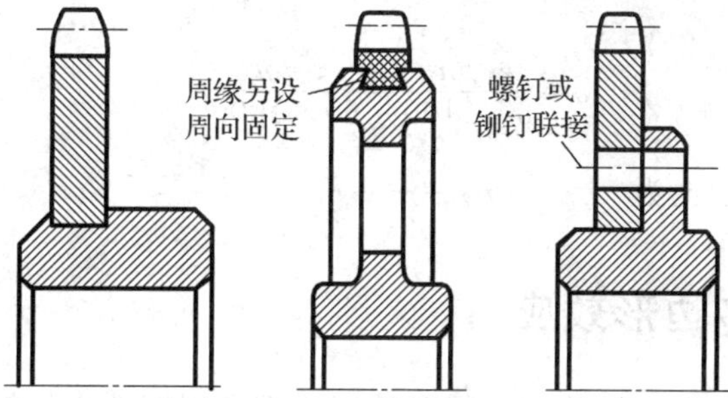

(d)装配式结构

图 5－6 链轮结构图

中等尺寸链轮除按图 5－6 中(b)、(c)可制作成整体式结构外,还可作成图 5－6(d)的装配式结构。

大型链轮除按图 5－6(b)、(c)外,可制作成轮辐式结构,椭圆形或十字形轮辐,其结构可参阅铸造齿轮。

* 以上各图相关尺寸查阅设计手册或有关资料。

4. 链轮的材料

链轮材料应保证链轮有足够的强度和良好的耐腐蚀性,参见表 5－7。

表 5－7 链轮的常用材料

材 料	热处理	齿面硬度	应用范围
15、20	渗碳、淬火、回火	50～60HRC	$z\leqslant25$ 有冲击载荷的链轮
35	正火	160～200HBS	$z>25$ 的主、从动链轮
45、50、45Mn、ZG310－570	淬火、回火	40～50HRC	无剧烈冲击振动和要求耐磨损的主、从动链轮
15Cr、20Cr	渗碳、淬火、回火	55～60HRC	$z<30$ 传递较大功率的重要链轮
40Cr、35SiMn、35CrMo	淬火、回火	40～50HRC	要求强度较高和耐磨损的重要链轮
Q235、Q275	焊接后退火	≈140HBS	中低速、功率不大的较大链轮
不低于 HT200 的灰铸铁	淬火、回火	260～280HBS	$z>50$ 的从动链轮以及外形复杂或强度要求一般的链轮
夹布胶木			$P<6$kW,速度较高,要求传动平稳、噪声小的链轮

第二节 链传动的运动特性

一 链传动的平均速度和平均传动比

链条是挠性体,而每一链节则是刚性体,将链条绕在链轮上则形成一多边形,如图 5－7 所示:多边形的边长即是链条的节距 p,边数即是链轮的齿数 z。当链轮转过一周时,相应的链条转过的长度则为 zp;设两链轮的齿数分别为 z_1、z_2,两链轮的转速分别为 n_1、n_2,则链条的平均速度可表示为：

$$v=\frac{z_1 p n_1}{60\times 100}=\frac{z_2 p n_2}{60\times 1000} \tag{5-1}$$

故，链传动的平均传动比为

$$i_{12}=\frac{n_1}{n_2}=\frac{z_2}{z_1} \tag{5-2}$$

二 链传动的多边形效应

事实上，链条的瞬时速度和链传动的瞬时传动比都是周期性变化的。

为便于运动分析，假设将链条紧边置于水平位置，如图 5－7 所示。图中的 A 点为链条在主动轮上的某任意位置，在 A 点处，链轮的速度 $v_1=r_1\omega_1$；链条上的 A 点的水平速度(即链速)为 v_{x1}，垂直方向上的分速度 v_{y1}，它们分别为：

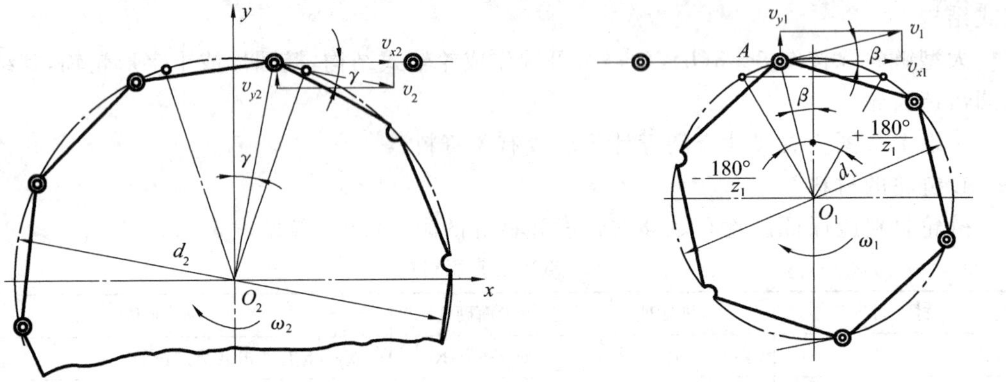

图 5－7 链传动的运动分析

$$\begin{cases} v_{x1}=v_1\cos\beta=r_1\omega_1\cos\beta \\ v_{y1}=v_1\sin\beta=r_1\omega_1\sin\beta \end{cases} \tag{5-3}$$

式中：r_1——主动链轮的节圆半径；

ω_1——主动链轮的角速度；

β——过链轮中心 O_1 的铅垂线与 O_1A 线之间的夹角；链轮 1 有 z_1 个齿，所以 β 角的变化范围为：$0°\sim\pm 360°/2z_1=\pm 180°/z_1$。

因此，链速 $v_{x1}=v_1\cos\beta=r_1\omega_1\cos\beta$ 相应地亦做周期性的变化：

当 $\beta=\pm 180°/z_1$ 时，链速 v_{x1} 最小，$v_{x1\min}=\pm r_1\omega_1\cos\frac{180°}{z_1}$；当 $\beta=0$ 时，链速 v_{x1} 最大，$v_{x1\max}=v_1\cos\beta$。由此可知，即使 ω_1 为常数，链速 v_{x1} 仍然作周期性的忽快忽慢的变化。

链速 v_{x1} 的变化引起冲击，产生附加动载荷，使传动不平稳。同时，链速 v_{x1} 的变化，引起从动链轮的角速度 ω_2 及链传动的瞬时传动比 $i_{12}=\omega_1/\omega_2$ 也随之作周期性变化。

同理，垂直分速度 $v_{y1}=v_1\sin\beta=r_1\omega_1\sin\beta$ 也作周期性变化，引起链条的上下抖动。

链传动的这种运动不均匀性(包含 v_{x1}、v_{y1}、ω_2、i_{12} 等项)，称为多边形效应。

由式(5－3)可以看出，链轮齿数 z_1 越少，链的节距 p 越大；链轮转速 n_1 越高；多边形效应就越显著。因此，链传动不宜用于有运动平稳性要求和转速高的场合。

如选用适当多的小链轮齿数 z_1，较小的链节距 p，或者把链传动布置在传动系统的低速级，则可减弱多边形效应的影响，从而可提高链传动的平稳性。

第三节 链传动的设计

一 链传动的受力、失效和许用功率

（一）链传动的受力（参见图 5—1 滚子链传动）

链传动在工作时其紧边受力为：$F_1=F_t+F_c+F_f$ （5—4）

松边受力为：$F_2=F_c+F_f$ （5—5）

式中：F_t——有效圆周力，$F_t=1000P/v$ N，其中 P——传递功率 kW；v——链速 m/s；

F_c——离心拉力，$F_c=qv^2$ N，其中 q——单排链的每米质量 kg/m；当 $v\leqslant 7$m/s 时忽略不计；

F_f——悬垂拉力，由链的自重产生，可近似取 $F_f=0.1F_t$。

（二）链传动的失效形式

由于链条的结构比链轮复杂，强度不如链轮高，所以一般链传动的失效主要是链条的失效。链传动的失效形式主要有以下几种：

1. 链的疲劳破坏

链传动由于松边和紧边拉力不同，链在连续工作时，作用在链上的力是不断的由小到大、又由大到小的循环变化的，链条上的应力是循环交变的，因此带来了链板的疲劳断裂、滚子和套筒表面的疲劳点蚀；在润滑正常的闭式传动中，链条的疲劳强度是决定链传动承载能力的主要因素。

2. 滚子和套筒的冲击破坏

链传动的多边形效应带来的冲击以及链条在啮入链轮时的冲击使得链条的链板、滚子和套筒产生冲击破坏。

3. 销轴和套筒接触表面的胶合

在销轴和套筒的接触表面处，当转速很高、载荷很大时，由于冲击和振动很难形成油膜；同时由于摩擦和发热，使得销轴和套筒的接触表面易产生胶合。

4. 销轴和套筒接触表面的磨损

由于链条啮入和啮出链轮时，相邻链节间要发生相对转动，在销轴和套筒的接触表面处由于难以形成良好的润滑，因而产生摩擦和磨损；若工作条件恶劣，润滑不良，就会加快这种磨损，从而使链条总长增加，引起松边垂度过大，动载荷增加，易造成跳齿或脱链。这是开式传动或润滑不良的链传动的主要失效形式。

5. 链条在静载荷条件下的破断

对于 $v\geqslant 0.6$m/s 正常运转、润滑良好的链传动，上述 1、2、3 是其主要的失效形式。低速（$v<0.6$m/s）运行下的链条由于过载和冲击会产生拉断。

(三)链传动的许用功率

图 5－8 是通过实验得到的滚子链的极限功率曲线图。图中，曲线 1 是正常润滑条件下由铰链磨损限定的极限功率曲线；曲线 2 是由链板的疲劳强度限定的极限功率曲线；曲线 3 是由套筒、滚子冲击疲劳强度限定的极限功率曲线；曲线 4 是由销轴和套筒的胶合限定的极限功率曲线；封闭区 $OABC$ 是链条通过实验得到的在各种条件下容许传递的极限功率曲线，考虑到适当的安全裕度，取修正曲线 5 作为额定功率曲线，并将图中的阴影部分作为实际的使用区域。曲线 6 是润滑不良、工作环境恶劣时磨损限定的极限功率曲线，链传动的潜在功率未发挥，应予避免。

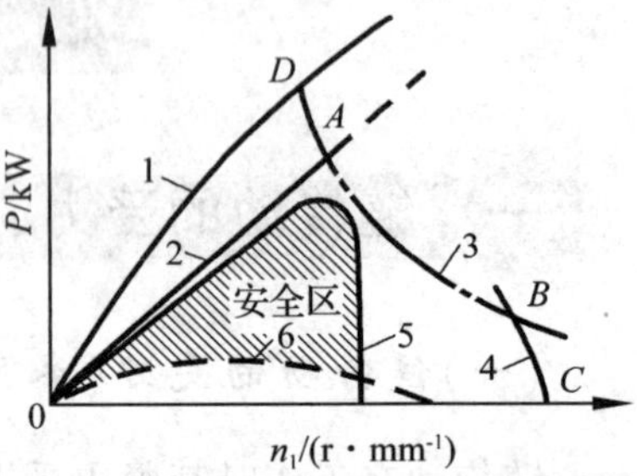

图 5－8　滚子链的极限功率曲线图

图 5－9 是表示为中等速度、润滑良好的国产 10 种滚子链传动在考虑了安全裕度后在特定的条件下由实验确定的额定功率曲线图，是计算滚子链传动能力的依据。

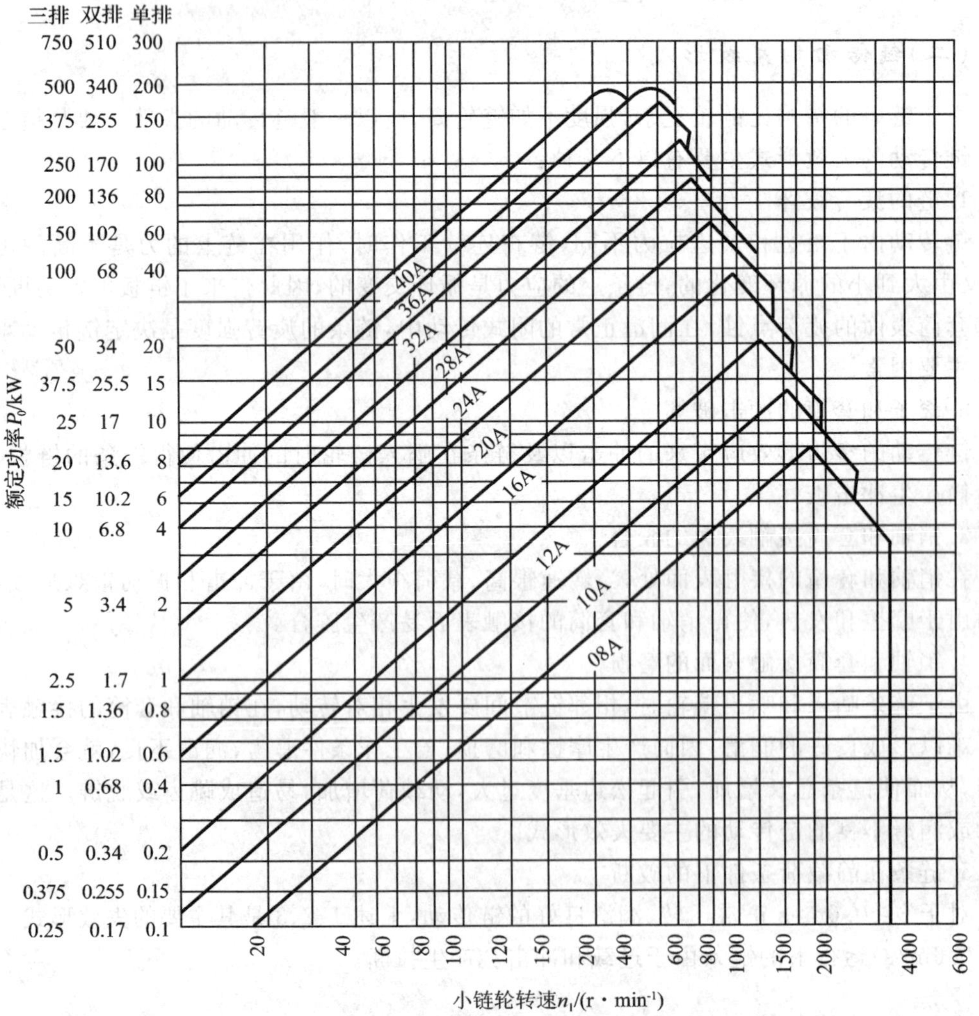

图 5－9　A 系列滚子链的额定功率曲线(v>0.6m/s)

其实验条件是：①单排链传动，两链轮安装在水平轴上并且共面；②小链轮的齿数 z_1 = 19；③传动比 $i=3$；④链节数 $L_p=100$；⑤按荐用方式润滑；⑥载荷平稳，满负荷连续运转 15000h；⑦链速 $v>0.6$m/s；⑧链条因磨损引起的相对伸长量不超过 3%。

当设计链的润滑条件不符合荐用润滑方式时，应将图 5－9 中规定的 P_0 值降低：

无润滑时，降至 $0.15P_0$，且不能保证运转 15000h；

润滑不良且 $v\leqslant1.5$m/s 时，降至 $(0.3\sim0.6)P_0$；

润滑不良且 1.5m/s $<v\leqslant$ 7m/s 时，降至 $(0.15\sim0.3)P_0$；

润滑不良且 $v>7$m/s 时，不宜采用链传动。

当要求的实际工作寿命低于 15000h 时，可按有限寿命进行设计，这时允许传递的功率可高些。

二 链传动的设计

设计时应知的原始条件包括：传动的用途、工作情况、原动机种类、传递的功率、链轮的转速及对于结构尺寸的要求等。

设计内容包括：确定链的牌号和节距、排数、链节数、润滑方式；链轮的齿数、材料、结构尺寸；传动的中心距；作用在轴上的压力。

链传动的设计方法按照链的传动速度而不同：

$v<0.6$m/s，低速链传动，通常按静强度设计；

$v=0.6\sim8$m/s，中速链传动；$v>8$m/s，高速链传动；按图 5－9 功率曲线设计。

（一）中、高速链的设计步骤

1. 链轮齿数 z_1、z_2 的确定

（1）小链轮齿数 z_1 的确定　由链传动的运动分析知道，小链轮的齿数 z_1 过少，则会加大传动的不均匀性和冲击，而小链轮齿数 z_1 过大又会增大传动的尺寸和质量，因此，通常限制小链轮齿数 $z_{1\min}\geqslant9$；通常取 $z_{1\min}=17$，高速重载时取 $z_{1\min}=21$，并按表 5－8 推荐值选取 z_1。

表 5－8　　**小链轮齿数 z_1 的荐用值**

传动比 i	1～2	3～4	5～6	>6
z_1	31～27	25～23	21～17	17

（2）大链轮齿数 z_2 的确定　大链轮齿数 $z_2=iz_1$，i 为传动比，大链轮齿数 z_2 的确定受到 $z_{2\max}\leqslant150$ 的限制：

z_2 过大，除使传动的尺寸增大外，还使链条磨损后易造成"跳链"，如图 5－10 所示。图中 p 为链的节距，Δp 为链节距的增量；为 d' 为链轮的节圆直径，$\Delta d'$ 为链轮节圆直径的增量；z 为链轮齿数；则：$\Delta d'=\dfrac{\Delta p}{\sin\dfrac{180^\circ}{z}}$，可见 z 越多，$\Delta d'$ 越大，越易造成"跳链"。

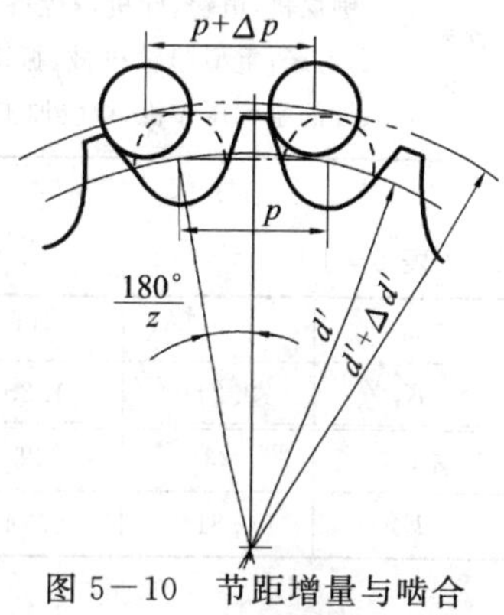

图 5－10　节距增量与啮合圆外移量的关系

为使链条磨损均匀，选取链轮齿数时应使链轮齿数与链

条节数成奇一偶数的关系，由于链条节数宜选偶数，则链轮齿数宜选奇数，并应尽量使得链条节数与链轮齿数互为质数。

链传动的传动比一般限制 $i \leqslant 8$，荐用 $i=2 \sim 3.5$。过大的传动比将使得链条在小链轮上的包角过小，小链轮的啮合齿数过少，这将加速轮齿的磨损，容易出现“跳链”，破坏传动。

2. 节距 p 的确定

过大的节距 p 会引起大的冲击，过小的节距 p 又会造成单排链条的承载能力下降，因而需要增加链的排数。设计时应根据链轮转速 n_1 和每一链号链条的额定功率 P_0 由图 5－9 确定。

当所设计链的工作条件与实验室的特定条件不符时，设计链所传递的功率应按下式进行修正：

$$P_d = K_A K_z P \tag{5-6}$$

式中：P_d——设计功率；

K_A——工况系数，表 5－9；

P——名义载荷 kW；

K_z——小链轮齿数系数，表 5－10。

选择的链号和节距应满足：$P_0 \geqslant P_d$

表 5－9 工作情况系数 K_A

工作机		动力机：运转平稳（如电动机，汽轮机和燃气轮机，带液力耦合的内燃机）	动力机：轻微冲击（如六缸或六缸以上带机械式联轴器的内燃机，经常启动的电动机）	动力机：中等冲击（少于六缸带机械式联轴器的内燃机）
载荷平稳	液体搅拌机和混料机，离心式的泵和压缩机，鼓风机，离心式压缩机，均匀加料的带式输送机，离心泵，纸张压光机，自动扶梯	1.0	1.1	1.3
中等冲击	大型或不均匀负载的输送机，混凝土搅拌机，三缸或三缸以上的泵和压缩机，木工机械，粉碎机，固体搅拌机和混料机	1.4	1.5	1.7
较大冲击	刨煤机，电铲，轧机，石油钻机，球磨机，冲床，剪床，重型起重机械，振动机械，单缸或双杠的泵和压缩机，橡胶加工机械	1.8	1.9	2.1

表 5－10 小链轮齿数系数 K_z

z_1	9	11	13	15	17	19	21
K_z	2.241	1.804	1.507	1.291	1.128	1.000	0.898
z_1	23	25	27	29	31	33	35
K_z	0.814	0.743	0.684	0.633	0.589	0.551	0.517

3. 中心距 a 和链节数 L_p 的确定

传动比不变，链速不变，过小的中心距 a 会减小小链轮的包角（$\alpha_1 \not< 120°$）、增加链传动的循环次数，减少链传动的使用寿命；适当的增大中心距，链较长、弹性好，磨损较慢；但过大的中心距 a 会使链条过长，增大链条的抖动，影响链条的正常传动。

通常限定：

$i \leqslant 3$ 时，取　$a_{min} = 1.2(d_{a1} + d_{a1})/2 + (20 \sim 30)$ mm

$i > 3$ 时，取　$a_{min} = (d_{a1} + d_{a1})/2 \cdot (9 + i_{12})/10$ mm

最大中心距取 $a_{max} \leqslant 80p$

故　$a_{min} \leqslant a \leqslant a_{max}$

式中：p——链的节距。

初选时可按 $a_0 = (30 \sim 50)p$ 选择，则链节数 L_p 为：

$$L_p = 2a_0/p + (z_1 + z_2)/2 + [(z_2 - z_1)/2\pi]^2 p/a_0 \tag{5-7}$$

将上式的计算结果 L_p 圆整为整数（且最好为偶数）后，按圆整后的链节数 L_p 带入下式算得传动的理论中心距 a：

$$a = \frac{p}{4}\left\{L_p - \frac{z_1 + z_2}{2} + \sqrt{(L_p - \frac{z_1 + z_2}{2})^2 - 8(\frac{z_2 - z_1}{2\pi})^2}\right\} \tag{5-8}$$

为保持安装后的链条应有一定的垂度，安装时应使实际中心距 a' 比理论中心距 a 小 2～5mm；其中，对于中心距可调的链传动取小值，对于中心距不可调的链传动取大值。

4. 计算作用于轴上的拉力 F_Q

对于水平传动和倾斜传动　$F_Q = (1.15 \sim 1.20)K_A F_t$　(5－9)

对于接近垂直布置的传动　$F_Q = 1.05 K_A F_t$　(5－10)

其中，K_A——工况系数，见表 5－9；F_t——有效圆周力，$F_t = 1000P/v$。

（二）低速链的静强度计算

低速链速度低、冲击小，容许选用较小的小链轮齿数（z_1 允许小于 17，但必须大于 9）和较大的链条节距 p。低速链传动其主要失效形式过载时被拉断，设计时需校核链的静强度安全系数：

$$S = \frac{Q}{K_A F_t + F_c + F_f} \geqslant 4 \sim 8 \tag{5-11}$$

式中：S——静强度安全系数；

Q——链的抗拉载荷，见表 5－2，按链的排数查取；

K_A——工作情况系数，见表 5－9；

F_t——链的有效圆周力，含义同式(5－4)；

F_c——离心拉力，含义同式(5－4)；

F_f——悬垂拉力，含义同式(5－4)。

（三）链传动的设计实例

例 5－1 设计一用于离心压缩机的系列滚子链传动，室温下工作，电动机转速 $n_1 = 970$r/min，压缩机转速 $n_2 = 330$r/min，传递功率 $P = 9.7$kW。要求链传动的中心距不超过

800mm，两轮轴线在同一水平面上。

解：

设计项目	计算依据及说明	计算结果
(1)平均传动比 i	$i=n_1/n_2=970/330=2.94$；	$i=2.94$
(2)小链轮齿数 z_1 大链轮齿数 z_2	根据 $i=2.94$，查表5－8确定 $z_1=25$； 根据 $i=2.94, z_1=25$，式 $z_2=iz_1=2.94\times25=73.5$； 实际传动比 $i=2.92, \Delta i=(2.94-2.92)/2.94=0.68\%$，允许。	$z_1=25$ $z_2=73$
(3)确定链号和链的节距 p ①计算设计功率	根据动力机为电动机，工作机为离心压缩机，传递功率为 $P=9.7\text{kW}$；并查表5－9取工作情况系数 $K_A=1.0$；查表5－10取 $K_z=0.743$； 按 $P_d=K_AK_zP=1.0\times0.743\times9.7=7.21\text{ kW}$	$P_d=7.21\text{kW}$
②确定链号和链的节距 p	根据 $n_1=970\text{r/min}$ 和 $P_d=7.21\text{kW}$ 查图5－9选单排，10A链，节距 $p=15.875\text{mm}$；	单排，10A链，节距 $p=15.875\text{mm}$
(4)验算链速 v	按式 $v=n_1z_1p/60000=970\times25\times15.875/60000=6.42\text{ m/s}$	$0.6\text{m/s}<v<15\text{m/s}$，为中速链，不需验算静强度
(5)初定中心距 a_0，确定链节数 L_p	按式 $a_0=(30\sim50)p$，取 $a_0=40p$； 按式 $L_p=2a_0/p+(z_1+z_2)/2+[(z_2-z_1)/2\pi]^2p/a_0$ $=2\times40p/p+(25+73)/2+[(73-25)/2\pi]^2p/40p$ $=130.46$ 节 将计算结果 L_p 圆整为整数并取偶数，取 $L_p=130$ 节；	$a_0=40p$ $L_p=130$ 节
(6)中心距 a 和实际中心距 a'	按式 $a=\frac{p}{4}\left[L_p-\frac{z_1+z_2}{2}+\sqrt{(L_p-\frac{z_1+z_2}{2})^2-(\frac{z_2-z_1}{2\pi})^2}\right]$ $=\frac{15.875}{4}\left[130-\frac{25+73}{2}+\sqrt{(130-\frac{25+73}{2})^2-8\times(\frac{73-25}{2\pi})^2}\right]$ $=631.29\text{ mm}$ 按 $a-a'=(2\sim5)\text{mm}$ 选取实际中心距 $a'=628\text{ mm}$；	$a=631.29\text{mm}$ $a'=628\text{mm}$
(7)链轮的材料和结构设计	链轮的材料：40钢，齿圈淬火，硬度40～50HRC； 链轮的结构设计：按表5－4计算链轮的 d、d_a、d_f 等主要尺寸，从略； 链轮的齿形：齿形按GB124－97附录B规定的刀具切制，标注参阅附图5－5，从略；	40钢，齿圈淬火，硬度40～50HRC
(8)张紧装置设计	略	
(9)润滑设计	查图5－13、表5－13选择VG68润滑油，油浴润滑；	VG68润滑油，油浴润滑
(10)作用于轴上的力 F_Q	根据式(5－9)，按水平布置，取 $F_Q=1.20K_AF_t$，其中查表5－8取 $K_A=1.0$；$F_t=1000P_d/v$； $F_Q=1.20K_AF=1.20\times1\times1000\times7.21/6.42=1347.66\text{ N}$	$F_Q=1347.66\text{N}$

第四节 链传动的使用与维护

一 链传动的安装和布置

链传动的安装布置应注意以下几条原则：

(1)两链轮的回转平面应在同一铅垂平面内，以免引起脱链或不正常磨损，一般限定两轮轮宽的中心平面轴向误差 $\Delta e \leqslant \frac{0.2}{100}a$，两链轮旋转平面间的夹角误差 $\Delta\theta \leqslant \frac{0.6}{100}\mathrm{rad}$，如图 5－11 所示。

(2)两链轮中心连线与水平面的倾斜角度应小于 45°，以免引起下链轮啮合不良。

(3)尽量使紧边在上，松边在下，以免松边垂度过大，干扰链与链轮轮齿的正常啮合。

链传动的布置方式，见表 5－11。

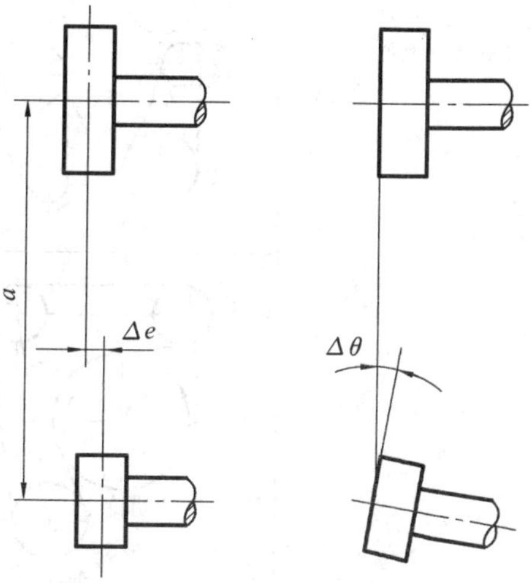

图 5－11 链传动的安装误差

表 5－11 链传动的布置

传动条件	正确布置	不正确布置	说明
i 与 a 较佳场合： $i=2\sim3$ $a=(30\sim50)p$	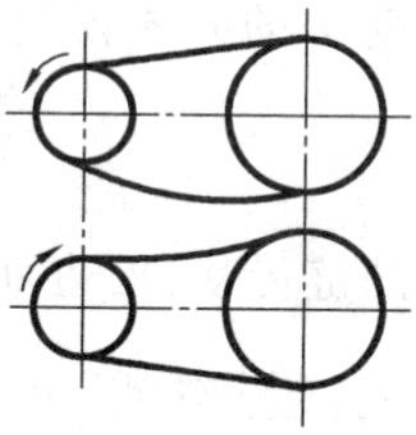		两链轮中心连线最好成水平，或与水平面成 60°以下的倾角。紧边在上面较好
i 大 a 小场合： $i>2$ $a>30p$	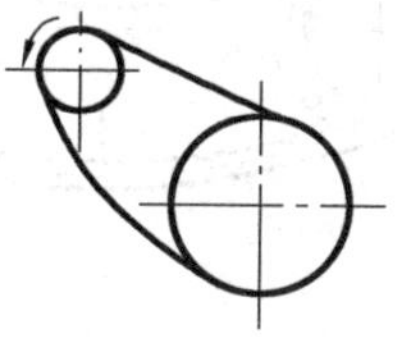	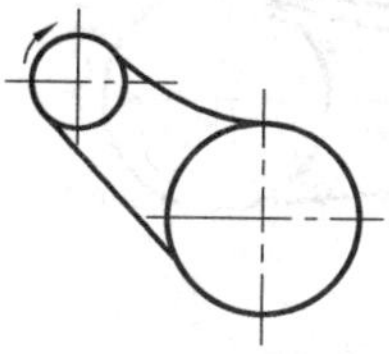	两轮轴线不在同一水平面上，此时松边应布置在下面，否则松边下垂量增大后，链条易与小链轮齿钩住
i 小 a 大场合： $i<1.5$ $a>60p$	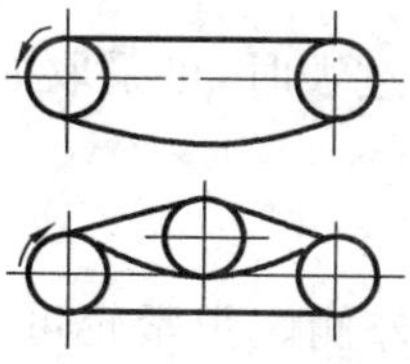	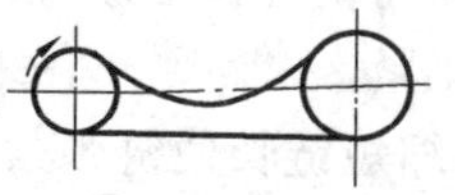	两轮轴线在同一水平面上，松边应布置在下面，否则松边下垂量增大后，松边会与紧边相碰。此外，需经常调整中心距

（续表）

传动条件	正确布置	不正确布置	说　明
垂直传动场合： i、a 为任意值	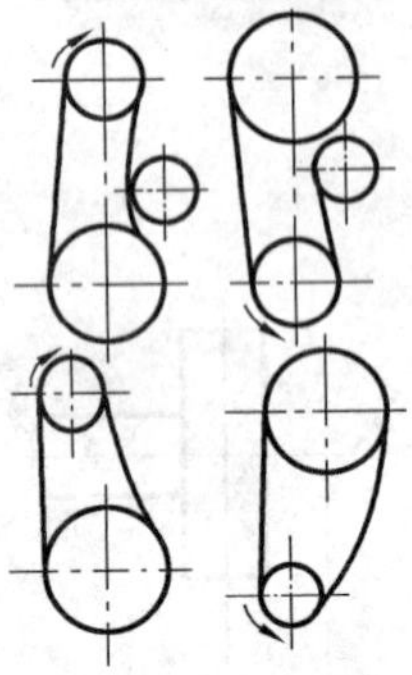	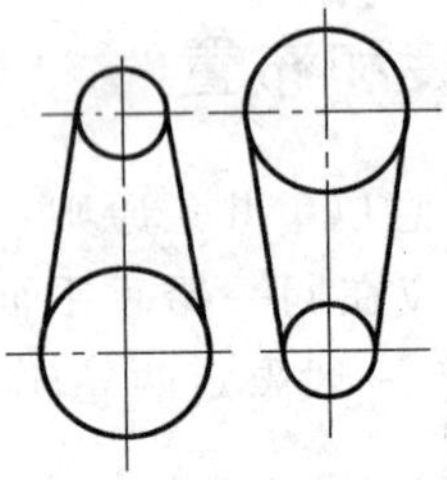	两轮轴线在同一铅垂面内，此时下垂量集中在下端，所以要尽量避免这种垂直或接近垂直的布置，否则会减少下面链轮的有效啮合齿数，降低传动能力。应采用：a)中心距可调；b)张紧装置；c)上下两轮错开，使其轴线不在同一铅垂面内；d)尽可能将小链轮布置在上方等措施
反向传动 $\|i\|<8$	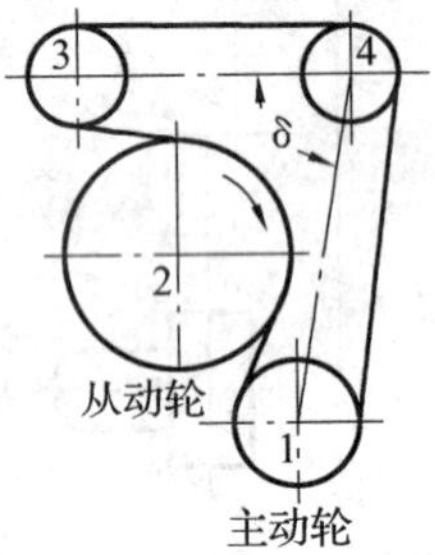		为使两轮转向相反，应加装 2 和 4 两个导向轮，且其中至少有一个是可以调整张紧的。紧边应布置在 1 和 2 两轮之间，角 δ 的大小应使 2 轮的啮合包角满足传动要求

二　链传动的张紧

链条包在链轮上应松紧适度，通常用测量松边垂度 f 的办法控制链的松紧程度（图 5－12）。合适的松边垂度为：

$$f=(0.01\sim0.02)a \qquad (5-12)$$

式中：a——中心距。对于重载、反复启动及接近垂直的链传动，松边垂度应适当减小。

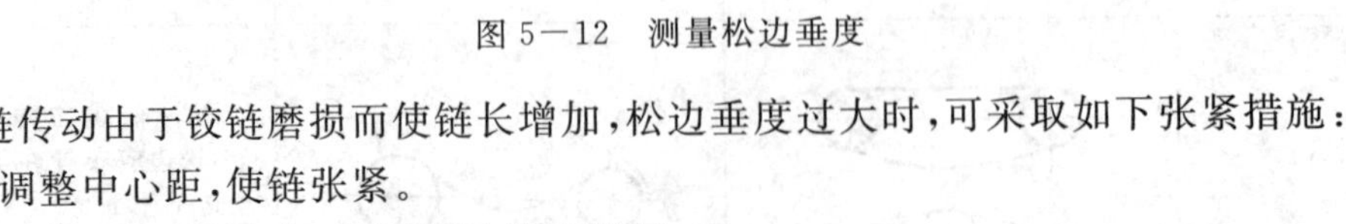

(a)　　(b)

图 5－12　测量松边垂度

当链传动由于铰链磨损而使链长增加，松边垂度过大时，可采取如下张紧措施：

(1)调整中心距，使链张紧。

(2)拆除 1～2 个链节，缩短链长使链张紧。

(3)加张紧轮使链张紧，张紧轮一般位于松边的外侧。张紧轮可以是链轮，其齿数与小链轮相近；也可以是无齿的辊轮，辊轮直径稍小，常用夹布胶木制造。

常用张紧方法如表 5－12。

表 5－12　　**链的张紧方法**

类型	张紧调节形式	简　图	说　明
定期张紧	螺纹调节	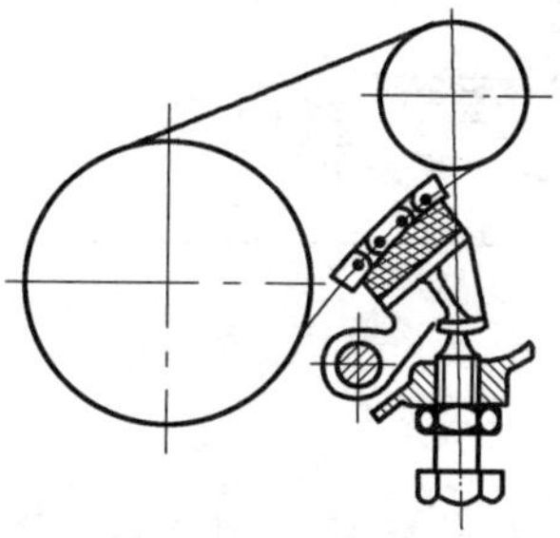	调节螺钉可采用细牙螺纹并带锁紧螺母
	偏心调节	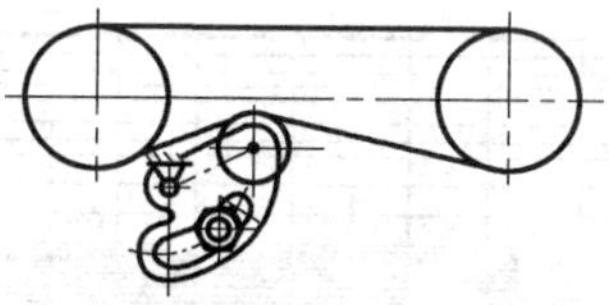	张紧轮一般布置在链条松边，根据需要可以靠近小链轮或大链轮，或者布置在中间位置。张紧轮可以是链轮或辊轮。张紧链轮的齿数常等于小链轮齿数。张紧辊轮常用于垂直或接近于垂直的链传动，其直径可取为(0.6～0.7)d，d 为小链轮直径
自动张紧	弹簧调节	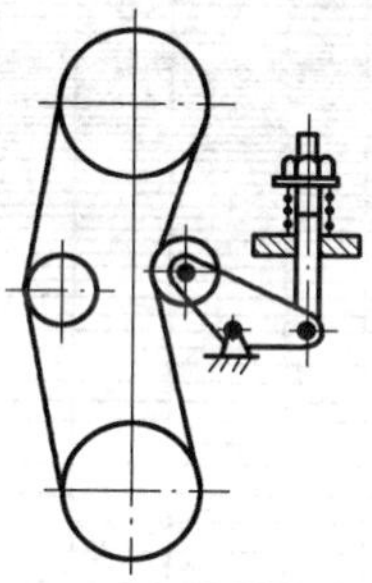	张紧轮一般布置在链条松边，根据需要可以靠近小链轮或大链轮，或者布置在中间位置。张紧轮可以是链轮或辊轮。张紧链轮的齿数常等于小链轮齿数。张紧辊轮常用于垂直或接近于垂直的链传动，其直径可取为(0.6～0.7)d，d 为小链轮直径
自动张紧	挂重调节	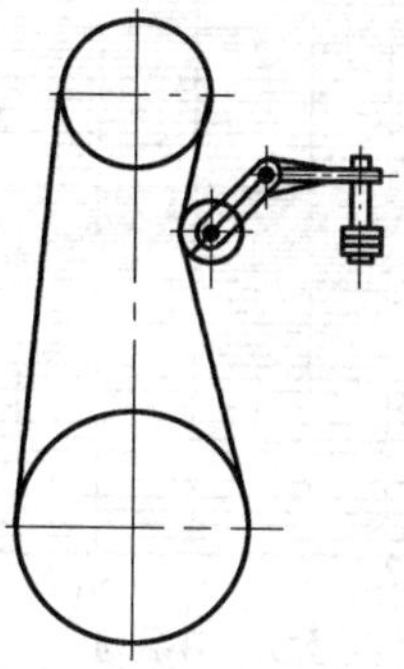	张紧轮一般布置在链条松边，根据需要可以靠近小链轮或大链轮，或者布置在中间位置。张紧轮可以是链轮或辊轮。张紧链轮的齿数常等于小链轮齿数。张紧辊轮常用于垂直或接近于垂直的链传动，其直径可取为(0.6～0.7)d，d 为小链轮直径
	液压调节	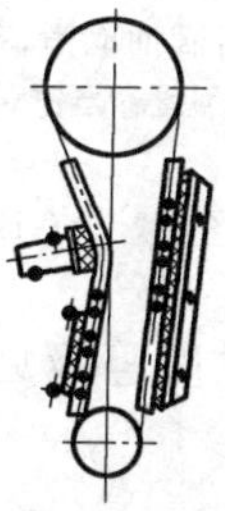	采用液压块与导板相结合的形式，减振效果好，适用于高速场合，如发动机的正时链传动

（续表）

类型	张紧调节形式	简　图	说　明
承托装置	托板和托架	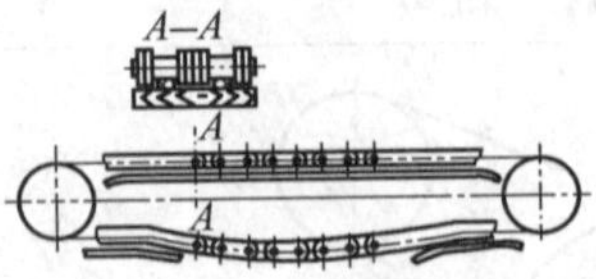	适用于中心距较大的场合，托板上可衬以软钢、塑料或耐油橡胶，滚子可在其上滚动，更大中心距时，托板可以分成两段，借中间6～10节链条的自重下垂张紧

三　链传动的润滑

链传动有良好的润滑时，可以减轻磨损，延长使用寿命。图5－13推荐了几种不同工作条件下的润滑方式，供设计和使用时选用。

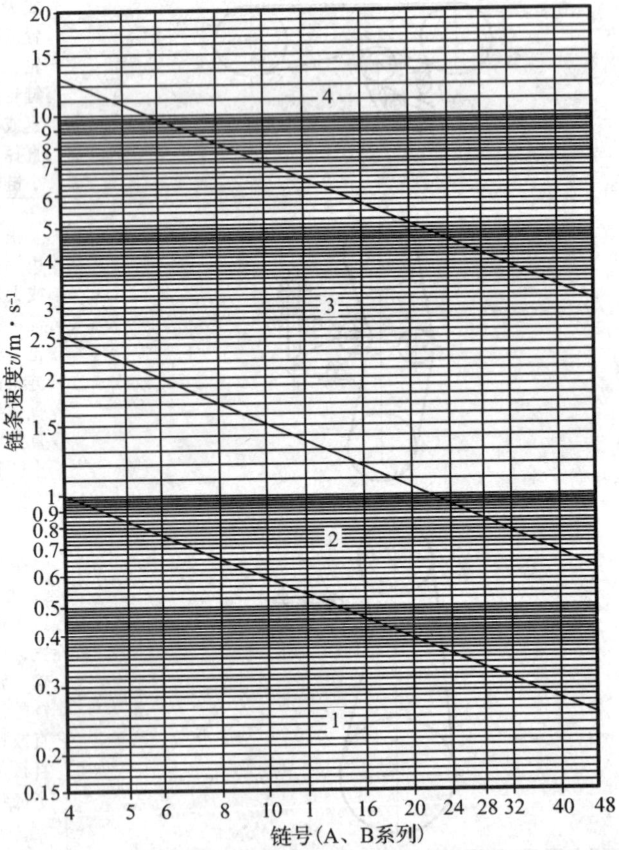

范围①：用油壶或油刷定期润滑；范围②：滴油润滑；范围③：油池润滑或油盘飞溅润滑；范围④：油泵压力供油润滑，带过滤器；当链传动的空间狭小，并作高速、大功率传动时，则有必要使用油冷却器。

图5－13　润滑范围选择线图(摘自GB/T18150—2000)

不同工作环境温度下的链传动用润滑油黏度等级见表5－13。

表 5－13 链传动用润滑油的黏度等级(摘自 GB/T18150—2000)

环境温度	≥－5℃ ≤＋5℃	＞＋5℃ ≤＋25℃	＞＋25℃ ≤＋45℃	＞＋45℃ ≤＋70℃
润滑油的黏度级别	VG68 (SAE20)	VG100 (SAE30)	VG150 (SAE40)	VG220 (SAE50)

注:应保证润滑油不被污染,特别不能有磨料性微粒存在。

四 链传动的维护

为保证链传动正常、持久地工作,应注意以下维护措施:

(1)为安全和防尘,链传动应装设防护罩;

(2)定期检查链轮轮齿和链条,及时更换已损坏的链节。若换修次数太多,应更换整根链条;

(3)注意检查接头链节处止锁零件(如弹簧卡)是否松脱;

(4)拆除链节时,须先把止锁零件取出,打下销轴时,应避免将其头部镦粗,使拆卸困难;

(5)运转过程中如果噪声太大,则可能是链轮不共面、松垂度不合适、润滑不良、链条或链轮磨损所致,应及时查明原因,并采取相应的措施。

思考题与练习题

思考题

5－1 与带传动相比,链传动有哪些优缺点?

5－2 滚子链是如何构成的?其主要参数是什么?对传动有何影响?

5－3 为什么一般链节数选偶数,而链轮齿数多取奇数?

5－4 链传动中为什么小链轮的齿数不宜过少?而大链轮的齿数又不宜过多?

5－5 何谓链传动的多边形效应?如何减轻多边形效应的影响?

5－6 简述滚子链传动的主要失效形式和原因。

5－7 简述滚子链传动的布置、润滑和张紧要点。

5－8 在如图所示链传动中,小链轮为主动轮,中心距 $a=(30\sim50)p$。问在图 a、b 所示布置中,应按哪个方向转动才合理?在同一铅垂面内的链传动,两轮如图(c)布置有什么缺点?应采取什么措施?

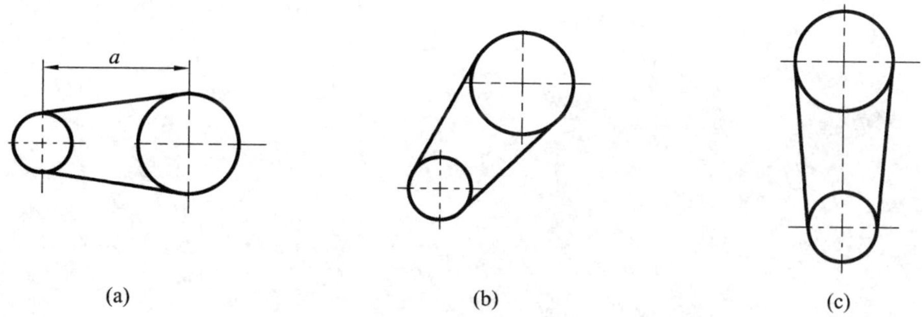

习题 5－8 图

5－9　当其他条件相同时，试分析比较下列两种链传动设计方案的运动不均匀性和附加动载荷；哪一方案较好？为什么？

(1) $p=15.875\text{mm}$，$z_1=31$

(2) $p=31.75\text{mm}$，$z_1=15$

练习题

5－1　有一滚子链传动，链标记为08A—1×144 GB1243—1997，小链轮齿数 $z_1=21$，大链轮齿数 $z_2=105$，中心距 $a\approx683\text{mm}$，小链轮转速 $n_1=730\text{r/min}$，电动机驱动，载荷平稳，求该传动所能传递的最大功率。

5－2　一链传动，已知链轮齿数 $z_1=21$，$z_2=53$，链条牌号为10A，链长 $L_p=100$ 节，试求两链轮的各部分尺寸并绘制零件工作图。

5－3　设计一带式输送装置的滚子链传动，已知电动机功率为5.5kW，$n_1=960\text{r/min}$，$n_2=330\text{r/min}$，一班制工作，传动平稳。

5－4　设计一输送装置的滚子链传动，已知传递的功率为7.5kW，$n_1=970\text{r/min}$，$n_2=310\text{r/min}$，电动机驱动，工作极有轻微振动和冲击，要求中心距小于650mm。

第六章 齿轮传动

【学习要求】

(1)理解渐开线、螺旋渐开面及球面渐开面的生成原理;掌握渐开线的性质;了解渐开线方程式;

(2)掌握标准直齿轮、斜齿轮的参数和几何尺寸;熟知直齿锥齿轮的参数和几何尺寸;

(3)熟知一对渐开线齿轮啮合传动的特性;一对渐开线直齿轮、斜齿轮的正确啮合条件和连续传动条件,直齿锥齿轮的正确啮合条件;

(4)理解仿形法和范成法的切齿原理,理解范成法切齿时的根切现象及原因;了解变位齿轮及变位齿轮传动;

(5)能够进行直齿轮、斜齿轮传动的强度计算和设计计算;

(6)了解齿轮的结构型式和润滑。

上篇 齿轮机构

第一节 概 述

齿轮传动是一种十分重要的机械传动。齿轮传动满足了传动平稳、准确(瞬时传动比恒定),可靠、耐用的最基本要求,在现代工业生产中的应用十分广泛。

齿轮传动的适用范围很广:传递功率可达到几十万千瓦;转速可达到每分钟几十万转,齿轮的圆周速度可达 300m/s;传动效率高,单级传动在 95%以上;可以传递任意空间位置的两轴间的运动;结构紧凑、外廓尺寸小。

齿轮传动的缺点是没有过载保护功能;需要用专门的刀具和设备生产制造;传动时有噪音和振动。

齿轮传动的类型很多,按照不同分类方法可以分为:

表 6—1　　**齿轮的分类**

按齿廓曲线	渐开线、圆弧、摆线齿廓
按啮合位置	外啮合、内啮合传动
按轮齿的外形	直齿、斜齿、人字齿、曲(线)齿齿轮
按两轴线的空间位置	平行轴、相交轴、交错轴传动
按齿轮轴线的几何位置是否固定	定轴齿轮传动、动轴(行星)齿轮传动
按工作条件	开式、半开式、闭式齿轮传动
按齿面硬度	软齿面、硬齿面齿轮

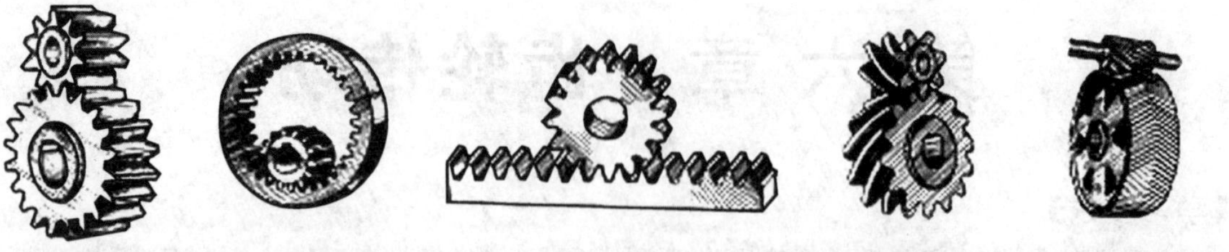

（a）外啮合直齿轮传动机构　（b）内啮合直齿轮传动机构　（c）齿轮齿条传动机构　（d）平行轴斜齿轮传动机构　（e）人字齿轮传动传动机构

（f）螺旋齿轮传动机构　（g）蜗轮蜗杆传动机构　（h）直齿锥齿轮传动机构　（i）斜齿锥齿轮传动机构　（j）曲齿锥齿轮传动机构

图 6－1　常用齿轮传动机构

第二节　渐开线齿廓

渐开线齿轮在各类齿轮传动中，应用最为广泛。

一　渐开线的产生

如图 6－2，一条直线沿一圆作无摩擦的纯滚动时，直线上任一点 K 的轨迹称作该圆的渐开线（图中的 $AK'KK''$ 曲线）。这个圆叫做渐开线的基圆，基圆半径记为 r_b。这条直线叫做渐开线的发生线。过渐开线上任意一点 K 与基圆圆心 O 间的连线 OK 称作渐开线上 K 点处的向径，记作 r_k。AK 段渐开线所对的中心角 θ_K 叫做渐开线段 AK 的展角。

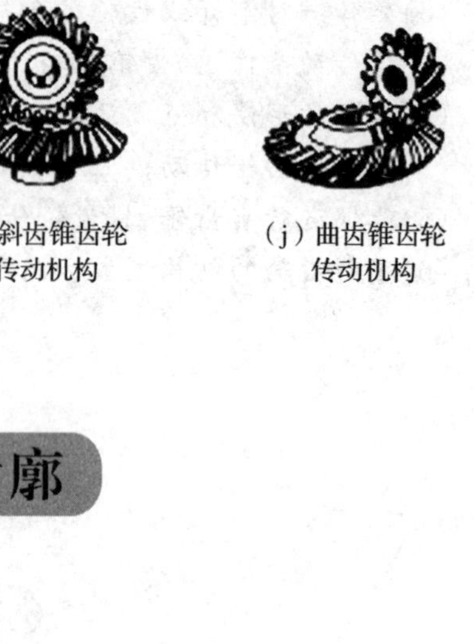

图 6－2　渐开线的产生

二　渐开线的性质

由渐开线的发生过程可得渐开线的性质（图 6－2、图 6－3）：

（1）渐开线始于基圆的圆周（图中的 A 点），基圆内无渐开线；

（2）$\overline{NK}$线

$\overline{NK}$长＝$\widehat{AN}$长。

$\overline{NK}$是四线合一：

①基圆的切线；②渐开线上 K 点处的法线；③渐开线上 K 点处的曲率半径，记作 ρ_k，其曲率中心是 N。A 点处的曲率半径 $\rho_A=0$，越远离基圆处曲率半径越大；④ 作用在 K 点处的外力的作用线。

(3)压力角 α　**作用在渐开线上 K 点处的外力 F 与从动件在受力点处的速度 v 的方向之间所夹的锐角称为渐开线上 K 点处的压力角，记作 α_k。**

渐开线上各点处的压力角不等：基圆上的压力角 $\alpha_A=0°$；r_k 越大，即越远离基圆处的压力角越大。渐开线上各点处的压力角 α_k 的大小可以用式：$\cos\alpha_k=r_b/r_k$ 来表示。

(4)基圆半径 r_b　基圆半径 r_b 的大小决定了渐开线的形状：r_b 越小渐开线的形状越弯曲，r_b 越大渐开线的形状越平直，当基圆半径 r_b 无穷大时，渐开线成为斜直线，如图 6－3 所示。

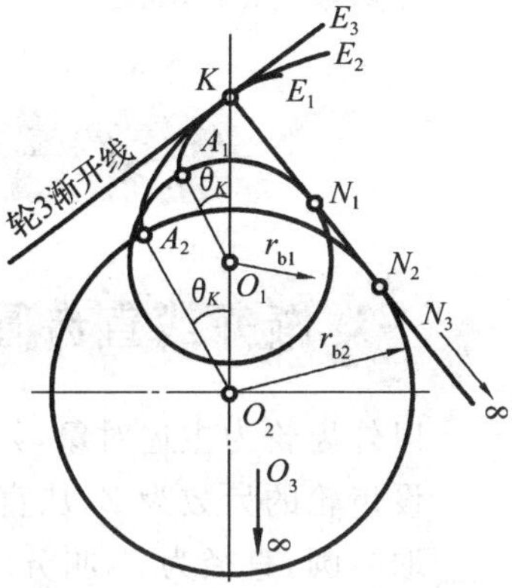

图 6－3　基圆半径 r_b 的大小决定渐开线的形状

三　渐开线方程式

在图 6－2 中　$\cos\alpha_k=r_b/r_k$　或 $r_k=r_b/\cos\alpha_k$　(6－1)

因为　$\tan\alpha_k=\rho_k/r_b=\widehat{AN}/r_b=(\theta_k+\alpha_k)r_b/r_b=\theta_k+\alpha_k$

所以　$\theta_k=\tan\alpha_k-\alpha_k$ red　(6－2)

记作 $\mathrm{inv}\alpha_k$，称为渐开线 $AK'KK''$ 的渐开线函数，即：

$\mathrm{inv}\alpha_k=\theta_k=\tan\alpha_K-\alpha_K$　(6－3)

式(6－1)与(6－3)联立，称作渐开线 $AK'KK''$ 的渐开线方程式。

将式(6－3)中所述关系编制成表 6－2，供工程上使用。

表 6－2　**渐开线函数表(节选)**

α°	次	0′	5′	10′	15′	20′	25′	30′	35′	40′	45′	50′	55′
14	0.00	49819	50729	51650	52582	53526	54482	55448	56427	57417	58420	59434	60460
15	0.00	61498	62548	63611	54686	65773	66873	67985	69110	70248	71398	72561	73738
16	0.0	07493	07613	07735	07857	07982	08107	08234	08362	08492	08623	08756	08889
17	0.0	09025	09161	09299	09439	09580	09722	09866	10012	10158	10307	10456	10608
18	0.0	10760	10915	11071	11228	11387	11547	11709	11873	12038	12205	12373	12543
19	0.0	12715	12888	13063	13240	13418	13598	13779	13963	14148	14334	14523	14713
20	0.0	14904	15098	15293	15490	15689	15890	16092	16296	16502	16710	16920	17132
21	0.0	17345	17560	17777	17996	18217	18440	18665	18891	19120	19350	19583	19817
22	0.0	20054	20292	20533	20775	21019	21266	21514	21765	22018	22272	22529	22788
23	0.0	23049	23312	23577	23845	24114	24386	24660	24936	25214	25495	25778	26062
24	0.0	26350	26639	26931	27225	27521	27820	28121	28424	28729	29037	29348	29660
25	0.0	29975	30293	30613	30935	31260	31587	31917	32249	32583	32920	33260	33602

【例】 基圆半径 $r_b=50$mm 的渐开线上向径长 $r_K=55$mm 处的压力角为：

$\alpha_K = \arccos(r_b/r_K) = \arccos(50/55) = 24.62° = 24°37'12''$

查表 6－2,并按插分法得　$\theta_K = 0.028558$ red$(=1°38'13'')$

可知,K 点的位置为：$\begin{cases} r_k = 55\text{mm} \\ \theta_k = 0.028558 \text{ red} \end{cases}$

第三节　渐开线直齿圆柱齿轮

一　渐开线直齿圆柱齿轮

以外齿轮为主述对象,如图 6－4(a):

设齿轮的齿数为 Z,从直径为 d_b 的基圆出发可分别作 Z 条正、反两方向的渐开线。

取一圆,直径为 d,叫分度圆,作为齿轮上各几何尺寸的计算基准,并约定在分度圆上的各个参数均不标记下标,并作为该齿轮的参数。

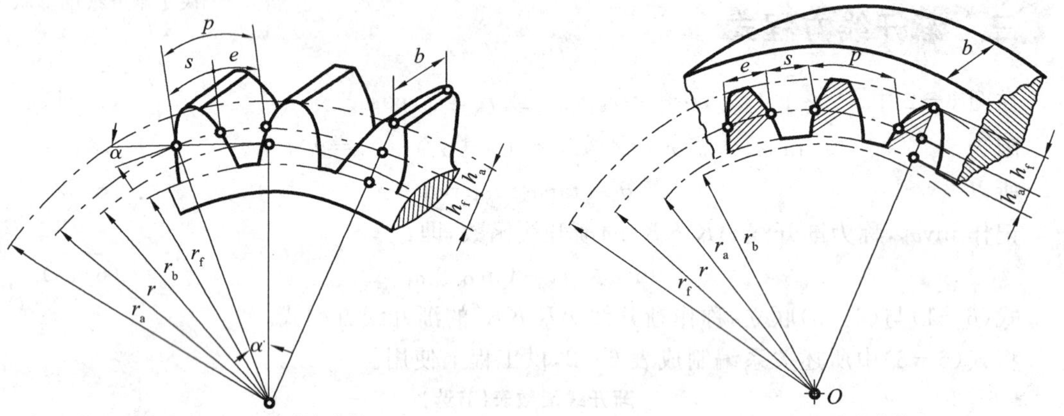

(a) 外啮合齿轮　　(b) 内啮合齿轮

图 6－4　渐开线标准直齿圆柱齿轮

把分度圆上相邻两条同方向的渐开线间的弧线长称为分度圆上的齿距,简称齿距,记作 p,则

$$p = \pi d/Z$$

其间把分度圆上保留金属部分的两条反向渐开线间的弧线长称为分度圆上的齿厚,简称齿厚,记为 s;分度圆上去除金属部分的两条反向渐开线间的弧线长称为分度圆上的齿槽,简称齿槽,记为 e。则

$$p = s + e$$

(而在其他圆上的上述对应部分,则称为那个圆上的齿距、齿厚和齿槽,例如:基圆、齿顶圆、任意圆上的齿距、齿厚和齿槽,并分别记为:p_b、s_b、e_b;p_a、s_a、e_a;p_k、s_k、e_k 等。)

在式 $p = \pi d/Z$ 中含有无理数 π,给设计、制造和使用带来不便。为消除无理数 π 的影响,将等式两边同除以 π,则

$$p/\pi = \pi d/Z\pi = d/Z$$

令 $m = p/\pi = d/Z$,叫作该齿轮分度圆上的模数,也即该齿轮的模数,式中将不再包含无

理数的因素(任意圆上的模数为 $m_k=p_k/\pi=d_k/Z$)。将 m 的计算值圆整(即取整数或较为完整的有理数),人为地选取部分数值组成模数系列(见表 6—3),以模数为基本参数来计算和表示齿轮的各几何尺寸,实现齿轮生产和使用的标准化、系列化、通用化(简称三化)。

以模数为基本参数来计算和表示齿轮的各几何尺寸的齿制称为模数制齿轮。

表 6—3 **渐开线圆柱齿轮模数(摘自 GB/T1357—1987)**

第一系列	1	1.25	1.5	2	2.5	3	4	5			
第二系列	1.75	2.25	2.75	(3.25)	3.5	(3.75)	4.5	5.5			
第一系列	6	8	10	12	16	20	25	32	40	50	
第二系列	(6.5)	7	9	(11)	14	18	22	28	36	45	

注:1. 使用时,优先选用第一系列,括号内的数值尽量不用;

2. 对于斜齿圆柱齿轮,是指法面模数 m_n。

由模数的定义可得:

$$p=\pi m$$

$$d=mZ$$

这样直齿圆柱齿轮的分度圆直径 d 成为整数或较为完整的有理数的有限量的数值。

从分度圆开始沿直径方向向外[内齿轮则向内,如图 6—4(b)]取 $h_a=h_a^* m$,叫齿顶高,其中 h_a^* 叫作齿顶高系数。我国国家标准规定:$h_a^*=1$,则

$$h_a=m$$

把过齿顶的圆称作齿顶圆,用 d_a 表示,则 $d_a=d+2h_a=mZ+2h_a^* m=(Z+2h_a^*)m$,带入 $h_a^*=1$,则

$$d_a=(Z+2)m$$

从分度圆开始沿直径方向向内(内齿轮向外)取 $h_f=h_a+C=h_a^* m+C^* m=(h_a^*+C^*)m$,叫作齿根高,其中 $C=C^* m$ 为顶隙,C^* 为顶隙系数。顶隙是该齿轮与另一齿轮的齿顶啮合传动时的根部空间,并能储油以利润滑。我国国家标准规定:$C^*=0.25$,并带入 $h_a^*=1$,则

$$C=0.25m$$

$$h_f=1.25m$$

把过齿根的圆称作齿根圆,用 d_f 表示,则 $d_f=d-2h_f=mZ-2(h_a^*+C^*)m=[Z-2(h_a^*+C^*)]m$,带入 $h_a^*=1,C^*=0.25$,则

$$d_f=(Z-2.5)m$$

把从齿顶到齿根的径向距离称为全齿高,$h=h_a+h_f=h_a^* m+(h_a^*+C^*)m=(2h_a^*+C^*)m$,带入 $h_a^*=1,C^*=0.25$,则

$$h=2.25m$$

由以上各式可以看出,模数的大小意味着轮齿截面尺寸的大小和齿根抗弯能力的强弱。

为便于生产及互换,并能保证齿根的强度,对分度圆上的压力角也作了规定,我国国家标准规定一般机械用齿轮分度圆上的压力角 $\alpha=20°$(其他圆上的压力角分别为 α_a、α_b、α_k 等)。此外,在汽车、航空业中还使用 22.5°或 25°等。

由上述可知,分度圆是模数 m 和压力角 α 为标准值的圆。

除上述分度圆上的 m、α 以及 h_a^*、C^* 是标准值外,取分度圆上的齿厚等于齿槽,即:$s=e$,这时的直齿轮称作标准直齿圆柱齿轮(**$s=e$ 是标准齿轮与非标准齿轮即变位齿轮相区别的主要特征**)。

故，标准直齿轮 $s=e=p/2=\pi m/2$

由图 6－4(a)和压力角的定义及计算式可得基圆的直径为：

$$d_b=d\cos\alpha=mZ\cos\alpha$$

若带入 $\alpha=20°$，$\cos\alpha=\cos20°=0.9397$，则

$$d_b=0.9397d=0.9397mZ$$

综上，渐开线标准直齿圆柱齿轮的参数和主要几何尺寸可概括为：5 个参数：Z、m、α、h_a^* 和 C^*（其中 Z、m 是由设计决定）；4 个圆：分度圆、齿顶圆、齿根圆和基圆。

将上述计算式列于下表：

表 6－4 渐开线标准直齿圆柱齿轮参数和几何尺寸

名 称	符号	计 算 公 式
分度圆	d	$d=mZ$
齿顶高	h_a	$h_a=h_a^*m=m$
顶隙	C	$C=C^*m=0.25m$
齿根高	h_f	$h_f=ha+C=1.25m$
全齿高	h	$h=h_a+h_f=2.25m$
齿顶圆	d_a	$d_a=d\pm2h_a=(Z\pm2h_a^*)m=(Z\pm2)m$ （公式中“＋”为外齿轮；“－”为内齿轮）
齿根圆	d_f	$d_f=d\mp2h_f=[Z\mp2(h_a^*+C*)]m=(Z\mp2.5)m$ （公式中“－”为外齿轮；“＋”为内齿轮）
基 圆	d_b	$d_b=d\cos\alpha=0.9397d$
齿距	p	$p=s+e=\pi m$
齿厚	s	$s=p/2=\pi m/2$
齿槽	e	$e=p/2=\pi m/2$
标准中心距	a	$a=m(Z_1\pm Z_2)/2$ （公式中“＋”为外齿轮传动；“－”为内齿轮传动）

二 齿条

当基圆半径无穷大时，齿顶圆、分度圆、齿根圆、基圆都成了相互平行的直线，渐开线齿廓变成了平行的斜直线，齿数变得无穷多，这就是齿条，如图 6－5 所示。

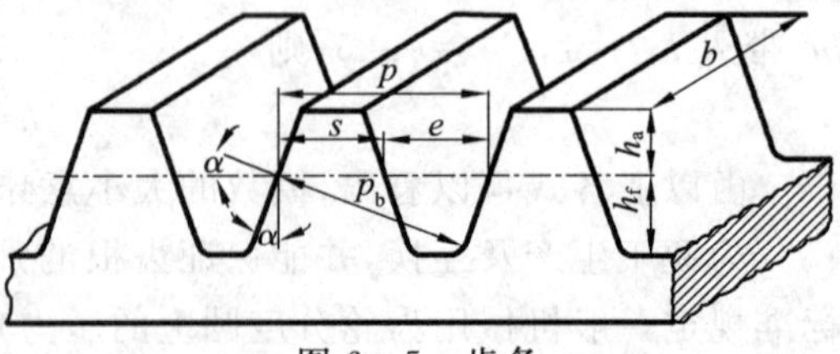

图 6－5 齿条

比较渐开线直齿圆柱齿轮，齿条具有以下的特点：

(1)齿廓上不同高度处的齿距都相等，都等于分度线(亦称齿条中线)上的齿距，即：$p_k=p=\pi m$；而法向齿距(两齿廓之间的法向距离，等于基圆齿距)为：$p_b=p\cos\alpha=\pi m\cos\alpha$。

各齿距上的齿厚与齿槽并不都相等，只有分度线上的齿厚与齿槽才相等：$s=e=\pi m/2$。

(2)齿廓上不同高度处的压力角都相等，都等于标准值 20°。

第四节　一对渐开线直齿圆柱齿轮的啮合传动

一　一对渐开线齿廓的啮合特性

(一)外啮合圆柱齿轮啮合传动

1.两组基本概念

(1)N_1N_2 线(如图 6－6 所示)

1)N_1N_2 线是两基圆的内公切线。按给定的转向可作两齿轮基圆的内公切线 N_1N_2,而且它是唯一的;

2)N_1N_2 线是两齿廓的公法线。齿廓 E_1 交 N_1N_2 线与 K 点,根据渐开线性质之(2)—①和②,N_1K 必是齿廓 E_1 的法线;同理 N_2K 必是齿廓 E_2 的法线;所以 N_1N_2 线必是两齿廓 E_1 和 E_2 在 K 点的公法线;

3)在传动过程中,当齿廓 E_1 运动到 K 点处时,如齿廓 E_2 要保持与齿廓 E_1 的接触,且使得 N_1N_2 线是两齿廓 E_1 和 E_2 在 K 点的公法线,齿廓 E_2 也一定运动到 K 点处;反之,如果齿廓 E_2 在其他处与齿廓 E_1 接触,都不可能使得 N_1N_2 线是两齿廓 E_1 和 E_2 在 K 点的公法线,即:两齿廓啮合传动时的各个啮合点必然都落在 N_1N_2 线上,所以 N_1N_2 线又是两齿廓啮合点的轨迹线,叫做两齿轮啮合传动时的啮合线;

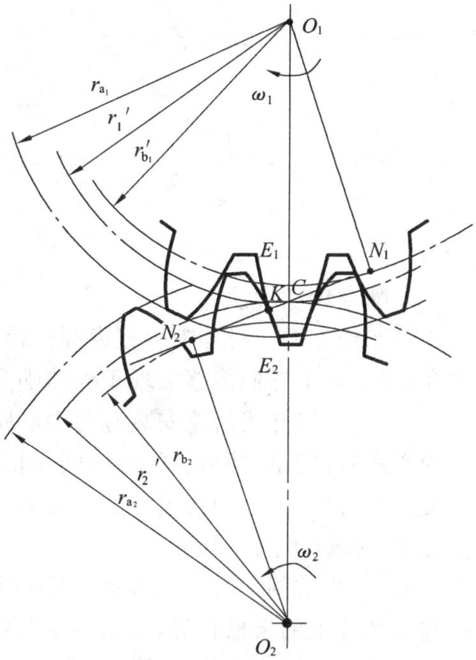

图 6－6　N_1N_2 线

4)在啮合传动过程中,齿廓 E_1 推动齿廓 E_2 转动,根据渐开线性质之(2)～④,传递力的方向即是沿 N_1N_2 线,因此 N_1N_2 线又是两齿轮啮合传动时力的作用线。

由上可知,N_1N_2 线亦是四线合一。

(2)节点和节圆(如图 6－7 所示)

两齿轮啮合传动时,两齿轮的内公切线 N_1N_2 线与两齿轮中心的连线 O_1O_2 的交点 C 叫节点。分别以两齿轮的中心 O_1 和 O_2 为圆心、过节点 C 所作的圆称作节圆,以 r_1'、r_2' 或 d_1'、d_2' 表示它们的半径或直径。两节圆的几何关系是:相切关系(外啮合时是外切,内啮合时是内切)。两节圆的运动关系是:两齿轮啮合传动时,两齿轮的节圆在做无摩擦的纯滚动,即在节点 C 处,$v_1=v_2$。

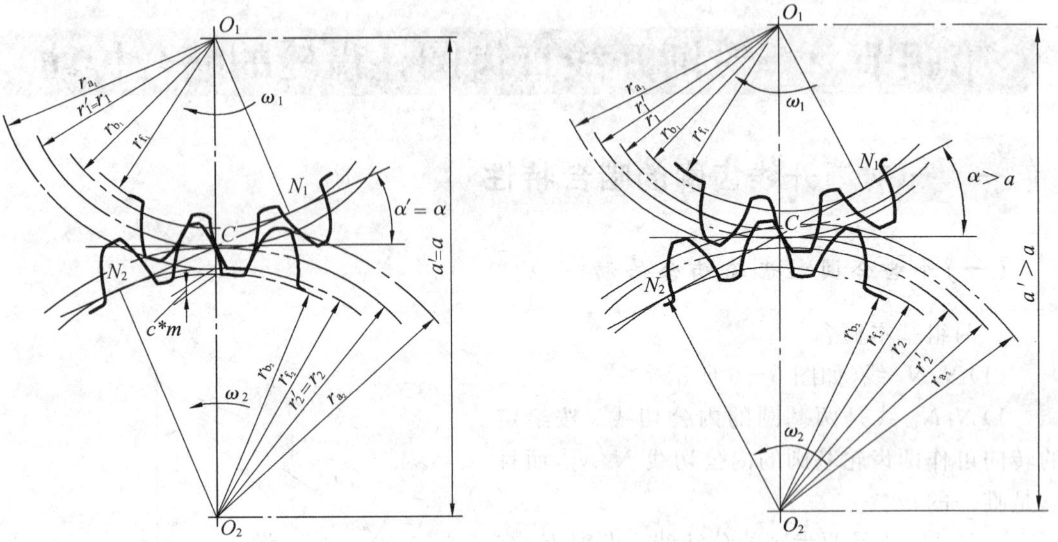

(a)　　　　(b)

图 6－7　标准齿轮的标准安装与非标准安装

2.啮合传动特性

将制作好的一对外啮合直齿圆柱齿轮（分度圆 r_1、r_2，基圆 r_{b1}、r_{b2} 等几何尺寸已确定）安装在一起，如果它们能够实现正确的啮合传动，则传动会表现出如下特性：

（1）一对渐开线齿轮安装时的中心距可分性　一对齿轮的实际安装位置（即两齿轮的实际中心距）可能是：两齿轮的分度圆相切或相离（一般两齿轮的分度圆不能相割，那样两齿轮会发生啮合干涉）。即两齿轮的节圆 r_1'、r_2' 与齿轮的分度圆 r_1、r_2 可能重合或不重合[分别见图 6－7(a)、图 6－7(b)]。

其中，当节圆 r_1'、r_2' 与齿轮的分度圆 r_1、r_2 重合时[图 6－7(*a*)]，实现了节圆 1 上的齿厚与节圆 2 上的齿槽相等，即 $s_1'=e_2'$ 或 $s_2'=e_1'$，叫做无侧隙啮合，实现无侧隙时的安装称作正确安装或标准安装。其中心距：

$$a'=a=r_1'+r_2'=r_1+r_2=(d_1+d_2)/2=m(Z_1+Z_2)/2 \qquad (6-4)$$

a 称作标准中心距。实现正确安装或标准安装时保证了传动齿轮间的顶隙值是标准顶隙 $C=C^*m$。

此时的传动比：

因为两齿轮啮合传动时，两齿轮的节圆在作无摩擦的纯滚动，即在节点处

$$v_1=r'_1\omega_1=v_2=r'_2\omega_2$$

故　$$i_{12}=n_1/n_2=\omega_1/\omega_2=r_2'/r_1'$$

又根据 $\triangle O_1CN_1 \backsim \triangle O_2CN_2$ 得 $i_{12}=n_1/n_2=\omega_1/\omega_2=r_2'/r_1'=r_{b_2}/r_{b_1}$

当安装位置使得节圆 r'_1、r'_2 分别与齿轮的分度圆 r_1、r_2 不重合时（常为分离，即 $r_1'>r_1$、$r_2'>r_2$），称作非标准安装[如图 6－7(b)]。其实际中心距：

$$a'=r_1'+r_2'>a=r_1+r_2$$

非标准安装时，传动齿轮间的顶隙 $C'>C=C^*m$。

同样根据 $\triangle O_1CN_1 \backsim \triangle O_2CN_2$，此时的传动比亦为：

$$i_{12}=n_1/n_2=\omega_1/\omega_2=r_2'/r_1'=r_{b_2}/r_{b_1}$$

上述渐开线齿廓啮合传动的这一性质称作中心距可分性。它的实际意义在于：从理论上保证了使用中的齿轮传动无论是否实现正确安装，其传动比均为一恒定值 $i_{12}=r_{b_2}/r_{b_1}$。

(2) 啮合角与节圆压力角　啮合线与过节点的两节圆的公切线间的夹角称作啮合角，用 α' 表示。过 C 点作节圆(1 或 2)的压力角，其大小就是啮合角 α'。可见，啮合角与节圆上 C 点处的压力角是指同一个角，只是在不同场合的不同应用而已，如图 6－7(a)和(b)。

正确安装时，实际中心距 $a'=a$，啮合角 α' 等于分度圆上的压力角，即 $\alpha'=\alpha$，如图 6－10(a)；

两分度圆分离时，实际中心距 $a'>a$；啮合线变了，啮合角 α' 也变大了，即 $\alpha'>\alpha$，如图 6－10(b)。

这时的啮合角为：$\cos\alpha'=\dfrac{r_b}{r'}$，$r'$ 为节圆的半径；

实际中心距 a'、啮合角 α' 与标准中心距 a、压力角 α 间的关系是：

$$a'\cos\alpha'=a\cos\alpha$$

(3)传动的平稳性　无论一对渐开线齿轮能否实现正确安装，在各自情况下的 N_1N_2 线都是唯一的。因此，根据 N_1N_2 线四线合一的性质，在各自的情况下，无论啮合进行到何时、啮合点落在 N_1N_2 线上任何位置，作用力的方向恒为 N_1N_2 线的方向。渐开线齿廓啮合传动的这一性质(以及传递的力和转矩的大小理论上亦为恒定值)保证了一对渐开线齿轮无论能否实现正确安装，都具有传动的平稳性。

(二)内啮合齿轮传动

实现正确安装的内啮合齿轮传动(图 6－8)，标准中心距为：

$$\begin{aligned}a&=r'_2-r'_1=r_2-r_1\\&=(d_2-d_1)/2\\&=m(Z_2-Z_1)/2\end{aligned}$$

非标准安装时的中心距应是 $a'<a$，亦有：

$$a'\cos\alpha'=a\cos\alpha$$

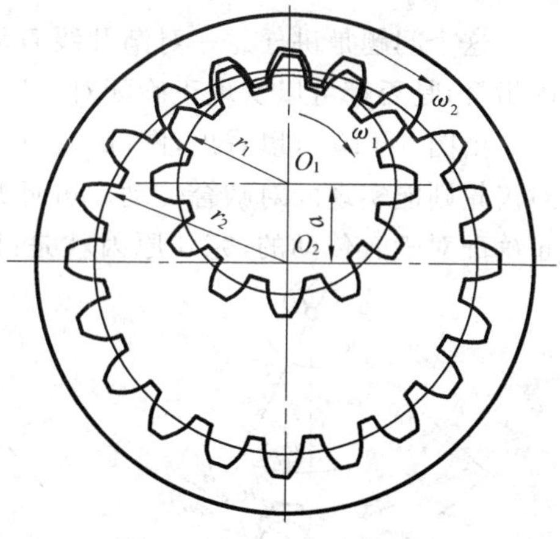

图 6－8　内啮合齿轮传动

(三)齿轮与齿条啮合的特点

图 6－9(a)所示为齿轮与齿条的标准安装位置，这时齿轮的分度圆与节圆重合、齿条的分度线与节线重合。齿轮的节圆与齿条的节线相切于节点 C，传动时它们作无摩擦的纯滚动，即在 C 点处 $v_{轮}=v_{条}$。$N_1(C)N_2$ 为啮合线，四线合一，所以 $\alpha'=\alpha=20°$。

由于安装的缘故，当齿轮与齿条处于非标准安装位置时，如图 6－9(b)所示，这时齿轮的分度圆与齿条的分度线分离。此时做 $N_1(K)N_2$ 切于基圆并过齿轮与齿条的啮合点 K，此线必为齿轮与齿条两齿廓的公法线(四线合一)，且由于齿条特有的性质：齿条齿廓上各点处的压力角为恒定值 20°，所以，与齿轮与齿条的标准安装相比较，N_1N_2 线没有变，且由于 O_1O_2 线不会变，所以节点 C 的位置没有变，即齿轮的分度圆仍处节圆的位置，即不管齿轮与齿条分离或不分离，节点的位置不变，齿轮的分度圆永远与节圆重合，此时，齿条上的节线为

过 C 点，与齿条中线平行的另一直线。啮合角亦仍然等于齿轮的分度圆压力角，即 $\alpha'=\alpha=20^\circ$。

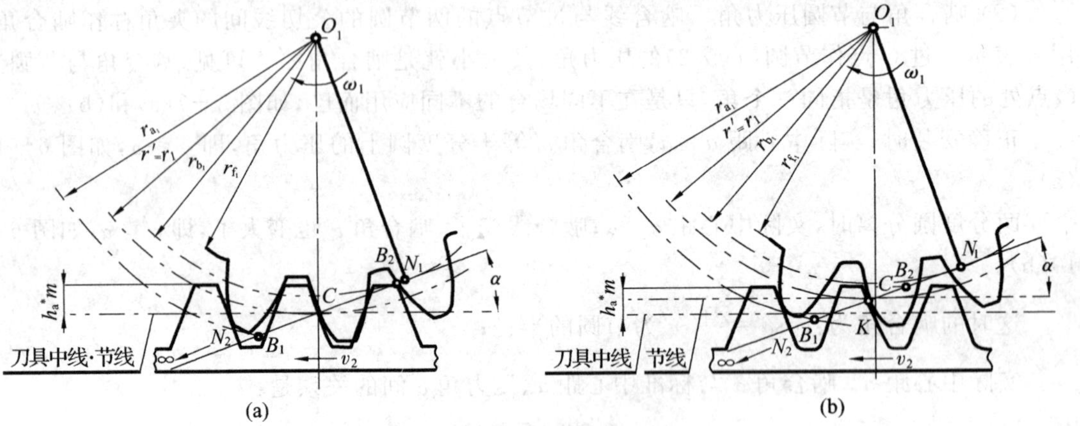

图 6－9　齿轮与齿条啮合的特点

传动时是这条“处于节线位置”的“平行的直线”与齿轮的节圆作无摩擦的纯滚动，由于齿条上各点处的移动速度均为 $v_条$ 且不变，即在节点 C 处仍然是：$v_轮=v_条$。

二　一对渐开线直齿圆柱齿轮的正确啮合条件

这个问题是讲任意一对渐开线直齿圆柱齿轮（含标准齿轮和变位齿轮及它们之间的搭配组合）是否都可以实现正确配对、进行啮合传动？实现正确配对啮合传动的条件是什么？

由图 6－10 可以看出，图(b)、图(c)的一对齿轮均不能实现配对啮合传动，而图(a)的一对齿轮则能实现配对啮合传动。可见并不是任意拿过一对渐开线直齿圆柱齿轮就可以实现正确配对啮合传动的，究其原因就是：图(a)中的一对齿轮，其相邻两同侧齿廓间的法向距

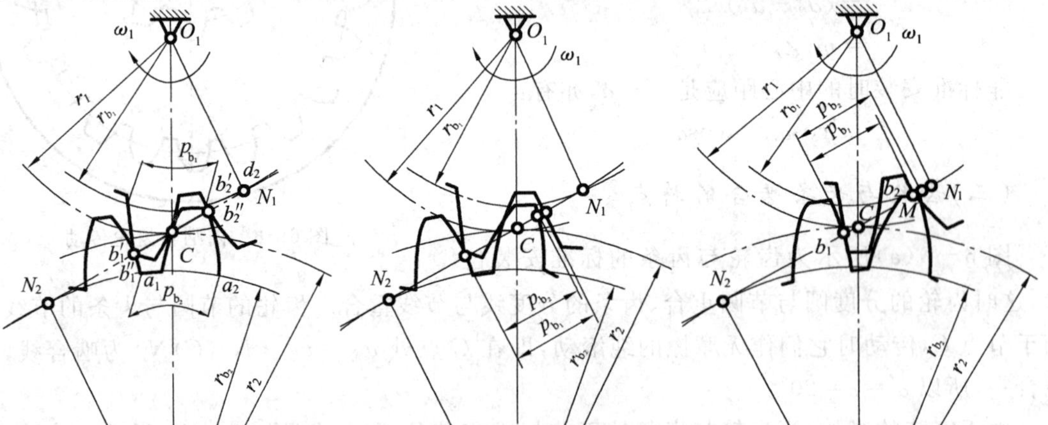

图 6－10　一对渐开线直齿圆柱齿轮的正确啮合条件

离——法向齿距相等。

即欲使一对渐开线直齿圆柱齿轮能实现正确配对以实现啮合传动，必须保证的条件是：两齿轮的法向齿距相等，即$\overline{b'_1b'_2}=\overline{b''_1b''_2}$。

根据渐开线性质(2)可得：齿轮的相邻两同侧齿廓间的法向距离应等于其基圆上的齿距。即：

$\overline{b'_1b'_2}=p_{b_1}$，$\overline{b''_1b''_2}=p_{b2}$。所以，欲使$\overline{b'_1b'_2}=\overline{b''_1b''_2}$，即必须是 $p_{b_1}=p_{b_2}$。

由于 $p_{b_1}=\pi d_{b_1}/Z_1=\pi d_1\cos\alpha_1/Z_1=\pi m_1Z_1\cos\alpha_1/Z_1=\pi m_1\cos\alpha_1$

$p_{b_2}=\pi d_{b_2}/Z_2=\pi d_2\cos\alpha_2/Z_2=\pi m_2\ Z_2\cos\alpha_2/Z_2=\pi m_2\cos\alpha_2$

故欲使一对渐开线直齿圆柱齿轮实现正确啮合，必须保证的条件即是：

$$m_1\cos\alpha_1=m_2\cos\alpha_2$$

在模数 m 和压力角 α 都已实现标准化的现实情况下，欲实现这一条件，就成为：

$$\begin{cases}m_1=m_2\\ \alpha_1=\alpha_2\end{cases}\tag{6-5}$$

三 一对渐开线标准直齿圆柱齿轮的连续传动条件

(一)外啮合传动

这一问题是说能够实现配对啮合的一对渐开线直齿圆柱齿轮，是否就一定能实现连续传动。即是说在前一对轮齿在即将脱离接触时，后一对轮齿能否保证进入或已经进入啮合、以保证啮合传动的连续性。

图 6－11(a)：前一对轮齿在 B_1 点即将脱离接触时，后一对轮齿**恰恰**进入啮合点 B_2；

图 6－11(b)：前一对轮齿在 B_1 点即将脱离接触时，后一对轮齿**尚未**进入啮合点 B_2；

图 6－11(c)：前一对轮齿在 B_1 点即将脱离接触之前，后一对轮齿**早已**进入啮合点 B_2；

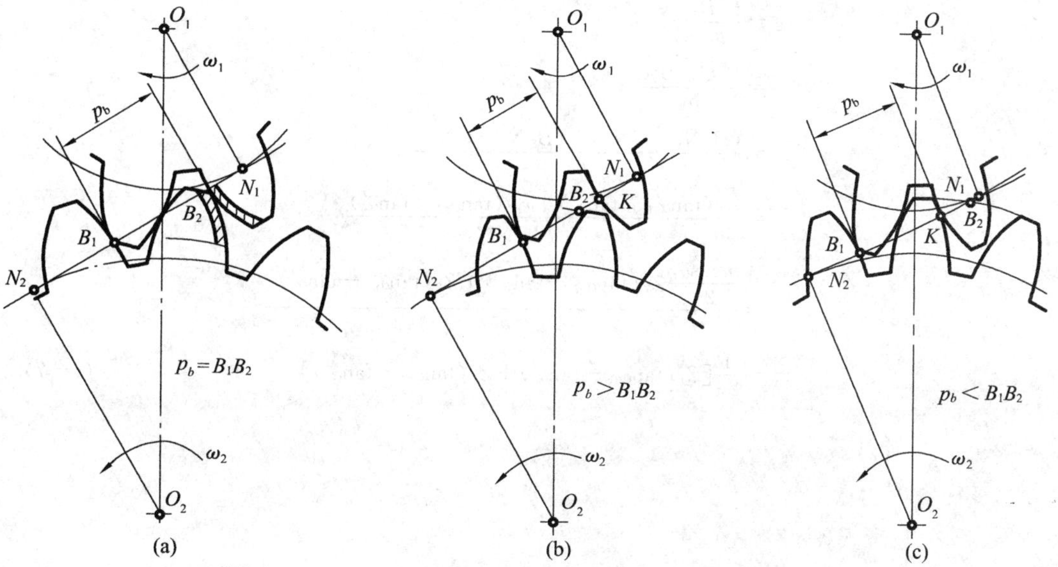

图 6－11 一对渐开线标准直齿圆柱齿轮的连续传动条件

显然，图 6－11(b)所示的第二对轮齿的啮合状况将使传动中断，这一对齿轮将不能实现连续传动；图 6－11(a)所示的一对齿轮则刚刚能实现连续传动；图 6－11(c)所示的一对齿轮能确保实现连续传动。

把前一对轮齿(也是这对齿轮的每一对轮齿)即将脱离接触时的啮合点 B_1 叫做齿轮啮合过程的终点，把后一对轮齿(也是这对齿轮的每一对轮齿)刚刚进入啮合的啮合点 B_2 叫做齿轮啮合过程的始点，$\overline{B_1B_2}$线长就是每一对轮齿啮合过程中走过的长度，叫作齿轮的实际啮合线长。理论上说 B_2 点最高可达 N_1 点；B_1 点最远可达 N_2 点；因此称$\overline{N_1N_2}$线为齿轮啮合时的理论啮合线长。

在图 6－11(b)中：$\overline{B_1B_2}<p_{b1}=p_{b2}=p_b$；

在图 6－11(a)中：$\overline{B_1B_2}=p_{b1}=p_{b2}=p_b$；

在图 6－11(c)中：$\overline{B_1B_2}>p_{b1}=p_{b2}=p_b$。

即，为保证一对渐开线标准直齿圆柱齿轮的连续传动条件是，必须保证：

$$\overline{B_1B_2}\geqslant p_{b1}=p_{b2}=p_b$$

把这一关系式表示为：

$$\varepsilon=\overline{B_1B_2}/p_b\geqslant 1 \qquad (6-6)$$

(在实际传动中，由于制造、安装的误差，则应必须保证 $\varepsilon=\overline{B_1B_2}/p_b>1$。)

ε 叫做一对齿轮啮合传动时的重合度。ε 常用取值范围见表 6－5。

重合度的大小表明了同时参加啮合传动的轮齿的齿对数的多少。重合度越大，同时参加啮合的齿对数越多，齿轮的承载能力就越强，传动的平稳性就越好。

表 6－5　**[ε]的推荐表**

使用场合	一般机械制造业	汽车、拖拉机	金属切削机床
[ε]	1.4	1.1～1.2	1.3

由图 6－12，外啮合齿轮传动时的重合度计算式为：

$$\begin{aligned}\varepsilon&=\frac{\overline{B_1B_2}}{p_b}\\&=\frac{B_1C+B_2C}{p_b}\\&=\frac{(B_1N_1-CN_1)+(B_2N_2-CN_2)}{p_b}\\&=\frac{r_{b1}(\tan\alpha_{a1}-\tan\alpha')+r_{b2}(\tan\alpha_{a2}-\tan\alpha')}{p_b}\\&=\frac{\frac{m\cos\alpha}{2}[Z_1(\tan\alpha_{a1}-\tan\alpha')+Z_2(\tan\alpha_{a2}-\tan\alpha')]}{p_b}\\&=\frac{1}{2\pi}[Z_1(\tan\alpha_{a1}-\tan\alpha')+Z_2(\tan\alpha_{a2}-\tan\alpha')]\end{aligned} \qquad (6-7)$$

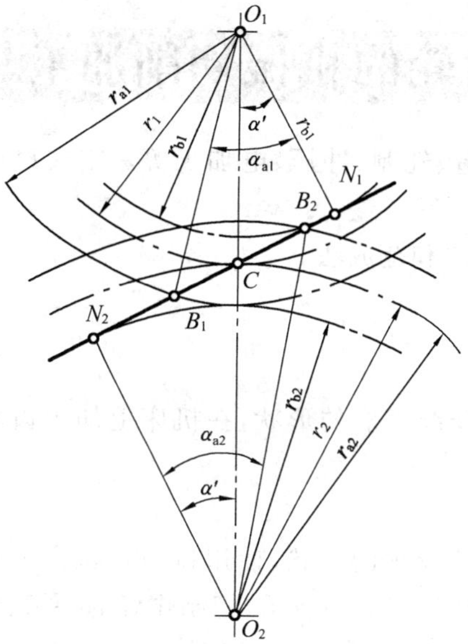

图 6—12 外啮合齿轮传动的重合度计算

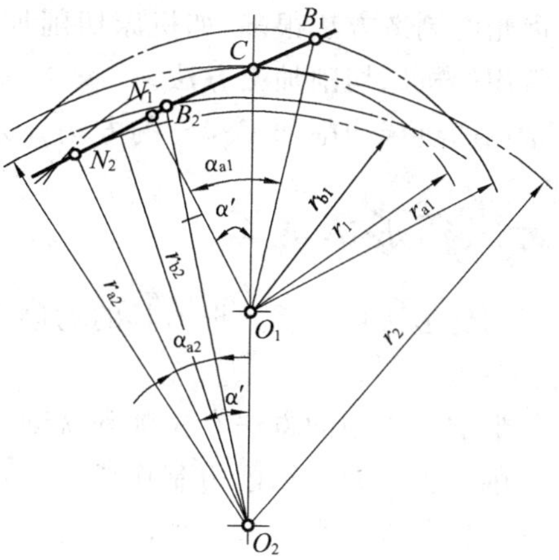

图 6—13 内啮合齿轮传动的重合度计算

（二）内啮合传动

内啮合齿轮传动（图 6—13）时的重合度计算公式为：

$$\varepsilon=\frac{1}{2\pi}[Z_1(\tan\alpha_{a1}-\tan\alpha')-Z_2(\tan\alpha_{a2}-\tan\alpha')] \tag{6—8}$$

（三）齿轮与齿条啮合传动

当一个直齿轮与一个直齿条啮合传动时，齿数 Z_2 趋于无穷大，如图 6—14：

由于 $B_2C=h_a^* m/\sin\alpha$

所以重合度为：

$$\varepsilon=\frac{1}{2\pi}\left[Z_1(\tan\alpha_{a1}-\tan\alpha')+\frac{4h_a^*}{\sin2\alpha}\right] \tag{6—9}$$

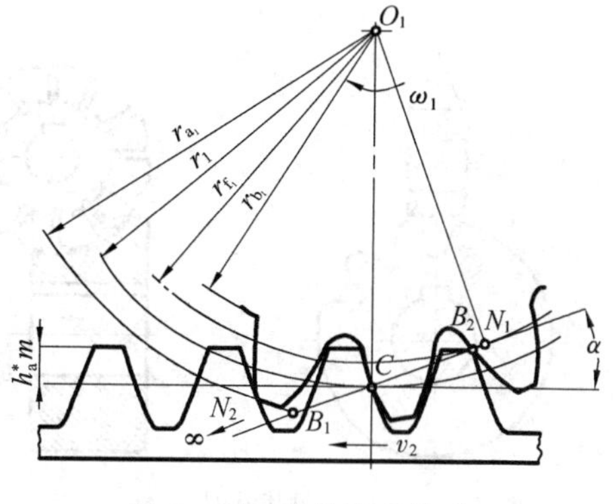

图 6—14 齿轮齿条传动

（四）齿条与齿条啮合传动

当一直齿条与另一个直齿条啮合传动时，齿数 Z_1 也趋于无穷大，将图 6—14 所示传动中的齿轮换成齿条，则同样 $B_1C=h_a^* m/\sin\alpha$。这时达到了直齿圆柱齿轮传动的最大重合度，为：

$$\varepsilon=\frac{1}{2\pi}\left[\frac{4h_a^*}{\sin2\alpha}+\frac{4h_a^*}{\sin2\alpha}\right]=\frac{4h_a^*}{\pi\sin\alpha} \tag{6—10}$$

代入 $h_a^*=1$，$\sin\alpha=\sin20°=0.3420$

得：

$$\varepsilon_{max}=1.981$$

第五节　渐开线直齿圆柱齿轮的机械切削加工

齿轮的制造方法很多，如机床切削加工、精密铸造、轧制、冲压、电加工等。本文讨论的仅为常用的机床切削加工方法。

常用的机床切削加工齿轮的方法分为两类：仿形法和范成法。

一　仿形法加工

所谓仿形法加工就是把刀具的切削刃制作成渐开线齿廓的形状，在机床上加工齿轮的方法。

仿形加工常用的方法有拉削和铣削。

拉削是把拉刀的切削刃制作成完整的渐开线齿轮齿廓的形状，使用拉刀在机床上来拉削工件。这种方法常用来拉削内齿轮、内花键等，如图 6－15(a)所示，把制作好的一组、数把刀片 7 按逐级放大尺寸的顺序安装在刀杆 3 上，通过液压油缸 2 一次把被加工工件 9 拉削成形。

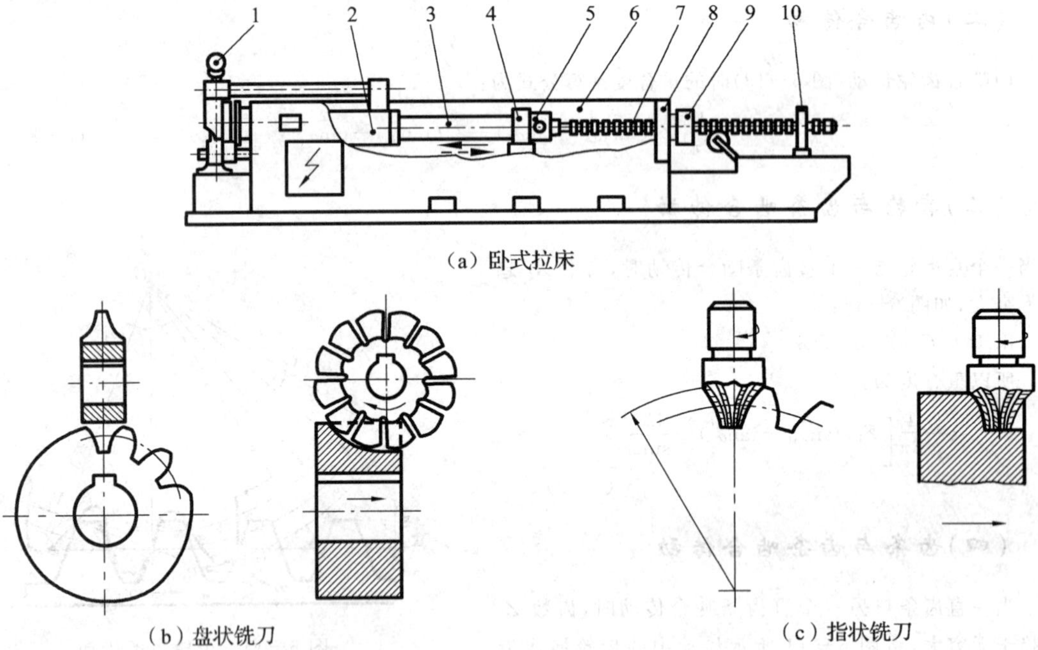

(a) 卧式拉床

(b) 盘状铣刀

(c) 指状铣刀

1.压力表　2.液压缸　3.活塞拉杆　4.随动支架　5.夹头　6.床身　7.拉刀　8.靠板　9.工件　10.滑动托架

图 6－15　仿形加工

加工外齿轮多用铣削的方法，如图 6－15(b)所示，所用的刀具为铣刀，有指状铣刀和盘状铣刀。每一模数的齿轮准备了八个刀号的刀具，每一刀号的刀具加工某一个齿数范围的齿轮，如表 6－6。这一齿数范围内各齿轮的齿廓均按齿数少的齿轮的齿廓形状加工，因此，除最小齿数齿轮的齿廓形状是准确的外，其余齿数齿轮的齿廓形状均只是近似的。(因为，按照齿数少的齿廓形状加工出的齿轮，配对齿轮均可啮入，但对于除最小齿数以外的齿数的齿轮会出现传动精度较低的现象；反之，如按齿数较多的其他齿轮的齿廓切制齿轮，则另一齿轮在参与传动时有可能会出现啮合干涉——即与之配对的其他齿轮啮入不进来的现象，参阅图 6—43。）

表 6—6 圆盘铣刀加工齿数范围

刀号	1	2	3	4	5	6	7	8
加工的齿数范围	12～13	14～16	17～20	21～25	26～34	35～54	55～134	≥135

用这种方法加工，齿轮的精度等级低(9 级以下)；并且由于每加工完一个齿需要手工进行分度(分度头)，生产效率低。一般仅用于要求齿轮精度不高或单件修复传动用。

二 范成法加工

(一)范成法(展成法)

观察一对渐开线齿轮的啮合传动过程，可以看出啮合传动时，一齿轮其轮齿的工作齿廓的一侧所占据的一个个位置的包络线正是另一齿轮轮齿工作齿廓一侧的齿廓曲线，即它们的齿廓互为包络线。

所谓范成法(展成法)，就是利用上述一对齿轮的齿廓互为包络线的原理，把其中的一个齿轮用刀具(齿轮插刀、齿条插刀或滚铣刀)代替，这把刀具的切削刃所占据的一个个位置的“包络线”即是被切制轮齿的齿廓曲线，参阅图 6—16(a)、(b)。

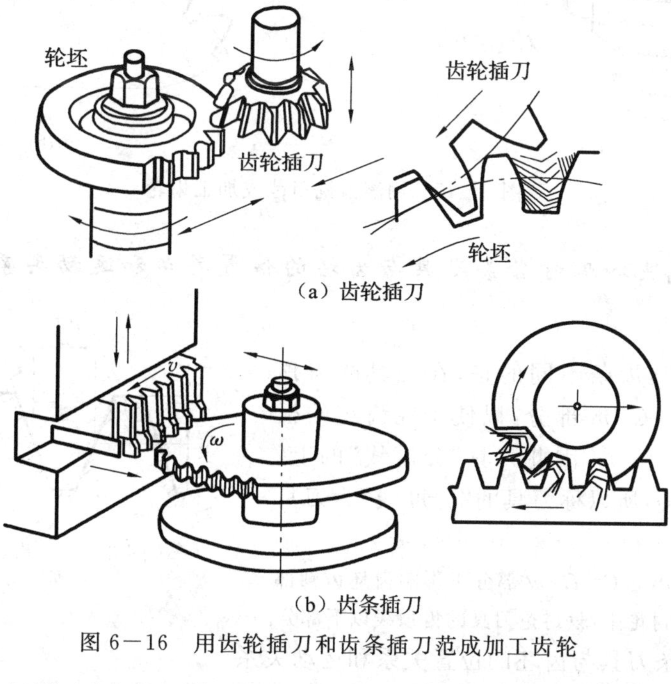

(a) 齿轮插刀

(b) 齿条插刀

图 6—16 用齿轮插刀和齿条插刀范成加工齿轮

因为只要模数相同、压力角相等，一个齿轮可与不同齿数的齿轮啮合传动，所以，切齿时用同一把刀取不同的速比 $\omega_{刀}/\omega_{坯}$(或 $v_{刀}/\omega_{坯}$)就可以范成出模数、压力角相同、齿数各不相同的齿轮。

（二）范成加工

1. 用齿轮插刀或齿条插刀范成切削

用齿轮插刀或齿条插刀的范成切削过程包含四个动作：展成→切削→让刀（并在让刀后返程）→径向进刀，如图 6－16(a)、(b)。由于有让刀再进刀，使生产过程不连续，因此这种加工方法只适于单件或小批量的生产。

2. 用滚铣刀范成切削

滚铣刀制作成螺杆状，在一个圆周内沿轴向开设若干条沟槽，这就在同一螺纹上沿圆周开设了若干把刀，如图 6－17(a)；在滚铣刀的轴剖面内，其切削刃就相当于"齿条刀具"，如图 6－17(b)。滚刀在绕自身轴线转动时，就相当于无穷多的"齿条插刀"在作连续的切削运动，这使得生产效率大大提高，可用来批量生产。

用插刀或滚铣刀加工的齿轮可达到 7 级精度。

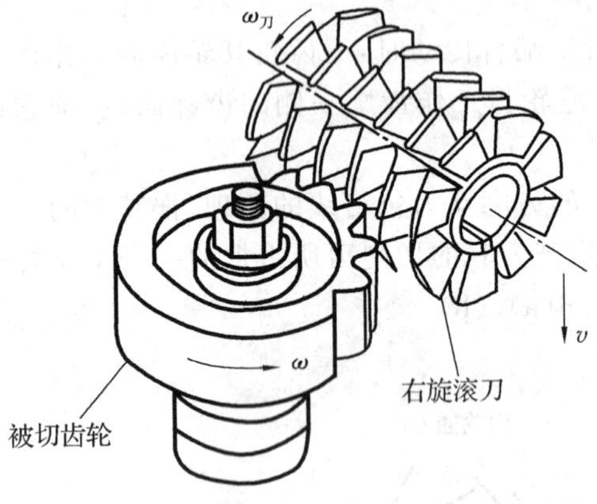

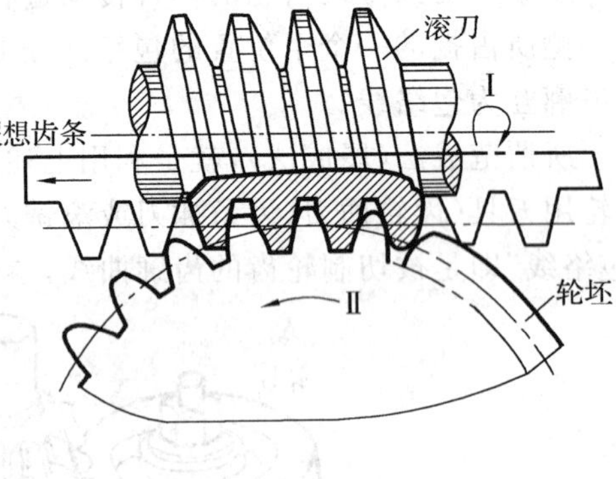

图 6－17 用滚齿铣刀范成加工齿轮

（三）用范成法加工时齿条刀具与齿坯的位置关系和运动关系

1. 齿条刀具

如图 6－18，与齿条不同的是，在刀具的齿顶多了一个顶部 $C=C^{*}m$ 部分，以便于在齿坯的根部切制出顶隙 $C=C^{*}m$，因此刀具"分度线"的上、下两部分高度相等，所以称刀具的"分度线"为刀具中线。

（＊刀具顶部多出的 $C=C^{*}m$ 部分不影响齿坯齿廓部分的成形，在以后的讨论中，只讨论刀具的齿顶线以下部分。）

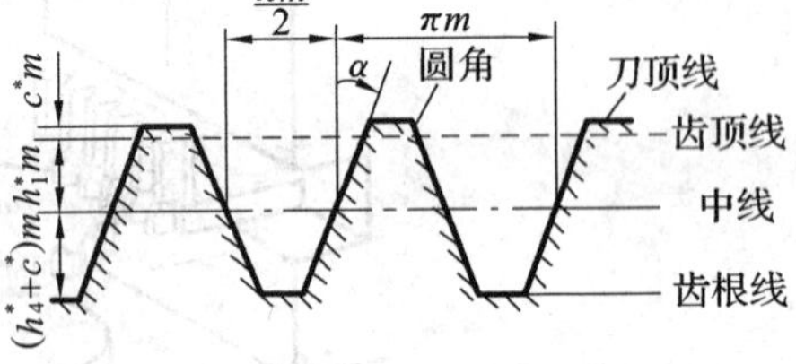

图 6－18 齿条刀具的齿廓

2. 切齿时齿条刀具与齿坯的位置关系和运动关系

当切制标准齿轮时，相当于齿轮与齿条处于"标准安装"位置，如图 6－19，即：齿坯的分度圆与节圆重合、齿条刀具的中线与机床节线重合，所以此时齿坯的分度圆与齿条刀具的中线处于相切位置。

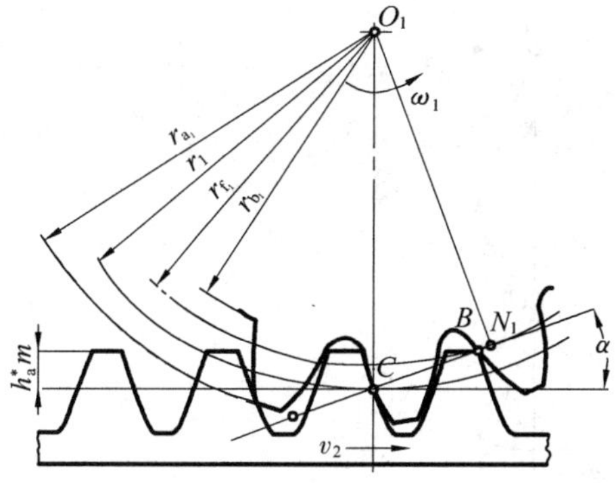

图 6－19 用范成法加工时齿条刀具与齿坯的位置关系和运动关系

切齿时是齿坯的分度圆与齿条刀具的中线在做无摩擦的纯滚动，即在 C 点处 $v_{刀}=v_{坯}=r_1\omega_{坯}$ 或 $\omega_{坯}=v_{刀}/r_1$。

第六节 变位齿轮和变位齿轮传动

一 加工标准齿轮所受的限制

如图 6－20，当用齿条刀具切制标准齿轮时，刀具的齿顶线不应超过齿坯基圆上的 N_1 点，把它称作理论啮合线的上极限点，这是刀具切削刃（相当于齿条的齿廓）与渐开线齿廓"啮合过程"（即切削刃的切削过程）的极限。

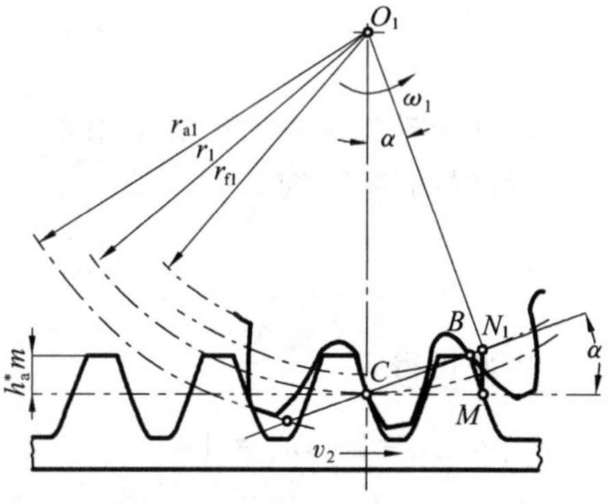

图 6－20 加工标准齿轮受到齿数的限制

在图 6－20 中，N_1 到刀具中线的高为：

$$N_1M=N_1C\times\sin\alpha=O_1C\times\sin\alpha\times\sin\alpha=\frac{mZ}{2}\sin^2\alpha \tag{6-11}$$

N_1M 长是一变化量，它随着齿数 Z 增减而变长或变短，如图 6－21(a)。当用同一把刀切制不同齿数的齿轮时，由于刀具的 m、α 不会变，刀具的顶高部分 $h_a=h_a^*m$ 亦不会变。当 N_1M 随着被切削齿轮的齿数减少而变短，达到 $N_1M=\frac{mZ}{2}\sin^2\alpha<h_a=h_a^*m$ 时，刀具的顶线高过上极限点 N_1，当切削过程（图中向右）超过了极限点 N_1［在图 6－21(a)中应为 N_1''点］时，切削过程还将继续进行，切削刃的高出部分将把已经范成出的渐开线的底部切削去，轮齿的根部将被部分挖去，这就是范成法切齿时的根切现象，如图 6－21(b)所示。

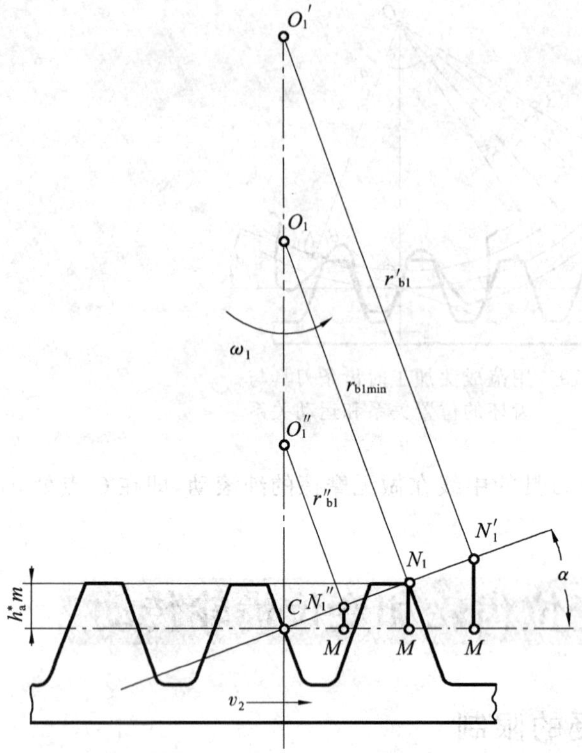

(a)不同齿数齿轮的极限点N_1的高度变化

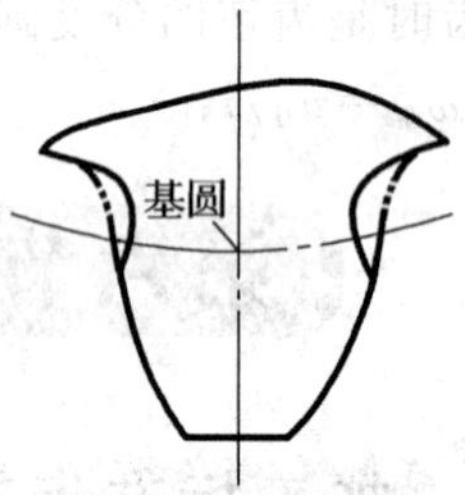

(b)根切现象

图 6－21　根切的原因和根切现象

因此使被加工齿轮不发生根切的极限即最少齿数应是刀具的顶线刚好到达上极限点 N_1 高度时的位置，即：

$$h_a = h_a^* m = N_1M = \frac{mZ}{2}\sin^2\alpha$$

因此可得，

$$Z_{min} = \frac{2h_a^*}{\sin^2\alpha} \tag{6－12}$$

代入　$\alpha = 20°, h_a^* = 1$：

得

$$Z_{min} = \frac{2h_a^*}{\sin^2\alpha} = \frac{2}{\sin^2 20°} = 17 \tag{6－13}$$

（＊当允许齿轮少量根切时，按经验数据，可取最小齿数为 $Z_{min} = 14$。）

二　变位与变位齿轮

（一）变位

在图 6－21(a)中，当加工齿数 $Z < Z_{min}$ 的齿轮时，为避免根切，需将刀具向着远离齿坯中心的方向至少移动：

$$y_{min} = x_{min}m = h_a - N_1M = h_a^* m - \frac{mZ}{2}\sin^2\alpha \tag{6－14}$$

这一加工齿轮时移动刀具的加工方法叫做变位加工法。刀具向着远离齿坯中心方向的移动称作正变位，刀具向着靠近齿坯中心方向的移动称作负变位。$y=xm$ 叫变位量（或称移距），x 叫做变位系数（或称移距系数）。$y_{\min}=x_{\min}m$ 为最小变位量，$x_{\min}$ 为最小变位系数。

由式（6－14）得最小变位系数：

$$x_{\min}=h_a^*-\frac{Z}{2}\sin^2\alpha \qquad (6-15)$$

与式（6－12）联立 $Z_{\min}=\frac{2h_a^*}{\sin^2\alpha}$，得：

$$x_{\min}=\frac{h_a^*(Z_{\min}-Z)}{Z_{\min}} \qquad (6-16)$$

取 $\alpha=20°, h_a^*=1$：

$$x_{\min}=\frac{17-Z}{17} \qquad (6-17)$$

式（6－17）说明了：当被加工齿轮的齿数 $Z<17$ 时，为避免根切必须要采用正变位的加工方法，最小变位量为 $y_{\min}=x_{\min}m=\frac{17-Z}{17}$；当被加工齿轮的齿数 $Z=17$ 时，最小变位量为 $y_{\min}=x_{\min}m=\frac{17-Z}{17}m=0$，加工出的是标准齿轮；当被加工齿轮的齿数 $Z>17$ 时，允许负变位，允许的最大变位量为 $y_{\max}=|x_{\min}|m=\left|\frac{17-Z}{17}\right|m$。

*（二）变位齿轮的参数和几何尺寸

1. 未变的参数和几何尺寸

用范成法加工齿轮时，刀具与被加工齿轮的运动关系是：在节点 C 处 $v_{刀}=v_{坯}=r_1\omega_{坯}$。当加工变位齿轮时，将刀具远离（或靠近）齿坯中心，且维持 $v_{刀}$ 和 $\omega_{坯}$ 不变，则被加工齿轮的 $r_1=v_{刀}/\omega_{坯}$ 亦不变。根据齿条的特点：处于节线位置的、刀具上“与刀具中线平行的直线”的齿距 $p_k=p$（但 $s_k\neq e_k$）、压力角 $\alpha_k=\alpha$，所以加工出的齿轮分度圆上的齿距 $p=\pi m$ 不变（但 $s\neq e$），压力角 α 不变；模数 m、齿数 Z、基圆 $d_b=mZ\cos\alpha$ 等参数均不变，所以渐开线也没变。只是在基圆上的渐开线的始点 A 的位置变了（参阅图 6－25）；同时，分度圆上的齿厚与齿槽；齿顶与齿根等尺寸变了（下述）。

2. 变化的参数和几何尺寸

（1）d_a 和 d_f　如图 6－22(a)和(b)：正变位加工时，刀具向着远离齿坯中心的方向移动了 $y=xm$，（如果维持轮齿的全齿高不变）则齿顶高度增加了 xm，成为 $h'_a=(h_a^*+x)m$；齿根高度减少了 xm，成为 $h'_f=(h_a^*+c^*-x)m$；这时齿轮的齿顶圆增大到：

$$d_a'=[(Z+2h_a^*)+2x]m \qquad (6-18)$$

齿轮的齿根圆则增大到：

$$d_f'=[(Z-2h_a^*-2C^*)+2x]m \qquad (6-19)$$

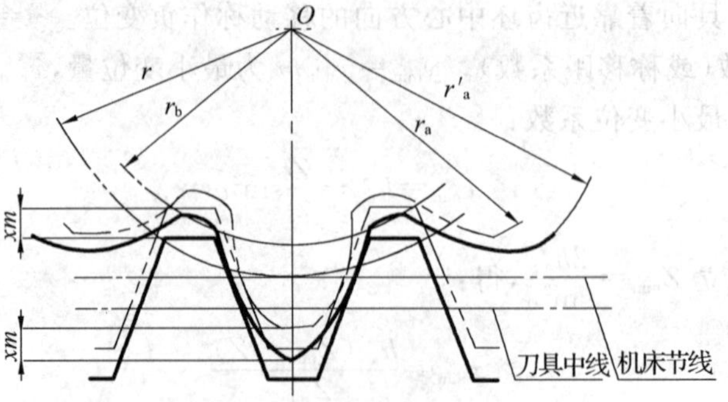

(a) 齿顶高和齿顶圆的增大量

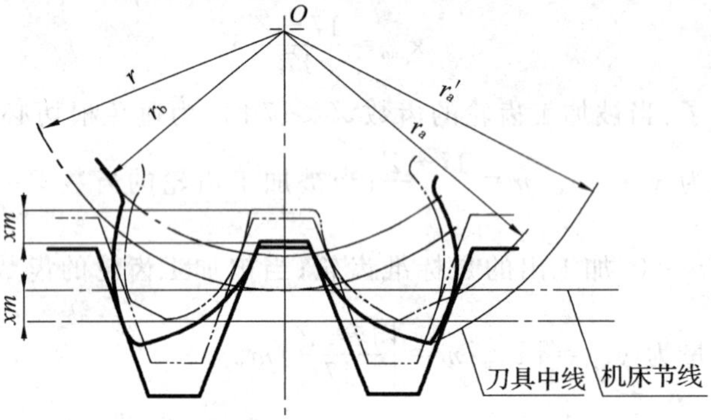

(b)齿根高的减小量和齿根圆的增大量

图 6－22　变位齿轮的齿顶圆与齿根圆计算

(2) s、e 和 W　如图 6－23 所示，由于切削时刀具节线与齿坯的节圆是在作无摩擦的纯滚动，所以一侧齿厚的增量 $\Delta s/2$（Ⅰ放大图中弧线 CJ）应等于与刀具移距时相对应的刀具在水平方向上的移动距离 $xm\tan\alpha$（Ⅰ放大图中线段 CK），则可得 $\Delta s=2xm\tan\alpha$。因为 $p=\pi m$ 不变，齿槽则减少了 $\Delta e=2xm\tan\alpha$。

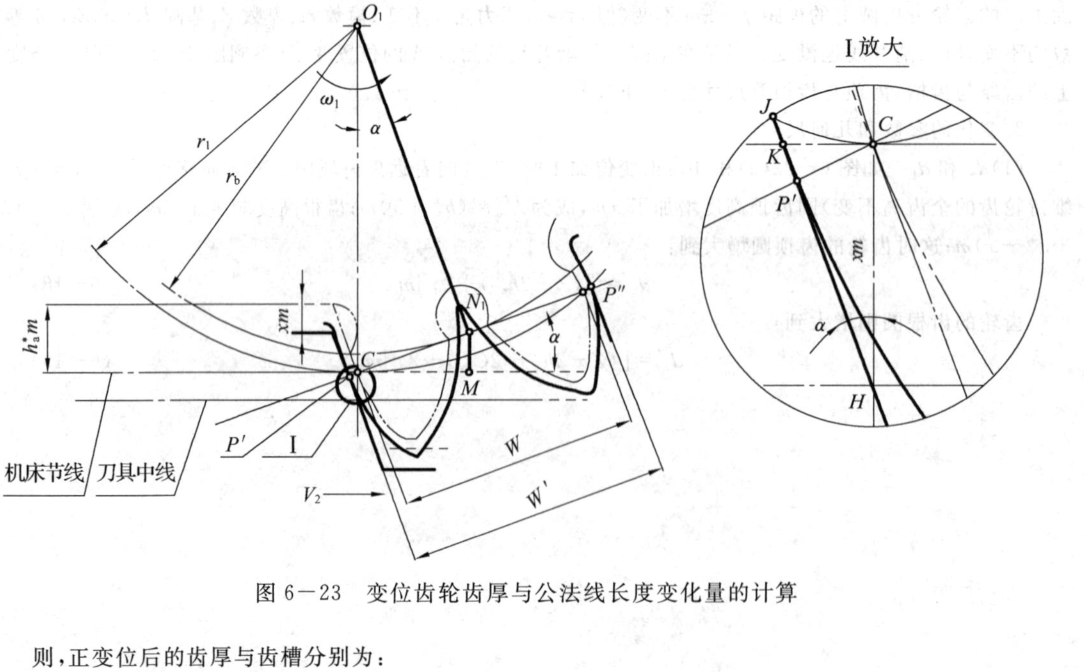

图 6－23　变位齿轮齿厚与公法线长度变化量的计算

则，正变位后的齿厚与齿槽分别为：

$$s'=\frac{\pi m}{2}+2xm\tan\alpha \qquad (6-20)$$

$$e'=\frac{\pi m}{2}-2xm\tan\alpha \qquad (6-21)$$

过刀具的切削刃与齿廓的接触点 P' 处的法线 $P'P''$ 就应是跨测 Z 个齿时的齿轮的公法线长。公法线 W 在齿的一侧的增量为 $\frac{\Delta W}{2}=xm\sin\alpha$（Ⅰ放大图中 CP'），则 $\Delta W=2xm\sin\alpha$，所以正变位后的齿轮的公法线长为

$$W'_K=m\cos\alpha[(k-0.5)\pi+Z\times \mathrm{inv}\alpha]+2xm\sin\alpha \qquad (6-22)$$

负变位时上述尺寸的变化与正变位时的变化相反。

（三）关于变位齿轮的修顶问题

当一对维持全齿高不变、变位系数分别为 x_1、x_2 的变位齿轮，组成变位传动时，其顶隙将变为：

$$C'=[C^*-(x_1+x_2-y)]m$$

式中：C^*m——标准顶隙；

x_1m——齿轮 1 的齿顶高增量；

x_2m——齿轮 2 的齿顶高增量；

ym——中心距的增量。

这时的顶隙已不再是标准值。

显然，如要维持标准的顶隙值，保证正常的啮合传动和储油，两齿轮的齿顶都必须“修去”某一高度。修顶后，变位齿轮 1、2 的齿顶圆半径分别为：

$$r_{a1}'=a'-r_{f2}-C \text{ 和 } r_{a2}'=a'-r_{f1}-C$$

式中：a'——变位传动的中心距；

r_{f1}、r_{f2}——分别为变位齿轮 1、2 的齿根圆半径；

C——为标准顶隙值。

如图 6－24 所示。

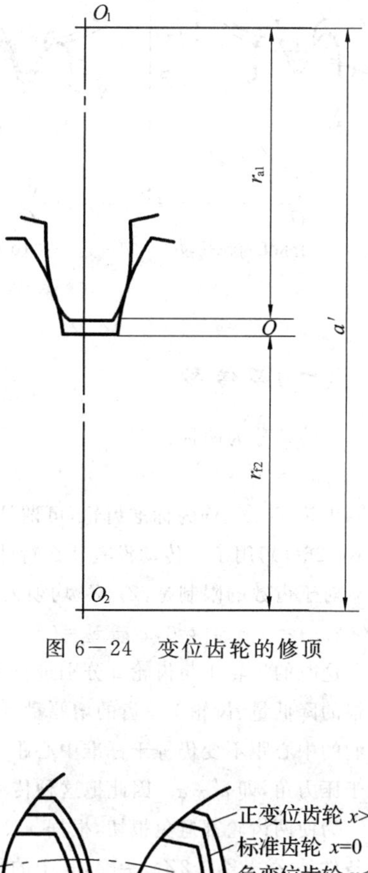

图 6－24　变位齿轮的修顶

（四）变位齿轮及其优缺点

(1)由图 6－25 可以看出同一把刀具加工出的(正、负)变位齿轮与标准齿轮均为同一基圆产生的渐开线，因此渐开线的形状是相同的，只是在基圆上的起点不同；

(2)把三个齿轮一侧的渐开线重叠在一起，可以看出，与标准齿轮相比，正变位齿轮用的是渐开线上距离基圆较远的段落，负变位齿轮用的是渐开线上距离基圆较近的段落；

(3)正变位后的齿轮齿根厚度增加了，增大了齿根的强度；齿顶厚度减小了，齿顶的强度降低了，因此变位系数较大时，必须限制齿顶厚度的减小量(通常限制 $S_a \not< 0.25m \sim 0.4m$)。

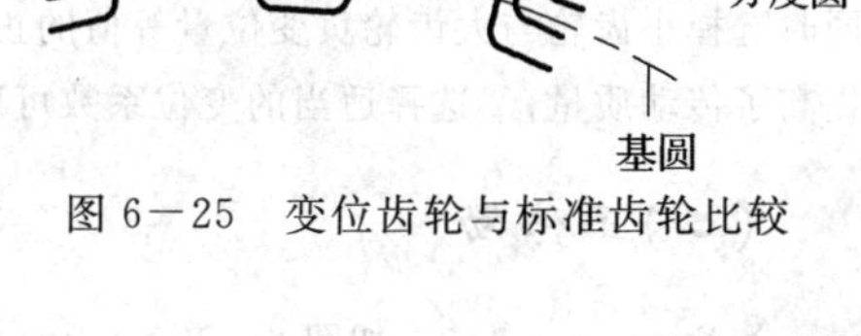

图 6－25　变位齿轮与标准齿轮比较

三 变位传动

变位后的齿轮 m、α 未变，因此在正、负变位齿轮与标准齿轮三类齿轮之间只要符合 $m_1=m_2$，$\alpha_1=\alpha_2$ 的条件均可以配对组合、进行啮合传动。

按变位系数之和 ΣX 概括，可组成三类传动：

$\Sigma X=x_1+x_2=0$，称为零传动，如图 6－26(a)和(b)；$\Sigma X=x_1+x_2>0$，称为正传动，如图 6－26(c)；$\Sigma X=x_1+x_2<0$，称为负传动，如图 6－26(d)。正传动与负传动均为非零传动。

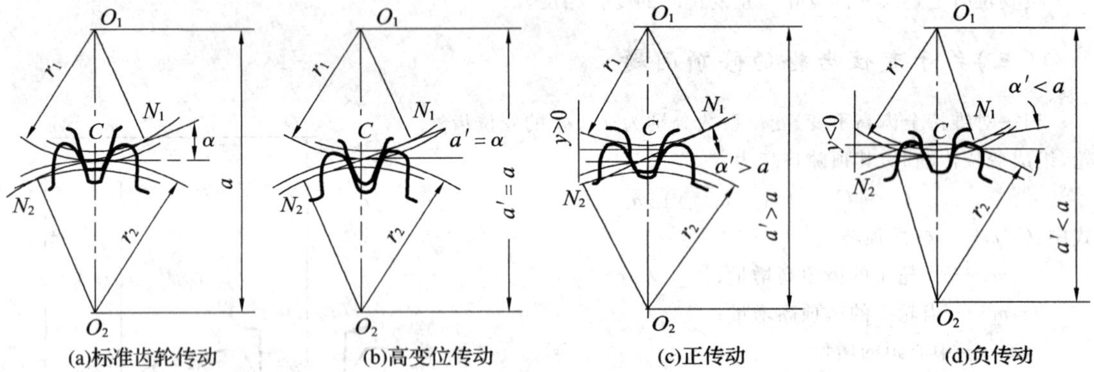

图 6－26 变位传动

(一)零传动

零传动分为两种：

1. $x_1=x_2=0$

齿轮 Z_1、Z_2 均为标准齿轮，可谓是变位齿轮的特例，组成了标准齿轮传动，又称为零变位齿轮传动，如图 6－26(a)，用于对传动没有什么特殊要求的传动中。

对于齿数的限制是：Z_1、Z_2 均须大于等于 17。

2. $x_1=|-x_2|\neq 0$，$x_1+x_2=0$

这时的齿轮 1 与齿轮 2 分别进行了等量的正、负变位，齿轮 1 齿顶和齿根的增高量等于齿轮 2 齿顶和齿根的降低量、齿轮 1 轮齿的增厚量等于齿轮 2 轮齿的减薄量。如图 6－26(b)，当实现无侧隙啮合传动时，它们的中心距不变仍等于标准中心距，即 $a'=a$，各自的节圆不变仍与分度圆重合，即 $r'=r$；啮合角不变仍等于压力角，即 $\alpha'=\alpha$。因此把这种传动又称作高度变位传动。

为使两齿轮都避免根切，根据 x_1、x_2 的限制条件，即 $x_1+x_2=0$，当取 $\alpha=20°$，$h_a^*=1$ 时，两轮齿数的限制条件是 $Z_1+Z_2\geqslant 2Z_{\min}=34$，其中的小齿轮齿数 Z_1 可以小于 $Z_{\min}=17$。

这种传动的优点是：大齿轮可以采用负变位，因此可用来对大齿轮的磨损部分进行负变位修复再使用，同时选择小齿轮与大齿轮负变位量等值的正变位，增大了小齿轮的齿根厚度而提高了小齿轮的齿根强度，提高了传动质量；②选择适当的变位系数可以使大小齿轮的使用寿命尽可能的趋于一致。

(二)正传动

$\Sigma X=x_1+x_2>0$。如图 6－26(c)所示，当实现无侧隙啮合传动时，中心距增大，大于标准中心距，即 $a'>a$，各自的节圆不再与分度圆重合(分度圆相离)；啮合角增大，大于压力角，即 $\alpha'>\alpha$。因此把这种传动又称作正角度变位传动。

这种传动的特点是：由于增大了两轮的综合曲率半径而降低了齿面的接触应力；降低了齿面间的滑动摩损；由于增大了齿轮的齿根厚度而提高了齿根的弯曲强度；同时这种传动不受齿数 $Z_1+Z_2\geqslant 2Z_{min}=34$ 的限制，选择适当的变位系数可以实现配凑中心距的目的，使机构紧凑。但重合度略有降低。这是一种较为有利的传动。

（三）负传动

$\sum X=x_1+x_2<0$，如图 6－26(d)所示，当实现无侧隙啮合传动时，中心距减小，小于标准中心距，即 $a'<a$，各自的节圆不再与分度圆重合（分度圆相割）；啮合角减小，小于压力角，即 $\alpha'<\alpha$。因此把这种传动也称作负角度变位传动。

为避免两轮发生根切，当取 $\alpha=20°$，$h_a^*=1$ 时，对两轮齿数的限制条件是 $Z_1+Z_2\geqslant 2Z_{min}=34$。

这种传动降低了齿根的强度，加剧齿面间的滑动磨损等，只是在不得已、需配凑中心距时才采用。

第七节 平行轴斜齿轮传动机构

一 螺旋渐开面的生成

如图 6－27(a)所示，当平面 S 沿基圆柱作无摩擦的纯滚动时，平面 S 上与基圆柱的母线（如 NN'）平行的直线 KK' 线的轨迹是渐开面。在此基础上得到的齿轮是直齿轮[＊在《第三节渐开线直齿圆柱齿轮》一节中讲述的只是其端面（或垂直于齿轮轴线的任一截面）上的参数与几何尺寸。]

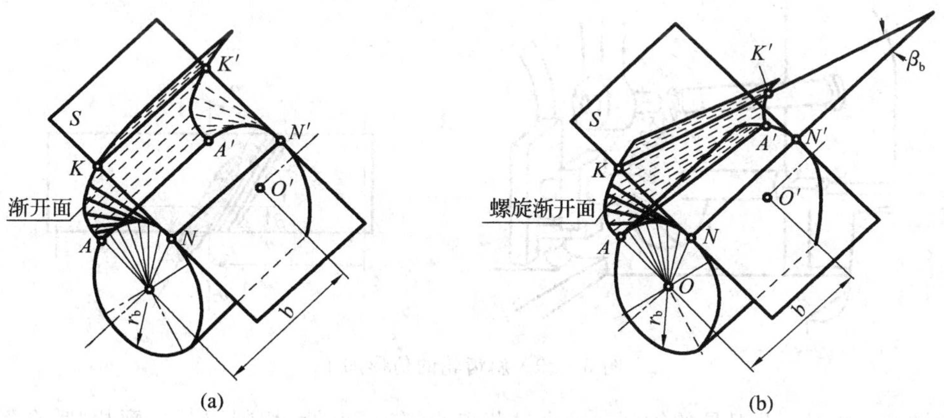

图 6－27 渐开面与螺旋渐开面生成比较

比照直齿轮，斜齿轮齿廓渐开面的产生可以看作是当平面 S 沿基圆柱作无摩擦的纯滚动时，平面 S 上一条与基圆柱的母线（如 NN'）夹角为 β_b 的斜直线 KK' 线的轨迹，生成的渐开面叫螺旋渐开面，如图 6－27(b)所示。任何一垂直于齿轮轴线的平面（包含端面）与螺旋渐开面的交线均是标准的渐开线。

在此基础上得到的齿轮是斜齿轮（图 6－28）。

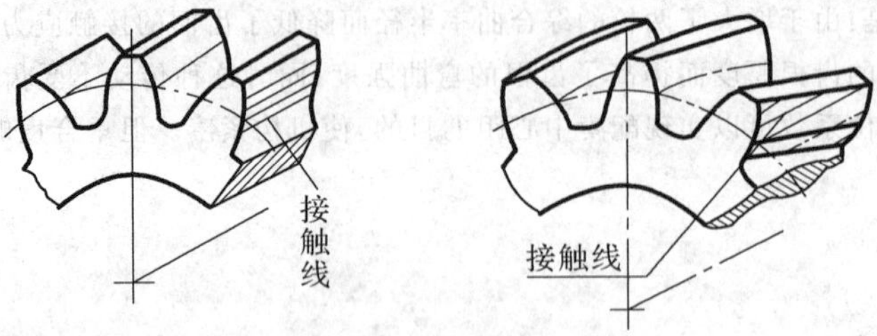

图 6－28　直齿轮与斜齿轮外形及接触线比较

用基圆柱面、分度圆柱面、齿顶圆柱面分别与螺旋渐开面相交，得到的交线分别是基圆柱面[图 6－27(b)中的 AA'线是落在基圆柱表面上的螺旋线]、分度圆柱面、齿顶圆柱面上的螺旋线，它们的切线与基圆柱、分度圆柱、齿顶圆柱的母线的夹角为 β_b、β、β_a 分别称作基圆柱、分度圆柱、齿顶圆柱上的螺旋角；同理，任意圆柱上的螺旋角为 β_k。

β_a、β、β_b 之间的关系是：$\beta_a>\beta>\beta_b$，参阅图 6－31。

分度圆柱上的螺旋角 β，被称作斜齿轮的螺旋角。

二　斜齿轮的切削加工与法面参数

在(仿形)加工直齿轮时，刀具的轴线与齿坯的轴线垂直，刀具沿齿坯的轴线从齿坯的一端加工到另一端[参见图 6－15(b)]。

加工斜齿轮时，使刀具的轴线从与齿坯的轴线垂直成为偏转 β 角，刀具与齿坯均作旋转运动，刀具沿螺旋线从齿坯的一端向另一端加工(如图 6－29 所示)。

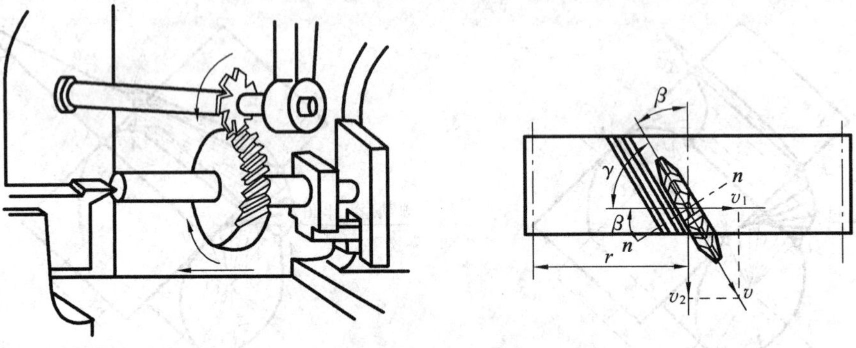

图 6－29　斜齿轮的仿形加工

在图 6－30 中，沿刀具的轴线 $n-n$，过节点 C(在 C 点处，切削刃与齿廓相“啮合”——轮齿正在被切削成形)所作的平面称作斜齿轮的法平面，法平面“截切”分度圆柱的截面是一椭圆。在法平面内，只有在节点 C 附近处的“齿形”才是“标准齿形”，其模数 m_n、压力角 α_n 分别与刀具切削刃形状相符、是标准值。

这样会带来如下问题：

仿形加工时按照怎样的齿数 Z_v 选择刀号才能加工出齿数为 Z 的斜齿轮的问题。

斜齿轮的分度圆、齿顶圆、齿根圆及中心距等几何尺寸均需在端平面内进行计算，这就必然存在法面参数与端面参数的换算与计算问题。

三 斜齿轮的当量齿轮与当量齿数问题

在用仿形加工、选择刀号以及进行斜齿轮的强度计算时都需要用到当量齿数的问题。

由图 6—30，假想按照椭圆在节点 C 处的曲率半径 ρ_v 作一圆，以该圆为“分度圆”作“直齿轮”，这个假想存在的“直齿轮”就是当量齿轮，其齿数 Z_V 为当量齿数，该“直齿轮”的模数和压力角是标准值 m_n 和 α_n。

按照直齿轮则：

$$2\rho_v = m_n Z_v \qquad (6-23)$$

由数学关系式知：$\rho_v = a^2/b$，由椭圆与斜齿轮分度圆的几何关系知：$a = r/\cos\beta$，$b = r$。代入式(6—23)，得 Z_v 与 Z 的数量关系：

$$Z_v = \frac{2\rho_v}{m_n} = \frac{2(a^2/b)}{m_n} = \frac{2(r/\cos\beta)^2/r}{m_n}$$

$$= \frac{m_t Z}{m_n \cos^2\beta} = \frac{Z}{\cos^3\beta} \qquad (6-24)$$

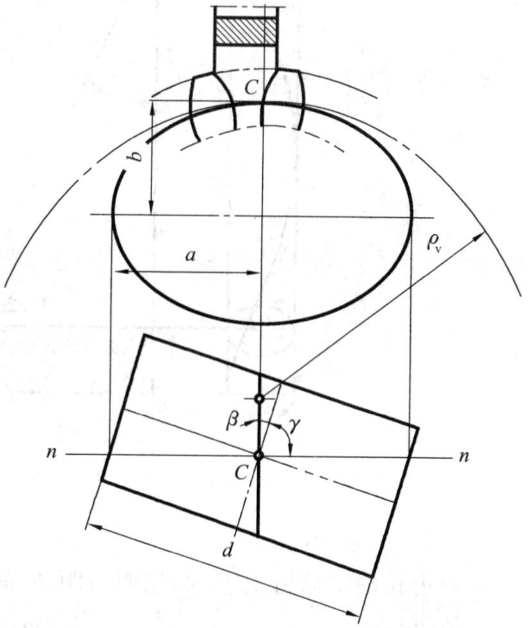

图 6—30　斜齿轮的法面齿形、当量齿轮与当量齿数

仿形加工时，按照当量齿数 Z_v(无需圆整)选取刀号就可以加工出齿数为 Z 的斜齿轮。由式(6—24)可以看出：

①$Z_v > Z$；

②若使“直齿轮”不发生根切，须 $Z_{vmin} = 17$，则 $Z = Z_v \cos^3\beta < Z_v = 17$。

四 斜齿轮的参数和几何尺寸计算

(一)斜齿轮的主要参数

沿斜齿轮的分度圆柱展开，分度圆上的螺旋线变成了一条条斜直线，如图 6—31。

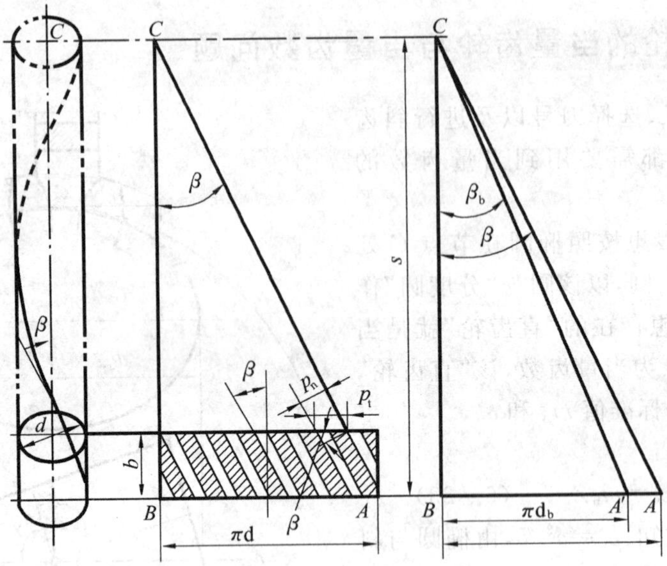

图 6－31　斜齿轮的模数、压力角与螺旋角的关系

1. m_n 与 m_t 的关系

斜齿轮的法面齿距 P_n 与端面齿距 p_t 间有如下关系：$P_n = p_t\cos\beta$

故可得

$$\pi m_n = \pi m_t\cos\beta$$

可得

$$m_n = m_t\cos\beta \qquad (6-25)$$

2. α_n 与 α_t 的关系

根据斜齿条中 α_n 与 α_t 的关系(图 6－32)，可得斜齿轮中 α_n 与 α_t 的关系亦为：

$$\tan\alpha_n = \tan\alpha_t\cos\beta \qquad (6-26)$$

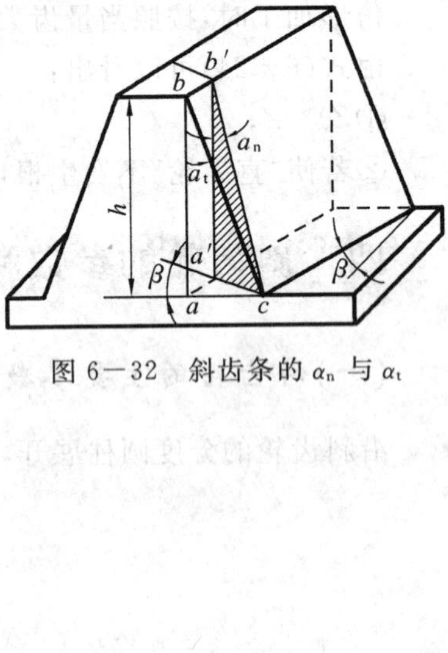

图 6－32　斜齿条的 α_n 与 α_t

3. h_{an}^* 与 h_{at}^* 和 C_n^* 与 C_t^* 的关系

无论从端面或是从法面看，轮齿的高度是一样的，即：

$$h_a = h_{an}^* m_n = h_{at}^* m_t$$

$$C = C_n^* m_n = C_t^* m_t$$

标准值为：

$$h_{an}^* = 1, C_n^* = 0.25$$

故取

$$h_a = h_{an}^* m_n = m_n$$

$$C = C_n^* m_n = 0.25 m_n$$

(二)斜齿轮的几何尺寸计算

将斜齿轮的几何尺寸及计算列于表 6－7：

表 6－7　　齿轮的几何尺寸及计算

名　称	计　算　公　式
模数 m_n	为标准值，查表 6－3 模数系列
压力角 α_n	为标准值 20°

（续表）

名 称	计 算 公 式
螺旋角 β	通常 $\beta=8°\sim15°$
顶隙 C	$C_n^*=0.25, C=C_n^* m_n=0.25m_n$
齿顶高 h_a	$h_{an}^*=1, h_a=h_{an}^* m_n=m_n$
齿根高 h_f	$h_f=h_a+C=h_{an}^* m_n+C_n^* m_n=(h_{an}^*+C_n^*)m_n=1.25m_n$
全齿高 h	$h=ha+h_f=2h_{an}^* m_n+C_n^* m_n=(2h_{an}^*+C_n^*)m_n=2.25m_n$
端面齿厚 s_t	$s_t=\pi m_t/2=\pi m_n/2\cos\beta$
端面齿距 p_t	$p_t=\pi m_t=\pi m_n/\cos\beta$
端面基圆齿距 p_{bt}	$p_{bt}=p_t\cos\alpha_t=(\pi m_n/\cos\beta)\cos\alpha_t$
分度圆直径 d	$d=m_n Z/\cos\beta$
基圆直径 d_b	$d_b=d\cos\alpha_t=(m_n Z/\cos\beta)\cos\alpha_t$
齿顶圆直径 d_a	$d_a=d+2m_n$
齿根圆直径 d_f	$d_f=d-2.5m_n$
中心距 a	$a=(d_1+d_2)/2=(Z_1+Z_2)m_n/2\cos\beta$

（三）平行轴斜齿轮的正确啮合条件

类比直齿轮的正确啮合条件（但斜齿轮是法面参数），同时考虑两齿轮的螺旋角的大小和方向，平行轴斜齿轮的正确啮合条件为：

$$\begin{cases} m_{n1}=m_{n2} \\ \alpha_{n1}=\alpha_{n2} \\ \beta_1=\mp\beta_2 \end{cases} \tag{6-27}$$

$\beta_1=\mp\beta_2$ 中，“－”号用于外啮合；“＋”号用于内啮合，它们表示齿轮 1、2 螺旋线的方向是相反或相同。

五 斜齿轮传动的重合度

在图 6－33 中，B_1B_2 线为直齿轮啮合传动时的实际啮合线长。

对于斜齿轮啮合传动，由于螺旋角 β 和齿宽 b 的缘故，当前端面上第二对轮齿在 B_2 点进入啮合时，后端面上第二对轮齿并未进入啮合，只有在后端面上第二对轮齿到达与 B_2 点相对应的 B_2' 点时后端面才进入啮合；同理，当前端面上第一对轮齿在 B_1 点即将脱离接触时，后端面上的第一对轮齿并未即将脱离接触，只有在前端面到达 B_1''、后端面到达与 B_1 相对应的 B_1' 点时后端面才将脱离接触，也即整个啮合过程才结束。因此以前端面计，啮合时间或啮合线长被延长了 $\Delta L=B_1B_1''$，故斜齿轮传动的重合度可表示为：

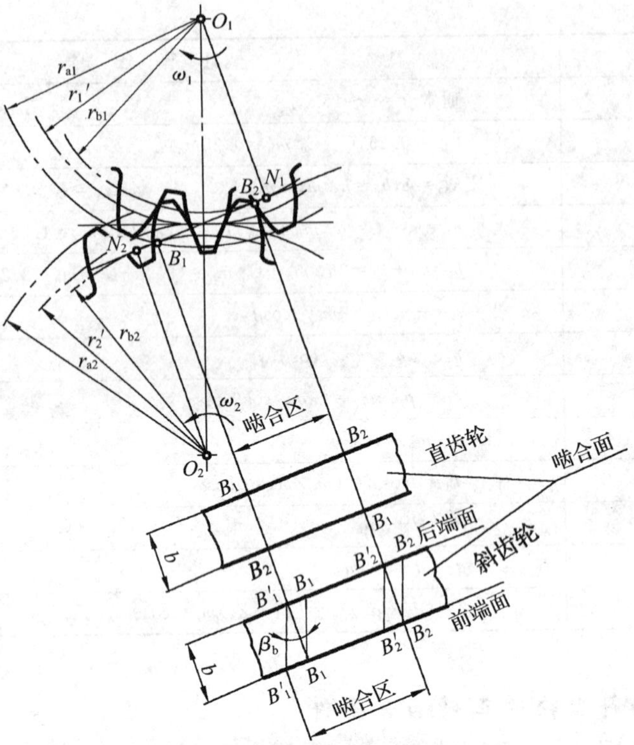

图 6－33　斜齿轮传动的重合度

$$\varepsilon_r=\frac{B_2B'_1}{p_{bt}}=\frac{B_2B_1}{p_{bt}}+\frac{B_1B'_1}{p_{bt}}=\varepsilon_\alpha+\varepsilon_\beta \qquad (6-28)$$

其中：ε_γ 称为总重合度。

ε_α 称为端面重合度，其计算公式与直齿圆柱齿轮传动时的重合度相同，即：

$$\varepsilon_\alpha=\frac{1}{2\pi}[Z_1(\tan\alpha_{at1}-\tan\alpha'_t)+Z_2(\tan\alpha_{at2}-\tan\alpha'_t)] \qquad (6-29)$$

ε_β 称为轴向重合度，由图中可知：

$$\varepsilon_\beta=\frac{B_1B''_1}{p_{bt}}=\frac{b\tan\beta_b}{p_{bt}}，经演化得：$$

$$\varepsilon_\beta=\frac{B_1B''_1}{p_{bt}}=\frac{b\tan\beta_b}{p_{bt}}=\frac{b\tan\beta}{p_t} \qquad (6-30)$$

由于轴向重合度的存在，使得斜齿轮传动的总重合度——参加啮合的轮齿的对数大大增加，这使得斜齿轮传动承载能力和传动的平稳性大大提高。

人字齿轮简介

由于螺旋角的缘故，斜齿轮传动存在轴向力 F_a，如图 6－34(a)所示。这增加了对轴承的轴向压力及支撑系统设计和安装时的难度，影响轴承的使用寿命。因此，在设计齿轮时，不宜过大地增大螺旋角，通常取 β 值为 8°～15°。将齿轮做成两个螺旋角相等、旋向相反的斜齿轮并列在一起即成为人字齿轮，就可以使轴向力 F_a 抵消，如图 6－34(b)所示，此时可将螺旋角增

图 6－34　斜齿轮与人字齿轮

大至 25°～40°。

人字齿轮制造较为麻烦，主要用于高速大功率的传动。

第八节 直齿圆锥齿轮机构

一 概述

（一）圆锥齿轮机构的常见类型

圆锥齿轮机构的常见类型如图 6－35 所示。

（1）按轴线的相对位置有：正交、斜交和轴线偏置等类型，如图 6－35(a)(b)(c)(d)所示；

（2）按齿线的形状有：直齿、斜齿和曲齿等类型，如图 6－35(e)(f)(g)所示；

（3）按齿高形式有：不等顶隙收缩齿、等顶隙收缩齿、双重收缩齿和等高齿等类型，如图 6－35(h)、(i)、(j)、(k)所示。

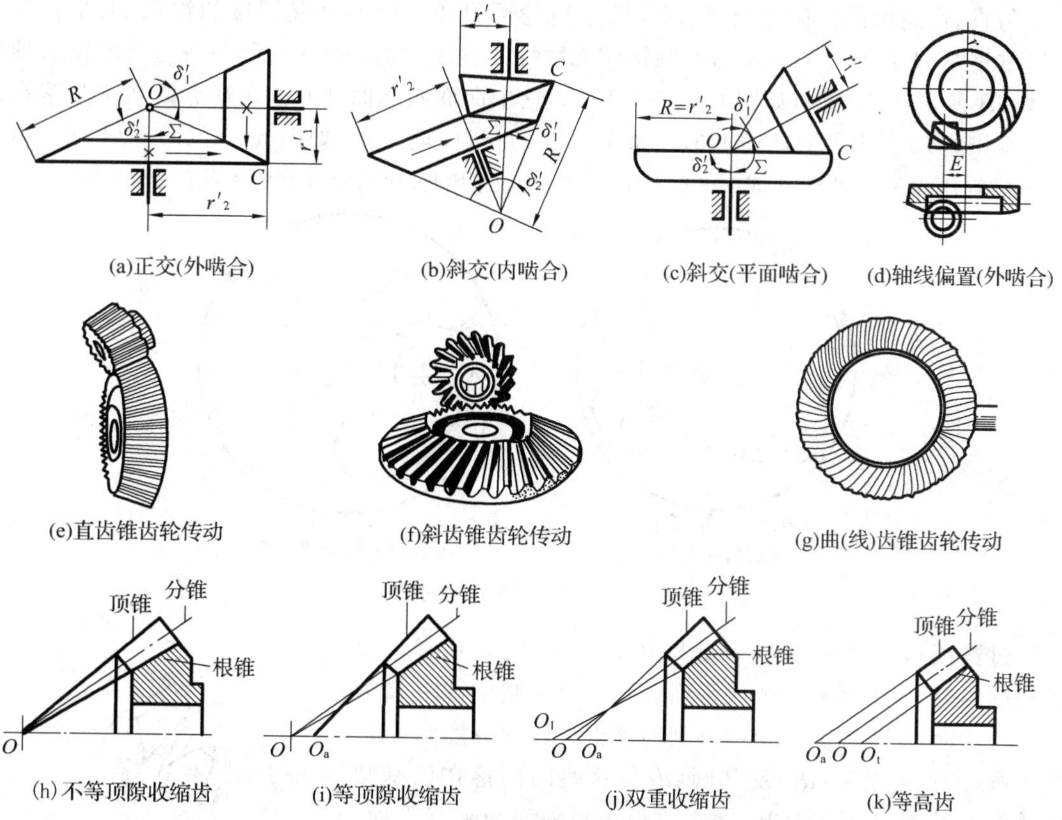

图 6－35 圆锥齿轮传动类型

本章仅叙述正交直齿不等顶隙收缩齿圆锥齿轮机构（以下简称直齿圆锥齿轮机构）。

（二）直齿圆锥齿轮机构的特点和应用

正交是指两轴交角 $\Sigma=90°$；直齿是指齿线的方向与基圆锥的母线一致；直齿圆锥齿轮机

构的两轴线共面，用来传递轴交角为 $\Sigma=90°$ 的两轴间的运动和动力，如图 6－36。

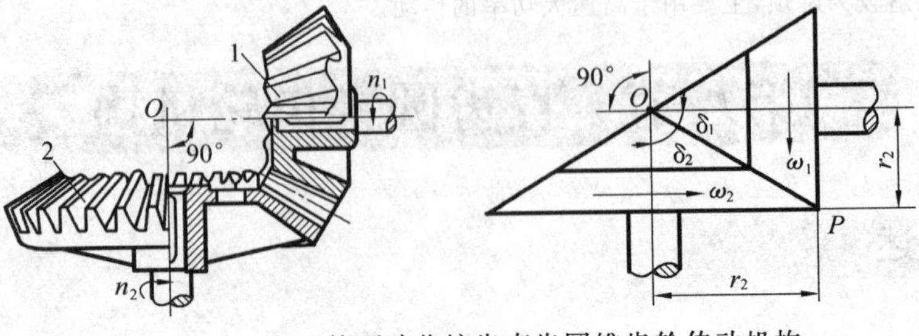

图 6－36　正交不等顶隙收缩齿直齿圆锥齿轮传动机构

不等顶隙收缩齿的特点是齿顶圆锥、分度圆锥、齿根圆锥及基圆锥共顶于锥顶，轮齿的齿高、齿厚和顶隙由大端到小端逐渐收缩，如图 6－35(h)、图 6－36 及图 6－38 所示。

这种锥齿轮设计、制造和安装方便，广泛应用于中、轻载荷的传动。

二 直齿圆锥齿轮的齿廓曲面

与直齿、斜齿圆柱齿轮相似，直齿圆锥齿轮可看作一圆心在基圆锥的锥顶 O、半径等于基圆锥锥距 R 的半圆平面 S 沿基圆锥作无摩擦的纯滚动时，平面 S 上一条与基圆锥共顶的直线 OB 所形成的曲面，如图 6－37(a)所示，这个曲面叫球面渐开面。B 点的轨迹是落在以基圆锥锥距 R 为半径的球面上的一条渐开线，叫球面渐开线，如图 6－37(a)和(b)所示，这条球面渐开线是标准渐开线（OB 线上任意点 K 的轨迹则是以 OK 为半径的球面上的渐开线）。

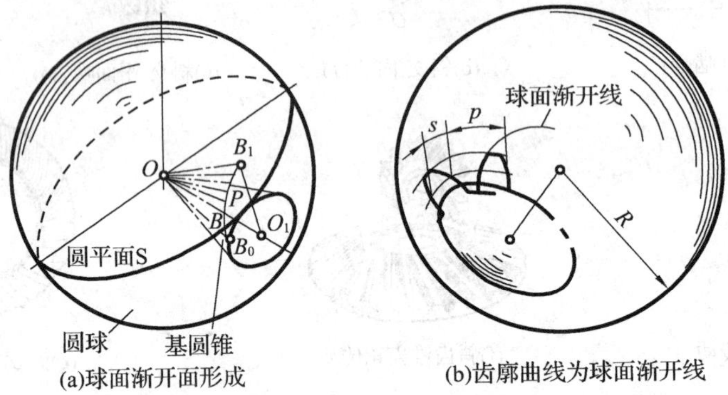

图 6－37　球面渐开面的形成

过锥顶 O、与基圆锥同轴分别作分度圆锥、齿顶圆锥及齿根圆锥等，各个圆锥体的底平面分别与以基圆锥锥距 R 为半径的球面相交，得到的交线分别为该锥齿轮的分度圆(d)、齿顶圆(d_a)、齿根圆(d_f)及基圆(d_b)，这些圆同落在以基圆锥锥距 R 为半径的球面上，这些圆所在的平面为平行平面，如图 6－38 及图 6－39 所示。

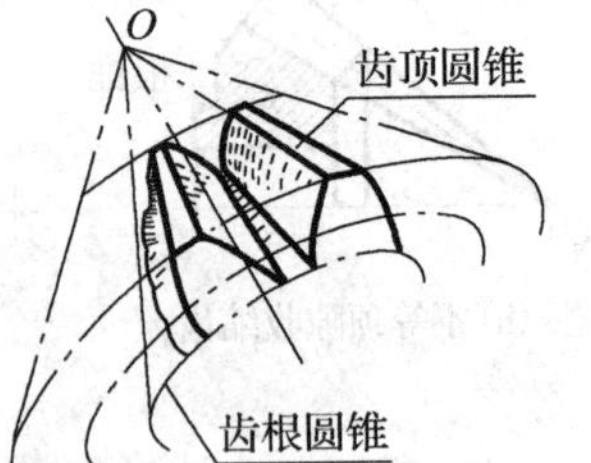

图 6－38　齿顶圆锥、齿根圆锥、分度圆锥、基圆锥共顶

三 背锥和当量齿轮、当量齿数

（一）背锥

如图 6－39，由于渐开线为一球面曲线（图中的 aAb 或 aBb 并参阅图 6－37），设计和制造均难以得到其准确的形状（一般设计、制造得到的是平面图形）。

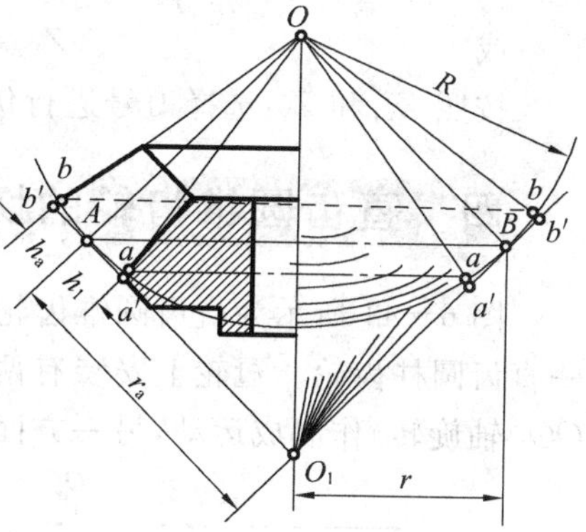

图 6－39 背锥

假想在原基圆锥、分度圆锥等圆锥的背面用一与基圆锥同轴的锥 O_1 与球面 O 相切于分度圆 AB 处（图中的 AB 线段为分度圆锥 O 的底平面——分度圆的投影；锥 O 与锥 O_1 的锥距的关系为：$O_1A \perp OA$，$O_1B \perp OB$），将球面渐开线 aAb（或 aBb）投影在背锥面的（内）表面上，得锥面曲线 $a'Ab'$（或 $a'Bb'$），为背锥面上的“渐开线”，它与球面渐开线 aAb（或 aBb）近似（锥距 R 越大，背锥面上的曲线越接近原球面上的标准渐开线）。

（二）当量齿轮和当量齿数

同斜齿轮一样，进行仿形加工时，为选择刀具引入当量齿轮和当量齿数。

假想把背锥按锥距展开，如图 6－40，展开后的图形是一扇形。背锥面上的锥面“渐开线”齿形将被展开成平面齿形。将展开后的扇形再假想“扩展”成为整圆，这个圆的半径用 r_{V1} 和 r_{V2} 表示，且 $r_{V1}=O_1P$，$r_{V2}=O_2P$；其中 O_1P、O_2P 分别是背锥 O_1 和 O_2 的锥距。这个假想被“扩展”补齐的“直齿圆柱齿轮”就是当量齿轮，补齐后的齿数就是当量齿数，用 Z_{V1} 和 Z_{V2} 表示（Z_V 通常不会是整数，也不需圆整）。

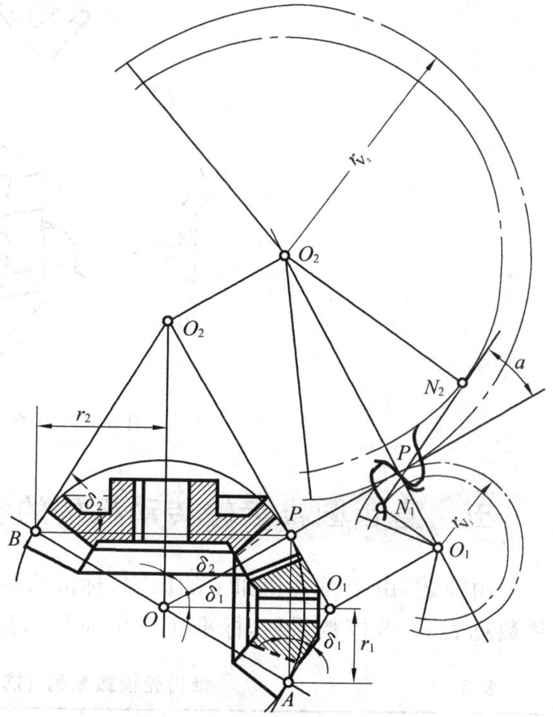

图 6－40 当量齿轮与当量齿数

当量齿数 Z_V 与锥齿轮齿数 Z 的关系：

在图 6－40 中，令齿轮 1 的分锥角为 $\angle O_1OP=\delta_1$；齿轮 2 的分锥角为 $\angle O_2OP=\delta_2$，按照分度圆与齿数、模数的关系以及图中所示当量齿轮分度圆半径 r_{v1}、r_{v2} 与锥齿轮的分度圆半径 r_1、r_2 的关系，得：

$$r_1/r_{V1}=\cos\angle O_1PA=\cos\delta_1，和\ r_2/r_{V2}=\cos\angle O_2PB=\cos\delta_2；$$

分别将 $r_{V1}=mZ_{V1}/2$，$r_1=mZ_1/2$ 及 $r_{V2}=mZ_{V2}/2$，$r_2=mZ_2/2$ 代入

可得：

$$r_1/r_{V1}=(mZ_1/2)/(mZ_{V1}/2)=Z_1/Z_{V1}=\cos\delta_1$$

$$r_2/r_{V2}=(mZ_2/2)/(mZ_{V2}/2)=Z_2/Z_{V2}=\cos\delta_2$$

或

$$Z_{V1}=Z_1/\cos\delta_1;Z_{V2}=Z_2/\cos\delta_2 \qquad (6-31)$$

按照 Z_{V1} 和 Z_{V2} 选择刀号进行仿形加工，可得到齿数分别为 Z_1 和 Z_2 的锥齿轮。

四 直齿圆锥齿轮的切削加工

图 6－41 所示为直齿圆锥齿轮的范成法切削加工。冠轮 2(其分锥角 $\delta_2=90°$)的背锥为一直齿圆柱齿轮。冠轮上安装有两单面刀片，切齿时冠轮一面(绕 OO_2 轴旋转)与齿坯(绕 OO_1 轴旋转)作展成运动，另一方面冠轮上的刀片作往复切削运动，完成轮齿的范成切削。

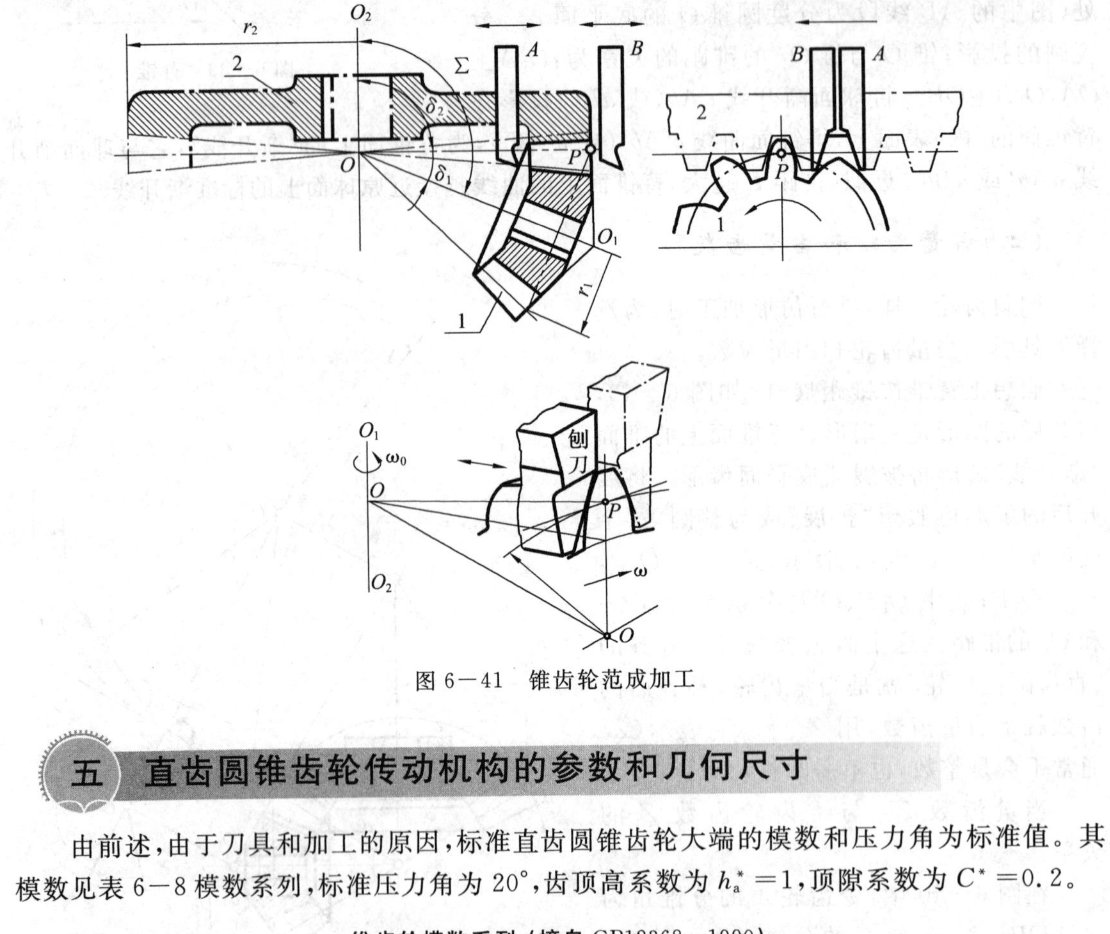

图 6－41 锥齿轮范成加工

五 直齿圆锥齿轮传动机构的参数和几何尺寸

由前述，由于刀具和加工的原因，标准直齿圆锥齿轮大端的模数和压力角为标准值。其模数见表 6－8 模数系列，标准压力角为 20°，齿顶高系数为 $h_a^*=1$，顶隙系数为 $C^*=0.2$。

表 6－8　锥齿轮模数系列 (摘自 GB12368—1990)

…1	1.125	1.25	1.375	1.5	1.75	2	2.25	2.5	2.75	3	3.25	3.5	3.75	4	4.5	5	5.5
6	6.5	7	8	9	10	11	12	14	16	18	20…						

参阅图 6－42 和图 6－43，将标准直齿圆锥齿轮及传动的参数和几何尺寸计算列于表 6－9。

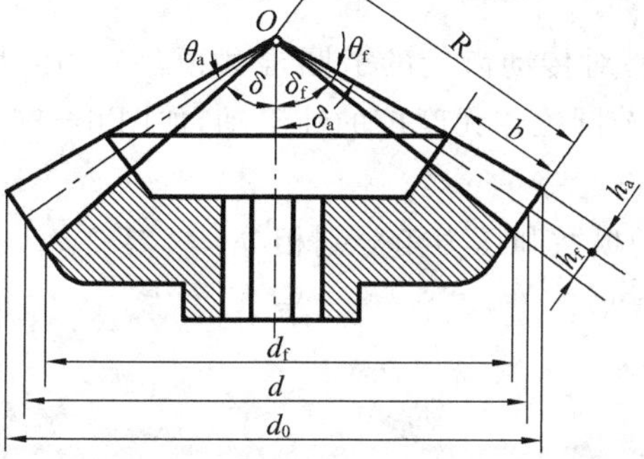

图 6－42 直齿圆锥齿轮的参数和几何尺寸

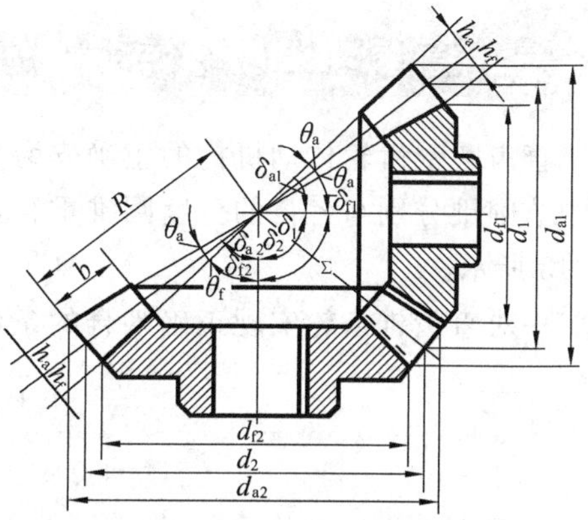

图 6－43 Σ＝90°的直齿圆锥齿轮传动机构

表 6－9 **直齿圆锥齿轮传动机构的参数和几何尺寸**

名 称	计 算 公 式
传动比 i	$i=Z_2/Z_1=\tan\delta_2=\cot\delta_1$，按传动要求确定，通常 $i=1\sim10$
分度圆直径 d	$d=mZ$；根据强度计算确定，或根据结构确定
齿数 Z	一般取 $Z_1=16\sim30$；$Z_2=iZ_1$
模数 m	$m=d_1/Z_1$，大端模数为标准值，按模数系列
压力角 α	大端压力角为标准值 20°
齿宽系数 ψ_R	$\psi_R=b/R$，一般 $\psi_R=1/4\sim1/3$，常用 $\psi_R=0.3$
齿宽 b	$b=\psi_R R$
锥距 R	$R=\sqrt{r_1^2+r_2^2}=\frac{1}{2}\sqrt{d_1^2+d_2^2}=\frac{m}{2}\sqrt{Z_1^2+Z_2^2}=\frac{d_1}{2\sin\delta_1}=\frac{d_2}{2\sin\delta_2}$
齿顶高 h_a	$h_a=h_a^* m$；$h_a^*=1$，$h_a=m$
顶隙 C	$C=C^* m$；$C^*=0.2$，$C=0.2m$
齿根高 h_f	$h_f=h_a^* m+C^* m=(h_a^*+C^*)m$；$h_f=1.2m$
全齿高 h	$h=2h_a^* m+C^* m=(2h_a^*+C^*)m$；$h=2.2m$
齿顶圆直径 d_a	$d_{a1}=d_1+2h_a\cos\delta_1$；$d_{a2}=d_2+2h_a\cos\delta_2$
齿根圆直径 d_f	$d_{f1}=d_1-2h_f\cos\delta_1$；$d_{f2}=d_2-2h_f\cos\delta_2$
齿顶角 θ_a	$\theta_{a1}=\theta_{a2}=\arctan\frac{h_a}{R}$
齿根角 θ_f	$\theta_{f1}=\theta_{f2}=\arctan\frac{h_f}{R}$
分锥角（分度圆锥角）δ	$\delta_1=\text{arccot}\frac{Z_2}{Z_1}$；$\delta_2=90°-\delta_1$
顶锥角（齿顶圆锥角）δ_a	$\delta_{a1}=\delta_1+\theta_a$；$\delta_{a2}=\delta_2+\theta_a$
根锥角（齿根圆锥角）δ_f	$\delta_{f1}=\delta_1-\theta_f$；$\delta_{f2}=\delta_2-\theta_f$
当量齿数 Z_V	$Z_{V1}=\frac{Z_1}{\cos\delta_1}$；$Z_{V2}=\frac{Z_2}{\cos\delta_2}$

六 直齿圆锥齿轮传动机构的正确安装与正确啮合条件

直齿圆锥齿轮传动机构的正确安装位置应是一对传动齿轮的节圆锥共顶，一对传动齿轮的节圆锥分别与各自的分度圆锥重合，传动时两节圆锥作无摩擦的纯滚动，如图6－36、图6－43所示。

一对直齿锥齿轮实现正确啮合的条件是大端的模数和压力角分别相等：

$$大端的\begin{cases}m_1=m_2\\ \alpha_1=\alpha_2\end{cases} \quad (6-32)$$

思考题与练习题(上)

思考题

6－1－1　渐开线是怎样发生的？渐开线具有怎样的性质？其每一性质的具体含义是什么？

6－1－2　什么是渐开线齿廓啮合传动时的中心距可分性？它具有怎样的实际意义？渐开线齿轮啮合传动时作用力的方向具有怎样的性质？它又具有怎样的实际意义？

6－1－3　下述两组渐开线齿轮中，每组内两齿轮的齿形有何不同？为什么？

(1)$m=4\text{mm},\alpha=20°,Z_1=20,Z_2=50$

(2)$m=4\text{mm},Z=20,\alpha_1=20°,\alpha_2=15°$

6－1－4　什么叫啮合线？什么叫理论啮合线段长？什么是啮合始点？什么是啮合终点？什么叫实际啮合线段长？在已知一对齿轮的齿数、模数和压力角的条件下，用作图法怎样画出理论啮合线段长度？怎样画出实际啮合线段长度？

6－1－5　什么叫啮合角？啮合角与压力角有什么不同？标准直齿轮在正确安装与非正确安装时，节圆与分度圆、啮合角与压力角各有什么关系？怎样计算这两种情况下的中心距？

6－1－6　一对渐开线直齿轮的正确啮合条件和连续传动条件是什么？为什么对一对已经满足了正确啮合条件的渐开线直齿轮还要满足连续传动条件？

6－1－7　何谓重合度？标准直齿轮传动中，在理论上最大的重合度ε_{max}是多少？

6－1－8　两对标准直齿轮：$m_1=m_2=5\text{mm},Z_1=20,Z_2=30$；$m_3=m_4=2.5\text{mm},Z_3=40,Z_4=60$。当安装中心距一样时，这两对齿轮传动的重合度是否一样？

6－1－9　为什么仿形法加工齿轮时，刀具刃部的外廓形状(即该齿数范围齿轮的齿廓形状)是按照切齿范围中最少齿数的那个轮齿的廓线形状制作？用仿形法加工齿轮时会发生根切现象吗？

6－1－10　简述范成法切齿的原理。用范成法加工标准齿轮时，为什么会发生根切？受什么参数影响？标准齿轮避免根切的最少齿数是多少？避免根切的措施是什么？

6－1－11　切制标准齿轮和变位标准齿轮时，齿条刀具与齿坯分别有怎样的位置关系和运动关系？

6－1－12　与标准齿轮相比，变位齿轮的哪些参数未发生变化？哪些参数变了？齿形发生了怎样的变化？正变位齿轮具有哪些优点？负变位齿轮具有怎样的用途？

6—1—13　斜齿轮的齿廓曲面是怎样形成的？哪一个面上的模数、压力角是标准值？哪一个面上的齿廓曲线是"标准"渐开线？

6—1—14　斜齿轮的螺旋角是指哪一个圆柱面上的螺旋角？斜齿轮在其(齿顶圆柱面与基圆圆柱面之间的)各个圆柱面上的螺旋角是否相等？哪一个圆柱面上的螺旋角最大？哪一个圆柱面上的螺旋角最小？

6—1—15　分别叙述直齿轮传动与斜齿轮传动的正确啮合条件、重合度的异同点。

6—1—16　什么是斜齿轮的当量齿轮和当量齿数？当量齿数应如何计算？当量齿数应用于何处？

*6—1—17　为了安装中心距大于标准中心距的一对齿轮传动，可用以下三种方法，试比较它们的优劣：

(1)应用渐开线齿轮中心距的可分性；(2)用变位修正的直齿轮传动；(3)用标准斜齿轮传动。

练习题

6—1—1　已知一标准直齿轮齿数 $Z=26$，模数 $m=3$mm，试求齿廓曲线在分度圆和齿顶圆上的曲率半径 ρ、ρ_a，及齿顶圆压力角 α_a。

6—1—2　有一条渐开线，已知 $r_b=60$mm，试求：

(1)$r_k=75$mm 处 K 点的曲率半径 ρ_k、压力角 α_k 和展角 θ_k；

(2)$\theta_k'=3°$时，渐开线上点 K' 的压力角 α_k'、向径 r_k' 及曲率半径 ρ_k'。

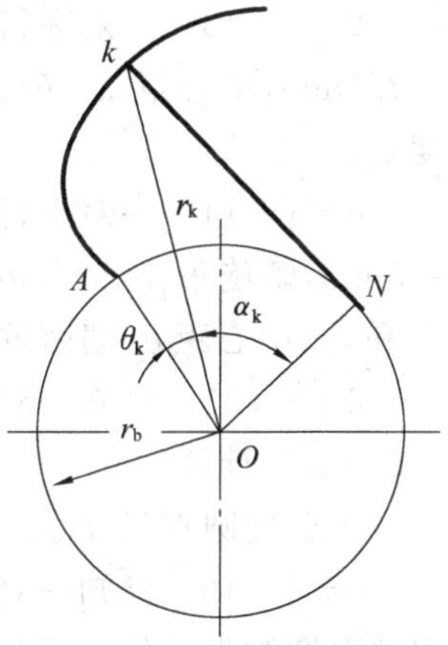

习题 6—1—1、习题 6—1—2 图

6—1—3　现有四个标准齿轮：$m_1=4$mm，$Z_1=25$；$m_2=4$mm，$Z_2=50$；$m_3=3$mm，$Z_3=60$；$m_4=2.5$mm，$Z_4=40$。

试问：(1)哪两个齿轮的渐开线形状相同？(2)哪两个齿轮能配对啮合？(3)哪两个齿轮能用同一把滚铣刀铣制？这两个齿轮能否改用同一把铣刀(仿形)加工？

6—1—4　已知一对外啮合标准直齿轮传动，传动比 $i_{12}=1.5$，中心距为 $a=100$mm，模数 $m=2$mm，试求这对齿轮的各主要几何尺寸。

6—1—5　一对外啮合标准直齿轮传动，其标准中心距为 $a=200$mm，现大齿轮丢失。测得小齿轮的齿数为 $Z_1=38$，小齿轮的齿顶圆直径为 $d_{a_1}=99.85$mm，试求：这对齿轮的模数，传动比；大齿轮的齿数、分度圆直径、齿顶圆直径、齿根圆直径、基圆直径及齿距、齿厚、齿槽宽。

6—1—6　测得一标准直齿轮齿顶圆直径 $d_a=164$mm，全齿高 $h=9$mm。试求该齿轮的齿数、模数和基圆直径。

6—1—7　当一标准直齿轮的齿根圆与基圆重合时，齿数是多少？若齿数大于这个齿数时，基圆与齿根圆哪个大？

6—1—8　已知一对外啮合标准直齿轮，齿数 $Z_1=23$，$Z_2=45$，$m=4$mm，节圆压力角为 $\alpha=23°$，求两齿轮的分度圆直径 d_1、d_2、节圆直径 d_1'、d_2'、实际中心距 a'。

6—1—9　已知一对外啮合标准直齿轮，齿数 $Z_1=30$，$Z_2=40$，$m=5$mm，当实际中心距

$a'=176.75$mm 时，求啮合角 α'；当啮合角 $\alpha'=25°$时，求实际中心距 a'。

6－1－10　一对标准直齿轮，模数 $m=4$mm，齿数 $Z_1=27$、$Z_2=48$；安装后的实际中心距 $a'=155.95$mm。试求：

(1)啮合角的大小；

(2)两齿轮的分度圆直径和节圆直径；

(3)径向间隙的标准值和实际值；

(4)试作图画出该传动的啮合线、理论极限啮合点、实际啮合线段，并求出重合度为多少。

6－1－11　一对平行轴斜齿轮传动的标准斜齿轮，已知它们的齿数分别为：$Z_1=21$，$Z_2=37$，法面模数 $m_n=3.5$mm，$\alpha_n=20°$，若是传动的中心距为 $a=105$mm，试求这对斜齿轮的螺旋角。

6－1－12　原有一对标准直齿圆柱齿轮传动，已知 $Z_1=21$，$Z_2=53$，$m=3$mm，为把中心距圆整为尾数是 0 或 5 的整数，拟采用斜齿轮传动。现要求在不改变模数和齿数的前提下，确定这对斜齿轮的螺旋角、分度圆直径、齿顶圆直径、齿根圆直径和当量齿数。

6－1－13　一对平行轴标准斜齿轮传动，已知其参数为 $Z_1=18$，$Z_2=36$，法面模数 $m_n=2.5$mm，中心距 $a=68$mm，齿宽 $b=20$mm，试计算这对齿轮的主要几何尺寸和总重合度 ε_γ。

6－1－14　一对平行轴标准斜齿轮传动，已知其参数为 $Z_1=20$，$Z_2=74$，法面模数 $m_n=5$mm，螺旋角 $\beta=14°$，齿宽 $b=25$mm，试求斜齿轮的法向齿距 p_n、端面齿距 p_t、分度圆半径 r_1 和 r_2、中心距 a、端面重合度 ε_α、轴向重合度 ε_β 及当量齿数 Z_{V1} 和 Z_{V2}。

6－1－15　已知一对标准直齿圆锥齿轮传动，$\Sigma=90°$，其参数为：$Z_1=19$，$Z_2=41$，$m=2.5$mm，试计算：

①分度圆直径 d_1；②分度圆锥角 δ_1 和 δ_2；③锥距 R。

6－1－16　已知一对正交直齿圆锥齿轮传动的参数为：$Z_1=20$，$Z_2=40$，$m=5$mm，试确定这对圆锥齿轮的主要几何尺寸：分锥角 δ_1 和 δ_2、顶锥角 δ_{a1} 和 δ_{a2}、根锥角 δ_{f1} 和 δ_{f2}；分度圆半径 r_1 和 r_2，齿顶圆半径 r_{a1} 和 r_{a2}，齿根圆半径 r_{f1} 和 r_{f2}；锥距 R；齿顶角 θ_a、齿根角 θ_f；当量齿数 Z_{V1}、Z_{V2} 及大端的齿厚 S。

下篇　齿轮传动的强度计算与设计计算

第九节　齿轮的失效形式、设计准则和常用材料

一　齿轮常见的各种失效形式

闭式传动润滑良好的软齿面齿轮（齿面硬度≤350HBS）的主要失效形式是疲劳点蚀，如图 6－44(a)所示。疲劳点蚀是疲劳裂纹扩展的结果，最后形成点状剥落。它发生在整个齿面上，只是由于在节线附近轮齿承受的正压力最大，相对滑动最小、摩擦磨损最小，因此被保留得最多。

闭式传动润滑良好的硬齿面齿轮（齿面硬度＞350HBS）的主要失效形式是齿根折断。直齿轮沿接触线呈一个断面上的折断，斜齿轮呈一角折断，如图 6－44(b)所示。其原因是齿根弯曲强度不够及疲劳裂纹的扩展。

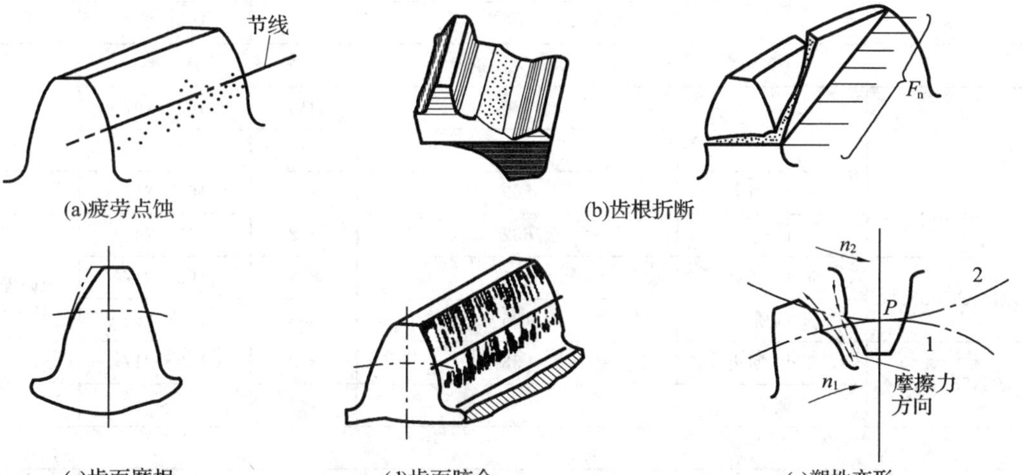

图 6－44　齿轮的失效形式

齿面间的相对滑动造成齿面的摩擦磨损，以齿顶和齿根处较明显，如图 6－44(c)所示。

两齿面间在局部形成熔灼胶合，当相对滑动时，出现条状撕裂现象，即齿面胶合，如图 6－44(d)所示。

齿面硬度不够，在正压力和摩擦力的作用下，齿面发热，造成齿面甚至整个轮齿发生塑性变形，如图 6－44(e)所示。

开式传动的主要失效形式是齿面摩擦磨损。其原因是：保证不了良好的润滑；风沙的侵袭等原因更加剧了齿面的摩擦磨损。

二　设计准则

对于闭式传动的软齿面齿轮，按照齿面接触疲劳强度条件进行设计计算，对齿根进行弯

曲疲劳强度校核。

对于闭式传动的硬齿面齿轮，按照齿根弯曲疲劳强度条件进行设计计算，对齿面进行接触疲劳强度校核。

开式传动按照齿根弯曲疲劳强度条件进行设计计算，适当放大模数10%～20%。

三 齿轮的常用材料

表6－10　　齿轮的常用材料及力学性能

<table>
<tr><th rowspan="2">材料牌号</th><th rowspan="2">热处理</th><th rowspan="2" colspan="2">抗拉强度 σ_b/MPa</th><th rowspan="2">屈服点 σ_s</th><th colspan="2">齿面硬度</th></tr>
<tr><th>HBS</th><th>HRC</th></tr>
<tr><td colspan="7">铸　铁</td></tr>
<tr><td>HT250</td><td rowspan="3"></td><td colspan="2">200～240</td><td></td><td>150～247</td><td></td></tr>
<tr><td>HT300</td><td colspan="2">230～290</td><td></td><td>160～273</td><td></td></tr>
<tr><td>HT350</td><td colspan="2">260～340</td><td></td><td>171～298</td><td></td></tr>
<tr><td>QT500—7</td><td rowspan="2"></td><td colspan="2">500</td><td>320</td><td>170～230</td><td></td></tr>
<tr><td>QT600—3</td><td colspan="2">600</td><td>370</td><td>190～270</td><td></td></tr>
<tr><td colspan="7">铸　钢</td></tr>
<tr><td>ZG310—570</td><td rowspan="2">正火</td><td colspan="2">570</td><td>310</td><td>163～197</td><td rowspan="2"></td></tr>
<tr><td>ZG340—640</td><td colspan="2">640</td><td>340</td><td>179～207</td></tr>
<tr><td rowspan="2">ZG35SiMn</td><td>正火、回火</td><td colspan="2">569</td><td>343</td><td>163～217</td><td rowspan="6">表面淬火
45～53</td></tr>
<tr><td>调质</td><td colspan="2">637</td><td>412</td><td>197～248</td></tr>
<tr><td rowspan="2">ZG35CrMnSi</td><td>正火、回火</td><td colspan="2">686</td><td>343</td><td>163～217</td></tr>
<tr><td>调质</td><td colspan="2">785</td><td>588</td><td>197～269</td></tr>
<tr><td rowspan="2">ZG42SiMn</td><td>正火、回火</td><td colspan="2">588</td><td>373</td><td>163～217</td></tr>
<tr><td>调质</td><td colspan="2">637</td><td>441</td><td>197～248</td></tr>
<tr><td colspan="7">调质钢</td></tr>
<tr><td rowspan="6">45</td><td rowspan="3">正　火</td><td>(d≤100)</td><td>588</td><td>294</td><td>169～217</td><td rowspan="6">表面淬火
40～50</td></tr>
<tr><td>(d=101～300)</td><td>569</td><td>284</td><td>162～217</td></tr>
<tr><td>(d=301～500)</td><td>549</td><td>275</td><td>162～217</td></tr>
<tr><td rowspan="3">调　质</td><td>(d≤100)</td><td>647</td><td>373</td><td>229～286</td></tr>
<tr><td>(d=101～300)</td><td>628</td><td>343</td><td>217～255</td></tr>
<tr><td>(d=301～500)</td><td>608</td><td>314</td><td>197～255</td></tr>
<tr><td rowspan="3">35CrMO</td><td rowspan="3">调　质</td><td>(d≤100)</td><td>735</td><td>539</td><td>241～286</td><td rowspan="3">表面淬火
45～55</td></tr>
<tr><td>(d=101～300)</td><td>686</td><td>490</td><td>241～286</td></tr>
<tr><td>(d=301～500)</td><td>637</td><td>441</td><td>229～269</td></tr>
<tr><td rowspan="2">37SiMn2MoV</td><td rowspan="2">调　质</td><td>(d≤200)</td><td>863</td><td>686</td><td>269～302</td><td rowspan="2"></td></tr>
<tr><td>(d=201～400)</td><td>686</td><td>490</td><td>241～286</td></tr>
</table>

（续表）

材料牌号	热处理	抗拉强度 σ_b/MPa		屈服点 σ_s	齿面硬度	
					HBS	HRC
40Cr	调　质	（$d\leqslant 100$）	735	539	241～286	
		（$d=101\sim300$）	686	490	241～286	
		（$d=301\sim500$）	637	441	229～269	
40CrNiMo	调　质		980	833	心部＞255 表 293～330	
渗碳钢、渗氮钢						
20Cr	渗碳、淬火、回火	（$d\leqslant 60$）637		392		渗碳 56～62
20CrMnTi		（$d=15$）1079		834		
30CrMoSiA	调　质	（$d=100$）1079		883	210～280	渗氮 47～51
38CrMoAlA	调　质	（$d=30$）98		834	229	渗氮 HV＞850

表 6－11　　**轮齿齿面硬度及其配对组合**

齿面类型	齿轮种类	热处理		两轮工作齿面硬度差	工作齿面硬度举例		备　注
		小齿轮	大齿轮		小齿轮	大齿轮	
软齿面	直齿	调质	正火 调质 调质 调质	20～25HBS	240～270HBS 260～290HBS 280～310HBS 300～330HBS	180～220HBS 220～240HBS 240～260HBS 260～280HBS	用于重载中速及低速固定式传动装置
	斜齿及人字齿	调质	正火 正火 调质 调质	30～50HBS	240～270HBS 260～290HBS 270～300HBS 300～330HBS	160～190HBS 180～210HBS 200～230HBS 230～260HBS	
软硬组合	斜齿及人字齿	表面淬火	调质	齿面硬度差很大	45～50HRC	200～230HBS 230～260HBS 270～300HBS 300～330HBS	用于受冲击载荷和过载均不大的固定式传动装置
		渗碳	调质		56～62HRC		
硬齿面	直齿、斜齿及人字齿	表面淬火	表面淬火	齿面硬度大致相同	45～50HRC		用于传动尺寸受结构条件限制的情况和运输机械上的传动
		渗碳	渗碳		56～62HRC		

第十节　直齿圆柱齿轮传动的强度计算

直齿轮在传动时，部分时间是两对轮齿承受载荷，部分时间是一对轮齿承受载荷。因此为安全起见，进行强度计算时须按一对轮齿承受载荷考虑。

一 齿面接触应力的分析与计算

(一)受力分析与计算

由图 6－45(a)所示，一对齿轮传动时，作用在轮齿上的力为：

$$\begin{cases} F_t = F_n \cos\alpha \\ F_r = F_n \sin\alpha \end{cases} \tag{6－33}$$

所以

$$F_n = F_t / \cos\alpha$$

如图 6－45(b)所示，在一对直齿轮之间：$F_{t1} = -F_{t2}$，$F_{r1} = F_{r2}$。

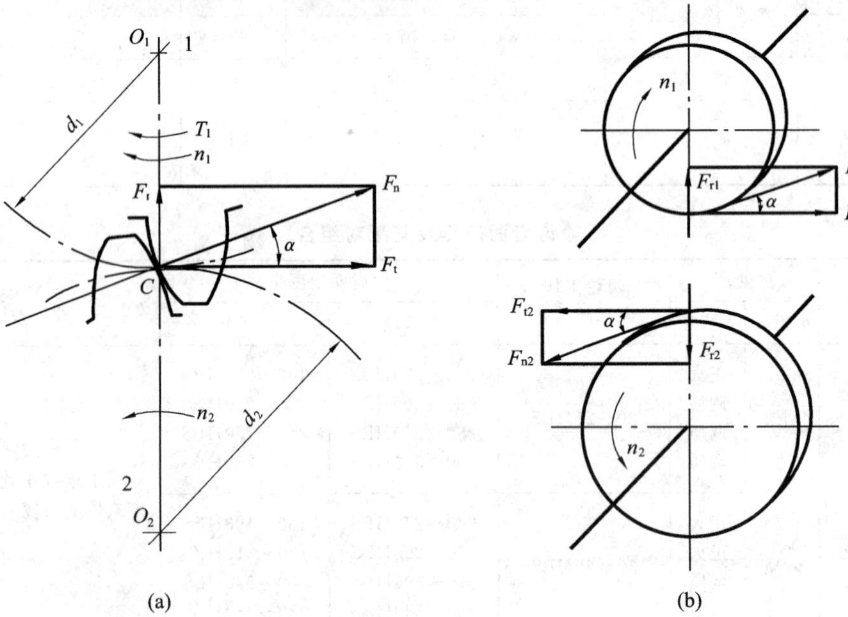

图 6－45 直齿圆柱齿轮传动的受力分析与计算

各力的方向为：

F_{r1}、F_{r2}：指向各自的轮心；

F_{t1}的方向与齿轮 1 的转向相反，F_{t2}的方向与齿轮 2 的转向相同。

其中 $F_{t1} = \dfrac{2T_1}{d_1}$ N，$T_1 = 9550 \times 10^3 \times \dfrac{P_1}{n_1}$ N mm。

(二)齿面接触应力的赫兹公式

如图 6－46 所示，把一对轮齿啮合传动时在节点处两齿面间产生的接触应力，近似地用一对与该点处齿廓曲率相同的圆柱体的接触应力来表达，这就是赫兹公式：

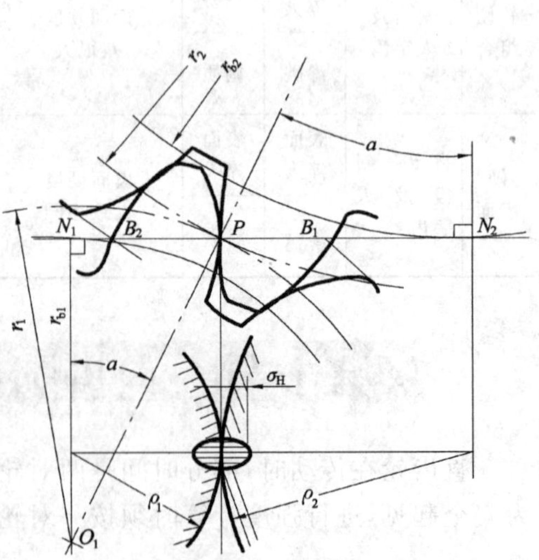

图 6－46 齿面上的接触应力

$$\sigma_H=\sqrt{\frac{F_n}{\pi L}\times\frac{\frac{1}{\rho_1}\pm\frac{1}{\rho_2}}{\frac{1-\mu_1^2}{E_1}+\frac{1-\mu_2^2}{E_2}}}\leqslant[\sigma_H] \quad (6-34)$$

式中：F_n——齿轮 1 向齿轮 2 传递的法向力，$F_n=F_{t1}/\cos\alpha$，$F_{t1}=\frac{2T_1}{d_1}$ N，$T_1=9550\times10^3\ \frac{P_1}{n_1}$ N mm；

L——轮齿的接触线长度，mm；

ρ_1、ρ_2——节点处两齿廓的曲率半径，mm；

μ_1、μ_2——两齿轮材料的泊松比；

E_1、E_2——两齿轮材料的弹性模量，MPa；

"±"——"+"用于外啮合，"−"用于内啮合；

$[\sigma_H]$——材料的许用接触应力，MPa。

二 计算载荷

在齿轮传动中，计算载荷 $P_c=KP$，载荷系数 K 包含以下几项内容：$K=K_A K_v K_\alpha K_\beta$。其中：

K_A——使用系数，是考虑原动机与工作机的运转特性引起的转矩的变动和冲击，见表 6－12；

K_V——动载荷系数，是考虑齿轮由于制造或安装以及变形所引起的传动不平稳和内部附加动载荷影响的系数；K_V 的计算公式为：

$$K_V=1+\left[\frac{K_1}{K_A+\frac{F_t}{b}}+K_2\right]\frac{Z_1 v}{100}\sqrt{\frac{u^2}{1+u^2}} \quad (6-35)$$

式中的 K_1、K_2 由表 6－13 查取。

*** 在进行设计计算的初始阶段，由于齿轮的分度圆尚不知（故 F_t、v 及 b 等参数均不能计算得出），因此动载荷系数 K_V 尚不能确定，可初选一载荷系数 K_t（初选 $K_t=1.2\sim2.0$），代入公式，求得一初选直径值 d_{1t} 或初选模数 m_{1t}；然后按此值计算动载荷系数 K_V，进而在齿轮设计后期再计算出计算载荷 K，如果 K 与初设 K_t 值比较接近，则可维持初选直径 d_{1t} 或模数 m_{1t}；如相差较大，按下式校正初选值 d_{1t} 或 m_{1t}：**

$$d_1=d_{1t}\times\sqrt[3]{K/K_t}\ \text{或}\ m=m_{1t}\times\sqrt[3]{K/K_t} \quad (6-36)$$

K_α——齿间载荷分配系数（用于齿面接触疲劳强度计算时，为 $K_{H\alpha}$；用于齿根弯曲疲劳强度计算时，为 $K_{F\alpha}$），是考虑同时啮合的多对轮齿之间（如斜齿轮）载荷分配不均匀的影响系数。影响的主要因素有：轮齿啮合刚度、基圆齿距偏差、重合度、载荷、跑合情况等。$K_{H\alpha}$、$K_{F\alpha}$值由表 6－14 查取；对于直齿轮传动，从安全考虑，假定在啮合区只有一对轮齿啮合，故取 $K_{H\alpha}=K_{F\alpha}=1$。

K_β——齿向载荷分布系数，是考虑由于轴、齿轮、轴承的变形以及齿轮的制造、安装误差所引起的载荷沿齿宽分布不均匀的影响所加的系数，如图 6－47 所示。根据轴的刚性及齿轮相对于轴承的布置方式，按表 6－15 和表 6－16 计算得出。

三 齿面接触疲劳强度计算

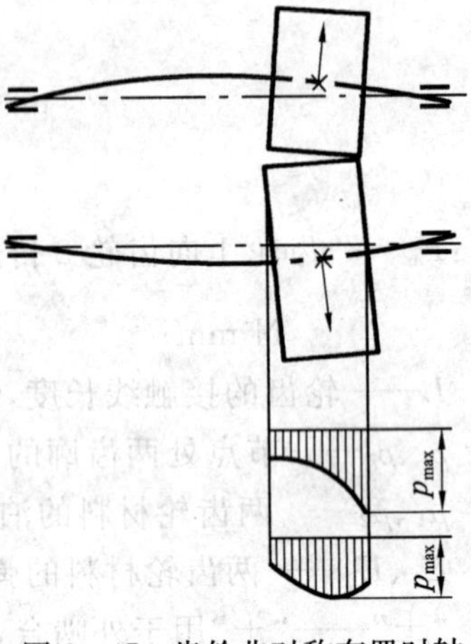

图 6－47 齿轮非对称布置时轴的变形引起轮齿的偏载

将式(6－34)演化(演化过程略)，得到齿面接触疲劳强度校核公式为：

$$\sigma_H = Z_E Z_H \sqrt{\frac{2KT_1}{bd_1^2}\,\frac{u\pm 1}{u}} \leqslant [\sigma_H] \qquad (6-37)$$

引入齿宽系数 $\psi_d = \dfrac{b}{d_1}$，可得设计计算公式：

$$d_1 \geqslant \sqrt[3]{\frac{2KT_1}{\psi_d}\,\frac{u\pm 1}{u}\left(\frac{Z_E Z_H}{[\sigma_H]}\right)^2} \qquad (6-38)$$

在式(6－37)和(6－38)中：

K——如前述，$K=K_A K_v K_\alpha K_\beta$；

σ_H——齿面接触应力，齿轮 1、2 的齿面接触应力应相等，即 $\sigma_{H1}=\sigma_{H2}=\sigma_H$，MPa；

Z_E—弹性系数，$Z_E=\sqrt{\dfrac{1}{\pi\left(\dfrac{1-\mu_1^2}{E_1}+\dfrac{1-\mu_2^2}{E_2}\right)}}$ 考虑配对齿轮材料的弹性模量 E 和泊松比 μ 对接触应力的影响系数，其值见表 6－17；

Z_H——节点区域系数，$Z_H=\dfrac{1}{\cos\alpha}\sqrt{\dfrac{2}{\tan\alpha'}}$，其值查图 6－50。

T_1——小齿轮传递的转矩，$T_1=9550\times 10^3\,\dfrac{P_1}{n_1}$，N mm；

b——两齿轮的有效接触长度，mm；

d_1——小齿轮的分度圆直径，mm；

u——齿数比，$u=Z_大/Z_小$。减速传动时 $u=i$，增速传动时 $u=1/i$；

±——外啮合时，取“＋”号，内啮合时，取“－”号；

ψ_d——齿宽系数，查表 6－18 选取；

$[\sigma_H]$——齿轮材料的许用接触应力。[＊**在使用式(6－37)和(6－38)进行齿面接触疲劳强度校核和设计计算时，应按$[\sigma_H]$值低的齿轮计算**]。

忽略其他的影响因素，可取：

$$[\sigma_H] \approx Z_N \sigma_{Hlim} / S_{Hmin}。$$

Z_N—接触强度计算的寿命系数，是考虑齿轮只要求有限寿命时(即应力循环次数 $N < N_\infty$ 时)，齿轮的接触疲劳强度可以提高的系数。

计算应力循环次数 N 时：$N=60nkh$，其中 n—计算齿轮的转速 r/min；k—计算齿轮每转一周时同侧齿面的接触次数；h—计算齿轮在其承受载荷作用下的工作小时数；Z_N 值按 N 的计算结果查图 6－51 得。(＊以上系按齿轮在稳定载荷作用下的计算方法。)

σ_{Hlim}—材料的接触疲劳极限，MPa，查图 6－54；S_{Hmin}—接触疲劳强度安全系数，可取 $S_{Hmin}\geqslant 1.1$。

四 齿根弯曲疲劳强度计算

当轮齿传递动力时，可将单个轮齿视为悬臂梁，如图 6－48。剪应力 τ 与压应力 σ_c 较小，忽略不计。

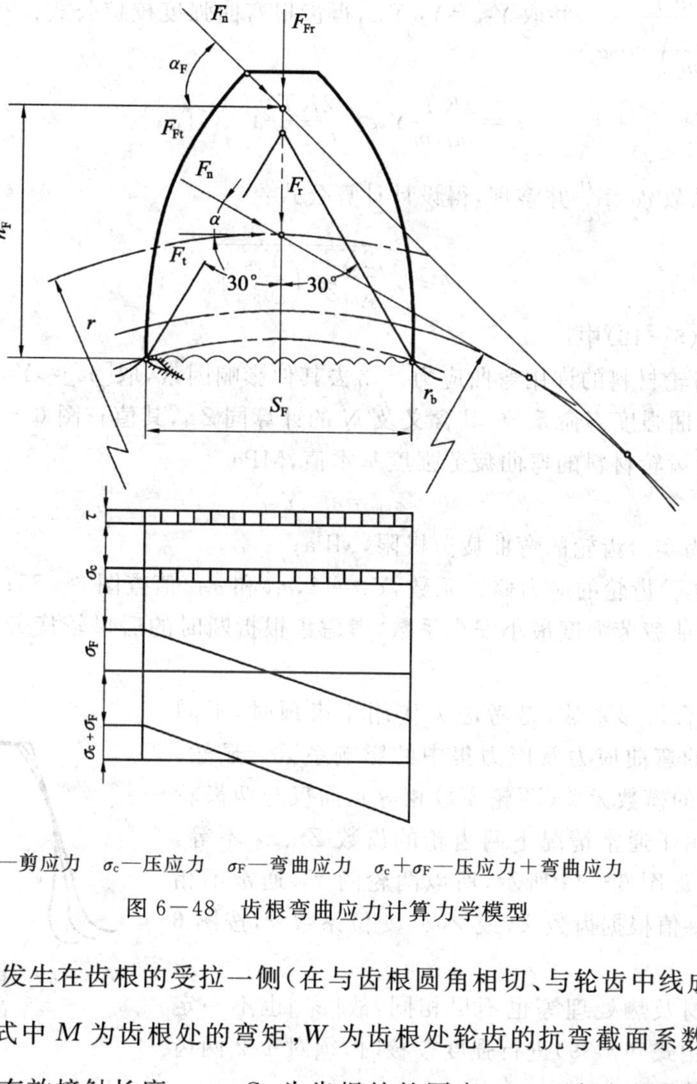

τ—剪应力 σ_c—压应力 σ_F—弯曲应力 $\sigma_c+\sigma_F$—压应力＋弯曲应力

图 6－48 齿根弯曲应力计算力学模型

最大弯曲应力发生在齿根的受拉一侧(在与齿根圆角相切、与轮齿中线成 30°夹角处)，其大小为 $\sigma_F=\dfrac{M}{W}$，式中 M 为齿根处的弯矩，W 为齿根处轮齿的抗弯截面系数，$W=bS_F{}^2/6$，其中 b 为两齿轮的有效接触长度，mm；S_F 为齿根处的厚度，mm。考虑载荷系数 K，考虑齿根过渡曲线处的应力集中等影响因素应乘以应力集中修正系数 Y_{sa}，公式为：

$$\begin{aligned}\sigma_F&=\frac{KM}{W}Y_{sa}\\&=\frac{KF_n\cos\alpha_F h_F}{bS_F^2/6}Y_{sa}\\&=\frac{K\dfrac{2T_1}{d_1\cos\alpha}\cos\alpha_F h_F}{bS_F^2/6}Y_{sa}\end{aligned}$$

$$=\frac{2KT_1}{bd_1m}\frac{6\left(\frac{h_F}{m}\right)\cos\alpha_F}{\left(\frac{S_F}{m}\right)^2\cos\alpha}Y_{sa}$$

令 $Y_{Fa}=\frac{6\left(\frac{h_F}{m}\right)\cos\alpha_F}{\left(\frac{S_F}{m}\right)^2\cos\alpha}$，并取 $Y_{FS}=Y_{Fa}Y_{Sa}$，得齿根弯曲强度校核公式：

$$\sigma_F=\frac{2KT_1}{bd_1m}Y_{FS}=\frac{2KT_1}{bm^2Z_1}Y_{FS}\leqslant[\sigma_F] \tag{6－39}$$

引入齿宽系数 $\psi_d=\frac{b}{d_1}$ 并整理，得设计计算公式：

$$m\geqslant\sqrt[3]{\frac{2KT_1}{\psi_d Z_1^2}\left(\frac{Y_{FS}}{[\sigma_F]}\right)} \tag{6－40}$$

在式(6－39)和(6－40)中：

$[\sigma_F]$——齿轮材料的许用弯曲应力。略去其他影响因素，取$[\sigma_F]\approx Y_N\sigma_{FE}/S_{Fmin}$。

式中：Y_N——弯曲强度寿命系数，其含义及 N 的计算同 Z_N，其值查图 6－52；

σ_{FE}——为齿轮材料的弯曲疲劳强度基本值，MPa。

$$\sigma_{FE}=\sigma_{Flim}Y_{ST}$$

其中：σ_{Flim}——为实验齿轮的弯曲疲劳极限，MPa；

Y_{ST}——实验齿轮的应力修正系数，$Y_{ST}=2$，σ_{FE} 和 σ_{Flim} 值查图 6－55；

S_F——弯曲疲劳强度最小安全系数，考虑齿根折断时的后果较疲劳点蚀严重，故取 $S_F\geqslant1.4$。

Y_{FS}——复合齿形系数，是考虑力作用于齿顶时，不同的齿形对齿根的弯曲应力及应力集中的影响系数。显然，Y_{FS} 与齿轮 1、2 的模数无关(两轮模数相等)，而仅与两齿轮的齿数有关。由于通常情况下两齿轮的齿数 Z_1、Z_2 不等，端面齿形不同，如图 6－49 所示，所以两轮的 Y_{FS} 通常不相等。计算时，Y_{FS} 值根据齿数 Z(或 Z_V)、变位系数 x，按图 6－53 查取。

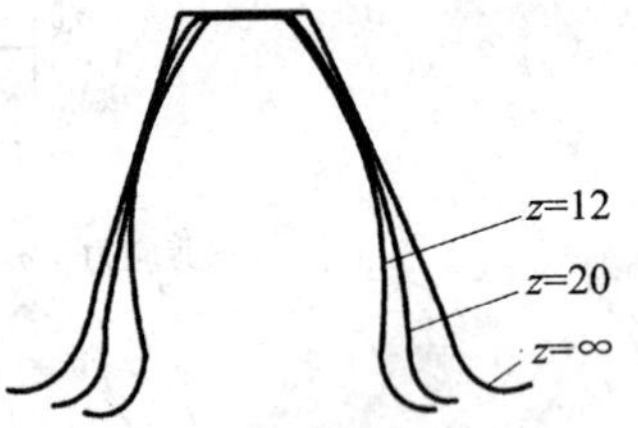

图 6－49　模数相同、齿数不同的齿轮其齿形不同

两轮的选材及热处理等也不尽相同，故$[\sigma_F]$也不一定相等，因此，使用式(6－39)进行强度校核时，须对 1、2 两齿轮分别校核计算。

使用式(6－40)进行设计计算时，应取 $Y_{FS}/[\sigma_F]$ 中的大者代入公式，以保证两齿轮的强度均可满足强度要求，并将计算结果圆整到模数标准系列值。

其他参数含义同式(6－37)和(6－38)。

表 6—12 **使用系数 K_A**

工作机及工作机工作特性 ╲ 原动机及原动机工作特性		均匀平稳 电动机(如直流电动机),均匀转动的蒸汽轮机、燃气轮机(小的、启动力矩很小)	轻微振动 蒸汽轮机、燃气轮机、液压马达、电动机(经常启动,启动转矩较大)	中等振动 多缸内燃机	强烈振动 单缸内燃机
均匀平稳	发电机,均匀传递的带式运输机或板式运输机,螺旋运输机,轻型升降机,包装机,机床进给机构,通风机,轻型离心机,离心泵,轻质液态物质或均匀密度材料搅拌器,剪切机,冲压机①,车床,行走机构②	1.00	1.10	1.25	1.50
轻微振动	不均匀传动(包装件)的带式运输机或板式运输机,机床主传动,重型升降机,起重机旋转机构,工业和矿用通风机,重型离心分离器,离心泵,稠粘液态物质或变密度材料搅拌器,多缸活塞泵,给水泵,普通挤压机,压光机,转炉,轧机(连续锌条、铝条以及线材和棒材轧机)	1.25	1.35	1.50	1.75
中等振动	橡胶挤压机,橡胶和塑料搅拌机,球磨机(轻型),木工机械(锯片、木车床),钢坯初轧机③④,提升机构,单缸活塞泵	1.50	1.60	1.75	2.0
强烈振动	挖掘机(铲斗传动装置、多斗传动装置、筛分传动装置,动力铲),球磨机(重型),橡胶揉搓机,破碎机(石块、矿石),冶金机械,重型给水泵,旋转式钻机,压砖机,去皮机卷筒,落砂机,带材冷轧机③⑤,碾碎机	1.75	1.85	2.0	2.25或更大

注:1. 表中数值仅适用于在非共振区运转的齿轮装置。对于在重载运转,启动力矩大,间歇运行以及有反复振动载荷等情况,就需要校核静强度和有限寿命强度。

2. 表中所列数值仅适用于减速传动,增速传动时,K_A 值为表值的 1.1 倍。

3. 当外部机械与齿轮传动装置间有挠性传动时,K_A 值适当减小。

4. 表中:①额定转矩=最大切削、压制、冲压转矩;②额定转矩=最大启动转矩;③额定转矩=最大轧制转矩;④用电流控制力矩限制器;⑤由于轧制带材经常开裂,可提高 K_A 至 2.0。

表 6—13 **系数 K_1、K_2**

齿轮种类	K_1					K_2
	齿轮组精度					各种精度等级
	5	6	7	8	9	
直齿轮	7.5	14.9	26.8	39.1	52.8	0.0193
斜齿轮	6.7	13.3	23.9	34.8	47.0	0.0087

表 6—14 **齿间载荷分配系数 $K_{H\alpha}$、$K_{F\alpha}$**

K_AF_t/b		≥100N/mm					<100N/mm
精度等级Ⅱ组		5	6	7	8	9	5级以下
经表面硬化的直齿轮	$K_{H\alpha}$	1.0		1.1	1.2	$1/Z_\varepsilon^2 \geqslant 1.2$	
	$K_{F\alpha}$					$1/Y_\varepsilon \geqslant 1.2$	
经表面硬化的斜齿轮	$K_{H\alpha}$	1.0	1.1	1.2	1.4	$\varepsilon_\alpha/\cos 2\beta_b \geqslant 1.4$	
	$K_{F\alpha}$						

（续表）

$K_A F_t/b$		≥100N/mm					<100N/mm
精度等级Ⅱ组		5	6	7	8	9	5级以下
未经表面硬化的直齿轮	$K_{H\alpha}$	1.0			1.1	1.2	$1/Z_\varepsilon^2 \geq 1.2$
	$K_{F\alpha}$						$1/Y_\varepsilon \geq 1.2$
未经表面硬化的斜齿轮	$K_{H\alpha}$	1.0		1.1	1.2	1.4	$\varepsilon_\alpha/\cos_\beta \geq 1.4$
	$K_{F\alpha}$						

注：1. 若 $K_{F\alpha} > \varepsilon_\gamma/\varepsilon_\alpha Y_\varepsilon$，则取 $K_{F\alpha} = \varepsilon_\gamma/\varepsilon_\alpha Y_\varepsilon$。

2. 对于修缘齿轮，取 $K_{H\alpha} = K_{F\alpha} = 1$。

表6－15　**调质齿轮 $K_{H\beta}$、$K_{F\beta}$ 的计算公式**

是否调整	精度等级	结构布局及限制条件		
		对称支承	非对称支承	悬臂支承
装配时不作检验调整	5	$1.14+0.16\psi_d^2+0.23\times10^{-3}b$	$1.14+0.18(1+0.6\psi_d^2)\psi_d^2+0.23\times10^{-3}b$	$1.14+0.18(1+6.7\psi_d^2)\psi_d^2+0.23\times10^{-3}b$
	6	$1.15+0.18\psi_d^2+0.3\times10^{-3}b$	$1.15+0.18(1+0.6\psi_d^2)\psi_d^2+0.3\times10^{-3}b$	$1.15+0.18(1+6.7\psi_d^2)\psi_d^2+0.3\times10^{-3}b$
	7	$1.17+0.18\psi_d^2+0.47\times10^{-3}b$	$1.17+0.18(1+0.6\psi_d^2)\psi_d^2+0.47\times10^{-3}b$	$1.17+0.18(1+0.6\psi_d^2)\psi_d^2+0.47\times10^{-3}b$
	8	$1.23+0.18\psi_d^2+0.61\times10^{-3}b$	$1.23+0.18(1+0.6\psi_d^2)\psi_d^2+0.61\times10^{-3}b$	$1.23+0.18(1+6.7\psi_d^2)\psi_d^2+0.61\times10^{-3}b$
装配时检验调整或对研跑合	5	$1.10+0.18\psi_d^2+0.12\times10^{-3}b$	$1.10+0.18(1+0.6\psi_d^2)\psi_d^2+0.12\times10^{-3}b$	$1.10+0.18(1+6.7\psi_d^2)\psi_d^2+0.12\times10^{-3}b$
	6	$1.6+0.18\psi_d^2+0.15\times10^{-3}b$	$1.6+0.18(1+0.6\psi_d^2)\psi_d^2+0.15\times10^{-3}b$	$1.6+0.18(1+6.7\psi_d^2)\psi_d^2+0.15\times10^{-3}b$
	7	$1.12+0.18\psi_d^2+0.23\times10^{-3}b$	$1.12+0.18(1+0.6\psi_d^2)\psi_d^2+0.23\times10^{-3}b$	$1.12+0.18(1+6.7\psi_d^2)\psi_d^2+0.23\times10^{-3}b$
	8	$1.15+0.18\psi_d^2+0.31\times10^{-3}b$	$1.15+0.18(1+0.6\psi_d^2)\psi_d^2+0.31\times10^{-3}b$	$1.15+0.18(1+6.7\psi_d^2)\psi_d^2+0.31\times10^{-3}b$

表6－16　**硬齿面齿轮 $K_{H\beta}$、$K_{F\beta}$ 的计算公式**

是否调整	精度等级	$K_{H\beta}$	结构布局及限制条件		
			对称支承	非对称支承	悬臂支承
装配时不作检验调整	5	≤1.34	$1.09+0.26\psi_d^2+0.20\times10^{-3}b$	$1.09+0.26(1+0.6\psi_d^2)\psi_d^2+0.20\times10^{-3}b$	$1.09+0.26(1+6.7\psi_d^2)\psi_d^2+0.20\times10^{-3}b$
		>1.34	$1.05+0.31\psi_d^2+0.23\times10^{-3}b$	$1.05+0.31(1+0.6\psi_d^2)\psi_d^2+0.23\times10^{-3}b$	$1.05+0.31(1+6.7\psi_d^2)\psi_d^2+0.23\times10^{-3}b$
	6	≤1.34	$1.09+0.26\psi_d^2+0.33\times10^{-3}b$	$1.09+0.26(1+0.6\psi_d^2)\psi_d^2+0.33\times10^{-3}b$	$1.09+0.26(1+0.6\psi_d^2)\psi_d^2+0.47\times10^{-3}b$
		>1.34	$1.05+0.31\psi_d^2+0.38\times10^{-3}b$	$1.05+0.31(1+0.6\psi_d^2)\psi_d^2+0.38\times10^{-3}b$	$1.05+0.31(1+6.7\psi_d^2)\psi_d^2+0.38\times10^{-3}b$

（续表）

是否调整	精度等级	$K_{H\beta}$	结构布局及限制条件		
			对称支承	非对称支承	悬臂支承
装配时检验调整	5	≤1.34	$1.05+0.26\psi_d^2+0.10\times10^{-3}b$	$1.05+0.26(1+0.6\psi_d^2)\psi_d^2+0.10\times10^{-3}b$	$1.05+0.26(1+6.7\psi_d^2)\psi_d^2+0.10\times10^{-3}b$
		>1.34	$0.99+0.31\psi_d^2+0.12\times10^{-3}b$	$0.99+0.31(1+0.6\psi_d^2)\psi_d^2+0.12\times10^{-3}b$	$0.99+0.31(1+6.7\psi_d^2)\psi_d^2+0.12\times10^{-3}b$
	6	≤1.34	$1.05+0.26\psi_d^2+0.16\times10^{-3}b$	$1.05+0.26(1+0.6\psi_d^2)\psi_d^2+0.16\times10^{-3}b$	$1.05+0.26(1+6.7\psi_d^2)\psi_d^2+0.16\times10^{-3}b$
		>1.34	$1.0+0.31\psi_d^2+0.19\times10^{-3}b$	$1.0+0.31(1+0.6\psi_d^2)\psi_d^2+0.19\times10^{-3}b$	$1.0+0.31(1+6.7\psi_d^2)\psi_d^2+0.19\times10^{-3}b$

注：在以上两表中，$\psi_d=b/d_1$

表 6－17　　**材料的弹性系数 Z_E**　　$\sqrt{\text{MPa}}$

大齿轮 \ 小齿轮	锻　钢	铸　钢	球墨铸铁	灰铸铁
	弹性模量 E/MPa			
	20.6×10^4	20.2×10^4	17.3×10^4	6.8×10^4
锻　钢	189.8			
铸　钢	188.9	188.0		
球墨铸铁	181.4	180.5	173.9	
灰铸铁	162.0	161.4	156.6	143.7

注：表中各材料的泊松比 μ 均取 0.3。

表 6－18　　**齿宽系数表 $\psi_d=b/d_1$**

齿轮相对于轴承位置	软　齿　面	硬 齿 面
对称布置	0.8～1.4	降低一倍
非对称布置或悬臂布置	结构刚度小 0.4～0.9；结构刚度大 0.6～1.2	

注：1. 软齿面指两齿面硬度均≤350HBS 或其中之一齿面硬度≤350HBS；硬齿面指两齿面硬度均>350HBS；
2. 直齿圆柱齿轮取小值；斜齿轮取大值（人字齿可达 2）；载荷稳定，轴的刚度大时取大值，反之取小值；
3. 对于金属切削机床的传动齿轮，若传递功率不大，ψ_d 可小到 0.2；
4. 非金属齿轮，可取 $\psi_d=0.5～1.2$；
5. 开式传动齿轮，可取 $\psi_d=0.3～0.5$

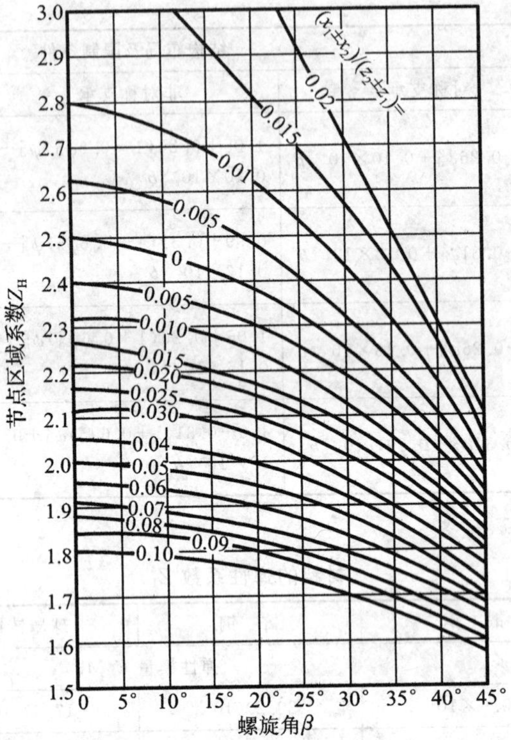

图 6－50　节点区域系数 Z_H

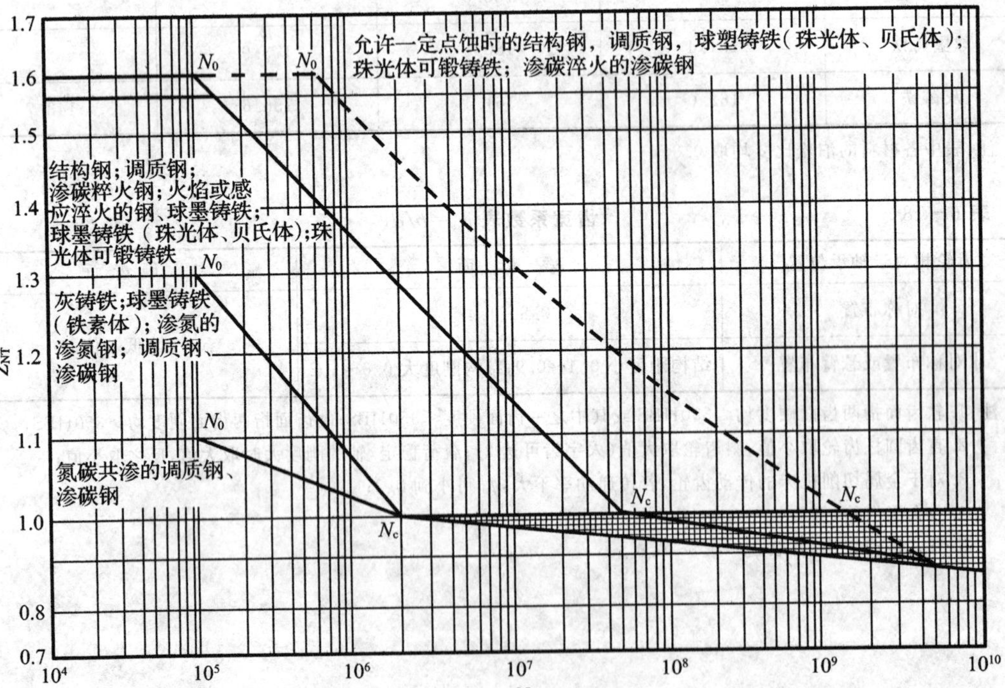

图中：N_0 静强度最大循环次数；N_c 持久寿命条件循环次数。

图 6－51　接触强度寿命系数 Z_N

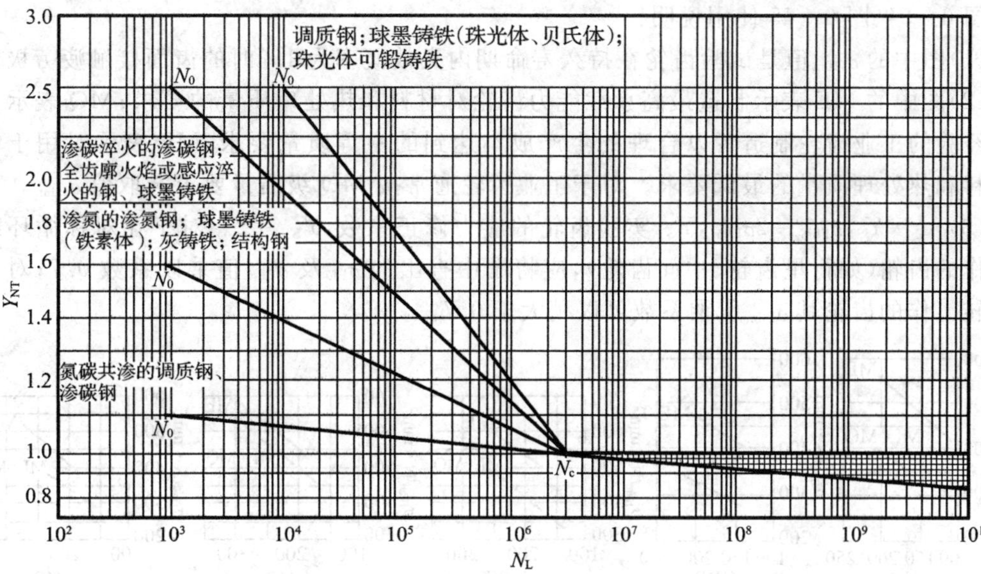

图 6－52 弯曲强度寿命系数 Y_N

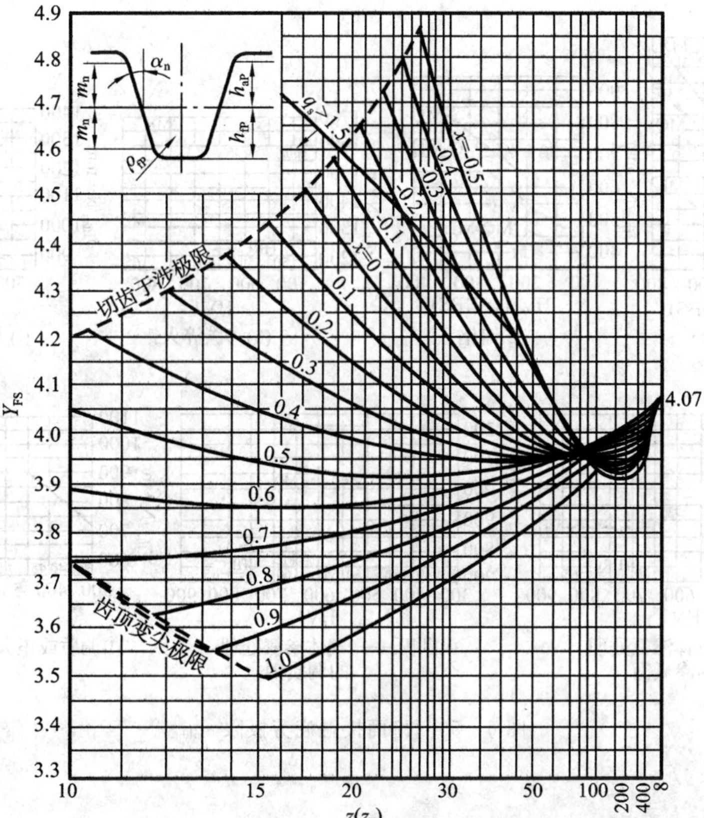

图 6－53 外齿轮的复合齿形系数 Y_{Fs}

图 6－54、图 6－55 使用说明：

(1)图中的 σ_{Hlim} 值是试验齿轮在持久寿命期内失效概率为 1%时的齿面接触疲劳极限；

(2)图中的 ME 表示制造最高承载能力齿轮对材料和热处理质量的要求；MQ 表示可以由有经验的工业齿轮制造者以合理的生产成本达到的中等质量要求；ML 表示对用于齿轮的材料和热处理质量的最低要求。对于工业齿轮通常按 MQ 级质量要求选取值 σ_{Hlim}。

(3)$\sigma_{FE}=Y_{ST}\sigma_{Flim}=2\sigma_{Flim}$，$Y_{ST}$ 实验齿轮的应力修正系数，$Y_{ST}=2$。对于在对称循环载荷下工作的齿轮(如行星齿轮、中间齿轮)，应将图中查出的 σ_{FE} 及 σ_{Flim} 值乘以系数 0.7；对于双向运转工作的齿轮其 σ_{Flim} 所乘系数可以稍大于 0.7。

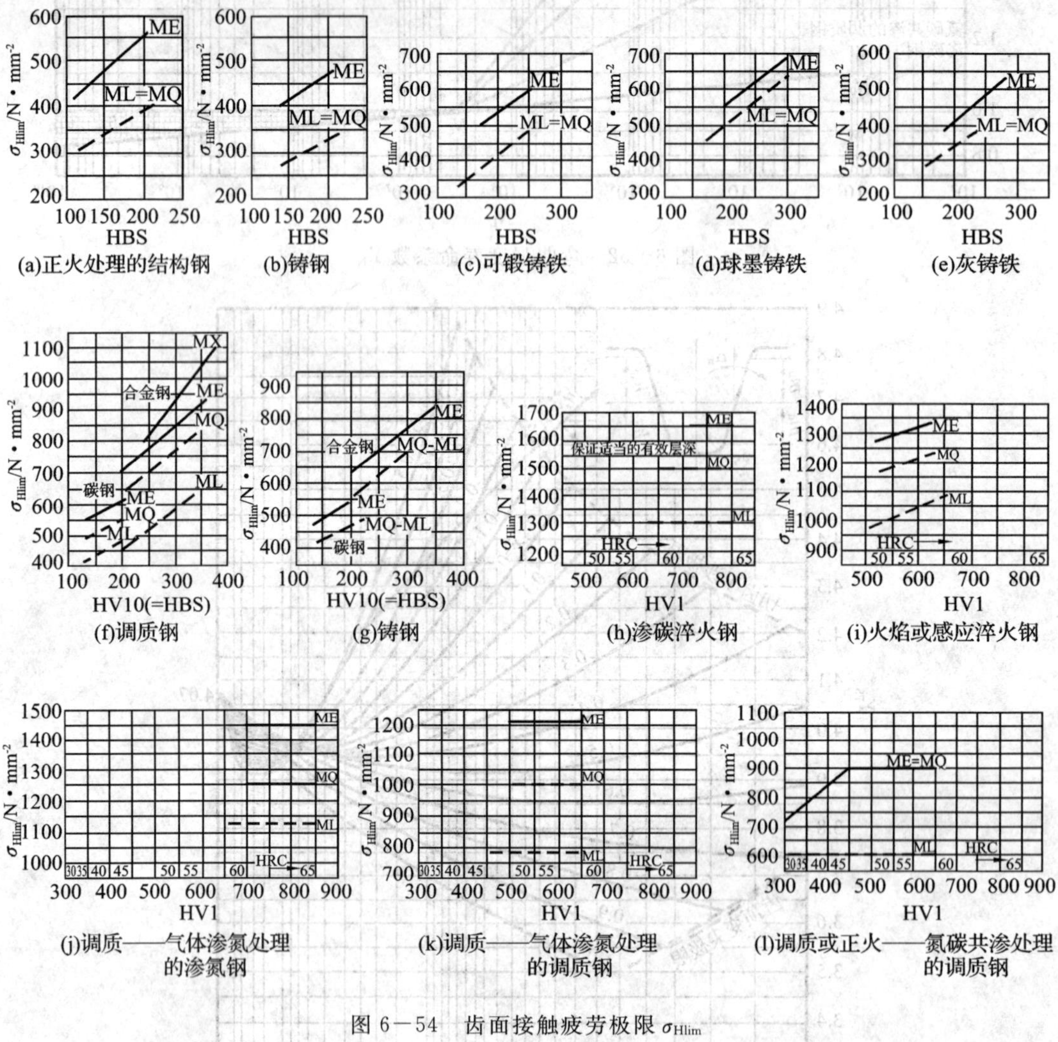

图 6－54　齿面接触疲劳极限 σ_{Hlim}

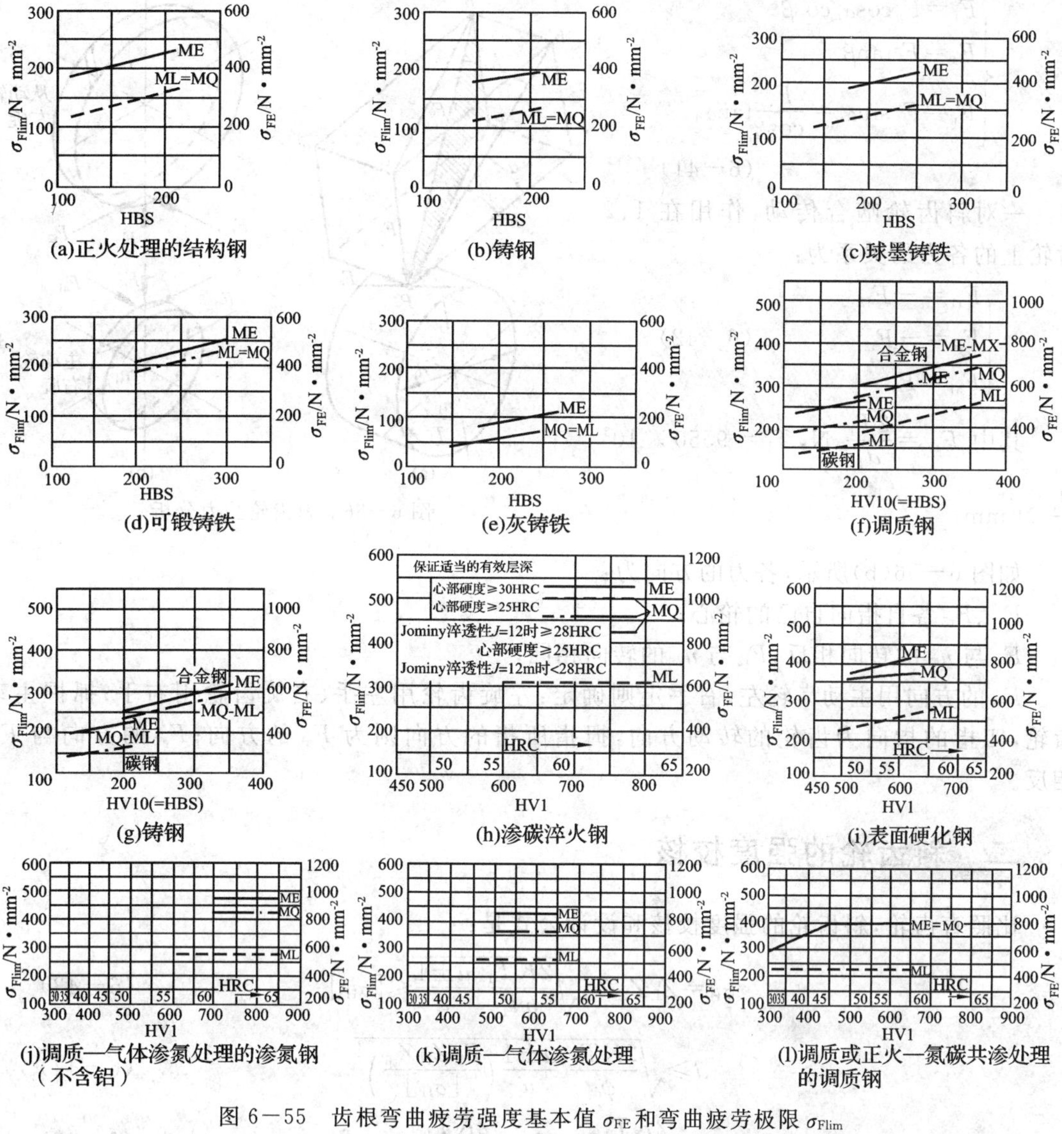

图 6—55 齿根弯曲疲劳强度基本值 σ_{FE} 和弯曲疲劳极限 σ_{Flim}

第十一节 斜齿轮的强度计算

一 受力分析

将斜齿轮承受的法向力 F_n 分解为：周向力 F_t、轴向力 F_a 和径向力 F_r，如图 6—56(a)；周向力 F_t、轴向力 F_a 作用在水平面内，径向力 F_r 作用在垂直平面内。三个力的大小，及与法向力 F_n 的数量关系为：

$$\begin{cases} F_t = F_n\cos\alpha_n\cos\beta \\ F_a = F_t\tan\beta \\ F_r = F_n\sin\alpha_n = \dfrac{F_t}{\cos\beta}\tan\alpha_n \end{cases} \tag{6-41}$$

一对斜齿轮啮合传动，作用在1、2齿轮上的各力的关系为：

$$\begin{cases} F_{r1} = -F_{r2} \\ F_{t1} = -F_{t2} \\ F_{a1} = F_{a2} \end{cases} \tag{6-42}$$

其中 $F_{t1}=\dfrac{2T_1}{d_1}$ N，$T_1=9550\times10^3\dfrac{P_1}{n_1}$ N mm。

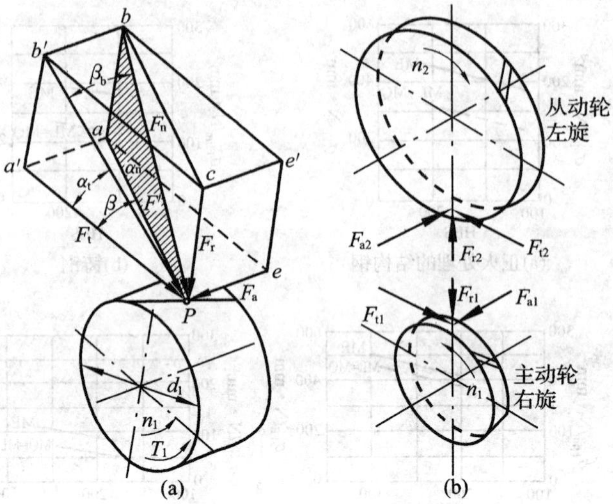

图6－56 斜齿轮受力分析

如图6－56(b)所示，各力的方向为：

F_{r1}、F_{r2}各自指向自己的轮心；

F_{t1}与n_1的转向相反，F_{t2}与n_2的转向相同；

F_{a1}的方向用主动齿轮左、右手定则确定：左旋齿轮用左手、右旋齿轮用右手；抓握主动齿轮，四指的指向为齿轮的转动方向，拇指所指的方向则为F_{a1}的方向；F_{a2}的方向与F_{a1}相反。

二 斜齿轮的强度校核

比照直齿轮，斜齿轮的强度校核和设计公式是：

$$\sigma_H = Z_E Z_H Z_{\varepsilon\beta}\sqrt{\frac{2KT_1}{bd_1^2}\frac{u\pm1}{u}} \leqslant [\sigma_H] \tag{6-43}$$

$$d \geqslant \sqrt[3]{\frac{2KT_1}{\psi_d}\frac{u\pm1}{u}\left(\frac{Z_E Z_H Z_{\varepsilon\beta}}{[\sigma_H]}\right)^2} \tag{6-44}$$

$$\sigma_F = \frac{2KT_1}{bd_1 m_n}Y_{FS}Y_{\varepsilon\beta} = \frac{2KT_1}{bm_n^2 Z_1} \leqslant [\sigma_F] \tag{6-45}$$

$$m_n \geqslant \sqrt[3]{\frac{2KT_1 Y_{\varepsilon\beta}\cos^2\beta}{\psi_d Z_1^2}\left(\frac{Y_{FS}}{[\sigma_F]}\right)} \tag{6-46}$$

公式说明：

斜齿轮传动与直齿轮传动的一个区别就是参加啮合的齿对数增多，承载的齿对从一对到多对不等，斜齿轮的总接触线长增长而且在不断变化，参阅图6－28。这一变化(以及法面齿形的影响)对斜齿轮的齿面接触强度计算和齿根弯曲强度计算必然带来影响。因此在斜齿轮的强度计算中引入了反映因重合度和螺旋角带来影响的参数。

(1)重合度计算　$\varepsilon_\gamma = \varepsilon_\alpha + \varepsilon_\beta$

ε_α可近似按下式计算[参阅式(6－29)]：

$$\varepsilon_\alpha = \left[1.88 - 3.2\left(\frac{1}{Z_1}+\frac{1}{Z_2}\right)\right]\cos\beta \tag{6-47}$$

ε_β[参阅式(6－30)]：

$$\varepsilon_\beta = b\tan\beta/p_t = b\tan\beta/\pi m_t = 0.318\psi_d Z_1 \tan\beta \quad (6-48)$$

(2)Z_H　$Z_H=\sqrt{2\cos\beta_b/\cos^2\alpha_t\tan\alpha_t}$ 进行强度计算时可由图 6－50 查得；

(3)$Z_{\varepsilon\beta}$　接触强度计算时的重合度及螺旋角系数，$Z_{\varepsilon\beta}=Z_\varepsilon Z_\beta$。其中：

Z_ε：重合度系数。

$$Z_\varepsilon=\sqrt{\frac{4-\varepsilon_\alpha}{3}(1-\varepsilon_\beta)+\frac{\varepsilon_\beta}{\varepsilon_\alpha}} \quad (6-49)$$

当 $\varepsilon_\beta>1$ 时，按 $\varepsilon_\beta=1$ 代入公式计算。

Z_β：螺旋角系数。考虑螺旋角对齿面接触应力的影响。

$$Z_\beta=\sqrt{\cos\beta} \quad (6-50)$$

(4)$Y_{\varepsilon\beta}$　弯曲强度计算时的重合度及螺旋角系数，$Y_{\varepsilon\beta}=Y_\varepsilon Y_\beta$，其中，

Y_ε：为弯曲应力计算中的重合度系数；

Y_β：为弯曲应力计算中螺旋角的系数。

对于 $1<\varepsilon_\alpha<2$ 的齿轮传动，可按

$$Y_\varepsilon=0.25+\frac{0.75}{\varepsilon_\alpha} \quad (6-51)$$

$$Y_\beta=1-\varepsilon_\beta\frac{\beta}{120^\circ} \quad (6-52)$$

当 $\varepsilon_\beta>1$ 时，按 $\varepsilon_\beta=1$ 计算；当 $\beta>30^\circ$时，按 $\beta=30^\circ$计算。

$Y_{FS}=Y_{Fa}Y_{Sa}$，其值按当量齿数 $Z_V=Z/\cos^3\beta$ 查图 6－53。

其余各参数的含义及公式使用，同直齿轮。

第十二节　齿轮的设计计算

一　主要参数选择

(一)齿数比 u

$u=Z_2/Z_1$。对于一般减速传动，取 $u<6\sim8$。开式传动或手动传动 u 可达 $8\sim12$。

(二)齿数 Z

当中心距一定时，齿数多则重合度 ε_α 增大，改善传动的平稳性。参阅式(6－7)或(6－29)。

齿数多则模数小，齿顶圆直径小，相对滑动小，则齿面磨损小，胶合的危险性也减小；同时可以节约材料和减少金属切削量，如图 6－57。但是模数减小使得齿根的弯曲强度降低。所以应在满足齿根强度的条件下，取较多的齿数。

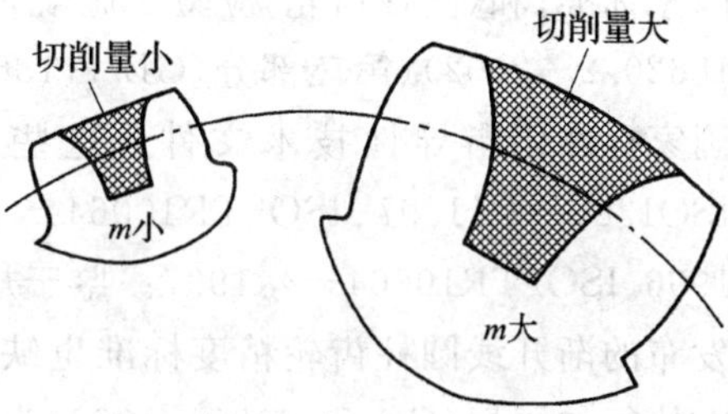

图 6－57　模数与切削量

通常取 $Z_1 \geqslant 18 \sim 30$。闭式传动，软齿面齿轮，过载不大，取大值；硬齿面齿轮，过载大，取小值；开式传动取小值。不重要的手动机构甚至可取到 $Z_1 = 10 \sim 12$。对于高速胶合危险大的传动推荐采用 $Z_1 \geqslant 25 \sim 27$。一般减速器中，取 $Z_1 + Z_2 = 100 \sim 200$。

(三)模数 m

由强度计算或结构设计确定，要求圆整为标准值。传递动力齿轮 $m \geqslant 2$mm。

(四)螺旋角 β

螺旋角太小，失去斜齿轮的优点；螺旋角太大，会产生大的轴向力。一般取斜齿轮 $\beta = 8^\circ \sim 15^\circ$；人字齿轮 $\beta = 25^\circ \sim 40^\circ$，通常取大于 30°。

(五)齿宽系数 ψ_d

齿宽系数取大些，可使中心距和齿轮直径减小；但取得过大，会使载荷沿齿宽方向分布不均的现象严重。ψ_d 的取值见表 6－18。

二 主要尺寸(分度圆直径 d_1 或中心距 a；模数 m；)的确定方法

(一)类比法

参照已有的、工作条件相同或相似的齿轮传动确定。

(二)根据齿轮传动在设备上的安装、结构要求

例如中心距、中心高以及外廓尺寸等的要求，定出主要尺寸。

(三)公式

按照简化设计计算公式确定主要尺寸。

三 齿轮的精度等级及其选择

国家标准化管理委员会先后于 2001 年 12 月 7 日和 2002 年 1 月 10 日发布《渐开线圆柱齿轮精度》第一部分(GB/T10095.1—2001)、第二部分(GB/T10095.2—2001)两项齿轮精度国家标准；和《圆柱齿轮 检验实施规范》第一部分(GB/Z 18620.1—2002)、第二部分(GB/Z 18620.2—2002)、第三部分(GB/Z 18620.3—2002)、第四部分(GB/Z 1860.4—2002)等四项国家标准化指导性技术文件。这些文件分别等同采用了 ISO 标准 ISO1382－1：1997、ISO1382－2：1997、ISO/TR10064－1：1992、ISO/TR10064－2：1996、ISO/TR10064－3：1996、ISO/TR10064－4：1997。鉴于规定检验组和公差组的 ISO/TR10063 正在制定中，新发布的渐开线圆柱齿轮精度标准也缺少相应的内容，本教材对有关齿轮精度的介绍仍以正在执行的国标(GB/T10095—1988)为主，只对 2001 年 12 月 7 日和 2002 年 1 月 10 日发布的新国标作适当介绍。

(一)精度等级

GB/T10095—1988(及 GB/T6365—1989,圆锥齿轮精度标准)规定了齿轮及齿轮副的精度分为 12 个等级,1 级最高,12 级最低。(新国标只对单个齿轮规定了精度等级,分为 13 级,0 级最高,1～12 级依次降低,且新旧国标的精度等级并不一一对应。——编者注)

GB/T10095—1988 将圆柱齿轮的各项公差(及偏差)归成三组,各公差组的各项内容和对传动的影响见表 6－19。

表 6－19 齿轮各项公差的分组及对传动性能的影响

公差组	公差与极限偏差项目	误差特性	对传动性能的主要影响
Ⅰ	F'_i、F_P、F_{PK}、F''_i、F_r、F_W	以齿轮一转为周期的误差(运动精度)	传递运动的准确性
Ⅱ	f'_i、f_f、$\pm f_{pt}$、$\pm f_{pb}$、f''_i、$f_{f\beta}$	在齿轮一周内,多次周期性地重复出现的误差(工作平稳性误差)	传动的平稳性、噪音、振动
Ⅲ	F_β、F_b、$\pm F_{PX}$	齿向线的误差(接触性误差)	载荷分布的均匀性

一般三公差组采用同一精度等级。

根据对齿轮的使用要求,也可采用不同精度等级:工作平稳性精度(第Ⅱ公差组)不得高或低于运动精度(第Ⅰ公差组)一级,接触精度(第Ⅲ公差组)不得低于工作平稳性精度(第Ⅱ公差组)。但在同一公差组内各项公差和偏差均应采用同一精度等级。

表 6－20 圆柱齿轮传动各级精度的应用范围

<table>
<tr><td colspan="3" rowspan="2">要素</td><td colspan="12">精度等级</td></tr>
<tr><td colspan="2">4</td><td colspan="2">5</td><td colspan="2">6</td><td colspan="2">7</td><td colspan="2">8</td><td colspan="2">9</td></tr>
<tr><td colspan="3">切齿方法</td><td colspan="2">在周期误差很小的精密机床上用展成法加工</td><td colspan="2">在周期误差小的精密机床上用展成法加工</td><td colspan="2">在精密机床上用展成法加工</td><td colspan="2">在精密机床上用展成法加工</td><td colspan="2">在展成法机床上加工</td><td colspan="2">在展成法机床上或分度法精细加工</td></tr>
<tr><td colspan="3">齿面
最后加工</td><td colspan="4">精密磨齿;对软和中硬齿面的大齿轮精密滚齿后研齿或剃齿</td><td colspan="2">磨齿、精密滚齿或剃齿</td><td colspan="2">高精度滚齿、插齿和剃齿,对渗碳淬火齿轮必须作磨齿、精刮齿、有修正能力的珩齿等</td><td colspan="2">滚齿、插齿,必要时剃齿或刮齿或珩齿</td><td colspan="2">一般滚齿、插齿工艺</td></tr>
<tr><td rowspan="3">齿面粗糙度</td><td colspan="2">齿面</td><td>硬化</td><td>调质</td><td>硬化</td><td>调质</td><td>硬化</td><td>调质</td><td>硬化</td><td>调质</td><td>硬化</td><td>调质</td><td>硬化</td><td>调质</td></tr>
<tr><td colspan="2">Ra/μm</td><td>≤0.4</td><td colspan="2">≤0.8</td><td>≤1.6</td><td>≤0.8</td><td colspan="2">≤1.6</td><td colspan="2">≤3.2</td><td>≤6.3</td><td>≤3.2</td><td>≤6.3</td></tr>
<tr><td>相当</td><td>▽</td><td>8～9</td><td colspan="2">7～8</td><td>6～7</td><td>7～8</td><td colspan="2">6～7</td><td colspan="2">5～6</td><td>4～5</td><td>5～6</td><td>4～5</td></tr>
<tr><td>工作条件及应用范围</td><td colspan="2">动力传动</td><td colspan="2">用于很高速的透平传动的齿轮
圆周速度 v> 70m/s 的斜齿轮</td><td colspan="2">用于高速的透平传动的齿轮,重型机械的进给齿轮,和高速重载齿轮圆周速度 v>30m/s 的斜齿轮</td><td colspan="2">用于高速传动的齿轮,工业机器有高可靠性要求的齿轮,重型机械的大功率传动齿轮,作业率很高的起重运输机械齿轮
圆周速度 v<30m/s 的斜齿轮</td><td colspan="2">用于高速和适度功率或大功率条件下的齿轮、冶金、矿山、石油、林业、轻工、工程机械、起重运输机械和小型工业齿轮箱(齿轮减速器)有可靠性要求的齿轮
圆周速度 v<25m/s 的斜齿轮,v<15m/s 的直齿轮</td><td colspan="2">用于中等速度较平稳传动的齿轮、冶金、矿山、石油、林业、轻工、工程机械、起重运输机械和小型工业齿轮箱(齿轮减速器)的齿轮
圆周速度 v<15m/s 的斜齿轮,v<10m/s 的直齿轮</td><td colspan="2">用于一般性工作和噪音要求不高的齿轮,受载低于计算载荷的齿轮,速度大于 1m/s 的开式齿轮传动和转盘的齿轮
圆周速度 v≤4m/s 的直齿轮,v≤6m/s 的斜齿轮</td></tr>
</table>

（续表）

要素	精度等级					
	4	5	6	7	8	9
机床	高精度和精密的分度链末端齿轮 圆周速度 $v>30$m/s 的直齿轮，$v>50$m/s 的斜齿轮	一般精度的分度链末端齿轮 高精度和精密的分度链的中间齿轮 圆周速度 $v>15\sim30$m/s 的直齿轮，$v>30\sim50$m/s 的斜齿轮	Ⅴ级机床主传动的重要齿轮 一般精度的分度链的中间齿轮 Ⅲ级和Ⅲ级以上精度等级机床的进给齿轮 圆周速度 $v>10\sim15$m/s 的直齿轮，$v>15\sim30$m/s 的斜齿轮	Ⅳ级和Ⅳ级以上的精度等级机床的进给齿轮 圆周速度 $v>6\sim10$m/s 的直齿轮，$v>8\sim15$m/s 的斜齿轮	一般精度的机床齿轮圆周速度 $v<6$m/s 的直齿轮，$v<8$m/s 的斜齿轮	没有传动精度要求的手动齿轮
单级传动效率	不低于 0.99（包括轴承不低于 0.985）			不低于 0.98（包括轴承不低于 0.975）	不低于 0.97（包括轴承不低于 0.965）	不低于 0.96（包括轴承不低于 0.95）

表 6－21　**各类机械传动中所应用齿轮精度等级**

产品类型	精度等级	产品类型	精度等级	产品类型	精度等级	产品类型	精度等级
测量齿轮	2～5	汽车底盘	5～8	拖拉机	6～9	矿用绞车	8～10
透平齿轮	3～6	轻型汽车	5～8	通用减速器	6～9	起重机械	7～10
金属切削机床	3～8	载重汽车	6～9	轧钢机	6～10	农用机械	8～11
内燃机车	6～7	航空发动机	4～8				

表 6－22　**齿轮第Ⅱ组精度与圆周速度的关系**

齿的种类	齿面硬度(HBS)	第Ⅱ组精度等级					
		5	6	7	8	9	10
		圆周速度 / $m\cdot s^{-1}$					
直齿	≤350 >350	>12 >10	≤18 ≤15	≤12 ≤10	≤6 ≤5	≤4 ≤3	≤1 ≤1
斜齿	≤350 >350	>25 >20	≤36 ≤30	≤25 ≤20	≤12 ≤9	≤8 ≤6	≤2 ≤1.5

（二）侧隙

齿轮副的侧隙，根据工作条件的要求以最大极限侧隙 j_{max} 和最小极限侧隙 j_{min} 来规定的。齿轮副的侧隙是由中心距的偏差和齿厚（或公法线的平均长度）的偏差来保证的。

国标规定了齿厚的偏差为 14 个等级。依次是：C、D、E、F、……、S，每一代号代表了一定的齿距偏差的倍数，如表 6－23 和图 6－58 所示。

根据齿轮的精度等级、分度圆直径及法向模数查阅设计手册确定齿厚的极限偏差。

表 6－23 齿厚极限偏差

$C=+1f_{pt}$	$G=-6f_{pt}$	$L=-16f_{pt}$	$R=-40f_{pt}$
$D=0$	$H=-8f_{pt}$	$M=-20f_{pt}$	$S=-50f_{pt}$
$E=-2f_{pt}$	$J=-10f_{pt}$	$N=-25f_{pt}$	
$F=-4f_{pt}$	$K=-12f_{pt}$	$P=-32f_{pt}$	

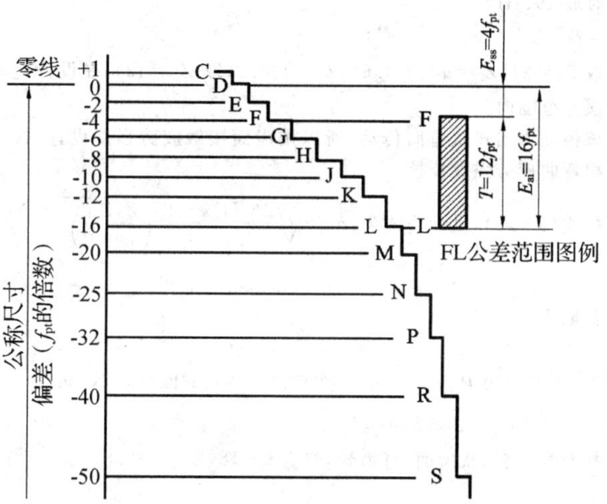

图 6－58 齿厚极限偏差代号

四 设计举例

【例题 6－1】 设计单级直齿圆柱齿轮减速器，电动机驱动，工作机为均匀传送的带式运输机，传递的功率 $P=7.5\text{kW}$，$n_1=970\text{r/min}$，$u=4.6$，齿轮对称布置，单向运转，两班制工作，要求工作期限 10 年（每年按 300 天计）。

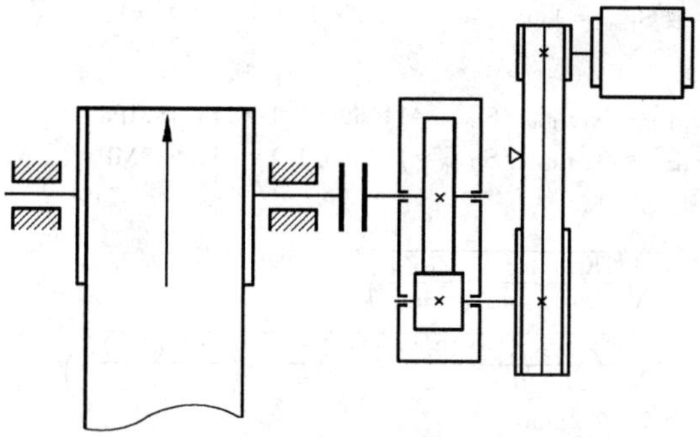

例题 6－1 图

解题过程如下：

计算项目	设计计算过程及说明	结果
1. 选取齿轮精度等级、材料及齿数		
(1)选择精度等级	该传动为一般用途,故选用8级精度	选用8级精度
(2)选取齿轮材料、热处理方法及齿面硬度	参考表6－10选取:小齿轮45钢,调质,硬度为217～255HBS,计算时取240HBS;大齿轮45钢,正火,硬度为162～217HBS,计算时取190HBS	小齿轮45钢,调质,硬度计算值240HBS;大齿轮45钢,正火,硬度计算值190HBS
(3)选齿数 Z_1、Z_2	取 $Z_1=27$,$Z_2=uZ_1=4.6\times27=124.2$,取 $Z_2=124$,在设计允许误差范围内。 该传动为闭式软齿面传动,所以按齿面接触疲劳强度设计,按齿根弯曲疲劳强度校核。	$Z_1=27$,$Z_2=124$
2. 按齿面接触疲劳强度设计 确定各项参数:	按式(6－38),设计公式为:$d_1\geqslant\sqrt[3]{\frac{2KT_1}{\psi_d}\frac{u\pm1}{u}\left(\frac{Z_EZ_H}{[\sigma_H]}\right)^2}$	
(1)初选载荷系数 K_t	初取 $K_t=1.3$	
(2)计算小齿轮传递转据 T_1	$T_1=9.55\times10^6P_1/n_1=9.55\times10^6\times7.5/970=73840.206$ N mm	$T_1=73840.206$ N mm
(3)选取齿宽系数 ψ_d	按对称布置、软齿面、直齿轮,查表6－18,取 $\psi_d=0.8$	
(4)弹性系数 Z_E	由表6－17,$Z_E=189.8\ \sqrt{MPa}$	
(5)节点区域系数 Z_H	查图6－50,$Z_H=2.5$	
(6)接触疲劳极限 σ_{Hlim1}、σ_{Hlim2}	由图6－54,$\sigma_{Hlim1}=600$MPa,$\sigma_{Hlim2}=390$MPa	
(7)接触应力循环次数 N_{H1}、N_{H2}	$N_{H1}=60n_ikh_i=60\times970\times1\times(10\times300\times16)=2.79\times10^9$ $N_{H2}=N_{H1}/u=2.79\times10^9/4.6=6.07\times10^8$	
(8)接触疲劳强度寿命系数 Z_{N1}、Z_{N2}	查图6－51:取 $Z_{N1}=1$、$Z_{N2}=1$	
(9)接触疲劳强度安全系数取 S_{Hmin}	取 $S_{Hmin}=1.1$	
(10)计算许用接触应力$[\sigma_{H1}]$、$[\sigma_{H2}]$设计计算	$[\sigma_{H1}]=Z_{N1}\sigma_{Hlim1}/S_{Hmin}=1\times600/1.1=545.45$MPa $[\sigma_{H2}]=Z_{N2}\sigma_{Hlim2}/S_{Hmin}=1\times390/1.1=354.545$MPa	$[\sigma_{H1}]=545.45$MPa $[\sigma_{H2}]=354.545$MPa
(11)试计算小齿轮分度圆直径 d_{1t}	$d_{1t}\geqslant\sqrt[3]{\frac{2KT_1}{\psi_d}\frac{u\pm1}{u}\left(\frac{Z_EZ_H}{[\sigma_H]}\right)^2}$ $=\sqrt[3]{\frac{2\times1.3\times73840.26}{0.8}\times\frac{4.6+1}{4.6}\times\left(\frac{189.8\times2.5}{390}\right)^2}$ $=75.622$mm	$d_{1t}=75.622$mm
(12)计算齿轮的圆周速度 v	$v=\frac{\pi d_{1t}n_1}{60000}=\frac{3.14\times75.622\times970}{60000}=3.84$m/s	$v=3.84$m/s
(13)确定载荷系数 K K_A K_v	载荷系数 K 计算公式:$K=K_AK_VK_{H\alpha}K_{H\beta}$ 查表6－12,$K_A=1$; 按式(6－35): $K_V=1+\left[\frac{K_1}{K_A+\frac{F_t}{b}}+K_2\right]\frac{Z_1v}{100}\sqrt{\frac{u^2}{1+u^2}}$	

（续表）

计算项目	设计计算过程及说明	结果
	查表6－13：$K_1=39.1, K_2=0.0193$ $F_t=2T_1/d_{1t}=2\times73840.206/75.622=1952.876$ N mm $b_t=\psi_d d_{1t}=0.8\times75.622=60.50$ mm $K_V=1+\left[\frac{39.1}{1+\frac{1952.876}{60.50}}+0.0193\right]\times\frac{27\times3.84}{100}\times\sqrt{\frac{4.6^2}{1+4.6^2}}$ $=2.21$	
$K_{H\alpha}$	取 $K_{H\alpha}=1$	
$K_{H\beta}$	装配时不作检验调整，查表6－15： $K_{H\beta}=1.23+0.18\psi_d^2+0.61\times10^{-3}b$ $=1.23+0.18\times0.8^2+0.61\times10^{-3}\times60.50$ $=1.382$	
K	$\therefore K=K_A K_V K_{H\alpha} K_{H\beta}=1\times2.21\times1\times1.382=3.0544$ 与初选 $K_t=1.3$ 不符，需修正小齿轮分度圆直径，按式(6－36)：	$K=3.0544$
(14)修正小齿轮直径	$d_1=d_{1t}\times\sqrt[3]{K/K_t}=75.622\times\sqrt[3]{3.0544/1.3}=100.533$ mm	
3. 确定传动齿轮的主要参数和几何尺寸		
(1)模数 m	$m=d_1/Z_1=100.533/27=3.723$(mm)，按(表6－3)取标准值，$m=4$mm	$m=4$mm
(2)计算分度圆 d_1、d_2	$d_1=mZ_1=4\times27=108$(mm) $d_2=mZ_2=4\times124=496$(mm)	$d_1=108$mm $d_2=496$mm
(3)中心矩 a	$a=m(Z_1+Z_2)/2=4\times(27+124)/2=302$(mm)	$a=302$mm
(4)齿宽 b_1、b_2	$b=\psi_d d_1=0.8\times108=86.4$mm 取 $b_2=90$mm，$b_1=100$mm (其他尺寸略)	$b_2=90$mm $b_1=100$mm
4. 校核齿根弯曲疲劳强度	按式(6－39)，校核公式为： $\sigma_F=\frac{2KT_1}{bd_1m}Y_{FS}=\frac{2KT_1}{bm^2Z_1}Y_{FS}\leqslant[\sigma_F]$	
(1)齿形系数 Y_{FS_1}、Y_{FS_2}	由图6－53，$Y_{FS_1}=4.17$，$Y_{FS_2}=3.96$	
(2)弯曲疲劳强度基本值 σ_{FE1}、σ_{FE2}	由图6－55，$\sigma_{FE1}=460$MPa，$\sigma_{FE2}=310$MPa	
(3)弯曲应力循环次数 N_{F1}、N_{F2}	$N_{F1}=60n_1kh_1=60\times970\times1\times(10\times300\times16)=2.79\times10^9$ $N_{F2}=N_{F1}/u=2.79\times10^9/4.6=6.07\times10^8$	
(4)弯曲疲劳强度寿命系数 Y_{N1}、Y_{N2}	由图6－52，$Y_{N1}=1$，$Y_{N2}=1$	
(5)弯曲疲劳强度安全系数 S_{Fmin}	取 $S_{Fmin}=1.4$	
(6)计算许用接触应力$[\sigma_{F1}]$、$[\sigma_{F2}]$	$[\sigma_{F1}]=Y_{N1}\sigma_{FE1}/S_{Fmin}=1\times460/1.4=328.57$ MPa $[\sigma_{F2}]=Y_{N2}\sigma_{FE2}/S_{Fmin}=1\times310/1.4=221.43$ MPa	$[\sigma_{F1}]=328.57$ MPa $[\sigma_{F2}]=221.43$ MPa
重新计算 K	$K=K_A K_V K_{H\alpha} K_{H\beta}$ $K_A=1$；$K_{H\alpha}=1$；$K_{H\beta}=1.382$；均不变，	

（续表）

计算项目	设计计算过程及说明	结果
	仍取 $K_1=39.1, K_2=0.0193$ $F_t=2T_1/d_1=2\times73840.206/108=1367.41$ N mm $b=86.4$mm $v=\frac{\pi d_1 n_1}{60000}=\frac{3.14\times108\times970}{60000}=5.48$ m/s $K_V=1+\left[\frac{K_1}{K_A+\frac{F_t}{b}}+K_2\right]\frac{Z_1 v}{100}\sqrt{\frac{u^2}{1+u^2}}$ $=1+\left[\frac{39.1}{1+\frac{1367.41}{86.4}}+0.0193\right]\frac{27\times5.48}{100}\sqrt{\frac{4.6^2}{1+4.6^2}}$ $=4.3875$ $K=K_A K_V K_{H\alpha} K_{H\beta}=1\times4.3875\times1\times1.382=6.0635$	$v=5.48$m/s
(8)校核齿根弯曲疲劳强度	对齿轮 1、2 分别校核 $\sigma_{F2}=\frac{2KT_1}{bd_1m}Y_{Fs1}=\frac{2\times6.0635\times73840.206}{86.4\times108\times4}\times4.17=97.75$MPa $\sigma_{F2}=\frac{2KT_1}{bd_1m}Y_{Fs2}=\frac{2\times6.0635\times73840.206}{86.4\times108\times4}\times3.96=92.60$MPa	$\sigma_{F1}=97.75\text{MPa}<[\sigma_{F1}]$ $\sigma_{F2}=92.60\text{MPa}<[\sigma_{F2}]$ 安全
5. 齿轮的结构设计和零件工作图	（略）	

【例题 6－2】 设计一金属切削机床，用斜齿轮减速传动，电动机驱动，已知该级传动的输入功率为 $P=12$kW，小齿轮的转速 $n_1=1420$r/min，$u=2.4$，预期使用寿命 10 年，两班制工作，每年按 300 天计算，载荷有轻微震动，双向运转。

解：解题过程如下：

计算项目	设计计算过程及说明	结果
1. 选取齿轮精度等级、材料及齿数		
(1)选取齿轮材料、热处理方法及齿面硬度	考虑该传动为机床主传动用的重要传动齿轮，而且要求结构紧凑，参考表 6－10 及表 6－11 选：大、小齿轮均采用 20Cr 钢，渗碳后表面淬火，齿面硬度为 56～62HRC，计算值取 60HRC。	大、小齿轮均采用 20Cr 钢，渗碳后表面淬火，硬度计算值 60HRC
(2)选择精度等级	选用 6 级精度。	选用 6 级精度
(3)选齿数 Z_1、Z_2	为增加传动的平稳性，取 $Z_1=25, Z_2=uZ_1=2.4\times25=60$。 该传动为闭式硬齿面传动，所以按齿根弯曲疲劳强度设计，然后校核其齿面接触疲劳强度。	$Z_1=25, Z_2=60$
2. 按齿根弯曲疲劳强度设计	按式(6－46)，设计公式为： $m_n\geqslant\sqrt[3]{\frac{2KT_1Y_{\varepsilon\beta}\cos^2\beta}{\psi_d Z_1^2}\left(\frac{Y_{FS}}{[\sigma_F]}\right)}$	
(1)初选载荷系数 K_t	初取 $K_t=1.3$	
(2)初选螺旋角 β	$\beta=12°$	
(3)计算小齿轮传递转矩 T_1	$T_1=9.55\times10^6 P_1/n_1=9.55\times10^6\times12/1420=80704.225$ N mm	$T_1=80704.225$ N mm

（续表）

计算项目	设计计算过程及说明	结果
(4)选取齿宽系数 ψ_d	考虑齿轮是硬齿面、非对称布置、金属切削机床，查表6－18，取 $\psi_d=0.20$	
(5)计算重合度		
①端面重合度	按式6－47 $\varepsilon_\alpha=\left[1.88-3.2\left(\frac{1}{Z_1}+\frac{1}{Z_2}\right)\right]\cos\beta$ $=\left[1.88-3.2\left(\frac{1}{25}+\frac{1}{60}\right)\right]\cos12°$ $=1.662$	
②轴向重合度 ε	按式6－48 $\varepsilon_\beta=0.318\psi_d Z_1\tan\beta=0.318\times0.20\times25\times\tan12°=0.338$	
③总重合度	$\varepsilon_\gamma=\varepsilon_\alpha+\varepsilon_\beta=1.662+0.338=2.0$	
(6)计算重合度及螺旋角系数 $Y_{\varepsilon\beta}$		
①重合度系数 Y_ε	按式6－51 $Y_\varepsilon=0.25+0.75/\varepsilon_\alpha=0.25+0.75/1.662=0.701$	
②螺旋角系数 Y_β	按式6－52 $Y_\beta=1-\varepsilon_\beta\frac{\beta}{120°}=1-0.338\times\frac{12°}{120°}=0.966$	
③重合度及螺旋角系数 $Y_{\varepsilon\beta}$	$Y_{\varepsilon\beta}=Y_\varepsilon Y_\beta=0.701\times0.966=0.677$	$Y_{\varepsilon\beta}=0.677$
(7)当量齿数 Z_{V1}、Z_{V2}	$Z_{V1}=Z_1/\cos^3\beta=25/\cos^3 12°=26.72$ $Z_{V2}=Z_2/\cos^3\beta=60/\cos^3 12°=64.12$	$Z_{V1}=26.72$ $Z_{V2}=64.12$
(8)复合齿形系数 Y_{FS_1}、Y_{FS_2}	查图6－53，$Y_{FS_1}=4.16$，$Y_{FS_2}=3.96$	$Y_{FS_1}=4.16$ $Y_{FS_2}=3.96$
(9)弯曲疲劳强度基本值 σ_{FE_1}、σ_{FE_2}	查图6－55，取 $\sigma_{FE_1}=1000$ MPa，$\sigma_{FE_2}=910$MPa	
(10)弯曲应力循环次数 N_{F1}、N_{F2}	$N_{F1}=60n_i kh_i=60\times1420\times1\times(10\times300\times16)=4.0896\times10^9$ $N_{F2}=N_{F1}/u=4.0896\times10^9/2.4=1.70\times10^9$	$N_{F1}=4.0896\times10^9$ $N_{F2}=1.70\times10^9$
(11)曲疲劳强度寿命系数 Y_{N1}、Y_{N2}	查图6－52，取 $Y_{N1}=1$，$Y_{N2}=1$	
(12)弯曲疲劳强度安全系数取 S_{Fmin}	取 $S_{Fmin}=1.4$	
(13)计算许用弯曲应力$[\sigma_{F1}]$、$[\sigma_{F2}]$	因是双向受载，取： $[\sigma_{F1}]=0.7Y_{N1}\sigma_{FE_1}/S_{Fmin}=0.7\times1\times1000/1.4=500$ MPa $[\sigma_{F2}]=0.7Y_{N2}\sigma_{FE_2}/S_{Fmin}=0.7\times1\times910/1.4=455$ MPa	$[\sigma_{F1}]=500$MPa $[\sigma_{F2}]=455$MPa
(14)计算大小齿轮的 $Y_{FS}/[\sigma_F]$值，并加以比较	$Y_{FS_1}/[\sigma_{F1}]=4.16/500=0.0083$ $Y_{FS_2}/[\sigma_{F2}]=3.96/455=0.0087$	$Y_{FS_1}/[\sigma_{F1}]=0.0083$ $Y_{FS_2}/[\sigma_{F2}]=0.0087$ 后者较大
(15)试计算模数 m_{nt}	$m_{nt}\geqslant\sqrt[3]{\frac{2KT_1Y_{\varepsilon\beta}\cos^2\beta}{\psi_d Z_1^2}\left(\frac{Y_{Fs}}{[\sigma_F]}\right)}$ $=\sqrt[3]{\frac{2\times1.3\times80704.225\times0.677\times\cos^2 12°}{0.20\times25^2}\times0.0087}$ $=2.11$mm	$m_{nt}=2.11$mm
(16)圆周速度 v	$v=\frac{\pi m_{nt}Z_1 n_1}{60000\cos\alpha}=\frac{3.14\times2.11\times25\times1420}{600000\cos20°}=4.172$(m/s)	$v=4.172$m/s

（续表）

设计项目	计算依据及说明	计算结果
(17)确定小齿轮直径和齿宽计算值	$d_{1t}=m_{nt}Z_1/\cos\beta=2.6\times25/\cos12°=53.93$ mm $b=\psi_d d_{1t}=0.20\times53.93=10.786$ mm	
(18)确定载荷系数 K	载荷系数 K 计算公式：$K=K_AK_VK_{F\alpha}K_{F\beta}$	
①K_A	查表 6－12，$K_A=1.25$	
②K_V	按式(6－35) $K_V=1+\left[\frac{K_1}{K_A+\frac{F_t}{b}}+K_2\right]\frac{Z_1v}{100}\sqrt{\frac{u^2}{1+u^2}}$ 查表 6－13：$K_1=13.3$，$K_2=0.0087$ $F_t/b=2T_1/d_{1t}b=2\times80704.225/53.93\times10.786=277.482$ N/mm $K_V=1+\left[\frac{13.3}{1.25+277.482}+0.0087\right]\times\frac{25\times4.172}{100}\times\sqrt{\frac{2.4^2}{1+2.4^2}}$ $=1.0543$	
③$K_{F\alpha}$	按表 6－4，取 $K_{H\alpha}=K_{F\alpha}=1.1$ 按硬齿面齿轮，6 级精度，非对称支承，装配时检验调整，查表 6－16，	
④$K_{F\beta}$	$K_{F\beta}=1.05+0.26(1+0.6\psi_d^2)\psi_d^2+0.16\times10_6^{-3}$ $=1.05+0.26\times(1+0.6\times0.20^2)\times0.20^2+0.16\times10^{-3}\times10.786$ $=1.0623$	
⑤K	$\therefore K=K_AK_VK_{F\alpha}K_{F\beta}=1.25\times1.510\times1.1\times1.0623=2.427$	$K=2.427$
(19)修正法面模数 m_n	按式(6－36)： $m_n=m_{nt}\times\sqrt[3]{K/K_t}=2.11\times\sqrt[3]{2.427/1.3}=2.598$mm 查模数系列，取：$m_n=3$mm	$m_n=3$mm
3. 确定传动齿轮的主要参数和几何尺寸		
(1)确定中心矩 a	$a=m_n(Z_1+Z_2)/2\cos\beta=3\times(25+60)/2\cos12°=130.35$mm，圆整为 131mm。	$a=131$mm
(2)调整螺旋角 β	$\beta=\arccos[m_n(Z_1+Z_2)/2a]$ $=\arccos[3\times(25+60)/(2\times131)]$ $=13.274°$ $=13°16'27''$	$\beta=13°16'32''$
(3)计算分度圆 d_1、d_2	$d_1=m_nZ_1/\cos\beta=3\times25\times/\cos13.274°=77.05$mm $d_2=m_nZ_2/\cos\beta=3\times60\times/\cos13.274°=184.92$mm	$d_1=77.05$mm $d_2=184.92$mm
(4)齿宽 b_1、b_2	$b=\psi d_{d1}=0.20\times77.05=15.41$mm 取 $b_2=18$mm，$b_1=25$mm	$b_2=18$mm， $b_1=25$mm
(5)圆周速度 v	$v=\frac{\pi d_1n_1}{60000}=\frac{3.14\times77.05\times1420}{60000}=5.73$ m/s （其他尺寸略）	$v=5.73$m/s
4. 校核齿面接触疲劳强度	按式 6－43 校核公式为： $\sigma_H=Z_EZ_HZ_{\varepsilon\beta}\sqrt{\frac{2KT_1}{bd_1^2}\frac{u\pm1}{u}}\leqslant[\sigma_H]$	
(1)重新确定载荷系数 K	载荷系数 K 计算公式：$K=K_AK_VK_{H\alpha}K_{H\beta}$	

（续表）

设计项目	计算依据及说明	计算结果
①K_A	$K_A=1.25$；	
②K_V	按式(6－35) $K_V=1+\left[\frac{K1}{K_A+\frac{F_t}{b}}+K_2\right]\frac{Z_1 v}{100}\sqrt{\frac{u^2}{1+u^2}}$ $K_1=13.3, K_2=0.0087$ $F_t/b=2T_1/d_1 b=2\times80704.225/77.05\times18=116.38$ N/mm $K_V=1+\left[\frac{13.3}{1.25+116.38}+0.0887\right]\frac{25\times5.73}{100}\sqrt{\frac{2.4^2}{1+2.4^2}}$ $=1.27$	
③$K_{H\alpha}$	$K_{H\alpha}=1.0$	
④$K_{H\beta}$	$K_{H\beta}=K_{F\beta}=1.0623$	
⑤K	$\therefore K=K_A K_V K_{H\alpha} K_{H\beta}=1.25\times1.27\times1.0\times1.0623=1.68$	$K=1.68$
(2)弹性系数 Z_E	$Z_E=189.8\ \sqrt{MPa}$	
(3)节点区域系数 Z_H	$Z_H=2.45$	
(4)重新计算重合度		
①端面重合度	$\varepsilon_\alpha=\left[1.88-3.2\left(\frac{1}{Z_1}+\frac{1}{Z_2}\right)\right]\cos\beta$ $=\left[1.88-3.2\left(\frac{1}{25}+\frac{1}{60}\right)\right]\cos13.724°$ $=1.653$	$\varepsilon_\alpha=1.653$
②轴向重合度 ε	$\varepsilon_\beta=0.318\psi_d Z_1\tan\beta=0.318\times0.20\times25\times\tan13.274°=0.375$	$\varepsilon_\beta=0.375$
③总重合度	$\varepsilon_\gamma=\varepsilon_\alpha+\varepsilon_\beta=1.653+0.375=2.028$	$\varepsilon_\gamma=2.028$
(5)接触强度计算时的重合度及螺旋角系数 $Z_{\varepsilon\beta}$	$Z_{\varepsilon\beta}:Z_{\varepsilon\beta}=Z_\varepsilon Z_\beta$	
Z_ε	按式(6－49)和(6－50) $Z_\varepsilon=\sqrt{\frac{4-\varepsilon_\alpha}{3}(1-\varepsilon_\beta)+\frac{\varepsilon_\beta}{\varepsilon_\alpha}}$ $=\sqrt{\frac{4-1.653}{3}\times(1-0.375)+\frac{0.375}{1.653}}$ $=0.846$	
Z_β	$Z\beta=\sqrt{\cos\beta}=\sqrt{\cos13.274°}=0.987$	
$Z_{\varepsilon\beta}$	$\therefore Z_{\varepsilon\beta}=Z_\varepsilon Z_\beta=0.846\times0.987=0.835$	$Z_{\varepsilon\beta}=0.835$
(6)接触疲劳强度极限 σ_{Hlim1}、σ_{Hlim2}	由图 6－54，$\sigma_{Hlim1}=\sigma_{Hlim2}=1500$MPa	
(7)接触应力循环次数 N_{H1}、N_{H2}	$N_{H1}=60n_1kh=60\times1420\times1\times(10\times300\times16)=4.086\times10^9$ $N_{H2}=N_{H1}/u=4.086\times10^9/2.4=1.70\times10^9$	
(8)接触疲劳强度寿命系数 Z_{N1}、Z_{N2}	查图 6－51，取 $Z_{N1}=1, Z_{N2}=1$	
(9)接触疲劳强度安全系数 S_{Hmin}	取 $S_{Hmin}=1.1$	

（续表）

设计项目	计算依据及说明	计算结果
(10)计算许用接触应力$[\sigma_H]$	$[\sigma_{H1}]=[\sigma_{H2}]=\sigma_{Hlim1}Z_{N1}/S_{Hmin}=1500\times1/1.1=1363.64$ MPa	$[\sigma_{H1}]=[\sigma_{H2}]=1363.64$MPa
(11)校核齿面接触疲劳强度	$\sigma_H=Z_EZ_HZ_{\varepsilon\beta}\sqrt{\frac{2KT_1}{bd_1^2}\frac{u\pm1}{u}}$ $=189.8\times2.47\times0.835\times\sqrt{\frac{2\times1.68\times80704.225}{15.41\times77.05^2}\times\frac{2.4+1}{2.4}}$ $=802.15$MPa	$\sigma_H=802.15$MPa$<[\sigma_H]=1363.64$MPa 满足齿面接触强度
5. 齿轮的结构设计和零件工作图	（略）	

第十三节　齿轮的结构型式

将齿轮的常用结构型式列于下表：

表 6－24　　齿轮的常用结构型式

型式	图　　例	结构尺寸
	锻造齿轮	
齿轮轴	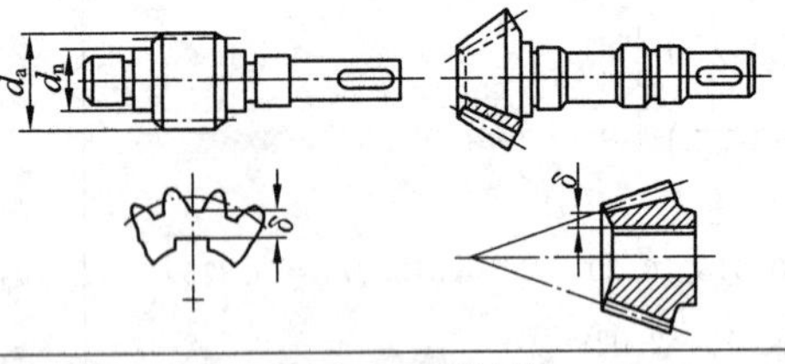	圆柱齿轮，$d_a<2d_n$ 或齿根圆与键槽底部的距离 $\delta\leqslant2.5m_t$（端面模数） 锥齿轮小端 $\delta\leqslant1.6m$ 时，齿轮应与轴制成整体，即齿轮轴
实心轮	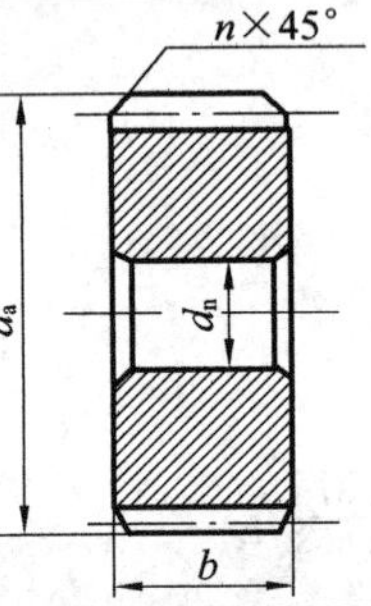	$d_a\leqslant160$mm 圆柱齿轮 $\delta>2.5m_t$ 锥齿轮 $\delta>1.6m$ 倒角 $n=0.5m_n$
幅板式	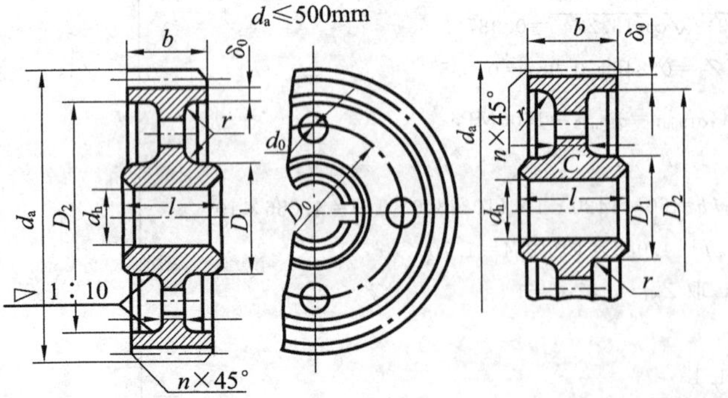 模锻圆柱齿轮　　自由锻圆柱齿轮	$D_1=1.6d_h$ $l=(1.2\sim1.5)d_h$，$l\geqslant b$ $\delta_0=(2.5\sim4)m_n$，但不小于 8～10mm 倒角 $n=0.5m_n$ $r\approx0.5C$，$C=(0.2\sim0.3)b$ 模锻：$C=(0.2\sim0.3)b$ 自由锻：$C=0.3b$ $D_0=0.5(D_1+D_2)$ $d_0=15\sim25$mm

（续表）

型式	图例	结构尺寸
	$d_a \leqslant 500$mm锻造毛坯的锥齿轮 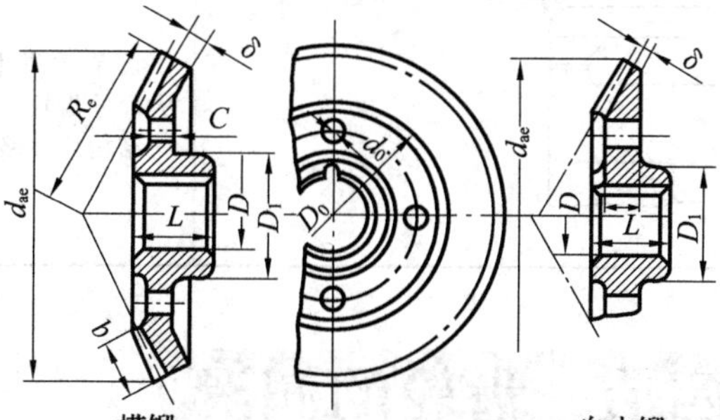 	$D_1 = 1.6D$ $L = (1 \sim 1.2)D$ $\delta = (3 \sim 4)m_t$，但不小于10mm $C = (0.1 \sim 0.17)R_e$ D_0，d_0 按结构确定
	铸造齿轮	
幅板式	铸钢 $d_a \leqslant 500$mm 铸铁 $d_a \leqslant 600$mm 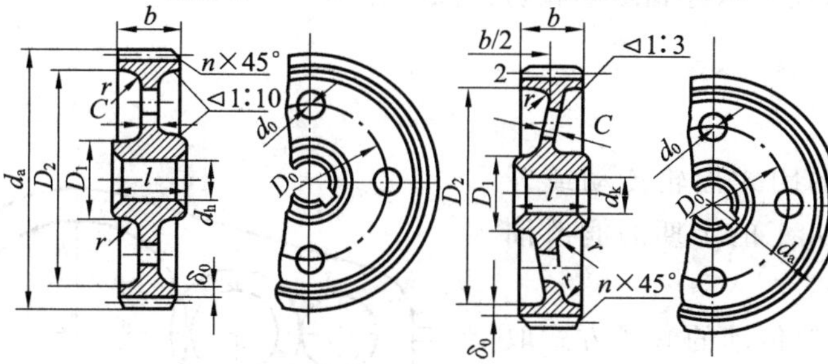	$D_1 = 1.6d_h$（铸钢） $D_1 = 1.8d_h$（铸铁） $l = (1.2 \sim 1.5)d_h$，$l \geqslant b$ $\delta_0 = (2.5 \sim 4)m_n$，但不小于8～10mm 倒角 $n = 0.5m_n$ $r \approx 0.5C$ $C = 0.2b$，但不小于10mm $D_0 = 0.5(D_1 + D_2)$ $d_0 = 0.25(D_2 - D_1)$
幅板式	$d_a > 300$mm铸造毛坯的锥齿轮 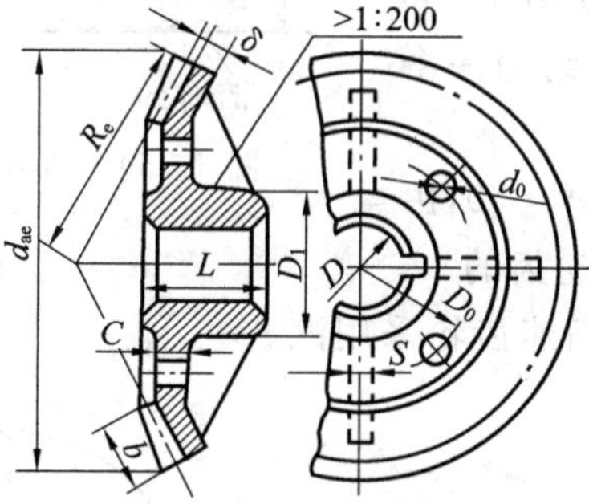	$D_1 = 1.6D$（铸钢） D1 = 1.8D（铸铁） $L = (1 \sim 1.2)D$ $\delta = (3 \sim 4)m$，但不小于10mm $C = (0.1 \sim 0.17)R_e$，但不小于10mm $S = 0.8C$，但不小于10mm D_0，d_0 按结构确定
轮辐式	$d_a = 400 \sim 1000$mm $b \leqslant 200$mm 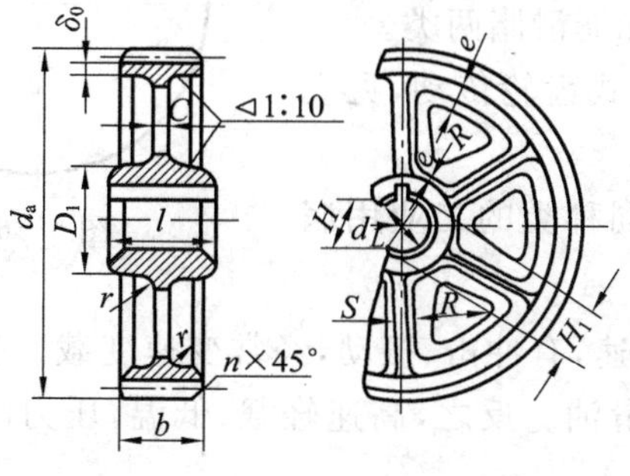	$D_1 = 1.6dL$（铸钢） $D_1 = 1.8dL$（铸铁） $l = (1.2 \sim 1.5)d_L$，$l > b$ $\delta_0 = (2.5 \sim 4)m_n$，但不小于8mm 倒角 $n = 0.5m_n$ $r \approx 0.5C$，$C = H/5$ $S = H/6$，但不小于10mm $H_1 = 0.8H$ $H = 0.8d_L$ $e = 0.8\delta_0$

（续表）

型式	图例	结构尺寸
镶套式	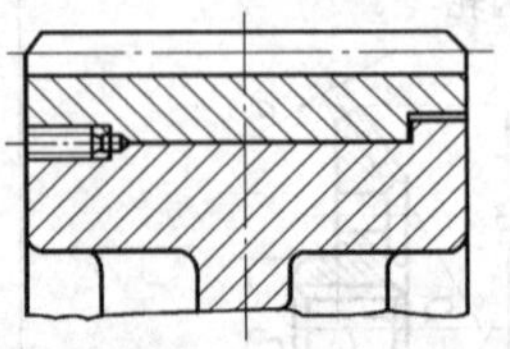	可节约贵重金属，通常用于大尺寸齿轮 结构尺寸略

第十四节　齿轮的润滑

齿轮的润滑是一个不容忽视的问题。良好的润滑，可以减小齿面间的摩擦磨损，提高传动效率，延长齿轮的使用寿命；还可以起到冷却和防锈蚀的作用。

一　润滑方式

对于低速（0.8～2m/s）的闭式齿轮传动或开式、半开式齿轮传动，多采用人工的定期的润滑油或润滑脂润滑方式。

对于超过 2m/s 的闭式齿轮传动的润滑方式取决于齿轮节圆的圆周速度 v：

当 $2<v\leqslant 15$m/s 时，采用油浴润滑，如图 6－59 所示。采用油浴润滑时，齿轮的浸油深度约为一个齿（但不得小于 10mm）。

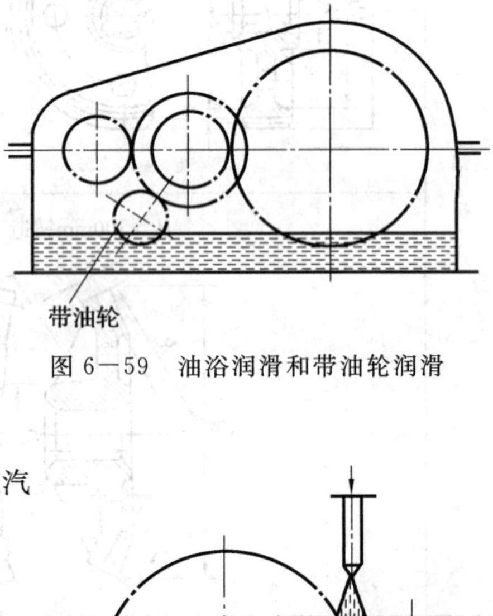

图 6－59　油浴润滑和带油轮润滑

当 $v>15$m/s 时，采用喷油润滑，如图 6－60，由油泵或供油站供给压力油，经喷油嘴喷到轮齿的齿面上。（对于 $v>25$m/s 的齿轮传动按高速齿轮采用汽轮机油润滑。）

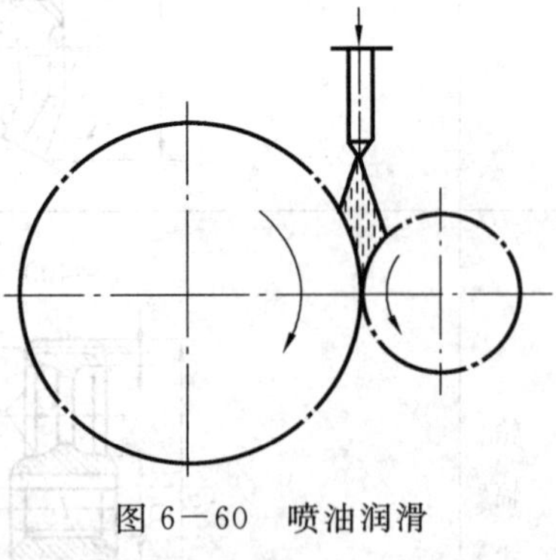

图 6－60　喷油润滑

二　润滑剂

齿轮传动的润滑剂主要有润滑油和润滑脂两类。

润滑脂主要用于低速和开式、半开式齿轮传动，见表 6－25。

闭式传动使用的润滑剂主要是不同种类的工业用润滑油。

选用润滑油的原则：高温、重载、低速，有冲击、振动，经常变速变载、气动、停车、反转，间隙大、表面粗糙时；宜选用粘度高的润滑油。反之，高速轻载、低温，压力润滑或滴油润滑的场合宜选用粘度低的润滑油。

选用的依据：按照齿轮的圆周速度、载荷、材料的抗拉强度，先选择润滑油的运动粘度，再根据运动粘度值选择所需的润滑油和牌号，见表 6－26 和表 6－27。

表 6－25　　**部分常用润滑脂的性质和用途**

名称与牌号	稠度等级（NLGI）	外观	滴点不低于/℃	工作锥入度（1/10）/mm	主要用途
石墨钙基润滑脂（SH/T 0369—1992）	—	黑色均匀软膏	80	—	压延机人字齿轮、汽车弹簧、起重机齿轮转盘、矿山机械、绞车、钢丝绳等高负荷、低转速的粗糙机械
极压锂基润滑脂（GB 7323—1994）	0 号	—	165	400～430	适用于工作温度在－20～120℃范围的高载荷机械设备轴承及齿轮润滑，也可用于集中润滑系统
	0 号		170	355～385	
	1 号		170	310～340	
	2 号		170	265～295	
二硫化钼极压锂基润滑脂（SH/T 0578—1994）	0 号	—	170	355～385	适用于工作温度在－20～120℃范围内轧钢机械、矿山机械、重型起重机械等重载荷齿轮和轴承的润滑，并能使用于有冲击载荷的部件
	1 号		170	310～340	
	2 号		170	265～295	
复合铝基润滑脂（SH/T 0378—1992）	0 号	—	235	355～385	适用于工作温度在－20～160℃范围的各种机械设备及集中润滑系统
	1 号		235	310～340	
	2 号		235	265～295	
极压复合铝基润滑脂（SH/T 0534—1993）	0 号	—	235	355～385	适用于工作温度在－20～160℃范围的高载荷机械设备及集中润滑系统
	1 号		240	310～340	
	2 号		240	265～295	

表 6－26　　**齿轮传动荐用润滑油粘度值**

齿轮材料	抗拉强度 σ_B/MPa	圆周速度 / m·s^{-1}						
		<0.5	0.5～1	1～2.5	2.5～5	5～12.5	12.5～25	>25
		运动粘度 v/mm^2·s^{-1}（40℃时）						
塑料、铸铁、青铜	—	320	220	150	100	68	46	—
钢	470～1000	460	320	220	150	100	68	46
	1000～1250	460	460	320	220	150	100	68
渗碳或表面淬火的钢	1250～1580	1000	460	460	320	220	150	100

注：1. 多级传动的齿轮，采用各级传动圆周速度的平均值；

2. 对于 σ_B>800MPa 的镍铬钢制齿轮（不渗碳），润滑油的粘度值应取高一档。

表 6－27　　**（部分）齿轮传动常用润滑油牌号**

名称与牌号	粘度等级（按 GB/T 14906—1994）	运动粘度 v/mm^2·s^{-1}		主要用途
		40℃	100℃	
普通开式齿轮油（SH/T 0363—1992）	68		60～75	适用于开式齿轮、链条和钢丝绳的润滑
	100		90～60	
	150		135～156	
	220		200～245	
	320		290～350	

（续表）

名称与牌号		粘度等级（按 GB/T 14906—1994）	运动粘度 v/mm^2·s^{-1}		主要用途	
			40℃	100℃		
普通车辆齿轮油（SH/T 0350—1992）		85W/90 85W/90 90		15～19 15～19 15～19	适用于汽车手动变速箱和螺旋伞齿轮驱动桥的润滑	
工业闭式齿轮油（GB 5903—1995）	L—CKB	100 150 220 320	90～60 135～165 198～242 288～352		适用于工业闭式齿轮传动装置的润滑	在轻载荷下运转的齿轮
	L—CKC	68 100 150 220 320 460 680	61.2～74.8 90～60 135～165 198～242 288～352 414～506 612～748			保持在正常或中等恒定油温和中载荷下运转的齿轮
蜗轮蜗杆油（SH 0094—1991）	L—CKE 轻载荷涡轮蜗杆油	220 320 460 680 1000	198～242 288～352 414～506 612～748 900～1000 330～370		用于铜一铜配对的圆柱型和双包络等类型的承受轻载荷、传动中平稳无冲击的涡轮蜗杆副，包括该设备的齿轮及滑动	
	L—CKE/P 重载荷涡轮蜗杆油	220 320 460 680 1000	198～242 288～352 414～506 612～748 900～1000 330～370		用于铜一铜配对的圆柱型和双包络等类型的承受重载荷、传动中有振动和冲击的涡轮蜗杆副，包括该设备的齿轮和直齿圆柱齿轮等部件的润滑。如果要用于双包络等类型的涡轮蜗杆副，必须有油品生产厂的说明	

思考题与练习题（下）

思考题

6－2－1　什么叫软齿面齿轮？什么叫硬齿面齿轮？齿轮的失效形式有哪几种？原因各是什么？试说明闭式传动软齿面、硬齿面齿轮；开式传动齿轮的设计准则及其所针对的失效形式。

6－2－2　齿轮的常用材料有哪几类？并就每一类列举2～3种常用材料，说明它的使用场合。为什么设计时常要求轮齿的齿面要硬而心部要韧？软齿面齿轮传动中，为何通常小齿轮的材料要比大齿轮的好些、小齿轮的齿面硬度要比大齿轮的要高30～50HBS？

6－2－3　什么叫计算载荷？什么叫名义载荷？它们之间的关系如何？为什么要算出计算载荷？

6－2－4　在齿轮传动中，一对齿轮的齿面接触应力 σ_{H1} 和 σ_{H2}；齿根弯曲应力 σ_{F1} 和 σ_{F2} 是否总是相等？为什么？如大、小齿轮的选材和热处理均相同，许用接触疲劳应力和许用弯曲疲劳应力是否相等？为什么？

6－2－5　一齿轮传动装置如思考题 6－2－5 图所示。已知 $Z_1=20$，$Z_2=40$，$Z_3=25$，$n_1=400$r/min，若每天工作 8 小时，每年工作 300 天，工作 3 年。

①当齿轮 1 为主动时，齿轮 2 的齿面接触应力和齿根弯曲应力各按什么性质的应力状态循环变化，齿轮 2 的齿根弯曲应力循环次数为多少？

②若当齿轮 2 为主动，齿轮 1、3 为从动，$n_2=200$r/min，其余条件不变，则齿轮 2 的齿面接触应力和齿根弯曲应力各按什么性质的应力状态循环变化，齿轮 2 的齿面接触应力循环次数为多少？

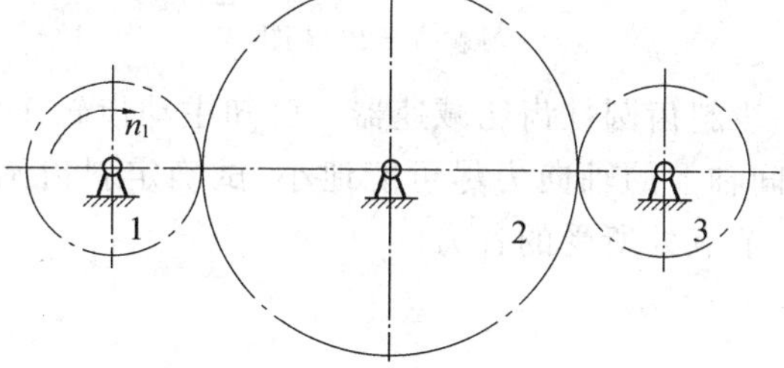

思考题 6－2－5 图

6－2－6　一对圆柱齿轮传动，在选材、齿数比 u、中心距 a 及其他条件均不变的情况下，如减小模数 m 并相应的增大齿数 Z_1、Z_2（比如，按分度圆保持不变计），试问对其接触疲劳强度或弯曲疲劳强度各有何影响？在闭式传动中，如强度允许，这样减小模数 m、并相应的增大齿数 Z_1、Z_2 有何益处？

6－2－7　以直齿圆柱齿轮为例，试叙述复合齿形系数 Y_{FS} 的物理意义？它与哪些参数有关系？它对齿形的影响是什么？同一齿数的直齿圆柱齿轮、斜齿圆柱齿轮、直齿圆锥齿轮的 Y_{FS} 是否相同？

6－2－8　齿宽系数 ψ_d 的大小对齿轮传动性能和承载能力有什么影响？设计时应如何选取？

练习题

6－2－1　某传动装置采用闭式标准直齿轮传动，已知小齿轮齿数 $Z_1=32$，减速比 $i=3$，模数 $m=2.5$mm，小齿轮转速 $n_1=970$r/min 及额定功率 $P=10$kW，试计算齿轮上的圆周力 F_t 和径向力 F_r。

6－2－2　一单级直齿轮传动，小齿轮的材料为 45 钢，调质处理，硬度为 229～286HBS；大齿轮的材料为 ZG310－570，正火处理，硬度 163～197HBS，转速 $n_1=720$r/min，$m=4$mm，$Z_1=25$，$Z_2=73$，$b=80$mm，电动机驱动，单向运转，8 级精度，两班制，使用寿命 20 年，齿轮对称布置，试计算该齿轮所能传递的功率。

6－2－3　在图示的二级直齿圆柱齿轮减速器中，已知电动机的功率为 14kW，转速为 $n=1450$r/min，每级齿轮传动的效率为 0.97，其他参数为：$m_1=m_2=2$mm，$Z_1=20$，$Z_2=40$；$m_3=m_4=2.5$mm，$Z_3=20$，$Z_4=48$。

试求：(1)各轴的转速；(2)各轴的转矩；(3)用手动来检验传动系统齿轮啮合情况时，应转动哪根轴？为什么？(4)分析中间轴上齿轮 2 和 3 的受力情况。画图表示。

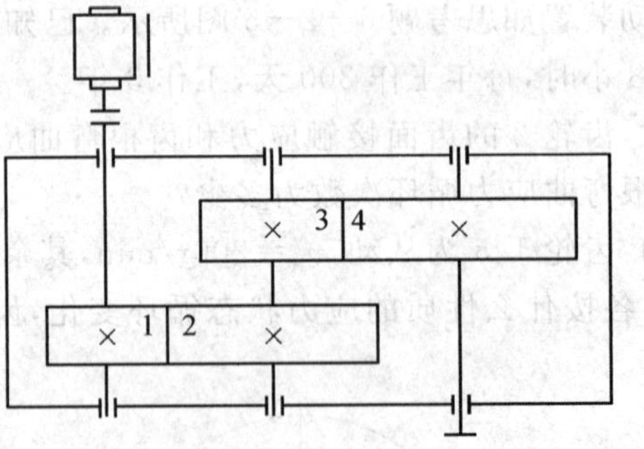

习题 6－2－3 图

6－2－4　图示为二级斜齿圆柱齿轮减速器。已知主动齿轮 1 的螺旋线方向为左旋，其转向如图所示。为使中间轴上的轴向力尽可能地小，试确定斜齿圆柱齿轮 3 和 4 的螺旋线方向，并画出两对齿轮在节点处所受的各力。

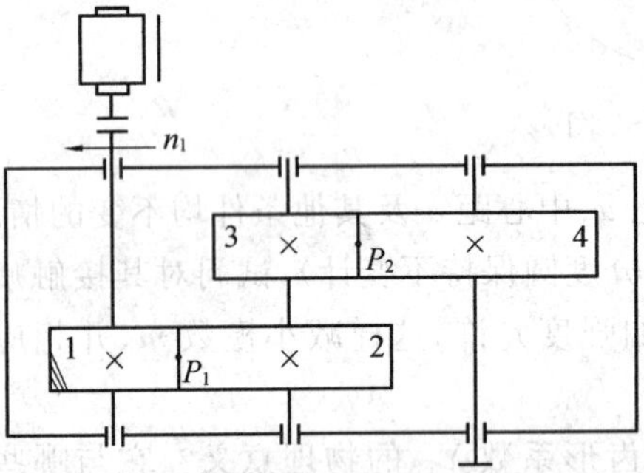

习题 6－2－4 图

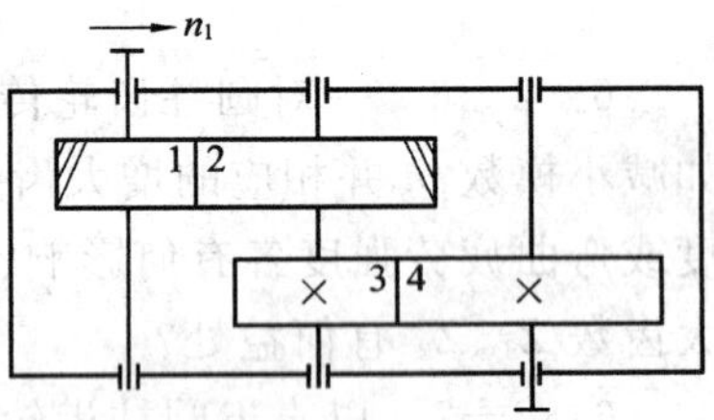

习题 6－2－5 图

6－2－5　图示为二级斜齿圆柱齿轮减速器，已知输入功率为 $P=12\text{kW}$，转速 $n_1=1459\text{r/min}$，转向如图。两级齿轮传动的效率均为 $\eta=98\%$，每一对滚动轴承的效率均按 $\eta=99\%$计；高速级齿轮的齿数 $Z_1=21$、$Z_2=51$，法面模数 $m_n{}'=3\text{mm}$，螺旋角按 $\beta=15°$；低速级齿轮的齿数 $Z_3=27$、$Z_2=54$，法面模数 $m_n{}''=5\text{mm}$。为使中间轴的轴向力互相抵消，齿轮 3 螺旋线的旋向应如何？螺旋角 β_3 应为多大？

6－2－6　图示为一圆锥—斜齿圆柱齿轮减速器传动图。已知轮 1 主动，其转向 n_1，如图。欲使中间轴上的轴向力尽可能地小，试确定斜齿圆柱齿轮 3 和 4 的螺旋线方向，并画出两对齿轮在节点（P_1、P_2）处的受力。

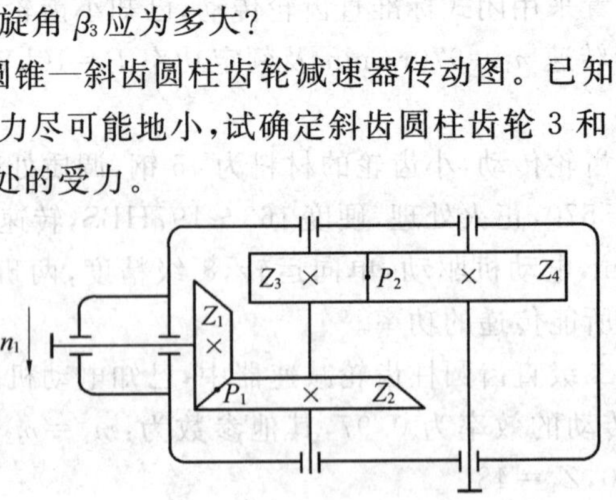

习题 6－2－6 图

6－2－7　试设计一对标准直齿轮传动：电动机驱动，传递功率 $P=7.5\text{kW}$，传动比 $i=3.5$，$n_1=1480\text{r/min}$，单向运转，轻微震动，二班制工作（按 10～16h），预期使用寿命 10 年，每年按 300 天计。精度等级等自选。

6－2－8　设计一对开式直齿圆柱齿轮传动，电动机驱动，功率 $P=5.5\mathrm{kW}$，$n_1=960\mathrm{r/min}$，$i=3.2$，单向转动，中等冲击，长期使用，9 级精度。

6－2－9　设计一单级闭式斜齿轮传动。电动机驱动，$P=10\mathrm{kW}$，$n_1=1210\mathrm{r/min}$，$i=4.3$，双向转动，中等冲击，小齿轮用 40MnB 调质，大齿轮用 45 钢调质，$Z_1=21$，使用寿命 $t_h=12000\mathrm{h}$。精度等级等自选。

6－2－10　试设计一两级斜齿轮传动的高速级，要求结构紧凑，6 级精度，电动机驱动。已知功率 $P_1=20\mathrm{kW}$，$n_1=1500\mathrm{r/min}$，高速级传动比 $i=4.2$，工作有中等冲击，小齿轮非对称布置，要求使用寿命 $t_h=25000\mathrm{h}$。

第七章　蜗杆传动

【学习要求】

(1)了解常见蜗杆传动的类型、蜗杆传动的应用；

(2)掌握阿基米德蜗杆机构的参数和几何尺寸；

(3)了解蜗杆传动的效率，蜗杆和蜗轮的失效、设计准则，选材和结构；蜗杆传动的润滑及散热方法；

(4)能够进行蜗杆传动的设计计算和热平衡计算。

第一节　概　述

一　蜗杆传动的特点及应用

蜗杆传动广泛应用于需要传递交错轴间的运动和动力的各种机械和仪器中，使用中的蜗杆传动机构通常多采用轴间交错角 $\Sigma=90°$。

由于蜗杆类似于螺杆，蜗轮类似于斜齿轮，使蜗杆传动兼有啮合传动和螺旋传动的某些特点。蜗杆传动的主要优点是：结构紧凑、传动准确、平稳、传动比大，在一定条件下可实现自锁；其主要缺点是：传动效率较低，易发热，不适于长时间连续传动的场合，又因蜗轮常选用青铜制作，故成本较高。

二　蜗杆传动机构的组成及分类

(一)蜗杆传动机构的组成

蜗杆传动机构由蜗杆、蜗轮及机架组成，传动时通常是蜗杆主动，蜗轮从动。

(二)蜗杆传动的分类

根据蜗杆的分度曲面的形状，蜗杆传动有：普通圆柱蜗杆、环面蜗杆和锥蜗杆传动几种类型，如图 7－1。

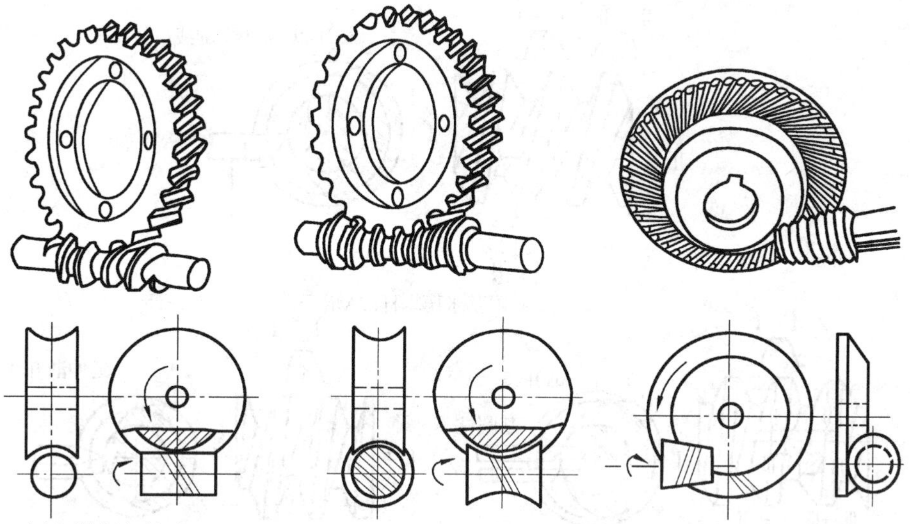

(a)圆柱蜗杆传动　　(b)环面蜗杆传动　　(c)锥蜗杆传动

图 7－1　蜗杆传动的类型

其中，普通圆柱蜗杆分为：

(1)圆弧圆柱蜗杆(ZC 蜗杆)　如图 7－2，其齿廓曲线为圆弧(蜗杆为凹弧，蜗轮为凸弧)；

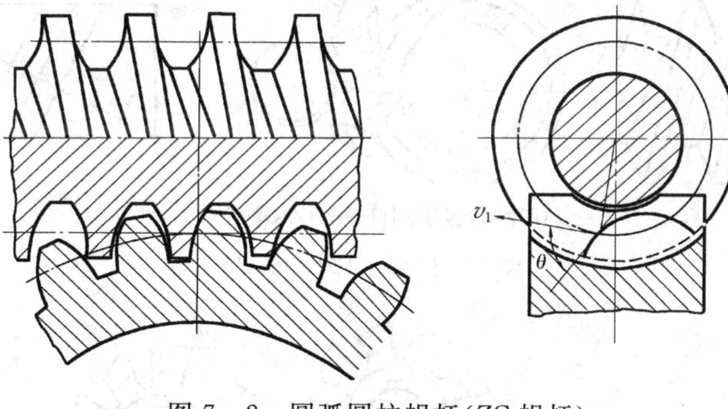

图 7－2　圆弧圆柱蜗杆(ZC 蜗杆)

(2)阿基米德蜗杆(ZA 蜗杆)、渐开线圆柱蜗杆(ZI 蜗杆)、法向直廓蜗杆(ZN)　这三类蜗杆(小批量生产时)均可用车刀加工成型，这与加工普通螺纹相类似。因在加工时刀具相对于被加工蜗杆的位置不同，因而得到的齿形有所不同，如图 7－3(a)、(b)、(c)所示：阿基米德蜗杆的轴面齿廓为直线齿廓，法面齿廓为凸廓曲线，端面齿廓为阿基米德螺线；渐开线圆柱蜗杆的端面齿廓为渐开线齿廓，轴面为凸廓；法向直廓蜗杆其法面为直线齿廓，轴面为微凹齿廓，端面为延伸渐开线齿廓。

(3)锥面包络圆柱蜗杆(ZK 蜗杆)　如图 7－3(d)，其轴面为由锥面盘形铣刀或砂轮包络而成的螺旋面，轴面和法面为凸廓，端面齿形为近似阿基米德螺线。

蜗轮通常在滚齿机上用蜗杆滚刀加工，如图 7－4 所示。

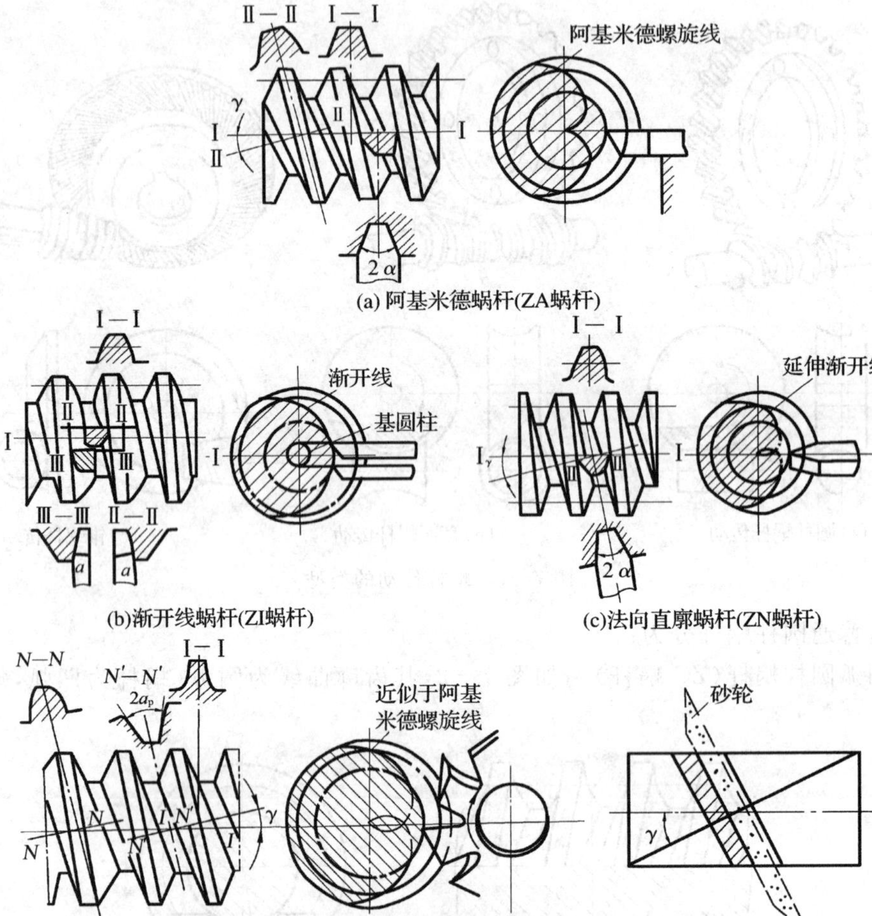

(a) 阿基米德蜗杆(ZA蜗杆)

(b)渐开线蜗杆(ZI蜗杆)

(c)法向直廓蜗杆(ZN蜗杆)

(d)锥面包络圆柱蜗杆(ZK蜗杆)

图 7－3　普通圆柱蜗杆

图 7－4　在滚齿机上用蜗杆滚刀加工蜗轮

第二节　阿基米德蜗杆传动机构的主要参数和几何尺寸

阿基米德蜗杆制作简便，在小载荷、低速、不太重要的场合广泛应用。故本章节主要讨论普通圆柱蜗杆中的阿基米德蜗杆传动机构的主要参数和几何尺寸。

一　主要参数

图 7—5 所示为阿基米德蜗杆传动机构的主要参数和几何尺寸，其中主视图中的剖视部分表现了传动时的正确啮合情况。正确啮合时，蜗杆的轴平面（指过蜗杆轴线的平面）应与

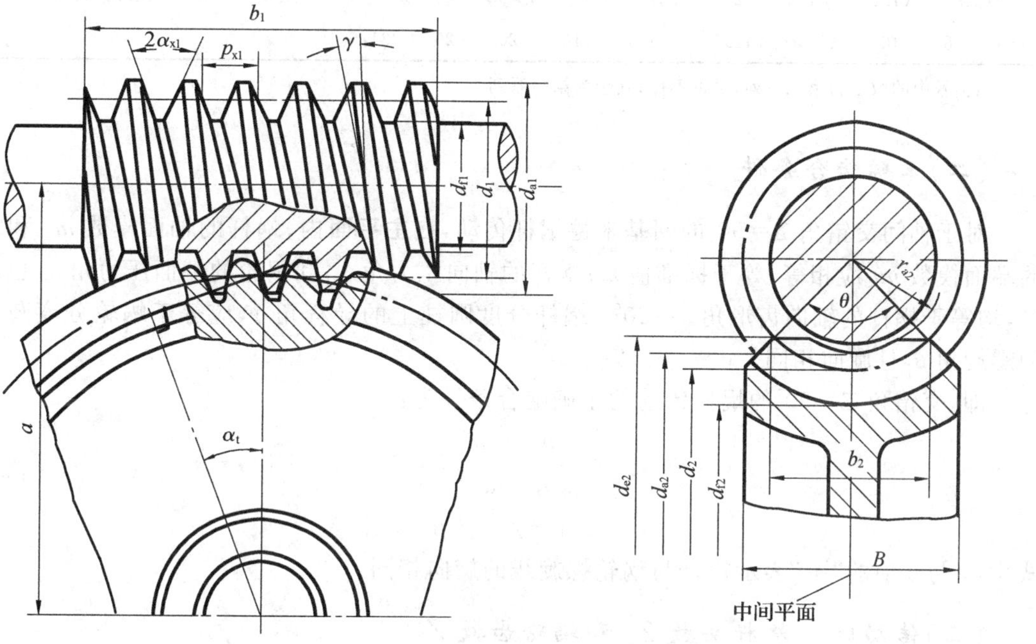

图 7—5　阿基米德圆柱蜗杆传动的几何尺寸

蜗轮的中间平面（蜗轮的两端平面对称于该平面）重合，把这一重合平面称为主平面。**在主平面内蜗杆和蜗轮的啮合相当于标准直齿条和标准直齿圆柱齿轮的啮合。蜗杆和蜗轮的主要参数和几何尺寸，均定义在此平面内。**

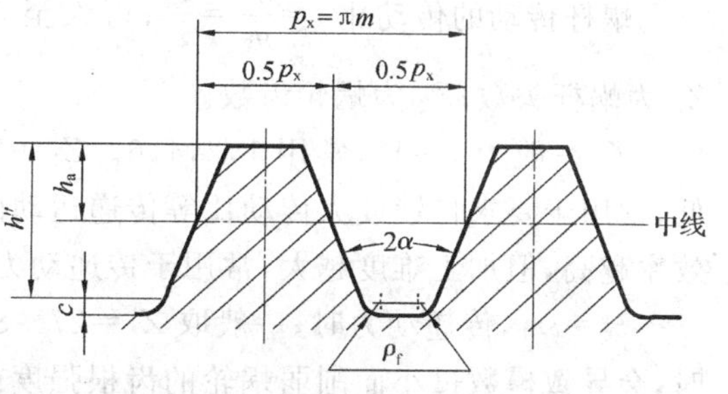

图 7—6　普通圆柱蜗杆的基本齿廓

（一）普通圆柱蜗杆的基本齿廓和主要参数

阿基米德蜗杆的轴面齿形就是一直齿条，如图 7—6。GB10087—88 规定，在蜗杆的轴平面内：

（1）一般齿　齿顶高 $h_a=m$，工作齿高 $h''=2h_a=2m$；短齿：$h_a=0.8m$，工作齿高 $h''=2h_a$

=1.6m；

(2)轴向齿距　$p=\pi m$，且中线上的齿厚和齿槽相等；

(3)顶隙　一般$C=0.2m$，必要时允许减小到0.15m或大到0.35m；

(4)齿根圆角　一般$\rho_f=0.3m$，必要时允许减小到$\rho_f=0.2m$，或增大到0.4m，也允许将齿根曲线加工成单圆弧；

(5)对于阿基米德蜗杆，其轴向齿形角　$\alpha_x=20°$（其他齿形的蜗杆是指法面齿形角$\alpha_n=20°$）。在动力传动中，当导程角$\gamma>30°$时，允许增大齿形角，推荐采用25°；在分度传动中，允许减小齿形角，推荐采用15°或7°。

GB1088—88规定了蜗杆的模数系列，如表7－1。

表7－1　　蜗杆模数值(摘自GB1088—88)

1	1.25	(1.5)	1.6	2	2.5	(3)	3.15	(3.5)	4	(4.5)	5	(5.5)	(6)	6.3
(7)	8	10	(12)	12.5	(14)	16	20	25	31.5	40				

注：括号中的数字为第二系列，尽量不用；其余为第一系列。

(二)正确啮合条件

对于轴间交错角$\Sigma=90°$的阿基米德蜗杆传动，**在主平面内**，蜗杆的轴面模数m_{x1}和蜗轮的端面模数m_{t2}应相等，等于标准值m；蜗杆的轴向压力角α_{x1}和蜗轮的端面压力角α_{t2}也应相等，均等于蜗杆的轴向齿形角$\alpha=20°$；蜗杆分度圆柱上的导程角γ，应等于蜗轮分度圆柱上的螺旋角β，且旋向相同。

即，交错角$\Sigma=90°$的蜗杆传动的正确啮合条件为：

$$\begin{cases} m_{x1}=m_{t2} \\ \alpha_{x1}=\alpha_{t2} \\ +\gamma_1=+\beta_2 \end{cases} \tag{7-1}$$

式中，γ与β前的“＋”表示蜗杆与蜗轮螺旋线的旋向相同。

(三)传动比i、蜗杆头数Z_1和蜗轮齿数Z_2

蜗杆传动的传动比$i=\frac{n_1}{n_2}=\frac{z_2}{z_1}$；可大至500，甚至更大；其常用值为10～80左右。式中Z_1为蜗杆头数；Z_2为蜗轮齿数。

Z_1一般为1～10，常用1，2，4，6。$Z_1=1$时，结构最紧凑，一般可实现自锁，但传动效率低，常用于要求自锁或大传动比等传递运动的场合；$Z_1=2,4,6$时，传动效率较高，头数越多效率越高，但加工难度越大，常用于传递动力的场合。

$z_2=iz_1$，传递动力时，一般取$Z_2=27$～80。$Z_2<27$时，蜗轮将产生根切和干涉；$Z_2>80$时，会导致模数过小而削弱蜗轮的齿根强度或降低蜗杆轴的刚度。

Z_1、Z_2具体选择，参考表7－2。

表 7－2　　不同传动比时 Z_1、Z_2 的推荐值

i	5～6	7～8	9～13	14～24	25～27	28～40	>40
Z_1	6	4	3～4	2～3	2～3	1～2	1
Z_2	29～36	28～32	27～52	28～72	50～81	28～80	>40

（四）蜗杆导程角 γ_1

图 7－7 为蜗杆沿分度圆柱面展开的情况，由图：

$$\tan\gamma_1=\frac{Z_1 p_{x1}}{\pi d_1}=\frac{Z_1\pi m_{x1}}{\pi d_1}=\frac{Z_1 m}{d_1} \qquad (7-2)$$

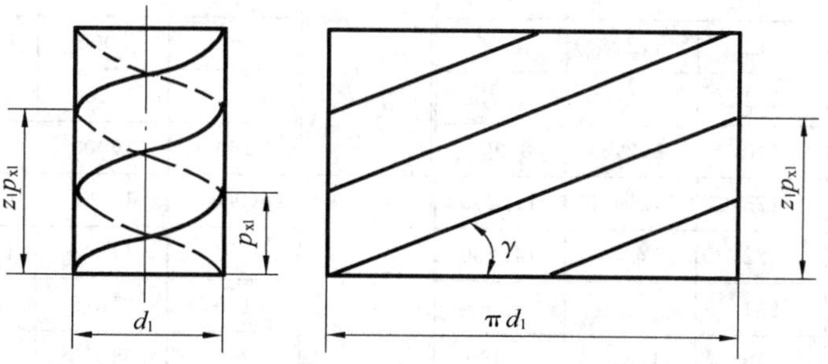

图 7－7　蜗杆沿分度园柱展开

蜗杆传动的效率与导程角 γ_1 有关，导程角越大，传动的效率越高，导程角越小，传动的效率越低。所以，传递动力时，宜选用多头蜗杆；要求机构自锁时，应用单头蜗杆。

（五）蜗杆分度圆直径 d 及直径系数 q

蜗杆滚刀的分度圆直径 d 及其他参数和几何尺寸均与工作蜗杆的相同（仅其齿顶处多一顶隙值 C，用于在蜗轮的齿根处切制顶隙）。

由式（7－2）得：

$$d_1=\frac{Z_1 m}{\tan\gamma_1} \qquad (7-3)$$

由式（7－3）可知：d_1 不仅与 Z_1、m 有关，而且与 γ_1 也有关。γ_1 值原则上可以任意选取，那么，切制同一模数、压力角、不同齿数的蜗轮就将准备若干把刀具，这显然是不经济、不现实的。为了限制蜗杆滚刀的数目，并把蜗杆分度圆直径标准化，

令 $q=\dfrac{Z_1}{\tan\gamma_1}=\dfrac{d_1}{m}$，并将 q 标准化，则：

$$\mathrm{tg}\gamma_1=\frac{Z_1 m}{d_1}=\frac{Z_1}{q} \qquad (7-4)$$

$$d_1=\frac{Z_1 m}{\tan\gamma_1}=mq \qquad (7-5)$$

γ_1 和 d_1 均被标准化。

q 称为蜗杆的直径系数（在蜗杆分度圆直径标准化后它已不再是一重要参数了）。

d_1 及其与模数 m 的匹配关系，见表 7－3，使用时直接从表中查取（其中的 m^2d_1 不是 GB 规定的标准值，为设计时选取 d、m 之用）。

表 7－3　　　　普通圆柱蜗杆 m 与 d_1 的匹配($\Sigma=90°$)(摘自 GB10085－88)

模数 m /mm	分度圆直径 d_1/mm	m^2d_1 /mm^3	蜗杆头数 z_1	直径系数 q	模数 m /mm	分度圆直径 d_1/mm	m^2d_1 /mm^3	蜗杆头数 z_1	直径系数 q
1	18	18	1	18.000	6.3	(80)	3175	1,2,4	12.698
1.25	20	31.3	1	16.000		112	4445	1	17.778
	22.4	35	1	17.920	8	(63)	4032	1,2,4	7.875
1.6	20	51.2	1,2,4	12.500		80	5376	1,2,4,6	10.000
	28	71.7	1	17.500		(100)	6400	1,2,4	12.500
2	(18)	72	1,2,4	9.000		140	8960	1	17.500
	22.4	89.6	1,2,4,6	11.200	10	(71)	7100	1,2,4	7.100
	(28)	112	1,2,4	14.000		90	9000	1,2,4,6	9.000
	35.5	142	1	17.750		(112)	11200	1,2,4	11.200
2.5	(22.4)	140	1,2,4	8.960		160	16000	1	16.000
	28	175	1,2,4,6	11.200	12.5	(90)	14062	1,2,4	7.200
	(35.5)	222	1,2,4	14.200		112	17500	1,2,4,6	8.960
	45	281	1	18.000		(140)	21875	1,2,4	11.200
3.15	(28)	278	1,2,4	8.889		200	31250	1	16.000
	35.5	352	1,2,4,6	11.270	16	(112)	28672	1,2,4	7.000
	(45)	447	1,2,4	14.286		140	35940	1,2,4,6	8.750
	56	556	1	17.778		(180)	46080	1,2,4	11.250
4	(31.5)	504	1,2,4	7.875		250	64000	1	15.625
	40	640	1,2,4,6	10.000	20	(140)	56000	1,2,4	7.000
	(50)	800	1,2,4	12.500		160	64000	1,2,4,6	8.000
	71	1136	1	17.750		(224)	89600	1,2,4	11.200
5	(40)	1000	1,2,4	8.000		315	126000	1	15.750
	50	1250	1,2,4,6	10.000	25	(180)	112500	1,2,4	7.200
	(63)	1575	1,2,4	12.600		200	125000	1,2,4,6	8.000
	90	2250	1	18.000		(280)	175000	1,2,4	11.200
6.3	(50)	1985	1,2,4	7.936		400	250000	1	16.000
	63	2500	1,2,4,6	10.000					

注:括号内的数字尽量不用。

(六)中心距 a

对于交错角 $\Sigma=90°$的蜗杆传动,标准中心距:

$$a=\frac{1}{2}(d_1+d_2)=\frac{m}{2}(q+z_2) \tag{7-6}$$

二 蜗杆传动的几何尺寸

蜗杆传动几何尺寸的计算公式见表 7—4(参照图 7—5)。

表 7—4 阿基米德蜗杆传动的几何尺寸计算公式

名　称	计算公式(按一般齿;标准蜗轮)	
	蜗　杆	蜗　轮
模　数	轴面模数 m_x(设计时由强度计算值 m^2d_1 决定,按表 7—3 取标准值)	端面模数 $m_{t2}=m_{x1}=m$
压力角	阿基米德蜗杆:轴向压力角 $\alpha_x=\alpha=20°$。其他蜗杆为 $\alpha_n=\alpha=20°$	端面压力角 $\alpha_t=\alpha=20°$
蜗杆分度圆柱导程角 蜗轮分度圆柱螺旋角	$\tan\gamma=\frac{Z_1m}{d_1}=\frac{z_1}{q}$	$+\beta_2=+\gamma_1$
齿顶高	一般 $h_{a1}=m$,短齿 $ha_1=0.8m$	$h_{a2}=m$
顶隙	一般 $c=0.2m$	$c=0.2m$
齿根高	$h_{f1}=1.2m$	$h_{f2}=1.2m$
分度圆直径	设计时由强度计算值 m^2d_1 决定,按表 7—3取标准值;并与 m 相匹配。 $d_1=\frac{Z_1m}{\mathrm{tg}\gamma_1}=mq$	$d_2=mz_2$
蜗杆的齿顶圆直径和蜗轮的喉圆直径(喉圆指在中间平面内的蜗轮的齿顶圆,见图 7—5)	$d_{a1}=d_1+2h_a=m(q+2)$	$d_{a2}=m(z_2+2)$
齿根圆直径	$d_{f1}=d_1-2h_f=m(q-2.4)$	$d_{f2}=m(z_2-2.4)$
标准中心距	$a=\frac{d_1+d_2}{2}=\frac{m}{2}(q+z_2)$	
其他几何尺寸		
蜗轮最大外圆直径		$Z_1=1,d_{e2}\leqslant d_{a2}+2m$ $Z_1=2\sim3,d_{e2}\leqslant d_{a2}+1.5m$ $Z_1=4\sim6,d_{e2}\leqslant d_{a2}+m$
蜗杆齿宽 蜗轮齿宽	$Z_1=1\sim2,b_1\geqslant(11+0.06Z_2)m$ $Z_1=3\sim4,b_1\geqslant(12.5+0.09Z_2)m$ $Z_1=5\sim6$,按结构设计	轮缘宽度 $Z_1\leqslant3,b_2\leqslant 0.75d_{a1}$ $Z_1=4\sim6,b_2\leqslant 0.67d_{a1}$ 蜗轮宽度 $B=b_2+(1-2)m$
蜗轮齿冠包角		$\sin(\theta/2)=b_2/d_1$
蜗轮齿顶圆弧半径和齿根圆弧半径		$R_{a2}=d_{1/2}-m;R_{f2}=d_{a_{1/2}}+C$

第三节 蜗杆传动的失效形式、选材和结构

一 齿面相对滑动速度

如图 7－8 所示，蜗杆蜗轮齿面间有很大的相对滑动，蜗杆节点处的相对滑动速度 v_s 为：

$$v_s=\frac{v_1}{\cos\gamma}=\frac{v_2}{\sin\gamma}=\sqrt{v_1^2+v_2^2} \qquad (7-7)$$

式中：v_1——蜗杆圆周速度，$v_1=\dfrac{\pi d_1 n_1}{60\times1000}$m/s；

γ——蜗杆分度圆导程角。

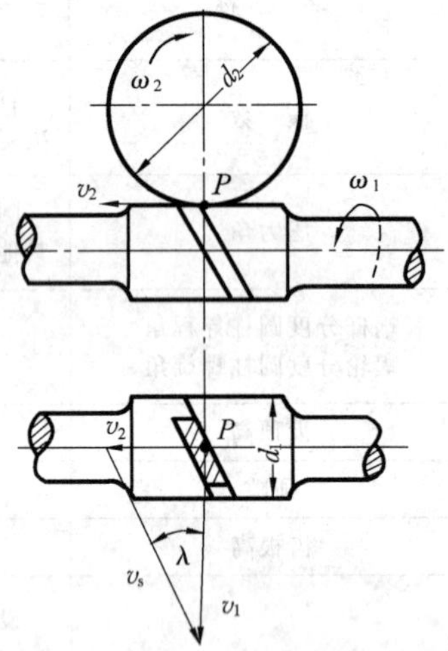

图 7－8 蜗杆传动的滑动速度

二 轮齿失效形式及计算准则

传动的主要失效形式是磨损、胶合、点蚀。

由于蜗杆齿是连续的，且蜗杆材料强度比蜗轮材料强度高，因此失效总出现在蜗轮轮齿上，所以只对蜗轮轮齿作强度计算。

对闭式蜗杆传动的蜗轮轮齿，仍按齿面接触疲劳强度设计，按齿根弯曲疲劳强度校核并进行热平衡验算。

对开式蜗杆传动，只按齿根弯曲疲劳强度设计。由于蜗杆常与轴做成一体，设计时，可按一般轴对蜗杆强度进行验算，必要时还应进行刚度验算。

三 蜗杆、蜗轮常用材料

（一）选材要求

一定的强度，良好的减磨性、耐磨性和抗胶合能力。

（二）常用材料

蜗杆常用材料：见表 7－5。

蜗轮常用材料：青铜、铸铁作蜗轮轮缘，常用材料见表 7－6、7－7。

表 7－5　　蜗杆常用材料及技术要求

常用材料	热处理	齿面硬度	齿面粗糙度 $Ra/\mu m$
45、40CrMn、37SiMn2MoV、40Cr、35CrMo、38SiMnMo、42CrMo、40CrNi	表面淬火	45～55HRC	1.6～0.8
15CrMn、20CrMn、20Cr、20CrNi、20CrMnTi、18Cr2Ni4W	渗碳淬火	58～63HRC	1.6～0.8
45(用于不重要传动)	调　质	＜270HBS	6.3

表 7—6　　蜗轮常用材料及在 $N=10^7$ 时的许用接触应力[σ_H]
$N=10^6$ 时的许用弯曲应力[σ_F]　　MPa

蜗轮材料	铸造方法	适用的滑动速度 v_s/m·s^{-1}	力学性能		[σ_H] 蜗杆齿面硬度		[σ_F]	
			$\sigma_{0.2}$	σ_s	≤350HBS	>45HRC	一侧受载	两侧受载
ZCuSn10P1	砂　模 金属模	≤10 ≤12	130 170	220 310	180 200	200 220	51 70	32 40
ZCuSn5Pb5Zn5	砂　模 金属模	≤10 ≤12	90 100	200 250	110 135	125 150	33 40	24 29
ZCuAl10Fe3	砂　模 金属模	≤10	180 200	490 540	见表 7—7		82 90	64 80
ZCuAl10Fe3Mn2	砂　模 金属模	≤10	—	490 540			— 100	— 90
ZCuZn38Mn2Pb2	砂　模 金属模	≤10	—	245 345			62 —	56 —
HT150	砂　模	≤2	—	150			40	25
HT200	砂　模	≤2～5	—	200			48	30
HT250	砂　模	≤2～5	—	250			56	35

表 7—7　　无锡青铜、黄铜及铸铁的许用接触应力[σ_H]　　MPa

蜗轮材料	蜗杆材料	滑动速度 V_S/m·s^{-1}							
		0.25	0.5	1	2	3	4	6	8
ZCuAl9Fe3、ZCuAl10Fe3 ZCuAl10Fe3Mn2	钢经淬火①	—	250	230	210	180	160	120	90
ZCuZn38Mn2Pb2	钢经淬火①	—	215	200	180	150	135	95	75
HT200、HT150 (120～150)HBS	渗碳钢	160	130	115	90	—	—	—	—
HT150(120～150) HBS	调质或淬火钢	140	110	90	70	—	—	—	—

注：①如蜗杆钢未经淬火，将表中[σ_H]值降低 20%。

四　蜗杆、蜗轮的结构

（一）蜗杆结构（如图 7—9 所示）

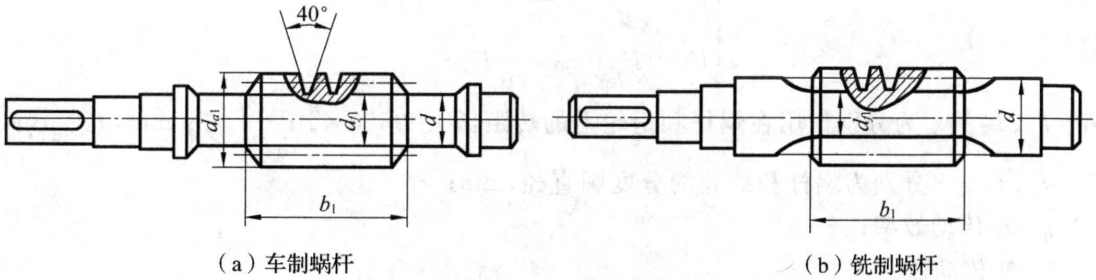

（a）车制蜗杆　　　　（b）铣制蜗杆

图 7—9　蜗杆轴的典型结构

通常将蜗杆与轴制作成一体，只有当 $d_{f1}/d \geqslant 1.7$ 时，才制作成将蜗杆齿圈装配在轴上的结构形式。

车制蜗杆，轴径 $d=d_{f1}-(2\sim4)$mm；铣制蜗杆，轴径 d 可以大于 d_{f1}。

（二）蜗轮结构［见图 7－10 及表 7－8（结构尺寸，查阅有关资料）］

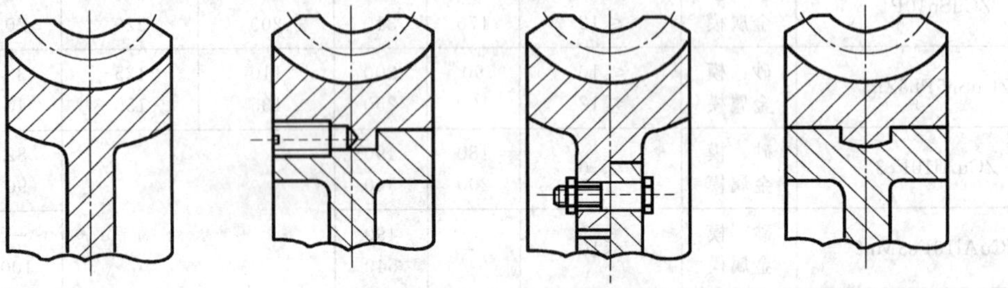

（a）整体式　（b）轮箍式　（c）螺栓联接式　（d）镶铸式

图 7－10　蜗轮的典型结构

表 7－8　**蜗轮的典型结构及特点**

结构型式	特　点
(a)整体式	当直径＜100mm 时，可用青铜铸造成整体；当滑动速度 $v_s \leqslant 2$m/s 时，可用铸铁铸成整体
(b)轮箍式	青铜轮缘与铸铁轮心通常用 H7/s6 配合，并加台肩和螺钉紧固，螺钉数 6～12 个
(c)螺栓联接式	以铰制孔螺栓联接，螺栓孔要同时铰制，其配合为 H7/m6。螺栓数按剪切计算，并以轮缘受挤压校核轮缘材料，许用挤压应力为 $\sigma_{jp}=0.3\sigma_s$，σ_s 为材料的屈服强度
(d)镶铸式	青铜轮缘镶铸在铸铁轮心上，并在轮心上预制出榫槽，以防止滑动（适用于大批生产）

第四节　蜗杆传动的强度计算

一　蜗杆传动的受力分析

如图 7－11 为蜗杆传动的受力情况。作用于蜗杆、蜗轮齿面上的法向力 F_n 各自可分解为三个分力：圆周力 F_t、径向力 F_r 和轴向力 F_a。由图中可得它们间的关系和大小为：

$$\begin{cases} F_{t1}=\dfrac{2T_1}{d_1}=-F_{a2} \\ F_{a1}=\dfrac{2T_2}{d_2}=\dfrac{2T_1 i\eta}{d_2}=-F_{t2} \\ F_{r1}=F_{a1}\tan\alpha=-F_{r2} \end{cases} \tag{7-8}$$

式中：T_1、T_2——为分别作用在蜗杆和蜗轮上的转距，$T_1=9550\times10^3\ \dfrac{P_1}{n_1}$　N mm，$T_2=i\eta$；

d_1、d_2——分别为蜗杆和蜗轮的分度圆直径，mm；

η——传动效率；

i——传动比。

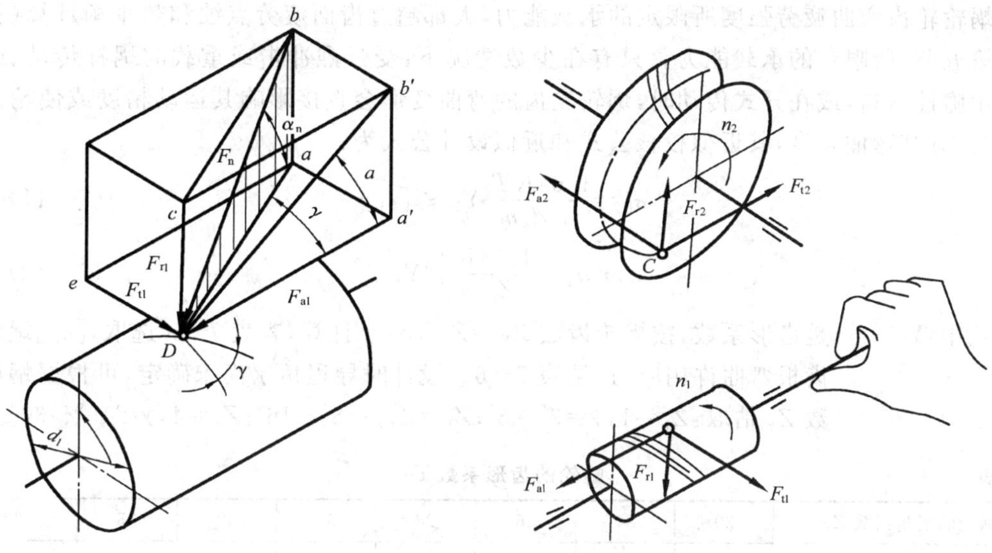

图 7－11 蜗杆蜗轮的受力分析

各分力的方向：

蜗杆、蜗轮所受的径向力 F_{r1}、F_{r2} 分别指向各自的圆心；

蜗杆所受的圆周力 F_{t1} 与蜗杆的转向 n_1 相反，蜗轮所受的圆周力 F_{t2} 与蜗轮转向 n_2 相同；

蜗杆所受轴向力 F_{a1} 的方向按主动齿轮左、右手定则判定；即蜗杆为左旋时用左手，右旋时用右手：握拳，四指的指向为蜗杆的转向，拇指的指向则为蜗杆所受轴向力 F_{a1} 的方向；蜗轮所受的轴向力 F_{a2} 的方向与蜗杆所受的圆周力 F_{t1} 的方向相反。

二 蜗杆传动的强度计算

蜗杆传动可近似地视为齿条和斜齿轮传动，蜗杆传动的强度取决于蜗轮轮齿，所以强度计算主要有：蜗轮齿面接触疲劳强度计算、蜗轮轮齿弯曲疲劳强度计算。对于常用的钢制蜗杆对青铜（或铸铁）蜗轮，其蜗轮齿面接触疲劳强度计算公式为：

$$\sigma_H = 480\sqrt{\frac{KT_2}{d_1 d_2^2}} \leqslant [\sigma_H] \qquad (7-9)$$

上式代入 $d_2 = z_2 m$，整理后得蜗轮齿面接触疲劳强度的设计公式：

$$m^2 d_1 \geqslant KT_2\left(\frac{480}{z_2[\sigma_H]}\right)^2 \qquad (7-10)$$

式中：$[\sigma_H]$——蜗轮齿面的许用接触应力，MPa。对于主要以疲劳点蚀失效的锡青铜蜗轮，$[\sigma_H]$值查表 7－6；对于主要以胶合失效的铝铁青铜或铸铁蜗轮，要根据蜗杆传动的抗胶合条件，即相对滑动速度 v_s 的大小查表 7－7；

T_2——蜗轮传递的转矩，N mm；

Z_2——蜗轮齿数；

K——载荷系数，一般取 $K=1.1\sim1.4$。当载荷平稳，蜗轮的圆周速度 $V_2\leqslant 3$m/s 和 7 级精度以上时，取小值，否则取大值。

蜗轮轮齿弯曲疲劳强度所限定的承载能力，大都超过齿面疲劳点蚀和热平衡计算（见第七章第五节）所限定的承载能力。只有在少数情况下：受强烈冲击或重载的蜗杆传动、或蜗轮采用脆性材料，或在开式传动时，蜗轮轮齿的弯曲变形会直接影响其运动精度或使轮齿折断，才计算其弯曲强度，其近似校核公式和近似设计公式为：

$$\sigma_F=\frac{1.64KT_2}{d_1d_2m}Y_{F_a}\leqslant[\sigma_F] \tag{7-11}$$

$$m^2d_1\geqslant\frac{1.64KT_2}{Z_2[\sigma_f]}Y_{F_a} \tag{7-12}$$

式中：Y_{Fa}——是齿形系数，按蜗轮齿数 $Z_V=Z_2/\cos^3\gamma$ 计算，查表 7－9 选取，$[\sigma_F]$ 蜗轮的齿根弯曲许用应力，见表 7－6。设计时导程角 γ 尚未确定，可根据蜗杆头数 Z_1 估取：$Z_1=1,\gamma=3°\sim8°$；$Z_1=2,\gamma=8°\sim16°$；$Z_1=4,\gamma=16°\sim30°$。

表 7－9　蜗轮的齿形系数 Y_{Fa}

蜗轮的当量齿数 Z_V	20	24	26	28	30	32	35	37
齿形系数 Y_{Fa}	2.24	2.14	2.10	2.04	1.99	1.94	1.86	1.82
蜗轮的当量齿数 Z_V	40	45	50	60	80	100	150	300
齿形系数 Y_{Fa}	1.76	1.68	1.64	1.59	1.52	1.47	1.44	1.40

第五节　蜗杆传动的效率、润滑和热平衡计算

一　蜗杆传动的效率

由于齿面间剧烈的摩擦磨损等原因，蜗杆传动的效率较低。闭式蜗杆传动的功率损耗有啮合摩擦损耗、轴承摩擦损耗和蜗杆、蜗轮的搅油损耗等。因此蜗杆传动的总效率为：

$$\eta=\eta_1\eta_2\eta_3$$

式中：η_2、η_3——分别为轴承效率（0.97～0.99/每对）和搅油损耗的效率（0.94～0.99），一般取 $\eta_2\eta_3=0.95\sim0.97$；

η_1——啮合效率，当蜗杆主动时

$$\eta_1=\frac{\tan\gamma_1}{\tan(\gamma_1+\rho_v)} \tag{7-13}$$

所以，蜗杆传动的总效率为　$\eta=(0.95\sim0.97)\dfrac{\tan\gamma_1}{\tan(\gamma_1+\rho_v)}$

式中：γ_1——蜗杆分度圆柱上的导程角；

ρ_v——当量摩擦角，$\rho_v=\mathrm{acrtan}f_v$，$f_v$ 为当量摩擦系数，主要与蜗杆传动的材料、表面硬度和相对滑动速度有关，见表 7－10。

表 7－10 当量摩擦系数和当量摩擦角 ρ_v

蜗轮材料	锡青铜		无锡青铜	灰铸铁	
钢蜗杆齿面硬度	≥45HRC	其他情况	≥45HRC	≥45HRC	其他情况
滑动速度 $v_s/\text{m}\cdot\text{s}^{-1}$	ρ_v	ρ_v	ρ_v	ρ_v	ρ_v
0.01	6°17′	6°51′	10°12′	10°12′	10°45′
0.05	5°09′	5°43′	7°58′	7°58′	9°05′
0.10	4°31′	5°09′	7°24′	7°24′	7°58′
0.25	3°43′	4°17′	5°43′	5°43′	6°51′
0.50	3°09′	3°43′	5°09′	5°09′	5°43′
1.00	2°35′	3°09′	4°00′	4°00′	5°09′
1.50	2°17′	2°52′	3°43′	3°43′	4°34′
2.00	2°00′	2°35′	3°09′	3°09′	4°00′
2.50	1°43′	2°17′	2°52′		
3.00	1°36′	2°00′	2°35′		
4.00	1°22′	1°47′	2°17′		
5.00	1°16′	1°40′	2°00′		
8.00	1°02′	1°29′	1°43′		
10.0	0°55′	1°22′			
15.0	0°48′	1°09′			
24.0	0°45′				

蜗杆传动设计的开始阶段，在按 $T_2=i\eta$ 计算蜗轮转矩时，需先估取传动效率 η。η 概略值如下：蜗杆头数 $Z_1=1$ 时，$\eta=0.7\sim0.75$；$Z_1=2$ 时，$\eta=0.75\sim0.82$；$Z_1=4$ 时，$\eta=0.82\sim0.92$。

二 热平衡计算

蜗杆传动的齿面滑动较大，效率较低，发热量大，在闭式传动中如果散热条件不好，会因温升过高使润滑油粘度降低，破坏润滑油膜，导致轮齿胶合。对于连续工作的闭式蜗杆传动，应进行热平衡计算。

所谓热平衡就是在蜗杆传动过程中，单位时间内传动发出的热量与通过界质散去的热量逐渐接近而达到平衡时的状况，此时油温不再继续上升。热平衡计算的目的就是将油温控制在允许的范围内，以保证传动的连续工作。

传动转化为热量所消耗的功率 P_S 为：$P_S=1000(1-\eta)P_1$

在自然通风的条件下，经箱体散发热量的相当功率 P_C 为：$P_C=k_sA(t_1-t_0)$

达到平衡时，即 $P_S=P_C$，可得热平衡时润滑油的工作温度 t_1 的计算公式：

$$t_1=\frac{1000(1-\eta)P_1}{k_sA}+t_0\leqslant[t_1]$$

式中：P_1——蜗杆传动的输入功率，kW；

k_s——散热系数，取 $k_s=8.7\sim17.5$W/(m^2·℃)；箱外空气循环及箱内油池内润滑油的循环条件良好时，取大值；反之，取小值。在自然通风的地方可取 $k_s=14\sim17.5$；在没有循环空气流通的地方可取 $k_s=8.7\sim10.5$；

η——传动效率；

A——散热面积，m^2。设计时取 $A=0.33\left(\frac{a}{100}\right)^{1.75}$，其中 a 为中心距，mm；

t_0——周围空气温度，℃；通常取室温 $t_0=20$℃；

t_1——热平衡时润滑油的工作温度，℃；

$[t_1]$——齿面间润滑油许可的工作温度，通常取 $[t_1]=70℃\sim95℃$：对于齿轮传动允许到 70℃，对于蜗杆传动允许到 95℃。

如果工作温度 t_1 超过许可温度 $[t_1]$，可采用下述冷却措施：①在箱体外面增加散热片以增大散热面积 A；②在蜗杆轴上安装风扇[图 7－12(a)]；或在箱体油池内装设蛇形冷却水管[图 7－12(b)]；或用压力喷油循环冷却[图 7－12(c)]。

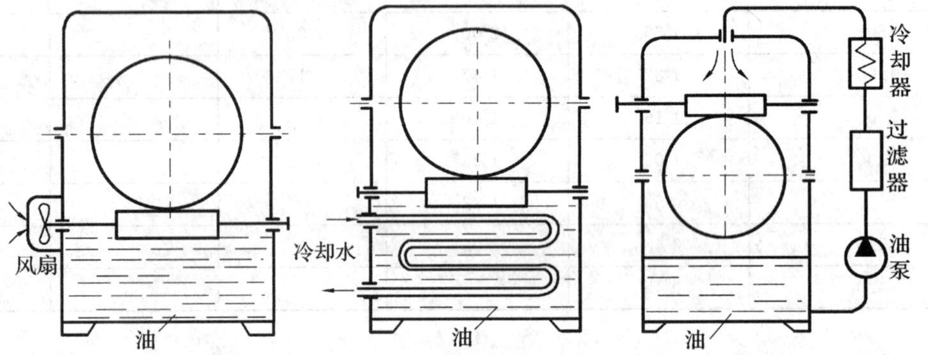

(a) 风扇冷却　(b) 冷却水冷却　(c) 压力喷油润滑冷却

图 7－12　蜗杆传动的常用散热方法

三　蜗杆传动的润滑

蜗杆传动的润滑不仅能提高传动效率，而且可以避免轮齿的胶合和磨损，所以蜗杆传动保持良好的润滑是十分必要的。

闭式蜗杆传动的润滑油粘度和给油方法，一般可根据相对滑动速度、载荷类型等参考表 7－11 选择。为提高蜗杆传动的抗胶合能力，宜选用粘度较高的润滑油。对青铜蜗轮，不允许采用抗胶合能力强的活性润滑油，以免腐蚀青铜齿面。

表 7－11　**蜗杆传动的润滑油粘度及给油方法**

滑动速度 v_s/(m/s)	0～1	0～0.25	0～5	＞5～10	＞10～15	＞15～25	＞25
工作条件	重载	重载	中载	—	—	—	—
黏度 ν/(mm^2/s)(40°)	900	500	350	220	150	100	80
给油方法	油池润滑			油池润滑或喷油润滑	压力喷油润滑及其压力/MPa		
					0.7	2	3

【例 7－1】 试设计一闭式蜗杆传动。已知蜗杆输入功率 $P_1=4.5\text{kW}$，蜗杆转速 $n_1=960\text{r/min}$，传动比 $i=20$，载荷平稳，连续单向运转。

解：

1. 选择蜗杆、蜗轮材料

蜗杆材料用 45 钢，轮齿表面淬火，硬度≥45HRC；

蜗轮材料用 ZCuAl10Fe3，砂模铸造，估计 $v_S=4\text{m/s}$，根据表 7－6 查得 $[\sigma_H]=160\text{MPa}$。

2. 选择蜗杆头数 Z_1 和蜗轮齿数 Z_2

根据 $i=20$，查表 7－2 得蜗杆头数 $Z_1=2$，则蜗轮齿数为 $Z_2=i\cdot Z_1=20\times2=40$，$Z_2$ 在 27～80 间，故合乎要求。

3. 确定蜗轮传递的转矩 T_2

估计效率：根据 $Z_1=2$，取 $\eta=0.8$；蜗轮传递转矩：

$$T_2=t_1 i\eta=9550\times10^3\frac{P_1}{n_1}i\eta=9550\times10^3\times\frac{4.5}{960}\times20\times0.8=716250\ \text{N mm}$$

4. 确定模数 m 和蜗杆分度圆直径 d_1

因载荷平稳，取载荷系数 $K=1.1$。

$$m^2d_1\geqslant KT_2\left(\frac{480}{Z_2[\sigma_H]}\right)^2=1.1\times716250\times\left(\frac{480}{60\times160}\right)^2=4431.80\text{mm}^3$$

查表 7－3 得：模数 $m=8\text{mm}$，分度圆直径 $d_1=80\text{mm}$，直径系数 $q=10$。

5. 计算主要尺寸

蜗轮分度圆直径：$d_2=z_2m=40\times8=320\text{mm}$

蜗杆导程角：$\gamma=\text{arctg}\,\dfrac{mZ_1}{d_1}=\text{arctg}\left(\dfrac{8\times2}{80}\right)=11.31°=11°18'36''$

中心距 $a=\dfrac{d_1+d_2}{2}=\dfrac{80+320}{2}=200\text{mm}$

6. 验算相对滑动速度 v_s 和传动效率 η

蜗杆分度圆速度：$v_1=\dfrac{\pi d_1n_1}{60\times1000}=\dfrac{3.14\times80\times960}{60\times1000}=4.02\text{m/s}$

齿面相对滑动速度：$v_s=\dfrac{v_1}{\cos\gamma}=\dfrac{4.02}{\cos11.31°}=4.1\text{m/s}$

与原估计 v_S 值接近。

蜗杆传动效率：按 $v_s=4.1\text{m/s}$，硬度≥45HRC，蜗轮材料为无锡青铜，查表 7－10 得 $f_v=0.04$，$\rho_v=2.29°$。

$$\eta=(0.95\sim0.97)\frac{\tan\gamma}{\tan(\gamma+\rho_v)}=(0.95\sim0.97)\frac{\tan11.31°}{\tan(11.31°+2.29°)}=0.79\sim0.80$$

与原估计 $\eta=0.80$ 接近。

7. 热平衡计算

根据题意，箱体散热面积 $A=0.33\left(\dfrac{a}{100}\right)^{1.75}=0.33\left(\dfrac{200}{100}\right)^{1.75}=1.1\ \text{m}^2$

室温 t_0：通常取为 20°C。

散热系数 k_s：通风条件好，故取 $k_s=17\ \text{W/(m}^2\cdot℃)$

油温 t_1： $t_1=\dfrac{1000(1-\eta)P_1}{k_s A}+t_0=\dfrac{1000\times(1-0.8)\times4.5}{17\times1.1}+20=68.1℃$

故油温符合要求。

思考题与练习题

思考题

7－1　蜗杆传动的传动比是否等于蜗杆和蜗轮分度圆直径的反比？

7－2　一蜗杆蜗轮传动，在 m、d_1 不变的情况下，是否可以用双头蜗杆来代替原来的单头蜗杆？

7－3　判断下列图中的蜗杆蜗轮的转向或蜗螺旋线方向。

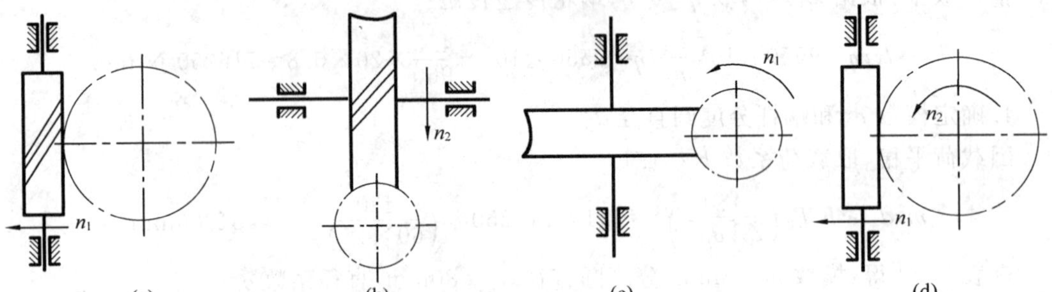

思考题 7－3 图

7－4　蜗杆传动的主要失效形式是什么？常用哪些材料组合？

7－5　蜗杆传动为什么要考虑散热措施？常用的散热措施有哪些？

练习题

7－1　一蜗杆传动，已知传动比 $i=15.5$，蜗杆头数 $Z_1=2$，模数 $m=5$mm，蜗杆直径 $d_1=50$mm，试确定该传动尺寸。

7－2　测得一个双线蜗杆的轴向齿距 $P_{x1}=6.283$mm，外径 $d_{a1}=26.4$mm，求蜗杆的模数、导程角及直径系数。

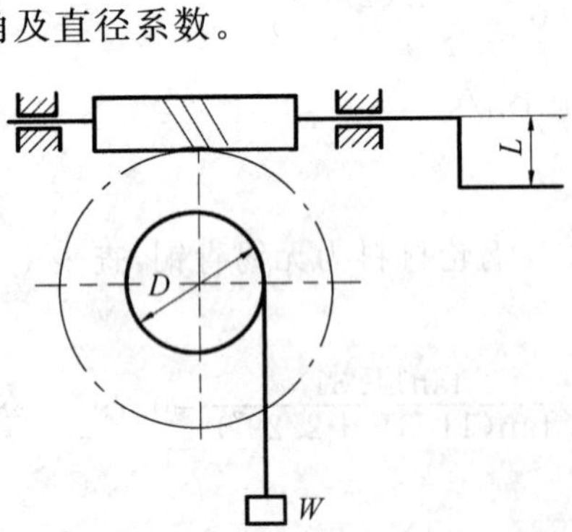

习题 7－3 图

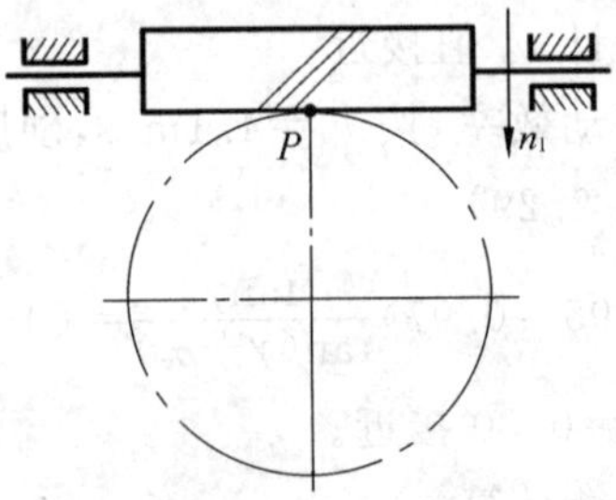

习题 7－4 图

7－3　手动绞车采用蜗杆传动，手柄装在蜗杆轴上，蜗轮与卷筒固结为一体。已知蜗杆传动的 $m=8$mm，$d_1=80$mm，$Z_1=1$，$Z_2=40$，卷筒直径为 $D=200$mm。试问：

(1) 欲使重物 W 上升 1m，手柄应转多少转？并在图上标出重物上升时的手柄转向。

(2)设传动的总效率为 0.70，$W=1000N$，手摇时施加力 $F=100N$，手柄长 L 等于多少？

7－4 如习题 7－4 图所示蜗杆传动，已知主动件蜗杆转向，试画出蜗轮转向，及作用在蜗轮上(P 点)各个力的方向。

7－5 一单级蜗杆减速器[参阅图 7－12(a)]，采用蜗杆传动，已知蜗杆转速 $n_1=1460r/min$，输入功率 $P_1=15kw$，传动比 $i=21$，蜗杆头数 $Z_1=2$，模数 $m=2.5$，蜗杆分度圆直径 $d_1=28mm$，蜗杆材料为 40Cr，表面淬火，蜗轮材料为 ZCuSn10Pl，求：

(1)蜗杆传动啮合效率 η_1 及总效率 η；

(2)蜗杆和蜗轮上各力的大小。

7－6 已知一蜗杆减速器，$m=5mm$，$q=10$，$Z_1=2$，$Z_2=60$，蜗杆的材料为 40Cr，高频淬火，表面磨光，蜗轮材料为 ZCuSn10Pb1，砂型铸造。当蜗轮转速为 $n_2=24r/min$，试求容许传递的最大转矩 T_2 和输入功率 P_1(设传动的总效率为0.80)，预期使用 12000h。

7－7 试设计一闭式蜗杆传动，已知输入功率为 $P_1=7.5kw$，转速 $n_1=1440r/min$，传动比 $i=26$，要求使用寿命 5 年，每年工作 300 天，每天工作 8 小时，载荷平稳，单向运转。

7－8 一车间加热炉的拉料机用蜗杆减速器传动。已知蜗轮传递的转矩为 $T_2=405$ N m，蜗杆减速器的传动比为 $i_{12}=22$，蜗杆转速 $n_1=480r/min$，传动平稳，冲击不大，每天工作 8h，要求使用 5 年(每年按 300 天计)。试设计该蜗杆传动。

第八章 轮 系

【学习要求】

(1)熟知轮系的分类和各基本类型轮系的组成;

(2)掌握定轴轮系、基本行星轮系传动比计算的基本方法;

(3)了解混合轮系的组成,能够进行混合轮系传动比计算;

(4)了解齿轮系的应用。

把一系列齿轮(包括含蜗杆传动在内的各种不同类型的齿轮传动)按照不同的方式组合起来,以满足各类机械的各种不同传动的需要,这种由一系列齿轮组成的传动机构称为齿轮系传动机构,简称轮系。

第一节 轮系的分类

一 平面轮系和空间轮系

依据各齿轮的轴线在空间的位置关系,分为平面轮系和空间轮系:各齿轮的轴线互相平行的轮系称为平面轮系,如图 8－1(a)、图 8－2 等;在轮系中若存在一对以上传动齿轮的轴线不平行于其它齿轮的轴线,则该轮系称为空间轮系,如图 8－1(b)、例 8－3 图等。

二 定轴轮系和行星轮系

依据有无动轴,分为定轴轮系和行星轮系:无动轴的轮系叫做定轴轮系,如图 8－1 等;有动轴的轮系叫做行星轮系,如图 8－2、例 8－3 图。(**＊动轴:在轮系的运行过程中,齿轮轴线的几何位置相对机架发生了变动,该轴称为动轴,这一变动一般为绕某一定轴的转动**)。

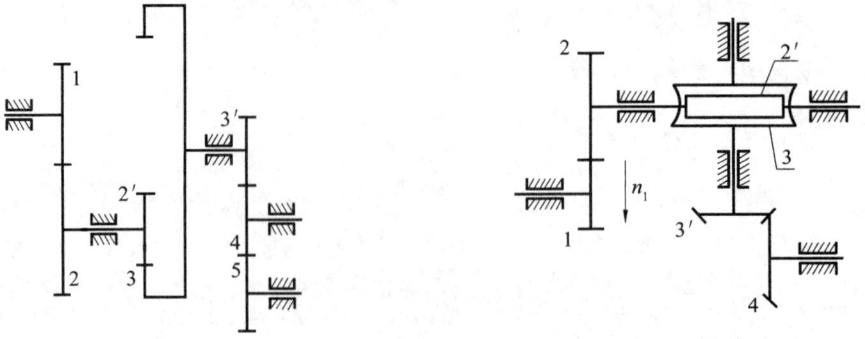

(a) 平面定轴轮系　　(b) 空间定轴轮系

图 8－1 定轴轮系

在行星轮系中，轴线的几何位置发生变动的齿轮称为行星齿轮；支承行星齿轮运动的构件称为行星架(用 H 表示)，轴线位置固定的齿轮称为中心齿轮或太阳轮(用 K 表示)。工作时太阳轮和行星架共同围绕同一固定轴线做定轴转动；行星齿轮在行星架上既随同行星架做公转，同时又围绕其自身的轴线做自转，因此，对机架而言，行星齿轮的转速是其公转转速与自转转速的合成，如图 8－2 及例 8－3 所示。

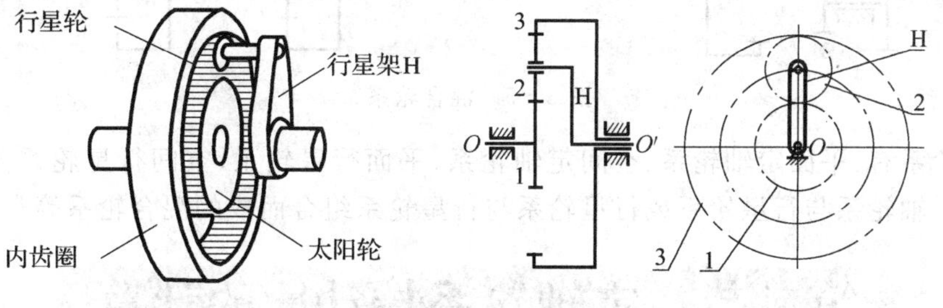

图 8－2 基本行星轮系

图 8－2 所示的基本行星轮系按照自由度数又可分为：①简单行星轮系，如图 8－3(b)和(c)，轮系中一个太阳轮固定不转动，机构的自由度为 1；② 差动轮系，如图 8－3(a)，轮系中的两个太阳轮均可转动，机构的自由度为 2。

按中心轮个数还可把行星轮系分为：2K－H 型，如图 8－3；3K 型、K－H－V 型(V 为输出机构)等类型，如图 8－4。

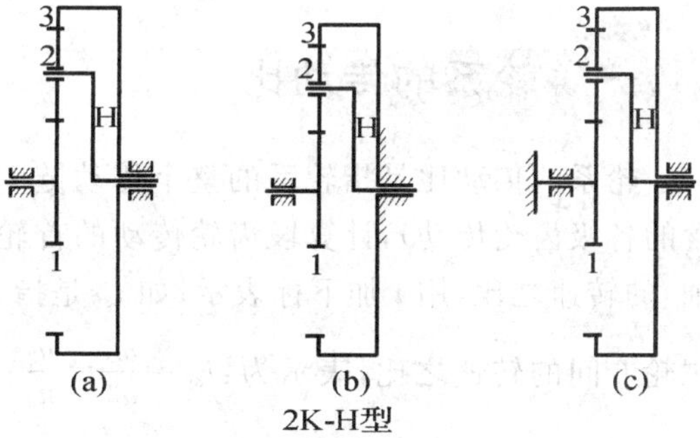

图 8－3 简单行星轮系和差动轮系

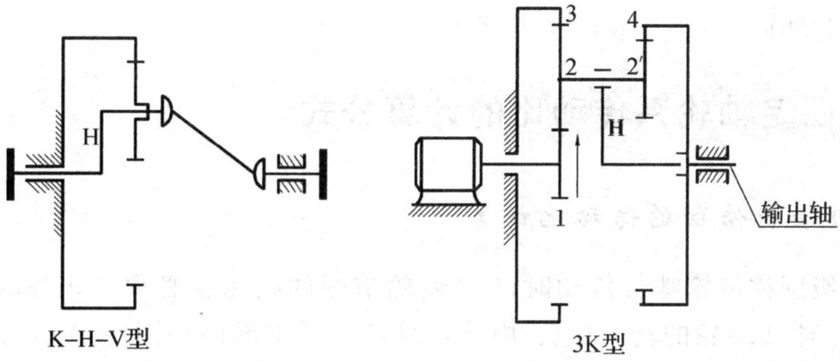

图 8－4 按基本构件分类

三 混合轮系

轮系中既包含定轴轮系，又包含行星轮系；或由几个基本行星轮系组成的复杂轮系称为混合轮系，如图 8－5、图 8－8 等所示。

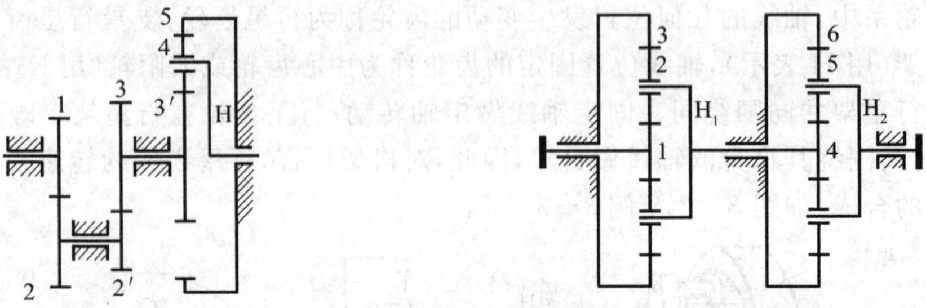

图 8－5　混合轮系

因此，轮系有：平面定轴轮系、空间定轴轮系、平面行星轮系、空间行星轮系四种基本类型，以及由定轴轮系与行星轮系或行星轮系与行星轮系组合而成的混合轮系等类型。

第二节　定轴轮系传动比的计算

一　轮系的传动比

轮系的传动比是指轮系的整个传动链中（它包含从动力输入到动力输出的过程中所包含的各级齿轮传动），计算段齿轮传动的首轮（其轴为动力输入轴）与尾轮（其轴为动力输出轴）的转速之比，用 i 加下标表示；如 i_{36} 是指传动链中从 3 轮到 6 轮这一计算段的首轮 3 与尾轮 6 间的转速之比，表示为：$i_{36}=\dfrac{\omega_3}{\omega_6}=\dfrac{n_3}{n_6}$；推广至整个轮系传动链中的任意计算段——从 G 轮至 K 轮的传动比表示为 i_{GK}：$i_{GK}=\dfrac{\omega_G}{\omega_K}=\dfrac{n_G}{n_K}$。

轮系的传动比计算包含：①计算传动比的大小；②已知首轮转速的大小和转向，确定尾轮转速的大小和转向。

二　平面定轴轮系传动比的计算公式

（一）单级齿轮传动的传动比计算

平行轴单级圆柱齿轮啮合传动时，1、2 两轮节圆的线速度必须是相等的。两轮的转向关系是：外啮合时，1、2 轮的转向相反；内啮合时，1、2 轮的转向相同，如图 8－6(a)、(b)所示。因此得：

其传动比为：

$$i_{12}=\frac{\omega_1}{\omega_2}=\frac{n_1}{n_2}=\mp\frac{Z_2}{Z_1} \tag{8-1}$$

“－”表示 1、2 两轮外啮合、转向相反，“＋”表示 1、2 两轮内啮合、转向相同；

如果已知 1 轮的转速 n_1 的大小和方向，将 i_{12} 的计算结果（连同“＋”“－”号）代入(8－1)，则 2 轮的转速 n_2 的大小和方向为：

$$n_2=\frac{n_1}{i_{12}} \tag{8-2}$$

计算结果为“+”，表示 2 轮的转向与 1 轮相同；为“-”，表示 2 轮的转向与 1 轮相反。

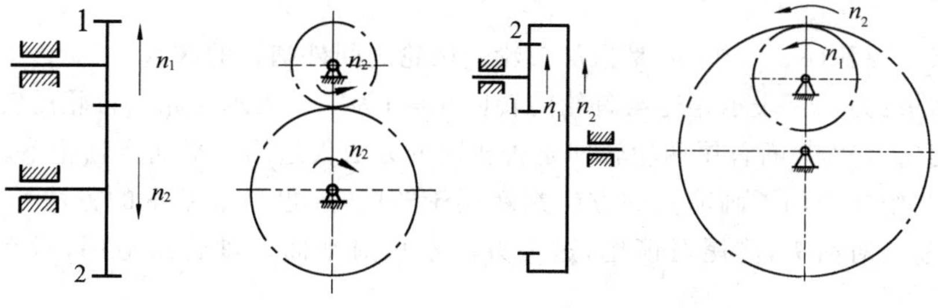

图 8-6 单级圆柱齿轮传动的传动比计算

(二)多级齿轮传动的传动比计算

在如图 8-7 所示的由多级齿轮传动组成的平面轮系中，已知各轮的齿数，其总传动比 i_{16} 等于各级传动比之积：

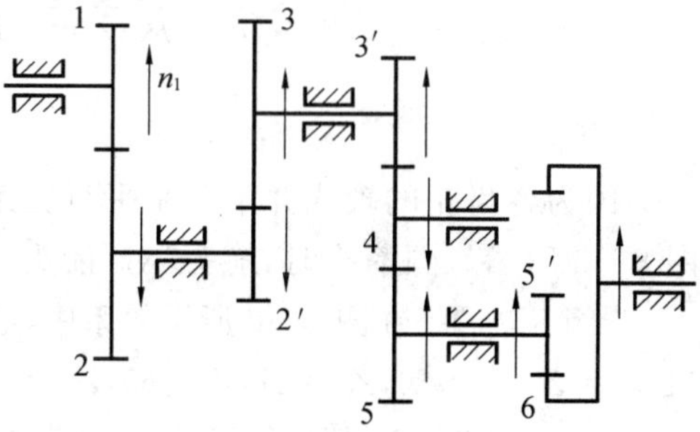

图 8-7 平面定轴轮系传动比计算

$$i_{12}=\frac{n_1}{n_2}=-\frac{Z_2}{Z_1};$$

$$i_{2'3}=\frac{n_{2'}}{n_3}=-\frac{Z_3}{Z_{2'}};$$

$$i_{3'4}=\frac{n_{3'}}{n_4}=-\frac{Z_4}{Z_{3'}};$$

$$i_{45}=\frac{n_4}{n_5}=-\frac{Z_5}{Z_4};$$

$$i_{5'6}=\frac{n_{5'}}{n_6}=+\frac{Z_6}{Z_{5'}};$$

所以：

$$i_{16}=\frac{n_1}{n_6}=i_{12}\cdot i_{2'3}\cdot i_{3'4}\cdot i_{45}\cdot i_{5'6}=(-\frac{Z_2}{Z_1})(-\frac{Z_3}{Z_2})(-\frac{Z_4}{Z_3})(-\frac{Z_5}{Z_4})(+\frac{Z_6}{Z_{5'}})$$

$$=(-1)^4\ \frac{Z_2Z_3Z_4Z_5Z_6}{Z_1Z_{2'}Z_{3'}Z_4Z_{5'}}=(-1)^4\ \frac{Z_2Z_3Z_5Z_6}{Z_1Z_{2'}Z_{3'}Z_{5'}}$$

$$=(-1)^4\ \frac{\text{从 1 轮→5 轮所有的从动齿轮齿数之积}}{\text{从 1 轮→5 轮所有的主动齿轮齿数之积}}$$

若已知 n_1 的大小和转向，可求得：

$$n_6=\frac{n_1}{i_{16}}$$

（*在以上计算中，齿轮 4 的齿数多少，并不影响整个轮系的传动比大小的计算，它仅起到中间过渡用来改变从动轮转向的作用，传动中的这种齿轮称为惰轮。）

推广至整个轮系传动链中的任意计算段：求 G 轮→K 轮的传动比；已知 G 轮转速的大小和转向，求 K 轮的转速大小和转向时：

$$i_{GK}=\frac{n_G}{n_K}=(-1)^m\ \frac{\text{从} G \text{ 轮→} K \text{ 轮所有的从动齿轮齿数之积}}{\text{从} G \text{ 轮→} K \text{ 轮所有的主动齿轮齿数之积}}\qquad(8-3)$$

$$n_K = \frac{n_G}{i_{GK}} \qquad (8-4)$$

在式(8－3)和(8－4)中：m 是指从首轮→尾轮之间外啮合的次数。

计算结果：为“＋”表示尾轮与首轮的转向相同；为“－”表示尾轮与首轮的转向相反。

以上用$(-1)^m$ 判断首尾两轮转向是否相同的方法仅适用于平面定轴轮系。

图 8－7 中还应用了画箭头的方法判断尾轮转向，这也是最基本的方法——画箭头法。画箭头时：箭头对箭头，箭尾对箭尾，这一方法不仅对平面定轴轮系适用，对空间轮系同样适用。

三　空间定轴轮系传动比的计算公式

式(8－3)、(8－4)中关于传动比数值的计算部分，对空间定轴轮系同样是适用的：

$$i_{GK} = \frac{n_G}{n_K} = \frac{\text{从 } G \text{ 轮} \to K \text{ 轮所有的从动齿轮齿数之积}}{\text{从 } G \text{ 轮} \to K \text{ 轮所有的主动齿轮齿数之积}} \qquad (8-5)$$

$$n_K = \frac{n_G}{i_{GK}} \qquad (8-6)$$

因为各齿轮的轴线并不全是平行关系，所以尾轮的转向只能通过画箭头的方式确定，如图 8－8 所示。画箭头时：箭头“对”箭头，箭尾“对”箭尾。

【例 8－1】　在图 8－8 所示轮系中，已知 $Z_1=18$，$Z_2=54$，$Z_{2'}=20$，$Z_3=80$，$Z_{3'}=21$，$Z_4=63$，$Z_{4'}=20$，$Z_5=90$。若 $n_1=800\text{r/min}$，求轮 5 的转速及转向。

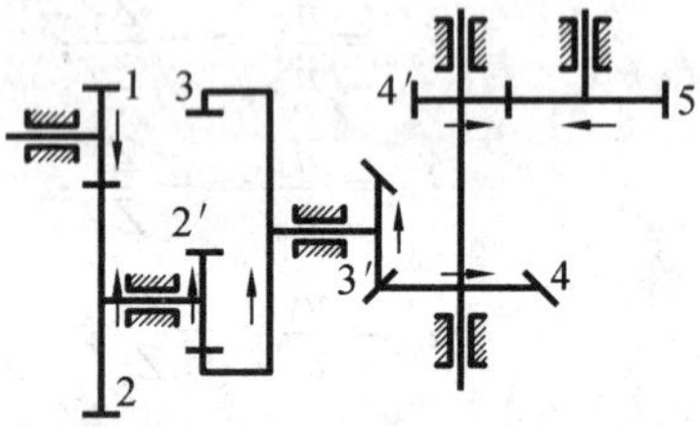

图 8－8　空间定轴轮系实例

解：这是一个空间定轴轮系，计算轮系传动比的大小应该用式(8－5)：

$$i_{15} = \frac{n_1}{n_5} = \frac{Z_2 Z_3 Z_4 Z_5}{Z_1 Z_{2'} Z_{3'} Z_{4'}} = \frac{54\times80\times63\times90}{18\times20\times21\times20} = 162$$

所以　$n_5 = \frac{n_1}{i_{15}} = \frac{800}{162} = 4.94\ \text{r/min}$；5 轮的转向如图 8－8 所示。

第三节　行星轮系传动比的计算

一　平面行星轮系传动比的计算

图 8－9(a)是一平面行星轮系的基本轮系。在这个轮系中行星齿轮的转速是公转转速与自转转速的代数和，因此，如欲应用式 8－3、8－4 它的转速是不便直接参与计算的；而产生这一问题的原因是由于支承行星齿轮的轴是一“动轴”。

1. 用反转法化动轴为“不动轴”

反转法的基本思想就是：设法使动轴“不动”！将这一有动轴的轮系转化为一个“没有”动轴的轮系——“定轴”轮系，在这个“定轴”轮系中就可以应用式(8－3)、(8－4)进行计算了。

假想使图 8－9(a)所示的整个轮系按“$-n_H$”反转，即给轮系的各个构件加上一个与行星架 H 的转速大小相等、方向相反的转速“$-n_H$”，于是各齿轮的转速就变成了：$n_1 \rightarrow n_1^H = n_1 - n_H$；$n_2 \rightarrow n_2^H = n_2 - n_H$；$n_3 \rightarrow n_3^H = n_3 - n_H$；$n_H \rightarrow n_H^H = n_H - n_H = 0$（见表 8－1），于是，原来的动轴“不动”了！只是其他齿轮的转速发生了（$-n_H$）大小的变化，于是原来的行星轮系就“变成”一个（假想的）“定轴轮系”！这个“定轴轮系”称作原轮系的转化机构，如图 8－9(b) 所示。在转化机构中参考系由机架变做了行星架 H、各轮的转速改变为它们相对于 H 的转速。

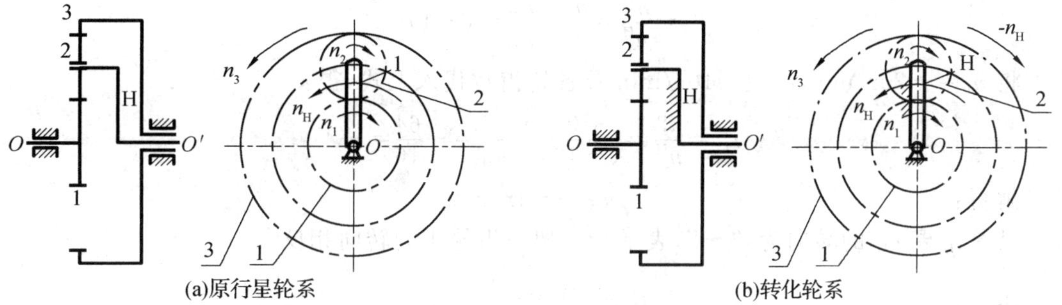

图 8－9　行星轮系传动比的计算

表 8－1　　　　　　　　**转化前后行星轮系中各构件的转速**

原轮系中各构件转速	转化机构中各构件的转速
n_1	$n_1^H = n_1 - n_H$
n_2	$n_2^H = n_2 - n_H$
n_3	$n_3^H = n_1 - n_H$
n_H	$n_H^H = n_H - n_H = 0$

根据相对运动原理，尽管整个轮系按“$-n_H$”反转了，但其内部各构件间（各齿轮、行星架、机架）的相对运动关系并不变，因此，式(8－3)、(8－4)所述的各齿轮间的转速关系对转化轮系仍是适用的，所以在转化轮系中它的传动比计算为：

$$i_{GK}^H = \frac{n_G^H}{n_K^H} = \frac{n_G - n_H}{n_K - n_H} = (-1)^m \frac{\text{从 G 轮}\rightarrow\text{K 轮所有的从动齿轮齿数之积}}{\text{从 G 轮}\rightarrow\text{K 轮所有的主动齿轮齿数之积}} \qquad (8-7)$$

式中：m 是指在转化机构中（假想 H“不动”时），从 G 轮至 K 轮的外啮合的次数。

这里的 n_G^H、n_K^H、i_{GK}^H 应理解为：各轮相对于行星架的转速和各相对转速间的传动比。

在式(8－7)中，当轮系中各齿轮的齿数已知时，在 n_G、n_K、n_H 三参数中，已知其二，可求第三个参数；然后再求出：$i_{GK} = n_G/n_K$、$i_{GH} = n_G/n_H$、$i_{KH} = n_K/n_H$ 等。

＊应用式(8－7)时应注意以下几点：

①此公式只适用于轴线平行（含共线）的齿轮的转速和传动比的计算，即只适用于在平面行星轮系的各轴之间，以及空间行星轮系中的平行轴之间进行齿轮转速和传动比的计算；

②n_G、n_K、n_H 必须带着正、负号参加运算；

③$i_{GK}^H \neq i_{GK}$、$i_{KH}^H \neq i_{KH}$ 等。

2. 平面行星轮系传动比计算实例

【例 8－2】　一行星轮系，如例 8－2 图(a)。已知

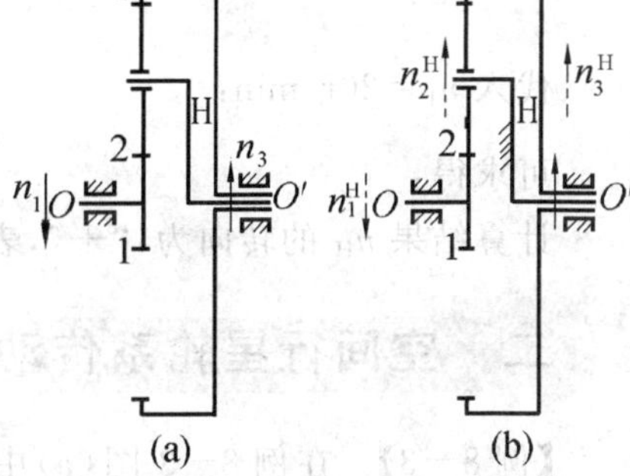

例 8－2 图　平面行星轮系传动比计算实例

各轮的齿数分别为：$Z_1=16$，$Z_2=24$，$Z_3=64$，齿轮1和齿轮3的转速分别为：$n_1=20\text{r/min}$，$n_3=-10\text{r/min}$，试求：①n_H，i_{1H}；②n_2；③设 $n_3=0$ r/min(被固定不转动)，再求 n_H，i_{1H}。

解：这是一平面行星轮系的基本轮系。解题的方法就是应用反转法，假设整个机构 n_H 反转，则轮系转化为例8－2图(b)，在这个转化机构中H"不动了"。

(＊图中虚线箭头表示的是 n_2^H、n_3^H 的转向，它并不表示 n_2、n_3 的转动方向！)

①应用式(8－7)可得：

$$i_{13}^H=\frac{n_1^H}{n_3^H}=\frac{n_1-n_H}{n_3-n_H}=(-1)^1\frac{Z_3}{Z_1}$$

将 $n_1=+20\text{r/min}$，$n_3=-10\text{r/min}$ 及各轮齿数代入上式，得：

$$i_{13}^H=\frac{n_1^H}{n_3^H}=\frac{20-n_H}{(-10)-n_H}=-\frac{64}{16}=-4$$

解得：

$$n_H=-4\text{r/min}$$

计算结果 n_H 的转向为："－"，表示行星架与齿轮1的转向相反。

求 i_{1H}：

$$i_{1H}=\frac{n_1}{n_H}=\frac{20}{-4}=-6$$

②由于2轮的轴线与1轮(或3轮)及H的轴线是平行关系，因此，可以应用反转法原理和转化机构，应用式8－7求解。应用式(8－7)可得：$i_{12}^H=\frac{n_1^H}{n_2^H}=\frac{n_1-n_H}{n_2-n_H}=(-1)^1\frac{Z_2}{Z_1}$(或用 $i_{23}^H=\frac{n_2^H}{n_3^H}=\frac{n_2-n_H}{n_3-n_H}=\frac{Z_3}{Z_2}$亦可计算)

代入 $n_1=20\text{r/min}$，$n_H=-4\text{r/min}$ 及1、2轮齿数，得：

$$i_{12}^H=\frac{n_1^H}{n_2^H}=\frac{20-(-4)}{n_2-(-4)}=-\frac{24}{16}=-1.5,$$

解之得：

$$n_2=-20\text{r/min}$$

这说明 n_2 的转向与 n_1 相反。

③当 $n_3=0$ 时，式(8－7)可演化为：

$$i_{13}^H=\frac{n_1-n_H}{0-n_H}=1-\frac{n_1}{n_H}=1-i_{1H}=-\frac{Z_3}{Z_1}$$

得：

$$i_{1H}=1+\frac{Z_3}{Z_1}=1-i_{13}^H$$

上式可作为在例8－2图(a)所示的轮系中，当 $n_3=0$ 时求 i_{1H}的计算公式使用。

故求得：

$$i_{1H}=\frac{n_1}{n_H}=1+\frac{Z_3}{Z_1}=1+\frac{64}{16}=5$$

代入 $n_1=20\text{r/min}$：

$$\frac{20}{n_H}=5$$

可求得：

$$n_H=4\text{r/min}。$$

计算结果 n_H 的转向为："＋"，表示行星架与齿轮1的转向相同。

二 空间行星轮系传动比的计算

【例8－3】 在例8－3图(a)中，$Z_1=48$，$Z_2=42$，$Z'_2=18$，$Z_3=21$，$n_1=80\text{r/min}$，$n_3=100\text{r/min}$，n_1、n_3 的转向如图所示。求行星架H的转速 n_H。

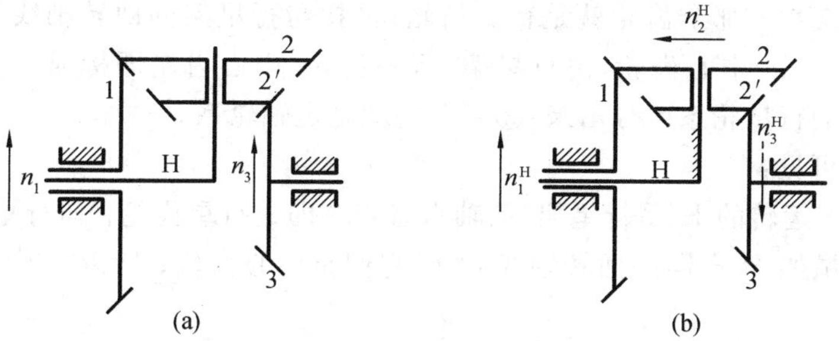

例 8－3 图 空间行星轮系传动比计算实例

解：因首尾两轮及行星架 H 的轴线平行，故，求解 n_H 及 n_H 与 n_1、n_3 转速间的关系，可以采用本节所述的反转法和转化机构的计算方法及式(8－7)，否则，例如求解 n_2，则不可以应用式(8－7)。

在转化机构中，n_1^H、n_2^H、n_3^H 的转向如例 8－3 图(b)所示，n_3^H 与 n_1^H 与转向相反，所以代入公式时，需在 $\frac{Z_2Z_3}{Z_1Z_2}$ 前代入"－"号。

传动比计算：

$$i_{13}^H=\frac{n_1^H}{n_3^H}=\frac{n_1-n_H}{n_3-n_H}=-\frac{Z_2Z_3}{Z_1Z'_2}$$

代入数据：

$$\frac{80-n_H}{100-n_H}=-\frac{42\times21}{48\times18}$$

解得 $n_H=90.10\text{r/min}$，其转向与 n_1、n_3 相同。

三 混合轮系及其传动比的计算

由于混合轮系是由定轴轮系与行星轮系或几个单一的行星轮系组合而成，所以在计算混合轮系的传动比时，既不能将整个轮系作为定轴轮系来处理，也不能将整个轮系作为行星轮系、采用转化机构的方法来处理。

混合轮系传动比计算的基本方法是：首先将整个轮系区分为一个个的基本轮系；然后分别列出这些基本轮系传动比的计算公式；将这些单一的计算式作为方程组联立起来，并找出求解方程组的条件，求解各未知数。

【例 8－4】 如例 8－4 图所示的轮系中，已知各轮的齿数分别为：$Z_1=20$，$Z_2=40$，$Z'_2=20$，$Z_3=30$，$Z_4=80$，试求传动比 i_{1H}。

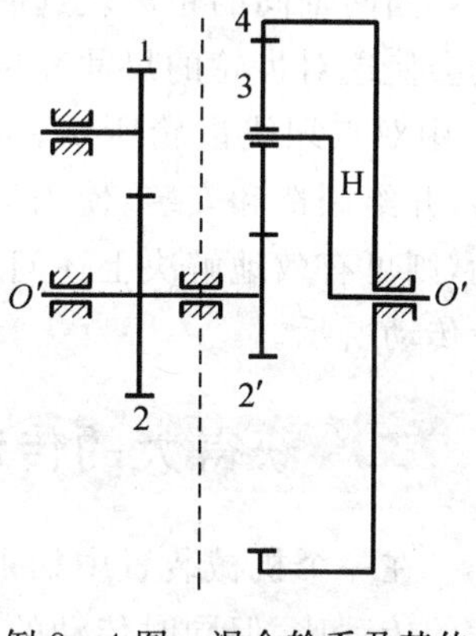

例 8－4 图 混合轮系及其传动比的计算实例

解：

1. 区分轮系

(1)要区分轮系，首先是识别轮系，即识别所计算轮系是一个什么性质的轮系

由图可见，在该轮系中即有定轴轮系部分又有行星轮系部分，是一"定轴轮系＋行星轮系"的混合轮系。

(2)将混合轮系区分为一个个的单一的基本轮系

正确的区分方法是：①首先要全力以赴地找出行星架

（动轴），而行星架支承的那个齿轮就是行星齿轮；再找与行星架的回转轴线重合，且与行星齿轮相啮合的（1～2 个）中心齿轮；由行星架、行星齿轮、中心齿轮即构成一基本行星轮系；②如此，将一个个的行星轮系区分出来；③剩下的就是定轴轮系。

由图例 8－4 可见：

① 支承齿轮 3 运转的 H 是行星架（动轴），齿轮 3 即是行星齿轮；与行星齿轮 3 相啮合的齿轮 2′、4 与行星架 H 有同一回转轴线 OO'，它们是中心齿轮；所以，$2'—\underset{\downarrow \atop H}{3}—4$ 组成一基本行星轮系；

②将上述基本行星轮系区分出来；

③剩余的是由齿轮 1、2 组成的定轴轮系。

2. 分别列出它们的传动比方程式

定轴轮系的传动比方程式为：$i_{12}=\dfrac{n_1}{n_2}=-\dfrac{Z_2}{Z_1}=-\dfrac{40}{20}=-2$ ①

行星轮系的传动比方程式为：$i^{H}_{2'4}=\dfrac{n'_2-n_H}{n_4-n_H}=-\dfrac{Z_4}{Z'_2}=-\dfrac{80}{20}=-4$ ②

3. 联立方程式①、②，得方程组：

$$\begin{cases} i_{12}=\dfrac{n_1}{n_2}=-2 & ① \\ i^{H}_{2'4}=\dfrac{n'_2-n_H}{n_4-n_H}=-\dfrac{80}{20}=-4 & ② \end{cases}$$

求解联立方程组的条件是：$n'_2=n_2$

由②式得：$i_{2'H}=5$

解方程组，得：$i_{1H}=i_{12}\times i_{2'H}=(-2)\times 5=-10$。

第四节　轮系的功用

一　在较远距离的两轴间传递运动和动力

当两轴间的距离较远时，若仅采用一对齿轮传动，必然会使这对齿轮的尺寸和传动占据的空间很大，如图 8－10 中双点划线齿轮所示。势必造成齿轮重量大，浪费材料，并给制造和安装、使用等均带来不便。改用齿轮系传动，则可有效地解决上述问题，如图中单点划线表示的齿轮传动所示。

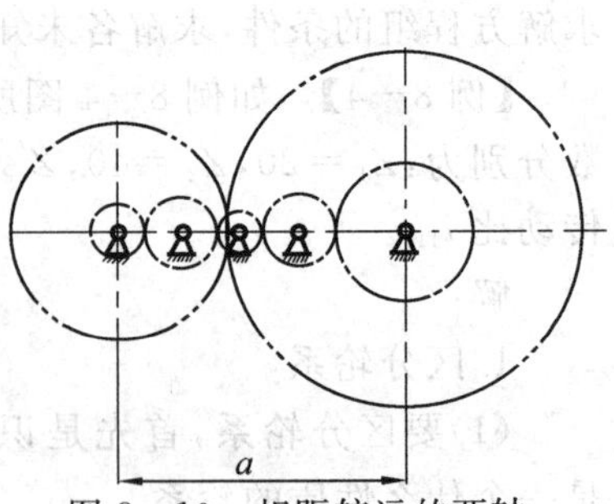

图 8－10　相距较远的两轴间的齿轮传动

二　获得大的传动比

在一个机械装置中如采用多级传动，传动的总传动比等于各级传动比之积，故而可获得大的传动比，但同时传动的总体尺寸也变得很大、传动的结构也变得复杂起来，这给制造和使用带来不便。

若采用行星轮系传动，它可以很好地满足大传动比的要求，同时又大大地减小传动的总体尺寸，如图 8—11 所示的少齿差行星齿轮传动。

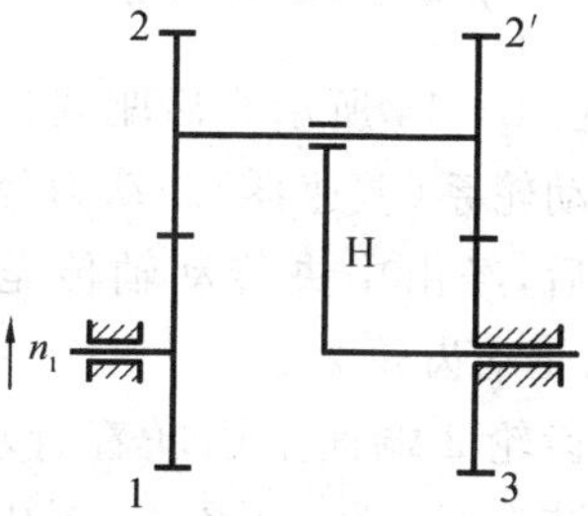

图 8—11 少齿差行星轮系

【例 13—5】 图 8—11 所示为一少齿差行星齿轮传动（此题中为一齿差），$Z_1=100$，$Z_2=101$，$Z_{2'}=100$，$Z_3=99$ 时，其传动比为：i_{H1}

$$i_{13}^{H}=\frac{n_1-n_H}{n_3-n_H}=(-1)^2\frac{Z_2Z_3}{Z_1Z_{2'}}$$

$$\because n_3=0$$

$$\therefore i_{13}^{H}=\frac{n_1-n_H}{0-n_H}=\frac{101\times 99}{100\times 100}$$

解得：$i_{H1}=10000$

机构的结构很简单，却获得如此大的传动比，这在其他形式的传动是很难想象的。

但传动比过大的行星齿轮传动，也会带来机械效率低等问题，故不宜用于传递大功率的场合；若用作增速传动，则可能会发生自锁。

三 实现变速、变向传动

在主动轴转速不变的情况下，利用轮系可使从动轴获得多种工作转速，并可根据需要变换输出轴的转向。因此轮系在汽车、机床、起重设备等众多机械设备中得到广泛的应用。

如图 8—12 所示的轮系中，依靠三联滑移齿轮 1—1′—1″，可获得三种不同的输出转速（包括变向）；图 8—13 所示为车床走刀丝杆用的三星轮机构，主动轮 1 转向不变，利用惰轮 2—3 实现从动轮 4 的变向。

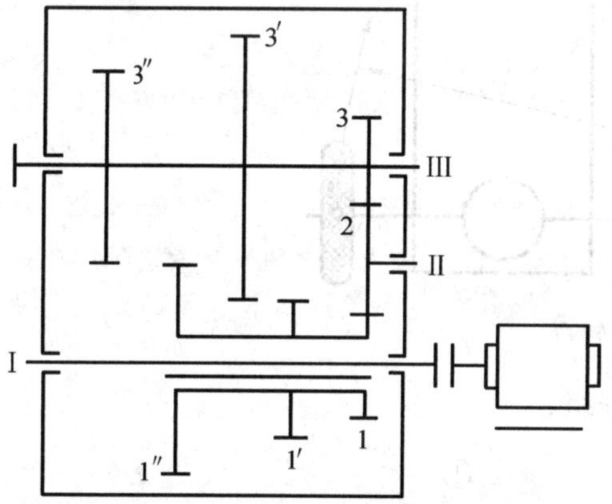

图 8—12 利用滑移齿轮实现变速

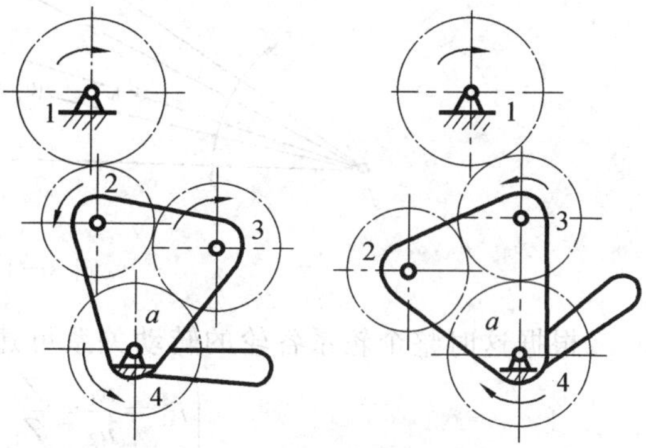

图 8—13 利用三星轮机构实现变向

四 用于运动的合成或分解

行星轮系中的差动轮系自由度等于 2，其自身的特定结构使得它既可以用于运动的分解，也可以用于运动的合成。

(一)用于运动的分解

图 8－14 所示为后驱式汽车后桥的差动轮系(差速器)。动力经变速箱传出后,经由中央传动轴传至中央齿轮 1、驱动齿轮 2。

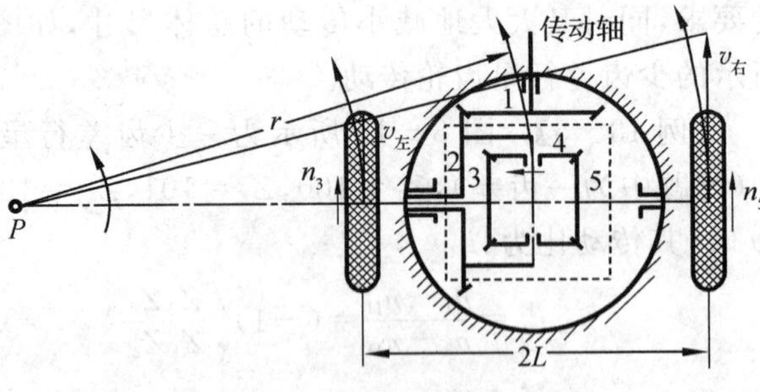

图 8－14　汽车差速器

齿轮 2 端面上固联着行星架 H,其上装有行星轮 4(及 4′,图中略去标注)。齿轮 3、4、5 及行星架 H 组成空间差动轮系(一般取 $Z_3=Z_5$)。

当汽车直线行驶时,左右两后轮应走过的路程相等,故 3、5 的转速应相同,即 $n_3=n_5$,这时的行星齿轮 4(及 4′)不发生转动,齿轮 3、4(及 4′)、H 以及 5 与齿轮 2 相当于刚性组成的一个整体,随同 2 轮一起转动。

当汽车转弯时,比如左转,如图 8－15 所示,汽车的两前轮向左转向,其轴线与两后轮的轴线交于 P 点,这时整个汽车可看作绕 P 点回转(P 称为回转中心),左右两轮走的路程不等:左轮绕 P 沿半径为 $R_{左}$ 的较小圆弧、走过较少的路程,右轮沿较大半径 $R_{右}$ 的较大圆弧、走过较多的路程,故 $n_3 \neq n_5$,这迫使行星齿轮 4 转动,转动的行星齿轮 4 除随齿轮 2 一起回转外,还有绕自身的轴线转动,这时差动轮系满足了左右两轮不同转速的需求。

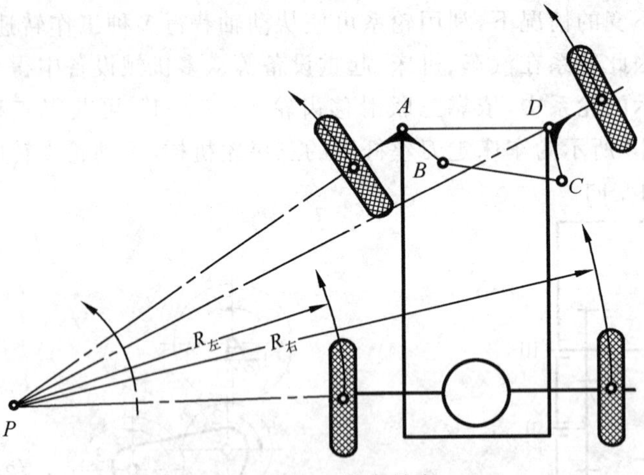

图 8－15　汽车转弯

根据这时整个轮系各轮的转动关系可建立方程组:

$$\begin{cases} i_{12}=\dfrac{n_1}{n_2}=\dfrac{Z_2}{Z_1} & ① \\ i_{35}^{H}=\dfrac{n_3-n_H}{n_5-n_H}=-\dfrac{Z_5}{Z_3}=-1 & ② \end{cases}$$

可解得:$n_3+n_5=2n_H=2n_2$,　$n_2=n_1\dfrac{Z_1}{Z_2}$

若车轮在地面上不打滑,则两后轮的转速应与转弯半径成正比,即:

$$\frac{n_3}{n_5}=\frac{r-L}{r+L}$$

与 $n_3+n_5=2n_H=2n_2$ 联立：

$$\begin{cases} n_3+n_5=2n_H=2n_2 & ③ \\ \dfrac{n_3}{n_5}=\dfrac{r-L}{r+L} & ④ \end{cases}$$

解得：

$$\begin{cases} n_3=\dfrac{r-L}{r}n_2 \\ n_5=\dfrac{r+L}{r}n_2 \end{cases}$$

代入 $n_2=n_1\dfrac{Z_1}{Z_2}$ 可得：

$$\begin{cases} n_3=\left(\dfrac{r-L}{r}\right)\dfrac{Z_1}{Z_2}n_1 \\ n_5=\left(\dfrac{r+L}{L}\right)\dfrac{Z_1}{Z_2}n_1 \end{cases}$$

式中：r——汽车的转弯半径，$2L$——车厢两轮间的跨距。

此例中，差动轮系将经由主减速器 1、2 传递的转动 $n_1\rightarrow n_2\rightarrow$ 分解为两个驱动半轴（即两驱动车轮）的转速 n_3 和 n_5，这一功能在汽车、拖拉机、飞机等的动力传动中得到广泛的应用。

（二）用于运动的合成

图 8－16 所示的空间差动轮系可谓是一个运动合成的例子。图中齿数 $Z_1=Z_3$，则：

$$i_{13}^{H}=\frac{n_1-n_H}{n_3-n_H}=-\frac{Z_3}{Z_1}=-1$$

得：
$$n_H=\frac{1}{2}(n_1+n_3)$$

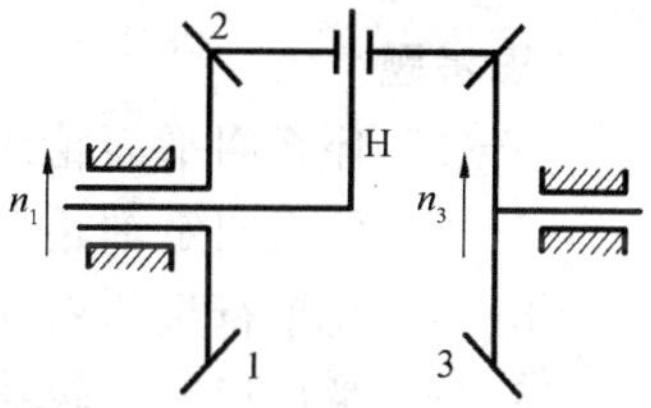

图 8－16 空间差动轮系

该式表明，从动件 H 的运动是主动件 Z_1、Z_3 的运动的合成。此功能在计算装置、功能补偿装置中得到广泛应用。

五 实现分路传动

在图 8－17 所示的传动系统中，动力头的主动轴通过定轴轮系分三路分别带动铣刀和钻头实现同时切削工作。

图 8－18 所示为机械钟表中齿轮系实现分路传动的示意图。

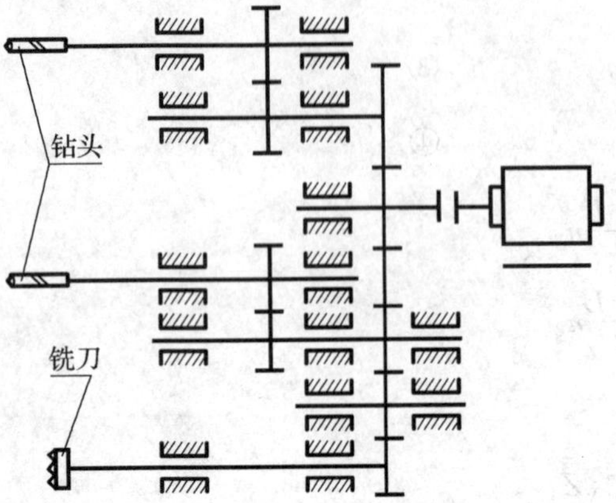

图 8－17 驱动钻头和铣刀同时工作的分路传动系统

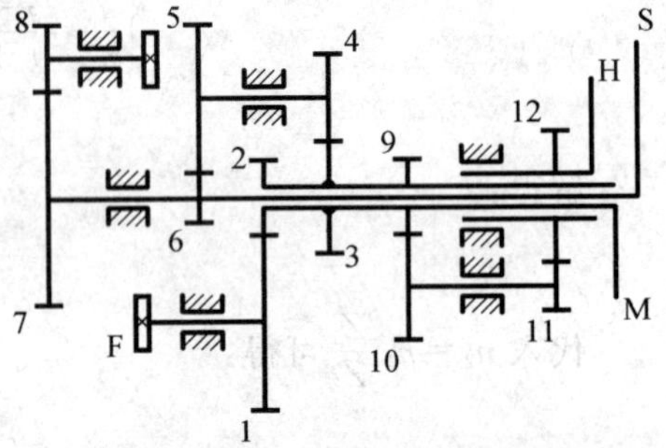

图 8－18 机械钟表实现分路传动机构示意图

图中各分路的传动路线是：齿轮 1、2→M(分针)；齿轮 1、2、3、4、5、6→S(秒针)；齿轮 1、2、9、10、11、12→H(小时)；钟表发条旋钮是 F。选择适当的齿数比关系，即可实现钟表的计时功能。

思考题与练习题

思考题

8－1 什么叫平面轮系？什么叫空间轮系？二者的根本区别在哪里？

8－2 什么叫定轴轮系？什么叫行星轮系？二者的根本区别在哪里？

8－3 简单行星轮系与差动行星轮系的组成是否相同？两轮系的区别在哪里？

8－4 举例说明惰轮在轮系中的作用。

8－5 为什么平面定轴轮系可用$(-1)^m$和画箭头两种方法来确定传动比正负，即判断首尾轮的转向关系？而空间定轴轮系就不可以用$(-1)^m$，只能用画箭头的方法？

8－6 在进行行星轮系的传动比计算时，为什么要引入转化机构？

8－7 行星轮系的传动比 i_{GK}^{H} 与定轴轮系的传动比 i_{GK} 含义是否相同？区别在哪里？在行星轮系中如何计算 i_{GK}？

8－8 在行星轮系中，怎样确定转化机构的 i_{GK}^{H} 的正负号？轮系中各齿轮的转向是如何确定的？

8－9 计算混合轮系传动比的步骤有哪些？计算时的两个关键步骤是什么？如何进行？

8－10 轮系的功用有哪些？

练习题

8－1 图示轮系中，已知各标准齿轮的齿数为 $Z_1=18$，$Z_2=20$，$Z_3=55$，$Z_{3'}$，$Z_4=30$，$Z_{4'}=22$，$Z_5=34$。试计算传动比 i_{15}

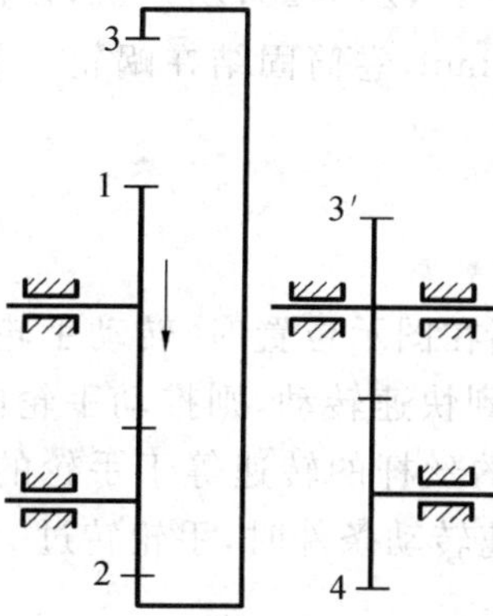

习题 8－1 图

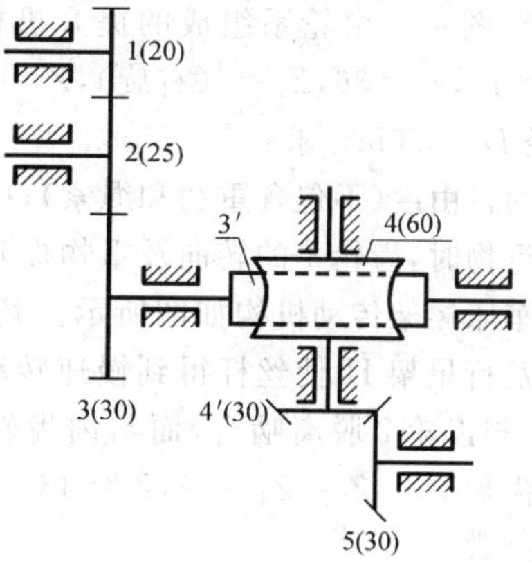

习题 8－2 图

8－2 在图示的齿轮系中，已知各齿轮的齿数(图中括弧内数字)，3′为单头右旋蜗杆，求传动比 i_{15}。

8－3 图为一车床溜板箱手动操纵机构。已知齿轮 1、2 的齿数为 $Z_1=80$，$Z_2=16$，齿轮 3 的齿数为 $Z_3=13$，模数 $m=2.5$mm，与齿轮 3 啮合的齿条被固定在床身上。试求当溜板箱移动速度为 1m/min 时的手轮转速。

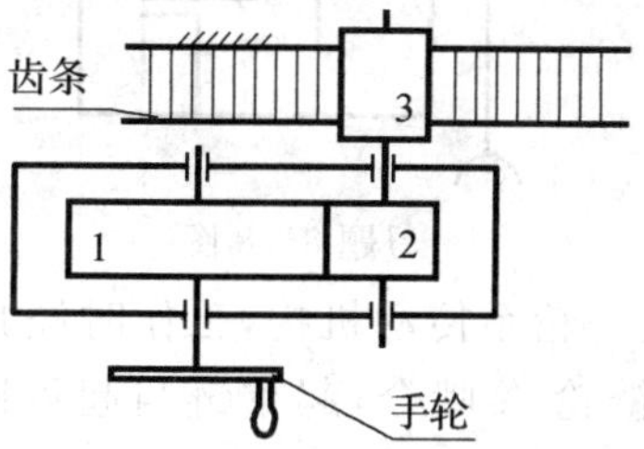

习题 8－3 图

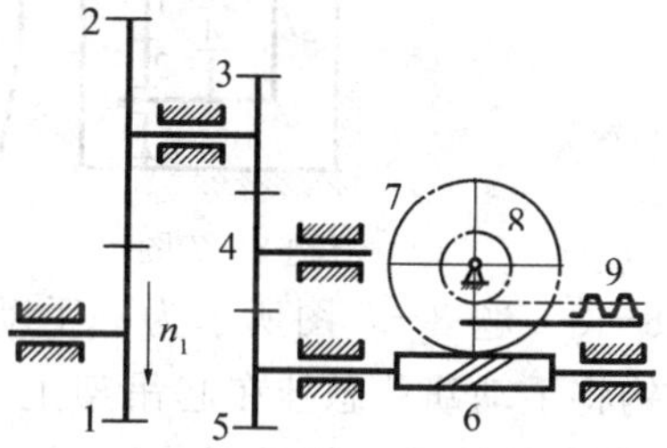

习题 8－4 图

8－4 图示轮系中已知各轮齿数：$Z_1=25$，$Z_2=50$，$Z_3=18$，$Z_4=21$，$Z_5=31$，$Z_6=1$，$Z_7=30$，$Z_8=20$，若齿条模数 $m=4$mm，齿轮 1 的转速 $n_1=940$r/min，转向如图中所示。求传动比 i_{17} 及齿条 9 的移动速度和移动方向。

8－5 图示为一外园磨床的砂轮架横向进给机构。已知轮系中各轮齿数为 $Z_1=27$，$Z_2=56$，$Z_3=26$，$Z_4=57$，单头丝杠与轮 4 固联，其螺距 $p=3$mm，试计算手轮转动一周时砂轮架的移动距离。

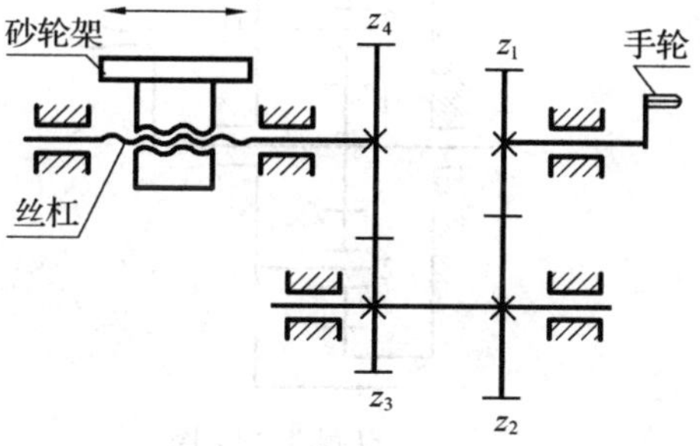

习题 8－5 图

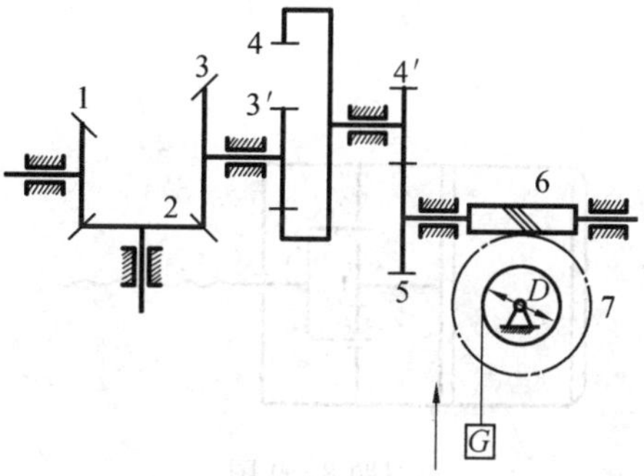

习题 8－6 图

8－6 在图示的由轮系组成的提升机构中，已知：$Z_1=14$，$Z_2=20$，$Z_3=30$，$Z'_3=18$，$Z_4=40$，$Z'_4=18$，$Z_5=36$，$Z_6=2$（右旋），$Z_7=40$，$n_1=1450$r/min，卷筒固结在蜗轮 7 的端面上，卷筒直径 $D=0.6$m。求：

①轮系的自由度（不包含重物和绳索）；

②提升重物时，齿轮 1 的转向及重物提升速度。

8－7 车床尾架传动机构如图所示。其工作过程是：当在图示位置时，转动手轮，通过齿轮 1、2、3 及行星架 H 使丝杆得到慢速转动；若使丝杆得到快速转动，则推动手轮向左移动，使齿轮 1 与齿轮 2 脱离啮合，而与内齿轮 4 啮合，这时的丝杆的转速等于手轮的转速。已知各轮的齿数 $Z_1=Z_2=Z_4=16$，$Z_3=48$。试求丝杆在慢速转动条件时，手轮转过一圈时，丝杆转过的圈数。

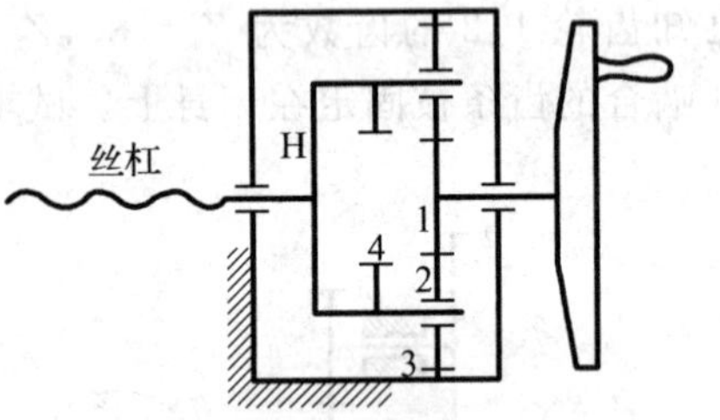

习题 8－7 图

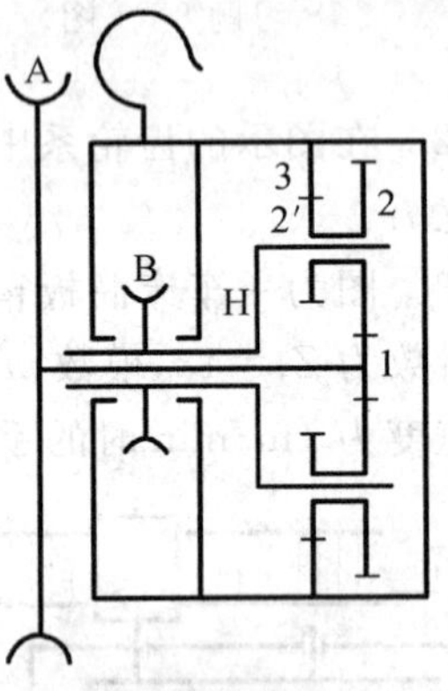

习题 8－8 图

8－8 题 8－8 图所示为一手动葫芦，其内部结构是一轮系传动机构，工作时经其顶部的吊钩将手动葫芦悬挂在起吊架上不动，手动链与手动链轮 A 啮合，起重链与起重链轮 B 啮合（其他结构略），拉动手动链，起重链将重物吊起。图中各齿轮的齿数 $Z_1=12$，$Z_2=28$，$Z'_2=14$，$Z_3=54$，试求手动链轮 A 和起重链轮 B 的传动比 i_{AB}。

8－9 矿山用电钻的传动系统如图所示。a 为电动机，b 为麻花钻。已知 $Z_1=15$，$Z_2=105$，$n_1=2800$r/min，

试求：

①传动比 i_{1H}；

②钻杆的转速。

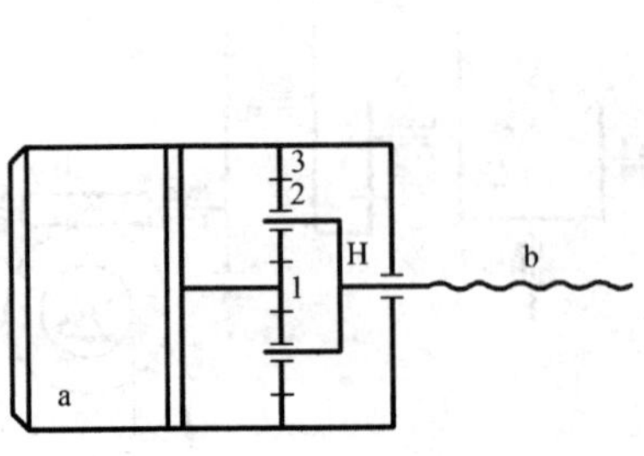

习题 8－9 图

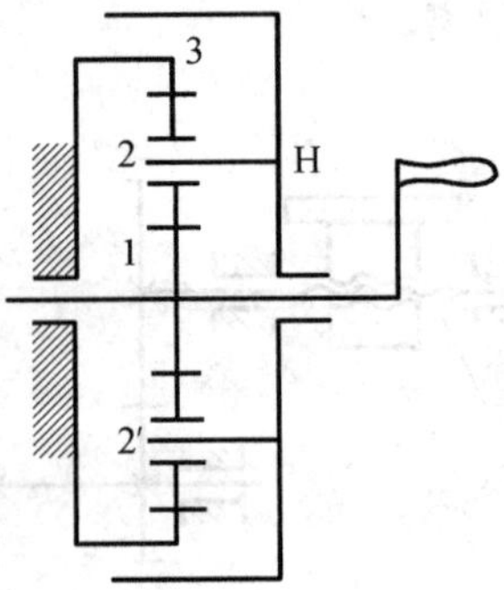

习题 8－10 图

8－10 一铣床的转盘行星减速装置如图。已知各轮的齿数分别为 $Z_1=Z_2=17$、$Z_3=51$。试求当手柄转 90°时，转盘转过的角度。

8－11 在图示轮系中，已知各齿轮的齿数为 $Z_1=17$，$Z_2=22$，$Z'_2=16$，$Z_3=23$，$Z'_3=25$，$Z_4=15$，$Z_5=55$。求传动比 i_{1H}。

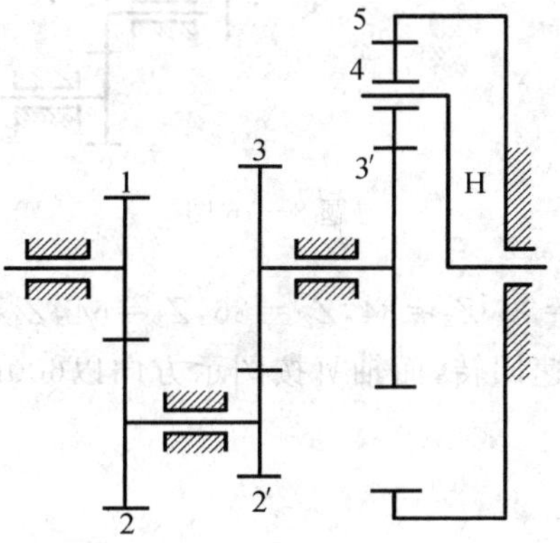

习题 8－11 图

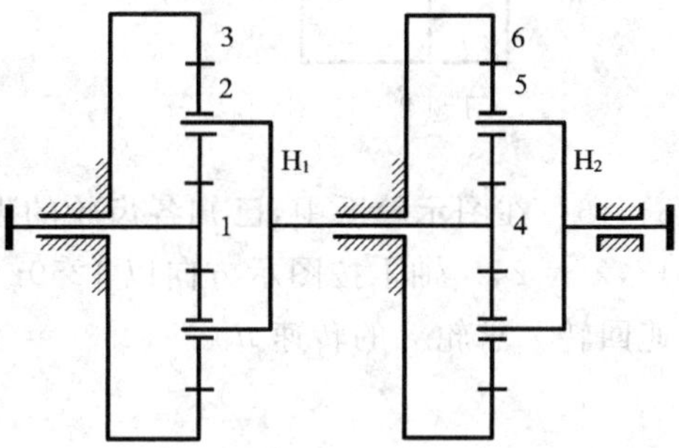

习题 8－12 图

8－12 图示为 XL－30 行星齿轮减速器的传动简图。高速级各轮齿数 $Z_1=32$，$Z_2=56$，$Z_3=145$，低速级各轮齿数 $Z_4=30$，$Z_5=30$，$Z_6=125$。求传动比 i_{1H2}。

8－13 在图示的轮系中，已知 $Z_1=Z_3$，$n_H=50\mathrm{r/min}$，试求在下列两种情况下轮 3 的转速 n_3：

①当 $n_1=0$ 时；

②当轮 1 的转速为 200r/min，其转向与行星架 H 相反时。

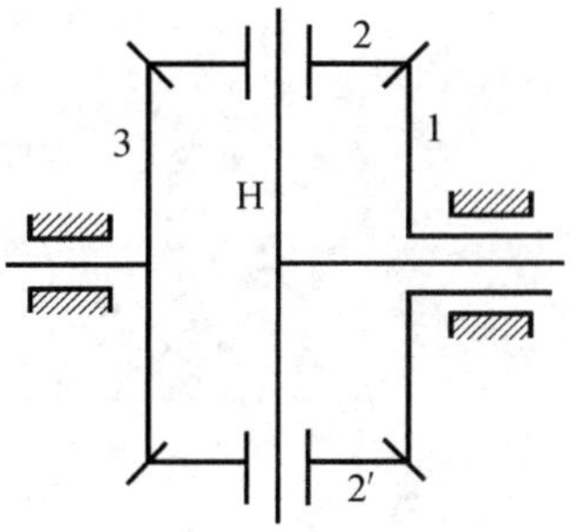

习题 8－13 图

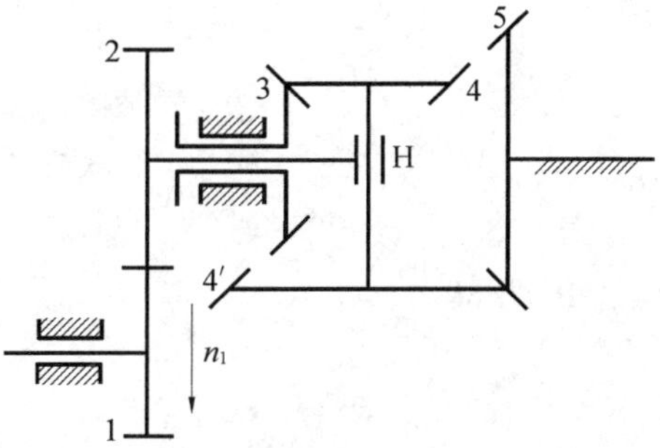

习题 8－14 图

8－14 题 8－14 图示机构中各轮齿数 $Z_1=21$，$Z_2=51$，$Z_3=16$，$Z_4=19$，$Z'_4=29$，$Z_5=33$。求传动比 i_{1H}。

8－15 图示为链板输送机的减速箱传动简图。电动机转速 $n=1460\mathrm{r/min}$，箱内各轮齿数为 $Z_1=17$，$Z_2=34$，$Z_3=85$，$Z_4=21$，$Z_5=63$。

求：

①n_5 的大小和方向；

②当链轮的节距 $p=70\mathrm{mm}$，链轮 6 的齿数 $Z_6=17$ 时，求 v_6 的大小和方向。

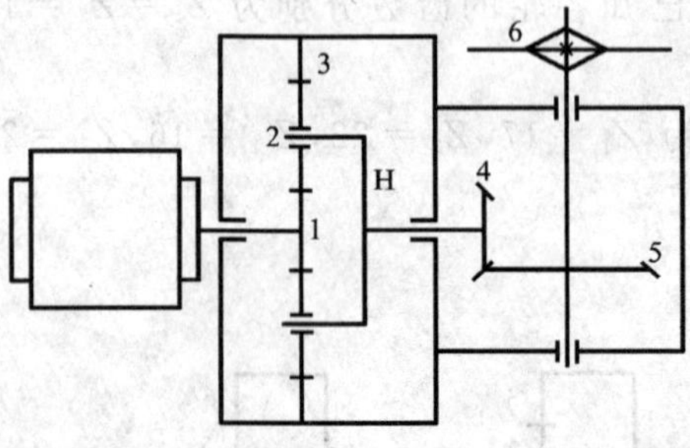

习题 8－15 图

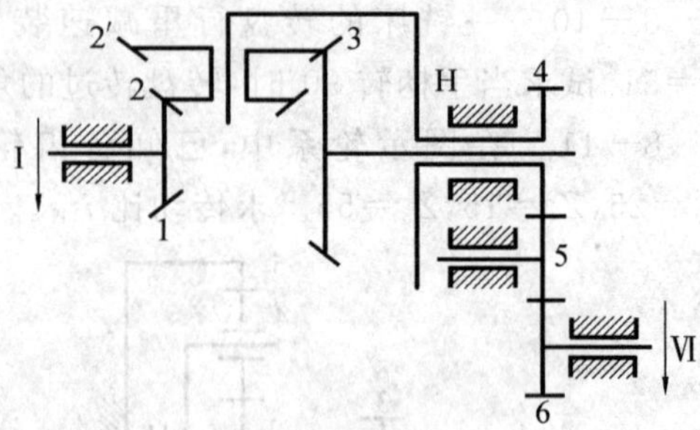

习题 8－16 图

8－16 在图示轮系中，已知各齿轮的齿数为 $Z_1=32$，$Z_2=34$，$Z_{2'}=36$，$Z_3=64$，$Z_4=32$，$Z_5=17$，$Z_6=24$。轴Ⅰ按图示方向以 1250r/min 的转速回转，而轴Ⅵ按图示方向以600r/min 的转速回转。求轮 3 的转速 n_3。

模块三 联 接

第九章 螺纹联接

【学习要求】

(1)熟知常用螺纹的参数、类型及应用;

(2)熟知螺纹联接的类型、选择和应用;熟知螺栓组联接结构设计时的注意事项;

(3)了解常用的预紧和防松方法;

(4)了解常用联接件;熟知螺纹联接件的常用材料及其性能的规定;能进行螺栓联接的强度计算;

(5)了解螺栓联接的失效形式和提高螺栓联接的措施。

各传动零件之间、各传动装置之间经常要用到不同类型的联接。按有无拆卸的可能性,把联接分为可拆联接和不可拆联接两类:不损坏联接中的任一零件就可将被联接件拆开的联接称为可拆联接;至少必须损坏联接中的某一部分才能拆开的联接称为不可拆联接。螺纹联接属可拆联接。

螺纹除了可用于联接外,还可用于传动,称为螺旋传动。螺纹联接和螺旋传动都是利用具有螺纹的零件进行工作的,前者作为紧固联接件用,后者则作为传动件用。

本章主要讨论螺纹联接的结构和结构设计,及有关螺纹联接的强度问题。

第一节 螺纹的基本知识

一 常用螺纹的类型

按螺旋线所处部位可分为外螺纹和内螺纹,如图 9-1、图 9-3 所示;按螺纹牙型可分为三角形、梯形、锯齿形和矩形等,如图 9-1 所示;按母体的形状可分为圆柱螺纹和圆锥螺纹,如图 9-1 所示;按螺旋线方向可分为右旋螺纹和左旋螺纹,如图 9-2 所示,各类机械中

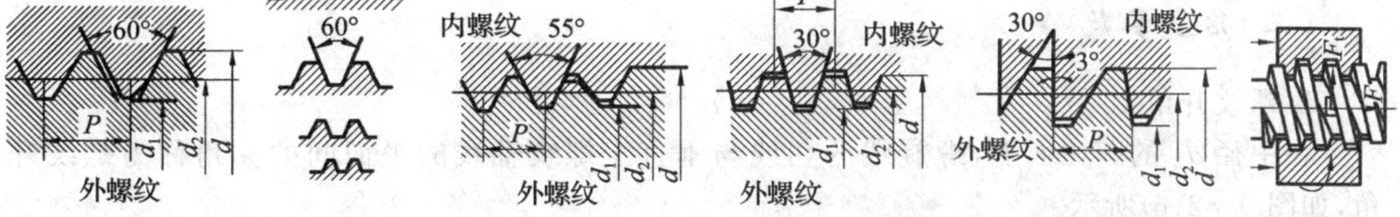

图 9-1 螺纹的牙型

多用右旋螺纹；按螺旋线的数目可分为单线螺纹和多线螺纹，如图 9－2 所示；按制造标准可分为米制和英制两种，如图 9－1 所示，我国除管螺纹外都采用米制螺纹。

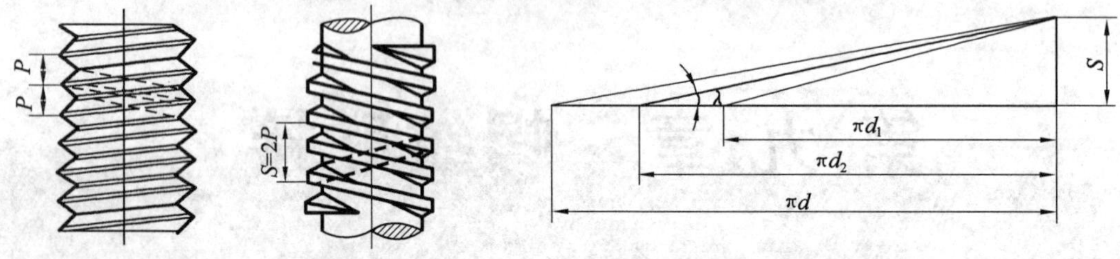

(a) 单线右旋三角螺纹　(b) 双线左旋矩形螺纹　(c) 螺纹升角

图 9－2　螺纹的线数、旋向和螺纹升角

二　螺纹的主要参数

现以图 9－3 所示螺纹为例介绍圆柱普通螺纹的主要几何参数。

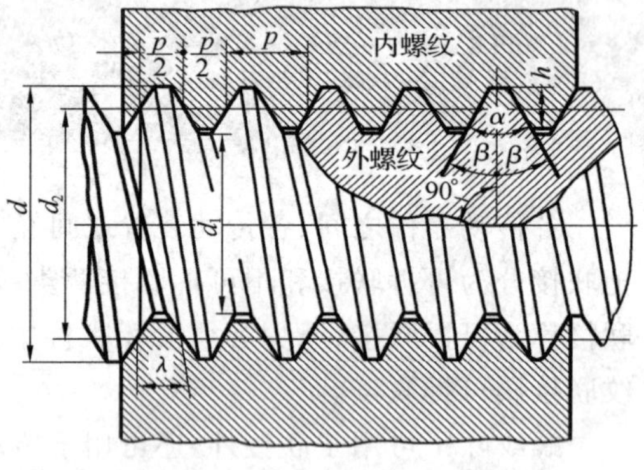

图 9－3　螺纹的主要参数

（一）径向参数

1. 大径 d

与外螺纹牙顶或内螺纹牙底相重合的假想圆柱体的直径，是螺纹的最大直径，在有关螺纹的标准中称为公称直径。

2. 小径 d_1

与外螺纹牙底或内螺纹牙顶相重合的假想圆柱体的直径，是螺纹的最小直径，常作为强度计算的直径。

3. 中径 d_2

在螺纹的轴剖面内，牙厚和牙槽宽相等处的假想圆柱体的直径。

（二）轴向参数

1. 螺距 P

相邻两螺牙在中径线上对应两点间的轴向距离。

2. 导程 S

同一条螺旋线上的相邻两螺牙在中径线上对应两点间的轴向距离。设螺纹线数为 n，则对于单线螺纹 $S=p$；对于多线螺纹则 $S = np$，如图 9－2(a)、(b)所示。

（三）角度参数

1. 螺纹升角 λ

在中径 d_2 的圆柱面上，螺旋线的切线与垂直于螺纹轴线的平面间的夹角称为螺纹升角，如图 9－2(c)所示。

$$\tan\lambda=\frac{S}{\pi d_2}=\frac{np}{\pi d_2} \tag{9-1}$$

2. 牙型角 α、牙型斜角 β

在螺纹的轴剖面内，螺纹牙型相邻两侧边的夹角称为牙型角 α。牙型侧边与螺纹轴线的垂面间的夹角称为牙型斜角 β；对于对称牙型 $\beta=\alpha/2$。

三 常用螺纹的特点及应用

(一)普通螺纹

普通螺纹即米制三角形螺纹，其牙型角 $\alpha=60°$；螺纹大径为公称直径，以 mm 为单位。同一公称直径下有多种螺距，其中螺距最大的称为粗牙螺纹，其余的称为细牙螺纹，如图 9－1 所示。

普通螺纹的当量摩擦系数较大，自锁性能好，螺纹牙根的强度高，广泛应用于各种紧固联接，一般联接多用粗牙螺纹。细牙螺纹螺距小、升角小、自锁性能好，但螺牙强度低、耐磨性较差、易滑脱，常用于细小零件、薄壁零件或受冲击、振动和变载荷的联接，还可用于微调机构的调整。

(二)管螺纹

按螺纹是制作在柱面上还是锥面上，可将管螺纹分为圆柱管螺纹和圆锥管螺纹。圆柱管螺纹是英制细牙螺纹，牙型角 $\alpha=55°$，公称直径为管子的内径(以英寸为单位)。圆锥管螺纹把螺纹制作在锥度为 1∶16 的管壁上，牙型角有 $\alpha=55°$和 $\alpha=60°$两种(后者称为米制锥螺纹)。圆柱管螺纹用于低压场合，圆锥管螺纹适用于高温、高压或密封性要求较高的管联接。

(三)矩形螺纹

矩形螺纹牙型为正方形，牙型角 $\alpha=0°$。其传动效率最高，但精加工较困难，牙根强度低，且螺旋副磨损后的间隙难以补偿，使传动精度降低，常用于传力或传导螺旋。矩形螺纹未标准化，已逐渐被梯形螺纹所替代。

(四)梯形螺纹

梯形螺纹的牙形为等腰梯形，牙型角 $\alpha=30°$。其传动效率略低于矩形螺纹，但工艺性好，牙根强度高，螺旋副对中性好，可以调整间隙。广泛用于传力或传导螺旋，如机床的丝杠、螺旋举重器材等。

(五)锯齿形螺纹

锯齿形螺纹工作面的牙型斜角为 3°。非工作面的牙型斜角为 30°。它综合了矩形螺纹效率高和梯形螺纹牙根强度高的特点，但仅能用于单向受力的传力螺旋。

第二节 螺栓组联接的结构设计

一 螺纹联接的基本结构型式

表 9－1 列出了螺纹联接的基本结构型式、结构尺寸、结构特点及其应用。

表 9—1　　螺纹联接的基本结构型式

	联接结构示意图	结构尺寸	联接特点及应用
螺栓联接	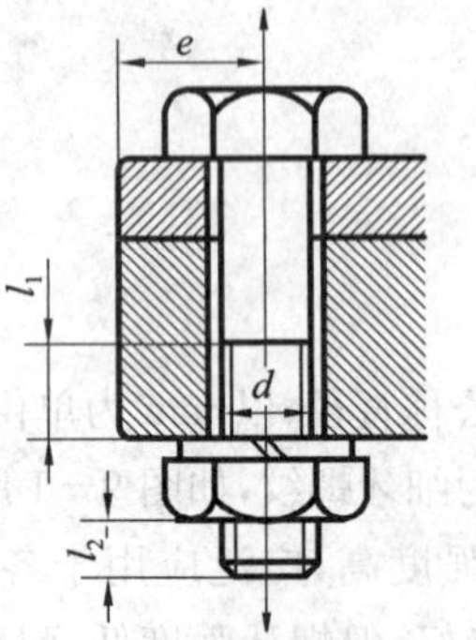 普通螺栓联接 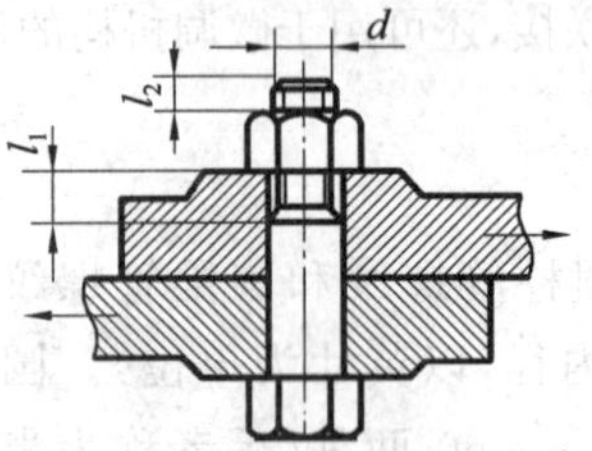 铰制孔螺栓连接	静载荷：$l_1 \geqslant (0.3\sim0.5)d$ 变载荷：$l_1 \geqslant 0.75d$ 冲击或弯曲载荷 $l_1 \geqslant d$ 铰制孔螺栓联接 l_1 尽可能小 $e=d+(3\sim6)\text{mm}$ $l_2=(0.2\sim0.3)d$	螺栓联接是将螺栓穿过被联接件上的光孔并用螺母锁紧。这种联接结构简单、装拆方便、应用广泛。 通常用于被联接件不太厚且便于加工通孔的场合。 螺栓联接有普通螺栓联接和铰制孔螺栓联接两种： 普通螺栓联接，其结构特点是螺栓杆与被联接件孔壁之间有间隙，工作载荷只能使螺栓受拉伸。 铰制孔螺栓联接，被联接件上的铰制孔和螺栓的光杆部分多采用基孔制过渡配合，螺栓杆受剪切和挤压。
双头螺柱联接	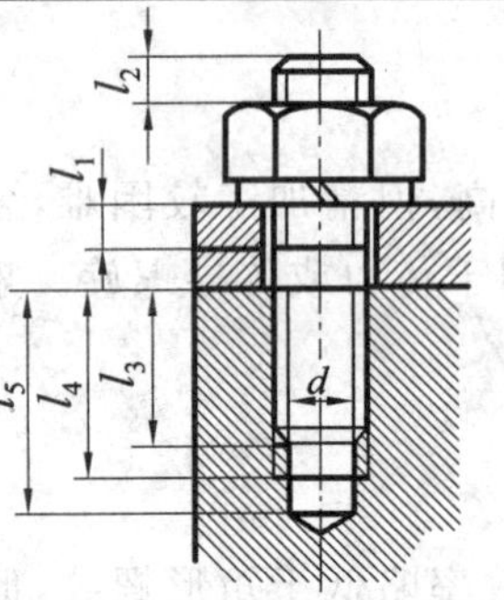	①拧入深度 l_3： 当拧入螺柱的被联接件材料为： 钢或青铜：$l_3 \approx d$； 铸铁：$l_3 \approx (1.25\sim1.5)d$ 铝合金：$l_3 \approx (1.25\sim2.5)d$ ②螺孔深度 l_4 $l_4 \approx l_3+(2\sim2.5)P$（$P$ 为螺距） ③钻孔深度 l_5 $L_5 \approx l_4+(0.2\sim0.3)d$ l_1、l_2、e 同上。	这种联接用于被联接件之一较厚而不宜制成通孔，且（另一被联接件）需要经常拆卸的场合。拆卸时，只需拧下螺母而不必从螺纹孔中拧出螺柱即可将被联接件分开
螺钉联接	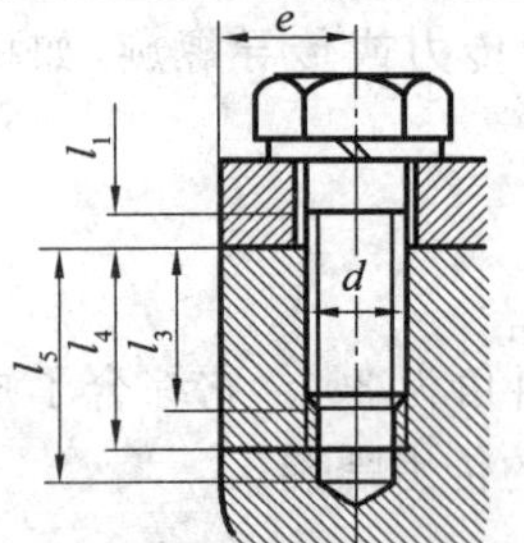	l_1、l_3、l_4、l_5、e 同上	这种联接不需用螺母，适用于一个被联接件较厚，不便钻成通孔，且受力不大，不需经常拆卸的场合
紧定螺钉联接	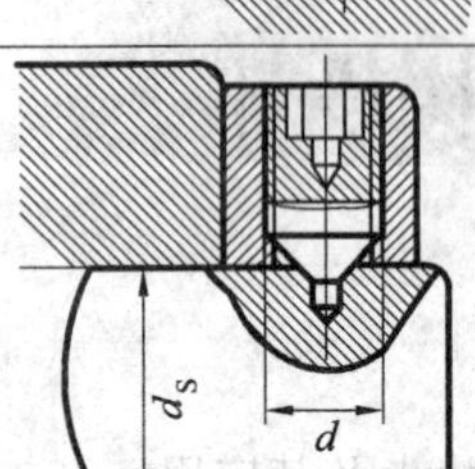	$d \approx (0.2\sim0.3)d_s$ 转矩大时取大值。	将紧定螺钉旋入一零件的螺纹孔中，并用螺钉端部顶住或顶入另一个零件，可将两零件固定在一起；并可传递不大的力或转矩，多用于轴上零件的固定。紧定螺钉的端部有平端、锥端和柱端等。

二 螺栓组联接的结构设计

机器中多数螺纹联接件是成组使用的，其中螺栓组联接最具有典型性。下面讨论的螺栓组联接的设计问题，其基本结论也适用于双头螺柱组联接和螺钉组联接等。

设计螺栓组联接时，首先要确定螺栓组联接的结构：即确定接合面的形状；选定螺栓联接的类型；螺栓的数目和布置形式；确定螺栓联接的结构尺寸及防松装置等。在确定螺栓尺寸时，对于不重要的联接或与成熟实例相似的联接，可采用类比法。对于一般联接，可查阅有关设计资料，按资料给出的设计计算公式设计。对于重要的联接，则应根据联接的结构和受力情况，找出受力最大的螺栓及其所受的载荷，然后应用单个螺栓联接的强度计算方法进行螺栓的设计或校核；并将全组螺栓均按受力最大的螺栓确定其选材、直径和各部分的长度尺寸。

(一)联接接合面的几何形状设计

联接接合面的几何形状通常设计成轴对称的简单几何形状，这样便于对称布置螺栓，使螺栓组的对称中心和联接接合面的形心重合，保证接合面的受力比较均匀，同时也便于加工制造，如图 9－4 所示。

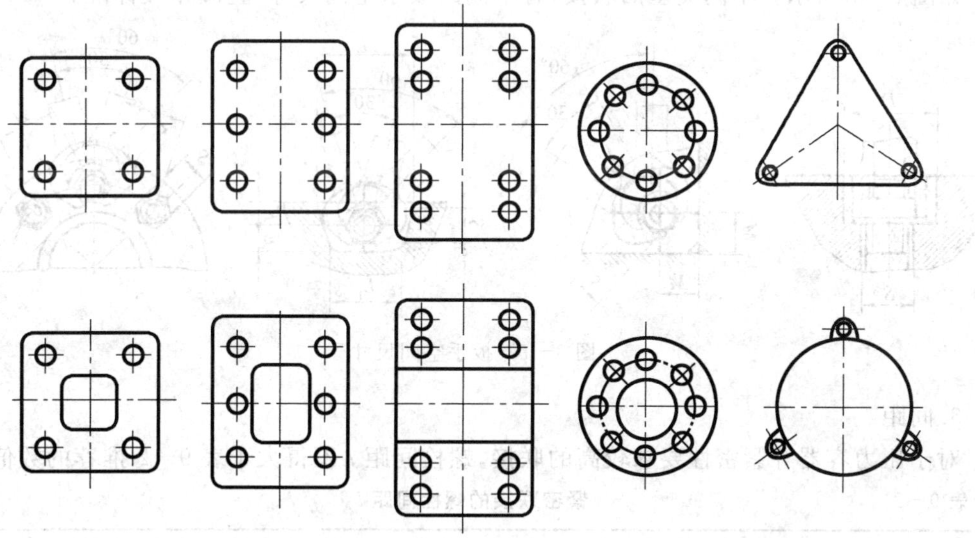

图 9－4 螺栓组联接接合面的形状

(二)螺栓的布置应使螺栓的受力合理

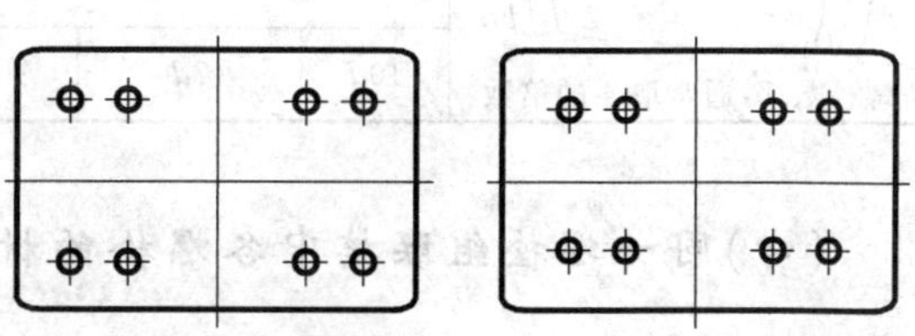

(a)合理 (b)不合理

图 9－5 接合面受弯矩或转矩时螺栓的布置

当螺栓组联接承受弯矩或转矩时，应使螺栓的位置适当靠近接合面的边缘，以减小螺栓的受力，如图 9－5 所示。不要在与工作载荷的同一方向上成排地布置 8 个以上的螺栓，以避免螺栓受力不均。

当螺栓联接承受的横向载荷较大时，可

采用如图 9－6 所示的减载措施，以减小螺栓组联接的结构尺寸。

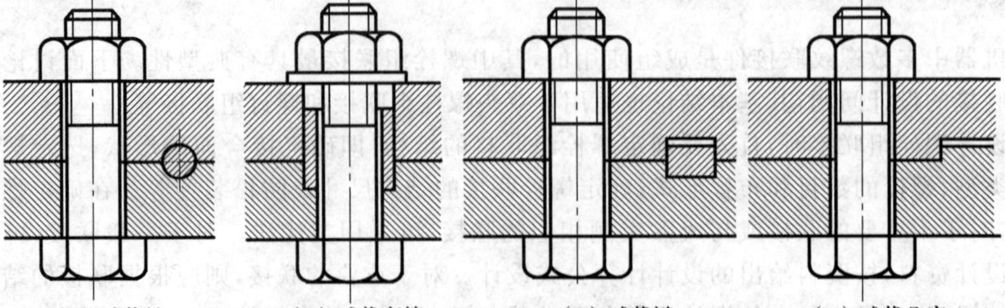

（a）减载销　（b）减载套筒　（c）减载键　（d）减载凸肩

图 9－6　承受横向载荷的减载装置

（三）螺栓的排列应有合理的间距和边距，应有合理的扳手空间尺寸

1. 边距 e

参阅表 9－1，其值按设计内容查阅设计资料。

2. 扳手空间

如图 9－7 所示。不同类型的联接，有不同的扳手空间尺寸，查阅相关标准。

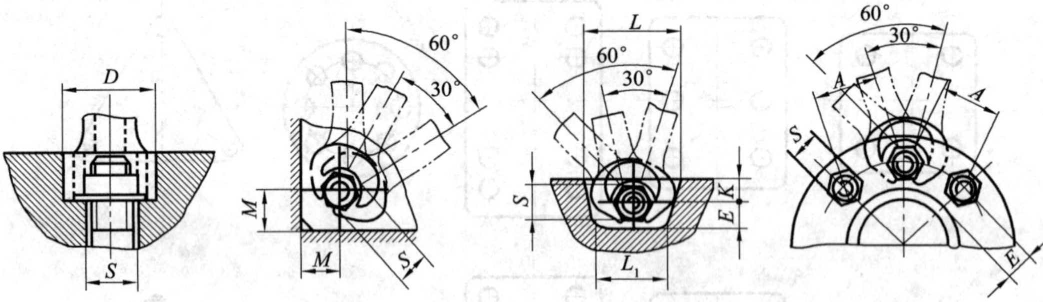

图 9－7　扳手空间尺寸

3. 间距

对于压力容器等紧密性要求较高的联接，螺栓间距 l 不得大于表 9－2 推荐的数值。

表 9－2　紧密联接的螺栓间距 l

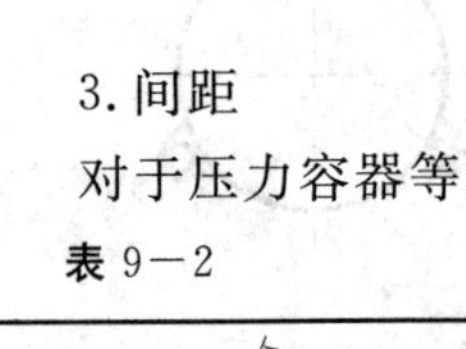 螺栓数 Z，通常取 4 的倍数	普通联接	容器工作压力 P/MPa					
		≤1.6	>1.6～4.0	>4.0～10	>10～16	>16～20	>20～30
	l≤/mm						
	10d	7d	4.5d	4.5d	4d	3.5d	3d

（四）同一螺栓组联接中各螺栓的材料、直径和长度尺寸等均应相同

同一螺栓组联接中各螺栓的材料、直径和长度尺寸等均应相同。分布在同一圆周上的螺栓数目宜取 4、6、8 等偶数，以便于分度与画线。

(五)避免螺栓承受偏心载荷

要减小载荷对于螺栓轴心线的偏距(e),保证螺母或螺栓头部支承面平整,并与螺栓轴线相垂直,被联接件上应设置凸台、沉头座或采用斜面垫圈,如图 9—8、图 9—9、图 9—10 所示。

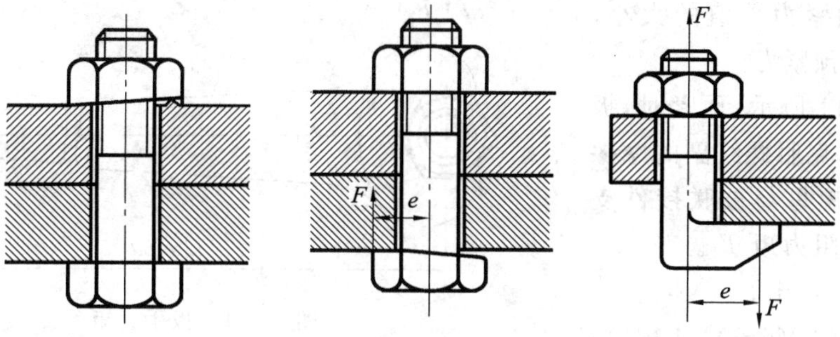

图 9—8 螺栓承受偏心载荷图

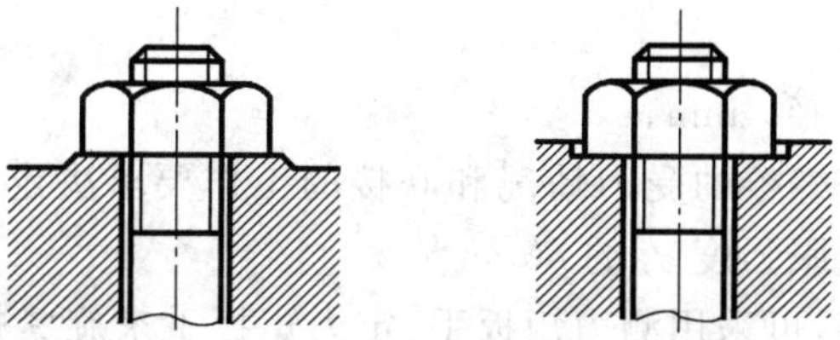

图 9—9 凸台与沉头座的应用

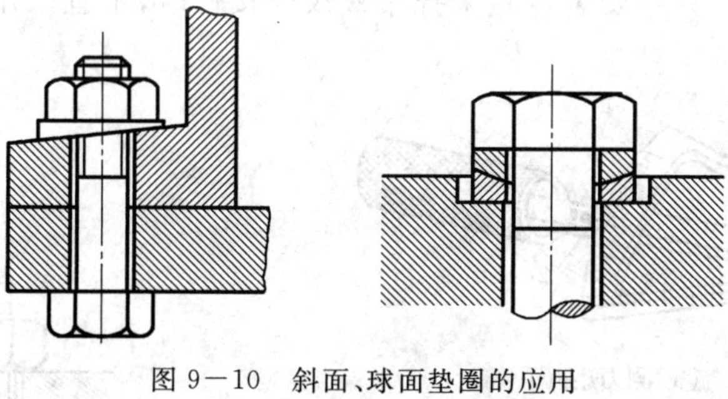

图 9—10 斜面、球面垫圈的应用

进行螺栓组的结构设计时,在综合考虑以上各点的同时,还要根据螺栓联接的工作条件合理地选择防松装置(见表 9—3)。

第三节 螺纹联接的预紧和防松

一 螺纹联接的预紧

一般螺纹联接在装配时都必须拧紧,以增强联接的可靠性、紧密性和防松能力。联接件在承受工作载荷之前就预加上的作用力称为预紧力,其方向沿螺栓的轴线方向,使螺栓被拉伸,记为 F_0,如图 9—11 所示。如果预紧力过小,则会使联接不可靠;如果预紧力过大,又会导致联接过载甚至被拉断的后果。

对于一般的联接，可凭经验来控制预紧力的大小，称为不严格控制预紧力；对重要的联接须严格控制其预紧力数值的大小，称为严格控制预紧力。

如图 9－11 所示，预紧时，扳手力矩 T 用于克服螺纹副的摩擦阻力矩 T_1 和螺母与被联接件支承面间的摩擦阻力矩 T_2。

即： $T=T_1+T_2$

对于常用的 M6～M64 螺纹：

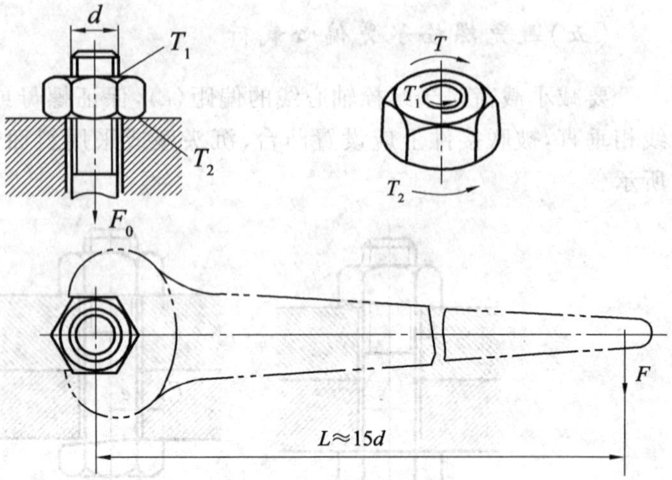

图 9－11 扳手力矩

$$T=T_1+T_2\approx 0.2F_0 d$$

式中：F_0——预紧力，N；

d——螺纹的公称直径，mm。

预紧力的大小可根据螺栓的受力情况和联接的工作要求决定，一般规定拧紧后预紧力不超过螺纹联接件材料屈服强度 σ_s 的 80%。

对于比较重要的联接，可采用测力矩扳手、定力矩扳手来旋紧螺母[图 9－12(a)、(b)]；对于大型的螺栓联接可采用测量螺栓伸长量的方法来控制预紧力[图 9－12(c)]。若不能严格控制预紧力的大小，只靠安装经验来拧紧螺纹联接件时，不宜采用小于 M12～M16 的螺栓。

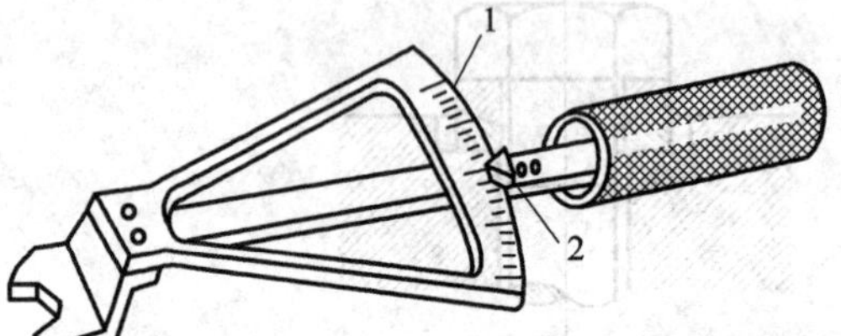

(a)测力矩扳手

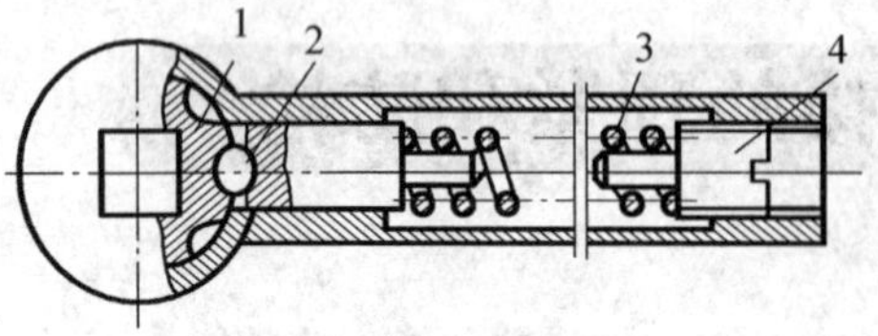

(b)定力矩扳手

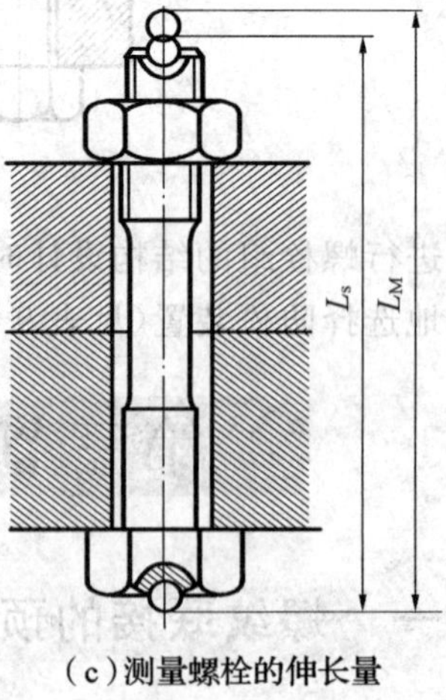

(c)测量螺栓的伸长量

图 9－12 常用控制预紧力的方法

二 螺旋副的自锁与效率

（一）螺旋副传动时的效率

矩形螺旋（$\beta=0°$，螺旋表面与螺杆轴线垂直）托举重物（所受轴向载荷为 F）匀速上升，如图 9－13(a)所示。将旋转上升一圈的矩形螺旋其表面简化为一个斜面[高即为导程 S，底边长为 πd_2 参阅图 9－2(c)]，承载螺母可简化为一滑块；其受力状况如图 9－13(b)所示。图中 λ 为螺纹升角，ρ 为摩擦角，F 为轴向载荷，N 为法向反力，F_f 为摩擦力（方向沿斜面、与滑块的运动方向相反），R 为全反力，F_t 为产生转矩为 T 时的圆周力（方向沿水平方向）。

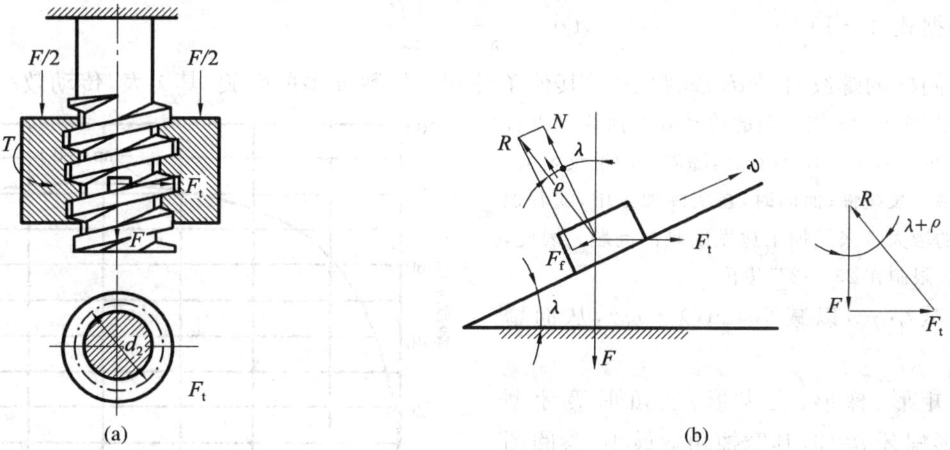

图 9－13 矩形螺旋副工作状况时的受力分析

匀速上升时，力系平衡。由力三角形得：$F_t=F\tan(\lambda+\rho)$，外力 F_t 推动滑块上升一个导程 S 时，外力作功 $F_t\pi d_2$，克服轴向载荷 F 所作的有用功为 Fs，并将式(9－1)中 $\tan\lambda=\dfrac{S}{\pi d_2}$ 代入，得效率为：

$$\eta=\frac{W_{有用功}}{W_{总功}}=\frac{FS}{F_t\pi d_2}=\frac{F\pi d_2\tan\lambda}{F\tan(\lambda+\rho)\pi d_2}=\frac{\tan\lambda}{\tan(\lambda+\rho)} \qquad (9-2)$$

对于三角形螺纹及其他 $\beta\neq0$ 的螺纹，将式中的 ρ 用当量摩擦角 ρ_v 代替（参阅图 9－14 及文字说明），可得 $\beta\neq0$ 时的各螺纹的传动效率为

$$\eta=\frac{\tan\lambda}{\tan(\lambda+\rho_v)} \qquad (9-3)$$

（＊在图 9－14(b)中，$\beta\neq0$。螺纹承载面上的法向反力为 N'，产生的摩擦力为 $F'=fN'$。$N'\cos\beta$ 为 N' 的轴向分力，达到力系平衡时，$N'\cos\beta=F$，故 $N'=F/\cos\beta$。故摩擦力 $F'=fN'=fF/\cos\beta$，令 $f_v=\dfrac{f}{\cos\beta}$ 为当量摩擦系数，则 $F'=f_vF$。对于普通三角螺纹 $\beta=\alpha/2=60°/2=30°$，$f_v=f/\cos\beta=f/\cos30°\approx1.1547f$。则 $F'=1.1547fF$。对比矩形螺纹 $\beta=0$，螺纹的摩擦力 $F_f=fN=fF$[图 9－4(a)]可见三角螺纹的摩擦力 F' 约为矩形螺纹摩擦力 F_f 的 1.1547 倍。）

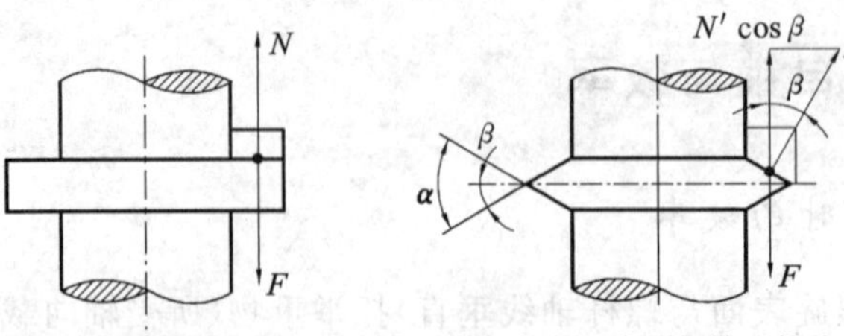

（a）矩形螺旋副传动　（b）三角形螺旋副传动

图 9－14　$\beta \neq 0$ 螺纹的当量摩擦角

由式(9－2)和(9－3)知，要提高螺旋副的传动效率，应采取以下措施：

1. 增大 λ，以增大 $\tan\lambda$

根据式(9－1)
$$\tan\lambda=\frac{S}{\pi d_2}=\frac{nP}{\pi d_2}$$

在同样的螺纹直径 d_2、螺距 p(及其他条件)时，线数 n 多的螺旋，其 λ 大，传动效率高。

＊由图 9－15 螺旋副的传动效率曲线可以看出，大约在 $\lambda=25°\sim27°$ 左右时，随着 λ 的继续增大，传动效率增长缓慢；而同时，在实际加工中，随着螺旋升角的增大带来了加工愈发困难的问题。因此，通常将 λ 限制在 $25°\sim27°$ 以下。

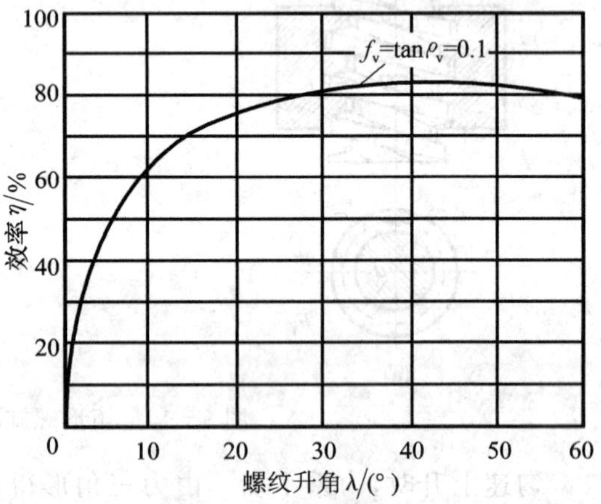

图 9－15　螺旋副的效率曲线

2. 减小 ρ_v，以减小 $\tan(\lambda+\rho_v)$，从而增大 η

在矩形、梯形、锯齿形、三角形等牙型中，矩形螺牙 $\beta=0$，其摩擦角 ρ 最小[参阅图 9－1(a)、(d)、(e)、(f)]。因此，就牙型而言，根据 $f_v=f/\cos\beta$ 知，在相同的直径(及其他条件)时，矩形牙型的螺旋其传动效率最高。

在实际应用中，矩形螺旋牙根强度低，易于产生裂纹；螺牙的工作表面磨损后产生传动间隙难于补偿；锯齿形螺纹只适于单向传动，使用受到限制；因而，梯形螺旋逐渐取代了矩形螺纹，梯形螺旋的摩擦角 ρ_v 较小且补偿了矩形螺旋的上述不足。

（二）螺旋副用于联接时的自锁条件

图 9－16(图中，$\lambda>\rho$)所示为螺母在轴向载荷 F(此时轴向载荷 F 为主动作用力)、水平推力 F_t 及摩擦力 $F_f=fN$ 的共同作用下匀速下滑时的平衡力系中各力之间的关系。由力三角形得，此时的水平推力应为：$F_t=F\tan(\lambda-\rho)$；式中，当 $\lambda\leqslant\rho$ 时，力系欲平衡，须使 $F_t\leqslant0$，即欲使螺母匀速下滑必须施以反方向的力 F_t，否则，无论 F 多么大，螺母均不会下滑，即螺旋副自锁。

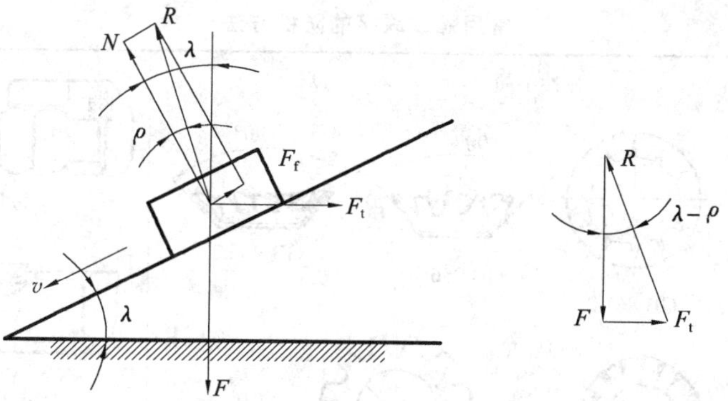

图 9－16 螺母匀速下滑时的平衡力系各力间的关系

利用这一特性，为防止螺母的自然松退、实现螺旋副的自锁的条件应是：

$$\lambda \leqslant \rho \qquad (9-4)$$

对于 $\beta \neq 0$ 的其他螺纹则是： $\lambda \leqslant \rho_v$ (9－5)

按式(9－4)和(9－5)，为使螺旋副获得良好的自锁条件，应采取如下措施：

1. 取较小的螺纹升角 λ

根据式(9－1)，在同样的螺纹直径 d_2、螺距 p(及其他条件)下，取螺纹线数 $n=1$，$S=p$ 其值最小，λ 值最小，因此，在使用螺纹联接或承受轴向载荷时，(按线数)应取单线螺纹，以获得最好的自锁性能。(其中细牙螺纹由于牙型小，螺距 p 小，在同样的直径 d_2 时，其自锁性能又优于粗牙螺纹；但由于其牙型小带来的螺牙强度低的缘故，它只适于小载荷或薄壁件的联接。)

2. 取较大的摩擦角 ρ(或当量摩擦角 ρ_v)

在矩形、梯形、三角形等牙型中，三角形牙型的 $\beta=30°$ 最大，由前述知其当量摩擦角 ρ_v 最大。故在相同的直径 d_2、螺距 p(及其他条件)时，三角形牙型的自锁性能最好。因此，在使用螺纹联接或承受轴向载荷时，多取三角形牙型的螺纹，以获得最好的自锁性能。

综上，在螺纹联接或承受轴向载荷、要求螺旋副自锁时，宜使用单线、三角形螺纹。

三 螺纹联接的防松

联接中常用的单线普通三角螺纹和管螺纹都能满足自锁条件，在静载荷或冲击振动不大、温度变化不大时不会自行松脱；但在冲击、振动或变载荷的作用下或当温度变化较大时，螺纹联接会产生自动松脱现象；因此，设计螺纹联接必须考虑防松问题。

防松的方法很多，按其工作原理可分为摩擦防松、机械防松、永久防松和化学防松四大类。常用螺纹联接的防松方法见表 9－3。

表 9—3　　　　常用螺纹联接的防松方法

利用附加摩擦力防松	弹性垫圈 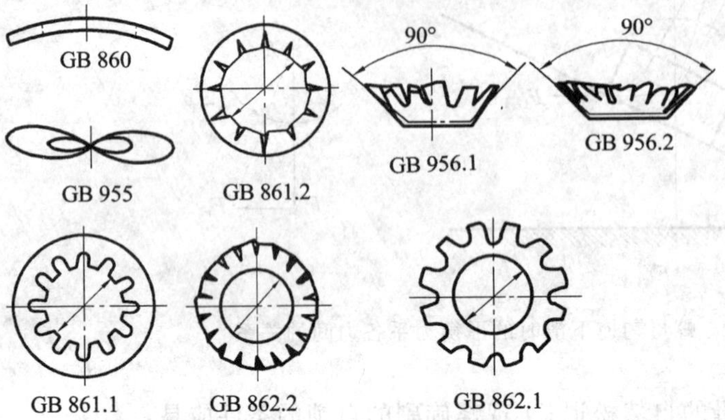 GB860—鞍形弹簧垫圈 GB861.2—齿形锁紧垫圈 GB862.2—齿形锁紧垫圈 GB956.1—(内)齿形锁紧垫圈 GB861.1—锯齿锁紧垫圈 GB862.1—锯齿锁紧垫圈 GB955—波形弹性垫圈 GB956.2—(内)齿形锁紧垫圈 弹簧垫圈 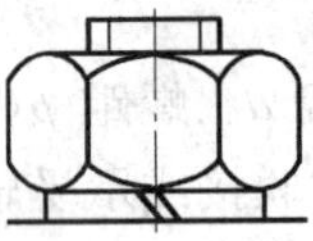		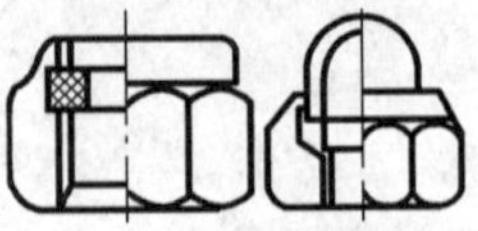 尼龙圈锁紧螺母 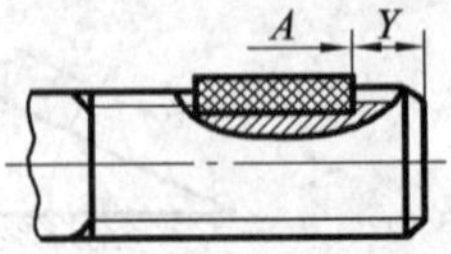 $Y=A(3\sim4)p$ $A=5p$ 式中：A——有效力矩部分的轴向长度 p——螺矩 带尼龙嵌件的锁紧螺栓或螺钉
			利用螺母或螺栓中尼龙嵌件良好的弹性对配合螺纹件起到锁紧作用。 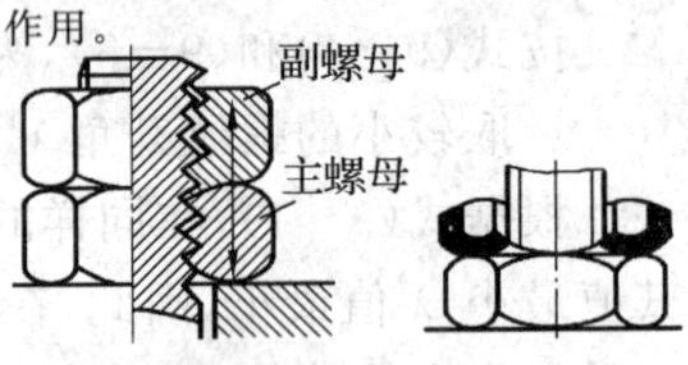 对顶螺母　扣紧螺母
	弹性垫圈，利用齿形或锯齿受压变形后产生的弹力，以及齿嵌入联接件，及支承面产生的阻力起锁紧作用。 弹簧垫圈材料为弹簧钢，装配后垫圈被压平，其反弹力能使螺纹间保持压紧力和摩擦力。		对顶螺母是通过对顶作用使螺栓始终受到附加拉力和附加摩擦力的作用。适于低速重载场合。扣紧螺母是利用螺纹的缺口起到防松作用。
用专门防松元件防松	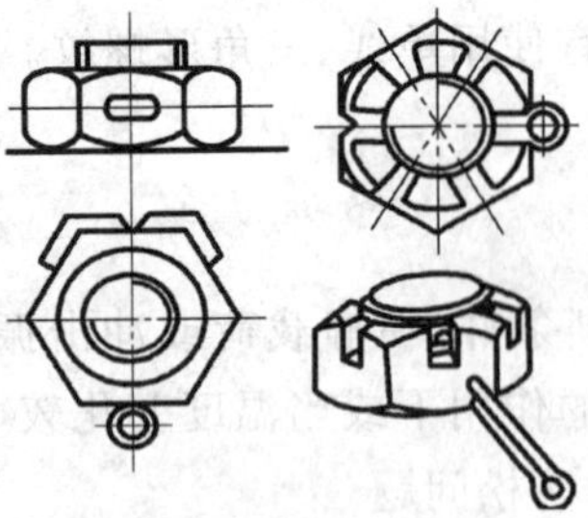 普通螺杆和螺母配开口销	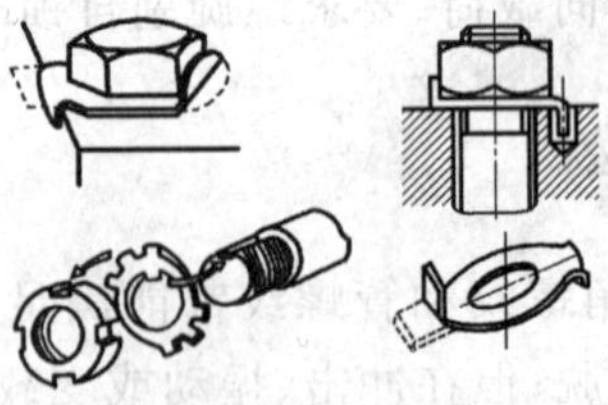 止动垫片(单耳、双耳)； 圆螺母加带翅垫片；	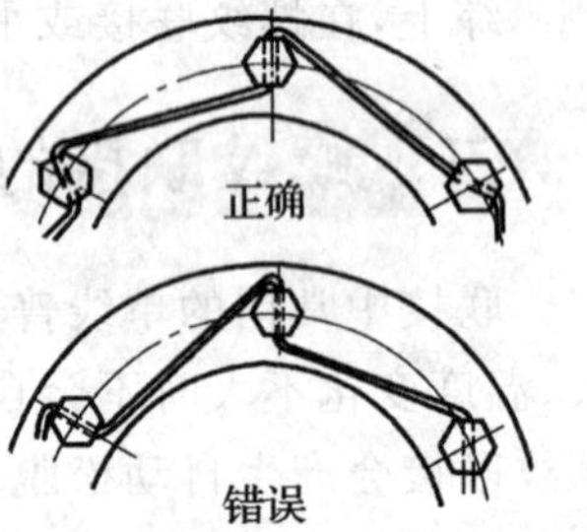
	普通螺杆和螺母配开口销配钻。槽形螺母拧紧后，使用开口销。	六角螺母使用止动垫片；在开有槽的螺栓或轴上使用带边翅的垫片。	串联钢丝(用于螺栓组或螺钉组的防松)。安装时注意钢丝的走向，应如图示(螺栓为右旋)向着旋紧螺栓的方向。

（续表）

其他方法防松	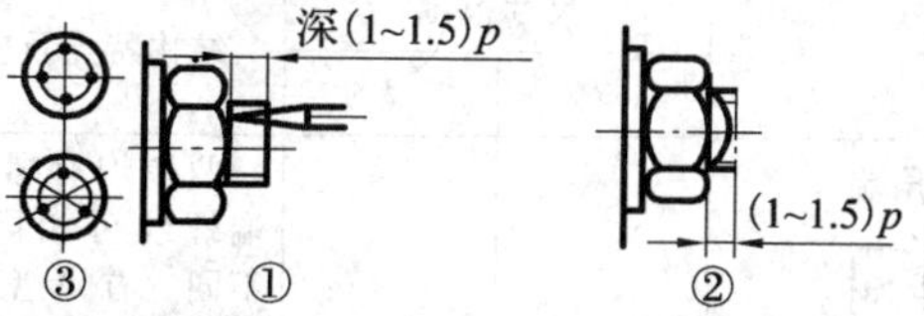 ①冲点法防松(用冲头冲出 2～3 点) ②铆接：拧紧螺母后将预留螺尾铆死。 ③点焊法：拧紧螺母后将螺杆与螺母点焊死。	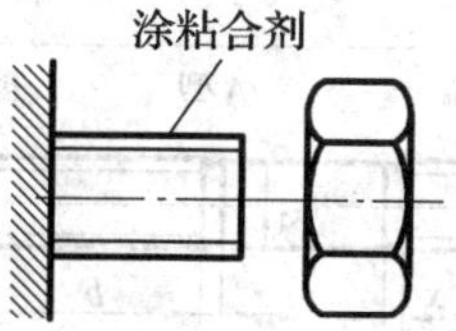 粘合法防松(把粘合剂涂在螺纹旋合部分的表面，拧紧螺母后粘合剂自行固化)。
新型防松	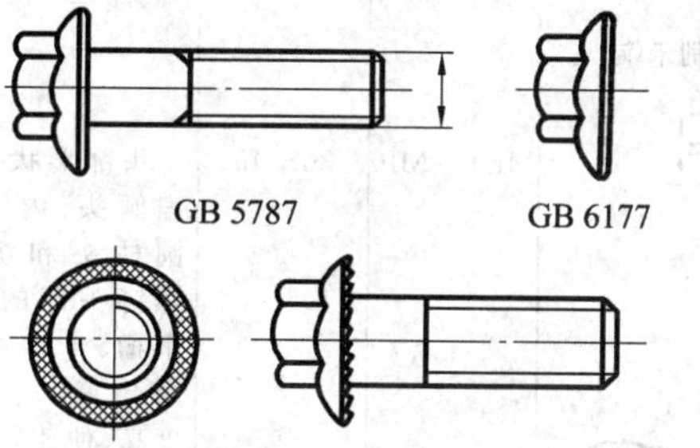 有六角扳拧、加大的支承面、齿纹防松三部分合一，称三合一螺栓(螺母)，是当代最新型的扳拧紧固件。适用高强度重要联接。	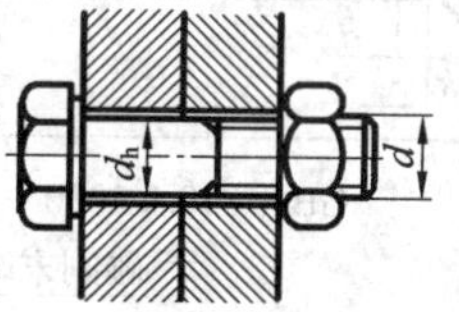 在螺栓承受轴向载荷的条件下，当夹紧部分的长度大于螺纹直径适当的倍数(根据性能等级)时，如能准确地控制预紧力，可以不采用防松元件，即使承受冲击载荷，还能保证足够的残余预紧力。

第四节　螺纹联接件及其材料

一　标准螺纹联接件

螺纹联接件的类型很多，在机械制造中常见的螺纹联接件有螺栓、双头螺柱、螺钉、螺母和垫圈等，这些零件大多已标准化，设计时查阅有关标准(表 9－4 列出了部分标准螺纹联接件的示例)。

表 9－4　　常用标准螺纹联接件(示例)

类别	名　称	图例、标记示例及标准号	尺寸范围		结构特点及应用
			d	l	
六角头螺栓	C 级六角头螺栓 六角头铰制孔用螺栓	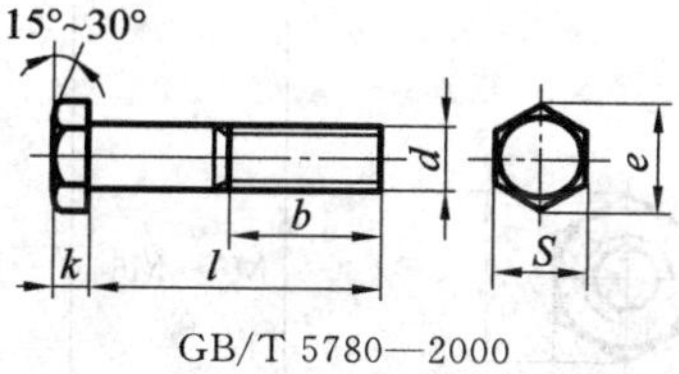 GB/T 5780—2000	M5～M64	25～500	螺纹精度分为 A、B、C 三级，通常多用 C 级。杆部可以全部是螺纹或只有一段是螺纹

（续表）

类别	名　称	图例、标记示例及标准号	尺寸范围 d	尺寸范围 l	结构特点及应用
螺柱	双头螺柱 ($b_m=1d$)	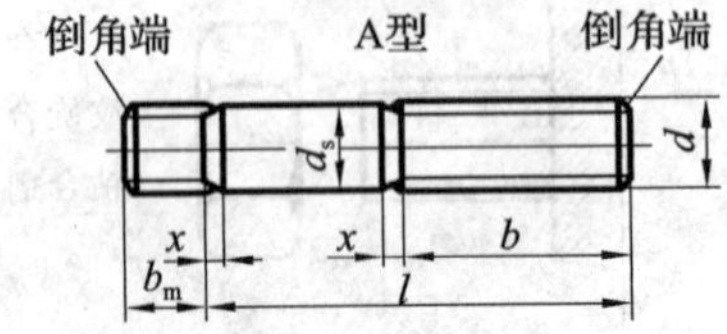 GB/T 897—1988	M5～M48	12～300	两端均有螺纹，两端螺纹可相同也可不同。有A型、B型两种结构。一端拧入厚度大、不便穿透的被联接件，另一端用螺母旋紧。
机器螺钉	十字槽沉头螺钉	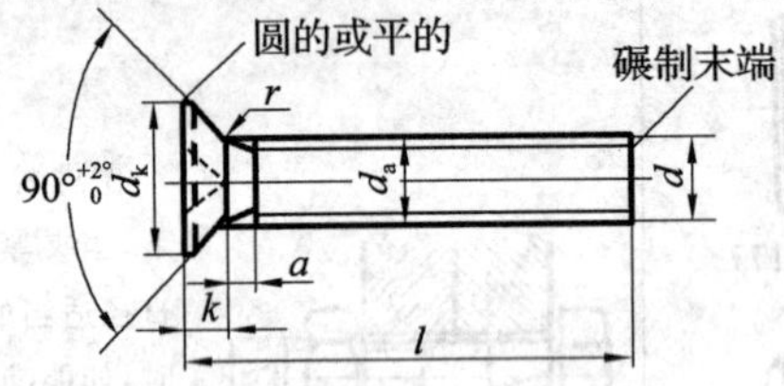 GB/T 819.1-2000	M1.6～M10	30～45	头部形状有圆头、扁圆头、内六角头、圆柱头和沉头等。螺钉头部的槽有一字槽、十字槽、内六角孔等。十字槽强度高，便于用机动工具，内六角孔用于要求结构紧凑的地方。
	内六角花形盘头螺钉	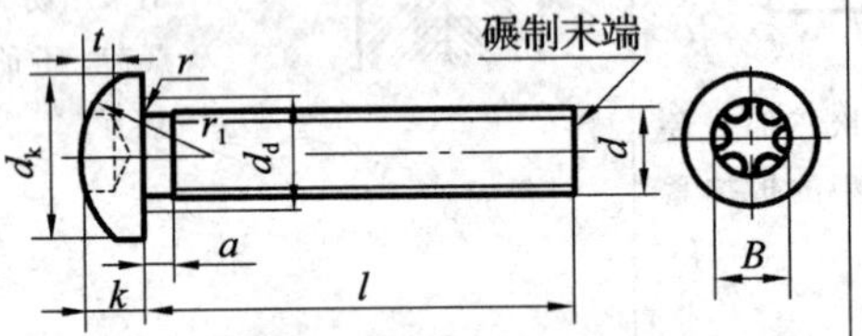 GB/T 2672—1986	M6～M20	8～80	
紧定螺钉	开槽平端紧定螺钉	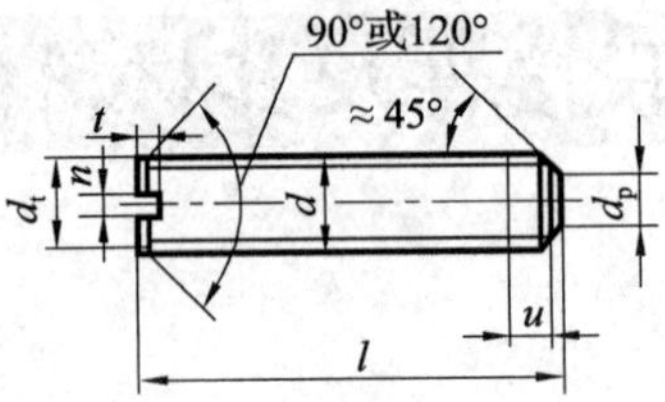 GB/T 73—1985	M1.6～M12	2～60	其末端形状有锥端、平端、圆柱端。锥端用于被紧定件硬度低，不常拆卸的场合；平端常用于紧定硬度较高的平面或用于经常拆卸的场合；圆柱端压入轴上的凹坑中，适用于紧定空心轴上的零件。
	方头短圆柱锥端紧定螺钉	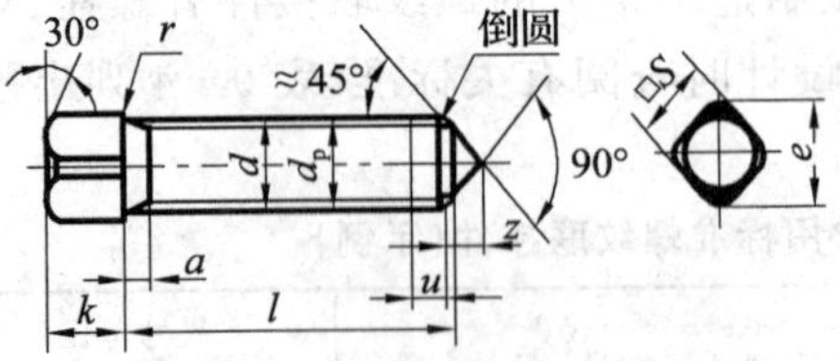 GB/T 86—1988	M1.6～M24	12～100	
六角螺母	C级1型六角头螺母	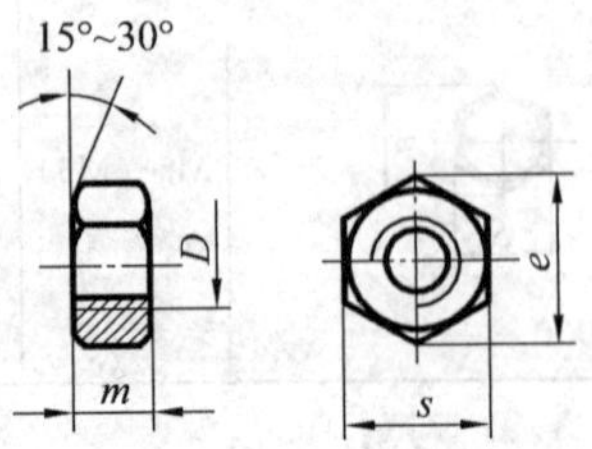 GB/T 41—2000	M5～M64		按厚度分为标准、薄型两种。螺母的制造精度与螺栓的制造精度对应，分A、B、C三级，分别与同级别的螺栓配用。

（续表）

类别	名称	图例、标记示例及标准号	尺寸范围 d	尺寸范围 l	结构特点及应用
圆螺母	圆螺母	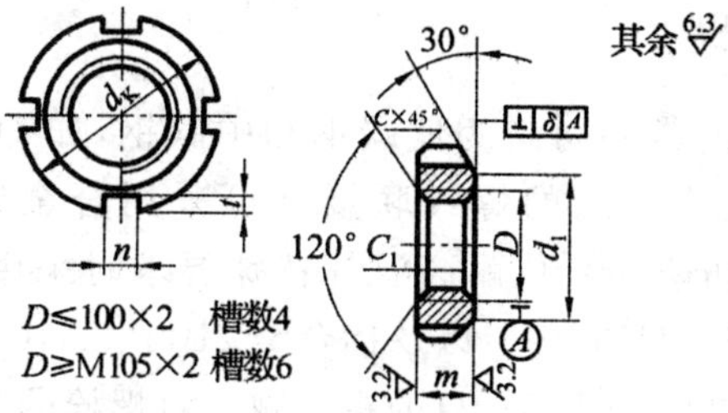D≤100×2 槽数4 D≥M105×2 槽数6 GB/T 812—1988	M10×1～M200×3		圆螺母常与止退垫圈配用，装配时垫圈的内突起嵌入轴槽内，外突起嵌入螺母槽内，防止螺母松脱。常用作滚动轴承的轴向固定。
	带槽圆螺母	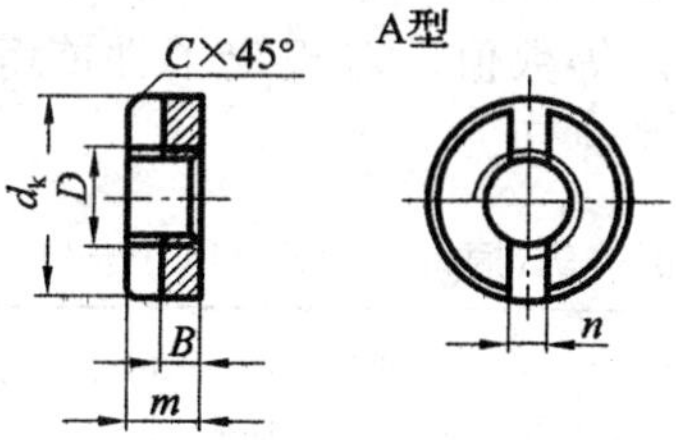GB/T 89—1988	M1.4～M12		
垫圈	平垫圈 C 级	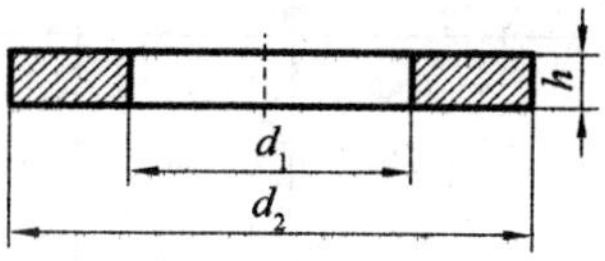GB/T 95—2002	1.6～64		包括各种平垫圈、弹簧垫圈、锁紧垫圈及挡圈。平垫圈用以保护支承表面，有A、C两种精度，选用时与螺栓、螺母的精度相对应。同一螺纹直径的垫圈有特大、大、普通和小四种规格。 后三类垫圈用于防松。挡圈用于零件的轴向固定。
	标准性弹簧垫圈	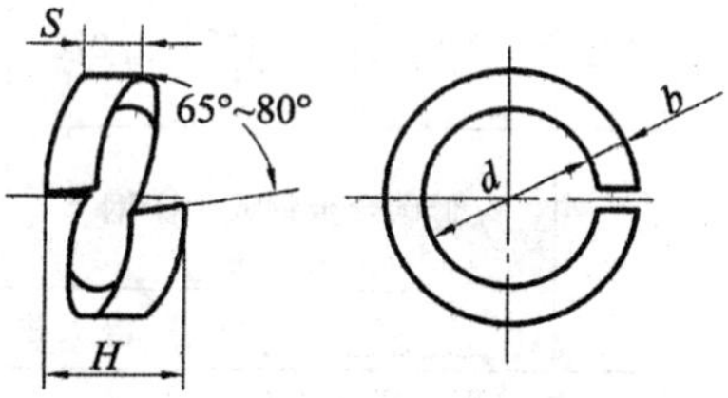GB/T 93—1987	2～48		
	圆螺母用止动垫圈	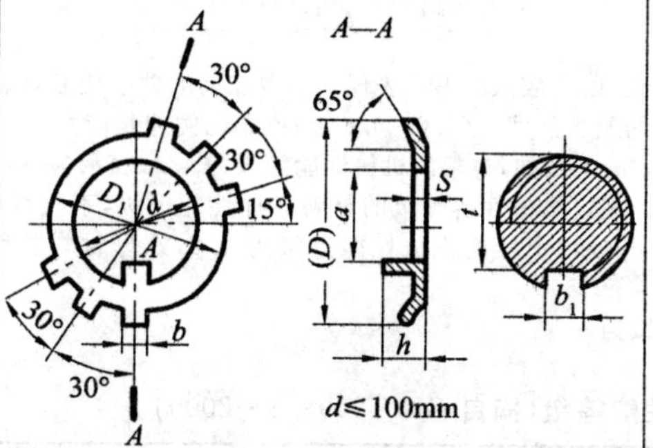GB/T 858—1988	10～200		

二 螺纹联接件的材料性能

(一)螺纹联接件的常用材料

一般条件下工作的螺纹联接件的常用材料为低碳钢和中碳钢，如 Q215、Q235、10、15、35 和 45 钢等；受冲击、振动和变载荷作用的螺纹联接件可采用合金钢，如 20Gr、40Gr、30GrMnSi 和 15MnVB 等；有防腐、防磁、导电、耐高温等特殊要求时采用 1Gr13、2Gr13、Gr Ni2、1Cr18Ni9Ti 和黄铜 H62、HPb62、$HPb62_{防磁}$ 以及铝合金 2B11、2A10 等。螺母材料一般较与之配合的螺栓材料硬度值低约 20～40HBS，目的在于减少对螺栓的磨损。

国家标准对螺纹紧固件按力学性能规定了具体的性能等级，见表 9－5，同时还列出了不同性能等级对应的抗拉强度 σ_b、屈服强度 σ_s 等数值。对规定了性能等级的螺栓、螺母等紧固件，在图纸上只标柱性能等级，不标注材料牌号。

表 9－5 螺栓、螺柱、螺钉的机械性能等级(摘自 GB/T3098.1—2000)

<table>
<tr><td rowspan="2">性能等级</td><td rowspan="2">3.6</td><td rowspan="2">4.6</td><td rowspan="2">4.8</td><td rowspan="2">5.6</td><td rowspan="2">5.8</td><td rowspan="2">6.8</td><td colspan="2">8.8</td><td rowspan="2">9.8</td><td rowspan="2">10.9</td><td rowspan="2">12.9</td></tr>
<tr><td>$d \leqslant 16$mm</td><td>$d > 16$mm</td></tr>
<tr><td>抗拉强度 σ_{bmin}/MPa</td><td>330</td><td>400</td><td>420</td><td>500</td><td>520</td><td>600</td><td>800</td><td>830</td><td>900</td><td>1040</td><td>1220</td></tr>
<tr><td>屈服强度 σ_s 或非比例伸长应力 $\sigma_{0.2}$</td><td>190</td><td>240</td><td>340</td><td>300</td><td>420</td><td>480</td><td>640</td><td>660</td><td>720</td><td>940</td><td>1080</td></tr>
<tr><td>硬度 HBS_{min}</td><td>90</td><td>114</td><td>124</td><td>147</td><td>152</td><td>181</td><td>238</td><td>242</td><td>276</td><td>304</td><td>366</td></tr>
<tr><td rowspan="2">推荐材料</td><td rowspan="2">低碳钢</td><td colspan="5" rowspan="2">低碳钢或中碳钢</td><td colspan="3">低碳合金钢或中碳钢</td><td>中碳钢、低碳或中碳合金钢</td><td>合金钢</td></tr>
<tr><td colspan="5">淬火并回火</td></tr>
</table>

注：1. 产品等级　是指产品的质量等级。GB103.1—82 规定螺纹联接件分 A、B、C 三个等级。A 级最高，C 级最低。A 级用于装配精度要求高，以及受冲击、振动或变载荷的重要联接；B 级用于受载荷较大且经常拆装、调整的联接；C 级用于一般的螺栓联接。

2. 性能等级　是指材料的机械性能等级，以小数点的形式表现。小数点前的数字代表材料的公称抗拉强度 σ_b 的 1/100；小数点后的数字代表了材料的屈服强度 σ_s(3.6～6.8 级)或非比例伸长应力 $\sigma_{0.2}$(8.8～12.9 级)与公称抗拉强度 σ_b 的比值的 10 倍，即 $10\sigma_s/\sigma_b$。例如，材料的机械性能等级为 4.8，表示为：$\sigma_b = 100 \times 4 = 400$ MPa；$\sigma_s = 8 \times \sigma_b/10 = 8 \times 400/10 = 320$MPa。规定机械性能等级的材料只标性能等级，不表材料的牌号。配合联接的螺纹联接件的机械性能等级要匹配，例如，螺栓的机械性能等级为 4.8，螺母材料的性能等级推荐使用 4 或 5 级。

3. 表中 3.6～6.8 级为 σ_s；8.8～12.9 级为 $\sigma_{0.2}$。

表 9－6 螺母的性能等级(摘自 GB/T3098.2—2000)

<table>
<tr><td>螺母的机械性能等级</td><td>4</td><td colspan="2">5</td><td>6</td><td>8</td><td>9</td><td>10</td><td>12</td></tr>
<tr><td>相配螺栓的性能等级</td><td>3.6
4.6
4.8</td><td>3.6
4.6
4.8</td><td>5.6
5.8</td><td>6.8</td><td>8.8</td><td>9.8</td><td>10.9</td><td>12.9</td></tr>
</table>

（续表）

相配螺栓直径范围/mm	＞M16	≤M16	≤M39	≤M16		≤M39

注：螺母的性能等级按与之相配的螺栓中的最高性能等级的第一部分数字表示。

（二）联接螺栓的许用应力

联接螺栓的许用应力$[\sigma]$和安全系数S见表9－7。

表9－7　　螺栓的许用应力和安全系数

联接情况		受载情况	许用应力$[\sigma]$和安全系数S					
普通受拉螺栓	松联接	轴向静载荷	$[\sigma]=\frac{\sigma_s}{S}$；$S=1.2\sim1.7$（淬火钢件取大值）					
	紧联接	受载情况	许用应力	不控制预紧力时S值				控制预紧力时S值
				材料	M6～M16	M16～M30	M30～M60	
		轴向、横向静载荷	$[\sigma]=\frac{\sigma_s}{S}$	碳钢	4～3	3～2	2～1.3	$S=1.2\sim1.5$
				合金钢	5～4	4～2.5	2.5	
		变载荷		碳钢	10～6.5	6.5	6.5～10	
				合金钢	7.5～5	5	6～7.5	
铰制孔螺栓		横向静载荷	$[\tau]=\sigma_s/2.5$	被联接件为钢时，$[\sigma_P]=\sigma_s/1.25$ 被联接件为铸铁时，$[\sigma_P]=\sigma_B/2\sim2.5$				
		横向变载荷	$[\tau]=\sigma_s/3.5\sim5$	$[\sigma_P]$按静载荷的$[\sigma_P]$值乘以0.7～0.8计算				

第五节　螺栓组联接的受力分析和强度计算

为了简化受力分析时的计算，通常作如下假设：(1) 螺栓组内各螺栓的材料、结构、尺寸和所受的预紧力均相同；(2) 螺栓组的对称中心与联接接合面的形心重合；(3)受载后联接接合面仍保持为平面；(4)被联接件为刚体；(5)螺栓的变形在弹性范围内等。

螺栓联接的强度计算包括：(1)根据联接的类型、联接的装配情况（是否预紧）和受载状态等条件确定螺栓的受力；(2)按照相应的强度条件校核危险截面的强度；或计算确定螺栓危险截面的直径（螺纹小径d_1），然后按标准选定螺纹的公称直径d。

本节阐述的关于螺栓联接的强度计算方法，对双头螺柱和螺钉联接也同样适用。

一　螺栓联接的失效形式和设计准则

根据联接的工作情况，可将螺栓按受力形式分为普通（受拉）螺栓和铰制孔螺栓，如图9－17所示两者的失效形式不同。

（一）普通（受拉）螺栓的失效形式

普通（受拉）螺栓在轴向拉力作用下多发生断裂或塑性变形；在变载荷作用下多出现疲劳断裂。如图9－17(a)所示，失效部位主要发生在螺母的支撑面上第一道螺纹的根部（小径)截面上;以及在螺纹的收尾处与螺杆的接合部和螺栓头与螺杆的接合部。

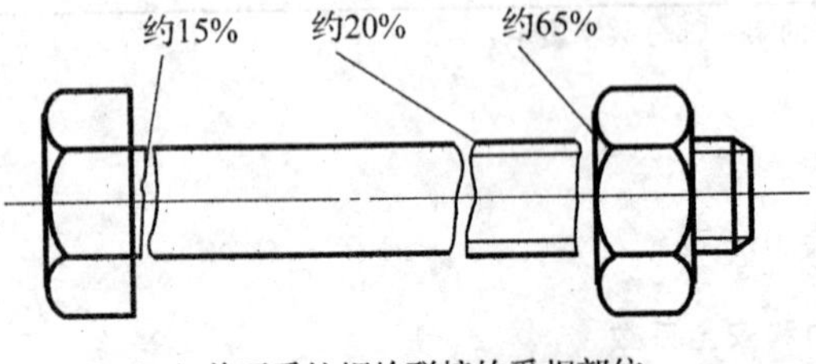

(a) 普通受拉螺栓联接的受损部位

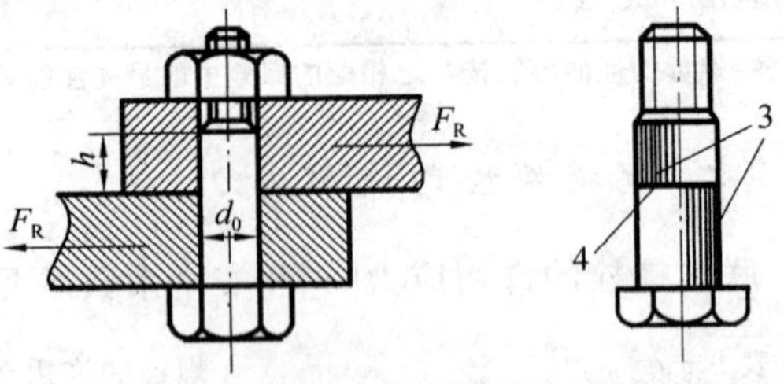

(b) 铰制孔螺栓联接的受损部位图

图 9-17　受横向载荷螺栓组的受载和失效

因此,对普通受拉螺栓的设计准则是:以拉伸强度条件为依据,计算危险截面——螺纹的小径所在截面的直径 d_1,然后按标准确定螺栓的公称直径 d。

(二)铰制孔螺栓的失效形式

在承受横向载荷时,铰制孔螺栓的螺杆与被联接件孔壁间产生挤压;在联接的接合面处螺杆受剪切。其失效形式为:螺杆或两被联接件的孔壁(三者之一的)表面被压溃;螺杆被剪断[图 9-17(b)]。

因此,对铰制孔螺栓的设计准则是:以螺栓的螺杆或孔壁的挤压强度条件和剪切强度条件为依据,计算螺杆的直径 d_0,然后按标准确定螺栓的公称直径 d。

螺栓的其他部位(如螺纹牙、螺栓头、螺杆等)及螺母、垫圈等的尺寸,是根据等强度条件及使用经验规定的,通常不需进行强度计算,可按螺纹大径或螺杆的直径从标准中查出。

二　单个螺栓联接的受力分析和强度计算

单个螺栓联接的强度计算是螺栓组联接设计计算的基础。

(一)普通(受拉)螺栓联接

1. 松螺栓连接

图 9-18 所示为一起重吊钩尾部的松螺栓联接。该联接在承受工作载荷 F 之前,螺栓不旋紧,如忽略吊钩等的重量不计,螺栓不受力。当起吊重物时,螺栓受到轴向载荷 F 的作用,其强度条件为:

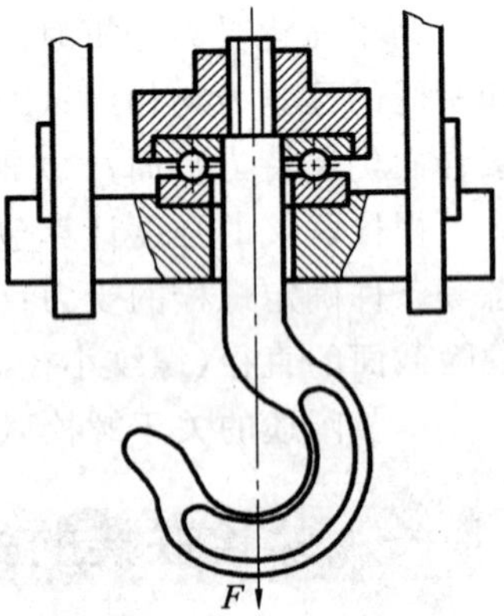

图 9-18　松螺栓联接

$$\sigma=\frac{F}{A}=\frac{F}{\frac{\pi d_1^2}{4}}=\frac{4F}{\pi d_1^2}\leqslant[\sigma] \qquad (9-6)$$

由式(9-6)可得设计公式

$$d_1\geqslant\sqrt{\frac{4F}{\pi[\sigma]}} \qquad (9-7)$$

式中:d_1——螺纹的小径,mm;

$[\sigma]$——松联接螺栓的许用拉应力,MPa,见表 9-7。

2. 只受预紧力的紧螺栓联接

如图 9—19，这种联接只承受预紧力。在拧紧螺栓时，螺栓截面上因受到预紧力 F_0 的作用产生拉伸应力 σ；但同时，还有因受螺纹表面上摩擦力矩 T_1 的作用而产生的扭转剪应力 τ，使螺栓截面处于拉伸与扭转的复合应力状态。

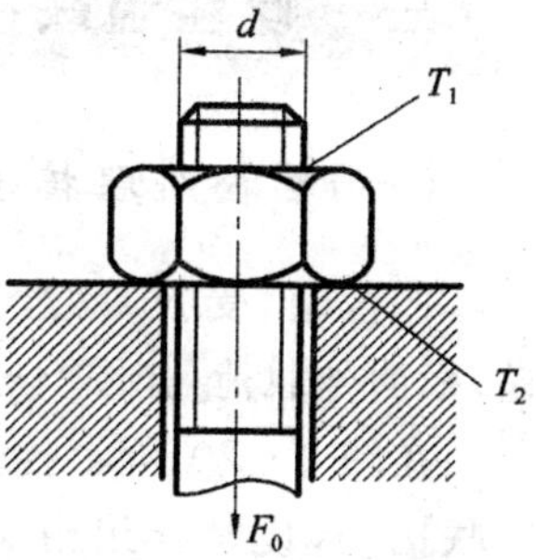

图 9—19 只受预紧力的紧螺栓联接

对于常用的 M10～M68 的单线、三角形螺纹的普通螺栓，经简化计算可得：扭转剪应力 $\tau \approx 0.5\sigma$，因此，按第四强度理论，此时在螺栓危险截面上的当量应力 σ_e 为：

$$\sigma_e = \sqrt{\sigma^2 + 3\tau^2} = \sqrt{\sigma^2 + 3 \times (0.5\sigma)^2} \approx 1.3\sigma$$

比照式(9—6)，当螺栓仅受到轴向拉力 F_0 的作用时，产生的拉伸应力为：

$$\sigma = \frac{4F_0}{\pi d_1^2}$$

因此，在拉伸与扭转的复合应力状态下，螺栓危险截面的应力及强度条件应为：

$$\sigma_e = 1.3\sigma = 1.3 \times \frac{4F_0}{\pi d_1^2} = \frac{5.2F_0}{\pi d_1^2} \leqslant [\sigma] \tag{9—8}$$

可得设计公式

$$d_1 \geqslant \sqrt{\frac{5.2F_0}{\pi[\sigma]}} \tag{9—9}$$

式中：$[\sigma]$——紧联接螺栓的许用拉应力，表 9—7。

(二)铰制孔螺栓联接

如图 9—17(b)所示，这种联接在装配时，螺杆与孔壁间采用过渡配合，无间隙，螺母拧得不是很紧(计算时，预紧力可忽略不计)。设工作时单个螺栓联接所承受的横向载荷为 F_R，螺杆与孔壁间的挤压强度条件为：

$$\sigma_p = \frac{F_R}{d_0 h} \leqslant [\sigma_p] \tag{9—10}$$

螺栓杆的剪切强度条件为：

$$\tau = \frac{F_R}{m\pi d_0^2/4} = \frac{4F_R}{m\pi d_0^2} \leqslant [\tau] \tag{9—11}$$

式中：F_R——单个螺栓承受的横向载荷，N；

d_0——螺杆直径，mm；

h——螺杆与孔壁挤压面长度中的最小值，mm；

m——被联接件间的结合面数，即螺栓受剪切的剪切面数；

$[\tau]$——螺栓材料的许用剪应力，MPa；

$[\sigma_p]$——螺栓与孔壁中材料强度较低者的许用挤压应力，MPa。$[\tau]$和$[\sigma_p]$查表 9—7。

三 螺栓组联接的受力分析和强度计算

（一）螺栓组联接承受或传递横向外载荷

1. 普通（受拉）螺栓组联接，承受（或传递）横向外载荷，如图 9—20 和图 9—21。

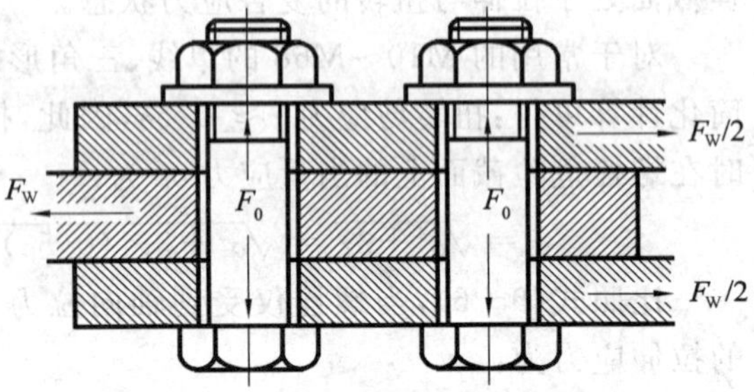

图 9—20 受横向载荷的螺栓组联接

在图 9—20 所示传递横向载荷的螺栓组联接中，设螺栓组由 Z 个螺栓组成，且 Z 个螺栓平均承受载荷，接合面数为 m，被联接件承受（或传递）垂直于螺栓轴线的总的横向载荷为 F_W，并考虑联接的可靠性，则：

$$ZF_0fm=K_fF_W$$

所以得
$$F_0=\frac{K_fF_W}{fmZ} \tag{9—12}$$

式中：F_W——总的横向外载荷，N；

f——接合面间的摩擦系数，见表 9—8；

m——接合面数；

K_f——可靠性系数，取 $K_f=1.1\sim1.3$。

在图 9—21 所示传递转矩的螺栓组联接中，$F_W=2T/D_0$，D_0 为螺栓组所在圆的直径。为防止被联接件间的相对滑动，须拧紧螺栓，设每个螺栓的预紧力均为 F_0，当被联接件被压紧时，在接合面之间产生的最大静摩擦力为 ZF_0fm，根据力系平衡条件，并考虑联接的可靠性，被联接件间不产生滑动时亦有：

$$ZF_0fm=K_fF_W$$

$$F_0=\frac{K_fF_W}{fmZ},$$

若取 $m=1$，$F_0=\frac{K_fF_W}{fZ}$。式中各参数函义同上。

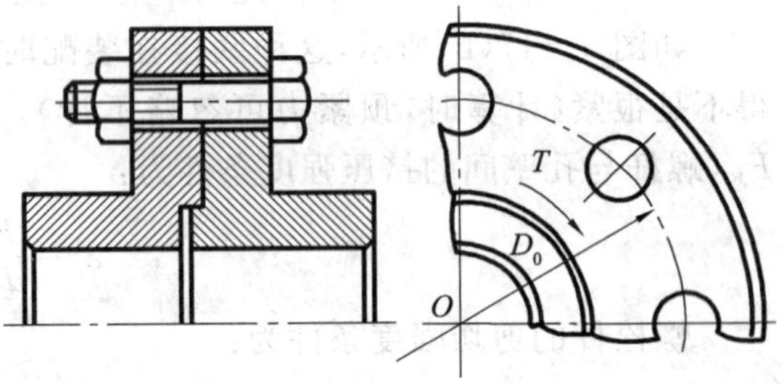

图 9—21 受转矩的螺栓组联接

将上述计算结果 F_0 代入式（9—8）或式（9—9），可分别对螺栓组进行强度校核，或选取螺纹直径的计算。

表 9—8 联接接合面间的摩擦系数 f

被联接件	表面状态	f
钢或铸铁零件	干燥的加工表面	0.10～0.16
	有油的加工表面	0.06～0.10
钢结构件	喷砂处理	0.45～0.55
	涂富锌漆	0.35～0.40
	轧制表面、清理浮锈的表面	0.30～0.35
铸铁对木材、混凝土、砖等	干燥表面	0.40～0.50

2. 铰制孔螺栓组联接承受横向外载荷

在图 9－22 中，设工作时螺栓组联接所承受或传递的总的横向载荷为 F_w，螺栓组的螺栓数为 Z，Z 个螺栓平均承受载荷，每个螺栓的螺杆与被联接件孔壁间受挤压；在联接的接合面处螺杆受剪切作用；因此，应对单个螺栓分别按挤压及剪切强度条件进行校核计算。

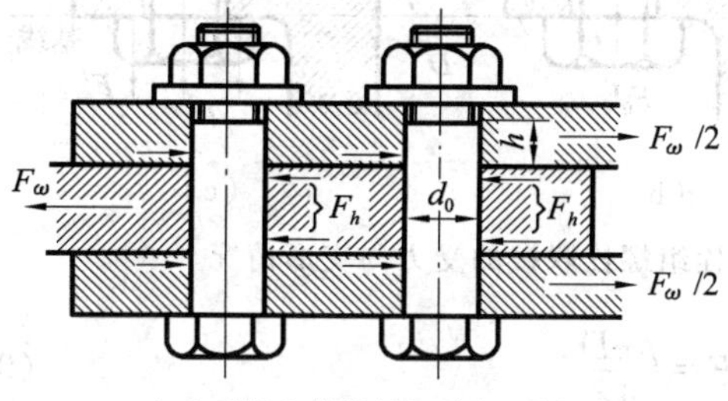

(a)受横向载荷的螺栓组联接

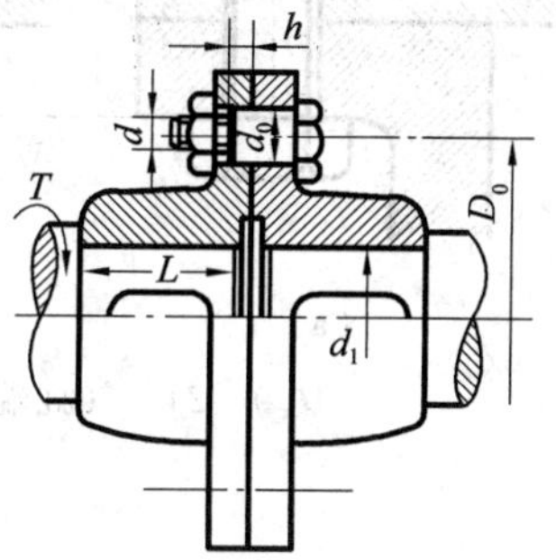

(b)受转矩的螺栓组联接

图 9－22 铰制孔螺栓联接

螺杆与孔壁间的挤压强度条件为：

$$\sigma_p=\frac{F_W}{Zd_0h}\leqslant[\sigma_p] \tag{9-13}$$

螺杆的剪切强度条件为：

$$\tau=\frac{F_W}{Zm\pi d_0^2/4}=\frac{4F_W}{Zm\pi d_0^2}\leqslant[\tau] \tag{9-14}$$

式中各参数的含义同前。

(二)螺栓组联接承受轴向外载荷

图 9－23 所示的气缸端盖螺栓组联接是它的典型代表。这种受载形式的螺栓组联接应用最广，也是最重要的一种螺栓组联接形式。

图 9－24 所示为气缸端盖螺栓组中任一联接螺栓的受力与变形情况。

在图 9－24(a)中，螺栓尚未拧紧，螺栓与被联接件均不受力。在图 9－24(b)中，螺栓被拧紧，螺栓受预紧力 F_0 作用，伸长 δ_1；被联接件受预紧力 F_0 作用，压缩 δ_2。在图 9－24(c)中，该螺栓受到了(由气缸内气体压力而引起的)轴向外载荷 F 作用。设缸内气压为 p，缸径为 D，缸内气体产生的工作载荷沿气缸体的轴线方向并通过螺栓组的对称中心，设螺栓组的螺栓数为 Z，平均承担工作载荷，则每个螺栓所承担的工作载荷为：

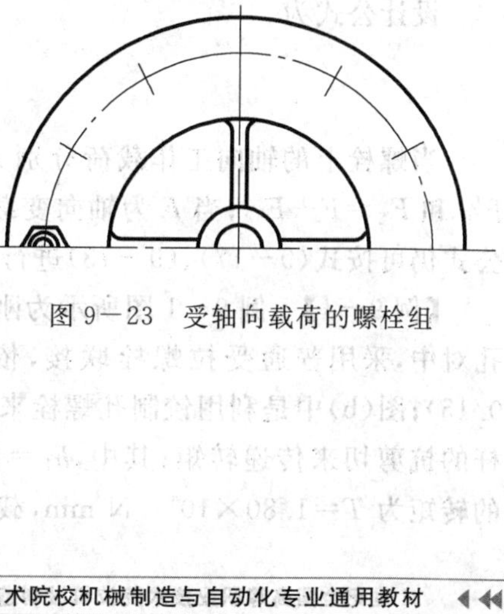

图 9－23 受轴向载荷的螺栓组

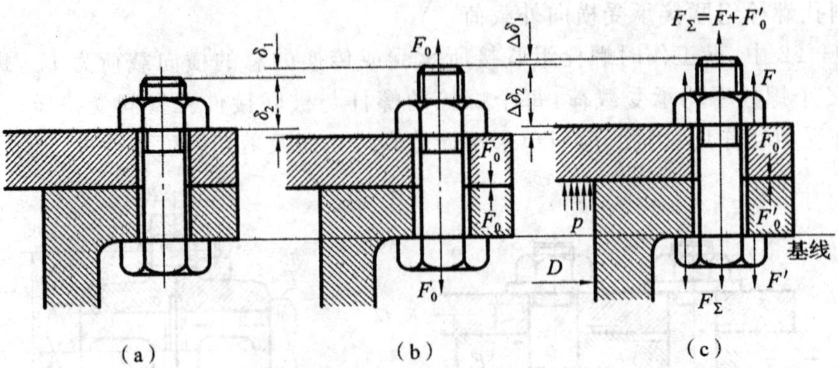

图 9－24　气缸端盖螺栓组螺栓联接的受力与变形情况

$$F=\frac{p\pi D^2}{4Z} \tag{9-15}$$

这时，螺栓再次被拉伸，变形量又增大了 $\Delta\delta_1$；而被联接件回弹 $\Delta\delta_2$，根据变形协调条件，被联接件回弹量 $\Delta\delta_2$ 应等于 $\Delta\delta_1$，此时被联接件受到的压缩力将减小到 F_0，称为残余预紧力。为了保证被联接件间密封可靠（被连接件间不能分离、产生缝隙），应使残余预紧力 $F'_0>0$。因此，此时螺栓所受的轴向拉力 F_Σ 应为其所受的工作载荷 F 与残余预紧力 F'_0 之和，即：

$$F_\Sigma=F+F'_0 \tag{9-16}$$

不同的应用场合，对残余预紧力有着不同的要求，一般可参考以下经验数据来确定：

对于一般联接，取 $F'_0=(0.2\sim0.6)F$；若工作载荷为变载荷，取 $F'_0=(0.6\sim1.0)F$；若工作载荷为冲击载荷，取 $F'_0=(1.0\sim1.5)F$；

对于气缸、压力容器等有紧密性要求的螺栓联接，取 $F'_0=(1.5\sim1.8)F$；

对于地脚螺栓联接，取 $F'_0\geqslant F$。

当选定残余预紧力 F'_0 后，即可按式(9－16)求出螺栓所受的总拉力 F_Σ，同时考虑到可能需要补充拧紧及扭转剪应力的作用，将 F_Σ 增加 30%[参阅式(9－8)、(9－9)]，则螺栓危险截面的拉伸强度条件为：

$$\sigma=\frac{5.2F_\Sigma}{\pi d_1^2}\leqslant[\sigma] \tag{9-17}$$

设计公式为

$$d_1\geqslant\sqrt{\frac{5.2F_\Sigma}{\pi[\sigma]}} \tag{9-18}$$

当螺栓上的轴向工作载荷分别为 0 和 F（某定值）时，螺栓上的轴向拉力 F_Σ 将分别为 F'_0 和 $F_\Sigma=F+F'_0$；当 F 为轴向变载荷时，也可按 F_Σ 进行粗略计算，强度校核条件和设计公式仍可按式(9－17)、(9－18)进行，只是其中的许用应力值应按变载荷时的许用值查取。

【例 9－1】　例 9－1 图所示为刚性凸缘联轴器，图(a)中是利用两半联轴器的凸缘与凹孔对中，采用普通受拉螺栓联接，依靠凸缘结合面的摩擦力传递转距（取摩擦系数 $f=0.15$）；图(b)中是利用铰制孔螺栓来保证两半联轴器对中，依靠螺杆与孔壁之间的挤压与螺杆的抗剪切来传递转矩；其中，$h_1=15\text{mm}$，$h_2=23\text{mm}$。已知联轴器的材料为 HT200，传递的转矩为 $T=1.80\times10^6$　N mm，载荷平稳；两半联轴器拟用 6 个螺栓组成的螺栓组联接，

螺栓均布在直径为 D=160mm 的圆周上，螺栓材料为 35 钢，机械性能等级为 5.8。试确定两种联接方式下的螺栓直径。

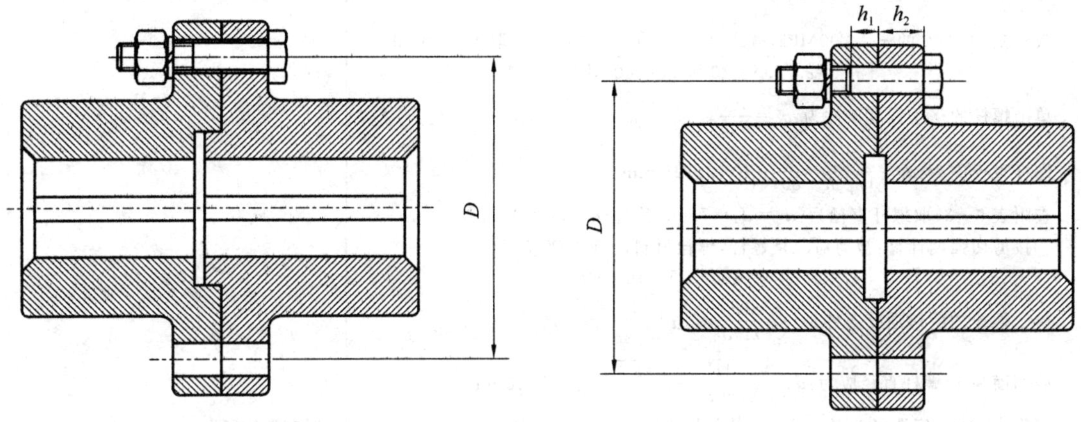

（a）普通螺栓联接　　（b）铰制孔螺栓联接

例 9－1 图

解：

计算与说明	主要结果
1. 确定螺栓的机械性能 螺栓的机械性能等级为 5.8，按表 9－5 注 2 $\sigma_b=100\times5=500(\text{MPa})$ $\sigma_s=8\times\sigma_b/10=8\times500/10=400(\text{MPa})$	σ_b=500MPa σ_s=400MPa
2. 计算单个螺栓的受力 对于承受转矩的螺栓组联接，$F_w=2T/D$，D 为螺栓组所在圆的直径。故单个螺栓承受的横向载荷为：$F_S=2T/ZD=2\times1.80\times10^6/6\times160=3750$ N 取 $K_f=1.2$，单个螺栓的预紧力：$F_0=\dfrac{K_fF_S}{fm}=\dfrac{1.2\times3750}{0.15\times1}=3\times10^4(\text{N})$	F_S=3750N $F_0=3\times10^4$ N
3. 确定螺栓的直径 (1)按普通受拉螺栓选用 ①按试算法，初选螺栓 M20，查附表 9－1 知其小径 d_1=17.294 mm 按静载荷、不控制预紧力，查表 9－7，用线性插分法，求得 S=2.71，得材料的许用应力： $[\sigma]=\sigma_s/S=400/2.71=147.60$ MPa 计算螺纹的小径值为：$d_1\geqslant\sqrt{\dfrac{5.2F_0}{\pi[\sigma]}}=\sqrt{\dfrac{5.2\times3\times10^4}{\pi\times147.60}}=18.35$ mm 可知，初选螺栓 M20 不能满足强度要求，须重选。 ②再选螺栓 M24，查附表 9－1 知其小径 d_1=20.752 mm (2)按不控制预紧力，查表 9－7，用线性插分法，求得 S=2.43，得材料的许用应力： $[\sigma]=\sigma_s/S=400/2.43=164.61(\text{MPa})$ 计算螺纹的小径值为：$d_1\geqslant\sqrt{\dfrac{5.2F_0}{\pi[\sigma]}}=\sqrt{\dfrac{5.2\times3\times10^4}{\pi\times164.61}}=17.37$ mm 可知螺栓 M24 满足强度要求，适用。 （＊以上结果系按优先选用第一系列的选用结果。如按第二系列（尽量不选用）选螺栓 M22，查附表 9－1 知其小径 d_1=19.294mm；亦满足强度要求。） 按铰制孔螺栓选用 ①按挤压强度计算：被联接件联轴器材料为灰铸铁 HT200，螺栓材料为 35 钢，灰铸铁的许用应力$[\sigma_P]$较低，进行挤压强度计算时，应按灰铸铁的许用应力	d_1=18.35mm 选螺栓 M24 （＊ 查表 9－6，配合螺母的性能等级为 5 级）

（续表）

计算与说明	主要结果
$[\sigma_P]$计算。 灰铸铁 HT200 的 $\sigma_B=200MPa$，查表 9－7 $[\sigma_P]=\sigma_B/2\sim2.5$，取 $S=2.5$，得 $[\sigma_P]=\sigma_B/2.5=200/2.5=80$ MPa 单个螺杆的挤压强度条件为：$\sigma_p=\frac{F_S}{d_0h}\leqslant[\sigma_p]$ 螺杆直径应为：$d_0\geqslant\frac{F_S}{[\sigma_p]h}=\frac{3750}{80\times15}=3.125$ mm 查附表 9－3，取螺杆直径为：$d_S=d_0=7$mm，其公称直径为 M6。 ②按剪切强度计算：被剪对象是螺杆，螺栓材料的许用剪应力 $[\tau]=\sigma_s/2.5=400/2.5=160$ MPa 单个螺栓的剪切强度条件是：$\tau=\frac{4F_S}{m\pi d_0^2}\leqslant[\tau]$ 剪切面为 1，螺杆直径应为：$d_0\geqslant\sqrt{\frac{4F_S}{\pi[\tau]}}=\sqrt{\frac{4\times3750}{\pi\times160}}=5.46$ mm 查附表 9－3，应选 $d_S=d_0=7$mm，其公称直径为 M6。 按两种强度条件选取的螺栓直径均为 M6。	选取螺栓 M6。 （* 配合螺母的性能等级 5 级）

【例 9－2】 如图 9－23 和图 9－24 所示气缸盖与气缸体的螺栓联接，已知气缸内径 $D=200$mm，气缸内气体的工作压力 $P=1.2$MPa，静载荷，缸盖与缸体之间采用橡胶垫圈密封。拟选择 M16 的普通受拉螺栓，螺栓材料为碳素钢，许用应力为 $[\sigma]=100$MPa；螺栓组 $z=10$，分布在直径为 $D_0=260$mm 的圆周上。试校核螺栓强度，并检查螺栓间距 t 是否符合要求。

解：

计算与说明	主要结果
1. 确定每个螺栓所受的轴向工作载荷 F $F=\frac{p\pi D^2}{4Z}=\frac{1.2\times\pi\times200^2}{4\times10}=3768$ N	$F=3768$N
2. 计算每个螺栓的总拉力 F_Σ 根据气缸盖螺栓联接的紧密性要求，取残余预紧力 $F'_0=1.8F$ 由式(9－16)计算螺栓的总拉力 $F_\Sigma=F+F'_0=F+1.8F=2.8F=2.8\times3768=10550.4$ N	$F_\Sigma=10550.4$N
3. 校核螺栓强度 查附表 9－1 知：M16 的普通受拉螺栓，其小径 $d_1=13.835$ mm 由式(9－18)计算螺栓的小径 d_1 $d_1\geqslant\sqrt{\frac{5.2F_\Sigma}{\pi[\sigma]}}=\sqrt{\frac{5.2\times10550.4}{\pi\times100}}=13.22$ mm 故，所选螺栓适用。	所选螺栓适用。
4. 检查螺栓间距 t 螺栓间距 $t=\frac{\pi D_0}{z}=\frac{\pi\times260}{10}=81.64$ mm 查表 9－2，当 $p\leqslant1.6$MPa 时，压力容器螺栓间距 $l<7d=7\times16=112$mm，故上述螺栓间距的计算结果能满足紧密性要求。 （* 若螺栓间距 t 不符合要求，则应重新选取螺栓数目 z，再按上述步骤重新计算，直到满足要求为止。若扳手空间等其他条件不能满足要求均需调整或改变设计，直至满足要求。）	螺栓间距适当。

第六节 提高螺栓联接强度的措施

螺栓联接的强度主要取决于螺栓的强度。影响螺栓强度的因素很多，主要有螺纹牙间的载荷分配、应力变化幅度、应力集中和附加应力等。下面来分析这些因素，并以受拉螺栓联接为例阐述改进措施。

一 改善螺纹牙间的载荷分配

普通螺栓和螺母的刚度不同、变形不一样，因此各牙受力不均，螺母支承面上第一圈所受的力为总载荷的1/3以上。可采用以下方法来改善各牙受力分布不均的情况。

（一）悬置螺母

图9－25(a)，使螺母（被悬置部分）与螺栓均受拉，减小二者的刚度差，使其变形趋于协调。

（二）内斜螺母

图9－25(b)，螺母内斜10°～15°的内斜角，可减小原受力大的螺牙的刚度，从而把力分散到原受力小的螺纹牙上，使其螺纹牙间的载荷分配趋于均匀。

（三）环槽螺母

图9－25(c)，与悬置螺母相类似。

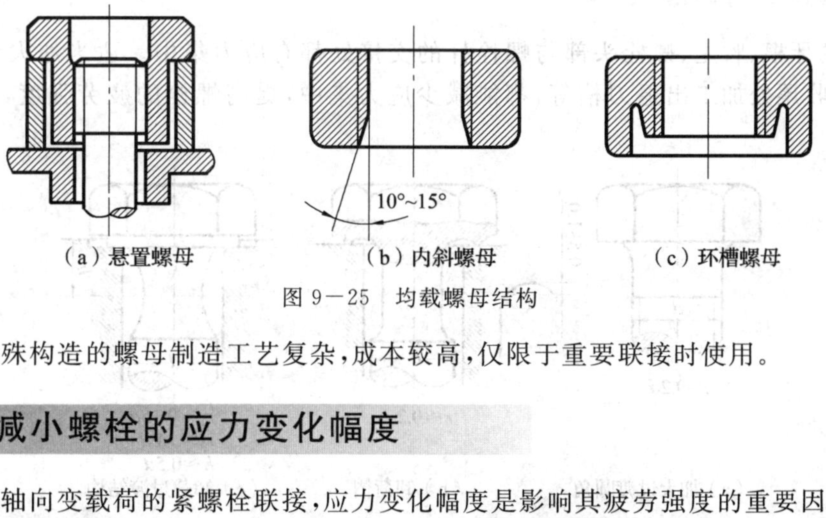

(a) 悬置螺母　(b) 内斜螺母　(c) 环槽螺母

图9－25 均载螺母结构

以上特殊构造的螺母制造工艺复杂，成本较高，仅限于重要联接时使用。

二 减小螺栓的应力变化幅度

对于受轴向变载荷的紧螺栓联接，应力变化幅度是影响其疲劳强度的重要因素，应力变化幅度越小，疲劳强度越高。减小螺栓的刚度 c_1 或增大被联接件的刚度 c_2，均能使应力变化幅度减小。

减小螺栓刚度的办法有：适当增大螺栓长度、减小螺栓光杆直径，如图9－26所示。也可在螺母下装弹性元件以降低螺栓刚度，如图9－27所示。

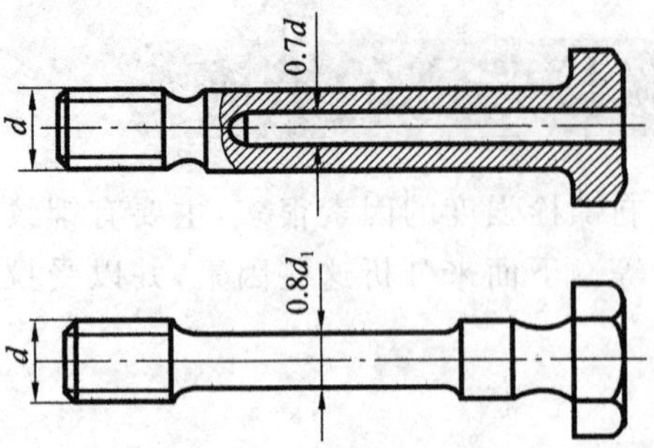

图 9－26　柔性螺栓

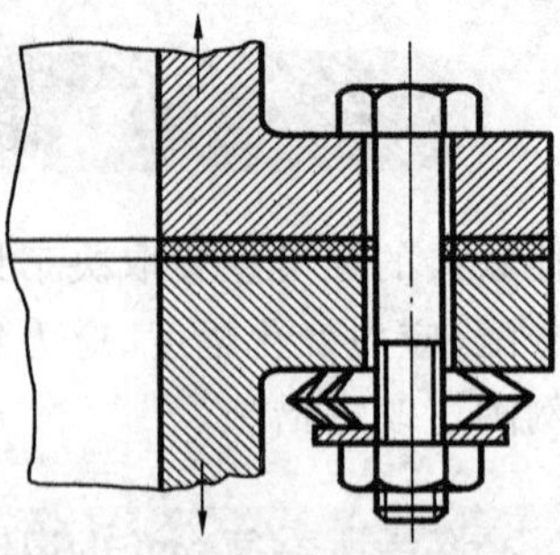

图 9－27　螺母下装弹性元件

要增大被联接件的刚度，可以从被联接件的结构和尺寸考虑外，还可以采用刚度较大的金属垫片或不设垫片。对于有紧密性要求的气缸螺栓联接，宜采用密封环密封较好，如图 9－28。如同时采用上述两种方法，则减小应力变化幅度的效果会更好。

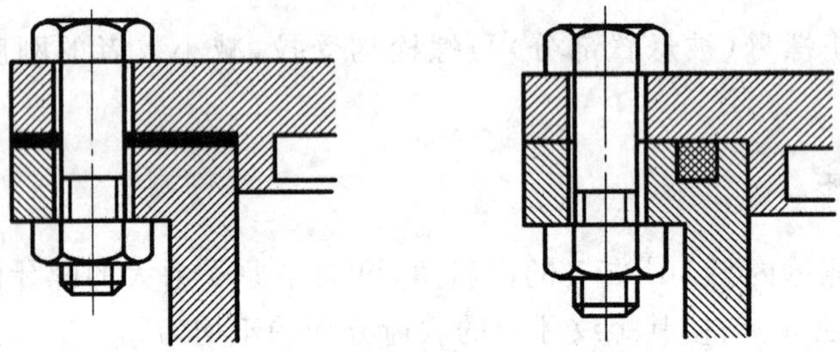

图 9－28　采用金属垫片和密封环密封

三　减少应力集中

螺纹的牙根、收尾、螺栓头部与螺栓杆的交接处都有应力集中。适当加大牙根倒角半径、在螺纹收尾处加工出退刀槽等，都能减少应力集中，提高螺栓的疲劳强度，如图 9－29 所示。

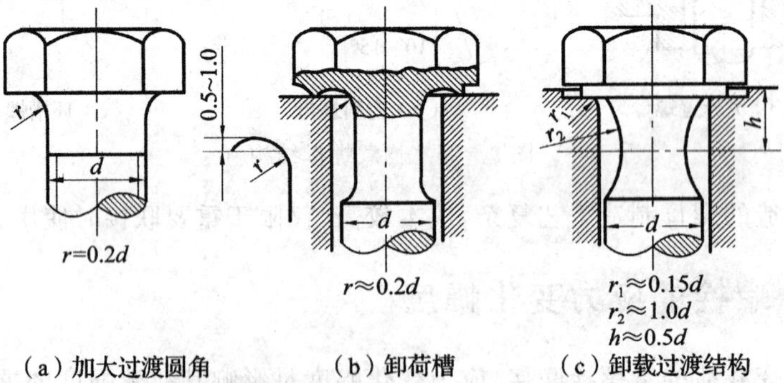

图 9－29　减小螺栓头部的应力集中

四　避免附加应力

由于各种原因使螺母与支承面的接触点偏离螺栓轴线（图 9－8 所示），使螺栓承受偏心载荷,从而使螺栓杆中产生很大的附加弯曲应力,这种情况应尽量设法避免。

思考题与练习题

思考题

9—1 常用螺纹有哪些种类?常用的联接和传动螺纹都有哪些牙型?它们的优缺点及应用范围是怎样的?

9—2 螺纹的主要参数有哪些?螺纹的导程和螺距有何区别?螺纹的导程 S 和螺距 P 与螺纹线数 n,有何关系?

9—3 螺纹联接的基本型式有哪几种?各适用于何种场合?各有何特点?

9—4 螺栓联接的结构设计要求螺栓组对称布置于联接接合面的形心,为什么?

9—5 受横向载荷的螺纹联接,为什么有时要采用减载装置?常用的减载装置有哪些?

9—6 为什么在螺栓头或螺母与被联接件之间常加垫片?为什么被联接件的联接处常做成凸台或沉头座?

9—7 什么叫螺旋副的自锁?矩形螺纹和三角形螺纹的自锁条件各是什么?哪一个自锁性较好?为什么?

9—8 公称直径相同的粗牙螺纹与细牙螺纹相比,哪一个自锁性较好?为什么?

9—9 为要得到好的自锁性能应当选择怎样的螺纹?为要提高螺旋传动的效率又应选择怎样的螺旋?

9—10 为什么螺纹联接通常要采用防松措施?常用的防松方法和装置有哪些?

9—11 常见的螺栓失效形式有哪几种?失效发生的部位通常在何处?

9—12 进行螺栓组联接的受力分析时,有哪五项假说?

9—13 松螺栓联接与紧螺栓联接的区别何在?它们的强度计算有何区别?

9—14 在进行紧螺栓联接的强度计算时,为什么要将螺栓拉力增加30%?

9—15 铰制孔用螺栓联接有何特点?用于承受何种载荷为宜?装配铰制孔螺栓联接时,为何不必将螺母拧得很紧?

9—16 在紧密压力容器的紧螺栓联接中,为使螺母拧紧时更贴紧于被联接件,是否可将金属垫片更换成橡胶垫片,为什么?

练习题

9—1 如题9—1图所示,某机构上的拉杆的端部采用粗牙普通螺纹联接。已知拉杆所受的最大拉力 Q=15kN,载荷很少变化,拉杆材料的机械性能等级为4.6,试确定拉杆螺纹的直径。

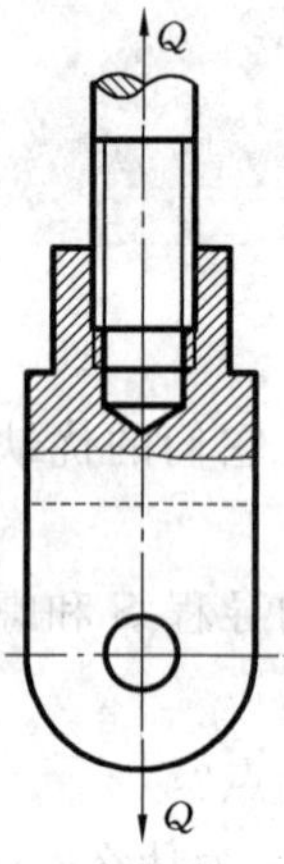

习题 9－1 图

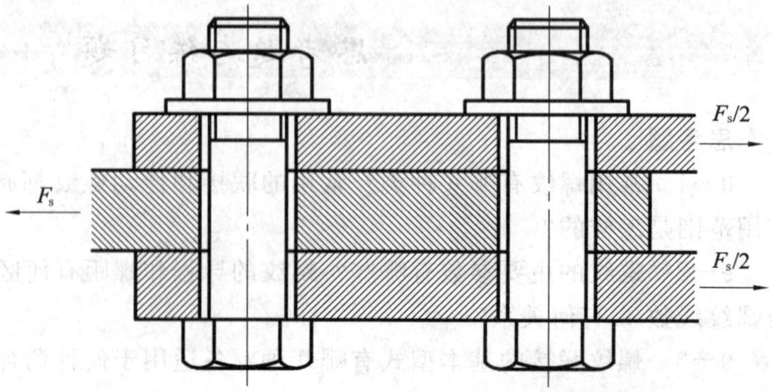

习题 9－2 图

9－2　题 9－2 图为普通螺栓联接，采用 2 个 M10 的螺栓，螺栓的机械性能等级为 5.6，被联接件接合面间的摩擦系数 $f=0.2$。若取摩擦力可靠性系数 $K_f=1.2$，试计算该联接允许传递的最大静载荷 F_S。

9－3　在 9－2 题中，若被联接材料为 HT200，螺栓材料直径均不变，改为铰制孔用螺栓，螺杆与孔壁间的挤压高度 $h_{min}=20$mm，联接允许传递的最大静载荷 F_S 又为多大。

9－4　图示为一凸缘联轴器。联轴器用 4 个 M12 普通螺栓联接，螺栓中心均匀分布在 $D=105$ 的圆周上，安装时不控制预紧力，螺栓材料性能等级为 4.8，联轴器接合面间的摩擦系数为 $f=0.2$，若取防滑可靠系数 $k_f=1.2$，该联轴器能传递多大转矩？

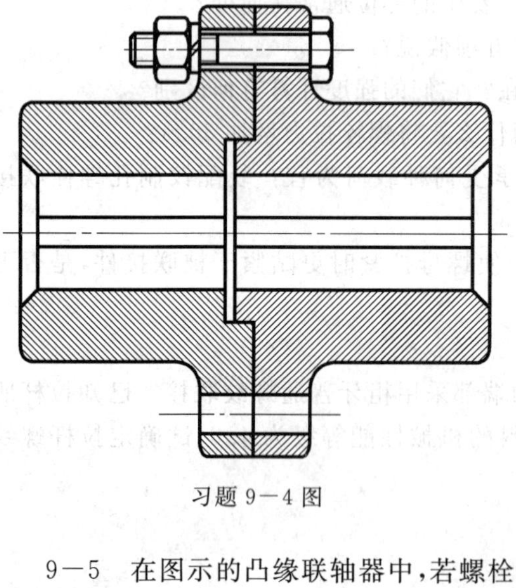
习题 9－4 图

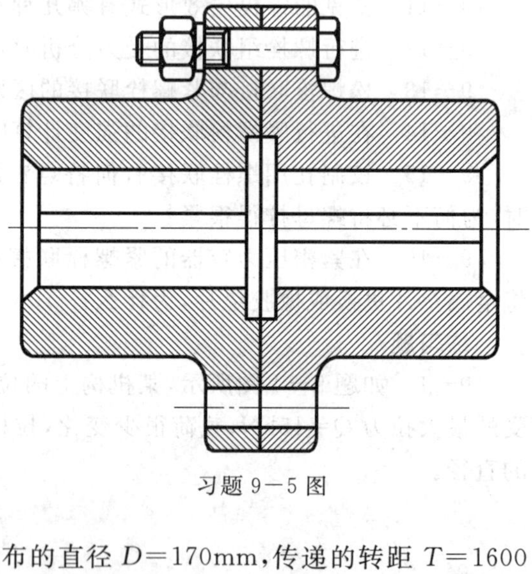
习题 9－5 图

9－5　在图示的凸缘联轴器中，若螺栓组分布的直径 $D=170$mm，传递的转距 $T=1600$ N m，凸缘厚度为 $h=20$mm，用 6 个 M12、材料为 35 钢的螺栓联接，试分别验算采用普通受拉螺栓（参阅题 9－4 图）和铰制孔螺栓（螺杆与孔壁的挤压高度 $h_{min}=16$mm）时的螺栓强度。

9－6　参阅图 9－23，汽缸直径 $D=500$mm，蒸汽压强 $p=1.2$MPa，螺栓分布直径 $D_0=640$mm，采用测力矩扳手装配，螺栓材料为 15 钢（5.8 级），试求螺栓的公称直径和数量。若缸盖与缸体的联接凸缘厚度均为 $b=25$mm，试选配螺母和垫圈，并确定螺栓规格。

9－7　如图示，作用在轴承端盖上的力 $F=10$kN，端盖用 4 个螺钉（Q235，4.6 级）固定于铸铁的箱体上，取 $F'_0=0.4F$，不控制预紧力，求螺钉的公称直径。

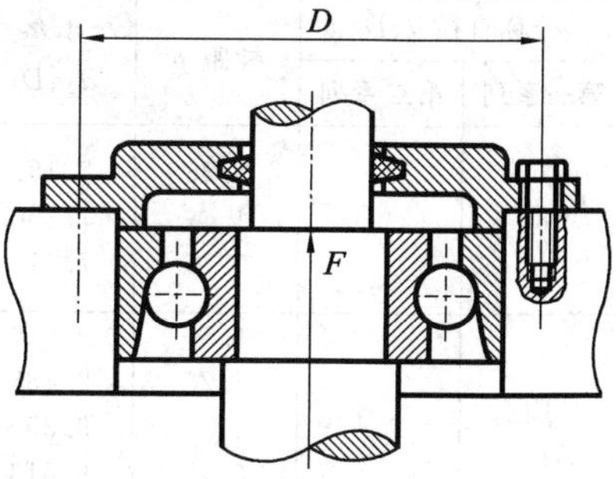

题 9－7 图

9－8　如题 9－8 图所示，矩形钢板用 4 个螺栓固定在 250mm 宽的槽钢上，受悬臂载荷 $F=16$kN。

试求：

(1)用铰制孔螺栓联接，求受载最大的螺栓所受的横向剪力；

(2)用普通螺栓联接，求螺栓所需的预紧力。（设摩擦系数 $f=0.3$，可靠性系数 $K_f=1.1$）。

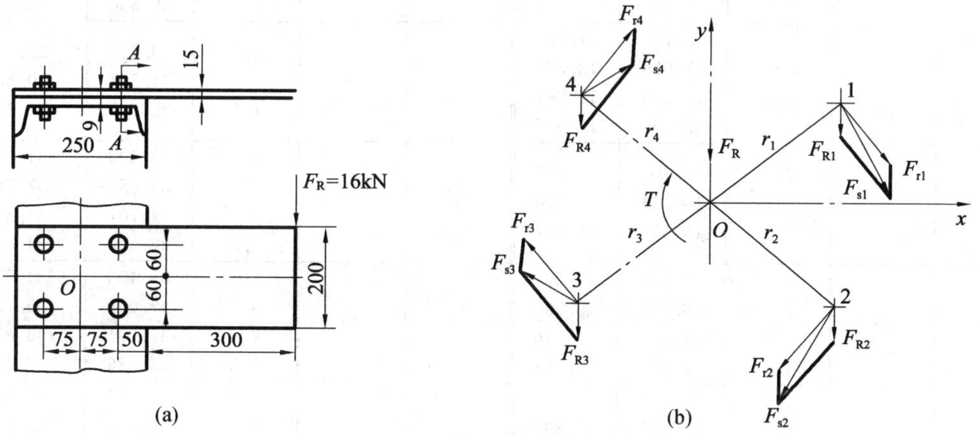

题 9－8 图

9－9　下图中给出了三种螺栓组联接的方案，同样的外载荷 F 及尺寸 L 和 a，试比较三个方案中受力最大的螺栓所受的力各为多少？哪个方案较好？

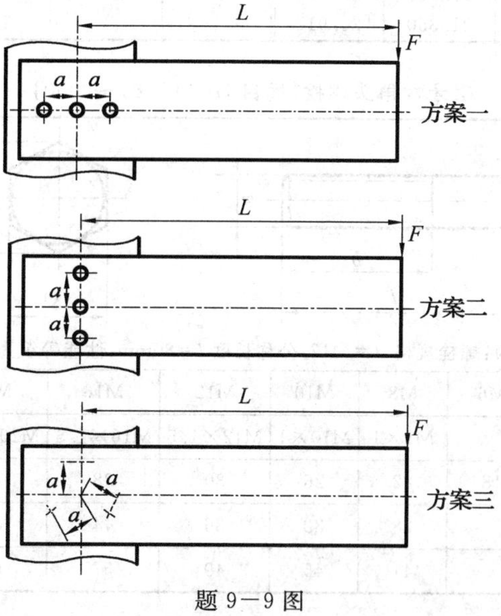

题 9－9 图

附表 9－1　　普通螺纹的基本尺寸(摘自 GB/T196—1981)

公称直径 d、D 第一系列	公称直径 d、D 第二系列	螺距 p	中径 d_2、D_2	小径 d_1、D_1	公称直径 d、D 第一系列	公称直径 d、D 第二系列	螺距 p	中径 d_2、D_2	小径 d_1、D_1
8		1.25	7.188	6.647	24		3	22.051	20.752
		1	7.350	6.917			2	22.701	21.835
		0.75	7.513	7.188			1.5	23.026	22.376
							1	23.350	22.917
10		1.5	9.026	8.375		27	3	25.051	23.752
		1.25	9.188	8.647			2	25.701	24.835
		1	9.350	8.917			1.5	26.026	25.376
		0.75	9.513	9.188			1	26.350	25.917
12		1.75	10.863	10.106	30		3.5	27.727	26.211
		1.5	11.026	10.376			2	28.701	27.835
		1.25	11.188	10.647			1.5	29.026	28.376
		1	11.350	10.917			1	29.350	28.917
	14	2	12.701	11.835		33	3.5	30.727	29.211
		1.5	13.026	12.376			2	31.701	30.835
		1.25	13.188	12.647			1.5	32.026	31.376
		1	13.350	12.917					
16		2	14.701	13.835	36		4	33.402	31.670
		1.5	15.026	14.376			3	34.051	32.752
		1	15.350	14.917			2	34.701	33.835
							1.5	35.026	34.376
	18	2.5	16.376	15.294		39	4	36.402	34.670
		2	16.701	15.835			3	37.051	35.752
		1.5	17.026	16.376			2	37.701	36.835
		1	17.350	16.917			1.5	38.026	37.376
20		2.5	18.376	17.294	42		4.5	39.077	37.129
		2	18.701	17.835			3	40.051	38.752
		1.5	19.026	18.376			2	40.701	39.835
		1	19.350	18.917			1.5	41.026	40.376
	22	2.5	20.376	19.294		45	4.5	42.077	40.129
		2	20.701	19.835			3	43.051	41.752
		1.5	21.026	20.376			2	43.701	42.835
		1	21.350	20.917			1.5	44.026	43.376

附表 9－2　　粗牙六角头螺栓(摘自 GB/T5782—2000)

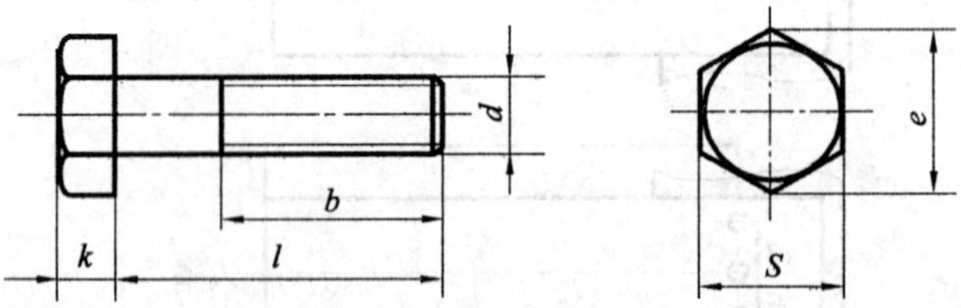

标记示例:GB/T5782 M12×80 为:螺栓规格 d=M12,公称长度 l=80mm,性能等级为 8.8,表面氧化,A 级六角头螺栓

螺纹规格		M5	M6	M8	M10	M12	M16	M20	M24	M30	M36
螺纹规格	$d\times p$			M8×1	M10×1	M12×1.5	M16×1.5	M20×1.5	M24×2	M30×2	M36×3
b	$L\leqslant125$	16	18	22	26	30	38	46	54	66	78
	$125<l\leqslant200$			28	32	36	44	52	60	72	84
	$L>200$			41	45	49	57	65	73	85	97

（续表）

螺纹规格	d	M5	M6	M8	M10	M12	M16	M20	M24	M30	M36
	d×p			M8×1	M10×1	M12×1.5	M16×1.5	M20×1.5	M24×2	M30×2	M36×3
e_{min}	A 级	8.79	11.05	14.38	17.77	20.03	26.75	33.53	39.98		
	B 级			14.2	17.59	19.85	26.17	32.95	39.55	50.85	60.79
S_{max}		8	10	13	16	18	24	30	36	46	55
k 公称		3.5	4	5.3	6.4	7.5	10	12.5	15	18.7	22.5
l 长度范围	A 级	25～40	30～60	35～80	40～100	45～120	55～140	65～150	80～150	90～150	110～150
	B 级						160	160～200	160～240	160～300	*110～360

注：①表面处理为：钢—氧化镀锌钝化；不锈钢—不经处理。

②性能等级

螺栓直径 d	M8～M20	(M22)～(M39)	M42～M64
钢	8.8、10.9		按协议
不锈钢	A2～70	A2～50	按协议

③长度系列(mm)为：20～50(5 进制)、(55)、60、(65)、70～100(10 进制)、180～400(20 进制)；

④括号内数字尽量不用；表内的 *110～360(l 长度范围)，GB/T5785 规定为 160～360。

附表 9－3　　六角头铰制孔用螺栓(摘自 GB/T27—1988)

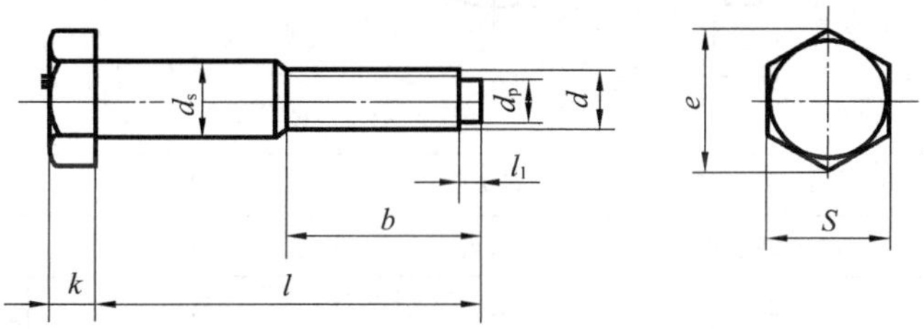

d	6	8	10	12	(14)	16	(18)	20	(22)	24	(27)
d_s	7	9	11	13	15	17	19	21	23	25	28
d_p	4	5.5	7	8.5	10	12	13	15	17	18	21
S	10	13	16	18	21	24	27	30	34	36	41
e_{min}	10.89	14.20	17.59	19.85	22.78	26.17	29.56	32.95	37.29	39.55	45.20
k	4	5	6	7	8	9	10	11	12	13	15
l	25～65	25～80	30～120	35～180	40～180	45～200	50～200	55～200	60～200	65～200	75～200
b	12	15	18	22	25	28	30	32	35	38	42
l_1	1.5		2		3			4			5

l 的长度系列：25,(28),30,(32),35,(38),40,45,50,(55),60,(65),70,(75),80,(85),90,(95),100,110,120,130,140,150,160,170,180,190,200

附表 9－4　　A 级和 B 级粗牙 Ⅰ 型六角螺母(摘自 GB/T6170—2000)

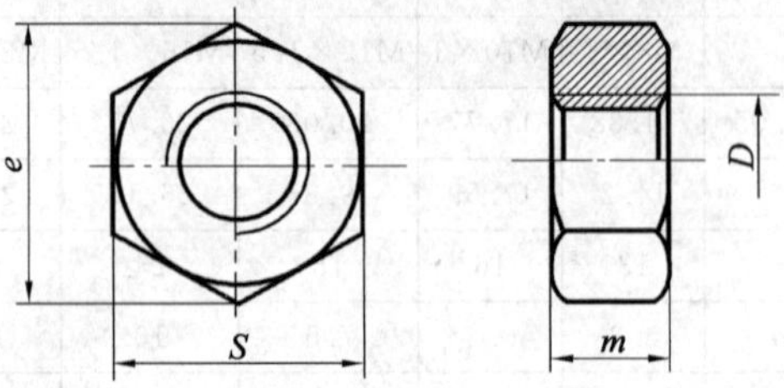

D	10	12	16	20	24	30	36
e_{min}	17.77	20.03	26.75	32.95	39.55	50.85	60.79
m_{max}	8.4	10.8	14.8	18	21.5	25.6	31
S_{max}	16	18	24	30	36	46	55

附表 9－5　　标准型弹簧垫圈(摘自 GB/T93—1987)

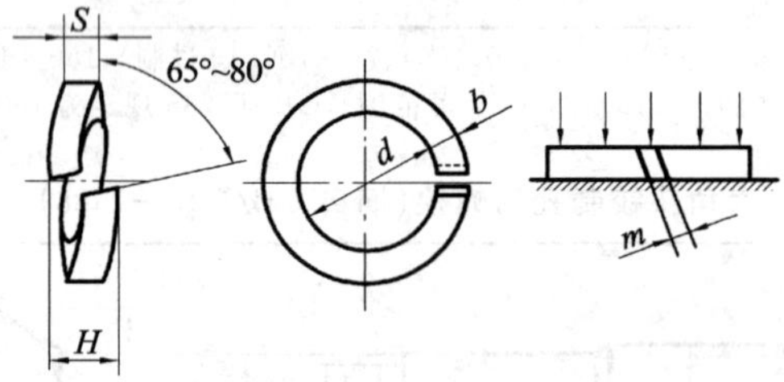

螺纹大径	d_{min}	$S(b)$	H_{max}	$m\leqslant$
10	10.2	2.6	6.5	1.3
12	12.2	3.1	7.75	1.55
(14)	14.2	3.6	9	1.8
16	16.2	4.1	10.25	2.05
(18)	18.2	4.5	11.25	2.25
20	20.2	5	12.5	2.5
(22)	22.5	5.5	13.75	2.75
24	24.5	6	15	3
(27)	27.8	6.8	17	3.4
30	30.5	7.5	18.75	3.75
(33)	33.5	8.5	21.25	4.25
36	36.5	9	22.5	4.5
(39)	39.5	10	25	5

第十章 轴毂联接

【学习要求】

(1)熟悉键联接的类型、特点、应用场合;

(2)会选取普通平键的尺寸并进行强度校核;

(3)了解花键联接、销联接和无键联接。

轴与轴上回转零件的轮毂之间的联接,称为轴毂联接,其作用是实现轮毂零件的周向固定并传递转矩,有的还能实现轴上零件的轴向固定或轴向移动。轴毂联接主要形式有键联接、花键联接、销联接、无键联接等。

第一节 键联接

一 键联接的类型、特点和应用

键是标准件,按标准规定采用抗拉强度 $\sigma_b=600\text{MPa}$ 的钢,常用 45 钢。键分为平键、半圆键、楔键和切向键等几大类。

键联接
- 按装配时是否需要将键楔紧
  - 松键联接:平键联接、半圆键联接;
  - 紧键联接:楔键联接、切向键联接;
- 按被联接件能否作轴向移动
  - 动联接:平键联接中的导向型平键联接、滑键联接;
  - 静联接:其余各类键联接;

使用时应根据各类键的结构和应用特点进行选择。

(一)平键联接

按用途不同,平键分为普通型平键、导向型平键和滑键三种。

1. 普通型平键

按其端部形状可分为圆头(A 型)、方头(B 型)和单圆头(C 型)三种,如图 10—1 所示。

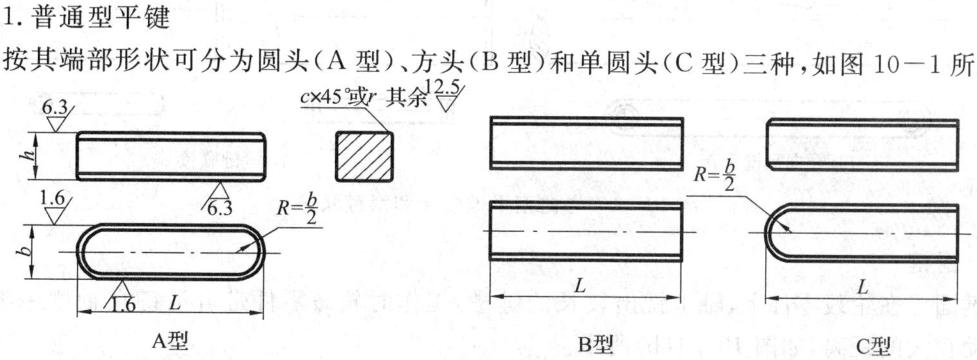

图 10—1 普通型平键

圆头平键的轴槽是用端铣刀加工的[图 10－2(a)]，键在轴上的轴向固定较好，但键槽底部的应力集中较大。平头平键的轴槽是用圆盘铣刀加工的[图 10－2(b)]，键槽底部的应力集中较小，但键在轴上的轴向固定不好，当键的尺寸较大时，需用紧定螺钉压紧[如图 10－3(b)所示]。单圆头平键只用于轴端与轮毂的联接。

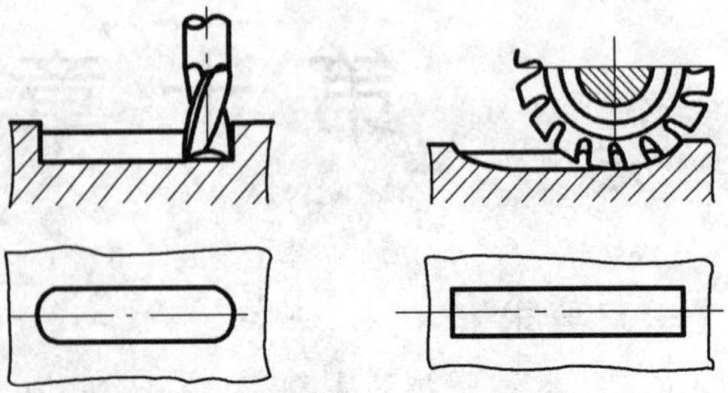

(a)端铣刀加工　(b)圆盘铣刀加工

图 10－2　轴上键槽的加工

轮毂上的键槽一般用插刀或拉刀加工。

普通型平键的上下两面和两个侧面都互相平行。工作时靠键与键槽侧面的挤压来传递转矩，所以键的两个侧面是工作面，上表面与毂槽的底面之间留有间隙，如图 10－3 所示。普通型平键联接的结构简单，装拆方便，对中性好，应用最广。

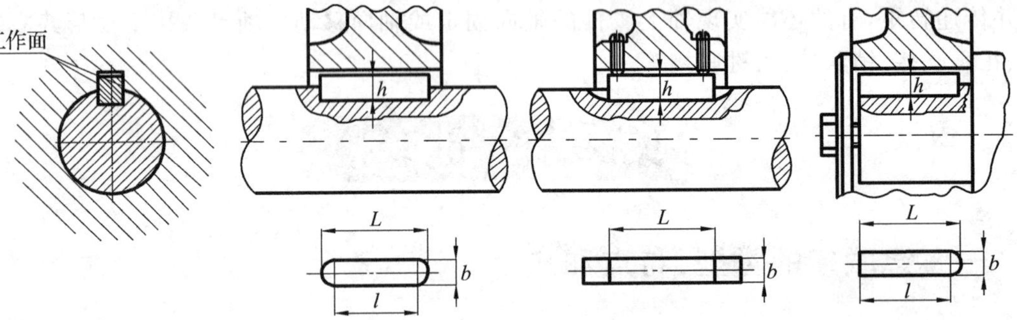

(a)A型平键联接　(b)B型平键联接　(c)C型平键联接

图 10－3　普通型平键联接

2. 导向型平键

导向型平键如图 10－4(a)所示，是一种较长的平键，用螺钉固定在轴上，键与毂槽间采用间隙配合，轮毂零件能沿平键作轴向滑移。受平键长度的限制，只适用于轮毂零件移动距离不大的场合。

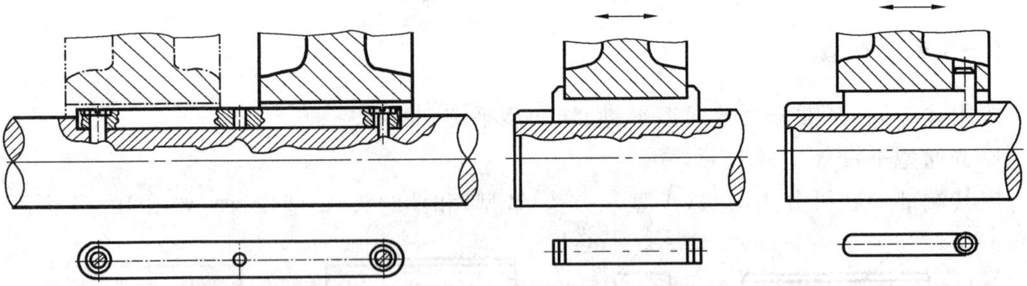

(a) 导向平键联接　(b) 滑键联接

图 10－4　导向型平键联接和滑键联接

3. 滑键

键固定在轮毂零件上，轴上铣出较长的键槽，工作时轮毂零件带着滑键在轴槽中滑移，可移动较大的距离，如图 10－4(b)所示。

（二）半圆键联接

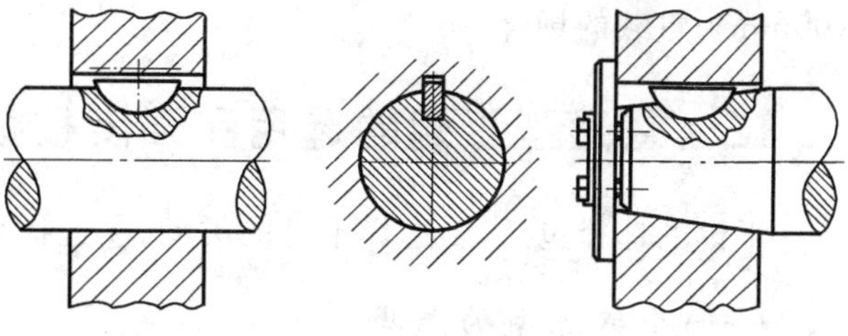

(a) (b)

图 10－5 半圆键联接

半圆键联接，它也是靠两个侧面传递转矩，如图 10－5 所示。轴槽用尺寸与半圆键宽相同的圆盘铣刀加工。半圆键能在键槽内摆动，以适应毂槽的斜度。半圆键联接的优点是键槽的加工工艺性好，装配方便；但键槽较深，对轴的强度削弱较大。半圆键联接主要用于轻载和锥形轴端[图 10－5(b)]与轮毂的联接。

（三）楔键联接

楔键分为普通楔键和勾头楔键两种，普通楔键又有圆头楔键和平头楔键，图 10－6 为楔键联接的结构形式。键的上表面、毂槽的底平面均有 1∶100 的斜度；键的上下面为工作面，两侧面与键槽侧面间存有间隙。工作时靠楔紧键后在键与键槽的工作平面上产生的摩擦力来传递转矩，同时还可承受单方向的轴向力。楔键联接结构简单，但楔紧时破坏了轴与毂之间的对中性；同时，载荷有冲击时，键与键槽在工作平面上易产生松脱，使联接失效，故楔键联接仅适用于对传动精度要求不高、低速和载荷平稳的场合。

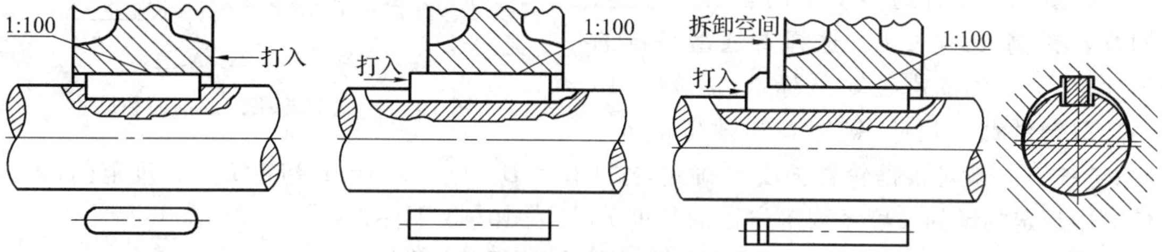

(a)圆头楔键 (b)平头楔键 (c)勾头楔键联接

图 10－6 楔键联接

（四）切向键联接

切向键联接是由一对斜度为 1∶100 的楔键组成。装配时两键的斜面相互贴合、安装在轴截面的切线方向，两键分别由两端打入，将轴与毂楔紧，如图 10－7 所示。切向键联接的上下两平面为工作面，工作时靠工作面上的挤压力和轴毂间的摩擦力传递运动和转矩。使用一个切向键时，只能传递单向转矩[图 10－7(a)]，如要传递双向转矩，则要使用两对切向键，为尽可能地减小轴截面的强度的降低，两对切向键沿圆周成 120°的方式布置[图 10－7(b)]。

切向键对轴削弱较大，对中性也不好，只适用于对中性要求不高、轴径较大（轴径大于

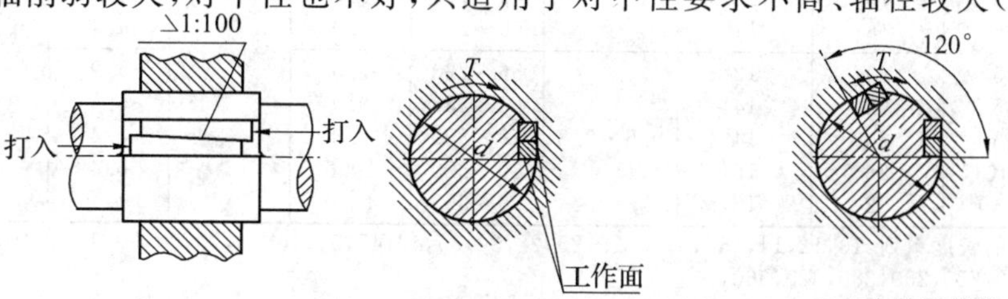

(a)单向传递载荷 (b)双向传递载荷

图 10－7 切向键联接

100mm)、重载的场合。

二 普通型平键的选用和强度校核

平键的选择包括:①选择平键的类型;②选择平键的尺寸;③进行强度校核。

(一)平键类型的选择

选择不同的平键类型时应考虑键联接的结构、使用特性和工作要求。如:传递转矩的大小;轮毂零件是否需要在轴上移动、移动距离的大小;对联接的对中性的要求;键是否需要具有轴向固定的作用;键在轴上的位置(在轴的中部或端部)等。

在普通型平键中A型平键应用广泛。它制作简单,对中性好。轴端部的联接多使用C型平键。

(二)普通型平键尺寸的选择(其他类型键的尺寸选择和强度校核参阅其他资料)

如图10－8普通型平键的主要尺寸为:键宽b、键高h、键长L。选择普通型平键的尺寸时,根据轴的直径d从标准(表10－1)中选取键的截面尺寸:键宽b和键高h($b\times h$);键长L一般可根据轮毂长度B确定,按$L_{max}=B-(5\sim10)$mm初定L_{max}长度范围,再按标准中规定的键的长度系列确定键的长度L(见表10－1下注)。

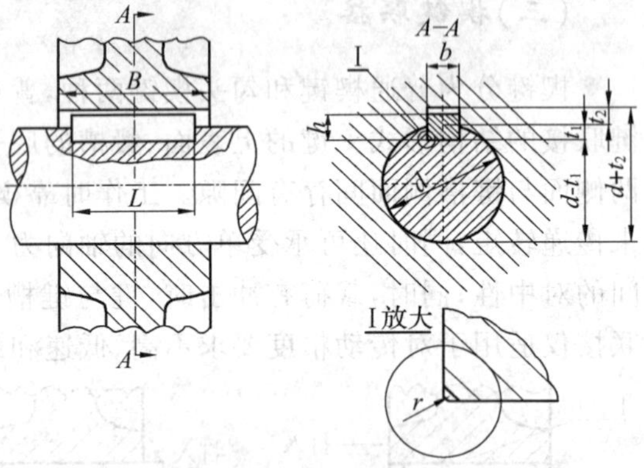

图10－8 普通型平键的剖面和尺寸

表10－1 **普通型平键、平键键槽的尺寸与公差**

(摘自GB/T1096—2003、GB/T1095—2003)

轴的直径 d	键的尺寸				键槽				
	b (h8)	h(h8) (h11)	s	L (h14)	t_1 基本尺寸	t_1 极限偏差	t_2 基本尺寸	t_2 极限偏差	半径 r
>12～17	5	5		10～56	3.0	+0.10	2.3	+0.10	
>17～22	6	6	0.25～0.4	14～70	3.5		2.8		0.16～0.25
>22～30	8	7		18～90	4.0		3.3		
>30～38	10	8		22～110	5.0		3.3		
>38～44	12	8		28～140	5.0		3.3		
>44～50	14	9	0.4～0.6	36～160	5.5		3.8		0.25～0.40
>50～58	16	10		45～180	6.0		4.3		
>58～65	18	11		50～200	7.0	+0.20	4.4	+0.20	
>65～75	20	12		56～220	7.5		4.9		
>75～85	22	14		63～250	9.0		5.4		
>85～95	25	14	0.6～0.8	70～280	9.0		5.4		0.40～0.60
>95～110	28	16		80～320	10.0		6.4		
>110～140	32	18		90～360	11.0		7.4		

注:1.键的长度系列:10,12,14,16,18,20,22,25,28,32,36,40,45,50,56,63,70,80,90,100,110,125,140,160,180,200,220,250,280,320,360,…。

2.高度h的公差为(矩形)h11或(方形)h8。

普通型平键的标记

标记示例：

$b=16\text{mm}$、$h=10\text{mm}$、$L=100\text{mm}$ 普通 A 型平键的标记为：GB/T1096 键 16×10×100；

$b=16\text{mm}$、$h=10\text{mm}$、$L=100\text{mm}$ 普通 B 型平键的标记为：GB/T1096 键 B 16×10×100；

$b=16\text{mm}$、$h=10\text{mm}$、$L=100\text{mm}$ 普通 C 型平键的标记为：GB/ 1096 键 C 16×10×100。

(三)普通型平键联接的强度校核

普通型平键工作时受力情况如图 10－9 所示，键侧面受挤压，a－a 截面受剪切。使用表明，平键联接的失效形式是键、轴和毂三者间强度较低的零件其工作表面被压溃(静联接)或磨损(动联接)。因此，对于常见的材料组合和按标准选取的平键联接，通常只需校核挤压应力(静联接)或压强(动联接)。

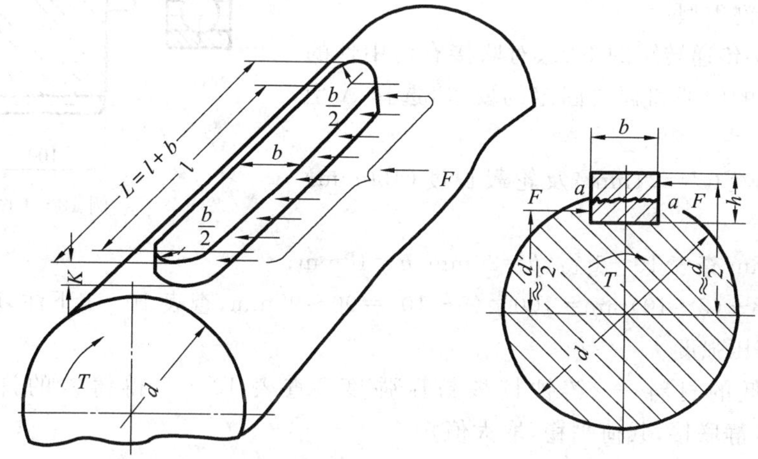

图 10－9 平键联接的受力情况

在图 10－9 中，假设载荷沿键长均匀分布，则挤压强度条件为：

$$\sigma_p=\frac{F}{S}=\frac{T}{\left(\frac{d}{2}\right)kl}=\frac{T}{\left(\frac{d}{2}\right)\left(\frac{h}{2}\right)l}=\frac{4T}{dhl}\leqslant[\sigma_p] \qquad (10-1)$$

式中：T——传递的转矩，N mm；

d——轴的直径，mm；

k——键与轮毂的接触高度，取 $k\approx h/2\text{mm}$；

l——键的工作长度，A 型键：$l=L-b$，B 型键：$l=L$，C 型键：$l=L-b/2$；

$[\sigma_p]$——强度较低材料的许用挤压应力，MPa，见表 10－2。

表 10－2　**键联接的许用应力$[\sigma_p]$和许用压强$[p]$**

许用应力	键联接的工作方式	键、毂或轴的材料	载荷性质 静载荷	载荷性质 轻微冲击	载荷性质 冲击
$[\sigma_p]$	静联接	钢	120～150	100～120	60～90
		铸铁	70～80	50～60	30～45
$[p]$	动联接	钢	50	40	30

注：对动联接以压强 p 和许用压强$[p]$代替式中的 σ_p 和$[\sigma_p]$。

如校核结果联接的强度不够，则可采取以下措施：

(1)适当增大轮毂和键的长度，但毂长 B 不宜超过 2.5d(d—轴的直径)，以减小载荷沿键长的分布不均。

(2)用两个键在圆周上成 180°布置，考虑到载荷在两个键上分布的不均匀性，强度校核时只按 1.5 个键计算。

(3)选择大一号键；或采用非标准键。

【例 10－1】 一钢轴与铸铁齿轮间采用平键联接。已知安装齿轮处的轴径为 71mm，齿轮的轮毂长度为 100mm。联接传递的转矩为 850 Nm，载荷平稳。试选择键的类型和尺寸，并校核其强度。

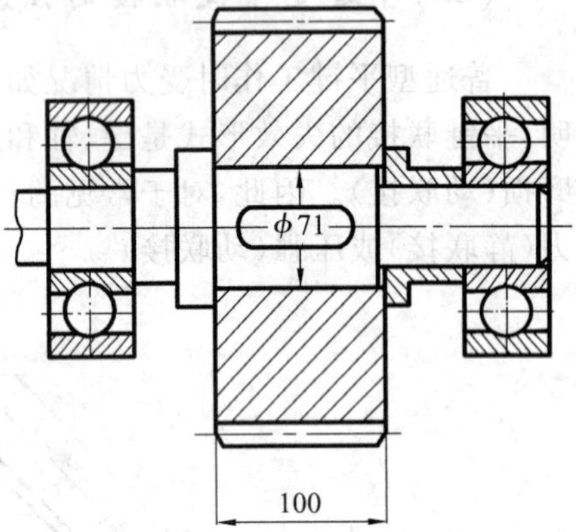

例 10－1 图

解：

(1)选择平键类型

根据键联接传递转矩的不大、对联接有对中性的要求、键在轴上的中部和轴向固定的要求，选择 A 型普通型平键。

(2)根据轴径(d＝71mm)及轮毂长度(100mm)选择键的尺寸：

按 d＝71mm 查表 10－1 得，b＝20mm，h＝12mm；

按 L_{max}＝B－(5～10)mm＝100－(5～10)＝90～95mm，查表 10－1 下注，取 L＝90mm。

(3)校核挤压强度

按强度较低的材料——铸铁校核挤压强度。查表 10－2 得铸铁的许用挤压应力 $[\sigma_p]=80$MPa (静联接，载荷平稳，取大值)。

键的工作长度 $l=L-b=90-20=70$mm

$$\therefore \quad \sigma_p=\frac{4T}{dhl}=\frac{4\times850\times1000}{71\times12\times70}=57.01\ \text{MPa}\leqslant[\sigma_p]$$

此平键联接满足强度要求，适用。键的标记为：GB/T 1096 键 20×12×90。

第二节 花键联接和销联接

一 花键联接

(一)花键联接的组成和特点

花键联接由外花键和内花键组成，如图 10－10 所示。工作时靠内、外花键多个键齿侧面间的挤压传递转矩。由于多键传递载荷，所以它比平键联接的承载能力高；对中性和导向性好；键齿与轴成一体，且键槽浅，应力集中较小。一般用于定心精度要求高及载荷较大的静联接和

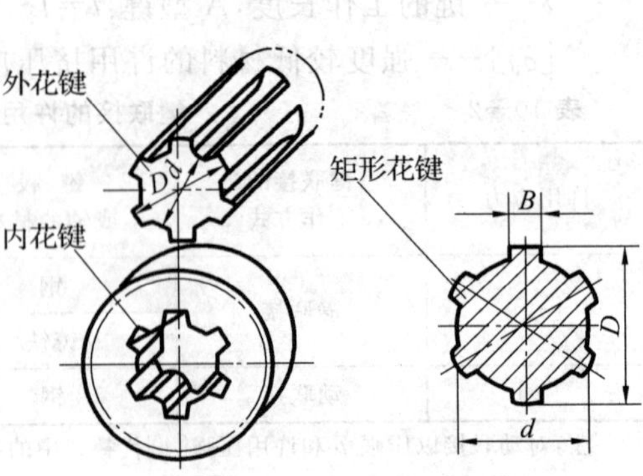

图 10－10 外花键和内花键

动联接，但花键制造需要专用设备，故成本较高。

（二）花键联接的分类

花键联接是平键联接在数量上发展和质量上改善的一种联接方式。根据其齿形的不同，花键可分为矩形花键和渐开线花键两类。

1. 矩形花键

矩形花键（如图10—11所示）加工方便，广泛应用于机床、汽车、拖拉机和工程机械中。矩形花键的定心方式有：大径（D）定心、小径（d）定心和齿宽（B）定心三种。大径定心适用于毂孔表面硬度＜40HRC的花键联接；小径定心适用于毂孔表面硬度＞40HRC的花键联接；齿宽定心的定心精度不高，但由于各齿侧压力分布均匀，适用于传递大的转矩。目前国家标准采用的定心方式为小径定心，主要因为它定心精度较高，特别适用于带花键孔的齿轮在加工时的定位。

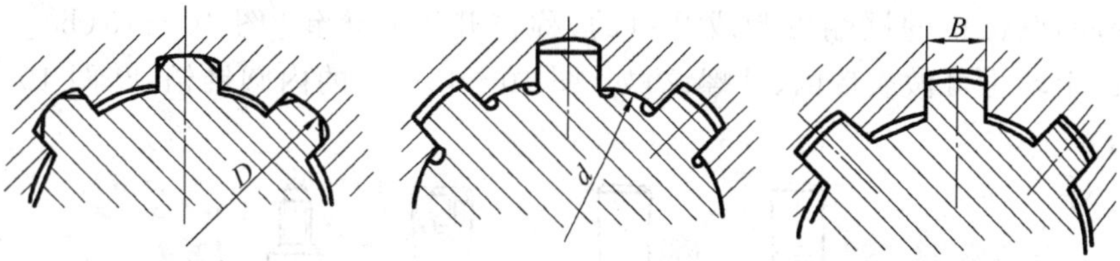

(a)大径定心　(b)小径定心　(c)齿宽定心

图10—11　矩形花键联接

2. 渐开线花键

渐开线花键（如图10—12所示）的齿廓是渐开线，分度圆压力角有30°和45°两种。后者（亦称三角花键）齿数多、模数小，多用于轻载、直径小的静联接，特别适用于轴与薄壁件的联接。渐开线花键加工工艺与齿轮相同，制造精度高，齿根宽，应力集中小，承载能力大；但加工渐开线花键孔的拉刀制造复杂，成本较高。渐开线花键定心方式为齿形定心，具有自动对中作用，并有利于各键齿均匀受力。

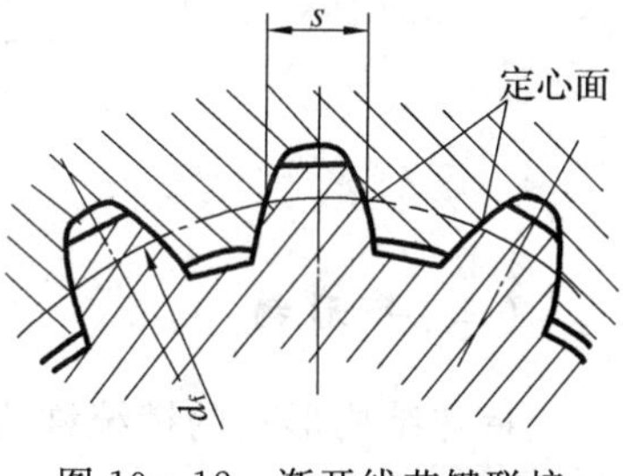

图10—12　渐开线花键联接

二　销联接

销联接主要用于固定零件之间的相对位置[图10—13(a)]，也用于轴与毂或其他零件的联接[图10—13(b)]，可以传递不大的载荷。还可以作为安全装置的过载剪断元件，称为安全销[图10—13(c)]。

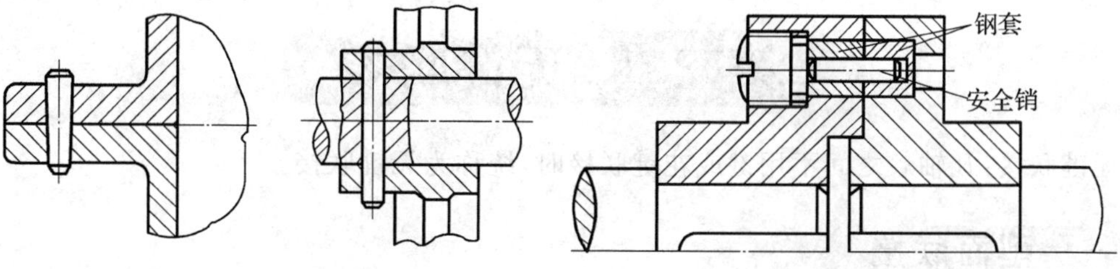

(a)定位销　(b)联接销　(c)安全销

图10—13　销联接

按销形状的不同，可分为圆柱销、圆锥销、槽销、开口销及特殊形状的销等。其中圆柱销、圆锥销、开口销均有国家标准。销的材料常采用 35 和 45 钢，抗拉强度 σ_b 不低于 500MPa。

（一）圆柱销

圆柱销（图 10－14）靠微量的过盈固定在孔中，它不宜经常拆装，否则会降低定位精度和联接的紧固性，只能传递不大的转矩。

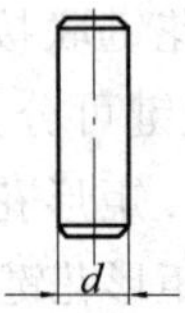

图 10－14　圆柱销

（二）圆锥销

圆锥销（图 10－15）具有 1∶50 的锥度，小头直径为标准值。圆锥销安装方便，且多次装拆对定位精度的影响也不大，应用较广，如图 10－15(a)所示。为确保安装后不致松脱，圆锥销的尾端可制成开口的，称作开尾圆锥销［图 10－15(b)］。为便于拆卸，圆锥销的上端也可做成带内、外螺纹，如［图 10－15(c)］的内圆锥销和［图 10－15(d)］的螺尾圆锥销。

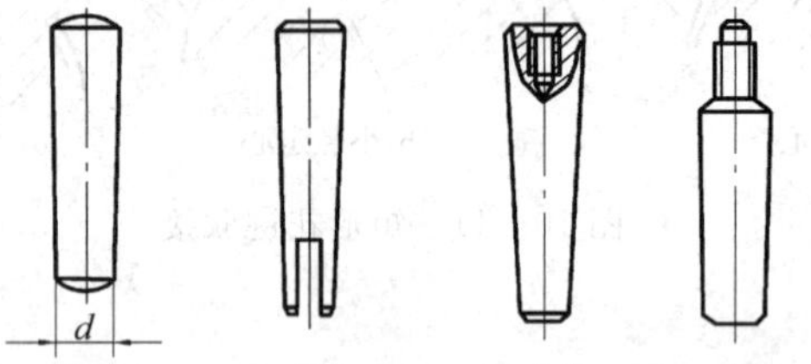

图 10－15　圆锥销

（三）异形销

特殊结构形式的销统称为异形销，如开口销（图 10－16）是一种防松零件。

销的类型可根据工作要求选定。用于联接的销，其直径可根据联接的结构特点按经验确定，必要时再作强度校核；用于定位的销，其尺寸根据结构需要选择，数目不得少于两个，销埋入每一被联接零件的长度≥(1～2)d，因不受载或少受载，故不必作强度校核。

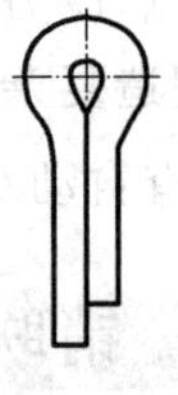

图 10－16　开口销

第三节　无键联接

无键联接：凡轴毂之间不用键或花键联接时，统称为无键联接。

一　型面联接

如图 10－17 所示，把安装轮毂的一段轴作成表面光滑的非圆形剖面的柱体或非圆形剖面的锥体,并在轮毂上制成相应的孔,这种轴与毂相配合而构成的联接,称为型面联接。采用型面联接,装拆方便,对中良好,联接面上没有键槽和尖角,减小了应力集中,可传递大的扭矩。但加工复杂,为保证配合精度,型面上还需用专用磨床加工,影响了它的广泛使用。

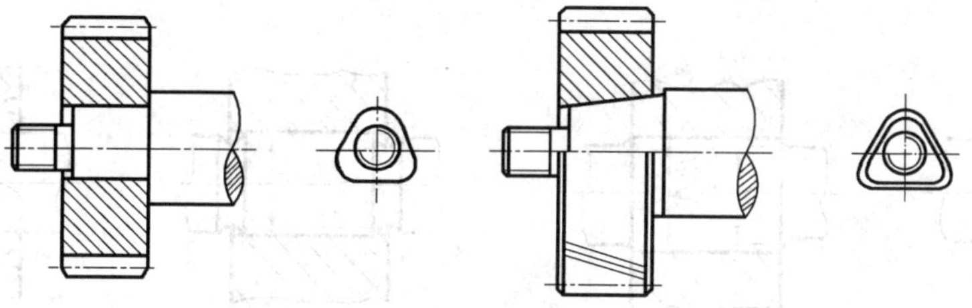

图 10—17 型面联接

二 弹性环联接

如图 10—18 所示,1 为轮毂零件,2 为螺母,3 为内弹性环,4 为外弹性环,5 为轴。内弹性环的外表面和外弹性环内表面为锥形。压紧螺母时,在轴向压力的作用下,外弹性环向外张紧,内弹性环的内表面向内张紧,从而产生了径向压紧力,利用此压紧力产生摩擦力矩来传递转矩。由于弹性环联接不在轴和毂上开键槽,从而减少了应力集中,可以获得良好的对中性,安装方便,可获得紧密的联接,而且有安全保护作用,在安装船用螺旋桨时常采用。弹性环可用 65、70 号高碳钢或 55Cr2、60Cr2 等材料制成,锥角一般取 12.5°～17°,要求内外弹性环锥面配合良好。

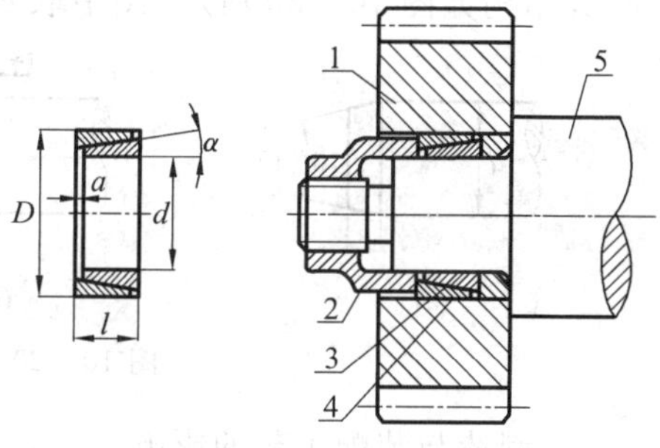

图 10—18 弹性环联接

使用弹性环联接时应注意,不宜超过 3～4 级。

三 过盈配合联接

过盈配合联接是利用相互配合的两个被联接件间的装配过盈量实现联接的。装配后的配合面上产生很大的径向压力,工作时靠此压力产生摩擦力来传递转矩、轴向力或二者的复合载荷。这种联接的特点是结构简单、对中性好,对轴的削弱小,在震动的情况下也可可靠地工作。但配合面的精度要求高,装配麻烦。其装配方法主要有压入法和温差法。当过盈量和配合尺寸较小时,一般采用在常温下的直接压入方法装配。反之,常采用温差法装配,即冷却被包容件,加热包容件后进行装配。压入法会擦伤或压平配合表面,从而减小了过盈量,降低了联接的紧固性。温差法不会擦伤配合表面,联接质量较高,但工艺复杂。

过盈配合联接的有关计算包含:①结合面所需的最小压强 p_{min} 和允许的最大压强 p_{max};②最小过盈量 δ_{min} 和允许的最大过盈量 δ_{max};③装拆力和装配温度(以上三项有关计算,从略)。

过盈配合联接时需注意安排合理结构,确定零件配合表面的工艺要求和提出装配要求等(即提高过盈配合联接承载能力的措施)。

1.结构形式的影响

(1)为了减少毂孔两端处的应力集中以及轴在毂孔端部的滑动,应采取以下措施,如图10—19所示:

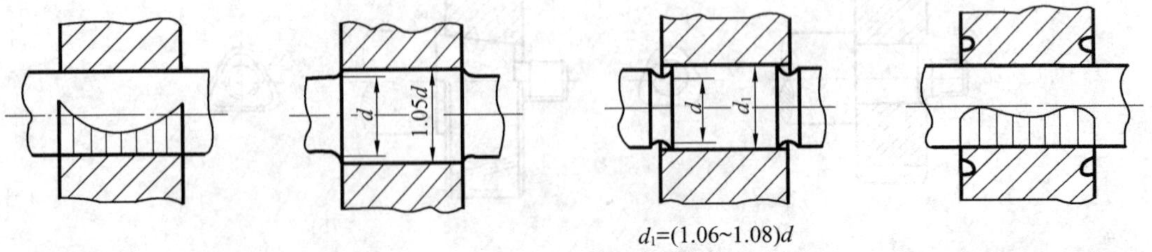

(a)过盈配合处应力集中 (b)增大配合处轴径 (c)轴上开卸荷槽 (d)毂上开卸荷槽

图10—19 过盈配合联接时的减荷措施

(2)当采用压入法装配时,零件的压入端的形状影响着压入力和固持力。应设导入锥面,其结构如图10—20所示(图中取 $e \geqslant 0.01d+2$):

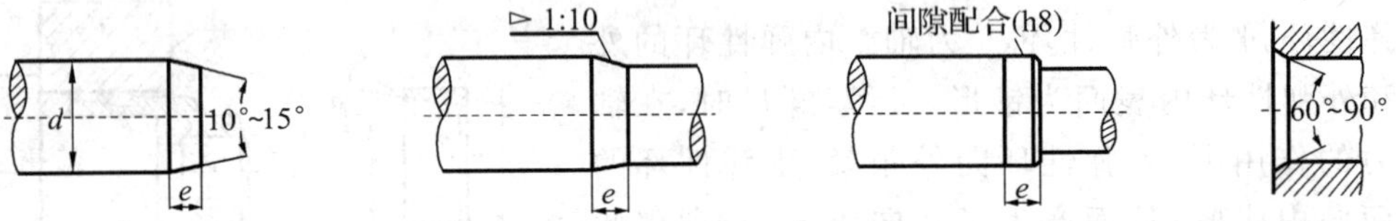

(a) (b) (c) (d)

图10—20 过盈配合联接时的结构形式

2.制造与装配工艺的影响

研究和使用证明,零件的形状偏差和表面不平度小时,可提高联接的固持力。用压入法装配时,零件表面涂润滑油可以防止零件表层卡住和使摩擦力分布均匀。压入速度不应超过5m/s。在零件表面加刚玉粉和对配合表面进行氧化处理能有效地提高联接的固持力。

3.工作条件的影响

当联接的回转速度过高时,离心力使得实际过盈减小;联接的工作温度与其装配时的温度相差过大时,也影响到过盈的大小;这些在装配时应予考虑。

思考题与练习题

思考题

10—1 试叙述下述轴毂联接类型的名称和特点,举例说明各自应用的场合。

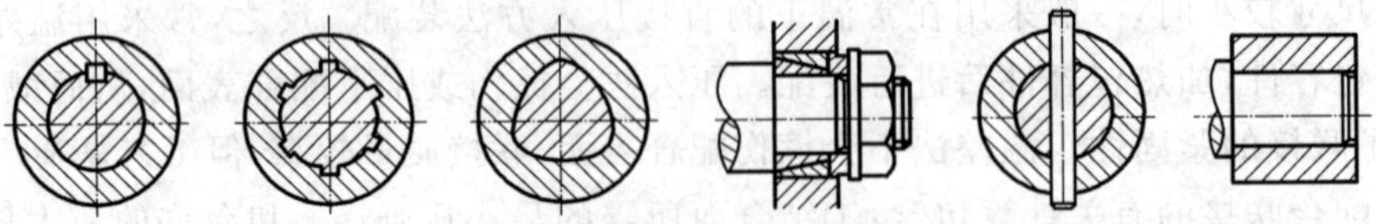

思考题10—1图

10—2 圆头、方头和单圆头普通型平键各有什么特点?分别用在什么场合?轴上的键槽是怎样加工的?毂上的键槽怎样加工?

10－3 平键联接有哪些失效形式？普通型平键的类型、截面尺寸和长度如何确定？

10－4 当轴上装上两个平键时[参阅思考题 10－5 图(a)]，为什么只按 1.5 个键进行强度校核？

10－5 为什么采用两个平键时[思考题 10－5 图(a)]，一般布置在同一轴段沿周向相隔 180°的位置；采用两个楔键时[思考题 10－5 图(b)]，布置在同一轴段沿周向相隔 120°；而采用两个半圆键[思考题 10－5 图(c)]，却布置在同一母线上？

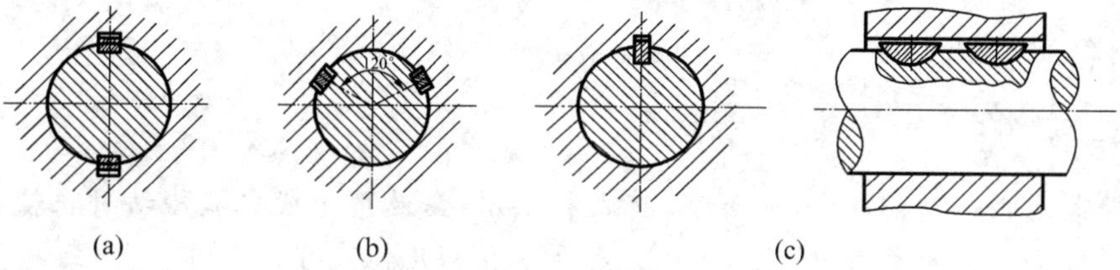

思考题 10－5 图

10－6 弹性环联接的结构是怎样的？弹性环的常用材料有哪些？

10－7 过盈联接的装配方法有哪几种？过盈联接在轴、毂的结构上应注意什么？

练习题

10－1 一钢轴与铸铁齿轮采用平键联接。已知轴的直径为 70mm，齿轮的轮毂长度为 120mm，试选择平键的类型和尺寸，并确定该联接所能传递的最大转矩 $T_{\max}$。

10－2 试选择某车床中电机与皮带轮间的平键联接。已知电机的功率为 7.5kW，转速为 1150r/min，轴的直径为 50mm，铸铁皮带轮轮毂长度为 90mm，载荷有轻微冲击。

模块四 轴系部件

第十一章 联轴器、离合器及弹簧

【学习要求】

(1)熟知常见联轴器、离合器的类型、特点和应用,会选用一般机械传动用联轴器;

(2)了解常见弹簧的类型、特点、用途及主要参数和几何尺寸。

联轴器、离合器是机械设备中的重要部件,它们的作用都是用来联接两轴,使两轴一起转动并传递转矩,有时也可作为一种安全装置用来防止被联接件因承受过大的载荷而损坏,起到过载保护的作用。所不同的是:联轴器只能保持两轴的接合,只有在机器停止运转、经过拆卸后才能使两轴分离;而离合器却可在机器的工作中随时完成两轴的接合和分离。

第一节 联轴器

联轴器所联接的两轴,由于制造及安装误差、承载后的变形以及温度变化的影响,往往存在着某种程度的相对位移与偏斜,它们分别为:轴向位移、径向位移、角度位移和综合位移,如图11－1所示。因此,设计联轴器时要从结构上采取相应措施,使联轴器具有补偿上述偏移量的性能,否则就会在轴、联轴器、轴承中引起附加载荷,导致工作情况的恶化。

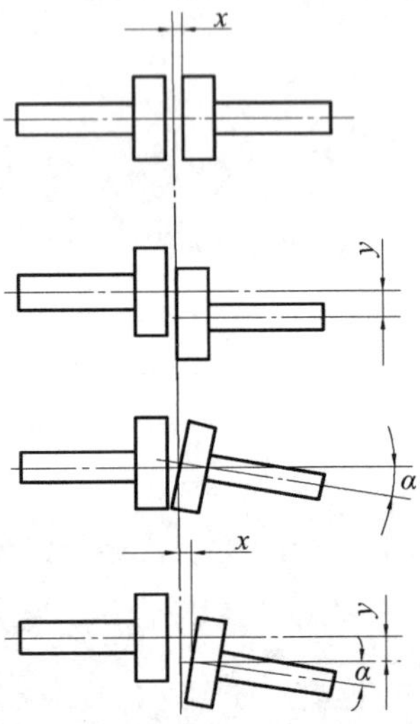

图11－1 联轴器所联两轴的偏移形式

一 联轴器的分类

根据对被联接两轴相对位移补偿能力的不同,可将联轴器分为两大类:

(一)刚性联轴器

刚性联轴器又称为固定式联轴器。这种联轴器结构简单、制造方便,但不能补偿两轴间的相对位移,因此仅用于两轴能严格对中并在工作中不发生相对位移的场合。

（二）挠性联轴器

这种联轴器对被联接两轴的相对位移具有一定的补偿能力。根据联轴器补偿相对位移方法的不同又可分为：

1. 无弹性元件联轴器

这种联轴器是利用联轴器工作元件间构成的动联接来实现位移补偿的。

2. 弹性联轴器

这种联轴器是利用联轴器中弹性元件的变形来补偿位移的，还具有减轻振动与冲击的能力，但是传递载荷的能力不及无弹性元件联轴器。

弹性元件分为金属弹性元件和非金属弹性元件，金属弹性元件强度高、刚度大，性能稳定，金属弹性元件联轴器传递的转矩比非金属弹性元件联轴器大；非金属弹性元件制造方便，且易制成各种形状，有一定的阻尼作用。

此外，还有一些具有特殊用途的联轴器，如安全联轴器等。

二　常用刚性联轴器

常用的刚性联轴器有套筒联轴器、凸缘联轴器和夹壳联轴器等。

（一）套筒联轴器

套筒联轴器是利用套筒及联接零件（键或销）将两轴联接起来。图 11－2(a)中的锥销当轴超载时会被剪断，可起到安全保护的作用，图 11－2(b)中的螺钉用作轴向固定。

套筒联轴器结构简单、径向尺寸小、容易制造，但缺点是装拆时因需将轴作轴向移动而使用不太方便。许用径向位移$[\Delta y]=(0.002\sim0.05)$mm（轴长时取大值）；许用角度位移$[\Delta\alpha]\leqslant0.05$mm/m。

适用于载荷不大、工作平稳、两轴严格对中，并要求联轴器径向尺寸小的场合。此种联轴器目前尚未标准化。

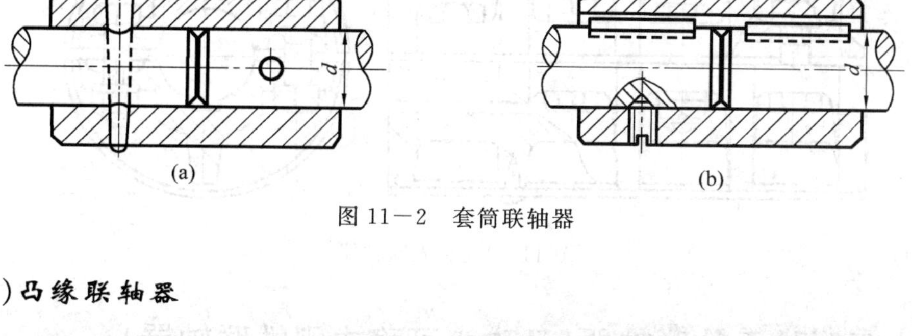

图 11－2　套筒联轴器

（二）凸缘联轴器

凸缘联轴器由两个带凸缘的半联轴器和一组螺栓组成。这种联轴器有两种对中方式：一种是通过分别具有凸槽和凹槽的两个半联轴器的相互嵌合来对中，半联轴器之间采用普通螺栓联接[图 11－3(a)]，装拆时需做轴向移动；另一种是通过铰制孔用螺栓与孔的过渡配合对中[图 11－3(b)]。当尺寸相同时后者传递的转矩远较前者大，且装拆时轴不必作轴向移动。许用径向位移为$[\Delta y]=(0.002\sim0.05)$mm；许用角度位移为$[\Delta\alpha]\leqslant0.05$mm/m。

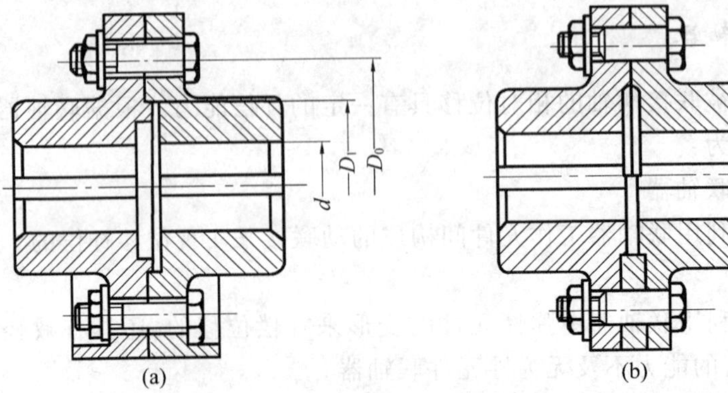

图 11－3　凸缘联轴器

凸缘联轴器结构简单、成本低、传递的转矩较大、应用范围广，并可联接不同直径的两轴及圆锥形轴伸；但要求两轴的同轴度要高。适用于刚性大、转动平稳、振动冲击小、低转速大转矩的联接场合。

两半联轴器常用材料：联轴器外缘的圆周速度 $v \leqslant 35m/s$ 时，可用中等强度的铸铁；$v \leqslant 65m/s$ 时，可选用 ZG310—570，35、45 钢等。

（三）夹壳联轴器

它是由剖分的两半联轴器（夹壳）组成，联接时拧紧联接的一组螺栓夹紧两轴，依靠在夹壳内部安装的两半剖分环来对中；依靠夹紧后夹壳与轴表面产生的摩擦力来传递转矩。夹壳联轴器特点是装拆方便，不需要沿轴向移动两轴，但它只能联接直径相同的两轴。

夹壳联轴器由于外形复杂，不易平衡，且转速过高会降低摩擦表面的摩擦力，故仅适用于转速较低的立轴的场合。

夹壳一般用灰铸铁 HT200 制作，剖分环一般用 Q275 制作。

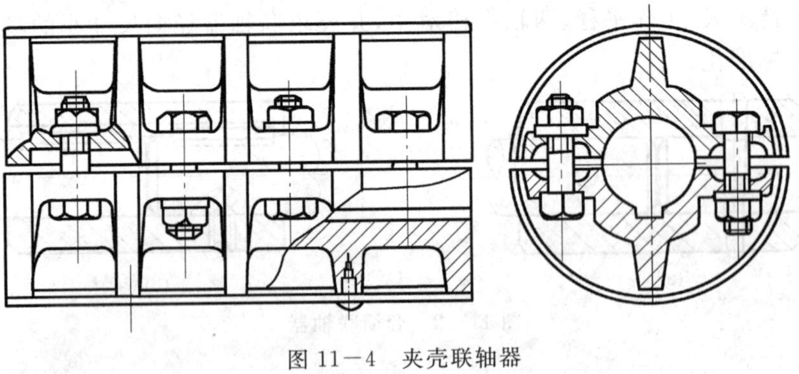

图 11－4　夹壳联轴器

三　无弹性元件联轴器（又称为可移式刚性联轴器）

常用的无弹性元件联轴器有：十字滑块联轴器、万向联轴器和齿式联轴器等。

（一）滑块联轴器

滑块联轴器由两个在端面上开有凹槽的半联轴器 1、3 和一个两端面均带有凸牙的中间盘 2 组成，如图 11－5 所示。中间圆盘两端面的凸榫位于互相垂直的两个直径方向上，并在安装时分别嵌入半联轴器 1、3 的凹榫中。因为凸榫和凹榫构成滑动副，故可补偿安装及运转时两轴间的相对位移和偏斜。

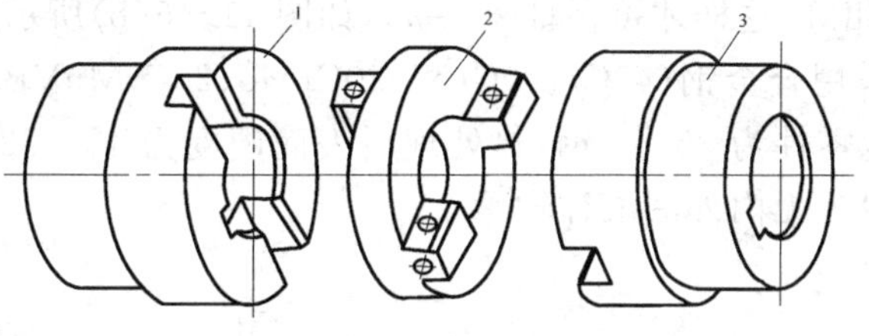

图 11－5　十字滑块联轴器

联轴器的常用材料为 45 或 ZG310～570 钢；中间盘可用铸铁；滑动副表面（凹榫和凸榫表面）须淬硬至 46～50HRC，并且在工作时须注入润滑剂。在高速、轻载、有较小冲击的情况下，将金属圆盘改为夹布胶木或尼龙的方形滑块。

对圆环形滑块，许用径向位移$[\Delta y]\leqslant 0.04d$（$d$ 为轴的直径）；许用角度位移$[\Delta\alpha]\leqslant 30'$；对方形滑块，许用径向位移$[\Delta y]\leqslant(0.01d+0.25)$mm；许用角度位移$[\Delta\alpha]\leqslant 40'$。

滑块联轴器结构简单，径向尺寸小，但在两轴间有偏移的情况下工作时，中间盘会产生很大的离心力，故其适用于无冲击、低转速（$n_{max}=250$r/min）和较大工作载荷的场合。

（二）万向联轴器

万向联轴器是由分别装在两轴端的叉形接头以及与叉头相联的十字形中间联接件十字轴组成，如图 11－6(a)所示。这种联轴器允许两轴间有较大的夹角 α（最大可达 35°～45°），且机器工作时即使夹角发生改变仍可正常传动，但 α 过大会使传动效率显著降低。

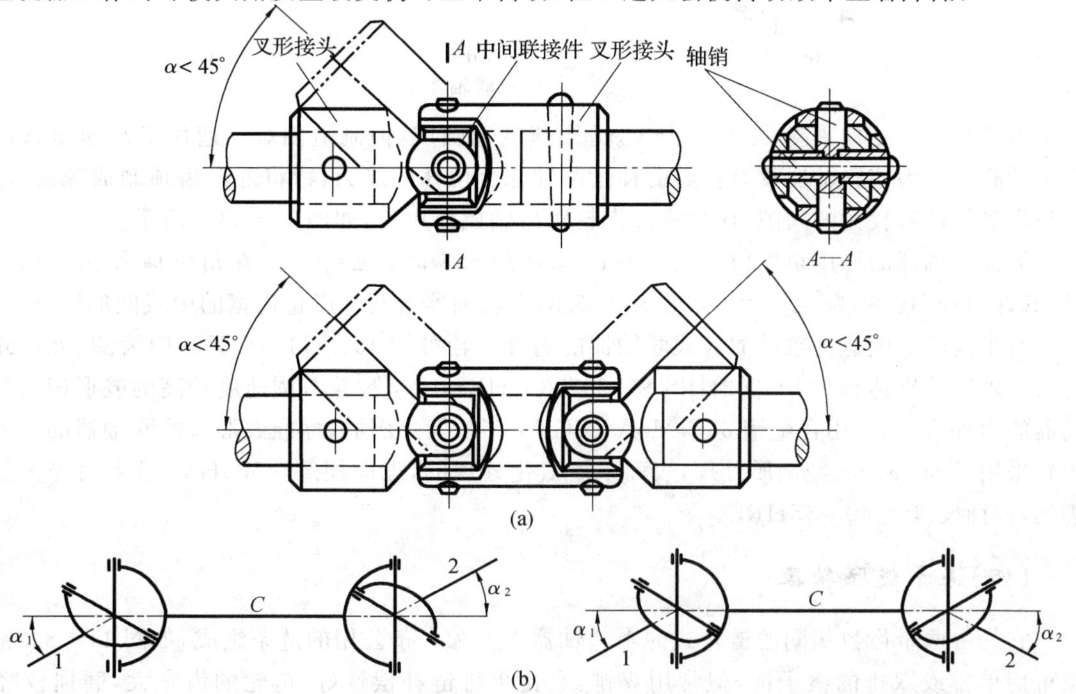

图 11－6　万向联轴器

这种联轴器的缺点是当主动轴角速度 ω_1 为常数时，从动轴的角速度 ω_2 并不是常数，而是在一定范围内变化，这在传动中会引起附加载荷。所以常将两个万向联轴器成对使用，但安装时应保证中间轴两端的叉形接头在同一平面内；且应使主动轴与中间轴的夹角 α_1、中间轴与从动轴的夹角 α_2 相等，这样才可保证 $\omega_1=\omega_2$，如图 11－6(b)所示。

联轴器的十字轴采用合金钢(40Cr、40CrNi、20CrMo、20CrMnVB 等)，热处理后表面硬度为 58～62HRC；其他零件为 35、45 钢，热处理后表面硬度为 48～52HRC。十字轴与节叉联接处选用的轴承一般为无内外圈滚针轴承。

(三)齿式联轴器

齿式联轴器是无弹性元件联轴器中应用较广泛的一种，它是利用内外齿啮合来实现两半联轴器的联接。它由两个内齿圈和两个外齿轮轴套组成，如图 11－7 所示。安装时两内齿圈用螺栓联接成一体；两外齿轮轴套通过过盈配合(或通过键)与轴联接；通过内、外齿轮的啮合来传递转矩。

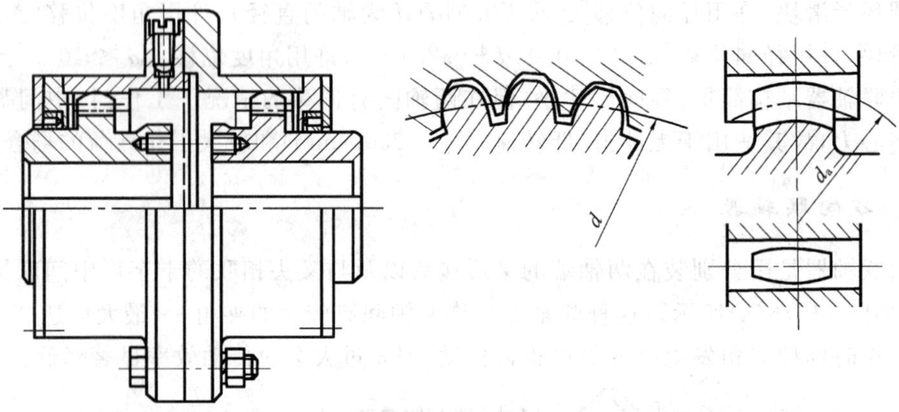

(a)　　(b)　　(c)

图 11－7　齿式联轴器

齿式联轴器结构紧凑、承载能力大、适用速度范围广，但制造困难。适用于高速重载的水平轴联接。为使联轴器具有良好的补偿两轴综合位移的能力，特将外齿齿顶制成球面，齿顶与齿侧均留有较大的间隙，还可将外齿轮轮齿做成鼓形齿，如图 11－7(c)所示。

齿式联轴器的许用角度位移$[\Delta\alpha]=1°$，采用鼓形齿时，$[\Delta\alpha]=3°$，在角位移为 $\Delta\alpha=0.5°$ 时，其许用径向位移为$[\Delta y]=0.0087L$(L 为两半联轴器上两外齿轮齿宽的中线间的距离)。

对于齿轮节圆速度较低的齿式联轴器的内外齿轮可用 45、ZG310～570，内齿圈、外齿轮的齿面硬度分别达到 241～302HBS 和 269～341HBS；对于齿轮节圆速度较高的鼓形齿式联轴器的内外齿轮，可用合金钢 35CrMoA、35CrMoVA 等。例如，标准鼓形齿式联轴器的内外齿轮采用了 40CrMn：经调质处理，表面采用氮化处理的，齿面硬度≥500HV；经表面淬火处理的，齿面硬度达 40～45HRC。

(四)滚子链联轴器

它是由两个齿数相同的链轮式的半联轴器 1、3 和一条公用的链条组成，如图 11－8。链条可用单排或双排的滚子链，但常用双排，它比单排链补偿性好，链轮的齿宽大，磨损较轻

(但由于轴向尺寸较大,链的销轴易于变形和磨损,影响配合件的过盈)。

其许用径向位移为[Δy]=0.02p,许用轴向位移为[Δx]=0.15p,许用角度位移[$\Delta\alpha$]=1°,如将链条的滚子制成鼓形,[$\Delta\alpha$]可达3°～5°。单排链时,取[Δx]和[Δy]为上述该值的一半。

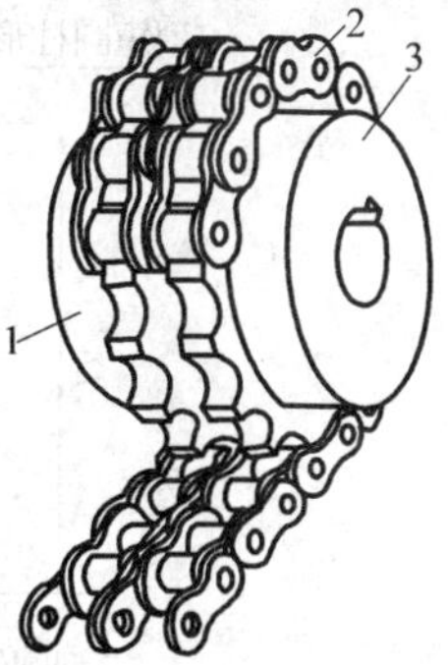

图11－8　滚子链联轴器

两半联轴器(链轮)材料多用优质中碳钢或中碳合金钢制成。

载荷平稳、转速不高时,可采用调质处理,齿面硬度≥220HBS;有冲击载荷及转速较高时,齿面须经淬火(或用低碳合金钢渗碳淬火),使齿面硬度达45HRC以上。

链条联轴器结构简单,尺寸紧凑,维护方便,可适于高温、潮湿或多尘的场合;但在高速或逆转的情况下,会有较大的冲击,它不适于高速运转、频繁启动和在立轴上使用。滚子链联轴器需用润滑剂维护和保养,常用70号工业齿轮油或1号、2号钙基润滑脂。

四　弹性联轴器

(一)金属弹性元件联轴器

金属弹性元件联轴器的种类很多,都具有缓冲和消振的能力。在运转中,联轴器的刚度随载荷而改变,以改善运转性能。常用的有径向金属弹性元件联轴器和轴向金属弹性元件联轴器。

簧片联轴器是径向金属弹性元件联轴器的一种,簧片径向放置在联轴器中。图11－9为径向簧片联轴器传动原理示意图。图11－9(a)为未加载前;图11－9(b)为加载到最大时。

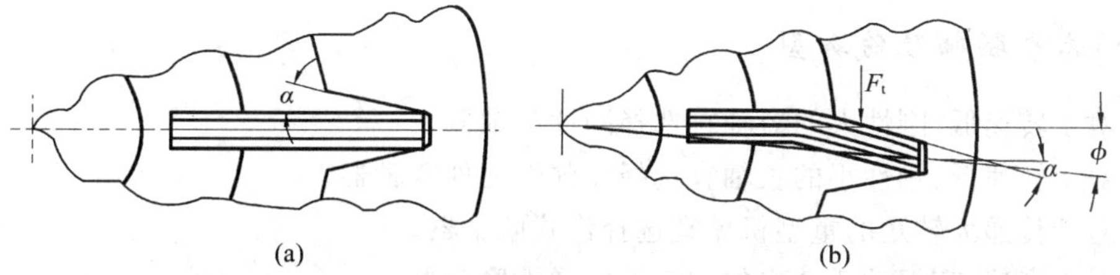

图11－9　径向簧片联轴器示意图

(二)非金属弹性元件弹性联轴器

常用的非金属弹性元件弹性联轴器有弹性套柱销联轴器和弹性柱销联轴器等。

1.弹性套柱销联轴器

弹性套柱销联轴器的构造与凸缘联轴器相似,只是用套有弹性套的柱销代替了联接螺栓,利用弹性套的弹性变形来补偿两轴的相对位移,如图11－10所示。弹性套通常用硬度为

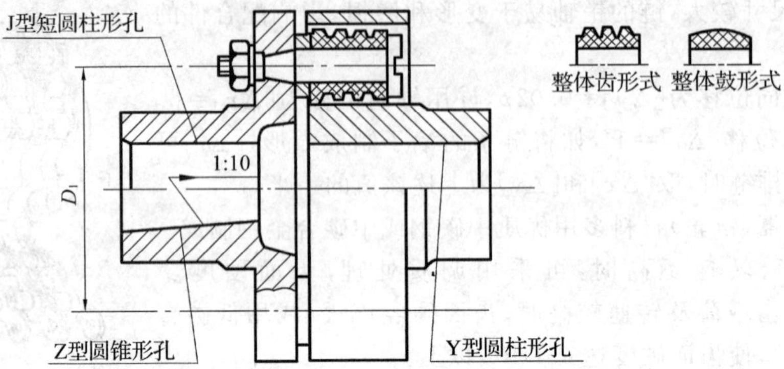

图 11－10 弹性套柱销联轴器

邵氏 A70±5、抗拉强度＞15MPa、伸长率＞300％的天然橡胶或合成橡胶制成。这种联轴器重量轻、结构简单，但弹性套易磨损、使用寿命较短，常用于冲击载荷小、启动频繁的中、小功率传动中。

2. 弹性柱销联轴器

这种联轴器与弹性套柱销联轴器很相似，仅用弹性柱销（通常用 MC 尼龙 6 制成）将两半联轴器联接起来，如图 11－11 所示。它传递转矩的能力较弹性套柱销联轴器大、结构更简单、耐用性好，常用于轴向窜动较大、正反转或启动频繁的场合。

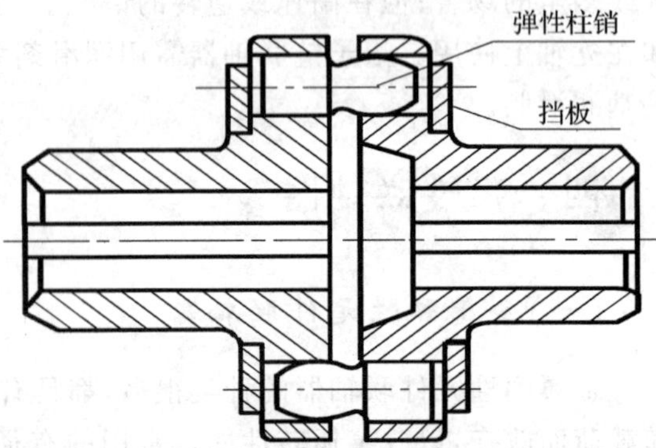

图 11－11 弹性柱销联轴器

五 联轴器的选择

（一）选择联轴器的类型

（1）对于转速低、刚性大的短轴宜选择刚性联轴器。

（2）对于转速低、刚性小的长轴宜选择无弹性元件联轴器。

（3）对于传递大转矩的重型机械宜选择齿式联轴器。

（4）对于高速、有振动或冲击的轴应选择弹性联轴器。

（5）对于轴线相交的轴应选择万向联轴器。

（6）对于有安全保护要求的应选安全联轴器。

（二）确定其型号及结构尺寸

对于使用场合较为特殊，无合适的标准联轴器可供选用时，可按照实际需要自行设计；对于已经标准化或虽未标准化但有资料和手册可查的联轴器，可按标准或手册中所列数据选定联轴器的型号和尺寸。有些场合还需要对其中个别的关键零件作必要的验算。

（1）选择联轴器型号时，联轴器的孔径应包含（大于或等于）配合轴段直径的计算值。

（2）并应同时满足下列两式：

$$T_C \leqslant T_m \text{ 和 } n \leqslant [n] \qquad (11-1)$$

式中：T_m——联轴器的额定转矩，Nm；

$[n]$——联轴器的许用转速，r/min；

T_C——联轴器的计算转矩，可按下式计算：

$$T_C = KT \qquad (11-2)$$

式中：T——名义转矩，Nm；

K——工作情况系数，由表 11－1 查取。

表 11－1　联轴器和离合器的工作情况系数 K

原动机	工　作　机	K
电动机	皮带运输机、鼓风机、连续运转的金属切削机床	1.25～1.5
	链式运输机、刮板运输机、螺旋运输机、离心泵、木工机床	1.5～2.0
	往复运动的金属切削机床	1.5～2.5
	往复式泵、往复式压缩机、球磨机、破碎机、冲剪机	2.0～3.0
	锤、起重机、升降机、轧钢机	3.0～4.0
汽轮机	发电机、离心泵、鼓风机	1.2～1.5
往复式发动机	发电机	1.5～2.0
	离心泵	3～4
	往复式工作机	4～5

注：1. 刚性联轴器选用较大的 K 值，弹性联轴器选用较小的 K 值；

2. 牙嵌式离合器 $K=2\sim3$；摩擦离合器 $K=1.2\sim1.5$；

3. 从动件的转动惯量小、载荷平稳时 K 取较小值。

（三）联轴器的标记

联轴器的标记构成如下：

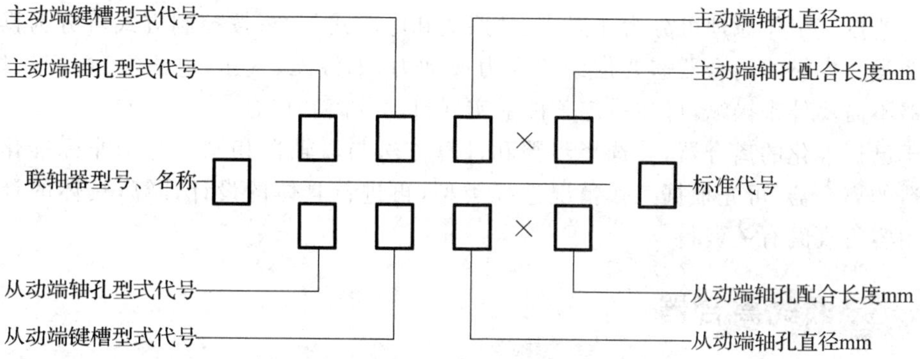

并约定：Y 型孔、A 型键槽的代号在标记中可予省略；当主、从动端的两半联轴器轴孔和键槽的型式及尺寸均相同时，只标记一端，另一端省略。

示例 1：LT3 联轴器 $\dfrac{ZC16\times30}{JB18\times42}$ GB/T4323—2002

其含义为：LT3 弹性套柱销联轴器。主动端：Z 型轴孔，C 型键槽，$d=16$mm，$L=30$mm；从动端：J 型轴孔，B 型键槽，$d=18$mm，$L=42$mm。

示例 2：GL12 联轴器 $J_1 95\times132$ GB/T6069—2002

其含义为：GL12 滚子链联轴器。两半联轴器均为无沉孔的短圆柱型轴孔，$d=95\text{mm}$，$L=132\text{mm}$。

联轴器的孔型及代号见图 11－12；键槽的型式及代号见表 11－2。

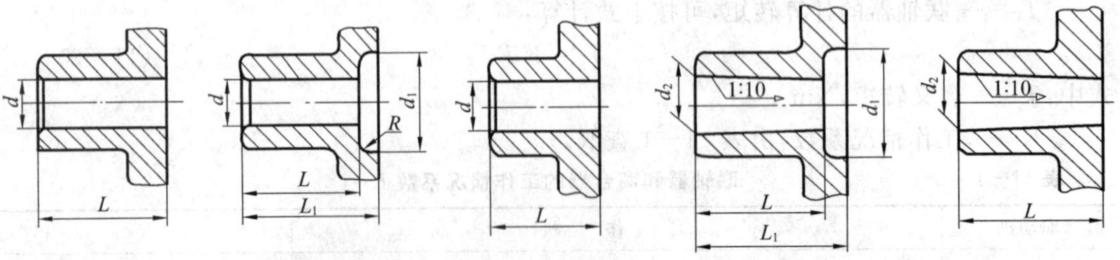

(a)Y型 长圆柱形轴孔　(b)J型 有沉孔的短圆柱形轴孔　(c)J_1型 无沉孔的短圆柱形轴孔　(d)Z型 有沉孔的长圆锥形轴孔　(e)Z_1型 无沉孔的长圆锥形轴孔

图 11－12　联轴器的孔型及代号

表 11－2　**联轴器轴孔的键槽型式及代号**

联轴器轴孔型式	键槽型式	键槽型式的代号
圆柱形轴孔	平键单键槽	A
	120°布置平键双键槽	B
	180°布置平键双键槽	B_1
圆锥形轴孔	平键单键槽	C
圆柱形轴孔	普通切向键键槽	D

第二节　离合器

离合器按其工作原理可分为牙嵌式、摩擦式和电磁式三类；按控制方式可分为操纵式和自动式两类。操纵式离合器需要借助于人力或动力（如液压、气压、电磁等）进行操纵；自动式离合器不需要外来操纵，可在一定条件下实现自动分离和接合。

对于已标准化的离合器，其选择步骤和计算方法与联轴器相同。对于非标准化或不按标准制造的离合器，可先根据工作情况选择类型，再进行具体的设计计算，具体的计算方法及计算内容可查阅有关资料。

一　牙嵌式离合器

牙嵌式离合器由两个端面带牙的半离合器组成。从动半离合器用导向平键或花键与轴联接，另一半离合器用平键与主动轴联接，如图 11－13 所示；对中环用来使两轴对中，滑环可操纵离合器的分离或接合。

牙嵌式离合器的常用牙型有矩形、梯形和锯齿形等。矩形齿可双向传动，但接合、分离困难，牙的强度低，磨损后无法补偿，仅用于静止状态的手动接合；梯形齿牙根强度高，接合容易，且能自动补偿牙的磨损和间隙，可双向传动，因此应用较广；锯齿形牙根强度高，可传递较大转矩，但只能单向工作。

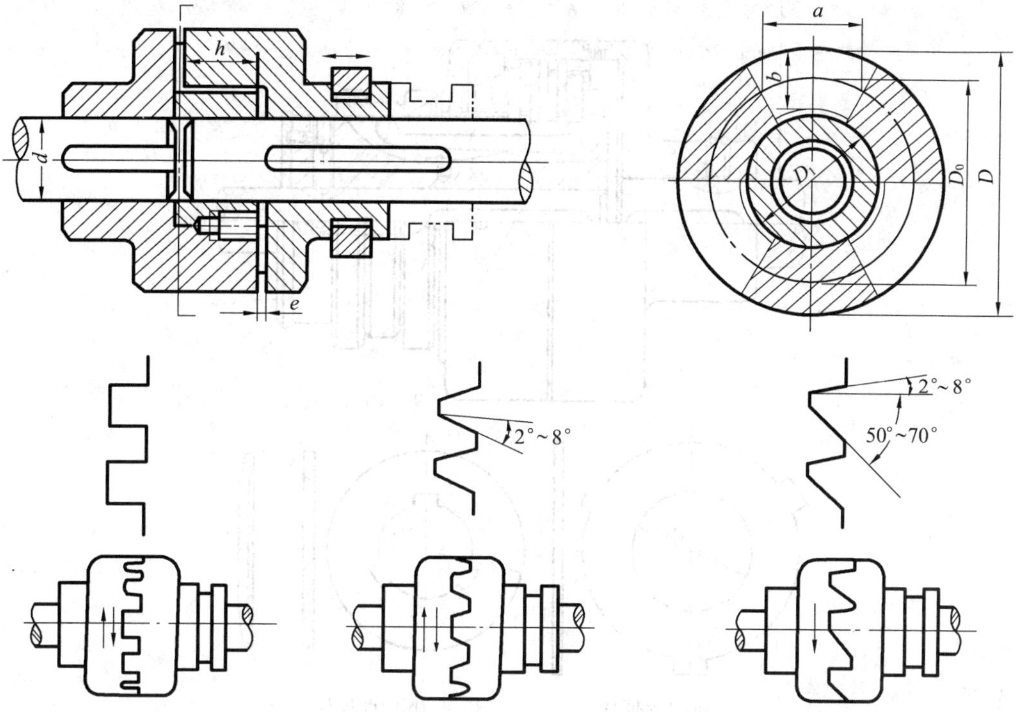

(a)矩形牙型　(b)梯形牙型　(c)锯齿形牙型

图 11－13　牙嵌式离合器

为了减小齿间冲击、延长齿的寿命，牙嵌式离合器应在两轴静止或转速差很小时接合或分离。

二　摩擦离合器

摩擦离合器利用主、从动半离合器摩擦片接触面间的摩擦力传递转矩。为提高传递转矩的能力，通常采用多片摩擦片。它能在不停车或两轴有较大转速差时进行平稳接合，且可在过载时因摩擦片间打滑而起到过载保护作用。

如图 11－14 所示的为多片摩擦离合器，它有两组间隔排列的内、外摩擦片。外摩擦片 5 通过外圆周上的花键与鼓轮 2 相联（鼓轮 2 与轴 1 固联），内摩擦片 6 利用内圆周上的花键与套筒 4 相联（套筒 4 与从动轴 3 固联），移动滑环 7 可使杠杆 8 压紧或放松压板 9，从而实现离合器的接合与分离。10 为锁紧螺母。

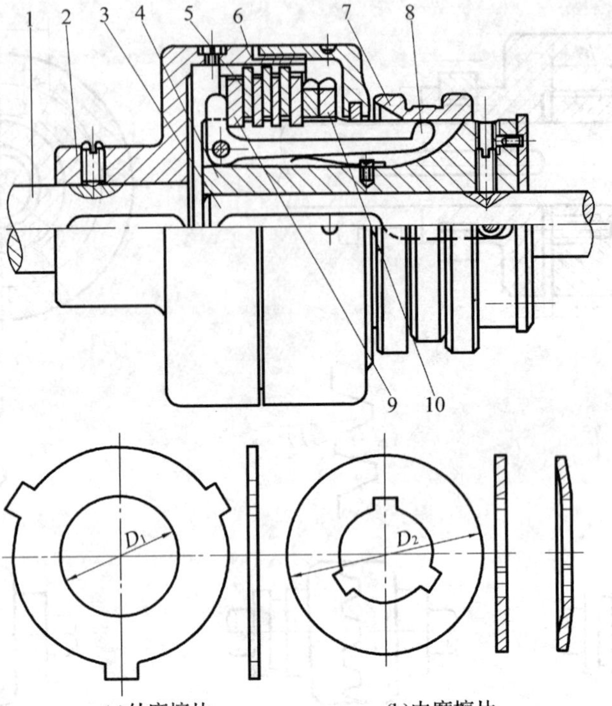

图 11－14　摩擦离合器

三　特殊功用离合器

（一）安全离合器

安全离合器指当传递转矩超过一定数值后，主、从动轴可自动分离，从而保护机器中其他零件不被损坏的离合器。

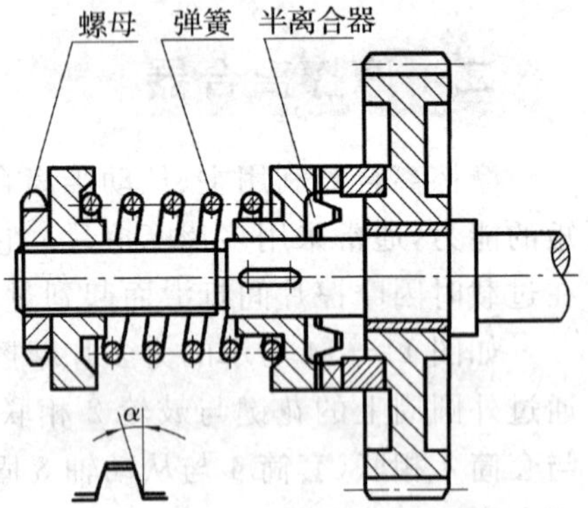

图 11－15　牙嵌式安全离合器

图 11－15 为牙嵌式安全离合器。它与牙嵌式离合器很相似，仅是牙的倾斜角 α 较大。它没有操纵机构，过载时牙面产生的轴向分力大于弹簧压力，迫使离合器退出啮合，从而中断传动。它通过拧紧或放松调节螺母来调节弹簧压力大小的方法控制传递转矩的大小。

（二）超越离合器

超越离合器能根据两轴角速度的相对关系自动接合和分离。当主动轴转速大于从动轴时，离合器将使两轴接合，把动力从主动轴传给从动轴；而当主动轴转速小于从动轴时，则使两轴脱离。因此，这种离合器只能在一定的转向上传递转矩。

图 11－16 为应用最普遍的滚柱式超越离合器。它由爪轮(星轮)、套筒、滚柱和弹簧组成。滚柱被弹簧压向楔形槽的狭窄部分，与套筒和星轮接触。当爪轮为主动件并沿顺时针方向转动时，滚柱在摩擦力的作用下被楔紧在槽内，借助摩擦力带动套筒同步转动，离合器处于接合状态。当爪轮逆时针转动时，滚柱被带到楔形槽的较宽部分，爪轮无法带动外壳一同转动，离合器处于分离状态。如套筒为主动件并沿逆时针方向转动时，滚柱被楔紧，套筒将带动爪轮同步转动，离合器接合；当套筒顺时针转动时，离合器又处于分离状态。

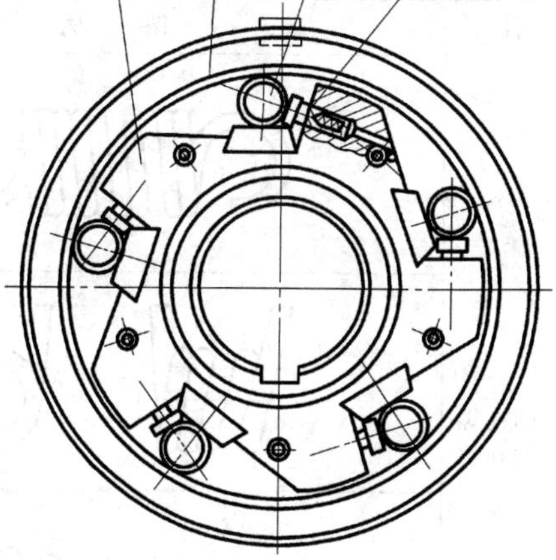

图 11－16 超越离合器

第三节 弹 簧

一 弹簧的作用及类型

(一)弹簧的作用

弹簧是一种弹性元件。由于它具有刚性小、弹性大、在载荷作用下容易产生弹性变形等特性，被广泛地应用于各种机器、仪表及日常用品中。

随着使用场合的不同，弹簧在机器中所起的作用也不相同，其主要作用有：

(1)缓冲和吸振 例如汽车的减振簧和各种缓冲器中的弹簧。

(2)储存及输出能量 如钟表的发条、枪上的复进机弹簧等。

(3)测量载荷 如弹簧秤、测力器中的弹簧。

(4)控制运动 如内燃机中的气门弹簧、凸轮机构中的(弹簧)力锁合装置、离合器上的压紧弹簧等。

(二)弹簧的类型

弹簧的类型很多，表 11－3 列出了常用类型的弹簧及其特点和应用。

在一般机械中最常用的是圆柱形螺旋弹簧，本节主要讨论圆柱形螺旋压缩及拉伸弹簧的结构形式。

表 11－3 弹簧的类型及应用

名称	图 例	说 明
圆柱螺旋弹簧	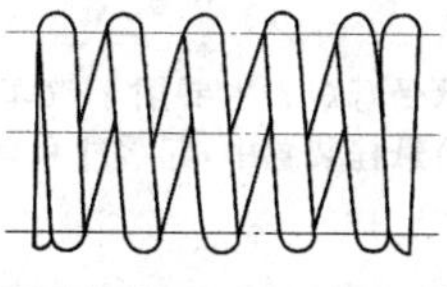	承受压力。结构简单，制造方便，应用最广。 当空间尺寸相同时，矩形截面弹簧比圆形截面弹簧吸收能量大，刚度更接近于常数。

（续表）

名称	图　　例	说　　明
圆柱螺旋弹簧	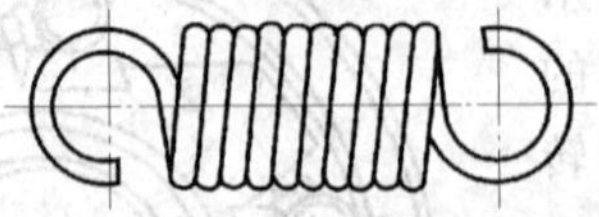	承受拉力。
		承受转矩。主要用于压紧和蓄力以及传动系统中的弹性环节。
	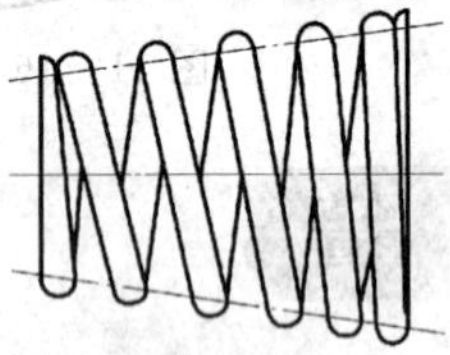	承受压力。弹簧圈从大端开始接触后特性线为非线性的。可防止共振，稳定性好，结构紧凑。多用于承受较大载荷和减振。
碟形弹簧	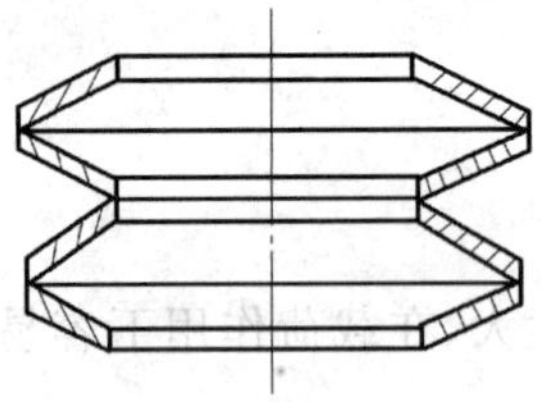	用薄钢板冲压成型的空心截锥形压缩弹簧。有单片的、对合式和堆积式等形式，装在导杆或套筒上工作。刚度大，能以小的变形承受大的载荷，适用于轴向尺寸受限制的场合；具有变刚度的特性，不同的组合得到不同的特性曲线。
环形弹簧	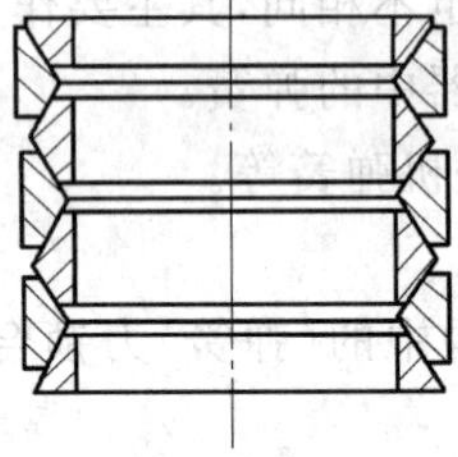	由具有圆锥面的内外环组成，是一种压缩弹簧。圆锥面上的法向压力很大，摩擦力很大，具有很大的阻尼和吸振能力。宜用于空间尺寸较小而要求强力缓冲的场合，如机车牵引、振动机械的支撑、火炮的缓冲等。
盘形弹簧	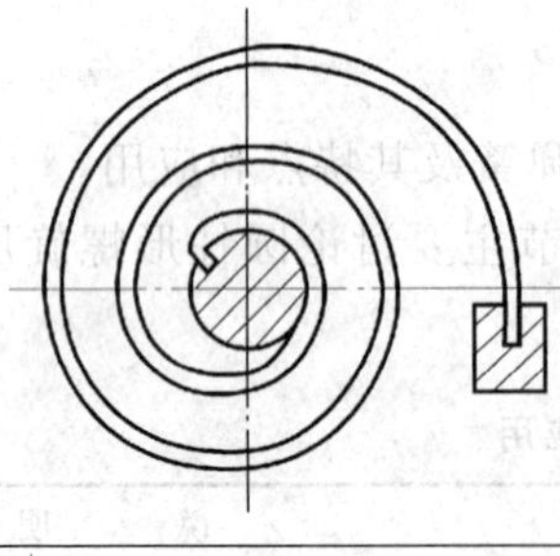	承受转矩。圈数多，变形角大，储存能量大。多用作压紧弹簧和仪器、钟表中的储能弹簧。
板弹簧	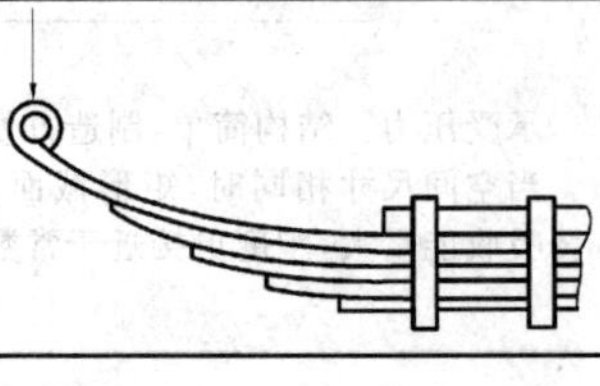	承受弯矩。主要用于汽车、拖拉机和铁路车辆的车箱悬挂装置中，起缓冲和减振作用。

(三)弹簧的材料、螺旋弹簧的制作

常用的弹簧材料有碳素弹簧钢(如 65、70 碳素钢丝等)、合金钢(如 65Mn、70Mn、60Si2Mn、60Si2MnA、60Si2MnWA、50CrVA、30W4Cr2VA 等)、不锈钢(如 1Cr18Ni9、1Cr18Ni9Ti、4Cr13 等)和铜合金(QSi3－1、QSn4－3、QSn6.5－0.1 等)等,近年来已采用橡胶、工程塑料和空气弹簧。碳素弹簧钢价格低、热处理后有较高的强度和韧性,选材时宜优先选用。

螺旋弹簧是在卷簧机上绕制而成(小批量或单件生产,亦可在车床或手工绕制)。弹簧丝直径在 8～10mm 以下时,弹簧用经过热处理的优质碳素弹簧钢丝常温下冷卷成型制造,然后经低温回火处理消除内应力。制造直径较大的强力弹簧常用热卷法,热卷(800℃～1000℃)后须经淬火、回火处理。

二　圆柱形螺旋弹簧的结构

图 11－17 和图 11－18 为螺旋压缩弹簧和拉伸弹簧的主要参数、几何尺寸和(部分)端部结构示意图。

压簧在自由状态下各圈间留有间隙 δ,经最大工作载荷的作用压缩后,各圈间还应有一定的余留间隙 δ_1($\delta_1=0.1d>0.2$mm)。弹簧的两端各有 3/4～5/4 圈并紧,称为支撑圈或死圈。冷卷压缩弹簧支撑圈的结构形式有 YⅠ、YⅡ、YⅢ三种,如图 11－17 所示;热卷压缩弹簧支撑圈的结构形式有 RYⅠ、RYⅡ两种(两端圈结构基本同 YⅠ图所示;区别为:YⅠ型,两端圈并紧并磨平,$n_2=1\sim2.5$;RYⅠ型,两端圈并紧并磨平,$n_2=1.5\sim2.5$;RYⅡ型,两端圈并紧磨平或不磨,$n_2=1\sim2.5$;上述中 n_2 为死圈数)。重要场合使用的弹簧,为保证支撑面与弹簧轴线垂直,须采用弹簧端部磨平的结构形式(如 YⅠ、RYⅠ、RYⅡ型)。

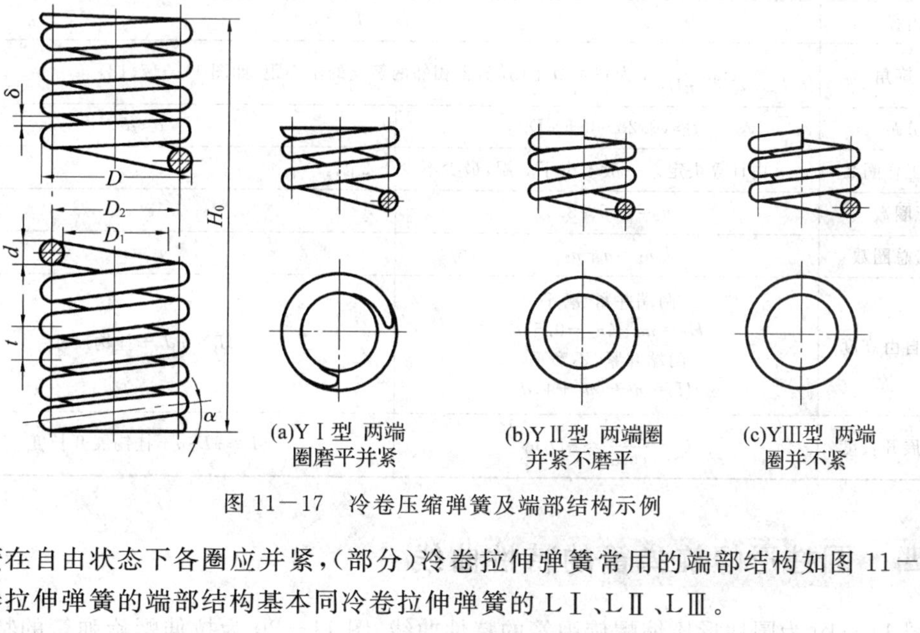

图 11－17　冷卷压缩弹簧及端部结构示例

拉簧在自由状态下各圈应并紧,(部分)冷卷拉伸弹簧常用的端部结构如图 11－18 所示。热卷拉伸弹簧的端部结构基本同冷卷拉伸弹簧的 LⅠ、LⅡ、LⅢ。

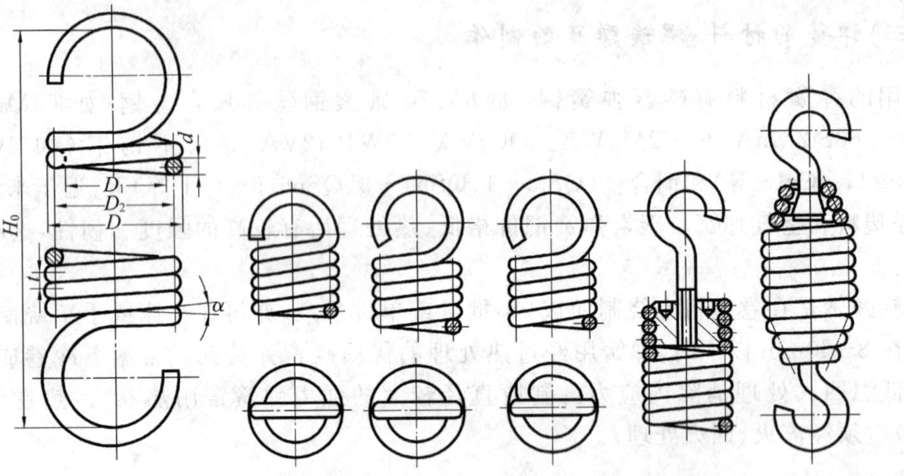

(a)LⅠ型 半圆钩环 (b)LⅡ型 圆钩环 (c)LⅢ型 圆钩环压中心 (d)LⅦ型 可调式拉簧 (e)LⅧ型 两端具有可转钩环

图 11－18 冷卷拉伸弹簧及(部分)端部结构示例

三 圆柱形螺旋弹簧的主要参数和几何尺寸

圆柱形螺旋弹簧的主要参数和几何尺寸有：弹簧丝直径 d，弹簧圈外径 D、内径 D_1 和中径 D_2，节距 t，螺旋升角 α，弹簧工作圈数 n 和弹簧自由高度 H_0 等。螺旋弹簧各参数间的关系见表 11－4。

表 11－4 圆柱螺旋弹簧基本几何参数的关系式

参数名称	压缩弹簧	拉伸弹簧
外径	$D=D_2+d$（d 为弹簧钢丝直径，D_2 为弹簧中径；均由设计选取，均为标准值）	
内径	$D_1=D_2-d$	
螺旋角	$\alpha=\arctan\dfrac{t}{\pi D_2}$，$t$ 为弹簧节距（弹簧上相邻两簧丝的中心距，如图 11－17、18）	
节距	$t\approx(0.28\sim0.5)D_2$	$t\approx d$
有效工作圈数	n 由计算决定。一般不少于 3 圈，最少不少于 2 圈。	
死圈数	$n_2=1.5\sim2.5$	—
弹簧总圈数	$n_1=n+n_2$	$n_1=n$
弹簧自由高度	两端并紧、磨平 $H_0=nt+(n_2-0.5)d$ 两端并紧、不磨平 $H_0=nt+(n_2+1)d$	$H_0=nd$ ＋挂钩尺寸
簧丝展开长度	$L=\dfrac{\pi D_2 n_1}{\cos\alpha}\approx\pi D_2 n_1$	$L\approx\pi D_2 n$＋挂钩展开长度

四 圆柱形螺旋弹簧的特性曲线

图 11－19 为圆柱形压缩螺旋弹簧的特性曲线，图 11－20 为拉伸螺旋弹簧的特性曲线，它们反映了弹簧伸长与轴向载荷之间的关系，同时也被绘制在弹簧的工作图中，是试验和检

验弹簧的重要依据。

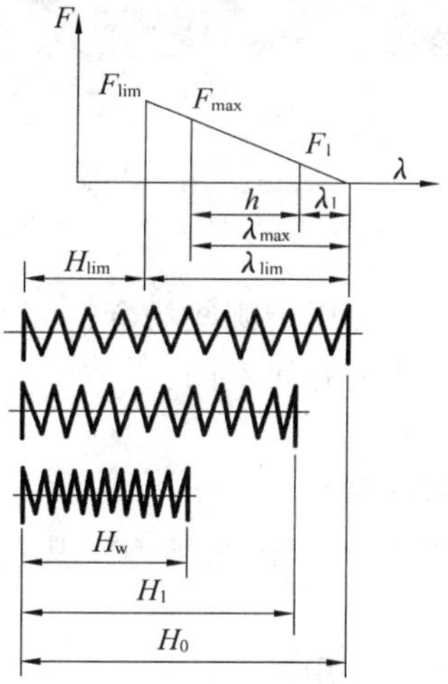

图 11－19 压缩弹簧的特性曲线

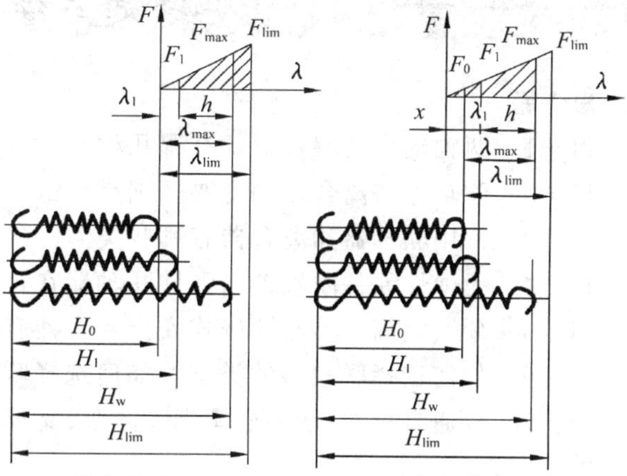

(a)无初拉力 (b)有初拉力

图 11－20 拉伸弹簧的特性曲线

以图 11－19 压簧为例。图中 H_0 是弹簧未受载前的高度(长度),称为自由高度。

为将弹簧安装稳定,须加以载荷 F_1,称为安装载荷,这时弹簧的缩短量是 λ_1,弹簧的高度是 $H_1=H_0-\lambda_1$,叫做安装高度。设计时,通常取安装载荷 $F_1=0.2F_{lim}$。

随着载荷的增大,弹簧的缩短变形量呈线性变化。线性变化规律(压簧为缩短,拉簧为伸长)是圆柱螺旋弹簧的特征(不同种类的弹簧,特性曲线各不相同),弹簧刚度的不同,曲线变化的规律(倾斜程度)不同。这一变化达到 λ_{max},对应的载荷称为最大工作载荷 F_{max},弹簧高度为 $H_W=H_0-\lambda_{max}$,称为工作高度。弹簧由安装高度 H_1 缩短到工作高度 H_W 时,弹簧的变化量 $h=\lambda_{max}-\lambda_1$ 叫做弹簧的工作行程。这一线性变化规律可用公式表示为:$F_1/\lambda_1=F_2/\lambda_2=F_{max}/\lambda_{max}\cdots=k$,称作弹簧刚度,它反映了弹簧"软硬"的程度——抵抗变形的能力。设计时,最大工作载荷 F_{max} 通常按载荷性质:Ⅰ类载荷——弹簧受循环载荷的次数 $\geqslant 1\times10^6$,取 $F_{max}\geqslant 0.6F_{lim}$;Ⅱ类载荷——弹簧受循环载荷的次数在 $1\times10^3\sim1\times10^6$ 之间或受冲击载荷,取 $F_{max}\geqslant 0.8F_{lim}$,Ⅲ类载荷——弹簧受静载荷及循环载荷的次数 $<1\times10^3$,取 $F_{max}\geqslant 0.9F_{lim}$。

当继续加载达到 F_{lim}、材料达到弹性极限时,弹簧的变形量达到 λ_{lim},称为极限变形量;对应的载荷达到 F_{lim},称为极限载荷;弹簧高度为 $H_{lim}=H_0-\lambda_{lim}$,称为极限高度。

图 11－20 中图(a)为无初拉力(适用于淬火弹簧)弹簧的特性曲线,其变化情况与压簧相同。图(b)为有初拉力(适用于不淬火弹簧)弹簧的特性曲线。这种弹簧,在卷制时使各圈并紧,工作时须首先拉伸、克服预加压紧力 F_0(称为初拉力),使弹簧达到自由高度 H_0(图中弹簧的伸长量为 x)后才能伸长,其余变化同无初拉力弹簧。设计时:簧丝直径 $d\leqslant 5$mm,取 $F_0\approx F_{lim}/3$;簧丝直径 $d>5$mm,取 $F_0\approx F_{lim}/4$。

思考与练习题

思考题

11－1　两轴轴线的偏移形式有哪几种？

11－2　联轴器与离合器的主要区别是什么？

11－3　常用联轴器和离合器有哪些类型？各有哪些特点？应用于哪些场合？

11－4　无弹性元件联轴器与弹性联轴器在补偿位移的方式上有何不同？

11－5　牙嵌式离合器与牙嵌式安全离合器有何区别？

11－6　如何选择联轴器的类型？如何选择联轴器的具体型号？

11－7　普通自行车上手闸、鞍座、货架、支撑等处的弹簧各属于什么类型？其功用是什么？

11－8　圆柱螺旋弹簧的端部结构有何功用？支撑圈起什么作用？

11－9　圆柱螺旋弹簧的主要参数有哪些？它们对弹簧的刚度、变形量有什么影响？

11－10　弹簧的特性曲线反映哪些问题？怎样读懂弹簧的特性曲线？读懂题 11－10 图，回答以下问题：

①图中 65、56、46、34 等长度尺寸各是标注弹簧的哪个高度？②弹簧的内、外径各多少？③弹簧的刚度系数为多少？④弹簧的两端圈采用哪种型号的结构形式？⑤计算弹簧的螺纹升角 α。

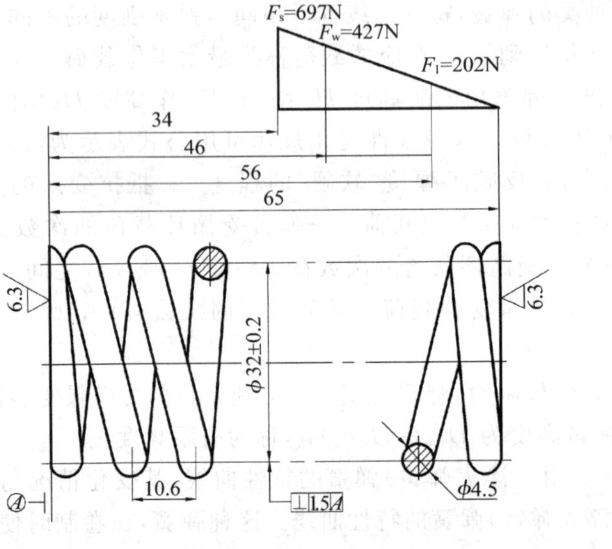

技术要求

1. 端部形状：YI 型，两端圈并紧，每端磨 3/4圈；
2. 总圈数：$n_1=7.5$；
3. 有效圈数：$n=5.5$；
4. 旋向：右旋；
5. 热处理后硬度：45～500HRC；
6. 展开长度：754mm。

思考题 11－10 图

练习题

11－1　某电动机与油泵之间用弹性套柱销联轴器联接，功率 $P=7.5\text{kW}$，转速 $n=970\text{r/min}$，两轴直径均为 42mm，试选择联轴器的型号。

11－2　在图示轻型起重机上用的蜗杆减速器与电动机之间，及减速器与卷筒轴之间选择联轴器（包括联轴器的类型和型号）。已知电动机功率 $P=7.5\text{kW}$，转速 $n=970\text{r/min}$，电动机轴直径 $d_1=42\text{mm}$；减速器的传动比 $i=30$，传动效率 $\eta=0.8$，输出轴直径 $d_2=60\text{mm}$。

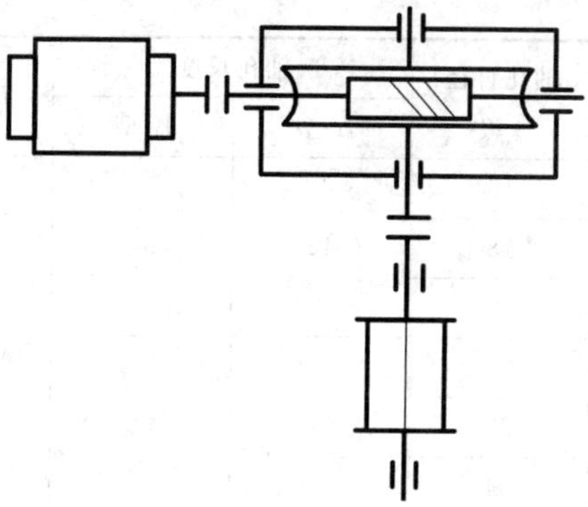

习题 11－2 图

11－3　离心水泵与驱动电动机用柱销联轴器联接，传递功率 $P=38\text{kW}$，转速为 $n=960\text{r/min}$，两端被联接轴直径 $d_1=60\text{mm}$，$d_2=50\text{mm}$，试选择联轴器的型号。如原动机改为双缸柴油机，型号有无改变？

11－4　由交流电动机直接带动一直流发电机供应直流电。若已知所需最大功率为 18～30kW，转速 3000r/min，外伸轴的直径 $d=45\text{mm}$，试为电动机与发电机之间选择一适当的联轴器。

附表 11－1　　**凸缘联轴器**（**摘自** GB/T5843—2003）

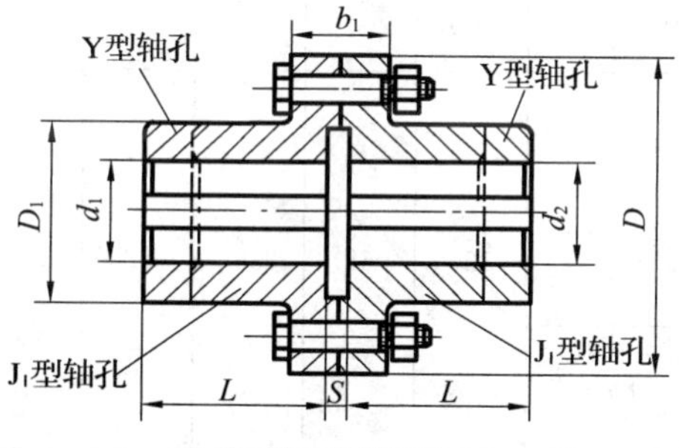

GY型凸缘联轴器

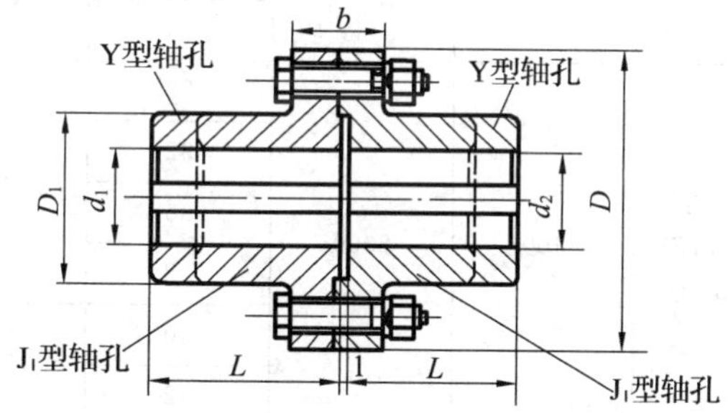

GYS型有对中榫凸缘联轴器

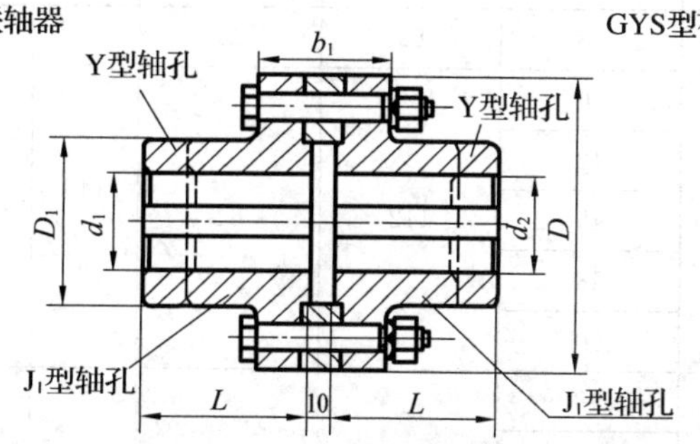

GYH型有对中环凸缘联轴器

标记示例：GY7 联轴器 $\dfrac{60\times142}{J_1B_1 55\times84}$ GB/T5843—2003

主动端：Y 型轴孔，A 型键槽，$d=60\text{mm}$，$L_1=142\text{mm}$

从动端：J_1 型轴孔，B_1 型键槽，$d=55\text{mm}$，$L_1=84\text{mm}$

（续表）

型号	公称转矩 T_n/N·m	许用转速 $[n]$(r/min)	轴孔直径 d_1、d_2	轴孔长度 Y型	轴孔长度 J_1型	D	D_1	b	b_1	S
GY2 GYS2 GYH2	63	10000	16	42	30	90	40	28	44	6
			18							
			19							
			20	52	38					
			22							
			24							
			25	62	44					
GY3 GYS3 GYH3	112	9500	20	52	38	100	45	30	46	6
			22							
			24							
			25	62	44					
			28							
GY4 GYS4 GYH4	224	9000	25	62	44	105	55	32	48	6
			28							
			30	82	60					
			32							
			35							
GY5 GYS5 GYH5	400	8000	30	82	60	120	68	36	52	8
			32							
			35							
			38							
			40	112	84					
			42							
GY6 GYS6 GYH6	900	6800	38	82	60	140	80	40	56	8
			40	112	84					
			42							
			45							
			48							
			50							
GY7 GYS7 GYH7	1600	6000	48	112	84	160	100	40	56	8
			50							
			55							
			56							
			60	142	107					
			63							

附表 11－2　　滚子链联轴器(摘自 GB/T6069—2002)

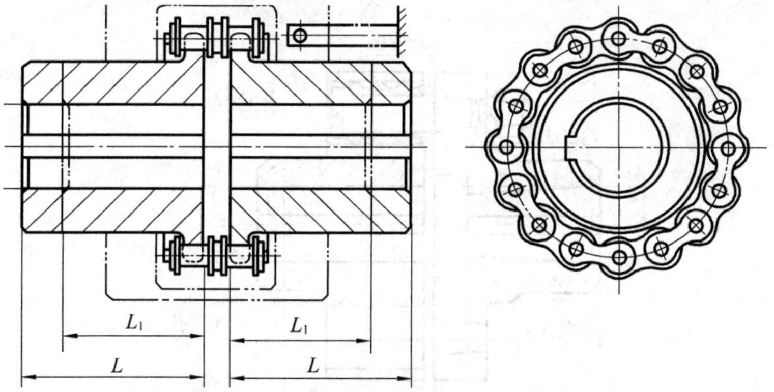

标记示例：GL7 联轴器 $J_1B_1$45×84 GB/T6069—2002

GL7 型滚子链联轴器，主动端和从动端均为：J_1 型轴孔，B_1 型键槽，d=45mm，L_1=84mm

型号	公称转矩 Tn/(N·m)	许用转速 [n]/(r·min^{-1})		轴孔直径 d/mm	轴孔长度/mm		许用补偿量		
		不装罩壳	安装罩壳		Y 型 L	J_1 型 L_1	径向/mm	轴向/mm	角度
GL6	400	630	2500	32,35,38	82	60	0.32	2.3	1°
				40,42,45,48,50	112	84			
GL7	630	630	2500	40,42,45,48,50,55	112	84	0.38	2.8	
				60	142	107			
GL8	1000	500	2240	45,48,50,55	112	84	0.50	3.8	
				60,65,70	142	107			
GL9	1600	400	2000	50,55	112	84	0.50	3.8	
				60,65,70,75	142	107			
				80	172	132			
GL10	2500	315	1600	60,65,70,75	142	107	0.63	4.7	
				80,85,90	172	132			
GL11	4000	250	1500	75	142	107	0.76	5.7	
				80,85,90,95	172	132			
				100	212	167			
GL12	6300	250	1250	85,90,95	172	132	0.88	6.6	
				100,110,120	212	167			

注：有罩壳时，型号后加"F"，为 GLF，如 GL7F。

附表 11－3　　LT 型弹性套柱销联轴器(摘自 GB/T4323—2002)

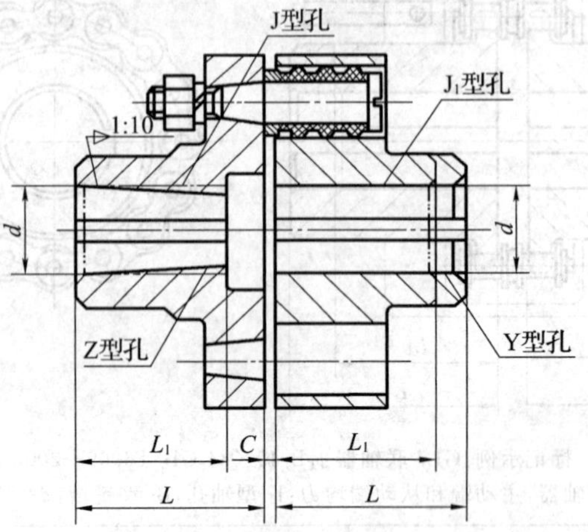

标记示例：LT5 联轴器 $\frac{ZC30\times60}{J_1 28\times44}$ GB/4323—2002

主动端：Z 型轴孔，C 型键槽，$d=30$mm，$L_1=60$mm

从动端：J_1 型轴孔，A 型键槽，$d=28$mm，$L_1=44$mm

型号	公称转矩 T_n N mm	许用转速 $[n]$(r·min^{-1})		轴孔直径 d/mm		轴孔长度/mm			许用补偿量	
						Y 型	J、J_1、Z 型			
		铁	钢	铁	钢	L	L_1	L	ΔY	$\Delta\alpha$
LT3	31.5	4700	6300	16、18、19		42	30	42	0.1	45′
				20	20、22	52	38	52		
LT4	63	4200	5700	20、22、24						
					25、28	62	44	62		
LT5	125	3600	4600	25、28					0.15	
				30、32	30、32、35	82	60	82		
LT6	250	3300	3800	32、35、38						30′
				40	40、42	112	84	112		
LT7	500	2800	3600	40、42、45	40、42、45、48				0.2	
				45、48、50、55						
LT8	710	2400	3000		56					
					60、63	142	107	142		
LT9	1000	2100	2850	50、55、56		112	84	112		
				60、63						
					65、70、71	142	107	142		
LT10	2000	1700	2300	63、65、70、71、75					0.2	
				80、85	80、85、90、95	172	132	172		

附表 11—4　　LH 型弹性柱销联轴器(摘自 GB 5014—1985)

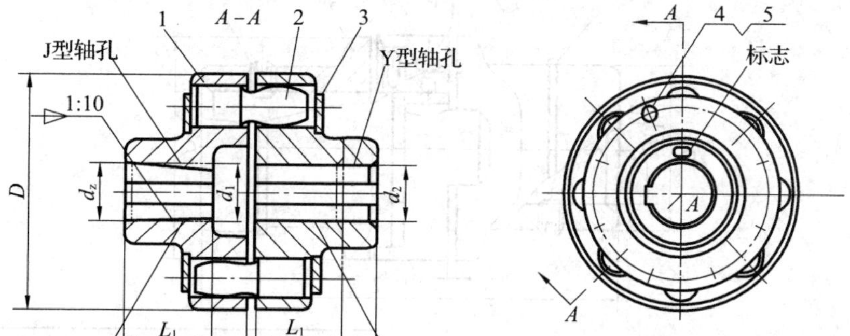

1-半联轴器；2-柱销；3-挡板
4-螺栓；5-垫圈

标记示例：HL7 联轴器 $\frac{ZC75\times107}{JB70\times107}$ GB5014—85

主动端：Z 型轴孔，C 型键槽，$d_z=75$mm，$L_1=107$mm；

从动端：J 型轴孔，B 型键槽，$d_z=70$mm，$L_1=107$mm

型号	公称扭矩/(N·m)	许用转速/(r/min)		轴孔直径* d_1、d_2、d_z	轴孔长度/mm			D	质量/kg	转动惯量/(kg·m²)	许用补偿量		
		铁	钢		Y 型	J、J_1、Z 型					径向 ΔY	轴向 ΔX	角向 Δα
				mm	L	L_1	L	mm			mm		
LH1	160	7100	7100	12,14	32	27	32	90	2	0.0064	0.15	±0.5	≤0°30′
				16,18,19	42	30	42						
				20,22,(24)	52	38	52						
LH2	315	5600	5600	20,22,24				120	5	0.253		±1	
				25,28	62	44	62						
				30,32,(35)	82	60	82						
LH3	630	5000	5000	30,32,35,38				160	8	0.6			
				40,42,(45),(48)	112	84	112						
LH4	1250	2800	4000	40,42,45,48,50,55,56				195	22	3.4		±1.5	
				(60),(63)	142	107	142						
LH5	2000	2500	3550	50,55,56,60,63,65,70,(71),(75)				220	30	5.4			
LH6	3150	2100	2800	60,63,65,70,71,75,80				280	53	15.6	0.20	±2	
				(85)	172	132	172						
LH7	6300	1700	2240	70,71,75	142	107	142	320	98	41.1			
				80,85,90,95	172	132	172						
				100,(100)	212	167	212						
LH8	10000	1600	2120	80,85,90,95,100,110,(120),(125)				360	119	56.5			
LH9	16000	1250	1800	100,110,120,125				410	197	133.3			
				130,(140)	252	202	252						
LH10	25000	1120	1560	110,120,125	212	167	212	480	322	273.2	0.25	±2.5	
				130,140,150	252	202	252						
				160,(170),(180)	302	242	302						

附表 11－5　　金属滑块联轴器(摘自 JB/EQ 4384—1986)

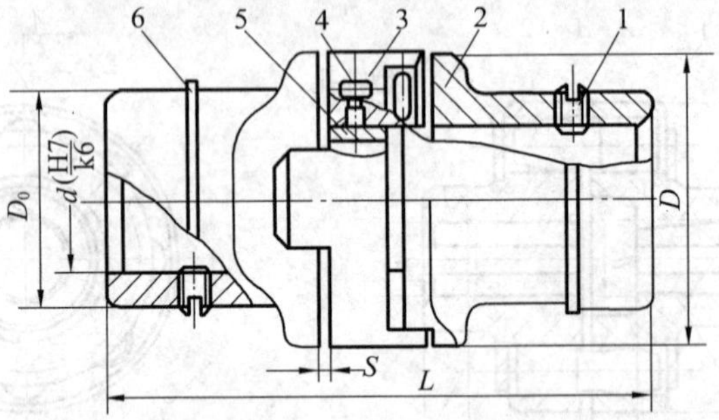

联轴器装配位置偏差

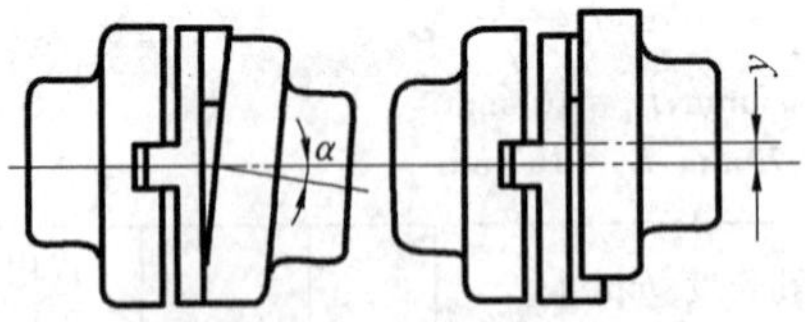

$\alpha \leqslant 30'$　　$y \leqslant 0.04d$

序号	名　称	数量	材料
1	平端紧定螺钉 GB73—85	2	35
2	半联轴器	2	ZG310—570
3	圆盘	1	45
4	压配式注油杯 GB1155—89	2	
5	套筒	1	Q255
6	锁圈	2	弹簧钢丝

d	许用转矩/(N·m)	许用转速/(r/min)	D_0	D	L	S
15,17,18	120	250	32	70	95	0.5+8.3
20,25,30	250	250	45	90	115	0.5+8.3
36,40	500	250	60	110	160	0.5+8.3
45,50	800	250	80	130	200	0.5+8.3
55,60	1250	250	95	150	240	0.5+8.3
65,70	2000	250	105	170	275	0.5+8.3
75,80	3200	250	115	190	310	0.5+8.3
85,90	5000	250	130	210	355	1.0+8.5
95,100	8000	250	140	240	395	1.0+8.5
110,120	10000	100	170	280	435	1.0+8.5
130,140	16000	100	190	320	485	1.0+8.5
150	20000	100	210	340	550	1.0+8.5

第十二章 通用轴承

【学习要求】

(1)熟知通用轴承几种基本类型(6、N、3、7类)的结构、性能特点;掌握国家标准对[d=10～17mm和d=20～480mm(除22、28、32)两部分]通用轴承基本代号的规定;

(2)掌握通用轴承基本额定寿命、当量动载荷、基本额定动载荷、基本额定静载荷等基本概念;

(3)正确理解向心角接触轴承内部轴向力的产生、判定其方向、计算其大小;会对这类轴承进行轴向载荷的计算;

(4)能正确选择通用轴承的类型,能够正确进行通用轴承的寿命计算;

(5)理解通用轴承的组合设计。

根据摩擦性质不同,轴承可分为:滚动轴承和滑动轴承。

滚动轴承是在滚动摩擦下工作的轴承,其摩擦阻力小、启动灵活、效率高、旋转精度高,并且由专业厂家批量生产,类型尺寸齐全,标准化程度高,互换性好,易于维护,因此在一般机器中得到了广泛的应用。但是,滚动轴承抗冲击能力较差,作旋转运动的滚动轴承径向尺寸比较大,高速、重载条件下寿命较低,且存在振动和噪声。

按ISO规定,滚动轴承分为三大类:(1)作旋转运动的滚动轴承(简称通用轴承);(2)作摆动或倾斜运动的关节轴承;(3)作直线运动的直线运动滚动轴承。

以下仅介绍通用轴承。

通用轴承是支撑轴系的重要部件,它的功用是避免轴与支承面的直接接触,并保证轴的旋转精度。

各类通用轴承已经是由专门工厂批量生产的标准化产品,使用时只需要根据实际工作条件,选择适当的类型和尺寸,并进行轴承组合设计。

通用轴承内、外圈和滚动体的材料是专用的轴承钢。常用材料如高碳合金钢GCr15、GCr15SiMn等,工作温度不超过120℃,硬度不低于60～65HRC,以及中碳轴承钢G8Cr15、55SiMnV;渗碳轴承钢20Cr2Ni4A、20Cr2Mn2Mo;耐热轴承钢Cr4Mo4V,W18Cr4V;耐蚀轴承钢9Cr18Mo,1Cr18Ni9Ti等。保持架的材料可用低碳钢、铜、铝或塑料,例如:碳钢、合金钢;磷青铜、高强度黄铜;聚四氟乙烯、尼龙66等。

第一节 通用轴承的类型和代号

常见通用轴承的基本类型(部分)见表12－1。

一 通用轴承的结构

(一)通用轴承的基本组成

如图 12－1 所示,通用轴承一般由内圈 1、外圈 2、滚动体 3 和保持架 4 组成。内、外圈分别与轴颈和轴承座孔配合,通常外圈固定,内圈随轴颈一起转动。内、外圈上制有弧形滚道,主要是限制滚动体的轴向运动。保持架的功用是使滚动体均匀隔开,使各滚动体间保持相对固定的位置。

有的轴承可以没有内圈、外圈,例如某些圆柱滚子轴承;也可以没有保持架,例如某些滚针轴承等。也有的轴承因需要增加了一些辅助装置,如密封圈、防尘盖或锥形紧定套等元件。

常见的滚动体有:球、圆柱滚子、圆锥滚子及滚针。如图 12－2 所示。

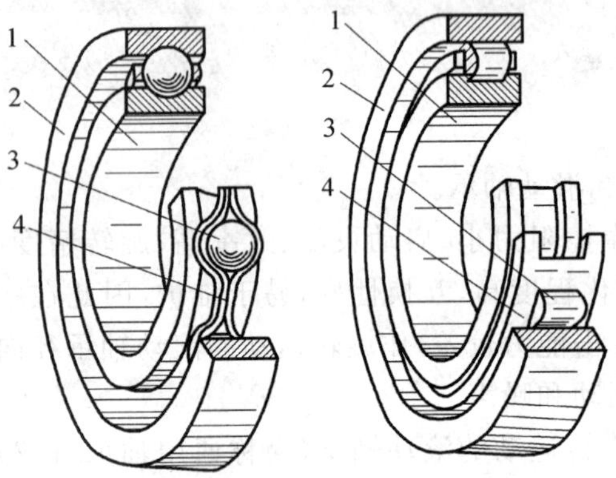

图 12－1　通用轴承的结构图

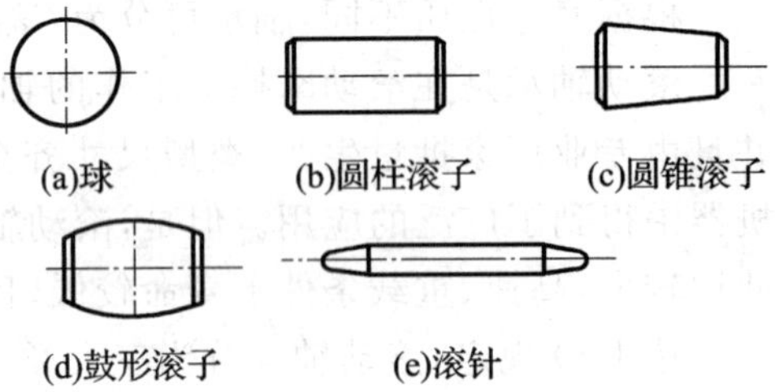

图 12－2　常用滚动体

(二)几个影响滚动轴承性能的重要结构参数

1. 接触角

在滚动体和外圈滚道接触点处的公法线与轴承的径向平面之间的夹角 α,称为公称接触角,如图 12－3 所示。

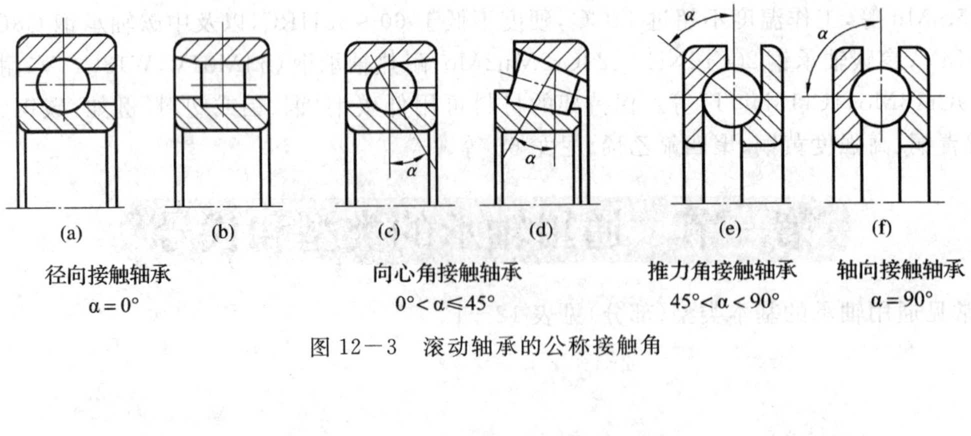

图 12－3　滚动轴承的公称接触角

接触角的大小表明轴承承受轴向载荷的能力。接触角越大,轴承承受轴向载荷的能力越大。

2.游隙

通用滚动轴承的游隙分为径向游隙 u_r 和轴向游隙 u_a,它们分别表示轴承的外圈相对内圈可沿径向或轴向由一个极限位置移动到另一个极限位置的最大移动量,如图 12－4 所示。国家标准按径向游隙(轴向游隙是按一定的关系由径向游隙折算的)规定了滚动轴承的(原始)游隙(见滚动轴承的后置代号部分中——(3)游隙代号)。

游隙的大小影响轴承的回转精度和承载能力。

3.偏转角

轴承内、外圈轴线发生的偏斜角度 θ,称为偏转角,如图 12－5 所示。它表示了轴承对由于制造、安装误差及轴的挠曲变形而引起的内外圈轴线间偏斜的补偿能力。各类轴承的允许偏转角见表 12－1。

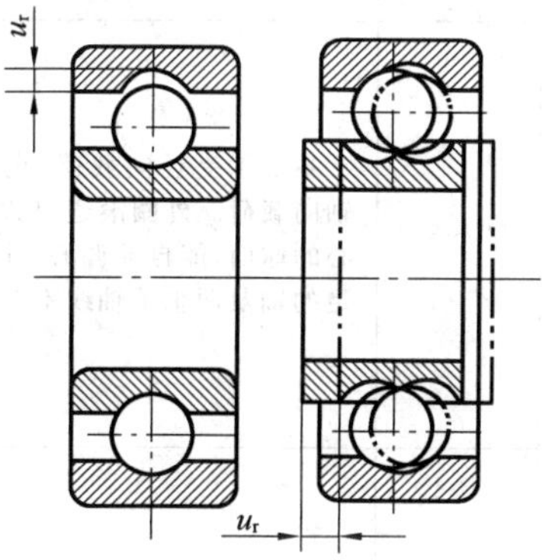

图 12－4 滚动轴承的游隙

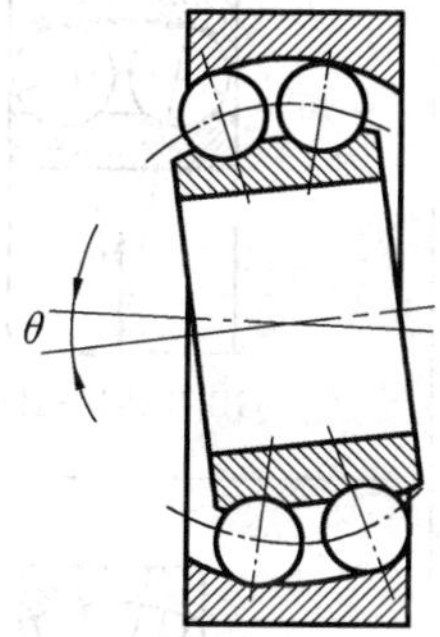

图 12－5 滚动轴承的偏转角

二 通用轴承的类型和承载特点

通用轴承的分类方法很多。按轴承所能承受的载荷方向及公称接触角 α 的大小,可分为:

(一)向心类轴承

主要或只能承受径向载荷,接触角 α 在 $0° \leqslant \alpha \leqslant 45°$ 之间,见图 12－3 和表 12－1。

1.径向接触轴承

接触角 $\alpha = 0°$ 的向心轴承,称为径向接触轴承。其中深沟球轴承[图 12－3(a)]主要承受径向载荷,由于其内外圈和滚动体不可分离的缘故,可以承受(两个方向的)一定量的轴向载荷;短圆柱滚子轴承[图 12－3(b)](N 类、NU 类),由于其外圈或内圈可分离的原因,只能承受径向载荷。

2.向心角接触轴承

接触角 α 在 $0° < \alpha \leqslant 45°$ 的向心轴承,称为向心角接触轴承[图 12－3(c)(d)],以承受径向载荷为主,可以承受(单方向的)较大的轴向载荷,α 越大,可以承受的轴向载荷越大。

(二)推力类轴承

主要承受或只能承受轴向载荷，接触角 α 在 $45^\circ<\alpha\leqslant 90^\circ$ 之间，见图 12－3 和表 12－1。

1. 轴向接触轴承

接触角 $\alpha=90^\circ$ 的推力轴承称为轴向接触轴承[图 12－3(e)]，它只能承受轴向载荷；

2. 推力角接触轴承

接触角 α 在 $45^\circ<\alpha<90^\circ$ 的，称作推力角接触轴承[图 12－3(f)]，以承受(单方向的)轴向载荷为主，α 越大，可以承受的轴向载荷越大。

部分通用轴承的类型、特性、代号及用途见表 12－1。

表 12－1　　**部分常用通用轴承的类型与性能特点**

类型 代号	类型 名称	结构简图及承载特点	极限转速	允许偏转角	性能特点与应用场合
1	调心球轴承	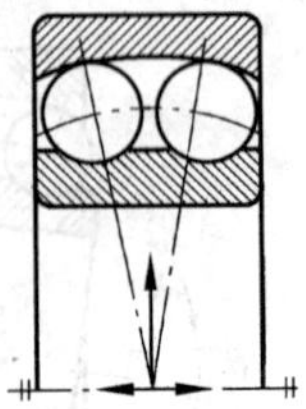 GB/T281—1994	中	2°～3°	主要承受径向载荷，也可承受少量的轴向载荷。外圈滚道是以轴承中点为中心的球面，能自动调心，用于弯曲刚度不足的轴及两轴承轴线不对中条件。
2	调心滚子轴承	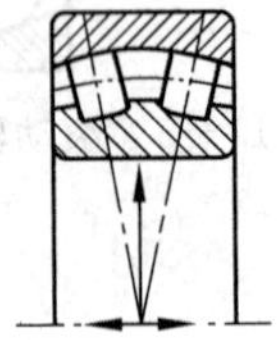 GB/T288—1994	中	1.5°～2.5°	性能特点同 1 类，但具有承受较大径向载荷的能力，耐冲击，能自动调心，常用在长轴或受载荷作用后轴有较大的弯曲变形及多支点的轴。
3	圆锥滚子轴承	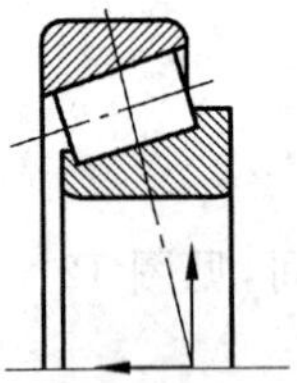 GB/T297—1994	中	2′	能同时承受较大的径向和轴向载荷。外圈可分离，安装时可调整轴承的游隙。适用于刚性较大的轴，一般成对使用。
5	推力球轴承	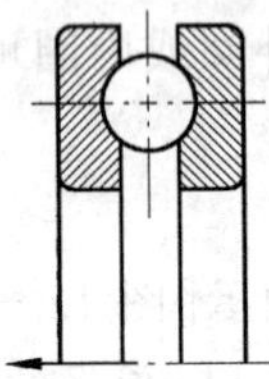 GB/T301—1995	低	允许	只能承受单向的轴向载荷，且载荷作用线必须与轴线重合，用于轴向载荷不大、转速不高之处。

（续表）

类　型		结构简图及承载特点	极限转速	允　许偏转角	性能特点与应用场合
代号	名称				
		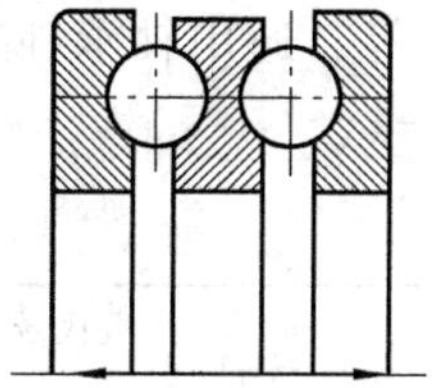 GB/T301—1995	低	不允许	能承受双向的轴向载荷，其余特点同上。
6	深沟球轴承	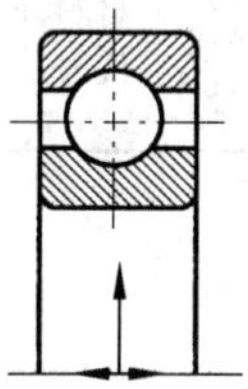 GB/T276—1994	高	8′～16′	主要承受径向载荷，也可（双向）承受一定的轴向载荷，适用于刚性较大和转速高的轴。
7	角接触球轴承	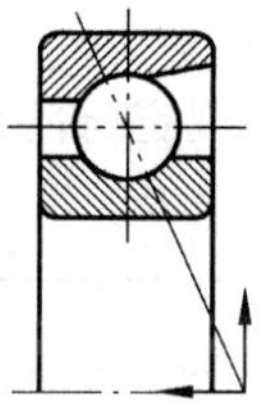 GB/T292—1994	高	2′～10′	能承受径向载荷和轴向载荷，也可单独承受轴向载荷，其承受轴向载荷的能力随接触角 α 的增大而增大。通常成对使用，可分别装在两个支点或同一支点。适用于刚性较大、跨距不大的轴。
N	圆柱滚子轴承	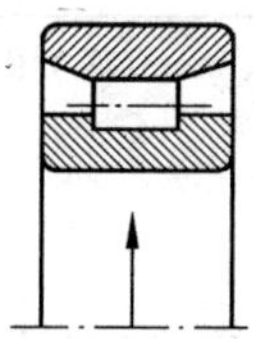 GB/T283—1994	高	2′～4′	能承受较大的径向载荷，耐冲击，对角偏差敏感。适用于刚性好、对中良好的轴。
NA	滚针轴承	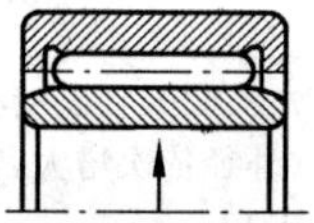 GB/T5801—1994	低	不允许	只能承受径向载荷。结构紧凑，在内径相同的条件下，外径最小。适用于径向尺寸受限制的部件，例如汽车万向节十字轴的轴承。

三 通用轴承的代号

为统一生产和便于选用，GB/T272—1993 规定了用一组字母和数字组成的产品符号来表示通用轴承的类型、结构和尺寸以及其他的技术性能等。通用轴承(除滚针轴承)的代号由前置代号、基本代号和后置代号三部分组成，如表 12—2。

表 12—2 通用轴承代号的组成

前置代号	基本代号					后置代号							
轴承分部件代号	五	四	三	二	一	内部结构代号	密封与防尘结构代号	保持架及其材料代号	特殊轴承材料代号	公差等级代号	游隙代号	多轴承配置代号	其他代号
	类型代号	尺寸系列代号		内径代号									
		宽度系列代号	直径系列代号										

(一)基本代号

通用轴承(除滚针轴承)的基本代号部分由类型代号、尺寸系列代号和内径代号三部分(共五位数字)组成，它是通用滚动轴承代号的核心部分。

1. 内径代号

国家标准对通用轴承内径代号(倒数第一、二位数字)的规定(部分)如表 12—3：

表 12—3 滚动轴承的内径代号

轴承的公称内径 d/mm	10～17				20～480(除 22、28、32)
	10	12	15	17	
内径代号	00	01	02	03	$d/5$ 的商(当商值为个位数时，需在数字前加“0”)
举　例	×××02 轴承，d=15mm				×××08 轴承，d=5×代号=5×08=40mm

注：对 ①d＜10mm(分为整数、非整数两类)；②d≥500mm 以及 d=22、28、32mm 两类内径代号的表示方法本表略，祥见有关资料。

2. 尺寸系列代号

通用轴承尺寸系列代号(倒数第三、四位数字)的组成和含义，见表 12—4 和图 12—6。

表 12—4 滚动轴承尺寸系列代号的构成

	尺寸系列代号	
	宽度系列代号	直径系列代号
向心轴承	8、0、1、2、3、4、5、6 (宽度依次增大，轴承的承载能力也相应增大。当宽度系列代号为 0 时，除调心滚子轴承、圆锥滚子轴承外，大多轴承中不标)	7、8、9、0、1、2、3、4、5 (外径依次增大，轴承的承载能力也相应增大)
推力轴承	(指高度)7、9、1、2	0、1、2、3、4、5

直径系列和宽度系列的含义如图 12—6。

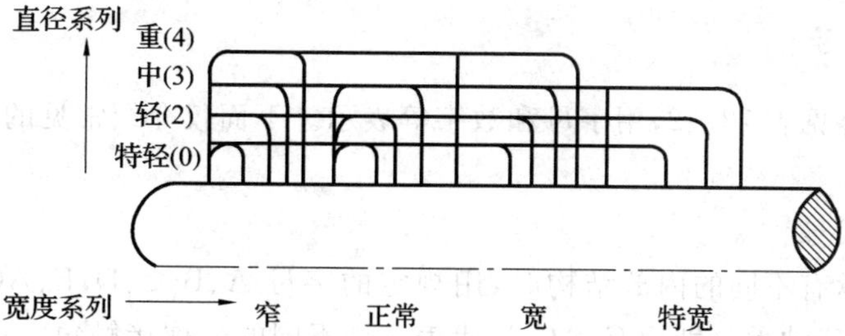

图 12－6 滚动轴承的直径系列和宽度系列

各常用类型轴承的尺寸系列代号，见表 12－5：

表 12－5 滚动轴承尺寸系列代号

轴承类型	类型代号	尺寸系列代号	组合代号	轴承类型	类型代号	尺寸系列代号	组合代号
调心球轴承	1	(0)2	12	深沟球轴承	6	17	617
	(1)	22	22			37	637
	1	(0)3	13			18	618
	(1)	23	23			19	619
调心滚子轴承	2	13	213		16	(0)0	160
		22	222		6	(1)0	60
		23	223			(0)2	62
		30	230			(0)3	63
		31	231			(0)4	64
		32	232	角接触球轴承	7	19	719
		40	240			(1)0	70
		41	241			(0)2	72
圆锥滚子轴承	3	02	302			(0)3	73
		03	303			(0)4	74
		13	313	圆柱滚子轴承(外圈无挡边)	N	10	N10
		20	320			(0)2	N2
		22	322			22	N22
		23	323			(0)3	N3
		29	329			23	N23
		30	330			(0)4	N4
		31	331	圆柱滚子轴承(内圈无挡边)	NU	10	NU10
		32	332			(0)2	NU2
推力球轴承	5	11	511			22	NU22
		12	512			(0)3	NU3
		13	513			23	NU23
		14	514			(0)4	NU4

3. 类型代号

通用轴承的类型代号(倒数第五位数字)见表 12－1。

(二)前置代号

前置代号为轴承分部件代号，以 L、R、K、WS、…等汉语拼音的字头来表示轴承某些分部件具有某些特点。例如，L 表示可分离轴承的可分离内圈或外圈，R 表示不带可分离内圈或外圈的轴承，K 表示滚子和保持架组件等，详查相关资料。

（三）后置代号

其包含的内容见表12－2，用字母和数字等表示。下面仅介绍常见的三组中的部分代号含义：

1. 内部结构代号

同一类型轴承有不同的内部结构时，用规定的字母A、B、C、D、E、AC、ZW等表示其差别。例如，角接触球轴承分别用C、AC、B代表三种不同的公称接触角：$\alpha=15°$、$25°$、$40°$；B出现在圆锥滚子轴承代号中，标记该类圆锥滚子轴承的公称接触角加大；等等，这些字母出现在不同的轴承类型中意义各不相同，详情查阅相关资料。

2. 公差等级代号

通用轴承基本的公差等级分为：0、6、6X（只用于圆锥滚子轴承）、5、4、2，其代号分别为：/P0、/P6、/P6X、/P5、/P4、/P2，精度等级依次增高。0级为普通级，可省略不标。除此之外还有SP和UP等级，其代号为/SP和/UP，其含义见相关资料。

3. 游隙代号

游隙代号分为：1、2、0、3、4、5六组，代号分别为：/C1、/C2、（0组不标）、/C3、/C4、/C5，游隙值依次增大（各游隙组的值查阅有关资料），1、2组为较小游隙组，3、4、5组为较大游隙组，0组为基本游隙组，选用轴承游隙组别时应优先选用基本游隙组。除此之外，通用轴承的游隙还有CN和9两组，代号为/CN和/C9，其含义查阅相关资料。（角接触球轴承、圆锥滚子轴承等轴承的工作游隙需在安装和使用中调整；转速很低或在运转中产生振荡的轴承需选用无游隙轴承或需预紧轴承）。

轴承代号举例：

6312——一般轴承，分部件无特殊；公称内径为$d=12\times5=60$mm，尺寸系列为03（宽度系列代号为0，“0”省略不写；直径系列代号为3），深沟球轴承；公差等级0级，游隙组别0组；内部结构、材料等各项均无变化。

32310/P6XC4——一般轴承，分部件无特殊；公称内径为$d=10\times5=50$mm，尺寸系列为23（宽度系列代号为2；直径系列代号为3），圆锥滚子轴承；公差等级6X级，游隙组别4组；内部结构、材料等各项均无变化。

四 通用轴承的类型选择

滚动轴承是标准件，在机械设计中，要求能正确地选用滚动轴承。首先选择轴承的类型；然后再根据工作条件、使用要求及轴承特性进行相应的计算，并从有关国标中选取合适的型号。

选择轴承的类型时，应考虑以下因素：

1. 轴承的载荷

轴承所受载荷的大小、方向和性质，是选择轴承类型的主要依据。

（1）当载荷较小时，宜选用球轴承；当载荷较大时，宜选用滚子轴承；

（2）当只承受径向载荷时，选用径向接触轴承（深沟球轴承、圆柱滚子轴承）；当只承受轴向载荷，选用轴向接触轴承；

(3)当轴承同时承受径向载荷和轴向载荷时，可根据它们的相对值考虑：

①当轴向载荷比径向载荷小得多时，可选用深沟球轴承；

②当轴向载荷比径向载荷较小时，根据转速可选用接触角较小的向心角接触轴承(向心角接触球轴承或圆锥滚子轴承)；

③当轴向载荷比径向载荷大时，可选用接触角较大的推力角接触轴承，或选用轴向接触轴承与径向接触轴承组合使用。

(4)当有冲击载荷时，宜选择滚子轴承。

2. 轴承的转速

在轴承手册中，极限转速是滚动轴承在一定载荷与润滑条件下允许的最高转速，轴承的工作转速应小于极限转速。

高速时(＞1000r/min)，应优先选用球轴承。

3. 轴承的调心性能

当轴线与轴承孔的同轴度较差，或轴的刚度小、挠曲变形大，会造成轴承内外圈轴线发生偏斜时，应选用调心轴承。

4. 轴承的安装和拆卸

对于经常需拆卸或装拆有困难的地方，常选用内、外圈可分离的轴承或具有内锥孔的轴承。

5. 经济性

①规格相当(指主要尺寸，如孔径相同；精度等级一致)的各类轴承中球轴承的价格普遍低于滚子轴承，其中深沟球轴承价格最低(调心轴承价格最高)。因此在满足使用要求的前提下尽量选用球轴承，其中优先选用深沟球轴承；

②不同精度等级的同一类型、同一尺寸轴承它们的价格比值为：

0级∶6级∶5级∶4级∶2级＝1∶1.8∶2.3∶7∶10，因此在满足使用要求的前提下应尽量选用0级(普通级)轴承，不要随意提高选用轴承的精度等级。

第二节　通用轴承的工作情况

一　通用轴承的受力分析

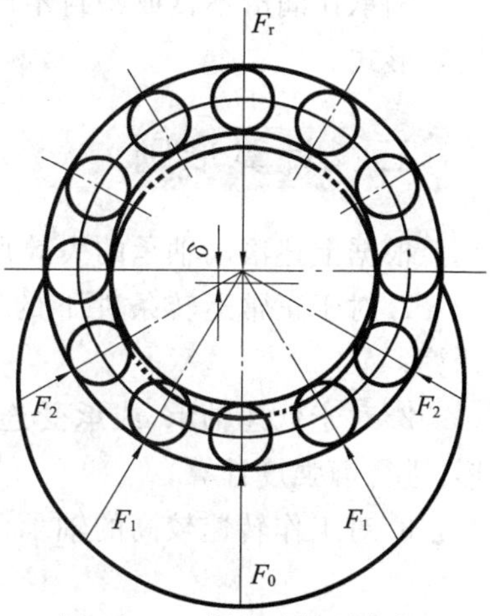

图12－7　深沟球轴承的径向载荷分布

轴承在承受纯轴向载荷 F_a 作用时，各滚动体所受的载荷是相等的。但当轴承承受纯径向载荷 F_r 作用时，各滚动体及内、外圈所受的载荷却是不等的：内圈在(经由轴的)径向载荷 F_r 的作用下，上半圈(包含内、外圈和滚动体)不承受载荷；而下半圈的各元件承受的载荷也不同，其中最下端处的滚动元件承受载荷最大，而在力的作用线方向两侧的滚动元件及滚道所承受的载荷则是越往边缘处越渐减小，如图12－7所示。当轴承内、外圈发生相对转动时，滚动体也随之运动，轴承内各滚动元件及滚道所承受的载荷及应力分别经由0→小→最大→小→0…

呈周期性变化，如图 12－8 所示。

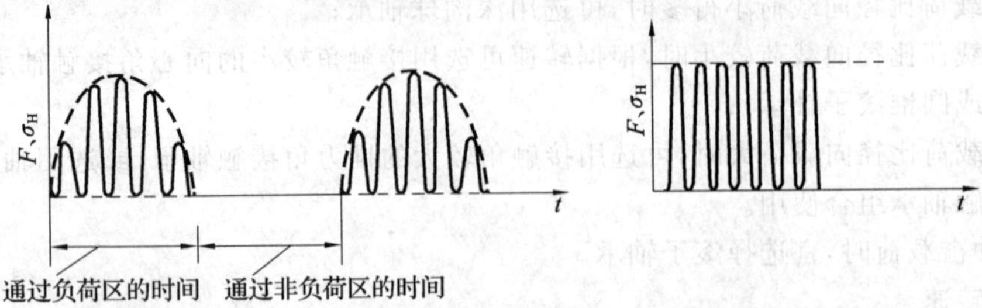

(a)转动圈各点及滚动体的径向载荷及应力分布　　(b)固定圈各点的径向载荷及应力分布

图 12－8　通用轴承各滚动元件的载荷及应力分布

二　失效形式

(一)疲劳点蚀

在正常运转条件下(一般按 $n_{\lim}>n>10\text{r/min}$)，轴承各元件(内、外圈滚道和滚动体)在周期性接触应力作用下，当循环次数达到一定的数值后，表面产生疲劳点蚀。疲劳点蚀将引起噪声和振动，使轴承的旋转精度降低，影响了机器的正常工作。滚动轴承丧失了工作能力，称之为失效。因此，疲劳点蚀是通用类滚动轴承失效的主要形式。

(二)塑性变形

当轴承不转动、转速很低($n<10\text{r/min}$)或只作间歇摆动时，过大的静载荷或冲击载荷，会使滚动体与滚道接触处产生较大的局部应力，当该应力超过材料的屈服强度时，将引起塑性变形，导致轴承失效。

(三)磨损

轴承在润滑不良或密封不严的情况下工作，易发生磨损，产生内圈、外圈、保持架破裂等失效形式。

三　计算准则

根据上述滚动轴承的失效形式，设计计算可分为以下三种情况。

1. 对于正常运转条件下的轴承，为防止疲劳点蚀，以疲劳强度计算为依据，进行寿命计算；

2. 对于低速轴承，或承受连续载荷或承受间断载荷而不旋转的轴承，要求控制塑性变形，进行静强度计算；

3. 对工作转速较高的轴承，除进行寿命计算，还要验算轴承的极限转速。

第三节 通用轴承的寿命计算

一 通用轴承的寿命和额定寿命

（一）轴承寿命

对单个轴承而言，在内、外套圈和滚动体三者之间，任何一个元件出现首次疲劳点蚀之前轴承的总转数，或在一恒定转速下的总运转小时数称为（该轴承的）轴承寿命。

实践证明轴承的寿命是相当离散的，如图 12－9 所示，即使是同样的工作条件下、同一批、同一型号的轴承，由于材料性能、加工精度、热处理以及装配质量的不同，其寿命也会相差几倍甚至几十倍。因此，必须确定一个准则才便于对（批量）轴承进行寿命计算，通常规定以基本额定寿命作为（批量）轴承寿命计算的依据。

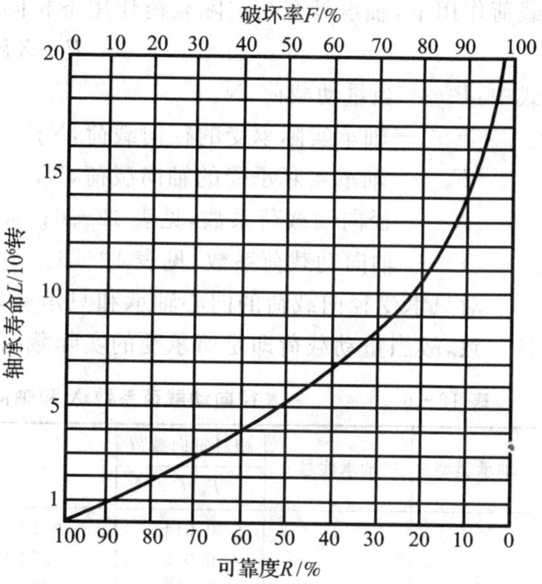

图 12－9 轴承寿命可靠度曲线

（二）基本额定寿命

一批同型号的轴承，在相同条件下运转，可靠度为 90%（即包括内、外套圈和滚动体总量的失效率为 10%）之前的寿命定义为这批轴承的基本额定寿命，用 L_{10} 表示，单位是 10^6 r（转）；或用一定转速下运转的小时数 L_{10h} 表示。如图 12－9 所示的这批轴承在可靠度为 90%时，其基本额定寿命为 1×10^6 r。

L_{10h} 与 L_{10} 之间的关系为

$$L_{10h}=\frac{10^6 L_{10}}{60n} \qquad (12-1)$$

式中：n——轴承的转速，r/min。

（三）基本额定动载荷

在基本额定寿命为 $L_{10}=1(10^6\text{r})$ 时，轴承能承受的大小、方向恒定的载荷，称为基本额定动载荷，用 C 表示，它表明了轴承的承载能力，C 越大，表明该轴承的承载能力越强，国家标准对每一型号的轴承规定了它的基本额定动载荷（见附表 12－1）。对径向接触轴承是指纯径向载荷，称为径向基本额定动载荷；对于向心角接触轴承是指使轴承的套圈间产生纯径向位移时的载荷的径向分量，二者都用 C_r 表示；对推力轴承是指纯轴向载荷，称为轴向基本额定动载荷，用 C_a 表示。

二 当量动载荷及计算

在实际工作中，轴承往往是同时承受径向载荷和轴向载荷，因此在进行寿命计算时，必须把实际载荷折算成相当于实验室条件下的（纯径向或纯轴向载荷）载荷，才能与基本额定动载荷进行比较，换算后的载荷是一种假想的恒定不变的载荷，称为当量动载荷。在当量动载荷作用下，轴承具有与实际载荷作用下相同的寿命。当量动载荷用 P 表示：

$$P=XF_r+YF_a \tag{12-2}$$

式中：P——当量动载荷，N；

F_r——轴承实际承受的径向载荷，N；

F_a——轴承实际承受的轴向载荷，N；

X——径向动载荷系数，见表 12－6；

Y——轴向动载荷系数，见表 12－6。

对只承受径向载荷的向心轴承和只承受轴向载荷的推力轴承，其载荷条件与实验室条件一致，故当量动载荷即是所承受的实际载荷，即：$P_r=F_r$；$P_a=F_a$。

表 12－6 径向动载荷系数 X 和轴向动载荷系数 Y（单列轴承）

轴承类型	轴承代号	相对轴向载荷 F_a/C_{0r}	e	$F_a/F_r\leqslant e$ X	$F_a/F_r\leqslant e$ Y	$F_a/F_r>e$ X	$F_a/F_r>e$ Y
深沟球轴承	60000	0.014 0.028 0.056 0.084 0.11 0.17 0.28 0.42 0.56	0.19 0.22 0.26 0.28 0.30 0.34 0.38 0.42 0.44	1	0	0.56	2.30 1.99 1.71 1.55 1.45 1.31 1.15 1.04 1.00
角接触球轴承	70000C ($\alpha=15°$)	0.015 0.029 0.058 0.087 0.12 0.17 0.29 0.44 0.58	0.38 0.40 0.43 0.46 0.47 0.50 0.55 0.56 0.56	1	0	0.44	1.47 1.40 1.30 1.23 1.19 1.12 1.02 1.00 1.00
	70000AC ($\alpha=25°$)		0.68	1	0	0.41	0.87
	70000B ($\alpha=40°$)		1.14	1	0	0.35	0.57
圆锥滚子轴承	30000	—	1.5tanα	1	0	0.4	0.40cotα

注：1. C_{0r}为轴承的基本额定静载荷，查轴承手册。

2. e 为轴向负荷影响系数或界限系数，用以估价轴向负荷的影响。

3. 与 F_a/C_{0r}的中间值相对应的 e、Y 值，可用线性插分法求得。

在计算轴承的当量动载荷时，应初步选取某一型号的轴承；先计算相对轴向载荷 F_a/C_{0r} 的值，后查表 12－5 获得（当 F_a/C_{0r} 的计算值为表中 F_a/C_{0r} 栏中的中间值时，按差分法确定）e 的值；再计算 F_a/F_r 的值，并与 e 进行比较；然后分别按 $F_a/F_r \leqslant e$ 或 $F_a/F_r > e$，查取（或按差分法确定）X、Y 的值，再按式（12－2）计算得当量动载荷 P；当两端轴承受载不同时，应分别按上述过程计算得 P_1 和 P_2；当两端拟取同一型号轴承时，应按 P_1、P_2 中的大值计。

三 通用轴承的寿命计算

实验表明，轴承的极限载荷与其基本额定寿命之间有如图 12－10 中曲线所示的关系，该曲线方程式为：

$$L_{10}P^{\varepsilon}=K \qquad (12-3)$$

式中：K——常数；

P——当量动载荷，N；

ε——寿命指数。对于球轴承，取 $\varepsilon=3$；对于滚子轴承，取 $\varepsilon=\frac{10}{3}$。

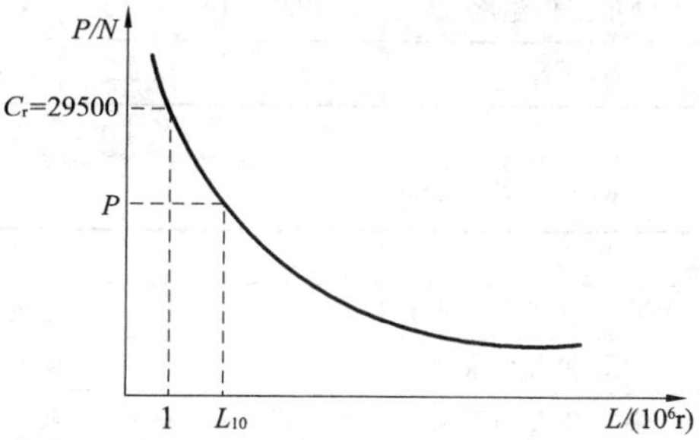

图 12－10 6208 轴承的载荷—寿命曲线

因为对每类型轴承规定了在基本额定寿命 $L_{10}=1(10^6)$ 时，应能承受的载荷是基本额定动载荷 C，所以可得式：

$$L_{10}P^{\varepsilon}=1\times C^{\varepsilon}=K$$

故得

$$L_{10}=\left(\frac{C}{P}\right)^{\varepsilon}10^6\ \text{r} \qquad (12-4)$$

这就为：已经选定了轴承的型号，计算其额定寿命；以及确定了待定轴承的预期使用寿命，对其进行轴承型号选择；提供了理论基础。

（一）已经选定轴承的型号，计算其额定寿命

实际计算中，常用“小时”表示轴承的寿命；同时考虑到轴承工作时温度对基本额定载荷的影响，以及冲击对实际载荷的影响，分别引入相应的修正系数对式 12－4 进行修正。对已选定轴承型号的轴承计算其额定寿命值时，公式为：

$$L_{10h}=\frac{10^6}{60n}\left(\frac{f_tC}{f_pp}\right)^{\varepsilon}\quad \text{h} \qquad (12-5)$$

因此，对其使用寿命的预期值 L_{10h}'（根据工作要求或按表 12－9 列出的轴承预期寿命 L_h' 参考值确定）。不应超过其额定寿命 L_{10h} 的计算值，即应满足的使用条件是：

$$L_{10h}'\leqslant L_{10h}$$

式中：L_{10h}——以小时为单位的所需基本额定寿命的计算值；

n——轴承的转速，r/min；

f_t——温度系数，见表 12－7；

f_p——载荷系数，见表 12－8。

（二）已经确定轴承预期的使用寿命，进行轴承型号选择

对拟选定轴承，当已（计算）得知它所承受的当量动载荷 P、轴承的转速 n，并预期了它的

使用寿命为 L_{10h}' 时，则可计算出应满足该待定轴承的基本额定动载荷计算值应为：

$$C'=\frac{f_p}{f_t}P\sqrt[\varepsilon]{\frac{60nL_{10h}'}{10^6}} \qquad (12-6)$$

查轴承标准，待定轴承的基本额定动载荷应满足 $C \geqslant C'$。

式中：C'——待定轴承所需的基本额定动载荷计算值，N；

L_{10h}'——轴承的预期寿命(h)。

表 12－7 温度系数 f_t

轴承工作温度/c°	120	125	150	175	200	225	250	300
f_t	1	0.95	0.9	0.85	0.8	0.75	0.7	0.6

表 12－8 载荷系数 f_p

载荷性质	f_p	举例
无冲击或有轻微冲击	1.0～1.2	电机、汽轮机、通风机、水泵
中等冲击和振动	1.2～1.8	车辆、机床、内燃机、起重机、冶金设备、减速器
强大冲击和振动	1.8～3.0	破碎机、轧钢机、石油钻机、振动锤

表 12－9 轴承预期寿命 L_{10h}' 参考值

使用场合	L_{10h}'
不经常使用的仪器和设备	300～3000
短期或间断使用的机械、中断使用不致引起严重后果。如：手动机械、农业机械、装配起重机、自动送料装置	3000～8000
间断使用的机械、中断使用引起严重后果。如：发电机辅助装置、流水作业的传动装置、带式运输机、车间起重机	8000～12000
每天 8 小时工作的机械、但经常是不满载使用。如：电动机、一般齿轮装置、压碎机、起重机和一般机械	10000～25000
每天 8 小时工作的机械、满载使用。如：机床、木材加工机械、工程机械、印刷机械、分离机、离心机	20000～30000
24 小时连续工作的机械。如：压缩机、泵、电机、轧机齿轮装置、纺织机械	40000～50000
24 小时连续工作的机械，中断使用将引起严重的后果。如：纤维机械、造纸机械、电站主要设备、给排水设备、矿用泵、矿用通风机	≈100000

四 向心角接触轴承轴向载荷的计算

(一)向心角接触轴承的正装和反装

向心角接触轴承通常成对使用，它们的安装方式有两种：

外圈的窄边相对时称作正装，如图 12－11 所示。正装时便于调节轴承的内部间隙。外圈的宽边相对时称作反装，反装时轴承的支撑刚度较高。

(二)轴承内部轴向力的产生和计算

以正装为例。

1. 内部轴向力的产生

以图 12－11 中左端轴承 1 为例，由于向心角接触轴承的接触角大于 0°（$0° < \alpha \leqslant 45°$），（即使）当受到（纯）径向载荷 P_{r1} 时，在承载区外圈与滚动体接触点处也会产生沿法线方向的约束反力 F_{1i}。这些约束反力沿径向方向的分量 F_{r1i} 之和 ΣF_{r1i} 与径向载荷 P_{r1} 相平衡（参阅图 12－7）；而轴向分力 F_{a1i} 之和 ΣF_{a1i} 将沿轴线方向作用于轴上，作用点在轴上 O_1 点处，方向向右。这个轴向力 ΣF_{a1i} 称为轴承的内部轴向力，记作 F_{s1}。

同理，在右端轴承 2 上也将产生内部轴向力 F_{s2}，作用点在 O_2 点处，方向与 F_{s1} 相对。

2. 内部轴向力的大小和方向

内部轴向力的方向：正装时，左右两端轴承上的内部轴向力的方向相对，反装时两轴承内部轴向力的方向相背。

内部轴向力的大小按表 12－7 给出的计算公式计算得出。

表 12－10　向心角接触轴承内部轴向力 F_s 的计算公式

轴承类型	角接触球轴承			圆锥滚子轴承 30000 型
	70000C 型（$\alpha=15°$）	70000AC 型（$\alpha=25°$）	70000B 型（$\alpha=40°$）	
F_s	eF_r（初算取 $e\approx0.4$）	$0.68F_r$（$e=0.68$）	$1.14F_r$（$e=1.14$）	$F_r/(2Y)$

注：Y（按 $F_a/F_r>e$）的数值由表 12－6 查出。

（三）向心角接触轴承轴向载荷 F_a 的计算

如图 12－11 所示，作用于轴上的轴向力计有：轴向外载荷为 F_A（例如是从斜齿轮上传递来的），轴承上产生的内部轴向力分别为 F_{s1} 和 F_{s2}；三力共同作用于轴上，三力共线。在此三力的共同作用下则可能会出现以下三种情况：

1. $F_{s2}+F_A>F_{s1}$

力系不平衡，轴有向左"移动"的趋势，即左端轴承 1 被压紧，右端轴承 2 被放松。在压紧端，轴承座将给于轴承 1 的外圈以轴向反力 $\Delta F_{a1}=(F_{s2}+F_A)-F_{s1}$，方向向右，力系的平衡条件是：

$$\Delta F_{a1}+F_{s1}=F_{s2}+F_A$$

因此，作用在压紧端轴承 1 上的轴向载荷为 $F_{a1}=\Delta F_{a1}+F_{s1}=F_{s2}+F_A$。

右端轴承 2 被放松，作用在放松端轴承 2 上的轴向载荷只有由于 P_{r2} 的存在而产生的内

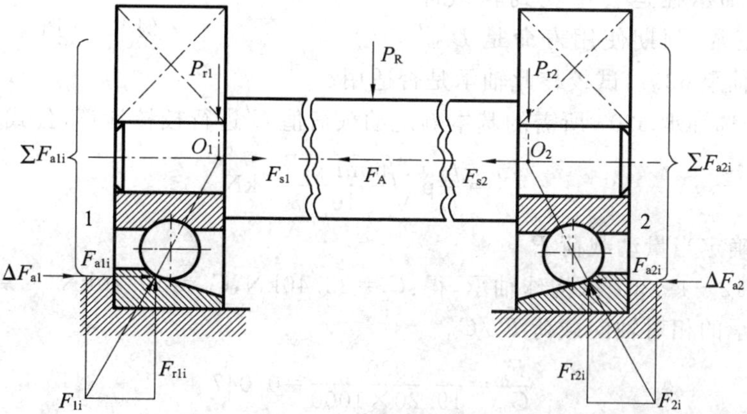

图 12－11　向心角接触轴承内部轴向力的产生和轴向载荷分析

部轴向力 F_{s2}，即：$F_{a2}=F_{s2}$

2. $F_{s2}+F_A<F_{s1}$

力系不平衡，轴有向右“移动”的趋势，故右端轴承座将产生方向向左的轴向反力 $\Delta F_{a2}=F_{s1}-(F_{s2}+F_A)$，力系的平衡条件是：$F_{s1}=\Delta F_{a2}+F_{s2}+F_A$

作用在轴承 2 上的轴向载荷是 $F_{a2}=F_{s2}+\Delta F_{a2}=F_{s2}+[F_{s1}-(F_{s2}+F_A)]=F_{s1}-F_A$

轴承 1 被放松，同理，作用在放松端轴承 1 上的轴向载荷只有由于 P_{r1} 的存在而产生的内部轴向力 F_{s1}，即：$F_{a1}=F_{s1}$；

3. $F_{s2}+F_A=F_{s1}$

轴上的轴向力系平衡，两端轴承均不会被压紧或放松。由于作用在两端轴承上的径向载荷 P_{r1}、P_{r2} 的存在，因此各自产生内部轴向力 F_{s1}、F_{s2}，两端轴承承受的轴向载荷 F_{a1}、F_{a2} 分别就是它们各自的内部轴向力 F_{s1} 和 F_{s2}。

概括以上分析，可将计算向心角接触轴承轴向载荷 F_a 的步骤归纳如下：

(1)根据两端轴承承受的径向载荷 P_{r1}、P_{r2}，按表 12－10 给出的公式计算两端轴承的内部轴向力 F_{s1}、F_{s2} 的大小，并画出力的作用点和方向；

(2)按照轴上的三轴向力 F_{s1}、F_{s2} 和 F_A 平衡与否，判断哪端轴承被“压紧”，哪端轴承被“放松”；

(3)确定两端轴承的轴向载荷 F_a

“放松”端轴承的轴向载荷等于其自身的内部轴向力；“压紧”端轴承的轴向载荷等于除去自身的内部轴向力以外的其他所有轴向力的代数和；两端轴承若均不被“压紧”或“放松”时，两端轴承上的轴向载荷各自等于其自身的内部轴向力。

(反装时分析的步骤、方法及结论与以上分析相同，略。)

五 轴承寿命计算实例

【例 12－1】 已知一轴其两端轴颈的直径均为 $d=35$mm，轴的转速为 $n=3000$r/min，两端轴承上承受的载荷为：$F_{r1}=1000$N，$F_{r2}=2100$N，$K_A=900$N；方向如例 12－1 图。轴承在运转中受到轻微冲击，使用温度正常，预期使用寿命是 $L_{10h}'=2000$h，初选轴承 6307，试校核此轴承是否适用。

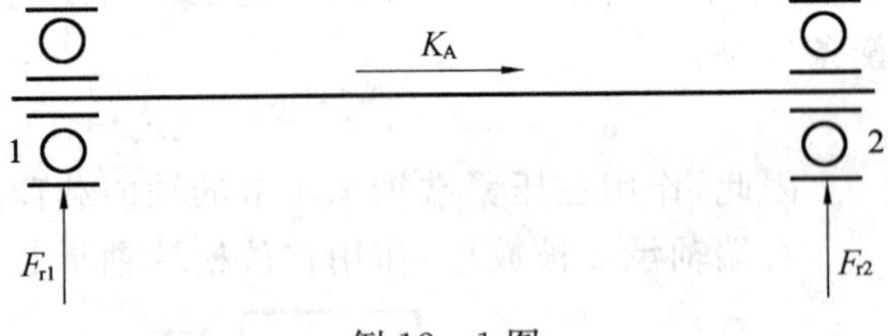

例 12－1 图

解：拟按初选轴承 6307 所需的基本额定动载荷值 C' 进行校核计算，公式为：

$$C'=\frac{f_p}{f_t}p\sqrt[\varepsilon]{\frac{60nL_{10h}'}{10^6}}\quad \text{kN}$$

1. 计算并确定当量动载荷 P

①查附表 12－1 6307 深沟球轴承，得：$C_r=33.40$kN，$C_{0r}=19.20$kN

②计算轴承的相对轴向载荷 F_a/C_{0r}

$$\frac{F_a}{C_{0r}}=\frac{900}{19.20\times1000}=0.047$$

③计算 e

查表 12－6，利用插分法得：

$$e=0.22+\frac{0.26-0.22}{0.056-0.028}\times(0.047-0.028)=0.25$$

④计算 F_a/C_{r1} 需分别计算 F_a/C_{r1} 和 F_a/C_{r2}

$$\frac{F_a}{F_{r1}}=\frac{900}{1000}=0.90 \qquad \frac{F_a}{F_{r2}}=\frac{900}{21000}=0.43$$

⑤比较 F_a/C_r 与 e 的大小 $F_a/C_{r1}>e$；$F_a/C_{r2}>e$

⑥查表 12－6，得 $X_1=X_2=0.56$，Y_1、Y_2 均需按插分法计算：

$$Y_1=Y_2=1.99+\frac{1.71-1.99}{0.056-0.028}\times(0.047-0.028)=1.80$$

⑦计算并确定当量动载荷 P

$$P_1=X_1F_{r1}+Y_1F_{a1}=0.56\times1000+1.80\times900=2180\text{N}$$

$$P_2=X_2F_{r2}+Y_2F_{a2}=0.56\times2100+1.80\times900=2796\text{N}$$

拟选取两端轴承为同一型号、同一尺寸，按 $P=P_2$ 作为其当量动载荷。

2.计算轴承所需的基本额定动载荷值 C'

查表 12－7，取 $f_t=1$；查表 12－8，取 $f_p=1.2$，并取 $\varepsilon=3$，则：

$$C'=\frac{f_p}{f_t}P\sqrt[\varepsilon]{\frac{60nL_{10h}}{10^6}}=\frac{1.2}{1}\times2796\times\sqrt[3]{\frac{60\times3000\times2000}{10^6}}=23.87\text{ kN}$$

所选轴承应满足：基本额定动载荷 $C\geqslant C'$

6307 深沟球轴承，其 $C_r=33.40\text{kN}>C'=23.87\text{kN}$，适用。

【例 12－2】 某轴的两端轴承承受的径向载荷分别为 $F_{r1}=1880\text{N}$ 和 $F_{r2}=2800\text{N}$，轴上作用的轴向载荷 $F_A=230\text{N}$，方向如例 12－2 图；轴的转速 $n=960\text{r/min}$，轴的直径 $d=40\text{mm}$，工作时有中等冲击和振动，工作温度低于 120℃，因载荷不大，拟选 7208AC 轴承（$\alpha=25°$），试计算该轴承的使用寿命。

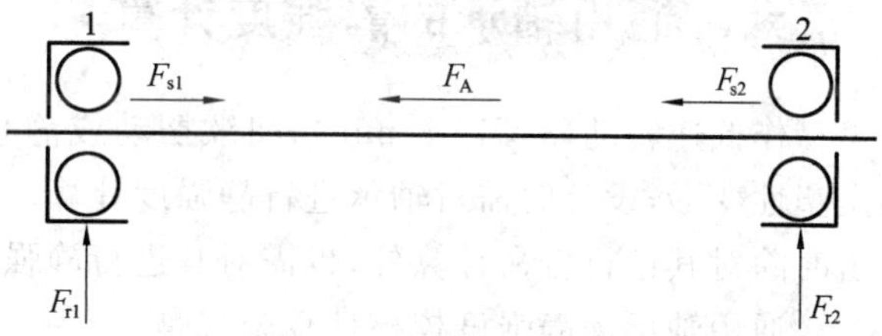

例 12－2 图 轴承的受力图

解：

1.计算轴承的内部轴向力

按表 12－10，取 $F_S=0.68F_r$，得

$F_{s1}=0.68F_{r1}=0.68\times1880=1278.4\text{N}$

$F_{s2}=0.68F_{r2}=0.68\times2880=1904\text{N}$

因是正装，它们的方向相对，如例 12－2 图所示。

2.计算两端轴承的轴向载荷 F_a

①根据轴上力系的平衡条件，分析轴的移动趋势，判断哪端轴承“压紧”，哪端轴承“放松”

$F_{s2}+F_A=1904+230=2134(\text{N})>F_{s1}=752\text{N}$，轴有向左移动的趋势，左端轴承“压紧”，右端轴承“放松”。

②计算两端轴承的轴向载荷 F_a

“放松”端 2 轴承上的轴向载荷 $F_{a2}=F_{s2}=1904\text{N}$

“压紧”端1轴承上的轴向载荷 $F_{a1}=F_{s2}+F_{A}=2134N$

3.计算并确定当量动载荷 P

①计算 $\frac{F_a}{F_r}$

$$\frac{F_{a1}}{F_{r1}}=\frac{2134}{1880}=1.14>e=0.68$$

$$\frac{F_{a2}}{F_{r2}}=\frac{1904}{2800}=0.68=e$$

②查取系数 X、Y

查表12－6得 $X_1=0.41, Y_1=0.87; X_2=1, Y_2=0$。

③计算并确定当量动载荷 P

$$P_1=X_1F_{r1}+Y_1F_{a1}=0.41\times1880+0.87\times2134=2627.38N$$

$$P_2=F_{r2}=2800N$$

选择两端为同一型号轴承，当量动载荷按 $P=P_2=2800N$ 计。

4.计算轴承的使用寿命

查附表12－2 7208AC轴承 $C_r=25.8kN$，根据工作条件，查表12－7得 $f_t=1$；查表12－8取 $f_p=1.6$；寿命指数 $\varepsilon=3$，代入公式(12－5)得

$$L_{10h}=\frac{10^6}{60n}\left(\frac{f_tC}{f_pp}\right)^{\varepsilon}=\frac{10^6}{60\times960}\left(\frac{1\times25800}{1.6\times2800}\right)^3=3315\ h$$

六 通用轴承的静强度计算

作低速转动($n<10$ r/min)、间歇摆动或静止不作旋转运动的通用轴承，它的失效形式是塑性变形，设计时需对轴承进行静强度计算。对于正常运转轴承，当轴承承受的载荷有冲击时除对其进行寿命计算外，也需对其进行静强度校核计算。

通用轴承的静强度校核计算公式是：

$$C_0\geqslant S_0P_0 \tag{12－7}$$

式中：C_0——通用轴承的基本额定静载荷，N。GB/T 4662—1993规定，当轴承承受载荷时，轴承内受载最大的滚动体与内外滚道接触处的接触应力达到：球轴承——4200 MPa(其中的调心球轴承——4600MPa)；各类滚子轴承——4000MPa时的载荷称为基本额定静载荷，记作 C_0。对于向心类轴承是径向额定静载荷(C_{0r})，对于推力类轴承是轴向额定静载荷(C_{0a})；其值查轴承样本(或见教材附表)。

S_0——安全系数；见表12－10；

P_0——当量静载荷，N；

$$P_0=X_0F_r+Y_0F_a \tag{12－8}$$

式中：F_r——轴承实际承受的径向载荷，N；

F_a——轴承实际承受的轴向载荷，N；

X_0——径向静载荷系数，见表12－11；

Y_0——轴向静载荷系数，见表12－11。

当计算出的 $P_0<F_r$ 时，取 $P_0=F_r$；对只承受径向载荷的轴承：取 $P_0=F_r$；对只承受轴

向载荷的轴承：取 $P_0=F_a$。

表 12－10　　通用轴承的静强度安全系数 S_0

轴承工作状况	载荷性质	S_0	使用条件	S_0
连续旋转轴承	普通载荷	1.0～2.0	高精度旋转场合	1.5～2.5
	冲击载荷	2.0～3.0	振动冲击场合	1.2～2.5
不常旋转或做间歇摆动的轴承	普通载荷	0.5	普通旋转场合	1.0～1.2
	冲击及不均匀载荷	1.0～1.5	允许有变形量	0.3～1.0

表 12－11　　当量静载荷的载荷系数 X_0、Y_0

轴承类型	代号	单列轴承	
		X_0	Y_0
深沟球轴承	60000	0.6	0.5
角接触球轴承	7000C	0.5	0.46
	7000AC		0.38
	7000B		0.26
圆锥滚子轴承	30000	0.5	Y_0

Y_0 按轴承型号查阅轴承手册或教材附表 12－3。

第四节　通用轴承的组合设计

通用轴承除了合理选择轴承类型和尺寸外，还需正确进行轴承的组合设计。轴承组合设计包括：合理选择轴系支承的结构形式、正确装拆和调整、合理的润滑和密封等。

一　通用轴承的轴向固定

（一）内圈与轴的轴向固定

将轴承的内圈安装在轴颈上，并采用如图 12－12 所示的几种常用的固定方式加以轴向固定：

图(a)，利用轴肩作单向固定，这种固定方式只对轴承进行单向固定，这种固定方式可以(由轴肩)承受较大的单方向的轴向载荷。

图(b)，利用轴肩和弹性挡圈对轴承作双向固定，但弹性挡圈一侧只能承受较小的轴向载荷。

图(c)，利用轴肩和轴端挡板作双向固定，这种固定方式可以承受中等的双向载荷。

图(d)，利用轴肩和圆螺母、止动垫圈对轴承作双向固定，这种固定方式亦可承受很大的双向载荷。结构简单，装拆方便，安全可靠，适用于高速、重载，但轴上要加工螺纹，会引起应力集中。

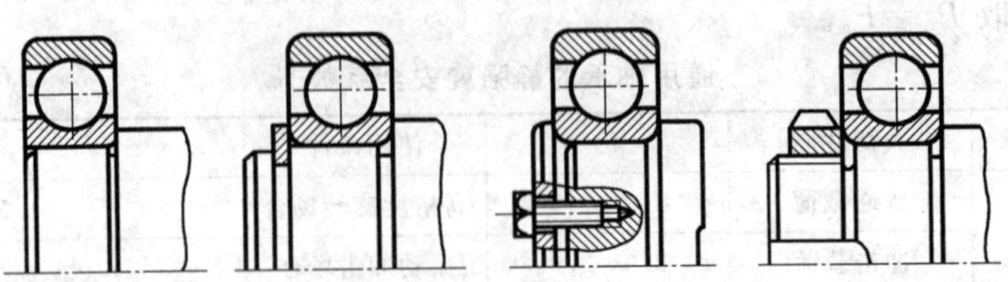

图 12－12　轴承内圈的轴向固定

(二)外圈与座孔的轴向固定

外圈与座孔的轴向固定常采用如图 12－13 所示的几种固定方式：

图(a)，利用轴承端盖对轴承外圈作单向固定，可承受很大的单方向的轴向载荷。

图(b)，利用轴承座孔内的凸肩对轴承外圈作单向固定，可承受很大的单方向的轴向载荷。但箱体加工较为复杂，适用于不宜使用端盖的场合。

图(c)，利用轴承端盖的凸缘和弹性挡圈对轴承外圈作双向固定。

图(d)，当两端轴承使用不同类型、不同型号的轴承时，为保证两端轴承座孔为同一直径，需增加一套杯。利用套杯的凸肩与轴承端盖的凸缘对轴承外圈作双向固定，可承受大的双向载荷。

图(e)，通过轴承端盖上的调节螺钉压紧压盖(调整向心角接触轴承的内部间隙用)，对轴承外圈作单向固定，常用于较大型设备中，它可承受大的轴向载荷。

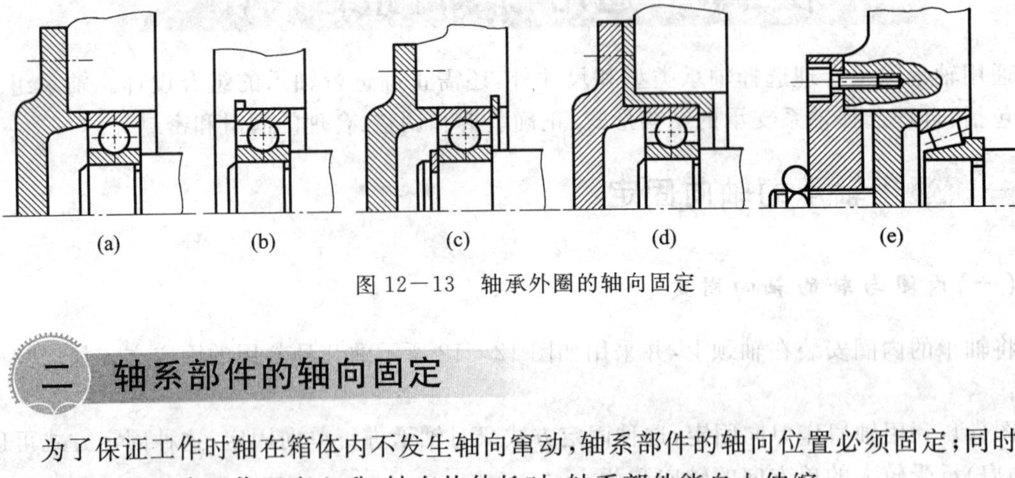

图 12－13　轴承外圈的轴向固定

二　轴系部件的轴向固定

为了保证工作时轴在箱体内不发生轴向窜动，轴系部件的轴向位置必须固定；同时还必须在结构上保证当工作温度上升、轴有热伸长时，轴系部件能自由伸缩。

(一)双固式支承(两端轴承的内外圈均作单向固定)

这种支承方式是对轴两端轴承的内外圈均作单向固定，两端支承结合起来就限制了轴的双向移动。当轴向力不大时，可采用一对深沟球轴承，如图 12－14(a)所示；轴向力较大时，可采用一对向心角接触轴承，如图 12－14(b)所示。考虑到轴的热伸长，需预留热伸长间隙：对于深沟球轴承可在轴承端盖与外圈之间留出间隙 a，一般取 $a=0.2\sim0.4$mm；对于向心角接触轴承，通过调整轴承的内部间隙予以保证[参见图 12－13(e)]。

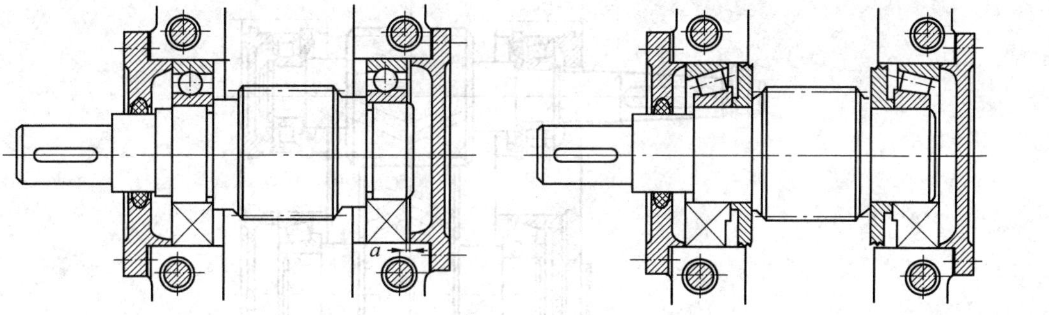

(a) (b)

图 12－14 双固式支撑

这种固定方式结构简单，安装调整方便，适用于支承轴承的跨距不大（$L \leqslant 350$mm）和轴的温升不高的场合（$t \leqslant 70$℃）。

（二）固游式支承（一端固定一端游动）

当支承轴承的跨距较大（$L > 350$mm）或轴的温升较高（$t > 70$℃）时，可采用一端固定一端游动的支承方式，如图 12－15 所示。对固定支承一端的轴承（图中为左端轴承）的内、外圈均作双向固定，以限制轴的双向移动；游动支承一端的轴承，预留足够的游动距离以保证轴系部件的轴向移动。当选用深沟球轴承作游动支承时，可在轴承外圈与端盖之间留有间隙，如图 12－15(a)所示；当选用圆柱滚子轴承支承时，不需再留间隙，其自身的结构允许轴做轴向移动，如图 12－15(b)所示。

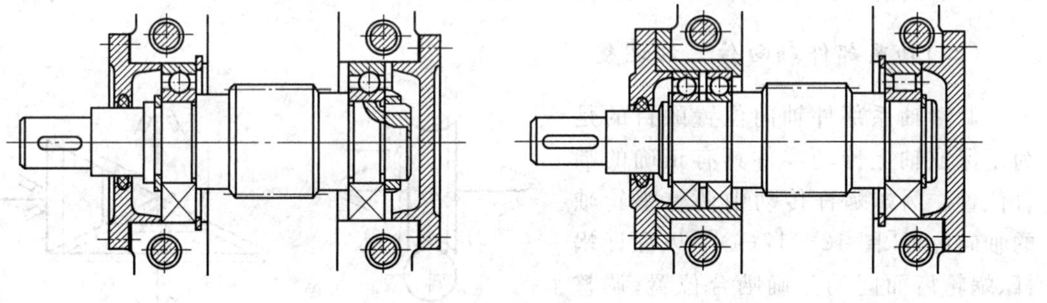

(a) (b)

图 12－15 固游式支撑

（三）全固全游式（一轴的两端作全固定支撑，另一轴的两端作全游动支撑）

这种固定方式仅适用于轴可能发生无法预期的左右移动的情况，如人字齿轮轴。由于齿轮的螺旋角有加工误差，为防止啮合时的卡塞，对大齿轮轴的两端作全固定支撑，而对小齿轮轴的两端作全游动支撑，以保证在齿轮啮合时小齿轮轴能沿轴向作自由游动，如图 12－16 所示。

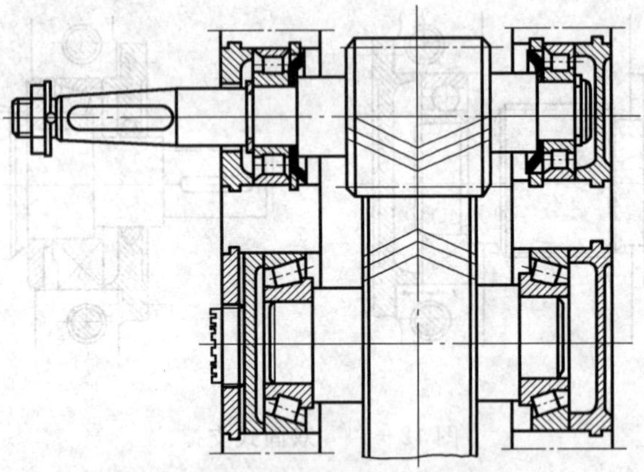

图 12—16　全游式(全固式)支撑

三　轴系部件的调整

(一)轴承间隙的调整

1. 依靠增减轴承端盖与轴承座接合面间的垫片厚度进行调整

如图 12—14(b)所示。

2. 利用调整压盖调整

调整时拧紧调节螺钉使压盖压紧轴承外圈,再退出一定距离(轴承的轴向间隙距离),调整后予以锁紧,如图 12—13(e) 和图 12—16 所示。

(二)轴系部件轴向位置的调整

调整轴系部件轴向位置的目的是为了保证轴上传动零件具有正确的啮合位置。例如蜗杆传动中调整蜗轮轴的轴向位置[图 12—17(a)],以保证蜗杆、蜗轮齿面间的正确啮合位置;调整蜗杆轴的轴向位置,是为了保证蜗杆、蜗轮传动时的齿侧间隙。锥齿轮传动的正确啮合位置是两分度圆锥(与节圆锥重合)共顶,因此需对两齿轮的轴都能进行轴向位置调整[图 12—17(b)]。

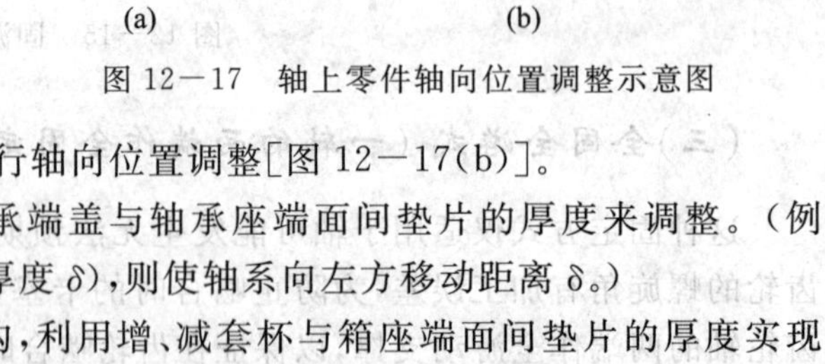

(a)　(b)

图 12—17　轴上零件轴向位置调整示意图

在图 12—14 中可以直接利用两端轴承端盖与轴承座端面间垫片的厚度来调整。(例如,左侧增加垫片(厚度 δ)右侧减少垫片(厚度 δ),则使轴系向左方移动距离 δ。)

图 12—18 为小圆锥齿轮轴的调整结构,利用增、减套杯与箱座端面间垫片的厚度实现套杯轴向位置的调整,而使轴系部件作轴向位置的调整,从而实现齿轮啮合位置的调整。

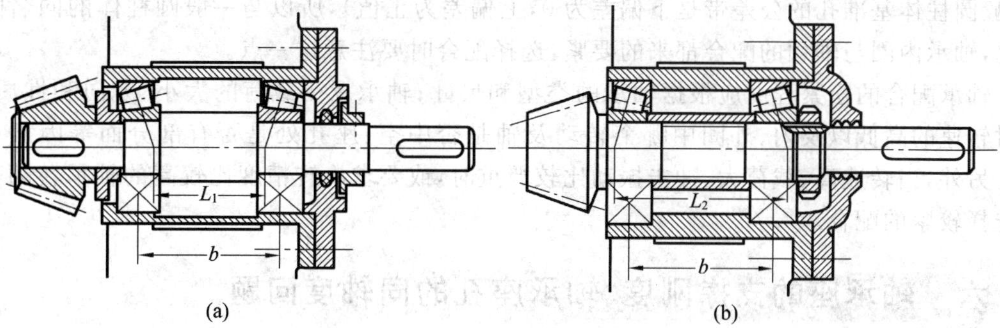

图 12－18 小圆锥齿轮的调整结构

四 轴承的安装和拆卸

轴承内圈与轴颈表面间的配合一般有过盈。当过盈量较小时，可以用锤击（单件生产）、压力机压入（批量生产）的方法，锤击时可做一套筒，须注意套筒的端部应搭在轴承的内圈上，**决不容许打击轴承的外圈**，否则轴承的精度将遭到破坏；当过盈量较大时，可配以温差法进行装配：将轴承放在温度为 70℃～90℃ 的热机油中浸泡约 40min 左右，然后（做一套筒，搭在轴承的内圈上）用压力机压入。

拆卸轴承时应使用专门的拆卸工具（如螺旋拆卸器），并须在相应的结构设计时预留拆卸高度，如图 20－19 所示。

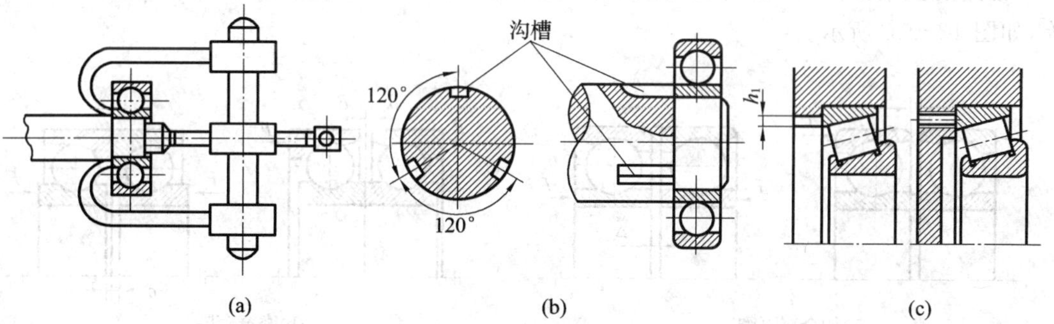

图 20－19 轴承的拆卸和拆卸高度

五 通用轴承的配合问题

通用轴承的配合是指轴承内圈与轴颈；轴承外圈与轴承座孔的配合。由于滚动轴承是标准件，而工作时是轴与轴承的内圈一同转动，所以内圈与轴颈的配合为基孔制、采用过渡配合（较紧），常用配合为 r6、n6、m6、k6、js6、j6 等（装配图中，轴承内孔的配合代号、公差等可以不标出）。轴承外圈与轴承座孔的配合为基轴制、采用过渡配合（较松），常用配合代号是 G7、H7、J7、JS7、K7、M7 等（装配图中，轴承外径的配合代号、公差等可以不标出）。

需要说明的是，轴承的外径和内径的公差带均为单向制，即上偏差为 0，下偏差为负值

(一般圆柱体基准孔的公差带是下偏差为0,上偏差为正值),所以与一般圆柱体的同名配合相比,轴承内圈与轴颈的配合都来的要紧,选择配合时要注意这一点。

轴承配合的松紧程度应根据轴承的类型和尺寸;轴承承受载荷的大小、方向和性质;工作时转速的高低以及内、外圈中哪个转动及轴是否中空、座孔处是否有剖分面等因素来决定。另外,当转速高、载荷大、冲击振动比较严重时,或要求旋转精度比较高的轴承转动套圈应选择较紧的配合。

六 轴承座的支撑刚度、轴承座孔的同轴度问题

轴承座处应需保证有足够的支撑刚度,否则轴承及至整个轴系部件都不能正常工作。除轴承座孔壁应有足够的厚度外,常在轴承座处加设加强筋(外筋、内筋等不同形式)。

为保证两端的轴承座孔具有同轴度、镗孔时将两端座孔"一刀"加工成形,尽量使两端轴承选择同一型号。如不能保证两端座孔是同一尺寸,应加一套杯,如图12-15(b)所示。

七 轴承的预紧

轴承的预紧是指安装轴承时,加一定的轴向预紧力使滚动体和内、外圈之间产生预变形,消除轴承内部游隙。预紧的目的是提高轴承的旋转精度和刚度,减少轴的振动和躁声。

常用的预紧方法有:加金属隔圈、磨窄套圈及内、外圈分别安装不同的套筒、加压预紧等,如图12-20所示。

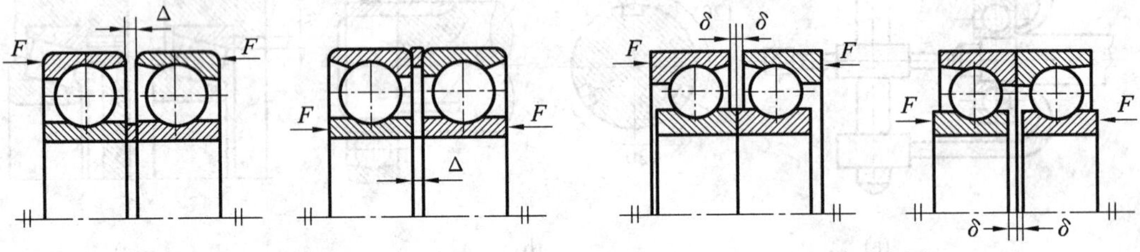

(a)加金属隔圈 (b)磨窄套圈

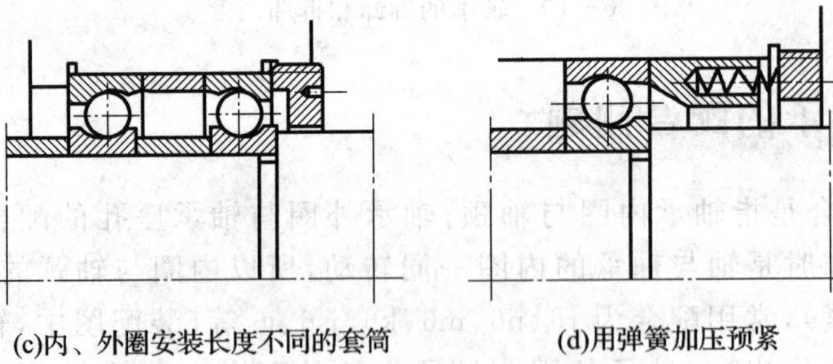
(c)内、外圈安装长度不同的套筒 (d)用弹簧加压预紧

图12-20 轴承的预紧方法

八 轴承的润滑与密封

(一)轴承的润滑

通用轴承润滑的目的主要是减少摩擦和磨损,同时还可起冷却、吸振、防锈及降低噪音的作用。

常用的润滑方式分为脂润滑和油润滑,润滑方式的选择可根据轴承的内径 d 与转速 n 的乘积 dn 决定,见表 12－12。

1. 脂润滑

脂润滑的优点是油膜强度高,粘附性能较好,便于密封和维护。缺点是摩擦阻力较大,散热效果差。一般用于速度不太高或不便经常加油的场合,填脂时,填脂量以轴承内部空隙的 1/3～1/2 为宜。

2. 油润滑

油润滑的优点是摩擦阻力小,润滑可靠,具有冷却、清洗作用。缺点是对密封和供油条件要求较高。主要用于高速或工作温度较高的场合。

表 12－12 选择润滑方式时的 dn 界限值[10^4 mm·(r/min)]

轴承类型	脂润滑	油润滑			
		油浴	滴油	喷油	喷雾
深沟球轴承	16	25	40	60	＞60
调心球轴承	16	25	40	—	—
角接触轴承	12	25	40	60	＞60
圆柱滚子轴承	8	12	—	25	—
圆锥滚子轴承	16	25	40	60	＞60
调心滚子轴承	10	16	23	30	—
推力球轴承	4	6	12	15	—

(二)轴承的密封

轴承的密封对外是为了阻止灰尘及其他杂物进入轴承,对内是防止箱内或轴承内的润滑剂流失。密封装置的型式很多,原理和作用也各不相同,分为接触式密封和非接触式密封,见表 12－13,使用时应根据工作环境、轴承的结构特点、转速及润滑剂种类等选择轴承的密封方式。

表 12－13 **轴承的密封装置**

名称		结构简图	特点	使用条件
接触式密封	毡圈密封	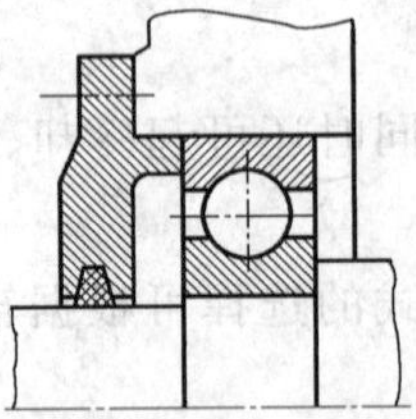	矩形截面毡圈嵌入梯形截面槽内，实现与轴密封。	用于低速、干燥环境的脂润滑。根据轴的转速不同，密封的级别不同。接触处圆周速度 4～5m/s。
接触式密封	唇形密封圈	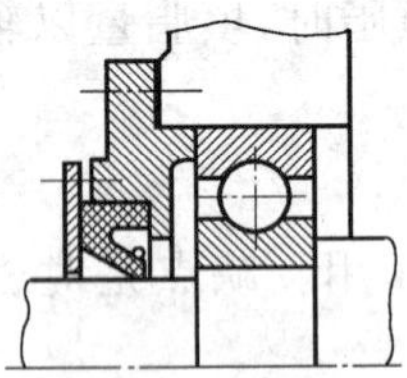 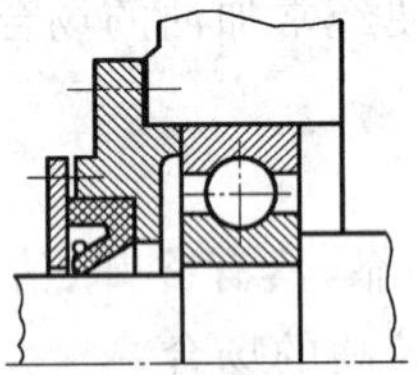	唇口压紧在轴表面上，分为有骨架和无骨架。唇口的朝向为密封方向。	用于油润滑，可密封气体、液体。接触处圆周速度＜7m/s。
非接触式密封	环槽式和缝隙式	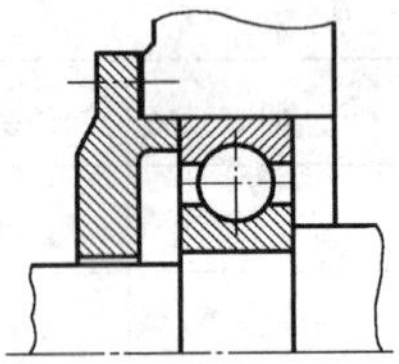 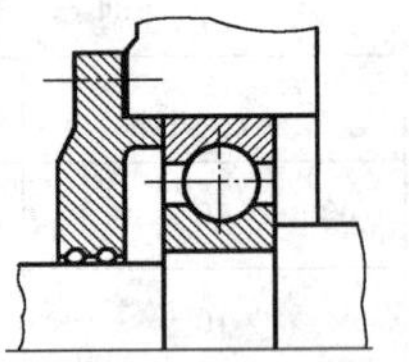	环槽内填充润滑脂，增加密封效果。	缝隙 0.1～0.3mm。适用于脂润滑，速度不限，适用环境干净的场合。
非接触式密封	迷宫式	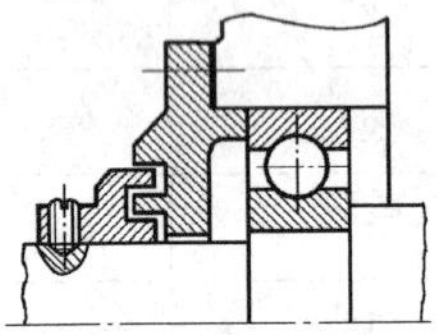 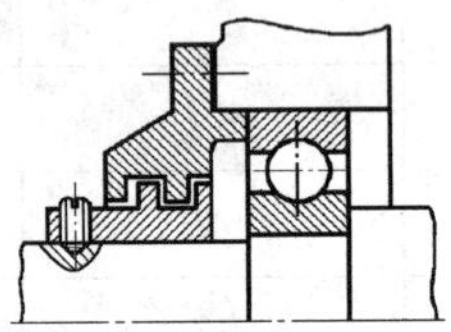	径向、轴向和组合迷宫式。利用曲折狭缝密封。	油和脂润滑都可用，可用于多灰、潮湿环境。

思考题与练习题

思考题

12－1 通用轴承的基本组成元件有哪些？它们的常用材料有哪几种(各举 3 例)？常用硬度范围？

12－2 何谓通用轴承的接触角？绘图说明 N、6、3、7 类的接触角及其取值。

12－3 绘图说明何谓游隙？何谓径向游隙？何谓轴向游隙？

12－4 绘图说明什么叫偏转角？

12—5　简述常用的N、6、3、7类通用轴承的结构和性能特点，以及选择通用轴承类型的原则。

12—6　通用轴承(除滚针轴承)的代号由哪几部分组成？其基本代号段各数字的含义是什么？对常用的部分轴径段通用轴承的代号是怎样规定的？

12—7　正常运转的通用轴承具有怎样的受载特点？通用轴承的失效形式有哪几种？各是怎样产生的？

12—8　什么是通用轴承的基本额定寿命？什么是基本额定动载荷？什么是当量动载荷？

12—9　为什么通用轴承的寿命计算中要引入当量动载荷概念？简述N、6类轴承和3、7类轴承各是怎样计算当量动载荷的？

12—10　在使用公式12—5、12—6时应注意什么？

12—11　向心角接触轴承的内部轴向力是如何产生的？其大小和方向如何确定？

12—12　简述向心角接触轴承轴向载荷 F_a 的计算过程。

12—13　轴系部件的支承方式有哪几种？各自的应用条件是什么？各是怎样构成的？

12—14　通用轴承的组合设计中为什么要预留热伸长间隙？对外圈可拆和不可拆的轴承各是怎样预留热伸长间隙的？

12—15　为什么轴两端的一对轴承尽量选择相同的型号？选择时以哪一个轴承的载荷为依据？

12—16　为什么要对轴系部件的轴向位置进行调整？怎样调整？

12—17　通用轴承在拆装时各应注意什么？为保证轴承的拆卸，应在对轴和座孔的结构设计时给予怎样的注意？

12—18　为保证轴承座的支撑刚度和同轴度应注意什么问题？

12—19　通用轴承的内圈与轴颈、外圈与座孔之间的配合有何特点？

12—20　通用轴承的润滑和密封方式有哪几类？各适于什么场合？

练习题

12—1　解释下列轴承代号的含义：N208、6210、31306/P6X、7207C/P5C2、51205。

12—2　试为以下机械设备中的通用轴承选择类型：

(1)Y系列电动机转子轴；(2)20吨起重机卷筒轴；(3)5吨吊车滑轮及吊钩；(4)蜗杆传动中的蜗杆轴和蜗轮轴。

12—3　以下各轴承受径向载荷 F_r 和轴向载荷 F_a 的共同作用，试计算其当量动载荷。

(1)N207轴承：$F_r=3550N$，$F_a=0$；

(2)6215轴承：$F_r=6500N$，$F_a=1100N$；

(3)30313轴承：$F_r=8700N$，$F_a=5310N$；

(4)7210C轴承：$F_r=4600N$，$F_a=2100N$。

12—4　一对7210AC轴承，两端轴承均承受径向载荷 $F_r=6000N$ 和轴向载荷 $F_a=3200N$ 的作用，轴上作用有外加轴向载荷 F_A，其方向如图。试求下列情况下各轴承的内部轴向力 S；轴向载荷 F_a；当量动载荷 P。

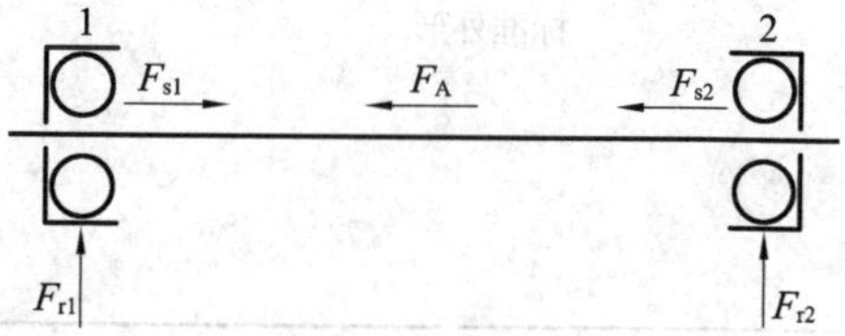

习题12—4图

(1)$F_A=4500N$；

(2)$F_A=1000N$。

12－5　有一深沟球轴承，受径向载荷 $F_r=8000N$，常温下工作，载荷平稳，转速 $n=1640r/min$，要求预期寿命 $L_{10h}'=5000h$，试计算该轴承所需的基本额定动载荷。

12－6　深沟球轴承6307，只承受纯径向载荷，转速 $n=1000rpm$，要求使用寿命 $L_{10h}'=5000h$，载荷平稳，工作温度为150℃，试计算此轴承所能承受的最大径向载荷。

12－7　某机械传动装置中，已知轴承型号为6313，轴承所受的径向负荷 $F_r=5400N$；轴向负荷 $F_a=2600N$，轴的转速 $n=1250r/min$，运转中有轻微冲击，预期寿命 $L_{10h}'=5000h$，工作温度 $t<100℃$。问该轴承能否适用。

12－8　根据工作条件，某机械传动装置中，轴的两端各采用了一个深沟球轴承，轴径 $d=35mm$，转速 $n=2000r/min$，每个轴承所受的径向负荷 $F_r=2000N$；常温下工作，载荷平稳，要求使用寿命 $L_{10h}'=8000h$，试选择轴承型号。

12－9　某减速器主动轴用两个30212轴承，如题12－9图所示。已知轴的转速 $n=960r/min$，$F_A=600N$，$F_{r1}=4800N$，$F_{r2}=2000N$。有中等冲击载荷，正常温度，要求轴承预期寿命 $L_{10h}'=15000h$，试计算该轴承能否满足使用要求。

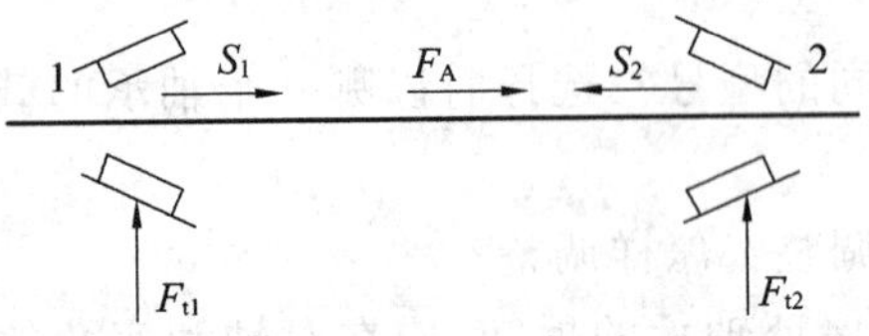

习题12－9图

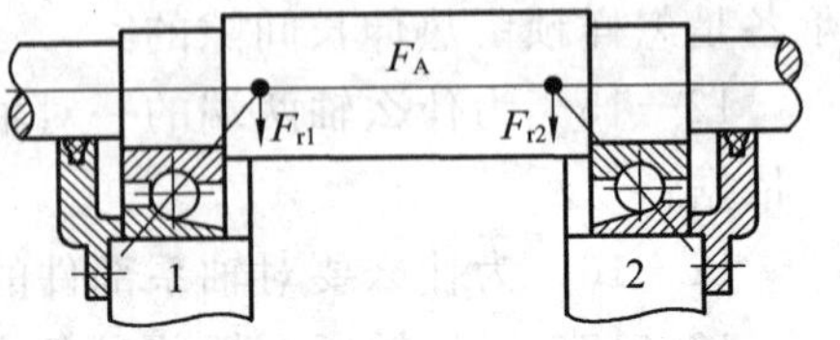

习题12－10图

12－10　一轴上装有两个70000AC型轴承，采用正装，如题12－10图所示。轴的转速 $n=1670r/min$，轴径 $d=60mm$，轴承的径向载荷 $F_{r1}=3500N$，$F_{r2}=9000N$，轴向外力 $F_A=1600N$，有中等冲击载荷载荷，若轴承预期寿命 $L_{10h}'=8000h$，试选择轴承的型号。

附表12－1　　常用通用轴承的基本尺寸和数据

深沟球轴承

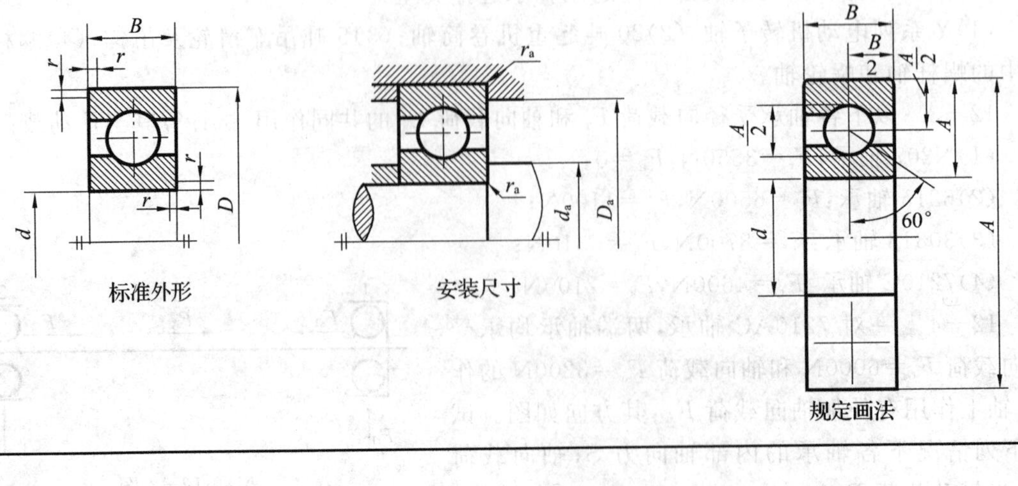

标准外形　　安装尺寸　　规定画法

（续表）

轴承代号	基本尺寸/mm				安装尺寸/mm			基本额定动载荷 C /kN	基本额定静载荷 C_0/kN
	d	D	B	r_s min	d_a min	D_a max	r_a max		
6004	20	42	12	0.6	25	38	0.6	9.38	5.03
6204		47	14	1.0	26	41	1.0	12.80	6.65
6304		52	15	1.1	27	45	1.0	15.90	7.88
6404		72	19	1.1	27	65	1.0	31.00	15.30
6005	25	47	12	0.6	30	43	0.6	10.10	5.85
6205		52	15	1.0	31	46	1.0	14.00	7.88
6305		62	17	1.1	32	55	1.0	22.40	11.50
6405		80	21	1.5	34	71	1.5	38.30	19.20
6006	30	55	13	1.0	36	50	1.0	13.20	8.30
6206		62	16	1.0	36	56	1.0	19.50	11.30
6306		72	19	1.1	37	65	1.0	27.00	15.20
6406		90	23	1.5	39	81	1.5	47.30	24.5
6007	35	62	14	1.0	41	57	1.0	16.20	10.40
6207		72	17	1.1	42	65	1.0	25.70	15.30
6307		80	21	1.5	44	71	1.5	33.40	19.20
6407		100	25	1.5	44	91	1.5	56.90	29.60
6008	40	68	15	1.0	46	63	1.0	17.00	11.70
6208		80	18	1.1	47	73	1.0	29.50	18.10
6308		90	23	1.5	48	81	1.5	40.80	24.00
6408		110	27	2.0	50	100	2.0	65.50	37.70
6009	45	75	16	1.0	51	70	1.0	21.10	14.80
6209		85	19	1.1	52	78	1.0	31.70	20.70
6309		100	25	1.5	54	91	1.5	52.90	31.80
6409		120	29	2.0	55	110	2.0	77.40	45.40
6010	50	80	16	1.0	56	75	1.0	22.00	16.30
6210		90	20	1.1	57	83	1.0	35.10	23.20
6310		110	27	2.0	60	100	2.0	61.90	37.90
6410		130	31	2.1	62	118	2.1	92.30	55.10
6011	55	90	18	1.1	63	83	1.0	30.30	21.90
6211		100	21	1.5	64	91	1.5	43.40	29.20
6311		120	29	2.0	65	110	2.0	71.60	44.80
6411		140	33	2.1	67	128	2.1	101.00	62.50
6012	60	95	18	1.1	67	88	1.0	31.70	24.20
6212		110	22	1.5	69	101	1.5	47.80	32.90
6312		130	31	2.1	72	118	2.1	81.80	51.90
6412		150	35	2.1	72	138	2.1	109.00	70.10
6013	65	100	18	1.1	72	93	1.0	32.10	24.90
6213		120	23	1.5	74	111	1.5	57.20	40.00
6313		140	33	2.1	77	128	2.1	93.90	60.40
6413		160	37	2.1	77	148	2.1	118.00	78.60
6014	70	110	20	1.1	78	102	1.0	38.60	30.40
6214		125	24	1.5	79	116	1.5	60.80	45.00
6314		150	35	2.1	82	138	2.1	104.00	68.00
6414		180	42	3.0	84	166	2.5	140.00	99.60

（续表）

轴承代号	基本尺寸/mm			安装尺寸/mm				基本额定动载荷 C /kN	基本额定静载荷 C_0/kN
	d	D	B	r_s min	d_a min	D_a max	r_a max		
6015	75	115	20	1.1	83	107	1.0	40.20	33.20
6215		130	25	1.5	84	121	1.5	66.10	49.50
6315		160	37	2.1	87	148	2.1	113.00	77.00
6415		190	45	3.0	89	176	2.5	154.00	114.00

附表 12－2　　角接触球轴承

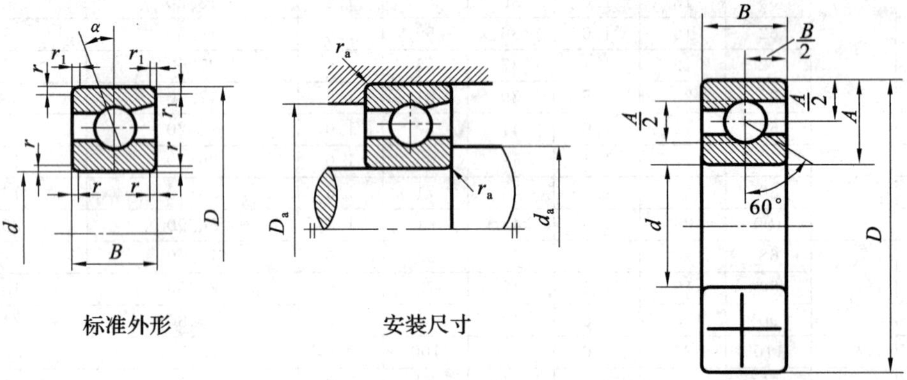

标准外形　　安装尺寸　　规定画法

辆承代号	基本尺寸/mm					安装尺寸/mm			基本额定动载荷 C/kN	基本额定静载荷 C_0/kN
	d	D	B	r_s min	r_{1s} min	d_a min	D_a max	r_a max		
7204C	20	47	14	1.0	0.3	26	41	1.0	11.2	7.46
7204AC									10.8	7.00
7204B									10.8	6.78
7205C	25	52	15	1.0	0.3	31	46	1.0	12.8	8.95
7205AC									12.2	8.38
7205B									12.2	7.88
7305C		62	17	1.1	0.6	32	55	1.0	21.5	15.80
7206C	30	62	16	1.0	0.3	36	56	1.0	17.8	12.80
7206AC									16.8	12.20
7206B		62	16	1.0	0.3	36	56	1.0	15.8	11.20
7306B		72	19	1.1	0.6	37	65	1.0	24.8	17.50
7207C	35	72	17	1.1	0.6	42	65	1.0	23.5	17.50
7207AC									22.5	16.50
7207B									20.8	15.20
7307B		80	21	1.5	0.6	44	71	1.5	29.5	21.20

（续表）

轴承代号	基本尺寸/mm					安装尺寸/mm			基本额定动载荷 C/kN	基本额定静载荷 C_0/kN
	d	D	B	r_s min	r_{1s} min	d_a min	D_a max	r_a max		
7208C	40	80	18	1.1	0.6	47	73	1.0	26.8	20.50
7208AC									25.8	19.20
7208B									25.0	18.80
7308C		90	23	1.5	0.6	49	81	1.5	40.2	32.30
7308AC									38.5	30.50
7308B									35.5	26.2
7408AC		110	27	2.0	1.0	50	100	2.0	62.0	49.50
7408B									51.5	41.80
7209C	45	85	19	1.1	0.6	52	78	1.0	29.8	23.80
7209AC									28.2	22.50
7209B									27.8	21.20
7309B		100	25	1.5	0.6	54	91	1.5	45.8	34.50
7210C	50	90	20	1.1	0.6	57	83	1.0	32.8	26.80
7210AC									31.5	25.20
7210B									28.8	22.80
7310B		110	27	2.0	1.0	60	100	2.0	52.5	40.80
7211C	55	100	21	1.5	0.6	64	91	1.5	40.8	33.80
7211AC									38.8	31.80
7211B									35.5	28.80
7311B		120	29	2.0	1.0	65	110	2.0	60.5	48.00
7212C	60	110	22	1.5	0.6	69	101	1.5	44.8	37.80
7212AC									42.8	35.50
7212B									43.2	35.50
7312B		130	31	2.1	1.1	72	118	2.1	69.2	55.50
7213C	65	120	23	1.5	0.6	74	111	1.5	53.8	46.00
7213AC									51.2	43.20
7213B									48.8	41.80
7313B		140	33	2.1	1.1	77	128	2.1	79.5	64.80
7214C	70	125	24	1.5	0.6	79	116	1.5	56.0	49.20
7214AC									53.2	46.20
7214B									53.0	45.50
7314B		150	35	2.1	1.1	82	138	2.1	88.0	72.80
7215C	75	130	25	1.5	0.6	84	121	1.5	79.2	65.70
7215AC									75.3	62.90
7215B									72.87	61.60
7315B		160	37	2.1	1.1	87	148	2.1	124.0	97.20

附表 12－3　　圆锥滚子轴承

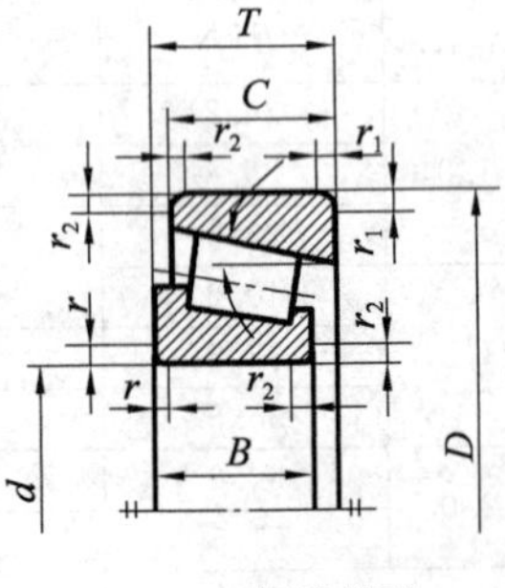

标准外形

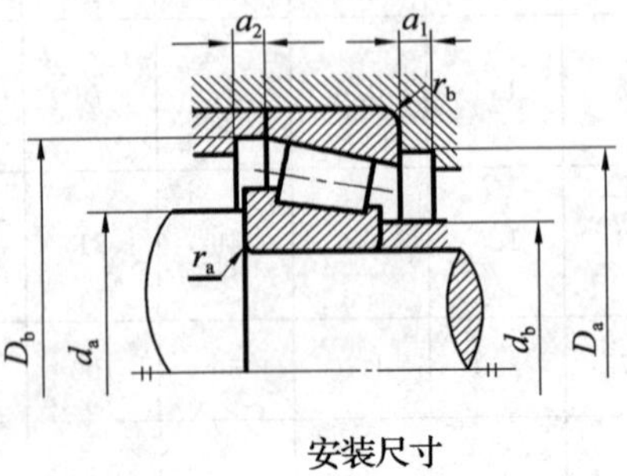

安装尺寸

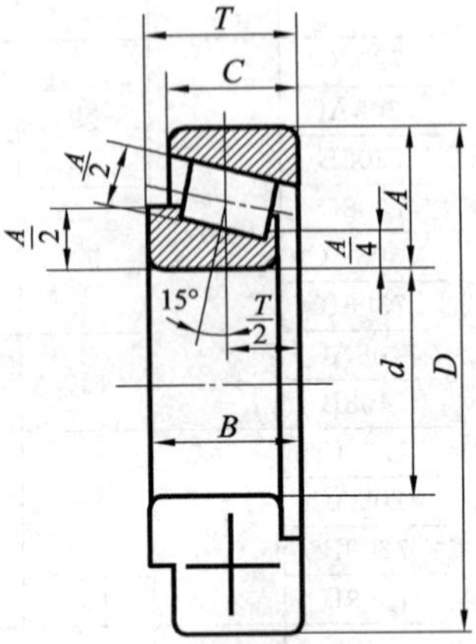

规定画法

轴承代号	基本尺寸/mm								安装尺寸/mm								基本额定动载荷 C/kN	基本额定静载荷 C_0/kN	计算系数		
	d	D	T	B	C	r_s min	r_{1s} min	r_{2s} min	d_a min	d_b max	D_a max	D_b min	a_1 min	a_2 min	r_{as} max	r_{bs} max			e	Y	Y_0
30204	20	47	15.25	14	12	1.0	1.0	0.5	26	27	41	43	2.0	3.5	1.0	1.0	28.2	30.6	0.35	1.7	1.0
30304		52	16.25	15	13	1.5	1.5	0.8	27	28	45	48	3.0	3.5	1.5	1.5	33.1	33.2	0.3	2.0	1.1
30205	25	52	16.25	15	13	1.0	1.0	0.5	31	31	46	48	2.0	3.5	1.0	1.0	32.2	37.0	0.37	1.6	0.9
30305		62	18.25	17	15	1.5	1.5	0.8	32	34	55	58	3.0	3.5	1.5	1.5	46.9	48.1	0.3	2.0	1.1
30206	30	62	17.25	16	14	1.0	1.0	0.5	36	37	56	58	2.0	3.5	1.0	1.0	43.3	50.5	0.37	1.6	0.9
30306		72	20.75	19	16	1.5	1.5	0.8	37	40	65	66	3.0	5.0	1.5	1.5	59.0	63.1	0.31	1.9	1.0
30207	35	72	18.5	17	15	1.5	1.5	0.8	42	44	65	67	2.0	3.5	1.5	1.5	54.2	63.5	0.37	1.6	0.9
30307		80	22.75	21	18	2.0	1.5	0.8	44	45	71	74	3.0	5.5	2.0	1.5	75.3	82.6	0.31	1.9	1.0
30208	40	80	19.25	18	16	1.5	1.5	0.8	47	49	73	75	3.0	4.0	1.5	1.5	63.0	74.0	0.37	1.6	0.9
30308		90	25.25	23	20	2.0	1.5	0.8	49	52	81	84	3.0	5.5	2.0	1.5	90.9	108.0	0.35	1.7	1.0
30209	45	85	20.75	19	16	1.5	1.5	0.8	52	53	78	80	3.0	5.0	1.5	1.5	67.9	83.6	0.4	1.5	0.8
30309		100	27.75	25	22	2.0	1.5	0.8	54	59	91	94	3.0	5.0	2.0	1.5	109.0	130.0	0.35	1.7	1.0
30210	50	90	21.75	20	17	1.5	1.5	0.8	57	58	83	86	3.0	5.0	1.5	1.5	73.3	92.1	0.42	1.4	0.8
30310		110	29.25	27	23	2.5	2.0	1.0	60	65	100	103	4.0	6.5	2.1	2.0	130.0	157.0	0.35	1.7	1.0
30211	55	100	22.75	21	18	2.0	1.5	0.8	64	64	91	95	4.0	5.0	2.0	1.5	90.8	114.0	0.4	1.5	0.8
30311		120	31.50	29	25	2.5	2.0	1.0	65	70	110	112	4.0	6.5	2.1	2.0	153.0	188.0	0.35	1.7	1.0
30212	60	110	23.75	22	19	2.0	1.5	0.8	69	69	101	103	4.0	5.0	2.0	1.5	103.0	130.0	0.4	1.5	0.8
30312		130	33.50	31	26	3.0	2.5	1.2	72	76	118	121	5.0	7.5	2.5	2.1	171.0	210.0	0.35	1.7	1.0
30213	65	120	24.75	23	20	2.0	1.5	0.8	74	77	111	114	4.0	5.0	2.0	1.5	121.0	153.0	0.4	1.5	0.8
30313		140	36.0	33	28	3.0	2.5	1.2	77	83	128	131	5.0	8.0	2.5	2.1	196.0	242.0	0.35	1.7	1.0
30214	70	12	26.25	24	21	2.0	1.5	0.8	79	81	116	119	4.0	5.5	2.0	1.5	132.0	174.0	0.42	1.4	0.8
30314		150	38.0	35	30	3.0	2.5	1.2	82	89	138	141	5.0	8.0	2.5	2.1	219.0	272.0	0.35	1.7	1.0
30215	75	130	27.25	25	22	2.0	1.5	0.8	84	85	121	125	4.0	5.0	2.0	1.5	138.0	185.0	0.44	1.4	0.8
30315		160	40.0	37	31	3.0	2.5	1.2	87	95	148	150	5.0	9.0	2.5	2.1	253.0	353.0	0.35	1.7	1.0

第十三章　滑动轴承

【学习要求】

(1)熟知滑动轴承的类型、特点、典型结构及应用；

(2)熟知轴瓦的结构和轴承的材料；

(3)了解滑动轴承的润滑方式；

*(4)会选择轴承的材料、轴瓦的结构参数、能够进行不完全液体摩擦滑动轴承的有关计算。

滑动轴承是轴颈表面与轴承表面处于滑动摩擦状态下工作的轴承，轴颈与轴承之间是面接触。其结构简单，制造方便，工作平稳、可靠、无噪声。与滚动轴承相比，滑动轴承在高速、重载、有较大冲击载荷、径向尺寸受限或结构上要求剖分(如发动机曲轴的主轴颈轴承和连杆轴颈轴承)等工作条件下更能显示其优越性。

第一节　滑动轴承的类型和典型结构

一　滑动轴承的类型

(一)按轴承所承受的载荷方向分

1. 径向滑动轴承

工作时轴承只能承受径向载荷，轴承上的反作用力与轴的中心线垂直。

2. 止推滑动轴承

工作时轴承只能承受轴向载荷，轴承上的反作用力与轴的中心线方向一致。

3. 径向止推滑动轴承

工作时轴承可同时承受径向和轴向载荷。

(二)按工作表面摩擦状态分

按工作表面可能存在两种摩擦状态可将其分为液体摩擦滑动轴承和不完全液体摩擦滑动轴承。

1. 液体摩擦滑动轴承

当满足一定的条件时，轴颈和轴承工作表面之间形成一层有足够厚度的润滑油膜，将两个表面完全分隔开，这种状态称为液体摩擦状态，在该状态下工作的轴承称为液体摩擦滑动轴承。滑动表面处于液体摩擦状态时，是最理想的摩擦状态，由于两金属表面的微观高峰部分不存在直接接触，其摩擦为液体分子的内摩擦，因此摩擦系数很小，轴承表面没有磨损，使用寿命长。多用于高速、重载、有冲击载荷和回转精度要求高的场合。

根据润滑膜形成方式的不同，又可分为液体动压滑动轴承和液体静压滑动轴承。

2.不完全液体摩擦滑动轴承

轴承在工作中，轴颈和轴承工作表面之间的润滑膜较薄，不能将两者表面完全分隔开，这种状态称为边界摩擦状态，在该状态下工作的轴承称为不完全液体摩擦滑动轴承。

不完全液体摩擦滑动轴承工作时，两金属表面的微观高峰部分仍有直接接触，因此工作表面的磨损较大，多用于转速、载荷不大和回转精度要求不高的场合。

(三)按所使用的润滑剂分

1.液体润滑轴承

采用液体润滑剂进行润滑，如润滑油、水、液态金属等。

2.气体润滑轴承

采用气体润滑剂进行润滑，如空气、氢、氩、氦等。

3.半固体润滑轴承

采用润滑脂进行润滑，如钙基油润脂和钠基油润脂等。

4.固体润滑轴承

采用固体粉末进行润滑，如二硫化钼等。

5.无润滑轴承

不使用润滑剂的轴承。

二 滑动轴承的主要结构型式

(一)径向滑动轴承

1.整体式

如图13—1所示为整体式向心滑动轴承。它由轴承座(或将轴承座直接做在机座上)和整体轴瓦(亦称轴套)组成，轴承座一般采用铸铁材料制作，轴瓦(轴套)采用减摩性较好的材料制成。轴承座用螺栓与机座联接，轴套压入轴承座孔内(过盈配合)，润滑油通过顶部的油杯螺纹孔，进入轴承的油沟进行润滑。

整体式结构简单，但在工作表面磨损后产生的间隙较大时无法调整，而且装拆时要将轴承作轴向移动，这在某些机器的结构上是不允许的。因此，多用于低速、轻载、间歇工作的机械中。

2.剖分式

图13—2所示为剖分式向心滑动轴承，轴承座(或将剖分式轴承座直接做在机座上)和轴瓦均为剖分结构。它由轴承座、轴承盖、剖分式轴瓦和联接螺栓组成。剖分面通常为水平的，也可以是倾斜的(倾斜角度45°)，剖分面原则上与载荷方向垂直。轴承盖和轴承座两部分采用螺栓联接，为了定位方便和防止工作时的横向错动，轴承座和轴承盖的接合面通常做成阶梯形。

剖分式向心滑动轴承在轴承盖和轴承座的剖分面间安装有间隙调整垫片，当轴瓦工作表面磨损产生间隙后可在一定范围内进行调整。剖分式的结构使得轴承拆装方便，因此得到了广泛的应用。

以上两种基本型式的径向滑动轴承其宽径比 $B/d=0.3\sim1.5$[宽径比 B/d 即轴承宽 B 与轴承内孔直径 d 之比,参阅图 13－3(b)],宽径比 B/d 是径向滑动轴承的一个重要参数。

3. 调心式

当轴承宽径比 $B/d>1.5\sim2$ 时,由于轴的挠曲变形、装配和工艺原因所引起轴线偏斜,将使轴瓦两端边缘与轴径局部接触[图 13－3(a)],导致轴瓦两端边缘急剧磨损,降低使用寿命,应采用调心式滑动轴承[图 13－3(b)],这种轴承的轴瓦外支撑表面呈球面,球面的中心恰好在轴线上,以适应轴线的倾斜。

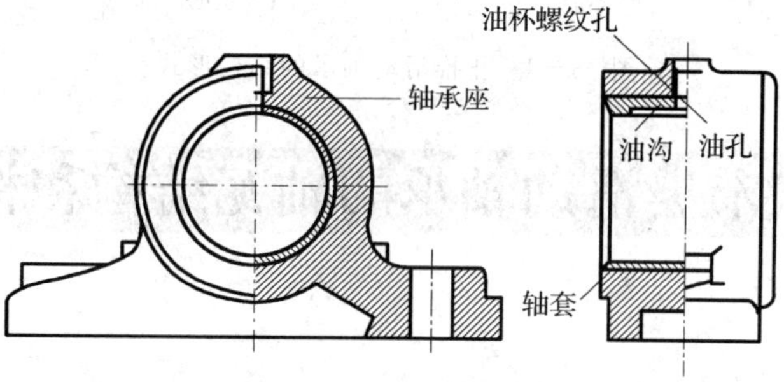

图 13－1 整体式滑动轴承

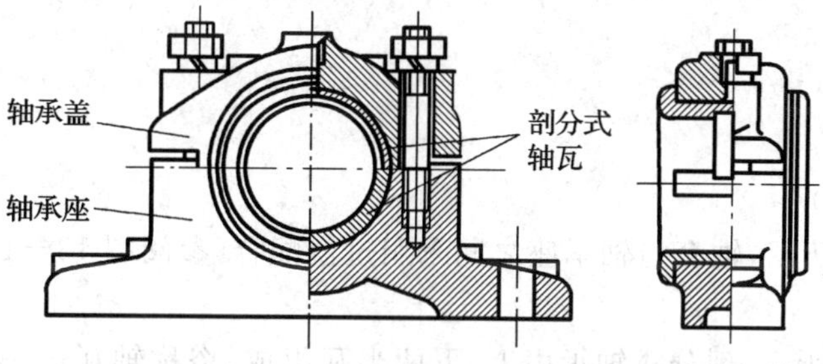

图 13－2 剖分式滑动轴承

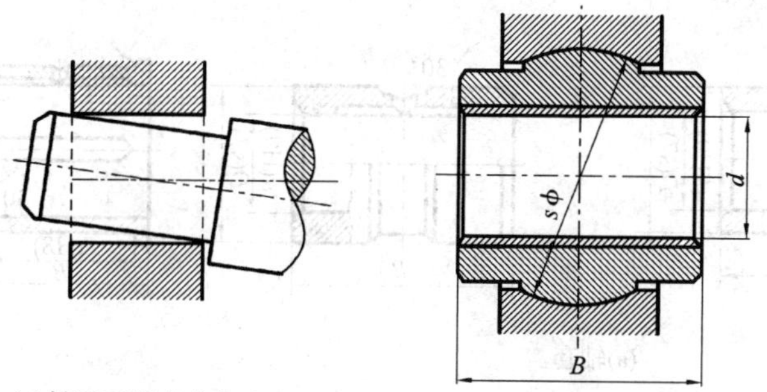

图 13－3 调心式滑动轴承的结构

(二)止推滑动轴承

图 13－4 所示为几种常见止推滑动轴承的结构形式,其支撑面(工作表面)有:实心、环形、空心、和多环、等几种。由图可见,止推轴承的工作表面可以是轴的端平面也可以是环形平面。

止推滑动轴承工作时,工作面上越远离回转中心处的滑动速度越大,磨损越快,导致靠近中心处的压强很高。为改善这种结构上的缺点,宜将支撑面设计成环形或空心端面,以尽量缩小工作面上的压力分布不均。载荷大时，可采用多环轴颈（并可承受双向载荷）。

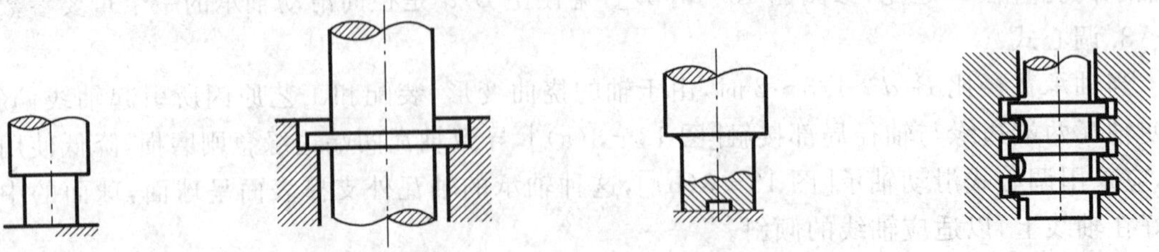

图 13－4　止推滑动轴承的结构形式

第二节　滑动轴承的轴瓦结构和材料

一　轴瓦

轴瓦是轴承中直接和轴颈接触的部分，它与轴颈发生相对滑动，它的结构是否合理对轴承性能影响很大。

（一）轴瓦结构

1. 整体式（轴套）

如图 13－5(a)所示，轴套与轴承座之间采用过盈配合（参阅图 13－1）。

2. 剖分式

如图 13－5(b)所示，剖分式轴承由上、下两半瓦组成，俗称轴瓦。一般下半轴瓦承受载荷，上半轴瓦不承受载荷。

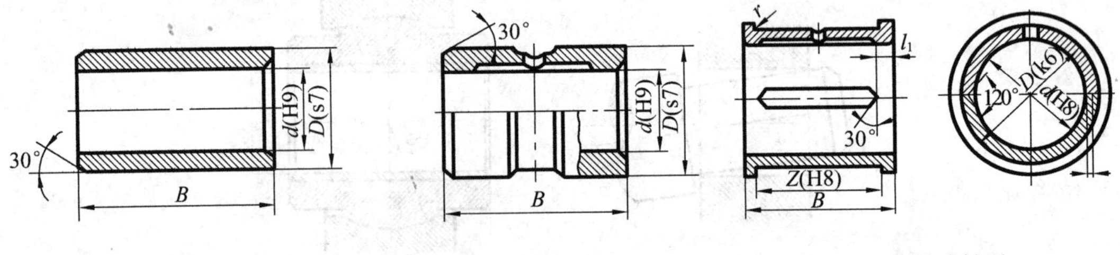

图 13－5　轴瓦的结构

为了把润滑油导入整个工作表面，宽径比（B/d）较小的轴承，只需开一个油孔；宽径比较大的或可靠性要求高的轴承，还需开油槽。油槽应开在不承受载荷的内表面上，否则会破坏油膜的承载能力。常见的油槽形式如图 13－6 所示。

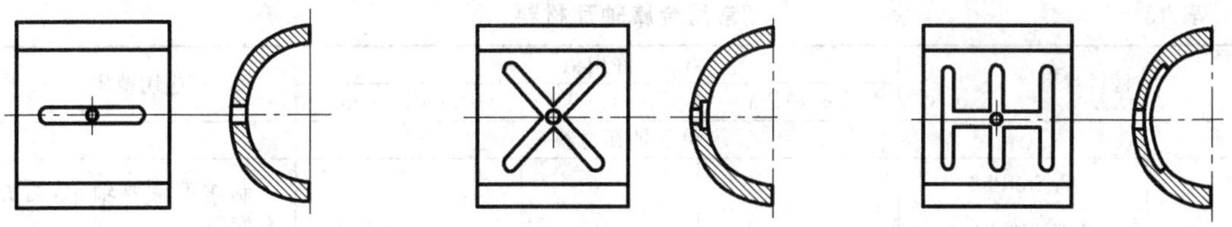

图 13－6 轴瓦的油孔和油槽形式

（二）轴承衬

轴瓦可制作成单一材料的，也可根据需要在轴瓦的内表面上浇注或轧制一层减磨性能好的金属（如轴承合金），厚度一般为 0.5～6mm，随着轴承直径的增大而增大。这一薄层材料称为轴承衬，这时的底层金属称作瓦背（或底瓦）。为使轴承衬与瓦背牢固结合，常在瓦背的内表面加工出燕尾槽或螺旋形沟槽，如图 13－7 所示。有时还在瓦底与轴承衬之间加中间层以提高轴承衬材料的强度和与轴瓦结合的可靠性，或在轴承衬材料磨损后起到耐磨的作用。

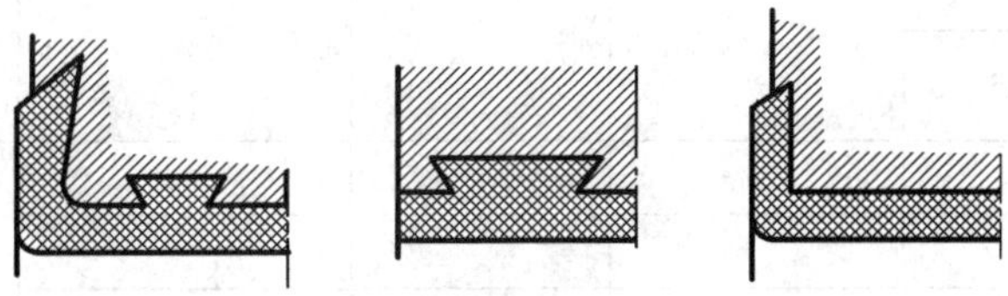

图 13－7 浇铸减摩合金时的瓦背结构

二 轴承（对加轴承衬的轴瓦，指的是轴承衬）材料

（一）对轴承材料性能的要求

（1）足够的强度和塑性；
（2）良好的减摩性、耐磨性、磨合性、顺应性、嵌入性；
（3）良好的抗胶合性；
（4）良好的导热性、抗腐蚀性和小的热膨胀系数；
（5）良好的工艺性和经济性。

（二）常用的轴承材料

任何一种材料都不可能同时满足所有性能要求，只能根据工作条件选择满足主要性能的材料。常用的轴承材料主要有金属材料、粉末冶金材料和非金属材料三大类。

1. 用作轴瓦的金属材料

用作轴瓦的金属材料主要有：铸铁，锡基、铅基、铜基及铝基轴承合金，如表 13－1 所示。

表 13－1　　常用金属轴瓦材料

材料牌号		许用值			应用范围
		[p]/MPa	[v]/(m/s)	[pv]/(MPa·m/s)	
单层轴瓦材料					
铜基合金	CuSn8Pb2	7(25)			制作不重要轴承，需充分润滑。
	CuSn7Pb7Zn3				
	CuSn10P				有冲击载荷的轴承
	CuSn12Pb2				
	ZCuPb5Sn5 Zn5	8	3	15	一般用途的轴承
铝基合金	AlSn6CuNi				用于高速、中到重载的轴承，如柴油机、压气机、制冷机轴承
单层轴瓦材料					
铜基合金	ZCuPb5Sn5 Zn5	7(20)			一般用作汽轮机、发动机、机床、汽车转向器和差速器轴承
	ZCuPb10Sn10				
	ZCuSb15Sn8				中载、中到高速的冷轧机轴承
	ZCuSb20Sn5				汽车变速箱、内燃机摇臂轴承
耐磨铸铁	锑铸铁				低速不重要轴承
	锑铜铸铁				
	铬铜铸铁	9			
	锡铸铁	9			
轴瓦衬层材料					
锡基合金	ZSnSb12Pb10Cu4	8(15)	80	20	用于高速、重载下工作的重要轴承。疲劳载荷下，易疲劳。
	ZSnSb11Cu6				
铅基合金	ZPb10Sb16 Sn16Cu2	15	12	10	适用于载荷较小的内燃机主轴和连杆轴承、凸轮轴套
	ZPb10Sb15Sn5Cu3Cd2	5	8	5	
	ZPbSb10Sn6	12			
	ZPbSb15SnAs				
	PbSb15Sn10	20	15	15	
铜基合金	ZCuSb10Sn0				一般用作汽轮机、发动机、机床、汽车转向器和差速器轴承
	CuPb24Sn				常用于内燃机轴承
铝基合金	Al Sn20Cu	34	14		主要用于内燃机主轴和连杆轴承、止退垫圈、卷制轴套
	Al Sn6Cu	41～51			
	Al Sn12Si2.5Pb1.7				
	AlSi4Cd	47			
	ZAlCd3CuNi				
	AlSi11Cu				

注：①部分内容摘自 JB/T7921—1995、JB/T7923—1995 和 GB/T18326—2001；

②做衬层用的 ZCuPb10Sn10 与作整体轴瓦用的 ZCuPb10Sn10 化学元素质量分数可不同。

2.用作含油轴承的轴瓦材料

有木材、成长铸铁、铸铜合金、粉末冶金减摩材料和与润滑油有亲和特性的聚合物，如酚醛树脂等，参阅有关资料。

3.非金属轴承材料

轴瓦用非金属轴承材料有：塑料、碳石墨、陶瓷、木材和橡胶等，参阅有关资料。

第三节 滑动轴承的润滑

相对滑动表面要保持理想的润滑状态，除了要有正确的设计外，还必须有正确的润滑方式和日常维护。

一 手工间歇润滑

通过油枪向油杯注入润滑油(脂)，结构最简单，但只能间歇注入，不可靠，用于轻载、低速、不重要的部位。常用油杯如图 13－8 所示。

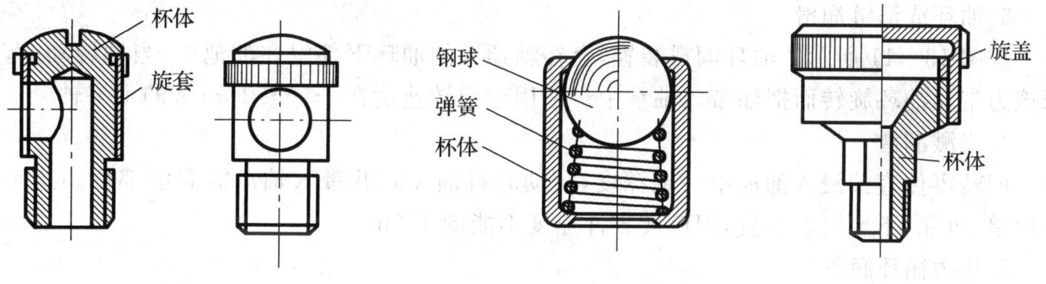

(a)旋套式油杯　(b)压配式油杯　(c)旋盖式油杯

图 13－8　油杯

二 连续式润滑

比较可靠，有的还可调节油量。

(一)润滑油润滑

1.弹簧盖油杯纱芯润滑

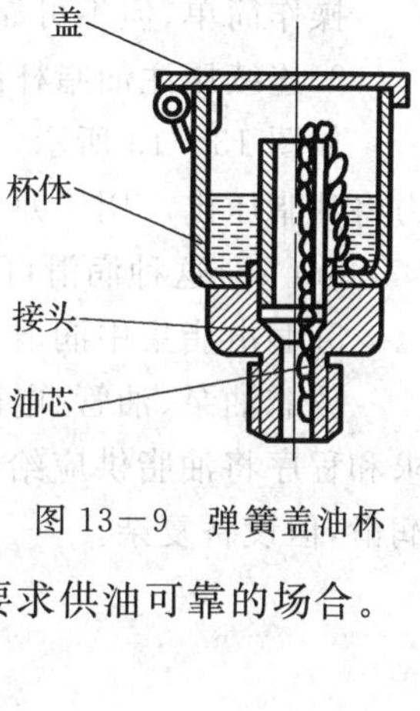

图 13－9　弹簧盖油杯

如图 13－9 所示的弹簧盖油杯。依靠浸在油内的纱芯的毛细管作用把油滴到滑动表面上。结构简单，但油量不大，不便调节，用于载荷、速度不大的条件。

2.针阀式注油油杯润滑

如图 13－10 针阀式注油油杯。当手柄如图平放时，针阀受弹簧推压向下而堵住底部油孔。手柄转 90°变为直立状态时，针阀上提，下端油孔敞开供油。调整调节螺母可以改变滴油量。用于要求供油可靠的场合。

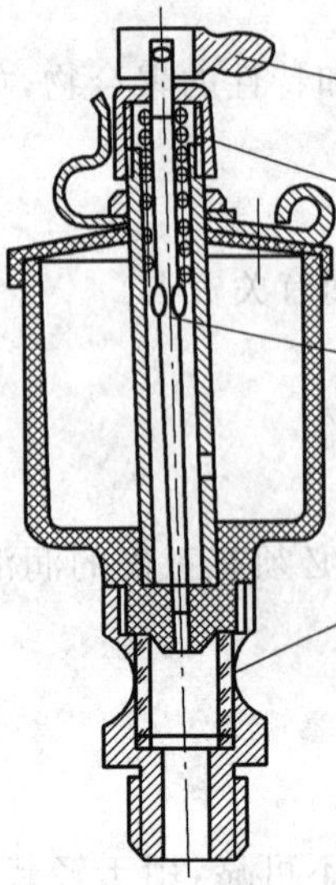

图 13－10　针阀式注油油杯

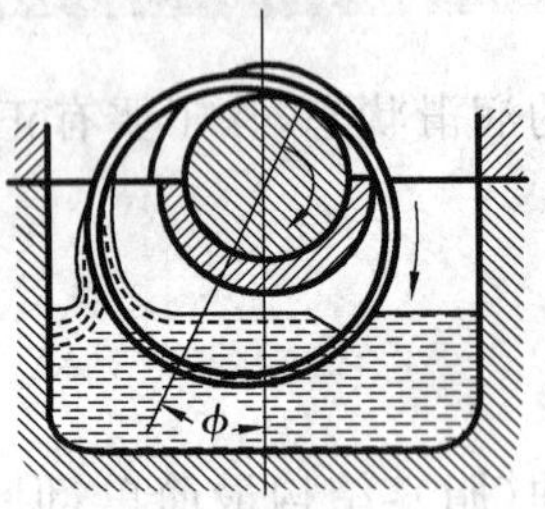

图 13－11　油环润滑

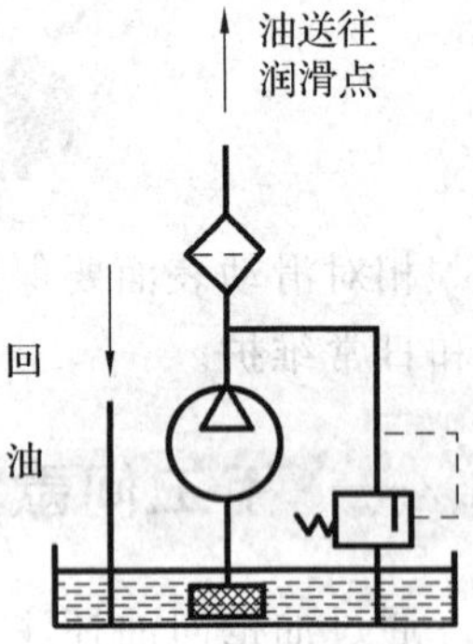

图 13－12　压力循环润滑

3. 油环或油链润滑

如图 13－11 所示的油环润滑装置，套在轴颈上的油环下部浸在油池中，当轴转动时，靠摩擦力带动油环旋转而把油带入轴承中。适用于回转速度在 $1 \leqslant v \leqslant 10$m/s 的水平轴。

4. 飞溅润滑

回转零件直接浸入油池中一定深度，转动时将油飞溅并带入轴承需润滑部位。这种方法简单、可靠，不要附加装置，但旋转零件速度不能低于 2m/s。

5. 压力循环润滑

如图 13－12 所示。利用油泵使循环系统的润滑油达到一定压力后输送到润滑部位，可以个别润滑，也可以集中装置多点供油。这种润滑可靠、油量充足、可调节大小，但设备复杂、成本高，用于高速、重载和重要的设备中。

（二）润滑脂润滑

1. 手工涂抹或装配时添加油脂

操作简单，但不可靠，只能用于不重要的场合。

2. 连续压注油脂杯润滑

如图 13－13 所示。靠压在装有皮碗的活塞上的弹簧力将油脂压出。用于难接近的摩擦面，摩擦面滑动速度 $v < 4.5$m/s。这种润滑可靠，能自动、连续供给油脂。

3. 润滑脂集中润滑系统

依靠油泵、油管、电磁换向阀、压力操纵阀，按规定的要求和程序将油脂供应给各润滑点。供给可靠，适用于多点润滑，但设备复杂。

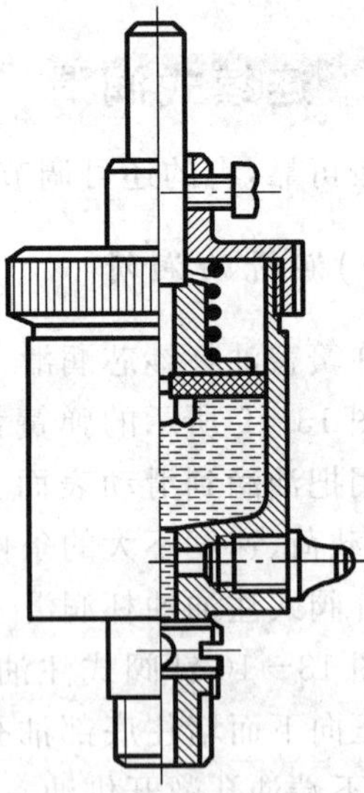

图 13－13　连续压注油脂杯润滑

第四节 不完全液体摩擦滑动轴承的计算

这种轴承的工作情况和失效形式比较复杂，其中最主要的失效是磨损。因此，计算准则是控制轴承材料的磨损及维持轴颈与轴瓦相对运动表面间的边界膜。由于至今没有完善的理论计算，习惯上采用条件性计算，即控制轴承的平均压强 p、滑动速度 v 和乘积值 pv。

一 向心轴承设计计算步骤

（一）确定轴承结构形式，选定轴瓦材料

（二）选定宽径比 B/d

推荐取 $B/d=0.3\sim1.5$。一般在设计时轴径 d 是已知的，故选定宽径比后就可确定轴承的宽度 B。

选取较小的宽径比的优点是：提高了单位面积承载，从而提高了传动的平稳性；增大了润滑油液的流量，从而有利于降低油温；减小了摩擦面积从而减小了摩擦损耗；同时减小了径向尺寸。不利的一面是：承载能力下降；易出现轴瓦材料的局部过热。选用时，可参见表 13－2。

表 13－2 宽径比 B/d 的选用

工况条件	取较大 B	取较小 B
载荷	小	大
转速	低	高
轴的挠性	小	大
转子系统的刚度	大	小

（三）验算工作能力

1. 验算轴承摩擦表面平均压强 p

$$p=\frac{F}{dB}\leqslant[p] \tag{13-1}$$

式中 F——轴承的径向载荷，N；

d——轴颈直径，mm；

B——轴承宽度，mm。

压强 p 过大易将润滑油挤出，不易形成和保持油膜，必须对其大小予以控制。

2. 验算滑动速度 v

当压强很小时，也可能因滑动速度过高而加速磨损，因此要用验算滑动速度 v 来控制其磨损。

$$v=\frac{\pi dn}{60\times1000}\leqslant[v] \tag{13-2}$$

式中：n——轴颈转速，r/min。

3. 验算 pv 值

$$pv=\frac{Fn}{19100\ B}\leqslant[pv] \qquad (13-3)$$

摩擦功与 pv 值成正比，因此，验算 pv 值就可以控制摩擦发热。

许用值[p]、[v]、[pv]见表 13－1

【例 13－1】 某滑动轴承，轴颈 $d=120$mm，承受径向载荷 $F_r=25400$N，轴颈转速 $n=40$r/min，轴瓦材料 ZCuSn5Pb5Zn5，宽径比 $B/d=1.2$，试校核该轴承。

解：

1. 查表 13－1，得 ZCuSn5Pb5Zn5 的许用值：[p]＝8 MPa，[v]＝3m/s，[pv]＝15MP · m/s

2. 验算轴承的工作能力

(1)验算轴承摩擦表面平均压强 p

$$p=\frac{F}{dB}=\frac{25400}{120\times144}=1.47(\text{MPa})\leqslant[\text{p}]$$

(2)验算滑动速度 v

$$v=\frac{\pi dn}{60\times1000}=\frac{\pi\times120\times40}{60\times1000}=0.25(\text{m/s})\leqslant[v]$$

(3)验算 pv 值

$$pv=\frac{F_n}{19100B}=\frac{25400\times40}{19100\times144}=0.37(\text{MPa}\cdot\text{m/s})\leqslant[pv]$$

验算合格，该轴承可以使用。

二 止推轴承

止推轴承需验算止推面上 p、v、pv 的值，计算方法与径向轴承相似，只是环形止推轴承要用环形面积计算压强 p，速度要用平均直径 d_m 处的速度 v_m 计算。其计算公式为：

$$p=\frac{F}{\frac{\pi}{4}(d^2-d_0^2)}\leqslant[p] \qquad (13-4)$$

$$Pv_m\leqslant[pv] \qquad (13-5)$$

式中：$v_m=\frac{\pi d_m n}{60000}$，$d_m=\frac{d+d_0}{2}$。

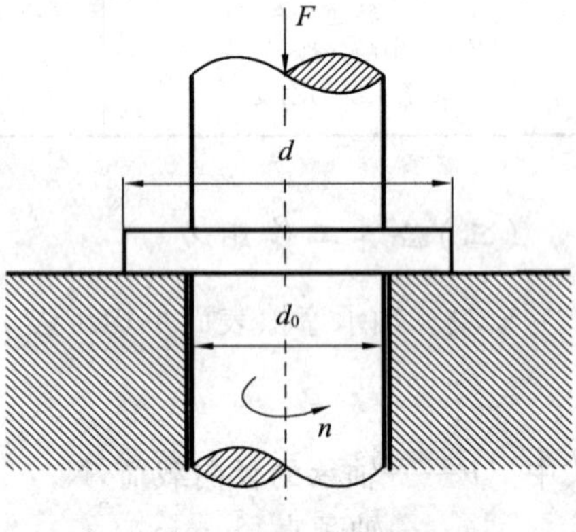

图 13－14　止推轴承有关计算

思考题与练习题

思考题

13－1　滑动轴承的性能特点是什么？主要应用于什么场合？

13－2　滑动轴承的主要结构型式有哪几种？各有什么特点？

13－3 轴承材料应具备哪些性能？

13－4 熟悉3～5种常用的金属轴承材料及其应用。

13－4 不完全液体摩擦轴承设计的依据是什么？限制p、v和pv值的目的是什么？

练习题

13－1 有一径向滑动轴承，轴的转速$n=650\text{r/min}$，轴颈直径$d=120\text{mm}$，轴承承受径向载荷$F_r=5000\text{N}$，轴瓦宽度$B=150\text{mm}$，试选择轴承材料并进行校核。

13－2 有一不完全摩擦润滑轴承，轴颈直径$d=100\text{mm}$，轴瓦宽度$B=120\text{mm}$，转速$n=1200\text{r/min}$，轴瓦材料为ZPb10Sb16 Sn16Cu2，试计算该轴承承受径向载荷的能力。

第十四章 轴

【学习要求】

(1)熟悉轴的分类、特点、应用及选材；

(2)会进行轴的结构设计及强度计算，熟知提高轴强度的常用措施；

(3)了解轴的刚度和临界转速计算。

第一节 概 述

一 轴的分类、特点和应用

轴是组成机器的基础零件之一。它的主要功用是用以安装和固定(轴上)传动零件(如齿轮、带轮、链轮、联轴器等)，并传递运动和动力。

(一)按轴线的几何形状分类

按轴线的几何形状可将轴分为直轴(图 14—1、14—2)、曲轴(图 14—3)和钢丝软轴(图 14—4)。

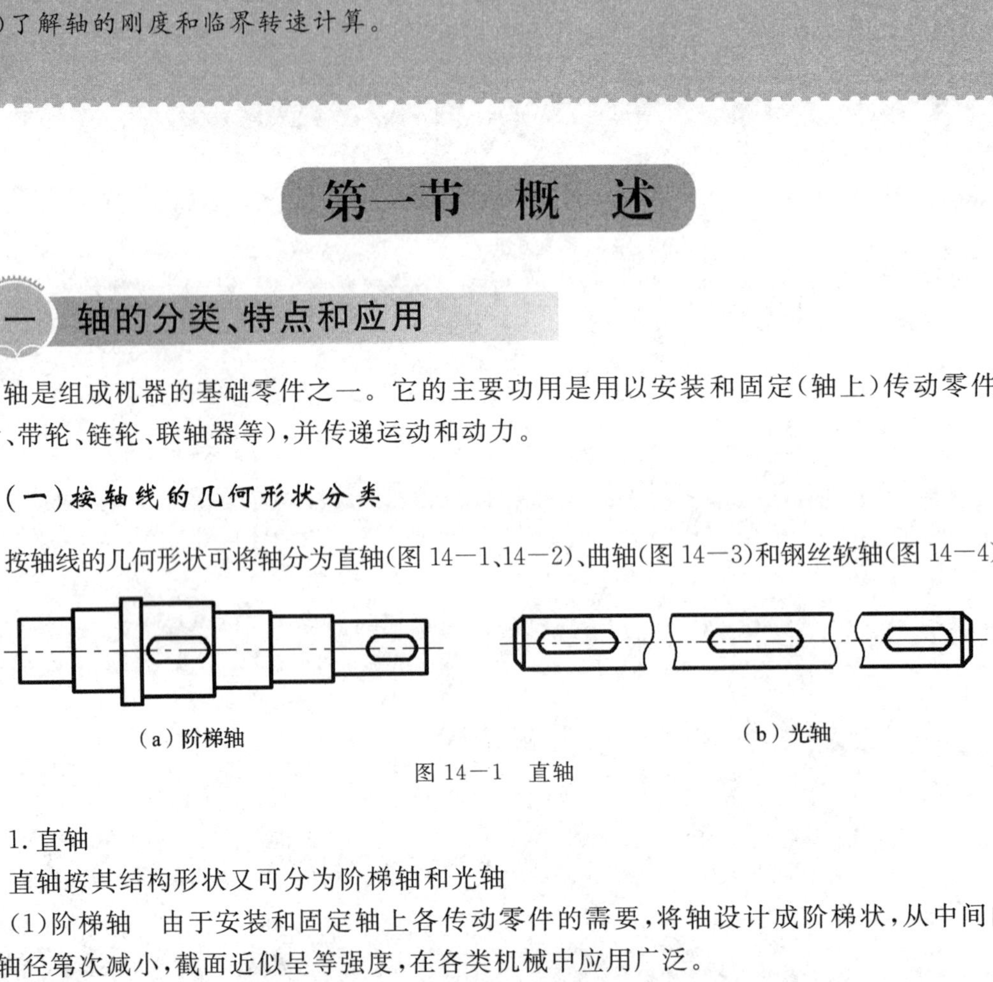

(a) 阶梯轴 (b) 光轴

图 14—1 直轴

1. 直轴

直轴按其结构形状又可分为阶梯轴和光轴

(1)阶梯轴 由于安装和固定轴上各传动零件的需要，将轴设计成阶梯状，从中间向两端，轴径第次减小，截面近似呈等强度，在各类机械中应用广泛。

(2)光轴 光轴没有阶梯，整根轴呈一个直径，主要用作传递运动、传递动力或用作轴上零件的轴向滑移。直轴一般都呈实心状，有时为了减轻重量，也制成空心轴，如图 14—2 所示。

2. 钢丝软轴

钢丝软轴的轴线没有固定的几何形状，它由多层弹簧钢丝包裹，而每一层又由若干根钢丝卷绕而成，层与层之间的卷绕方向相反，外层钢丝比内层略粗。多用于可移式机械化工具、主轴可调位的机床、混凝土振动器、手持式砂轮机、医疗器械、里程表、遥控仪等；它可随机地把运动和动力传递出去，传递动力较小($p<5.5$kW)，转速可高达 20000r/min。

3. 曲轴

曲轴是发动机上的专用零件,详见专门著述。

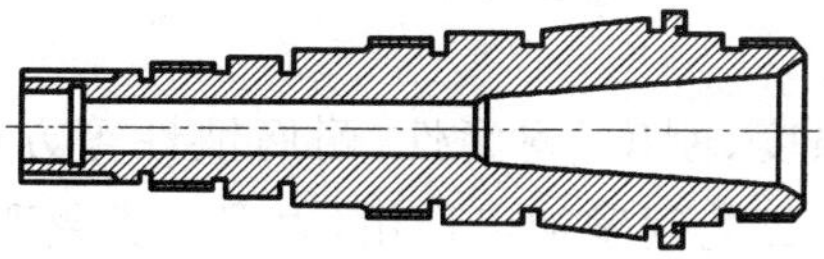

图 14－2 空心轴

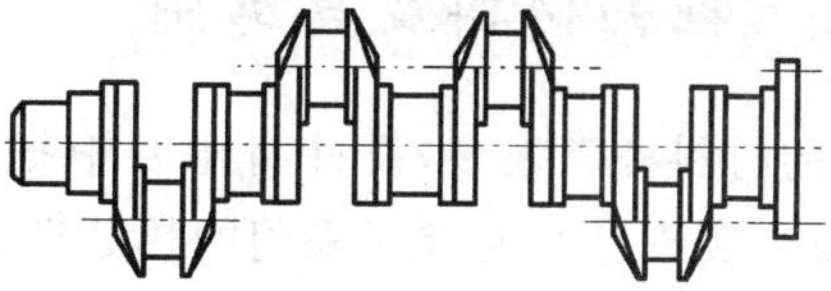

图 14－3 曲轴

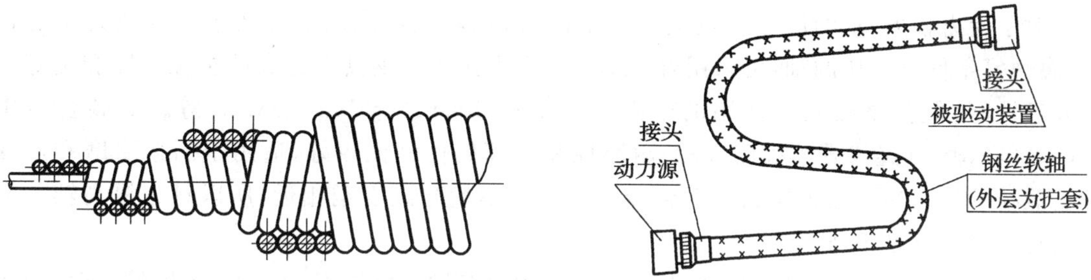

图 14－4 钢丝软轴

(二)根据轴的受载特点分类

根据轴的受载特点轴的分类见表 14－1:

表 14－1 轴依据受载特点的分类

分类	传动轴	心轴		转轴
		转动心轴	固定心轴	
图例	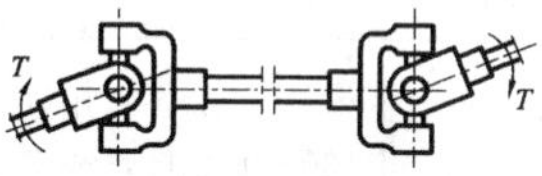 汽车中央传动轴	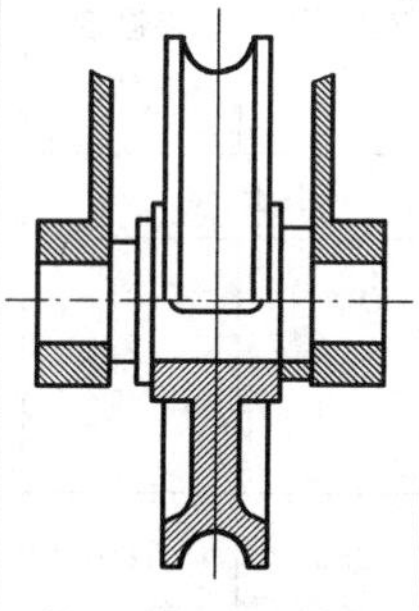 轴与滑轮一同转动	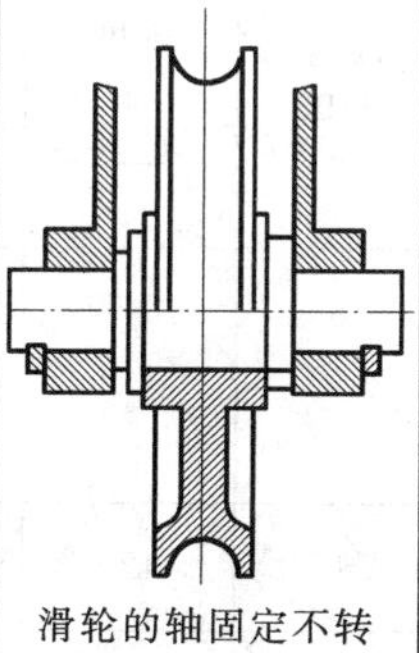 滑轮的轴固定不转	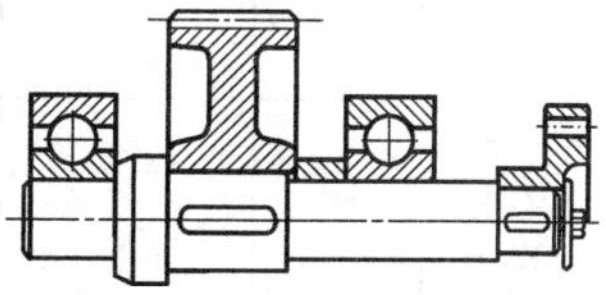 安装有传动零件的轴
受力简图	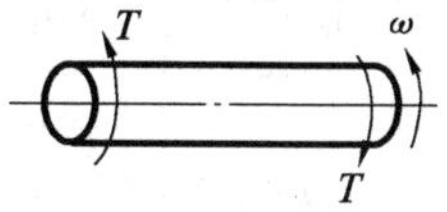	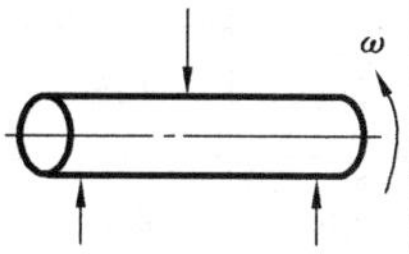	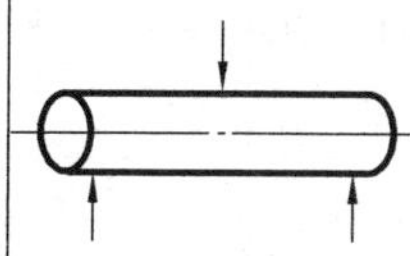	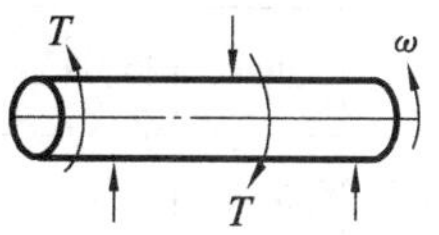
受载特点	轴只承受扭矩;或主要承受扭矩以及少量的弯矩	轴只承受弯矩		轴同时承受弯矩和扭矩
		轴上的应力是交变应力	轴上的应力是不变应力即静应力	

二 轴的材料及其选用

轴的材料种类很多，设计时主要根据对轴的强度、刚度、耐磨性、耐腐蚀性等方面的要求，以及为实现这些要求而采用的热处理方式、制造工艺问题加以选用，力求经济合理。

轴的常用材料有35、45、50优质碳素结构钢，最常用的是45钢。对于受载较小或不太重要的轴，也可用Q235、Q275等普通碳素结构钢。

对于受力较大，轴的尺寸和重量受到限制，以及对强度或耐磨性要求较高或处于非常温、腐蚀等条件下工作的轴，可采用合金钢。合金钢比碳素钢具有更高的机械强度和更好的热处理性能，但价格较贵。常用的中碳合金钢有40Cr、35SiMn、40MnB等。低碳合金钢20Cr、20CrMnTi经渗碳淬火后，表面耐磨性和芯部韧性都比较好，适用于制造耐磨和承受冲击载荷的轴。在一般工作温度下合金钢的弹性模量与碳素钢相近，所以只为提高轴的刚度而选用合金钢是不适宜的。

轴的直径较小时，一般用轧制圆钢毛坯；对于重要轴或轴的直径较大、阶梯较多时，采用锻坯经切削加工制成。锻件的内部组织比较均匀，强度较好。为了节约金属、减轻重量和提高工艺性，对于大直径轴可以制成中空的结构，并且带有焊接或锻造的凸缘。

对于形状复杂的轴可采用球墨铸铁和高强度铸铁铸造。球墨铸铁和高强度铸铁价廉、有良好的吸振性和耐磨性，对应力集中敏感性低、铸造性能好。

表 14－2　　轴的常用材料及主要力学性能(节选)

材料牌号	热处理	毛坯直径/mm	硬度/HBS	抗拉强度/σ_b	屈服点/σ_s	弯曲疲劳强度/σ_{-1}	许用静应力/$[\sigma_{+1}]$	许用疲劳应力/$[\sigma_{-1}]$	备注
				Mpa 不小于			MPa	MPa	
Q235 Q235F				440	240	180	176	120～138	用于不重要或载荷不大的轴
20	正火	25	≤156	420	250	180	168	120～138	用于载荷不大，要求韧性较高的轴
		≤100	103～156	400	220	165	160	110～127	
	正火	＞100～300		380	200	155	152	103～119	
35	正火	25	≤187	540	320	230	216	153～176	应用较广泛
	正火 回火	≤100 ＞100～300	149～187	520 500	270 260	210 205	208 200	140～161 136～158	
	调质	≤100 ＞100～300	156～207	560 540	300 280	230 220	224 216	153～177 146～169	

（续表）

材料牌号	热处理	毛坯直径/mm	硬度/HBS	抗拉强度/σ_b	屈服点/σ_s	弯曲疲劳强度/σ_{-1}	许用静应力/$[\sigma_{+1}]$	许用疲劳应力/$[\sigma_{-1}]$	备注
				Mpa 不小于			MPa	MPa	
45	正火	25	≤241	610	360	260	244	173～200	应用较广泛
	正火 回火	≤100 ＞100～300	170～217 162～217	600 580	300 290	240 235	240 238	160～184 156～180	
	调质	≤200	217～255	650	360	270	260	180～207	
40Cr	调质	25		1000	800	485	400	269～323	应用于载荷较大，而无很大冲击的重要轴
		≤100 ＞100～300 ＞300～500	241～286 229～269 229～269	750 700 650	550 500 450	350 320 295	300 280 260	194～233 177～213 163～196	
35SiMn (42SiMn)	调质	25		900	750	445	360	178～247	性能接近于40Cr，用于中小型轴，齿轮轴
		≤100 ＞100～300	229～286 217～269	800 750	520 450	355 320	320 300	197～236 213～246	
40MnB	调质	25		1000	800	485	400	269～323	性能接近于40Cr，用于重要轴
		≤200	241～286	750	500	335	300	186～223	
40CrNi	调质	25		1000	800	485	400	296～323	用于很重要的轴
35CrMo	调质	25		1000	850	50	400	200～277	性能接近于40CrNi，用于重载荷的轴或齿轮轴
		≤100 ＞100～300	207～269	750 700	550 500	350 320	300 280	194～233 177～213	
38SiMnMo	调质	≤100 ＞100～300	229～286 217～269	750 700	600 550	360 335	300 280	200～240 186～223	性能接近于350CrMo
20Cr	渗碳 淬火 回火	15 30 ≤60	表面56～62HRC	850 650 650	550 400 400	375 280 280	340 260 260	208～250 155～186 155～186	用于要求强度和韧性均较高的轴（如某些齿轮轴、蜗杆等）
20CrMnTi	渗碳 淬火 回火	15	表面56～62HRC	1100	850	525	440	291～350	
QT400－15			156～197	400	300	145	100		用于载荷较大，而无很大冲击的重要轴
QT600－3			197～269	600	420	215	150		

第二节 阶梯轴结构设计时的几个问题

首先介绍阶梯轴上各部分的名称：

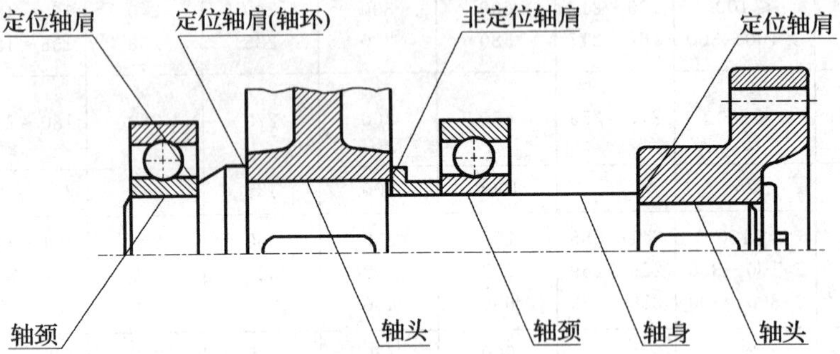

图 14—5 轴上各部分的名称

如图 14—5 所示，轴上安装传动零件的部分称为轴头；安装滚动轴承的部分称为轴颈；连接轴头与轴颈的其他部分称为轴身。

轴上呈环状的部分称为轴环；它不仅对相邻零件起到轴向定位作用，而且也是整个轴上各零件安装定位的基准。轴上直径变化时出现的阶梯称轴肩，轴肩将轴分成直径各不相等的不同轴段。其中对沿轴向贴靠在其表面的零件起到轴向定位作用的轴肩称为定位轴肩；仅仅为了方便安装零件而设置的轴肩称为非定位轴肩。

一 轴上零件的常用轴向定位与固定方法

对轴上传动零件的安装与固定，不仅保证了轴系部件的正常运转，同时也影响和决定了轴的结构形状和各部分的尺寸。

轴上零件常用的轴向定位和轴向固定方法有轴肩、轴环、锁紧挡圈、套筒、圆螺母、轴端挡圈及轴承端盖等，如表 14—3。

表 14－3 **轴上零件的轴向定位与固定**

固定方式	示意图和设计要求	特点及应用
轴肩与轴环	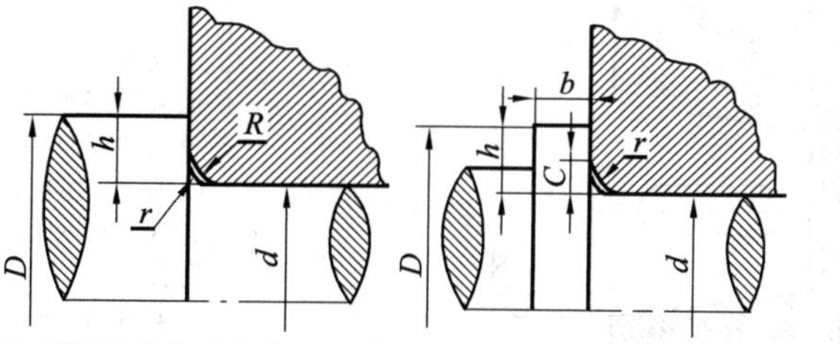 为保证零件靠紧定位面,需保证 R 或 $C>r$;$h>R$ 或 C;(C、R 为毂孔零件的倒角或倒圆值) 通常取轴肩或轴环高 $h\approx(0.07\sim0.1)d$mm(* **当被固定件是滚动轴承时,h、r 值需按轴承标准查取)** 轴环宽度 $b\approx1.4$ h	利用轴环和定位轴肩定位是轴上零件基本的定位与轴向固定方式,它能够承受大的轴向载荷。 设轴肩就必然会产生阶梯,尖角 r 处形成应力集中。另外,轴肩过多也不利于加工。 非定位轴肩的高度没有严格规定,可取 0.5～3mm。
套筒(与轴肩形成双向固定)	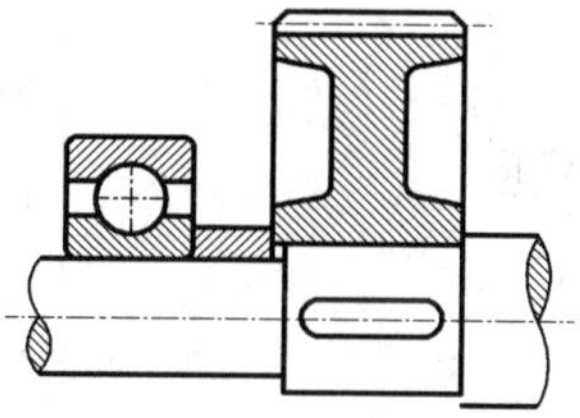	适用于相邻两零件间距离较小的场合(图中为轴承和齿轮)。结构简单实用,不需在轴上设置阶梯,减少了对轴的强度的削弱。 由于套筒内孔与轴表面有间隙,为防止离心惯性力产生的动载荷,故需限制轴的转速不宜过高,套筒不宜过长。
圆螺母(＋制动垫片);或双螺母(与轴肩形成双向固定)圆螺母(＋制动垫片)固定	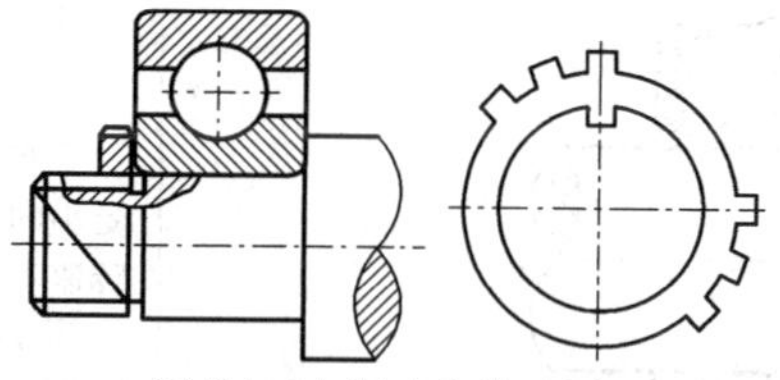 圆螺母(＋制动垫片)固定 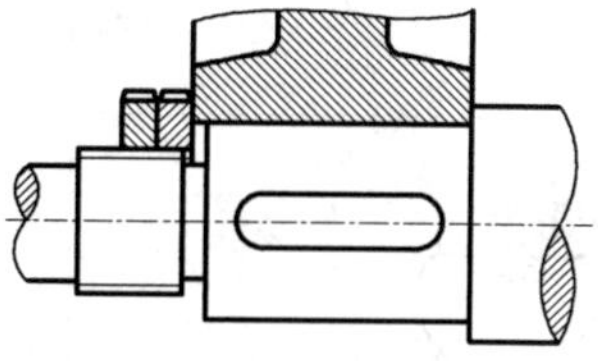 双螺母固定	用于两零件间跨距较大的场合(避免使用过长的套筒)。结构紧凑、使用方便。既可用于轴的中段,又可用于轴的端部。可承受较大的轴向载荷。 由于切制螺纹和退刀槽,使轴的强度削弱,为减少对轴强度的削弱,多用细牙螺纹。 使用圆螺母(＋制动垫片)固定时,除需切制螺纹与退刀槽外,还需沿轴向切制定位槽以固定制动垫片的内舌。圆螺母和制动垫片的结构与尺寸见 GB810—86、GB812—88 及 GB858—88。
轴端挡圈(加止动垫片)(与轴肩形成双向固定)	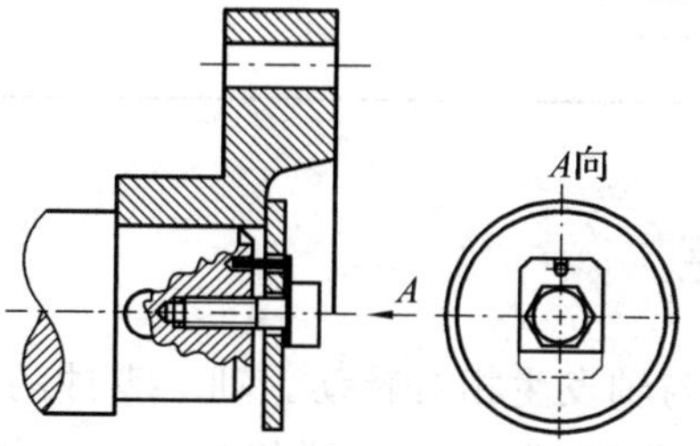	用于轴端被安装零件的固定(图中为联轴器),使用可靠。用螺母(加止动垫片)压紧轴端挡圈,可承受大的轴向载荷。 螺栓紧固轴端挡圈的结构与尺寸见 GB892—86(单孔)、JB/ZQ4349—86(双孔)。

（续表）

固定方式	示意图和设计要求	特点及应用
圆锥面（与轴端挡圈形成双向固定）	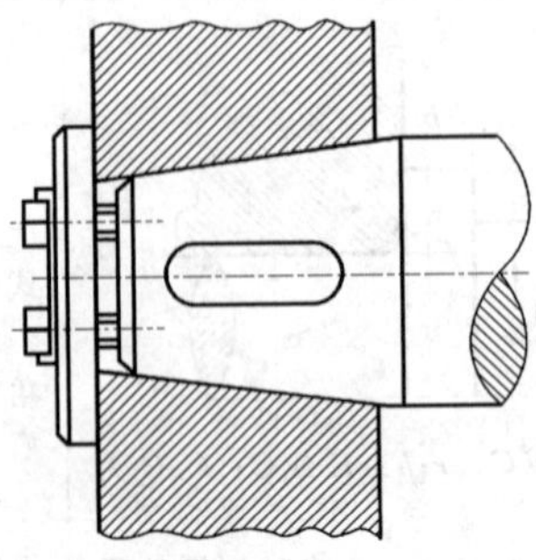	仅用于轴端，装拆方便。常与轴端挡圈配合使用，能消除轴与毂间的径向间隙，对零件实现双向固定；并兼周向固定。适用于高速、有冲击、对中要求高的场合。 圆锥形轴伸的结构与尺寸见GB1970—90。
其他	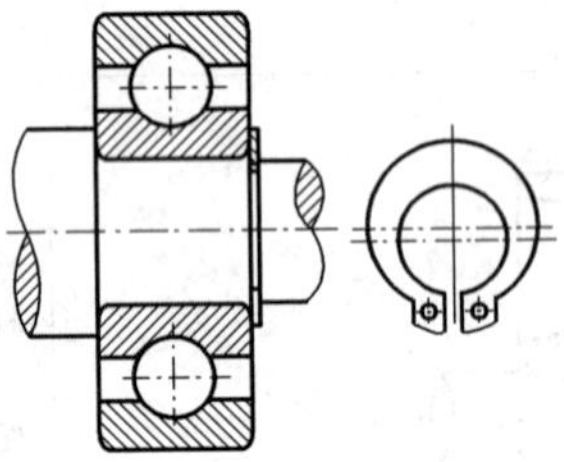 弹性挡圈	常用于滚动轴承内圈的固定。与轴肩形成双向固定。但只可承受小的轴向载荷（图中指来自挡圈左方的载荷）。 由于切制环槽，对轴的强度有削弱。 轴用弹性挡圈的结构与尺寸见GB894.1—86。
	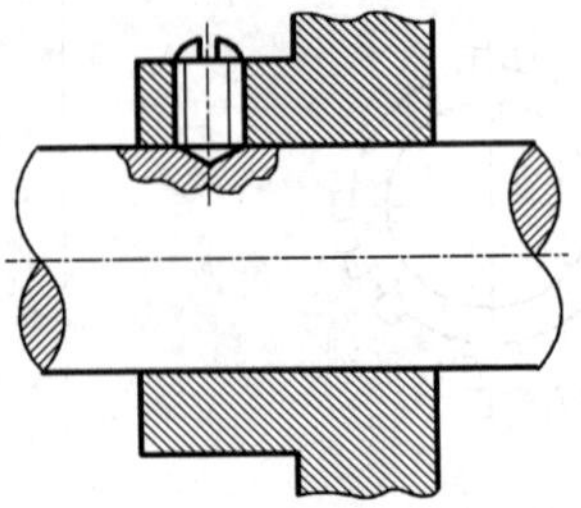 紧定螺钉	兼有周向固定作用。但只可承受小的轴向和周向载荷，且轴的转速不可过高。 紧定螺钉的结构与尺寸见GB71—85。
	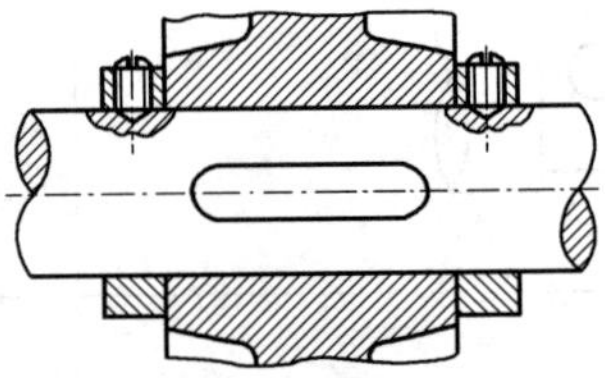 锁紧挡圈	只可承受小的轴向和周向载荷，且轴的转速不可过高。常用于光轴上零件的固定。 锁紧挡圈的标准见GB884—86。

二 轴上零件的周向固定

周向固定的目的是限制轴上零件与轴发生相对转动。轴上零件的周向固定方法常用的有键、花键和销联接以及过盈联接和成形联接、弹性环联接环等。在传力不大时，也可采用紧定螺钉周向固定，见第十章《轴毂联接》）。

三 轴的结构工艺性

轴的结构工艺性是指轴的结构形式应便于加工和装配轴上零件，并且生产率高，成本低。一般地说，轴的结构越简单，工艺性越好。因此，在满足使用要求的前提下，轴的结构形式应尽量简化。

设计时应注意以下几点：

(1)为便于装配，轴端应制出 45°(或 30°、60°)倒角，以便于“导入”待安装零件；

(2)为了安装方便和减小应力集中，与零件成过盈联接时，轴的装入端常需加工出导向锥面(参阅图 10－20)；

(3)需要磨削加工的轴段，应留有砂轮越程槽[图 14－6(a)]；需要切制螺纹的轴段，应留有退刀槽[图 14－7(b)]；

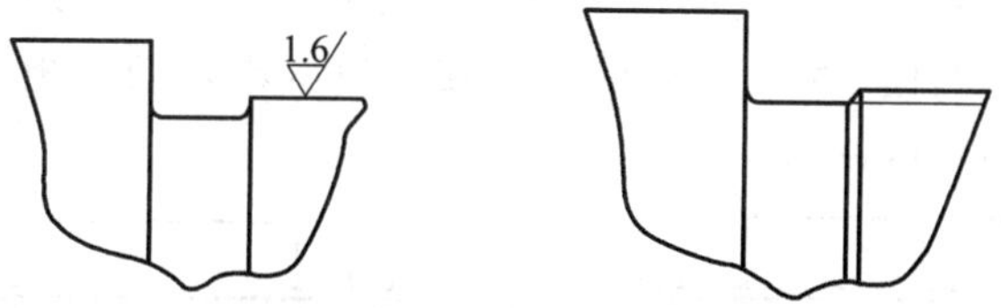

(a) 砂轮越程槽　　(b) 螺纹退刀槽

图 14－6　轴的结构工艺性

(4)为了减少装夹工件的时间，同一轴上不同轴段的键槽应布置(或投影)在轴的同一母线上；

(5)为了减少加工刀具种类和提高劳动生产率，轴上直径相近处的圆角、倒角、键槽宽度、砂轮越程槽和退刀槽宽度应尽可能采用相同的尺寸。

四 减小轴的载荷、提高轴的疲劳强度的常用措施

轴和轴上零件的结构、工艺以及轴上零件的安装布置等不仅对轴的强度有很大的影响，而且也影响到轴的结构。所以应在这些方面进行充分考虑，以提高轴的承载能力，减小轴的尺寸和机器的质量，降低制造成本。

(一)合理布置轴上零件以减少轴的载荷

为了减小轴所承受的弯矩，传动件应尽量靠近轴承，并尽可能不采用悬臂的支承形式，力求缩短支承跨距及悬臂长度。当由一个传动件输入转矩，而由几个传动件输出转矩时，为了减少轴上的扭矩，应将输入件放在中间，而不要置于一端。如在图 14－7 中，输入转矩为 T_1，如轴上各传动齿轮按图 14－7(a)的布置方式，轴所受最大扭矩为 $T_2+T_3+T_4$；而按图 14－7(b)的布置方式，最大扭矩仅为 T_3+T_4。

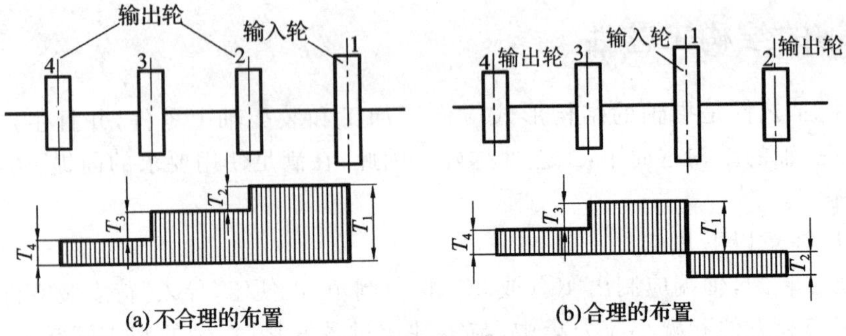

图 14－7　轴上零件的布置

(二)改进轴毂零件的结构，减小轴的载荷

通过合理改进轴毂零件自身的结构也可以有效地减小轴上的载荷。如将图 14－8(a)所示卷筒的轮毂结构改为两段[图 14－8(b)]，不仅可以减小轴的弯矩，提高轴的强度和刚度，而且可以得到好的轴与孔的配合。

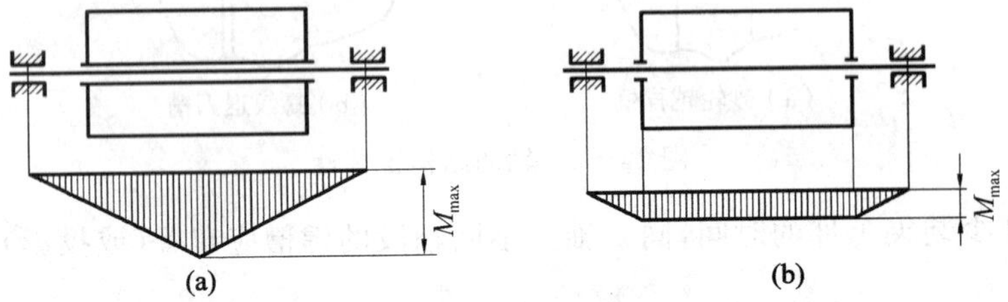

图 14－8　卷筒的轮毂结构

(三)采用卸荷装置，减小轴的载荷

对承受弯矩和转矩共同作用的轴，可以采用卸荷装置，以减小轴的载荷。如图 14－9 所示，在带轮的毂孔内增设一套筒，并在带轮内孔与套筒之间设置安装滚动体(滚动轴承)，在轴的右段与套筒的内孔之间也安装滚动体(滚动轴承)。将套筒固定在机架上，套筒承担了轴上所受的弯矩，而轴仅承受转矩，大大减轻了轴所承受的载荷。

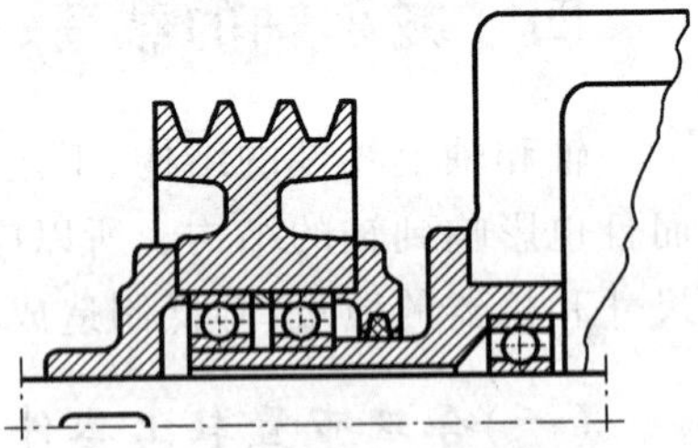

图 14－9　减小轴载荷的附加装置示意图

(四)减少应力集中，提高疲劳强度

轴通常是在变应力条件下工作的，轴的截面尺寸发生突变处要产生应力集中，轴的疲劳破坏往往在此处发生。为了尽量减少应力集中，改善轴的疲劳强度，需适当增大轴肩处的圆角半径，但当由于要保证零件在轴肩处的定位可靠、而使得加大圆角半径受到限制时，这时可采用凹切圆角、中间环或减载槽等结构，如图 14－10 所示。

轴上应力较大处尽量避免开横向孔、切口和凹槽。必须开横向孔时，孔端要倒角。

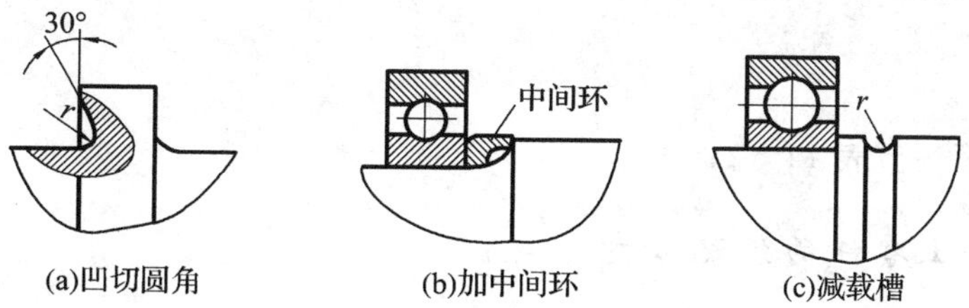

图 14—10 轴肩过渡结构

(五)改善轴的表面质量,提高轴的疲劳强度

降低轴表面的粗糙度是提高轴的疲劳强度的常用方法。轴表面上的刀痕或划伤是轴的疲劳源,消除或减少因加工或装配中造成的刀痕或滑划,消除或减少疲劳源是提高轴的疲劳强度的必要措施,必要时还可采用表面热处理或表面强化处理,如渗碳、渗氮、高频淬火,对轴表面、圆角处进行喷丸或滚压处理,均可以有效地提高轴的疲劳强度。

第三节 轴的结构设计

一 轴的结构设计要解决的主要问题和应考虑的主要因素

(一)轴的结构设计时要解决的主要问题

(1)合理地定出轴各部分的形状和结构尺寸,即进行轴的结构设计;

(2)对于一般用途的轴,不仅要满足设计轴有合理的结构,还必须要满足强度要求,为了保证轴具有足够的工作能力,一般须对轴进行强度的校核计算;

(3)对于有刚度要求的轴,则要进行刚度的校核计算;对于高速转动的轴,根据需要,还要进行振动稳定性的校核计算。

(二)轴的结构设计应考虑的主要因素

在进行轴的结构设计时必须考虑以下几个主要因素:①轴在机器中的安装位置及形式;②轴上安装零件的类型、数量、尺寸以及与轴的联接方式;③轴上载荷的大小、方向、性质及分布情况;④轴的加工工艺和装配工艺性等。

轴的结构形状没有固定的模式(*轴的直径已标准化),所以轴的结构设计具有较大的灵活性和多样性。

在进行轴的结构设计时,一般应已知:传动方案、装配简图、轴的转速、传递的功率、轴上零件的主要参数和尺寸等。

二 轴的结构设计

以转轴为例(如图 14—11 所示),轴的设计过程如下:

(一)选材

见第十四章第一节表14－2；

(二)拟定轴上零件的装配方案

按前述设计轴时考虑的诸因素初步确定轴上零件的装配方案(边绘制装配草图边进行相关零部件的选择和相关部分的设计计算)，这一装配方案包含：轴上传动零件的数量、位置、相邻零件及其位置；轴上传动零件、支承零件的轴向、周向固定方式；装配方向、顺序及工艺要求等项内容。这一装配方案将很大程度上决定轴的最终的结构形式。

如图14－11所示轴上各传动零件和固定零件的位置、装配顺序为：圆柱齿轮、套筒、右侧滚动轴承、右端轴承端盖、半联轴器及轴端挡圈，依次由轴的右端装配。左端只装左侧滚动轴承及轴承端盖。

轴的结构设计过程是一个边设计、边绘制草图、边与轴上传动零件进行交叉设计或选择计算的过程。

(三)轴的结构设计

轴的结构设计是在初定轴径的基础上进行的。

1.按扭转强度初步估算轴的直径

转轴上承受的实际载荷有弯矩和扭矩。但在开始设计确定轴的各部分尺寸时，因这时轴的结构和尺寸尚未设计出来，以至轴承型号、尺寸、轴承跨距、支反力作用点及大小、弯矩的大小和分布情况等一系列相互关联、相互制约的问题均无法确定。如此时同时考虑轴上所承受的实际载荷(弯矩＋扭矩)，将使设计无法进行下去。

设计的思路是，轴径的初估阶段采用：只按轴承受的转矩估算轴直径的方法，即只按扭转强度来初步估算轴的直径。而对轴上承受的弯矩，采用适当降低其许用应力的方法，以满足轴的强度要求(＊这是机械零件设计中初算时采用的方法之一)。此时求出的直径，只作为仅仅受扭矩的那一段轴的直径，并把它作为轴结构设计时的最小直径 d_{min}。

(对与电动机相联的轴，可用经验法估算其直径：取轴的直径 $d=(0.8\sim1.0)d_0$，d_0 为电动机轴的直径。)

(按实心轴)则其强度条件为：

$$\tau=\frac{T}{W}=9550\times10^3\ \frac{P/n}{0.2\ d^3}\leqslant[\tau]\quad \text{MPa} \qquad (14-1)$$

据此，可得设计公式：

$$d\geqslant\sqrt[3]{\frac{9550\times10^3P}{0.2[\tau]n}}=\sqrt[3]{\frac{9550\times10^3}{0.2[\tau]}}\times\sqrt[3]{\frac{P}{n}}=A\times\sqrt[3]{\frac{P}{m}}\quad \text{mm} \qquad (14-2)$$

式中：P——设计轴传递的功率；

n——设计轴的转速，r/min；

$W=0.2d^3$——实心圆轴的抗扭截面系数；

$A=\sqrt[3]{\dfrac{9550\times10^3}{0.2[\tau]}}$——与[τ]有关的计算系数，见表 14－4 下注解。

并且，考虑到当该轴段处开有键槽时，因开挖键槽对轴强度的削弱，对按式(14－2)计算得出的轴的直径值要适当增大：通常对单面键槽，将上述计算结果增大 4～5%；双面键槽增大 7～10%，然后圆整。

＊圆整时应注意以下原则(对各段轴径的圆整都适用)：

①有配合要求，轮毂零件有孔径系列要求时(例如装配零件是联轴器、轴承、皮带轮等)，则需按靠近并略大于设计值的孔径系列值选取(如图 14－11 中的 d_1、d_2，各配合零件的孔径系列值查阅其相关资料)；②有配合要求，但轮毂零件没有孔径系列要求，即需按轴定孔时(例如装配零件是齿轮等)，则需按轴径系列值圆整(如图 14－11 中的 d_3，轴径系列值见表 14－5)；③对没有配合要求的，可按自然整数或较完整的有理数圆整(如图 14－11 中 d_4)。

表 14－4　　**轴常用材料的[τ]值和 A 值**

轴的材料	Q235,20	35	45	40Cr,35SiMn,38SiMnMo,2Cr13,42SiMn,20CrMnTi
[τ]/MPa	12～20	20～30	30～40	40～52
A	160～135	135～118	118～107	100.7～98

注：1. 表中的 A 值已将弯矩的影响考虑在内，当作用在轴上的弯矩越小时，A 取越小值；反之，取越大值；
2. 当轴径较大或选用 Q235、35SiMn 时，取较大的 A 值。

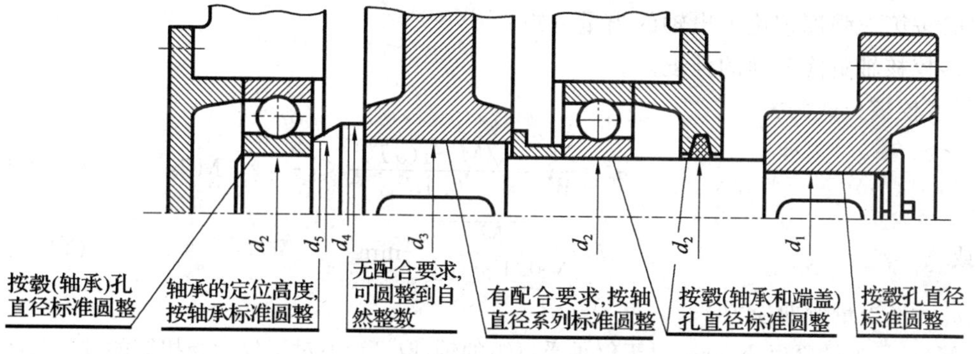

图 14－11　各轴段直径的圆整要求

表 14－5　　**轴的直径系列(摘自 GB/T2822—81)**

10,11.2,12.5,13.2,14,19,16,17,18,19,20,21.2,22.4,23.6,25,26.5,28,30,31.5,33.5,37.5,40,42.5,45,47.5,50,
53,56,60,63,67,71,75,80,85,90,95,100,106,112,118,125,132,140,190,160,170

2. 其他各轴段直径的确定(参阅表 14－3 中的轴肩与轴环)

对于定位轴肩及轴环处的轴径，按 $d'=d+2h$，再圆整。

对于非定位轴肩处的轴径，只需将前一段的轴径适当放大即可，通常可放大 0.5～3mm，再圆整。

3. 各轴段长度的确定

由轴上装配零件、配合零件、支撑零件(轴承为总成)、轴向固定方式、润滑密封方式以及与箱体上它们相关联部分的要求和尺寸等因素决定(详见例题)。

* 为保证轴上传动零件的轴向固定，安装传动零件处的轴段长度应略小于传动零件的毂长 2～3mm（如图 14－11 中 d_1 和 d_3 两处轴段长，交叉设计）。

三 轴的强度校核

轴结构初步设计完成后，需进行强度校核，对初步设计完成的轴结构进行确认，才能最后确定轴的结构和各部尺寸。随着轴的结构形状和尺寸确定，轴上零件（包括轴承）的结构尺寸也才能完全确定下来。

对于重要轴或有特殊需要的轴，还需进行轴的刚度、临界转速、失稳等问题的校核和计算等。

校核计算时，根据轴上的实际受载情况进行相应的计算。对于仅传递扭矩的传动轴，按扭转强度条件计算（如前述）；对于只承受弯矩的心轴，按弯曲强度条件计算；对于既传递扭矩又承受弯矩的转轴，按弯扭组合强度计算。

转轴的强度校核过程按如下内容进行：

(1)作出轴的力学模型；

(2)分别作轴的垂直和水平受力图，并求出轴的支座的垂直和水平支反力；

(3)分别作出轴的垂直和水平弯矩图；

(4)作轴的合成弯矩图

(5)求解轴所承受的扭矩，作轴的扭矩图；

(6)按第三强度理论求出轴的当量弯矩；

(7)校核轴危险截面的强度。

强度校核公式为：

$$\sigma_e=\frac{M_e}{W}=\frac{\sqrt{M^2+(\alpha T)^2}}{0.1d^3}\leqslant[\sigma_{-1}]\quad \text{MPa} \tag{14－3}$$

或

$$d\geqslant\sqrt[3]{\frac{M_e}{0.1[\sigma_{-1}]}}\quad \text{mm} \tag{14－4}$$

式中：σ_e——当量弯曲应力；

M_e——当量弯矩，N mm，对于仅承受弯矩的轴，取 $T=0$；对于仅承受扭矩的轴，取 $M=0$；（把心轴作为弯扭组合的一个特例，可应用式（14－3）、（14－4）进行强度校核计算，计算时取 $T=0$，即取 $M_e=M$；这时的许用弯曲应力根据载荷的性质选取：对于转动心轴，弯矩是对称循环变化，在截面上引起的应力是循环变应力，许用应力取为 $[\sigma_{-1}]$；对于固定心轴，考虑到停车、启动等因素，可认为截面上引起的应力是脉动循环变应力，取为 $[\sigma_0]$。）

M——合成弯矩，$M=\sqrt{M_H^2+M_V^2}$ N mm，其中 M_H 为危险截面的水平面上的弯矩，M_V 为危险截面的垂直面上的弯矩；

W——危险截面的抗弯截面系数，对于实心轴：$W\approx0.1d^3$（d 为该轴段的直径，mm）；对于有一个平键槽的轴段 $W=\frac{\pi d^3}{32}-\frac{bt(d-t)^2}{2d}$，或查阅有关资料（公式中：$b$ 为键宽，mm；t 为键槽的深度，mm。）；

$[\sigma_{-1}]$——许用弯曲应力，MPa，见表 14－6；

α——考虑转矩和弯矩作用性质差异的系数(其作用是将转矩折算成相当的弯矩),根据转矩的性质而定:当转矩为不变转矩时,取 $\alpha=\frac{[\sigma_{-1}]}{[\sigma_{+1}]}\approx 0.3$;当转矩为脉动循环变化或变化规律不明时,取 $\alpha=\frac{[\sigma_{-1}]}{[\sigma_0]}\approx 0.6$;当转矩对称循环变化时,取 $\alpha=\frac{[\sigma_{-1}]}{[\sigma_{-1}]}=1$。

$[\sigma^{+1}]$、$[\sigma_0]$、$[\sigma_{-1}]$分别为在静应力、脉动循环应力、对称循环应力下轴的许用弯曲应力,见表 14－6。

表 14－6　轴的许用弯曲应力　MPa

材料	σ_b	$[\sigma_{+1}]$	$[\sigma_0]$	$[\sigma_{-1}]$
碳素钢	400 500 600 700	130 170 200 230	70 75 95 110	40 45 55 65
合金钢	800 1000 1200	270 330 400	130 150 180	75 90 110
铸钢	400 500	100 120	50 70	30 40

四　绘制轴的零件工作图

【例 14－1】　设计某一搅拌机用的单级斜齿圆柱齿轮减速器的低速轴,如例 14－1 图所示。已知:电动机功率 $P=4\text{kW}$,转速 $n_1=750\text{r/min}$;低速轴的转速 $n_2=130\text{r/min}$;大齿轮齿数 $Z=40$,法面模数 $m_n=3\text{mm}$,法面压力角 $\alpha_n=20°$,螺旋角 $\beta=11°17'3''$,左旋。

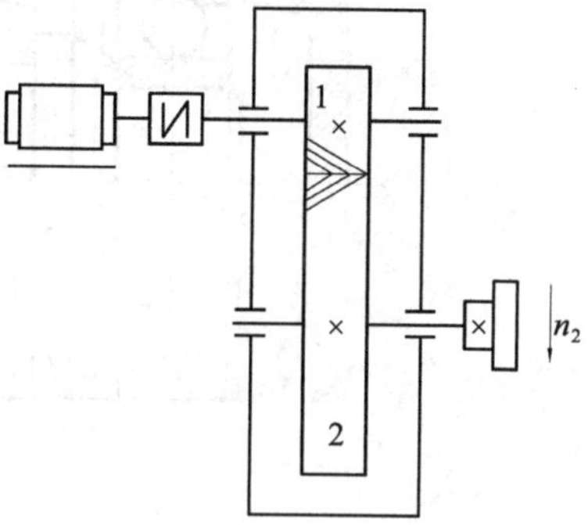

例 14－1 图

要求:

(1)完成轴的全部设计;

(2)根据弯扭组合理论验算轴的强度。

解:

(在轴的设计之前已经确定的动力参数运动参数是:P_1、P_2;T_1、T_2;1、2 轮的 F_t、F_r、F_a 大小及转向;可以进行的设计:完成齿轮的运动参数设计(d、d_a、d_f、m、Z)及确定齿宽 b;因齿轮的孔径未定,因此与之相关的结构尺寸不能确定,齿轮的结构设计基本不能进行)

1. 选择轴的材料，确定许用应力

选用 45 钢，正火处理，查表 14－2 其硬度为 170～217HBS；抗拉强度 $\sigma_b = 600$MPa，查表 14－6 得其许用弯曲应力 $[\sigma_{-1}] = 55$MPa，$[\sigma_0] = 95$MPa

2. 拟定轴系零件的装配方案（装配草图）

根据传动方案的要求，轴上设置传动零件为齿轮、联轴器；因是一级齿轮传动，故拟设置一对滚动轴承支承，将轴承对称布置于齿轮两侧；设计轴向固定零件有套筒、轴端挡圈；齿轮、联轴器用普通平键与轴联接。装配顺序为：轴环定位，齿轮、套筒、右端轴承、联轴器从右侧装入；另一轴承从左侧装入。作轴系零部件的装配草图，如例 14－1－1 图。

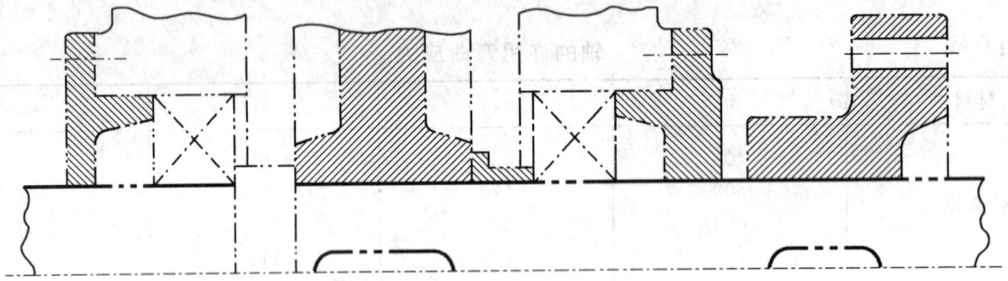

例 14－1－1 图　轴的结构设计—拟定轴系零件的装配方案

3. 轴的结构设计

轴的结构设计如例 14－1－2 图所示。

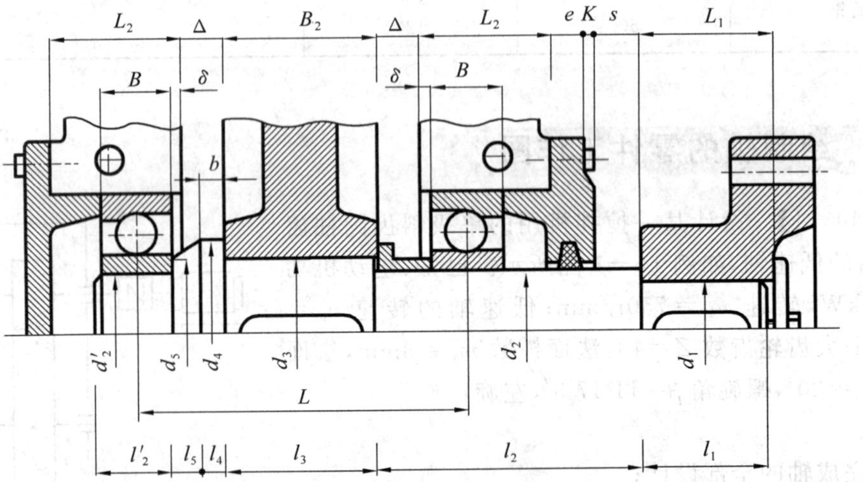

例 14－1－2 图　轴的结构设计过程

轴的设计过程列于下表：

	设计计算过程	计算结果
各轴段直径	1. 初估轴的最小直径 d_{min}	
	按公式 $d \geqslant A \times \sqrt[3]{\frac{P}{n}}$(mm)查表 14－4 $A=118 \sim 107$，取 $A=110$；代入各参数，	
	得 $d \geqslant A \times \sqrt[3]{\frac{p}{n}}=110 \times \sqrt[3]{\frac{4}{130}}=34.47\text{mm}$	
	考虑轴端拟安装联轴器，需单面开设键槽，将计算值放大 4～5%，放大后得 $d \geqslant 36.19\text{mm}$，(此处需进行交叉设计—选取联轴器，并记录相关参数，选取过程略。取 LH3 型联轴器，J 型轴孔）按联轴器的孔径圆整，取 $d_1=38\text{mm}$。	$d_1=38\text{mm}$
	2. 确定各轴段直径	
	(1)d_2	
	$d_1 \to d_2$ 轴段间有定位轴肩，根据 $d_2 \geqslant d_1+2h$，须先计算轴肩高度 h，$h \approx (0.07 \sim 0.1)d=(0.07 \sim 0.1) \times 38=2.66 \sim 3.8\text{mm}$，	
	所以 $d_2 \geqslant d_1+2h=38+2 \times (2.66 \sim 3.8)=43.32 \sim 45.6\text{mm}$，按 d_2 轴段上安装的滚动轴承和轴承端盖的孔径系列圆整（此处需进行交叉设计—①初选滚动轴承，例如初选 7209AC 轴承；②选择轴承端盖及其部分有关尺寸计算），取 $d_2=45$ mm。	$d_2=45\text{mm}$
	(2)d_3	
	$d_2 \to d_3$ 轴段间有非定位轴肩，且 d_3 处为齿轮的轴孔与轴配合，应按轴径系列圆整，查表 14－5 轴的直径系列，取 $d_3=47.5\text{mm}$。	$d_3=47.5\text{mm}$；
	(3)d_4	
	$d_3 \to d_4$ 间有定位轴肩（轴环），并且因无配合要求，d_4 可按自然整数圆整，轴肩高 $h \approx (0.07 \sim 0.1)d=(0.07 \sim 0.1) \times 47.5=3.325 \sim 4.75$，故 $d_4 \geqslant d_3+2h=47.5+(3.325 \sim 4.75)=50.825 \sim 52.25\text{mm}$，取 $d_4=55\text{mm}$。	$d_4=55\text{mm}$
	(4)选取两端轴承为同一型号和尺寸，故取左端轴承处轴径亦为 $d_2'=45\text{mm}$	$d_2'=45\text{mm}$
	(5)d_5	
	d_5 处为滚动轴承内圈的定位轴肩，应按（初选的 7209AC 轴承）轴承标准查取 d_5 值，查 7209AC 轴承 $d_5=52\text{mm}$。	$d_5=52\text{mm}$
	3. 确定各轴段长度	
	(1)l_1 段和 l_3 段	
	配装传动零件的轴段（轴头）长应取略小于轮毂零件的毂长 2～3mm，以确保轮毂零件的轴向固定，	
	①查（或根据记录）LH3 型，J 型轴孔，轴孔长度 $L_1=60\text{mm}$，所以，取 $l_1=58\text{mm}$；	$l_1=58\text{mm}$
	②查表 6－25《锻造齿轮》的结构尺寸，锻造齿轮的毂长应取 $B_2=(1.2 \sim 1.5)d=(1.2 \sim 1.5) \times 47.5=57 \sim 71.25(\text{mm})$，取 $B_2=70\text{mm}$；	
	所以，取 d_3 轴段长 $l_3=68\text{mm}$。	$l_3=68\text{mm}$
	(2)l_2 轴段、l_4 和 l_5 轴段长	
	d_2 轴段长 l_2	
	①如箱体为铸造箱体，为防止齿轮的两侧面在箱内的底部与箱壁相接触，因此，在剖分面处齿轮的侧面与箱体内壁之间应余留距离 $\Delta=10 \sim 15\text{mm}$(视箱体和齿轮尺寸而定，如箱体和齿轮尺寸较大，余留距离 Δ 还应加大)；	
	②L_2 为轴承座宽度—由轴承座旁联接螺栓直径 d_1、扳手空间 C_1 和 C_2、凸台高度、箱座厚度 δ 等决定。（此处插入轴承座旁联接螺栓直径 d_1、扳手空间 C_1 和 C_2、箱座壁厚 δ、凸台高度等选择和计算，详见《机械设计基础课程设计指导书》)；	
	本题取 $L_2=50\text{mm}$；	
	③e 轴承端盖联接凸缘厚度，本题取 $e=7\text{mm}$，(详见《机械设计基础课程设计指导书》)；	
	K 为端盖螺钉头厚度，本题取 $K=4\text{mm}$；(详见《机械设计基础课程设计指导书》)	

（续表）

设计计算过程	计算结果
④s 为为保证箱外回转零件正常运转（以及保证联轴器的联接件顺利安装）必须的空间，一般应保证 15～20mm 因此可求得 d_2 轴段长 $l_2=(2\sim3\text{mm})+\Delta+L_2+e+K+s=(2\sim3\text{mm})+50+7+4+(10\sim15\text{mm})=73\sim79\text{mm}$，取 $l_2=75\text{mm}$	$l_2=75\text{mm}$
（3）d_4、d_5 轴段长 l_4 和 l_5 ①l_4 长为轴环宽度，$l_4=b\approx1.4h=1.4\times(3.325\sim4.75)=4.655\sim6.65\text{mm}$，取 $l_4=b=6\text{mm}$；	$l_4=6\text{mm}$
②轴承内侧的润滑与密封空间为 δ （此处交插设计内容：齿轮的润滑、轴承润滑与密封，见《机械设计基础课程设计指导书》），图中按滚动轴承采用飞溅润滑方式，取 $\delta=5\sim10\text{mm}$ ③B 为轴承宽度（按初选 7209AC 轴承查阅轴承标准） 轴承对称布置于齿轮两侧，故： d_4、d_5 轴段长 $l_4+l_5=\Delta+\delta=(10\sim15\text{mm})+(5\sim10\text{mm})=15\sim25\text{mm}$ 取 $l_4+l_5=20\text{mm}$（故 $l_5=20-l_4=20-6=14\text{mm}$）	$l_4+l_5=20\text{mm}$
（4）左端轴颈段长 $l_2'\approx$ 轴承宽度 $B=19\text{mm}$，取 $l_2'=20\text{mm}$	$l_2'=20\text{mm}$

4.（按初选 7209AC 轴承）计算轴承跨距

因是对称布置，所以轴承跨距

$L=B_2+2(l_4+l_5)+2\times B/2=70+2\times20+2\times19/2=129\ \text{mm}$。

5.计算转矩和齿轮受力

（1）$T_1=9550P/n_1=9550\times4/750=50.933\ \text{N m}=50933\ \text{N mm}$

忽略功率损失，$T_2=iT_1=50933\times750/130=293646.15\ \text{N mm}$

（2）分度圆 d_2 直径 $d_2=m_nZ/\cos\beta=3\times40/\cos11°17'3''=122.36\ \text{mm}$

（3）计算齿轮上的受力：

$F_t=2T_2/d_2=2\times293646.15/122.36=4799.71\ \text{N}$

$F_r=F_t\tan\alpha_n/\cos\beta=4799.71\times\tan20°/\cos11°17'3''=1781.33\ \text{N}$

$F_a=F_t\tan\beta=4799.71\times\tan11°17'3''=956.90\ \text{N}$

6.轴的强度校核

计算项目及过程列于下表：

计算项目	设计计算过程	弯矩图、扭矩图
（1）作轴的力学模型	作轴的力学模型，如图（a）；	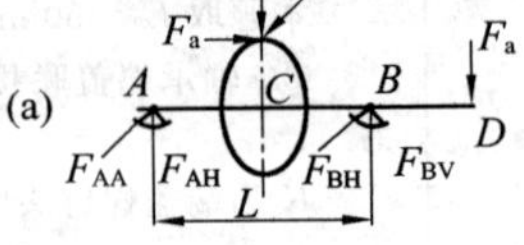

（续表）

计算项目	设计计算过程	弯矩图、扭矩图
(2)计算轴承支反力	轴上所受各力如图所示。（因联轴器制造和安装误差产生的附加动载荷 F_D 略去不计）计算轴承处支反力： ①H 面反力，如图(a)和(b)： $F_{AH}=F_{BH}=F_t/2=4799.71/2=2399.86$ N ②V 面反力，如图(a)和(d) $F_{AV}=\frac{F_r}{2}-\frac{F_a d}{2L}=\frac{1781.33}{2}-\frac{956.90\times122.36}{2\times129}=436.84$ N $F_{BV}=\frac{F_r}{2}+\frac{F_a d}{2L}=\frac{1781.33}{2}+\frac{956.90\times122.36}{2\times129}=1344.49$ N （求得支反力后：在此处交叉进行轴承的校核计算，计算过程略。如 7209AC 轴承不能满足使用要求，需重选轴承的尺寸系列部分，并返回到跨距计算，然后重新进行上述计算，直至适用。此为交叉设计内容。）	(b) 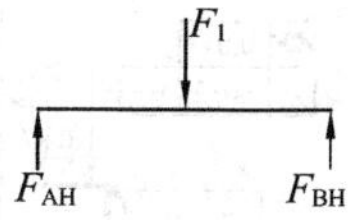 (c) 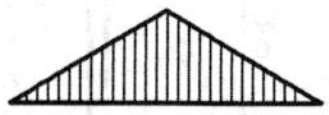
(3)计算弯矩	①H 面弯矩，如图(c)： 截面 C 处弯矩： $M_{CH}=F_{AH}\times L/2=F_{BH}\times L/2=2399.86\times129/2=154790.97$ N mm ②V 面弯矩，如图(e)： 截面 C 左侧弯矩 $M_{CV左}=F_{AV}\times L/2=436.84\times129/2=28176.18$ N mm 截面 C 右侧弯矩 $M_{CV右}=F_{BV}\times L/2=1344.49\times129/2=86719.61$ N mm	(d) 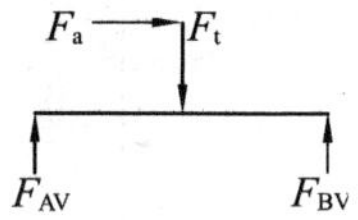 (e) 
(4)合成弯矩	如图(f)： ①截面 C 左侧合成弯矩 $M_{C左}=\sqrt{(M_{CH})^2+(M_{CV左})^2}$ $=\sqrt{=154790.97^2+28176.18^2}$ $=157334.49$ N mm ②截面 C 右侧合成弯矩 $M_{C右}=\sqrt{(M_{CH})^2+(M_{CV右})^2}$ $=\sqrt{154790.97^2+89719.61^2}$ $=178912.98$ N mm	(f) 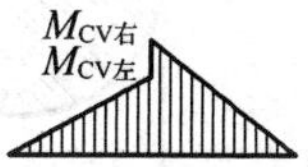 (g) 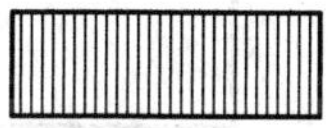
(5)扭矩	如图(g)，$T=293646.15$ N mm	(h) 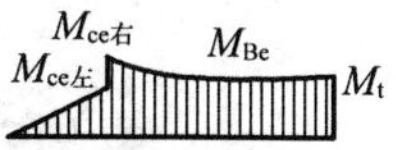
(6)当量弯矩	当量弯矩，如图(h) ①C 截面左侧，因为扭矩 $T=0$ 所以 $M_{ce左}=M_{c左}=157334.49$ N mn ②C 截面右侧 对于单向传动的转轴，按脉动循环考虑，取 $\alpha=0.6$ $M_{ce右}=\sqrt{(M_{C右})^2+(\alpha T)^2}$ $=\sqrt{178912.98^2+(0.6\times293646.15)^2}$ $=251101.49$ N mn ③d 截面，弯矩 $M=0$ $T=293646.15$ N mm	
(7)校核危险截面	经分析，本题中 $C_右$ 为危险截面。校核截面 $C_右$ 的强度： 按式(14－4)，查表 14－6 $[\sigma_{-1}]=55$ MPa。 $d\geqslant\sqrt[3]{\frac{M_{ce右}}{0.1[\sigma_{-1}]}}=\sqrt[3]{\frac{251101.49}{0.1\times55}}=35.96$ mm 因开设单面键槽，将计算值放大 5%，$d=37.76$ mm 设计值为 $d_3=47.5\text{mm}>d=37.76$ mm，故满足强度要求。	
(8)结论	维持原设计。	

7. 绘制轴的零件工作图

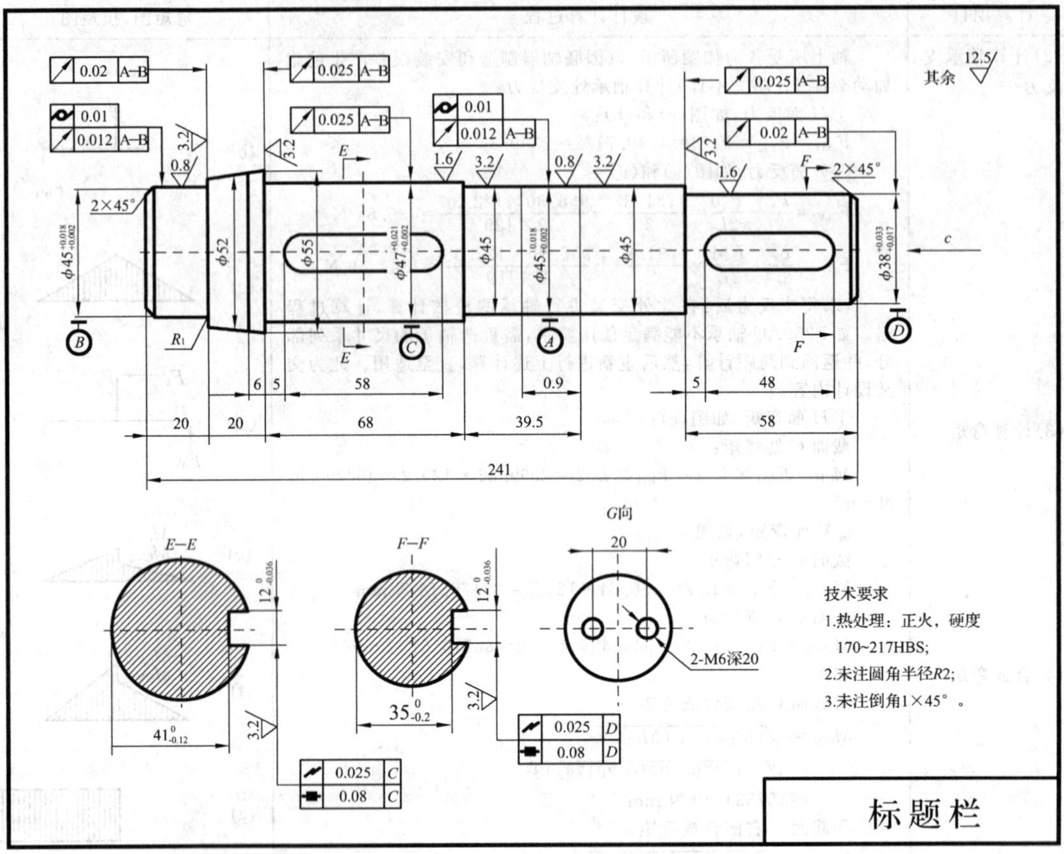

例 14—1—3 图　轴的零件工作图

第四节　轴的刚度校核和临界转速简介

一　轴的刚度校核

安装齿轮的轴，若轴的弯曲刚度不足而导致挠度或偏转角过大时，将影响齿轮的正常啮合，使齿轮沿齿宽和齿高方向接触不良，造成载荷在齿面上严重分布不均，参阅图 6—50。安装轴承的轴颈处，若轴的刚度不足，会导致轴承边缘的过度磨损，引起滑动轴承润滑油的泄漏，滚动轴承内外圈的相对歪斜、运转失灵。因此，在设计有刚度要求的轴时，必须进行刚度的校核计算。

（一）轴的弯曲刚度校核计算

轴的弯曲刚度校核计算就是按材料力学中讲授的公式和方法算出轴的挠度 y 或偏转角 θ，并满足：

挠度　　$y \leqslant [y]$mm

偏转角　　$\theta \leqslant [\theta]$rad

式中：$[y]$——轴的许用挠度，mm；

$[\theta]$——轴的许用偏转角，rad。

（二）轴的扭转刚度校核计算

对轴有扭转刚度要求时，须进行轴扭转刚度的校核。轴的扭转刚度校核计算亦是用材料力学中所学的公式和方法，算出轴每米长的扭转角，并满足

$$\varphi \leqslant [\varphi]$$

式中：$[\varphi]$——每米长的许用扭转角。

轴的许用挠度$[y]$、许用偏转角$[\theta]$及许用扭转角$[\varphi]$见表14—7。

表14—7　轴的许用挠度、许用偏转角及许用扭转角

变形		名称	变形许用值
弯曲变形	挠度 y	一般用途的轴	$[y]=(0.0003\sim0.0005)L$
		刚度要求较高的轴	$[y]\leqslant 0.0002\,L$
		安装齿轮的轴	$[y]=(0.01\sim0.03)m_n$
		安装蜗轮的轴	$[y]=(0.02\sim0.05)m_t$
		感应电动机轴	$[y]\leqslant 0.1\Delta$
	偏转角 θ	滑动轴承	$[\theta]=0.001\text{rad}$
		深沟球轴承	$[\theta]=0.005\text{rad}$
		调心球轴承	$[\theta]=0.05\text{rad}$
		圆柱滚子轴承	$[\theta]=0.0025\text{rad}$
		圆锥滚子轴承	$[\theta]=0.0016\text{rad}$
		安装齿轮处轴的截面	$[\theta]=0.001\sim0.002\text{rad}$
扭转变形	扭转角 φ	一般轴	$[\varphi]=0.5^\circ/\text{m}\sim1^\circ/\text{m}$
		精密传动轴	$[\varphi]=0.25^\circ/\text{m}\sim0.5^\circ/\text{m}$
		精度要求不高的传动轴	$[\varphi]\geqslant 1^\circ/\text{m}$
		重型机床走刀轴	$[\varphi]=5'/\text{m}$
		起重机传动轴	$[\varphi]=15'/\text{m}\sim20'/\text{m}$

注：L——轴的跨距，Δ——电动机定子与转子间的气隙，m_n——齿轮的法面模数，m_t—蜗轮的端面模数。

二　轴的临界转速

轴的临界转速是指轴的某些特定转速。当轴的工作转速接近或等于这些值时，就会产生剧烈的振动，从而破坏机器的正常工作状态，甚至会造成轴承或转子的破坏；当轴在这些特定转速的一定范围之外运转时，就会趋于平稳。因此，对于转速较高、跨距大而刚性较小、或外伸端较长的轴，一般应校核计算轴的临界转速，使轴的工作转速避开这些特定值。

实用中的轴的临界转速有一阶临界转速、二阶临界转速（理论临界转速值无穷多）。

当轴的工作转速低于一阶临界转速时，应取$n<0.75n_{C1}$，这样的轴称为刚性轴；当轴的工作转速高于一阶临界转速时，应取轴的工作转速$1.4n_{C1}\leqslant n\leqslant 0.7n_{C2}$，这样的轴称为挠性轴。$n_{C1}$、$n_{C2}$分别为轴的一阶、二阶临界转速，计算方法见有关著述。

思考题与练习题

思考题

14—1　轴在机器中的作用是什么？按轴的承载情况可将轴分为哪几类？

14－2　图示为一台起重机的起重机构。试分析轴Ⅰ～Ⅴ的工作情况，并按其载荷性质进行分类（轴的自重忽略不计）。

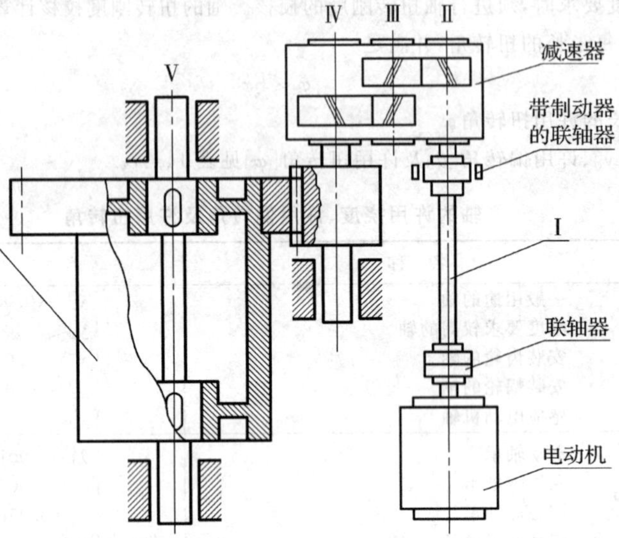

思考题 14－2 图

14－3　制造轴常用的材料有哪几种？合金钢与碳素钢相比有何特点？若轴的刚度不够，是否可采用高强度合金钢提高轴的刚度？为什么？

14－4　为什么一般转轴都做成阶梯轴？进行轴结构设计时应考虑哪些问题？

14－5　轴上零件的轴向固定方式有哪几种？试以草图表示，并说明适用场合。

14－6　轴上零件的周向固定方式有哪几种？试以草图表示，并说明适用场合。

14－7　在初估轴的直径时，是怎样考虑作用在轴上的载荷的？在校核轴的强度时，又是怎样考虑作用在轴上的载荷的？

14－8　在轴的强度计算时，公式 $M=\sqrt{M^2+(\alpha T)^2}$ 中系数 α 是何意义？应怎样确定其大小？

14－9　提高轴的疲劳强度的常用措施有哪些？

练习题

14－1　图示传动轴的材料为 45 钢调质处理，动力由 C 轮输入，$P_C=45\text{kW}$，三个从动轮分别输出功率 $P_A=10\text{kW}$，$P_B=15\text{kW}$，$P_D=20\text{kW}$，轴的转速 $n=400\text{r/min}$。要求：

(1)做出轴的扭矩图；

(2)按扭转强度计算轴的直径；

(3)将 C、D 两轮互换位置，轴的直径又应为多大？

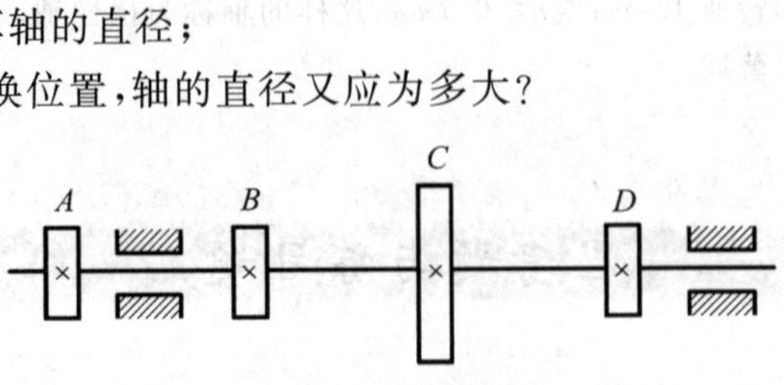

习题 14－1 图

14－2 标注下图中轴上各部分尺寸要素的尺寸。

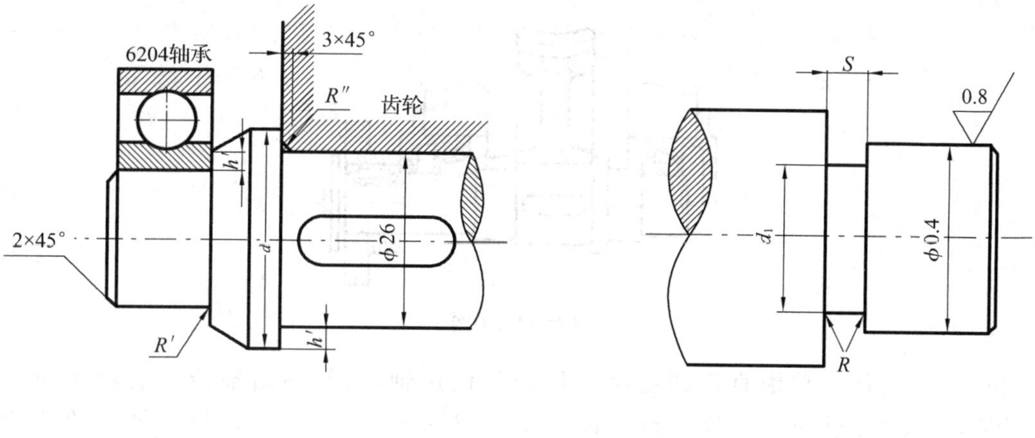

砂轮越程槽

习题 14－2 图

14－3 指出下列各图中轴的结构设计错误，并画出正确结构图。

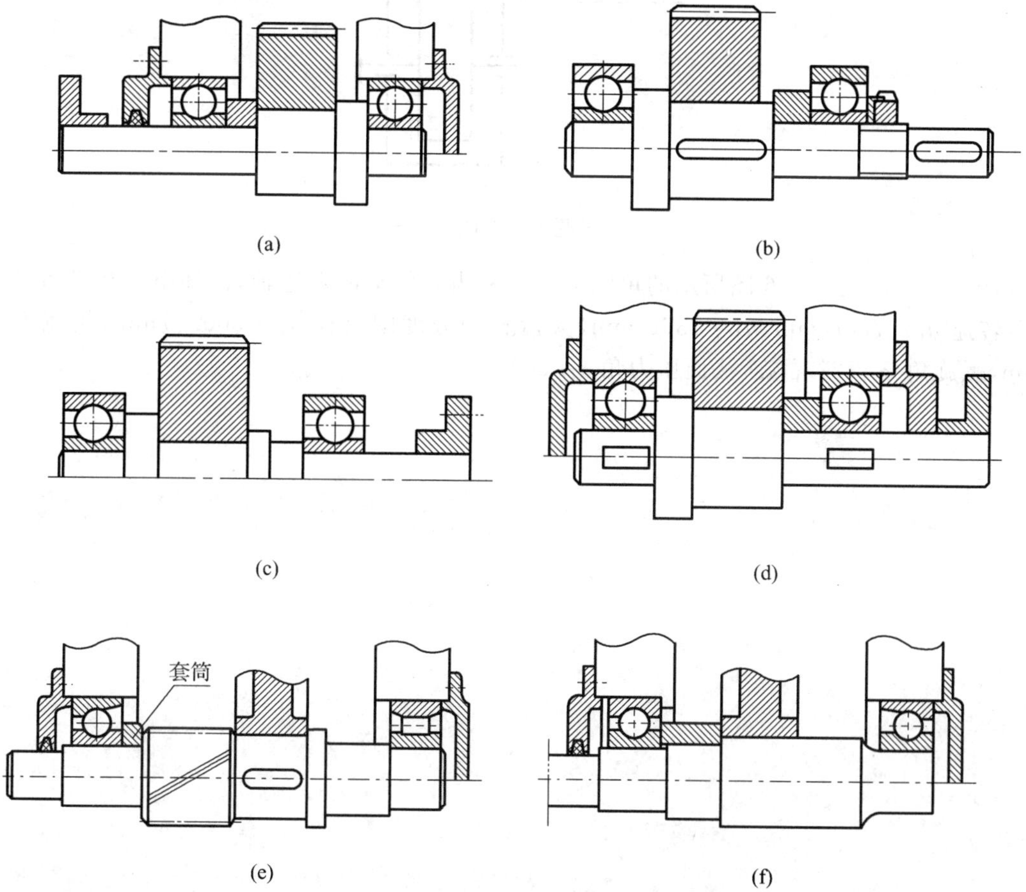

习题 14－3 图

14－4　图示为一蜗轮轴。蜗轮为油润滑，蜗杆为脂润滑，试分析该轴系的结构错误并予以改正。

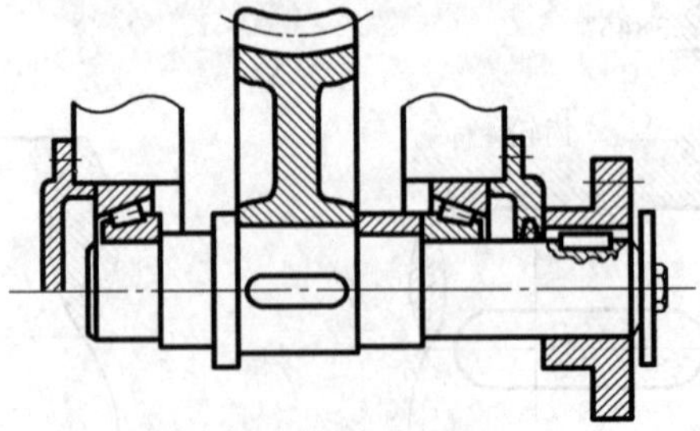

习题 14－4 图

14－5　设计一单级直齿圆柱齿轮传动的低速轴，已知输出轴传递的功率为 $P=12.5kW$，输入轴的转速 $n_1=970r/min$，齿数 $Z_1=18$，$Z_2=72$，$m=5mm$，压力角 $\alpha=20°$，齿轮 2 的轮毂宽度 $L=90mm$，联轴器的轮毂宽度 $L'=70mm$，拟采用 62000 类轴承。

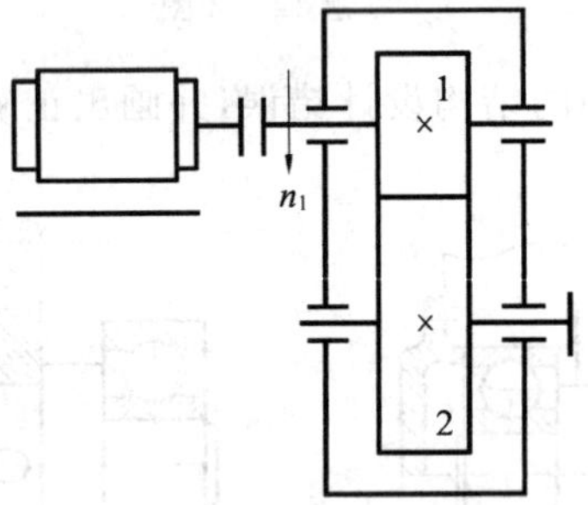

习题 14－6 图

14－6　设计题 14－6 图所示的单级斜齿圆柱齿轮传动的低速轴，已知电动机功率 $P=4kW$，转速 $n_1=720r/min$，$n_2=136r/min$，大齿轮的分度圆直径 $d_2=300.57mm$，齿宽 $b_2=90mm$，螺旋角 $\beta=12°$，右旋，法面压力角 $\alpha=20°$。

参考文献

[1]申永胜. 机械原理教程. 北京:清华大学出版社,2001.
[2]郑志祥. 机械零件. 北京:高等教育出版社,2000.
[3]吴联兴. 机械设计基础. 北京:冶金工业出版社,2000.
[4]徐锦康. 机械设计. 北京:高等教育出版社,1998.
[5]张莹. 机械设计基础(下册). 北京:机械工业出版社,2002.
[6]朱家诚,王纯贤. 机械设计基础. 合肥:合肥工业大学出版社,2003.
[7]李柱国. 机械设计与理论. 北京:科学出版社,2003.
[8]陆萍. 机械设计基础. 济南:山东科学技术出版社,2003.
[9]邱宣怀. 机械设计. 北京:高等教育出版社,1997.
[10]濮良贵,纪明刚. 机械设计. 北京:高等教育出版社,1996.
[11]孙宝钧. 机械设计基础. 北京:机械工业出版社,1999.
[12]陈立德. 机械设计基础. 北京:高等教育出版社,2000.
[13]成大先. 机械设计手册. 北京:化学工业出版社,2004.
[14]王文斌. 机械设计手册. 北京:机械工业出版社,2007.
[15]李秀珍. 机械设计基础. 北京:高等教育出版社,2006.
[16]徐春艳. 机械设计基础. 北京:北京理工大学出版社,2006.